Faustzahlen für Landwirtschaft und Gartenbau

Gemüse
Obst
Baumschulen

Herausgegeben von der
RUHR-STICKSTOFF AKTIENGESELLSCHAFT
Bochum

11. überarbeitete, ergänzte und erweiterte Auflage 1988

D1983526

VERLAGSUNION AGRAR

Landwirtschaftsverlag Münster-Hiltrup
BLV Verlagsgesellschaft München
DLG-Verlag Frankfurt (Main)
Österreichischer Agrarverlag Wien
Agrarverlag Wirz-Grafino Bern

Redaktion:
Diplom-Landwirt Dr. Berto Niesel-Lessenthin, Mainz

11. überarbeitete, ergänzte und erweiterte Auflage 1988
Alle Rechte, auch die der fotomechanischen Vervielfältigung und des auszugsweisen Nachdrucks, durch Ruhr-Stickstoff Aktiengesellschaft vorbehalten.
Gesamtherstellung: Landwirtschaftsverlag GmbH, Münster-Hiltrup
Printed in Germany – ISBN 3-7843-1251-9

Vorwort zur 11. Auflage der Faustzahlen 1988

Drei wesentliche Gründe veranlaßten Herausgeberin und Verlag, der teilaktualisierten, nur statistisch überarbeiteten 10. Auflage 1985 nunmehr eine insgesamt völlig neu überarbeitete 11. Auflage 1988 folgen zu lassen:

1. Trotz des Vormarsches der elektronischen Medien besteht nach wie vor ein starkes Interesse an fundierter Fachliteratur. Die Folge ist eine lebhafte Nachfrage nach Sachbüchern, so daß auch die 10. Auflage „Faustzahlen" schnell vergriffen war. Diese Bedarfslücke wird jetzt geschlossen.

2. Angesichts der Wichtigkeit, unsere Umwelt intakt zu erhalten, haben wir erstmalig außerhalb des Kapitels „Pflanzenernährung und mineralische Düngung" ein eigenständiges umfangreiches Kapitel „Landwirtschaft und Umwelt" geschaffen. Sachlich und frei von Emotionen befaßt es sich mit den wichtigsten Fragen dieses Spannungsfeldes und bringt Datenmaterial über Stoffeinträge in Boden, Pflanze und Nahrung durch landwirtschaftliche Nutzung oder andere menschliche Einflüsse. Der Benutzer erhält vielfältige Anregungen für sachliche und objektive Diskussionsbeiträge in diesem Bereich.

3. Die Erweiterung des europäischen Agrarmarktes der EG um Spanien und Portugal läßt erhöhte Nachfrage nach statistischen Daten für diese Länder erwarten. Da z. Z. nur bedingt vergleichbare Statistiken in geringerem Umfang vorliegen, lassen sich vorerst nur begrenzt Vergleiche mit anderen EG-Ländern anstellen.

Obwohl die „Faustzahlen" völlig neu überarbeitet worden sind, wird der langjährige Stamm-Benutzer die einzelnen Abschnitte in der gewohnten und auch logischen Reihenfolge wiederfinden wie in früheren Auflagen.

Durch das neue Kapitel „Landwirtschaft und Umwelt" hat sich der Kreis kompetenter Autoren vergrößert. Die Bearbeitung des Kapitels „Pflanzenschutz", die bisher vom bewährten Mitautor Professor Dr. Heddergott wahrgenommen wurde, haben wir in jüngere Hände gelegt. Allen Autoren und ihren Mitarbeitern, die wichtige Beiträge zu diesem traditionellen Gemeinschaftswerk geleistet haben, sei sehr herzlich gedankt.

Bochum, im November 1987

Die Herausgeberin

Inhaltsverzeichnis

Allgemeines aus Ernährung, Landwirtschaft und Gartenbau

Seite

Betriebsorganisation

Technische Grunddaten

Seite

Landtechnik und Arbeitswirtschaft

Tierhaltung

Tierernährung

Seite

Boden und Bodenbearbeitung

Organische Düngung

Pflanzenernährung und mineralische Düngung

Hopfenbau

Tabakbau

Weinbau

Gemüsebau

Obstbau

Baumschulen

Feldfutterbau

Grünlandwirtschaft

Futterkonservierung

Seite

Getreidetrocknung und -lagerung

Pflanzenschutz

Allgemeines aus Ernährung, Landwirtschaft und Gartenbau

(einschl. der 12 EG-Länder, Österreichs und der Schweiz)

Reg.-Direktor Dr. **Hartmut Schulze,** Stat. Bundesamt Wiesbaden

Fläche und Bevölkerung

Gebiet Jahr	Gesamt-fläche	Landw. genutzte Fläche[1]	Wald-fläche[2]	Einwohner ins-ges.	Einwohner je km²	Landw. genutzte Fläche je Einw.[1]
	1 000 km²	1 000 ha		Mill.		ha
Bundesrepublik Deutschland						
Ø 1935/38	248	14 612[3]	6 952[3]	42,1	170	0,35
Ø 1957/61	248	14 255	7 062	55,2	222	0,26
1972	249	13 480	7 196	61,7	249	0,22
1981	249	12 197	7 328	61,7	248	0,20
1983	249	12 079	.	61,4	247	0,20
1986	249	12 000	7 360	61,0	245	0,20
Deutsche Demokratische Republik						
1950	108	6 528	2 938[4]	18,4	170	0,35
1970	108	6 286	2 948	17,1	158	0,37
1980	108	6 269	2 955	16,7	155	0,37
1985	108	6 225	2 978	16,6	154	0,37

[1]) Bis einschl. 1968 Landw. Nutzfläche, 1981 nur noch Flächen der Betriebe ab 1 ha Gesamtfläche, deshalb mit Vorjahren nicht voll vergleichbar.
[2]) Einschl. Forsten und Holzungen [3]) Ohne Berlin [4]) 1951

Stat. Jahrbuch für die Bundesrepublik Deutschland

Fläche und Bevölkerung der Bundesländer 1986

Land	Wirt-schafts-fläche	Landw. genutzte Fläche (LF)	Einwohner ins-gesamt[1]	Einwohner je km²	Einwohner je 100 ha LF
	km²	1 000 ha	1 000		
Schleswig-Holstein	15 727	1 087	2 613	166	240
Hamburg	755	16	1 576	2 088	.
Niedersachsen	47 438	2 737	7 194	152	263
Bremen	404	11	658	1 627	.
Nordrhein-Westf.	34 068	1 610	16 665	489	1 035
Hessen	21 114	778	5 531	262	711
Rheinland-Pfalz	19 848	728	3 610	182	496
Baden-Württemberg	35 751	1 510	9 295	260	616
Bayern	70 553	3 455	10 993	156	318
Saarland	2 569	69	1 043	406	1 512
Berlin (West)	480	1	1 869	3 892	.
Bundesgebiet	248 708	12 000	61 048	245	509

[1]) Stichtag 31. 12. 1986

Stat. Jahrbuch für die Bundesrepublik Deutschland

Erwerbstätige nach Wirtschaftsbereichen (in 1000)

Jahr[1])	Land- u. Forst-wirtsch., Tierhalt., Fischerei	Produzie-rendes Gewerbe	Handel und Verkehr	Sonstige Wirt-schafts-bereiche (Dienst-leistung.)	Alle Wirt-schafts-bereiche zus.
1950	5 020	8 689	2 918	3 749	20 376
1960	3 623	12 518	4 515	5 591	26 247
1970	2 262	13 024	4 655	6 727	26 668
1978	1 608	11 373	4 489	7 739	25 209
1983	1 391	10 569	4 657	8 714	25 331
1986[3])	1 345	10 544	4 678	9 219	25 786
davon 1986:					
Selbständige	486	554	647	747	2 424
Mithelfende Familienangehörige	610	69	79	89	874
Abhäng. Beschäftigte[2])	249	9 931	3 952	8 383	22 515

[1]) Jahresdurchschnitte
[2]) Beamte, Angestellte, Arbeiter, Auszubildende
[3]) vorläufig

Stat. Bundesamt

Arbeitskräfte und Arbeitsaufwand in landwirtschaftlichen Betrieben[1])

Jahr[2])	Familienarbeits-kräfte[3])		Lohnarbeits-kräfte		Arbeitsaufwand in Arbeitskraft-einheiten (AK)[4])	
	vollbe-schäftigt	teilbe-schäftigt	ständig	nicht ständig	ins-gesamt	je 100 ha LF
	1 000				1 000 AK	
1950	4 380	1 180	766	450	3 885	29,0
1960	3 019	1 265	334	286	2 415	18,5
1965	2 346	959	223	104	1 894	15,0
1969	1 897	1 141	153	64	1 627	13,0
1973	1 464	1 131	125	97	1 242	9,9
1977	1 284	1 043	101	106	1 074	8,8
1981	1 095	971	99	101	968	8,1
1983	1 025	943	96	84	921	7,7
1985	985	931	102	89	.	.
1986	966	924	101	83	884	7,5

[1]) Mit 0,5 ha und mehr LF; 1965 bis 1969 in der Größenklasse 0,5 bis 2 ha LF nur Betriebe, die für den Markt erzeugen; ab 1973 Betriebe mit 1 ha und mehr LF sowie Betriebe mit Erzeugungseinheiten, die dem durchschnittlichen Wert einer jährlichen Markterzeugung von 1 ha LF entsprechen.
[2]) 1950 und 1960 = jeweiliges Wirtschaftsjahr (1950/51 und 1960/61); ab 1965 Berichtsmonat April.
[3]) Im Betrieb einschl. Haushalt des Betriebsinhabers geschäftigt.
[4]) Umrechnung unter Berücksichtigung der unterschiedlichen Arbeitsleistung sowie Abzüge für den Privathaushalt des Betriebsinhabers.

Stat. Bundesamt

Betriebsergebnisse der Voll-, Zu- und Nebenerwerbsbetriebe – DM/Unternehmen –

	Vollerwerbsbetriebe		Zuerwerbsbetriebe		Nebenerwerbsbetriebe[1]	
	1983/84	1984/85	1983/84	1984/85	1983/84	1984/85
Unternehmensertrag	148 907	160 387	102 782	106 684	50 606	53 041
Unternehmensaufwand	121 338	127 432	86 574	87 163	45 165	47 895
Reineinkommen (Gewinn)	27 569	32 955	16 208	19 521	5 441	5 147
Erwerbseinkommen	27 603	33 005	32 114	36 418	37 717	38 388
Gesamteinkommen	28 619	33 993	32 992	37 256	38 910	39 593

[1]) mit einem Standardbetriebseinkommen von 5 000 DM und mehr.

Stat. Jahrb. d. BML

Bruttowertschöpfung nach Wirtschaftsbereichen (in jeweiligen Preisen)

Wirtschaftsbereich	1970 Mrd. DM	1970 %	1980 Mrd. DM	1980 %	1986[1]) Mrd. DM	1986[1]) %
Land- und Forstwirtschaft, Fischerei	21,8	3,4	30,4	2,1	33,0	1,7
Warenproduzierendes Gewerbe	333,7	51,7	632,2	44,5	810,5	42,8
Handel und Verkehr	103,5	16,0	225,7	15,9	280,8	14,8
Dienstleistungsunternehmen	114,4	17,7	335,1	23,6	513,0	27,1
Staat, private Haushalte und private Organisationen ohne Erwerbscharakter	72,6	11,2	199,6	14,0	257,4	13,6
Insgesamt	645,9	100	1 422,9	100	1 894,7	100

[1]) vorläufiges Ergebnis.

Stat. Jahrb. f. d. Bundesrepublik Deutschland

Verwendung des Bruttosozialproduktes (in jeweiligen Preisen)

	1970 Mrd. DM	1970 %	1980 Mrd. DM	1980 %	1986[1]) Mrd. DM	1986[1]) %
Privater Verbrauch	368,9	54,6	840,8	56,6	1 081,1	55,5
Staatsverbrauch	106,5	15,8	297,8	20,1	383,1	19,7
Investitionen	186,3	27,6	349,6	23,5	378,5	19,4
Außenbeitrag[2])	14,1	2,1	−3,0	−0,2	106,4	5,5
Insgesamt	675,7	100	1 485,2	100	1 949,0	100

[1]) vorläufiges Ergebnis.
[2]) Ausfuhr minus Einfuhr.

Stat. Jahrb. f. d. Bundesrepublik Deutschland

Preisindizes für landw. Produkte und Betriebsmittel 1980 = 100 (ohne Mehrwertsteuer)

Produkte Betriebsmittel	1970/71	1975/76	1980/81	1982/83	1985/86
I. Produktgruppen					
Pflanzl. Produkte	55,9	89,1	101,7	103,0	100,0
Tierische Produkte	72,9	101,5	100,5	111,0	100,7
Produkte insgesamt	67,7	98,0	100,8	108,8	100,8
II. Betriebsmittelgruppen					
Waren- und Dienstleistungen für die laufende Produktion	62,1	87,0	103,8	114,1	110,4
Neubauten und Maschinen	59,8	83,1	102,4	113,1	121,5
Betriebsmittel insgesamt	61,6	86,0	103,5	113,9	112,7
III. Löhne					
Landw. Gesamtlöhne	45,1	74,3	101,9	112,5	123,8

Stat. Jahrb. d. BML

Ausgaben[1]) des Bundes für Maßnahmen der nationalen Agrarpolitik – Mill. DM –

Maßnahme/Kapitel	1984	1985	1986	1987
Landw. Sozialpolitik	3 546,8	3 821,4	4 114,6	4 776,0
Gasölverbilligung	626,6	635,2	630,0	644,0
Forschung (ohne Anstalten)	20,1	20,6	21,0	22,7
Fischerei	58,9	60,3	69,6	61,5
Abwicklung alter Verpflichtungen	119,4	89,9	77,3	61,3
Aufklärung, Absatzförderung, Verbraucherberatung	10,0	9,9	10,3	10,9
sonstige Maßnahmen	.	.	98,6	113,3
Gemeinschaftsaufgabe	.	1 299,1	1 300,0	1 490,0
nationale Marktordnung	107,4	213,2	212,2	343,4
Forschungsanstalten	.	.	262,0	250,8
andere Haushaltsausgaben	.	.	128,5	133,1
Summe (Einzelplan 10)	.	6 580,8	6 924,2	7 907,0

[1]) 1984 u. 1985 = Ist; 1986 u. 1987 = Soll.

Agrarberichte der Bundesregierung

Betriebsgrößenstruktur der landw. Betriebe

Jahr	1–2	2–5	5–10	10–20	20–50	50–100	100 u. mehr	insgesamt
	Betriebsgrößenklassen von . . . bis unter . . . ha LF[1])							
				1. Zahl der Betriebe in 1 000				
1949	305,7	553,1	403,7	256,3	112,4	12,6	3,0	1 646,8
1960	230,4	387,1	343,0	286,5	122,0	13,7	2,6	1 385,3
1970	154,8	251,0	232,7	267,6	157,6	16,3	3,0	1 083,1
1976	121,0	183,9	173,7	206,3	177,0	23,1	4,0	889,0
1982	97,5	146,1	140,5	172,1	174,5	28,8	4,2	764,1
1986	88,0	131,3	126,3	155,1	168,4	33,3	5,4	707,7
				Veränderungen in %				
1986–1982	– 9,8	–10,2	–10,2	– 9,9	– 3,5	+ 15,6	+ 28,6	– 7,4
1986–1976	–27,3	–28,7	–27,3	–24,9	– 4,9	+ 44,2	+ 35,0	–20,4
1986–1970	–43,2	–47,3	–45,8	–42,1	+ 6,9	+104,3	+ 80,0	–34,7
1986–1960	–61,9	–66,1	–63,2	–55,9	+38,0	+143,1	+107,7	–49,0
1986–1949	–71,3	–76,3	–68,8	–39,5	+49,8	+164,3	+ 80,0	–57,1
				2. Landwirtschaftlich genutzte Fläche in 1 000 ha				
1949	442,1	1 828,7	2 860,1	3 543,2	3 244,0	817,3	544,1	13 279,6
1960	331,8	1 290,2	2 483,3	3 990,5	3 504,5	884,5	450,1	12 934,8
1972	194,1	730,7	1 496,0	3 513,6	4 909,2	1 217,9	557,2	12 618,8
1976	171,0	611,5	1 263,5	2 992,8	5 235,6	1 496,3	653,9	12 424,7
1982	136,9	485,8	1 023,9	2 502,9	5 276,0	1 864,3	755,6	12 045,6
1986	123,5	436,2	920,0	2 256,9	5 154,7	2 166,9	851,3	11 909,6
				Veränderung in %				
1986–1982	– 9,8	–10,3	–10,2	– 9,9	– 2,3	+ 16,2	+12,7	– 1,2
1986–1976	–27,8	–28,7	–27,2	–24,6	– 1,6	+ 44,8	+30,2	– 4,2
1986–1970	–36,4	–40,4	–38,6	–35,8	+ 5,0	+ 77,9	+52,8	– 5,7
1986–1960	–62,8	–66,2	–63,0	–43,5	+47,0	+145,0	+89,1	– 8,0
1986–1949	–72,1	–76,2	–67,9	–46,4	+58,9	+165,1	+56,4	–10,4

[1]) Landwirtschaftlich genutzte Fläche

Stat. Bundesamt

Voll-, Zu- und Nebenerwerbsbetriebe[1])

	1968	1970	1975	1985
		Zahl der Betriebe in 1 000		
Vollerwerb	487,0	466,5	409,1	356,9
Zuerwerb	295,6	233,9	138,7	70,3
Nebenerwerb	403,0	382,7	356,9	293,6
		Landwirtschaftlich genutzte Fläche in 1 000 ha		
Vollerwerb	9 266,0	9 283,3	9 179,3	9 313,0
Zuerwerb	2 056,8	1 811,1	1 491,2	1 080,8
Nebenerwerb	1 405,9	1 550,3	1 791,6	1 538,7

[1]) ab 1 ha landwirtschaftlich genutzte Fläche

Stat. Jahrb. d. BML

Zahl der landw. Betriebe nach Betriebssystemen 1985[1]) (in 1 000)

Betriebssystem	Betriebsgröße von ... bis unter ha LF unter 5	5–10	10–20	20–50	50 und mehr	insgesamt
Betriebsbereich Landwirtschaft	209,1	121,1	152,8	167,8	36,7	687,4
Marktfruchtbetriebe	75,4	33,1	29,7	33,6	17,0	188,8
Futterbaubetriebe	65,2	64,2	95,4	106,7	15,9	347,4
Veredlungsbetriebe	18,5	7,0	7,6	8,4	0,9	42,5
Dauerkulturbetriebe	42,1	7,3	5,3	2,7	0,1	57,3
Landwirtschaftliche Gemischtbetriebe	7,7	9,5	14,7	16,5	2,9	51,3
Betriebsbereich Gartenbau	16,2	1,3	0,7	0,3	0,1	18,5
Gemüsebetriebe	3,5	0,4	0,2	0,0	0,0	4,1
Zierpflanzenbetriebe	10,2	0,2	0,0	0,0	0,0	10,4
Baumschulbetriebe	2,4	0,7	0,4	0,2	0,1	3,8
Übrige Betriebsbereiche[2])	22,2	5,8	3,9	2,0	0,5	34,6
zusammen	237,4	128,2	157,4	170,1	37,4	740,5

[1]) Agrarberichterstattung 1985. Alle Betriebe mit 1 ha und mehr LF; unterhalb dieser Flächengrenzen nur Betriebe mit Erzeugungseinheiten, die mindestens dem durchschnittlichen Wert einer jährlichen landw. Markterzeugung von 1 ha LF entsprechen.
[2]) Forstwirtschaft, Kombinationsbetriebe und kombinierte Verbundbetriebe.

Stat. Bundesamt

Anbauflächen und Ernteerträge

Fruchtart	Anbauflächen Ø 1980/85	1985	1986	Hektarerträge Ø 1980/85	1985	1986
	1 000 ha			dt/ha		
Brotgetreide	2 104	2 062	2 073	51,8	57,0	59,0
Futter- und Industriegetreide	2 786	2 642	2 552	44,8	49,1	47,3
Ackerbohnen	16	34	69	35,0	38,7	38,4
Kartoffeln	775	731	670	300,1	359,3	352,4
Zuckerrüben	410	403	391	501,8	516,3	518,8
Raps- und Rübsen	206	266	308	27,1	30,2	31,5
Klee	162	153	157	82,4[1])	84,7[1])	85,1[1])
Luzerne	32	28	28	84,4[1])	86,0[1])	87,2[1])
Rebland im Ertrag	91	93	93	98,8[2])	58,1[2])	108,1[2])

[1]) Ertrag in Heu berechnet
[2]) Weinmost (hl/ha)

Stat. Bundesamt

Bodennutzung

Nutzungsart	1970	1980	1986[1])	1970	1980	1986[1])
		1 000 ha			%	
I. Nutzflächenverhältnis						
Ackerland	7 539	7 270	7 240	55,5	59,4	60,3
Gartenland	341	52	38	2,5	0,4	0,3
Obstanlagen	92	55	50	0,7	0,4	0,4
Rebland	89	96	101	0,7	0,8	0,8
Wiesen[2])	3 340	2 610	2 500	24,6	21,3	20,8
Viehweiden[3])	2 160	2 144	2 066	15,9	17,5	17,2
Baumschulen[4])	17	23	23	0,1	0,2	0,2
Landw. genutzte Fläche	13 578	12 248	12 019	100	100	100
II. Ackerflächenverhältnis						
Getreide[5])	5 184	5 212	4 813	68,8	71,7	66,3
Hülsenfrüchte	30	11	73	0,4	0,2	1,0
Hackfrüchte	1 261	815	698	17,6	11,2	9,6
Gemüse[6])	82	51	62	1,1	0,7	0,9
Handelsgewächse	117	169	342	1,6	2,3	4,7
Futterpflanzen	839	1 003	1 263	11,1	13,8	17,4
Brache	26	9	9	0,3	0,1	0,1
Ackerland insgesamt	7 539	7 270	7 261	100	100	100

[1]) vorläufig
[2]) einschl. Streuwiesen und Hutungen
[3]) einschl. Mähweiden
[4]) einschl. Korbweidenanlagen, Pappelanlagen und Weihnachtsbaumkulturen
[5]) einschl. Körnermais
[6]) einschl. Gartengewächse

Stat. Bundesamt

Vermehrungsflächen[1]) von landw. Saatgut (in ha)

Fruchtart	1980	1983	1984	1985	dar. zertifiziertes Saatgut
Getreide	113 791	111 952	109 113	111 786	96 186
Hackfrüchte	15 955	13 043	13 573	13 626	8 941
Gräser	9 431	10 080	10 229	10 242	9 113
Klee und Luzerne	302	199	194	213	22
Leguminosen	2 330	3 371	4 463	6 663	5 645
Öl- und Faserpflanzen	7 197	5 287	6 065	6 472	5 654
Anerkennungsflächen zusammen	149 006	143 932	143 637	148 984	125 560

[1]) Mit Erfolg feldbesichtigte Flächen

Stat. Jahrb. d. BML

Ertrag und Aufwand in landw. Vollerwerbsbetrieben

Betriebsform	1979/80	1981/82	1983/84	1985/86
	Unternehmensertrag DM/ha LF			
Marktfruchtbetriebe	4 727	5 105	5 136	5 563
Futterbaubetriebe	4 770	5 154	5 368	5 557
Veredelungsbetriebe	11 152	11 552	10 505	11 181
Gemischtbetriebe	6 268	6 752	6 820	7 380
Betriebsformen zusammen	5 457	5 918	5 913	6 147
	Unternehmensaufwand DM/ha LF			
Marktfruchtbetriebe	3 726	4 244	4 226	4 528
Futterbaubetriebe	3 541	4 150	4 248	4 280
Veredelungsbetriebe	9 429	9 821	9 632	9 629
Gemischtbetriebe	5 036	5 679	5 916	6 254
Betriebsformen zusammen	4 193	4 815	4 818	4 885
	Gewinn DM/ha LF			
Marktfruchtbetriebe	1 001	861	910	1 036
Futterbaubetriebe	1 229	1 005	1 120	1 277
Veredelungsbetriebe	1 723	1 731	873	1 553
Gemischtbetriebe	1 232	1 073	904	1 126
Betriebsformen zusammen	1 264	1 103	1 095	1 262

Agrarberichte der Bundesregierung

Landw. Betriebe mit Buchführung

	1979	1981	1983	1985
Zahl der landw. Betriebe insges.	850 147	789 492	785 729	739 820
darunter buchführende Betriebe in %	10,7	12,8	19,1	23,2
aufgrund steuerlicher Vorschriften	6,8	8,7	16,5	20,4
sonstiger Vorschriften	3,9	4,1	2,6	2,8

Stat. Bundesamt

Entwicklung der Brutto-Bodenproduktion (in 1 000 t Naturalwert)

Produkt	1965/66	1970/71	1975/76	1981/82[1])	1985/86
Brotgetreide	7 305	8 447	9 242	10 107	11 742
Futter- und Industriegetreide	6 582	8 851	12 013	12 719	14 172
Hülsenfrüchte	97	89	86	32	125
Kartoffeln	18 095	16 250	10 853	7 586	7 905
Zuckerrüben	10 696	13 458	19 078	24 380	20 813
Ölfrüchte	107	185	199	363	803
Klee und Luzerne	3 830	3 028	2 360	1 728	1 541
Wiesen und Weiden	37 696	41 727	40 507	37 441	37 526
Gemüse	2 227	2 712	1 809	1 930	2 251
Obst	2 357	3 502	3 115	1 563	2 776
Wein	504	989	924	716	540

[1]) Durch Änderung der Erhebungsgrundlagen sind die Angaben mit Vorjahren nicht voll vergleichbar.

Stat. Jahrb. d. BML

Brutto-Bodenproduktion und Nahrungsmittelproduktion (in 1 000 t Getreideeinheiten)

Erzeugnis	1965/66	1975/76	1981/82	1985/86
I. Brutto-Bodenproduktion				
für Nahrung und Futter	20 459	28 620	31 087	34 188
Sonderkulturen	1 687	2 353	1 744	1 934
Futterfrüchte	23 134	28 037	30 322	31 193
zusammen	45 280	59 010	63 153	67 315
II. Nahrungsmittelproduktion				(1984/85)
Brotgetreide	3 504	4 354	5 578	7 081
Industriegetreide	833	1 109	984	1 213
Kartoffeln	1 121	960	931	964
Zuckerrüben	1 910	3 431	4 677	3 804
Obst	560	727	371	799
Weinmost	504	924	716	799
Sonstige pflanzliche Erzeugnisse[1])	547	446	914	1 265
Pflanzliche Erzeugnisse zusammen	8 879	12 151	14 174	15 930
Rinder	8 902	12 069	13 426	14 851
Kälber	935	546	599	728
Schweine	11 736	14 339	16 153	16 477
Geflügel	780	1 369	1 973	1 800
Kuhmilch	14 706	16 492	18 636	18 537
Eier	2 868	3 525	3 100	3 201
Wolle	128	160	160	160
Sonstige tierische Erzeugnisse[2])	910	1 158	382	221
Tierische Erzeugnisse zusammen	40 965	49 627	54 435	55 981
Nahrungsmittel-produktion zusammen	49 844	61 778	68 609	71 911

[1]) Insbesondere Gemüse, Ölsaaten, Hopfen, Tabak

[2]) Schafe, Ziegen, Kaninchen sowie „Veränderungen des Viehbestandes"

Stat. Jahrb. d. BML

Futteraufkommen aus Inlandserzeugung

	1965/66	1970/71	1975/76	1980/81	1984/85
			1 000 t Getreideeinheiten		
von Marktfrüchten	10 331	12 640	14 283	13 713	14 891
aus Verarbeitung	1 382	1 614	2 084	2 319	2 407
von Futterfrüchten	12 377	24 146	25 319	24 803	26 658
von tier. Futtermitteln	2 450	2 020	1 666	2 106	2 377
Zusammen	35 540	40 450	43 352	42 941	46 333
			%		
von Marktfrüchten	29,1	31,3	33,1	31,9	32,1
aus Verarbeitung	3,9	4,0	4,8	5,4	5,2
von Futterfrüchten	60,1	59,7	58,6	57,8	57,6
von tier. Futtermitteln	6,9	5,0	3,8	4,9	5,1
Zusammen	100	100	100	100	100

Stat. Jahrb. d. BML

Verfütterte Mengen je Tier 1984/85 (in kg Getreideeinheiten)

Tierart	Getreide	Kraftfutter	Kartoffeln	Sonst. Hackfrüchte	Grünfutter u. Heu	Stroh	Milch	Insgesamt
Pferde	351	114	–	92	1 388	89	–	2 043
Rindvieh	192	373	–	140	1 477	17	78	2 277
Schafe	125	95	–	23	96	18	–	356
Ziegen	89	–	–	67	155	–	67	378
Schweine	442	176	15	24	9	–	17	683
Geflügel	35	22	0	1	–	–	0	58

Stat. Jahrb. d. BML

Großvieheinheiten (GV), Futterflächen und Viehbesatz

	1965/66	1970/71	1975/76	1981/82	1985/86
Gesamter Viehbestand in 1 000 GV	12 160	12 516	12 966	13 572	13 864
GV je 100 ha LF	88	92	97	111[2])	118
Gesamtfutterfläche in Mill. ha	7,91	7,50	7,50	7,07[2])	7,04
Futterfläche in ha je GV Rauhfutterfresser[1])	0,77	0,74	0,72	0,66[2])	0,63

[1]) Pferde, Rindvieh, Schafe, Ziegen

[2]) Durch Änderung der unteren Erfassungsgrenze in der Bodennutzungserhebung 1981 mit Vorjahren nicht voll vergleichbar

Stat. Jahrb. d. BML

Viehbestand[1]) und Viehbesatz

Tierart	1950	1960	1970	1980	1985
			1 000 Stück		
Pferde	1 570	710	253	382	370[2])
Rinder	11 149	12 867	14 026	15 069	15 627
darunter Milchkühe	5 734	5 797	5 593	5 469	5 451
Schweine	11 890	15 776	20 969	22 553	24 282
Schafe	1 643	1 035	843	1 179	1 296
Ziegen	1 347	352	50	.	.
Geflügel	51 801	63 982	101 545	87 139	74 995
darunter Hühner	48 064	60 034	98 601	84 260	71 057
Bienenvölker	1 576	1 416	984	.	.
			Stück je 100 ha LN/LF		
	(1951)				
Pferde	10,3	5,0	1,9	3,1	3,1[2])
Rinder	80,5	90,2	103,3	123,0	130,0
darunter Milchkühe	41,1	40,7	41,2	44,6	45,4
Schweine	96,3	110,7	154,4	184,1	202,0
Schafe	11,8	7,3	6,2	9,6	10,8
Ziegen	9,2	2,5	0,4	.	.
Geflügel	384	450	748	711	624
darunter Hühner	358	422	726	688	591

[1]) Jeweils Dezember-Zählung
[2]) 1984

Stat. Jahrb. d. BML

Verwendung von Vollmilch in Molkereien (in 1 000 t)

Verwendung	1960/61	1970/71	1975	1985
als Frischmilch	3 420	4 642	4 318	6 100
davon				
Trink- und Sterilmilch	2 441	2 818	2 285	2 679
Sahne und Sterilsahne	923	1 621	1 810	2 466
Sauermilch und Milchmischgetränke	56	203	223	955
als Werkmilch	11 309	13 551	15 098	17 650
davon				
Butter	9 080	10 409	11 287	10 885
Hart-, Schnitt- und Weichkäse	955	1 389	1 834	3 196
Speisequark und sonstige Frischkäse	170	294	310	558
Milchdauerwaren	1 010	1 300	1 344	1 707
sonstige Verwendung	94	159	323	1 305
Verwertete Milch insgesamt[1])	14 729	18 193	19 416	23 750
Frischmilch/Werkmilchverhältnis	23/77	26/74	22/78	26/74

[1]) einschl. aus Einfuhren/Ausfuhren

Stat. Jahrb. d. BML

Erzeugung und Verwendung von Kuhmilch

Gliederung	Einheit	1970	1980	1984	1985
Bestand an Milchkühen[1]	1 000 St.	5 752	5 460	5 676	5 547
Milchertrag je Kuh	kg	3 800	4 538	4 607	4 629
Milcherzeugung insgesamt	1 000 t	21 856	24 779	26 151	25 674
Fettgehalt der Milch	%	3,89	3,84	3,89	3,91
Milchfettleistung je Kuh	kg	144	175	179	181
Milchfetterzeugung insgesamt	1 000 t	831	952	1 018	1 004
Milchablieferung an Molkereien	1 000 t	18 371	22 948	24 304	23 637
Anteil an der Erzeugung	%	84,1	92,6	92,9	92,1
Milchverwendung beim Erzeuger	1 000 t	3 485	1 831	1 847	2 019
davon					
Verfütterung	1 000 t	1 425	1 010	1 104	1 281
Haushaltsverbrauch	1 000 t	1 063	580	743	738
Verarbeitung[2]	1 000 t	287	32		
Sonstige Verwendung[3]	1 000 t	687	205		

[1]) Im Jahresdurchschnitt
[2]) zu Butter, Quark, Käse
[3]) Deputat, Frischmilchverkauf

Stat. Jahrb. d. BML

Erzeugung von Schlachtvieh[1])

Gliederung	1980	1982	1983	1984	1985
			1 000 Stück		
Rinder	4 970	4 708	4 684	5 139	4 976
Kälber	667	628	647	708	708
Schweine	37 998	37 379	38 087	38 652	38 732
Schafe und Ziegen	1 362	1 269	1 323	1 339	1 322
Pferde	25	24	25	26	24
			1 000 t Schlachtgewicht		
Rinder	1 497	1 408	1 421	1 531	1 493
Kälber	73	69	74	83	83
Schweine	3 206	3 140	3 212	3 222	3 243
Schafe und Ziegen	32	27	29	28	27
Pferde	6	7	7	7	7
Geflügel	390	395	358	361	366
Innereien	312	300	305	317	315

[1]) In- und ausländische Tiere

Stat. Jahrb. d. BML

Erzeugung von Eiern

	1970	1980	1983	1984	1985
Jahresdurchschnitts-bestand an Legehennen in Mill. Stück	71,4	55,8	51,3	51,6	51,3
Legeleistung je Henne des Jahresdurchschnittsbestandes in Stück Eier	216	242	254	254	257
Gesamterzeugung brutto					
in Mill. Stück	15 377	13 480	13 033	13 080	13 150
in 1 000 t	900	809	782	785	789

Stat. Jahrb. d. BML

Verkaufserlöse nach Erzeugnissen[1])

Erzeugnis	1970	1980	1983 Mill. DM	1984	1985[2])	%
Getreide	2 331	5 431	5 879	6 204	5 558	10,0
Kartoffeln	960	841	1 237	954	738	1,3
Zuckerrüben	1 030	2 144	2 038	2 231	2 354	4,2
Gemüse	504	672	794	777	813	1,5
Obst	656	943	1 084	1 162	1 126	2,0
Weinmost	759	1 611	1 597	2 609	1 811	3,3
Blumen[3])	1 035	1 760	1 905	1 880	1 890	3,4
Pflanzl. Erzeugnisse	8 274	15 538	17 015	18 235	16 816	30,2
Rinder	5 082	8 846	9 769	9 716	9 112	16,4
Kälber	644	723	828	823	787	1,4
Schweine	6 911	10 055	10 735	10 937	10 638	19,1
Geflügel	564	1 026	997	1 090	1 099	2,0
Milch	6 984	13 314	16 541	15 722	15 087	27,1
Eier	1 785	2 122	1 852	2 028	1 845	3,3
Tierische Erzeugnisse	22 193	36 371	41 153	40 719	38 907	69,8
Landw. Erzeugnisse insgesamt	30 467	51 910	58 169	58 954	55 723	100

[1]) ohne Mehrwertsteuer
[2]) vorläufig
[3]) einschl. Zierpflanzen

Stat. Jahrb. d. BML

Vorleistungen der Landwirtschaft in jeweiligen Preisen[1]) (Mill. DM)

Vorleistung	1970	1980	1983	1984	1985[2])
Saatgut	420	1 005	1 290	1 340	1 401
Futtermittel	6 287	11 489	12 697	12 221	11 360
Düngemittel	2 234	4 467	4 564	4 486	4 671
Pflanzenschutzmittel	360	935	1 120	1 160	1 180
Energie	1 886	4 846	5 623	5 789	5 960
Vieh	39	220	249	262	246
Unterhaltung					
Wirtschaftsgebäude	525	870	1 145	1 140	1 175
Maschinen	2 005	3 325	3 765	3 790	3 876
Allgemeine Wirtschaftsausgaben	1 535	3 130	3 690	3 680	3 669
sonstige Vorleistungen	551	429	390	385	487
Insgesamt	15 842	30 716	34 533	34 253	34 025

[1]) ohne Mehrwertsteuer
[2]) vorläufig

Stat. Jahrb. d. BML

Fremdkapital und Zinsleistung in der Landwirtschaft

Gliederung	1970	1980	1983	1984	1985[1])
			Mill. DM		
Kredite insgesamt[2])	25 995	39 630	46 337	47 759	48 219
davon					
kurzfristige	6 865	9 926	11 897	12 016	12 147
mittelfristige	4 720	6 208	6 712	7 128	7 174
langfristige	14 440	23 496	27 728	28 615	28 898
			Anteile in %		
kurzfristige	26	25	26	25	25
mittelfristige	18	16	14	15	15
langfristige	56	59	60	60	60
			Mill. DM		
Zinsleistung[3])	1 541	3 180	3 669	3 724	.

[1]) vorläufig
[2]) Stand 30. Juni
[3]) Wirtschaftsjahr: 1970/71, 1980/81, 1983/84, 1984/85

Stat. Jahrb. d. BML

Aufwendungen der Landwirtschaft für Löhne und Handelsdünger (Mill. DM)

Aufwandart	1970/71	1980/81	1982/83	1983/84	1984/85[1])
Löhne[2])	1 923	2 595	2 790	2 756	2 888
Handelsdünger[3])	2 320	4 747	4 767	4 116	4 532
davon					
Stickstoff	1 184	2 607	2 612	1 945	2 320
Phosphat	675	1 300	1 261	1 248	1 303
Kali	413	679	694	703	726
Düngekalk	48	161	200	220	183

[1]) vorläufig — Stat. Jahrb. d. BML
[2]) Brutto-Barlöhne, Sozialversicherung (Arbeitgeberanteil) und Geldwert des Naturallohnes
[3]) Ohne Mehrwertsteuer. Einschl. Verpackungskosten und Kleinmengenzuschläge

Inlandserzeugung in Prozent des Gesamtverbrauchs an Nahrungs- und Futtermitteln[1])

Erzeugnis	1971/72	1980/81	1982/83	1983/84	1984/85
Weizen	93	108	109	99	106
Roggen	103	106	93	101	117
Sonstiges Getreide	74	82	89	81	93
Getreide insgesamt	84	107	106	99	107
Hülsenfrüchte	45	23	26	17	16
Kartoffeln	93	81	85	82	90
Zucker (Weißzuckerwert)	101	123	147	120	132
Gemüse	42	34	39	35	37
Obst	51	56	66	51	57
Fleisch	83	89	90	91	89
darunter					
Rindfleisch	89	111	114	122	116
Schweinefleisch	89	86	87	87	86
Geflügelfleisch	49	63	61	61	60
Fische (Fanggewicht)	72	47	41	44	31
Trinkmilch	100	102	103	103	104
Käse	75	95	96	97	102
Eier- und Eiererzeugnisse	85	71	72	73	73
Butter (Reinfett)	106	135	158	134	112
Pflanzl. Öle und Fette	.	14	21	23	28
Nahrungsmittel insgesamt					
mit Auslandsfutter	82	91	97	95	94
ohne Auslandsfutter	69	75	80	78	78

[1]) Selbstversorgungsgrad; Nachweis bei den tierischen Erzeugnissen für die Kalenderjahre: 1981, 1983, 1984 und 1985

Stat. Jahrb. d. BML

Anteil der Ernährungswirtschaft an der Ein- und Ausfuhr

Jahr	Ein-/Ausfuhr insgesamt	darunter Ernährungswirtschaft: Nahrungsmittel[1])	Genußmittel	insgesamt	
	Mill. DM				%
		Einfuhr			
1955	24 472	6 328	1 307	7 635	31,2
1960	42 723	9 607	1 639	11 246	26,3
1965	70 448	14 401	2 451	16 852	23,9
1970	109 606	18 023	2 901	20 924	19,1
1975	184 313	27 623	3 504	31 127	16,9
1980	341 380	36 610	6 753	43 363	12,7
1983	390 192	42 173	8 302	50 475	12,9
1986	413 744	44 809	9 941	54 750	13,2
		Ausfuhr			
1955	25 717	552	131	683	2,7
1960	47 946	891	200	1 091	2,3
1965	71 651	1 624	357	1 981	2,8
1970	125 276	3 755	625	4 380	3,5
1975	221 589	9 187	1 210	10 397	4,7
1980	350 328	15 839	2 632	18 471	5,3
1983	432 281	19 638	3 986	23 624	5,5
1986	526 363	22 276	5 044	27 320	5,2

[1]) einschl. lebende Tiere. Stat. Jahrb. f. d. Bundesrepublik Deutschland

Energie- und Nährwertgehalt des Nahrungsverbrauchs je Person und Tag

Jahr	Energiegehalt*) insgesamt	darunter tierischer Herkunft		Eiweiß insgesamt	darunter tierischer Herkunft		Reinfett	Kohlehydrate
	KJ*)		%	g	g	%	g	g
1970/71	13 207	5 201	39,4	84,9	55,9	65,8	143,7	352,1
1975/76	13 010	5 068	39,0	85,1	56,6	66,5	141,1	346,0
1980/81	13 555	5 490	40,5	89,4	60,6	67,8	151,7	349,1
1981/82	13 416	5 419	40,4	88,3	59,6	67,4	151,6	344,5
1982/83	13 593	5 448	40,1	88,7	59,8	67,4	151,6	352,2
1983/84	13 579	5 529	40,7	90,1	61,0	67,7	152,6	347,1
1984/85	13 898	5 647	40,6	91,5	61,6	67,3	154,2	360,8

[1]) KJ = Kilojoule. Stat. Jahrb. d. BML

Energiebedarf je Person und Tag (in Kilojoule)

	25 Jahre	45 Jahre	65 Jahre
Leichtarbeiter	9 200–10 900	8 400–10 000	7 500– 9 200
Mittelschwerarbeiter	11 700–13 400	10 900–12 500	10 000–11 700
Schwerarbeiter	14 200–15 900	13 400–15 000	12 500–14 700
Schwerstarbeiter	15 900–17 600	15 100–16 700	14 200–15 900

Durchschnittlicher Verbrauch von Nahrungsmitteln je Kopf und Jahr (in kg)[1])

Nahrungsmittel	1970/71	1975/76	1980/81	1983/84	1984/85
Getreideerzeugnisse (Mehlwert)	66,0	66,9	67,5	73,5	74,0
Kartoffeln	102,0	82,7	80,5	70,1	72,6
Zucker (Weißzuckerwert)	34,3	34,4	35,6	33,8	35,6
Gemüse	63,8	69,7	64,2	67,7	72,5
Frischobst	93,0	88,1	84,0	74,3	85,0
Zitrusfrüchte	31,3	38,1	28,2	29,1	26,3
Rindfleisch	22,4	22,6	21,8	20,8	21,4
Schweinefleisch	45,3	51,6	57,9	59,2	60,1
Geflügelfleisch	8,6	9,1	9,7	9,5	9,7
Fleisch insgesamt (o. Fett)	79,6	82,6	98,5	98,9	100,5
Fisch u. Fischerzeugnisse (in Fanggewicht)	11,4	9,7	10,8	12,1	11,9
Trinkvollmilch	92,5	84,4	85,2	87,1	88,0
Kondensmilch	7,7	7,0	6,4	5,9	5,8
Käse	10,2	12,1	14,1	15,1	15,8
Eier- und Eiererzeugnisse (Schaleneiwert)	16,3	17,0	17,2	16,7	17,0
Butter (in Reinfett)	7,0	.	7,1	7,0	7,6
Schlachtfette (in Reinfett)	6,4	6,3	6,4	6,5	6,6
Pflanzl. Öle und Fette, tierische Öle (in Reinfett)	13,2	13,2	13,9	13,8	13,2

[1]) Nachweis für die tierischen Erzeugnisse (ohne Fette) für 1980/81 = 1981, 1983/84 = 1984 und 1984/85 = 1985

Stat. Jahrb. d. BML

Verbrauch von Getränken und Genußmitteln je Kopf und Jahr

Erzeugnis	Einheit	1978	1980	1983	1984	1985
Bier	l	145,9	145,9	148,5	144,7	145,8
Trinkwein	l	20,6	20,7	22,0	21,5	20,8
Schaumwein	l	3,7	4,4	4,1	4,1	4,2
Spirituosen	l	7,9	8,0	6,5	6,4	6,4
Alkoholfreie Getränke[1])	l	118,4	131,6	151,4	148,4	156,4
Bohnenkaffee[2])	l	145,6	158,8	169,5	164,2	163,6
Tee[2])	l	38,3	48,2	48,4	50,6	49,0
Zigaretten	Stück	2 011	2 085	1 981	1 962	1 985
Pfeifentabak	g	28	28	29	29	27

[1]) Nur Mineralwasser (einschl. Quell- und Tafelwasser), Erfrischungsgetränke und Fruchtsäfte.

[2]) Bei einem Verbrauch von 35 g Röstkaffee je Liter bzw. 5 g Schwarztee je Liter.

Stat. Jahrb. d. BML

Monatliche Haushaltsausgaben[1]) und Anteile für Nahrungsmittel

Gliederung	1980	1984	1985
Haushaltstyp I[2])			
Private Ausgaben in DM	1 170,80	1 435,46	1 499,00
davon (in Prozent)			
Nahrungsmittel pflanzl. Ursprungs	11,7	11,5	10,8
Nahrungsmittel tierisch. Ursprungs	13,8	12,7	11,7
Nahrungsmittel zusammen[5])	28,1	27,4	25,8
Haushaltstyp II[3])			
Private Ausgaben in DM	2 443,15	2 848,76	2 864,85
davon (in Prozent)			
Nahrungsmittel pflanzl. Ursprungs	9,4	9,2	9,1
Nahrungsmittel tierisch. Ursprungs	10,7	9,5	9,2
Nahrungsmittel zusammen[5])	24,0	22,3	21,9
Haushaltstyp III[4])			
Private Ausgaben in DM	3 799,08	4 394,34	4 525,30
davon (in Prozent)			
Nahrungsmittel pflanzl. Ursprungs	7,2	7,3	7,3
Nahrungsmittel tierisch. Ursprungs	7,5	7,5	7,0
Nahrungsmittel zusammen[5])	19,0	18,6	18,4

Stat. Jahrbuch d. BML

[1]) Ergebnisse laufender Wirtschaftsrechnungen.
[2]) 2-Personenhaushalte mit geringen Einkommen (1985: unter 1900 DM Haushaltsbruttoeinkommen).
[3]) 4-Personenhaushalte mit mittleren Einkommen (1985: zwischen 2600 und 3950 DM).
[4]) 4-Personenhaushalte mit höheren Einkommen (1985: zwischen 5000 und 6850 DM).
[5]) einschl. Verzehr in Gaststätten.

Zusammensetzung der Nahrungs- und Genußmittelkäufe je Haushalt[1]) (in Prozent)

Gliederung	1983	1984	1985
Nahrungsmittel pflanzlichen Ursprungs	27,8	28,3	28,0
Nahrungsmittel tierischen Ursprungs	36,9	36,6	35,7
Verzehr in Gaststätten und Kantinen	14,1	13,9	14,2
Sonstige Nahrungsmittel und Fertiggerichte	7,0	6,9	7,3
Genußmittel	14,2	14,3	14,8

[1]) Nur Haushaltstyp II (siehe Fußnoten der vorstehenden Tabelle) Stat. Jahrbuch d. BML

Betriebe mit Anbau von Gartengewächsen zum Verkauf 1981 (in 1000)

Land Größenklasse der LF[1]	Insgesamt		Reine Gartenbaubetriebe[3]		Gartenbaubetriebe mit Landwirtsch.[1]		Landw. Betriebe mit Gartenbau I[5]		Landw. Betriebe mit Gartenbau II[6]	
	Betriebe	GN[2]	Betriebe	GN	Betriebe	GN	Betriebe	GN	Betriebe	GN
Schleswig-Holstein	2,43	10,61	1,54	6,17	0,14	0,87	0,16	1,10	0,59	2,46
Hamburg	1,65	3,15	1,58	2,91	0,03	0,17	0,01	0,04	0,03	0,02
Niedersachsen	8,47	26,12	5,75	16,84	0,47	2,17	0,53	2,38	1,73	4,73
Bremen	0,12	0,10	0,12	0,10	0,00	0,00	0,00	0,00	0,00	0,00
Nordrh.-Westfalen	8,36	20,40	6,87	14,46	0,48	1,98	0,38	1,96	0,64	2,00
Hessen	3,52	6,07	2,43	3,66	0,23	0,67	0,20	0,69	0,66	1,05
Rheinland-Pfalz	7,05	10,89	3,73	5,70	0,75	2,05	0,83	1,54	1,75	1,59
Baden-Württemberg	23,80	25,51	9,31	11,60	2,78	3,98	3,35	4,16	8,35	5,76
Bayern	1,44	13,89	5,27	7,68	0,86	1,54	1,00	1,42	4,30	3,24
Saarland	0,37	0,69	0,34	0,60	0,02	0,04	0,00	0,04	0,01	0,01
Berlin (West)	0,16	0,25	0,15	0,23	0,00	0,01	–	–	0,00	0,00
Bundesgebiet	67,37	117,67	37,08	69,97	5,75	13,48	6,48	13,35	18,06	20,87
davon:										
unter 0,5	13,43	3,27	12,67	3,10	0,34	0,08	0,17	0,04	0,24	0,05
0,5 – 1	10,03	5,26	8,09	4,66	0,75	0,26	0,52	0,15	0,67	0,19
1 – 2	8,73	7,57	6,17	6,49	0,80	0,43	0,72	0,31	1,04	0,34
2 – 5	10,36	15,13	5,23	11,68	1,37	1,39	1,28	0,96	2,47	1,11
5 – 7,5	4,86	9,96	1,62	6,85	0,69	1,21	0,83	0,95	1,72	0,95
7,5 – 10	3,52	7,91	0,85	4,91	0,44	1,11	0,59	0,88	1,63	1,01
10 – 20	8,50	24,26	1,59	14,48	0,84	3,21	1,30	2,83	4,77	3,75
20 und mehr	7,96	44,32	0,85	17,81	0,53	5,79	1,06	7,24	5,51	13,48

1) Landwirtschaftlich genutzte Fläche in ha.
2) Gärtnerisch genutzte Fläche in ha.
3) 75 % und mehr der Betriebseinnahmen aus Gartenbau.
4) 50 bis unter 75 % der Betriebseinnahmen aus Gartenbau.
5) 25 bis unter 50 % der Betriebseinnahmen aus Gartenbau.
6) Unter 25 % der Betriebseinnahmen aus Gartenbau.

Statistisches Bundesamt, Gartenbauerhebung 1981/82
(die nächste Gartenbauerhebung erfolgt 1991/92)

Verkaufserlöse und Produktionswert des Gartenbaues[1]) (in Mill. DM)

Gegenstand der Nachweisung	1975/76	1980/81	1983/84	1984/85	1985/86[2])
Verkaufserlöse					
Obst	922	1 052	1 072	1 202	1 098
Gemüse	630	746	793	822	749
Blumen und Zierpflanzen	1 700	1 730	1 910	1 850	1 770
Baumschul-erzeugnisse	825	1 310	1 240	1 070	1 040
Zusammen	4 077	4 838	5 015	4 944	4 657
Produktionswert					
Obst	1 933	2 220	2 293	2 687	2 480
Gemüse	918	1 132	1 194	1 192	1 073
Blumen und Zierpflanzen	2 050	2 195	2 415	2 360	2 275
Baumschul-erzeugnisse	825	1 310	1 240	1 070	1 040
Zusammen	5 726	6 857	7 142	7 309	6 868
Landwirtschaft (einschl. Gartenbau)	48 990	55 946	62 713	61 279	59 242
darunter Gartenbau in %	11,7	12,3	11,4	11,9	11,6

[1]) Ohne Mehrwertsteuer. [2]) Vorläufig. Agrarberichte der Bundesregierung

Gartenbaubetriebe in Verbindung mit Handels- und Dienstleistungsbetriebsteilen 1981

Betriebe mit	Betriebe Anzahl	Gärtnerische Nutzfläche ha
Handels- und Dienstleistungs-betriebsteilen insgesamt	10 968	15 097
Friedhofsgärtnerei	4 733	2 985
Blumengroßhandel	517	715
Blumeneinzelhandel	7 039	4 852
Garten- und Landschaftsbau	2 381	4 929
andere Handels- oder Dienstleistungen	2 783	6 726

Statistisches Bundesamt – Gartenbauerhebung 1981/82
(nächste Gartenbauerhebung erfolgt 1991/92)

Gartenbaubetriebe nach Schwerpunkten und Sparten (in 1000)

Gegenstand der Nachweisung	1972[1]) Betriebe Anzahl	1972[1]) Betriebe %	1972[1]) GN[3]) ha	1972[1]) GN[3]) %	1981[1]) Betriebe Anzahl	1981[1]) Betriebe %	1981[1]) GN[3]) ha	1981[1]) GN[3]) %
Schwerpunkt Erzeugung	56,99	.	86,11	.	39,41	92,0	80,76	96,8
davon:								
Obstbau	19,18	33,6	33,66	39,1	13,60	31,7	30,31	36,3
Gemüsebau	15,39	27,0	24,07	28,0	8,59	20,1	19,36	23,2
Zierpflanzenbau	13,40	23,5	7,80	9,1	8,73	20,4	6,44	7,7
Baumschulen	3,18	5,6	12,70	14,7	2,58	6,0	14,52	17,4
Mehrspartenbetriebe[4])	5,85	10,3	7,87	9,1	5,91	13,8	10,13	12,2
Schwerpunkt Handel und Dienstleistung	.	.	.	.	3,42	8,0	2,69	3,2
Gartenbetriebe insges.	56,99	100	86,11	100	42,83	100	83,45	100

[1]) Betriebe mit 70 % und mehr der gartenbaulichen Verkaufserlöse aus der jeweiligen Sparte (HPS = Hauptproduktionssparte). [2]) Betriebe mit mehr als 50 % der Betriebseinnahmen aus der jeweiligen Sparte. [3]) Gärtnerische Nutzfläche. [4]) Einschließlich Samenbau. Statistisches Bundesamt, Gartenbauerhebung 1981/82 (nächste Gartenbauerhebung erfolgt 1991/92)

Unterglasflächen in Betrieben mit Anbau von Gartengewächsen

Größenklasse der gärtnerischen Nutzfläche von . . . bis unter . . . ha	1972 Betriebe (in 1000) Anzahl	1972 Unterglasfläche ha	1981 insgesamt Betriebe (in 1000) Anzahl	1981 insgesamt Unterglasfläche ha	1981 davon genutzt mit ausschließlich Gemüse ha	1981 davon genutzt mit ausschließlich Zierpflanzen ha	1981 davon genutzt mit Gemüse im Wechsel mit Zierpflanzen ha	1981 davon genutzt mit Baumschulkulturen ha	1981 davon genutzt mit sonstige Nutzung[1]) ha
unter 0,25	5,66	348,7	4,70	324,1	30,0	252,9	36,4	1,5	3,4
0,25 – 0,50	5,00	576,4	3,97	561,8	50,0	437,1	67,9	3,5	3,3
0,50 – 1,00	5,44	887,5	4,05	840,9	100,2	631,7	94,8	9,0	5,3
1,00 – 2,00	4,13	776,3	3,19	759,0	167,7	481,0	95,5	10,7	4,1
2,00 – 3,00	1,63	303,7	1,25	305,9	89,0	171,4	30,0	12,3	3,1
3,00 – 5,00	1,40	228,0	1,20	292,5	108,0	140,4	27,0	15,9	1,1
5,00 – 10,00	0,77	154,1	0,83	193,0	86,4	65,0	16,4	23,7	1,5
10,00 und mehr	0,38	129,1	0,48	216,4	78,9	76,9	11,2	43,6	5,7
insgesamt	24,41	3 403,7	19,66	3 493,6	710,3	2 256,4	379,2	120,2	27,5

[1]) Einschließlich Gemüse- und Blumensamen. Statistisches Bundesamt, Gartenbauerhebung 1981/82 (nächste Gartenbauerhebung erfolgt 1991/92)

Anbauflächen und Erntemengen von Freilandgemüse in den Bundesländern

Land	Ø 1980/85	1985	1986	Zu- u. Abnahme gegenüber 1980/85 in % 1985	1986
		Anbaufläche in ha			
Bundesgebiet	45 997	48 771	48 110	+ 6,0	+ 4,6
Schleswig-Holstein	4 724	5 823	5 343	+23,2	+13,1
Hamburg	831	834	780	+ 0,4	− 6,2
Niedersachsen	9 082	9 727	9 439	+ 7,1	+ 3,9
Nordrhein-Westfalen	11 297	11 853	11 571	+ 4,9	+ 2,4
Hessen	3 527	3 688	3 947	+ 4,6	+11,9
Rheinland-Pfalz	4 772	4 839	5 154	+ 1,4	+ 8,0
Baden-Württemberg	5 905	5 903	6 026	−	+ 2,0
Bayern	5 586	5 825	5 570	+ 4,3	− 0,3
Saarland	212	213	223	−	+ 5,2
		Erntemenge in 1 000 t			
Bundesgebiet	1 133,3	1 321,0	1 295,8	+16,6	+14,3
Schleswig-Holstein	239,9	303,6	313,0	+26,6	+30,4
Hamburg	17,5	18,2	17,1	+ 4,0	− 2,3
Niedersachsen	152,3	195,4	177,4	+28,3	+16,5
Nordrhein-Westfalen	218,4	247,8	234,1	+13,5	+ 7,1
Hessen	97,3	106,5	114,2	+ 9,5	+17,4
Rheinland-Pfalz	118,1	133,8	138,4	+13,3	+17,2
Baden-Württemberg	150,7	163,3	156,2	+ 8,4	+ 3,6
Bayern	134,5	147,1	140,7	+ 9,4	+ 4,6
Saarland	3,4	3,7	3,6	+ 8,9	+ 5,9

Stat. Bundesamt

Anbau und Ertrag von Gemüse in Unterglasanlagen[1])

Gemüseart	1980/81 ha	kg/m²	1983/84 ha	kg/m²	1984/85 ha	kg/m²	1985/86 ha	kg/m²
Kopfsalat	204	4,0	217	4,0	204	4,1	184	4,3
Kohlrabi	138	4,0	133	4,1	130	3,9	136	3,9
Gurken	182	13,3	174	15,1	174	13,5	167	15,2
Tomaten	225	8,1	211	8,8	206	8,2	188	9,6
Rettich	166	4,1	116	4,6	109	4,3	109	4,3
Radies	121	2,4	97	2,7	87	2,6	74	2,4
Sonst. Arten	298	2,6	325	2,5	365	2,6	364	2,8
Zusammen	1 334	5,5	1 273	5,9	1 274	5,5	1 222	6,0

[1]) Verkaufsanbau, Wirtschaftsjahr April/März.

Stat. Bundesamt

Anbau und Ertrag von Freilandgemüse[1])

Gemüseart	1980/81		1983/84		1984/85		1985/86	
	ha	dt/ha	ha	dt/ha	ha	dt/ha	ha	dt/ha
Kopfkohl zusammen	9 123	416,7	9 477	419,8	10 562	472,3	11 429	502,7
davon								
Weißkohl	5 536	476,3	5 850	481,6	6 657	543,5	6 844	579,8
Rotkohl	2 055	373,8	2 143	375,5	2 343	417,7	2 910	449,2
Wirsingkohl	1 532	258,3	1 484	240,0	1 562	257,7	1 675	281,1
Grünkohl	1 082	147,2	664	148,8	787	166,4	1 144	193,3
Rosenkohl	613	109,7	419	107,3	447	119,4	424	134,3
Blumenkohl	3 704	222,2	3 606	223,8	3 259	231,0	3 386	233,6
Kohlrabi	1 292	211,4	1 385	217,4	1 481	223,3	1 532	247,7
Kopfsalat	3 689	190,4	3 837	189,1	3 796	192,1	3 495	198,3
Spinat	2 750	140,9	2 957	140,8	2 843	146,6	2 799	145,7
Möhren	2 774	336,2	2 979	337,0	3 539	362,3	3 659	395,1
Sellerie	1 337	263,7	1 255	256,0	1 392	272,0	1 586	296,7
Porree (Lauch)	1 485	224,0	1 561	218,7	1 651	238,4	1 488	261,1
Spargel (ertragfähig)	3 231	31,2	3 357	31,9	3 750	31,0	3 929	35,2
Frischerbsen	3 296	42,7	2 880	49,4	3 584	47,3	3 206	52,8
Pflückbohnen	3 877	88,9	3 622	100,1	3 526	104,6	3 664	111,6
Dicke Bohnen	1 016	104,4	741	140,5	872	140,1	1 004	51,0
Gurken	1 288	167,1	1 110	240,4	1 090	173,8	1 194	241,7
Tomaten	214	301,5	163	457,8	147	280,7	117	403,0
Spargel (nicht ertragfähig)	623	.	761	.	800	.	774	.
Freilandgemüse insgesamt	46 737	214,8	47 093	229,5	51 951	246,0	54 148	265,6
darunter								
Feingemüse	21 221	151,6	23 982	141,3	26 511	147,7	26 599	160,0
Grobgemüse	20 436	281,8	16 884	348,9	20 231	382,7	22 206	403,4
andere Gemüsearten	4 457	203,2	5 465	247,8	4 413	209,4	4 604	209,4

[1]) Verkaufsanbau, Wirtschaftsjahr April/März.

Stat. Bundesamt

Zahl der Obstbäume[1]) (in 1 000 St.)

Obstart	1965	1972	1977	1986 insgesamt	1986 Marktobstbau	1986 übriger Anbau
Äpfel	49 750	46 809	47 176	46 356	16 574	29 782
Birnen	14 248	13 053	12 923	12 221	934	11 286
Süßkirschen	6 000	5 227	5 159	4 831	721	4 110
Sauerkirschen	5 668	5 951	5 918	6 292	2 506	3 786
Pflaumen/ Zwetschen	20 181	16 938	16 891	16 025	957	15 068
Mirabellen/ Renekloden	2 017	1 731	1 730	1 662	75	1 587
Aprikosen	328	232	220	180	13	167
Pfirsiche	2 870	2 351	2 298	2 079	57	2 021
Walnüsse	910	786	785	738	8	731
Erdbeeren[2])	.	3 100	3 400	4 948	.	.

[1]) z. T. fortgeschriebene Zahlen der Obstbaumzählung 1965.
[2]) Anbauflächen in ha.

Stat. Jahrb. d. BML

Obsterzeugung[1]) in den 10 EG-Ländern (in 1 000 t)

Land	1970	1975	1980	1983	1984	1985
BR Deutschland	3 502	3 058	3 263	2 611	3 262	2 694
Frankreich	3 813	2 969	3 355	3 111	3 704	3 472
Italien	9 935	9 678	9 976	11 562	10 058	9 944
Niederlande	739	720	759	581	604	383
Belgien	432	353	445	359	355	346
Luxemburg	17	14	10	5	6	7
Vereinigtes Königreich	782	536	568	529	549	492
Irland	.	24	16	12	15	16
Dänemark	160	109	86	75	81	73
Griechenland	.	2 434	3 068	3 355	3 375	3 310
EG-10	.	19 894	21 537	22 255	22 009	20 737

[1]) Unterschiedliche Erhebungsgrundlagen der geernteten Erzeugung in den EG-Ländern; Eigenverbrauch geschätzt.

Stat. Jahrb. d. BML

Obsterträge

Obstart	Ertrag je Baum oder Strauch (in kg) 1970	1976	1978	1981	1983	1985
Äpfel	32,7	31,8	37,9	16,9	28,3	30,4
Birnen	38,6	29,7	29,0	21,6	31,1	27,4
Süßkirschen	34,7	23,7	29,7	10,5	33,7	28,1
Sauerkirschen	19,4	15,0	18,1	11,1	17,5	17,9
Pflaumen und Zwetschen	24,8	25,1	28,1	9,4	21,6	27,9
Mirabellen und Renekloden	21,8	15,4	21,6	9,4	19,7	20,1
Aprikosen	17,7	6,2	13,6	6,2	8,3	9,7
Pfirsiche	16,2	7,3	15,4	5,0	13,3	8,7
Walnüsse	16,3	11,2	11,9	3,4	13,0	9,7
Johannisbeeren	3,1	2,6	3,1	2,4	3,4	3,3
Stachelbeeren	3,2	2,8	3,3	2,6	2,6	3,5
Himbeeren[1])	1,8	1,4	1,6	1,4	1,8	1,9
Erdbeeren[2])	76,5	66,3	91,9	82,5	95,4	96,1

[1]) kg/m^2
[2]) dt/ha

Stat. Bundesamt

Verwendung der Obsternte 1985

Obstart	Eigenverbrauch der Erzeuger 1 000 t	%[1])	Verkauf als Eßobst 1 000 t	%[1])	Verkauf als Verwertungsobst 1 000 t	%[1])	Nicht abgeerntete Mengen 1 000 t	%[1])
Äpfel	601,8	43	491,6	35	289,9	20	26,4	2
Birnen	179,9	59	58,4	18	67,2	20	11,4	3
Süßkirschen	76,0	56	34,2	25	18,4	14	7,3	5
Sauerkirschen	58,4	52	11,3	12	39,6	35	3,4	1
Pflaumen und Zwetschen	249,8	56	90,7	20	73,7	16	33,6	8
Mirabellen und Renekloden	23,0	69	5,0	15	5,4	16	–	–
Aprikosen	1,3	74	0,3	17	0,2	9	–	–
Pfirsiche	12,7	70	3,8	21	1,7	9	–	–
Walnüsse	5,6	79	1,3	18	0,2	3	–	–
Johannisbeeren	92,8	73	12,4	10	21,7	17	–	–
Stachelbeeren	57,0	75	7,6	10	11,0	15	–	–
Himbeeren	19,9	79	2,7	11	2,6	10	–	–
Obst zusammen[2])	1 396,1	51	719,4	26	531,7	20	81,1	3

[1]) In % der Ernte.
[2]) Ohne Erdbeeren.

Stat. Jahrb. d. BML

Gartenbaubetriebe der Sparte Baumschulen 1981

Land / Größenklasse der GN[1]) in ha	Betriebe der Sparte Baumschulen insgesamt		Betriebe mit Obstgehölzen		Betriebe mit Ziergehölzen		Betriebe mit Forstpflanzen		Betriebe mit 75 und mehr % der Betriebseinnahmen aus Baumschulen	
	Anzahl	GN	Anzahl	Fläche	Anzahl	Fläche	Anzahl	Fläche	Anzahl	%[2])
Schlesw.-Holstein	561	3 785	69	119	462	2 371	244	1 243	487	86,8
Hamburg	19	163	4	2	19	156	3	2	12	63,2
Niedersachsen	668	3 045	107	109	609	2 291	133	559	569	85,2
Bremen	6	6	2	0	6	5	1	1	5	83,3
Nordrh.-Westfalen	438	3 111	113	233	380	2 007	124	706	387	88,4
Hessen	209	641	54	85	197	428	24	89	146	69,9
Rheinland-Pfalz	88	623	36	56	78	304	23	225	57	64,8
Baden-Württ.	325	1 611	139	250	270	899	62	341	213	65,5
Bayern	239	1 374	104	100	208	825	63	412	155	64,9
Saarland	18	96	9	13	17	60	4	21	15	83,3
Berlin (West)	11	61	4	0	11	60	1	0	7	63,6
Bundesgebiet	2 582	14 517	641	968	2 257	9 405	682	3 600	2 053	79,5
davon:										
unter 0,15	14	1	2	0	10	1	5	0	12	85,7
0,15– 0,25	76	15	5	0	62	11	19	3	69	90,8
0,25– 0,50	201	70	19	3	162	50	52	14	177	88,1
0,50– 1,00	328	225	52	14	278	166	66	31	276	84,1
1,00– 2,00	474	652	102	45	430	500	97	83	361	76,2
2,00– 3,00	332	789	90	78	291	564	78	113	254	76,5
3,00– 5,00	427	1 643	124	125	385	1 199	113	264	336	78,7
5,00–10,00	377	2 562	134	213	337	1 835	110	422	284	75,3
10,00 und mehr	353	8 558	113	489	302	5 080	142	2 671	284	80,5

1) Gärtnerische Nutzfläche.
2) Anteil an den Betrieben der Sparte Baumschulen insgesamt.

Statistisches Bundesamt, Gartenbauerhebung 1981/82
(nächste Gartenbauerhebung erfolgt 1991/92)

Zahl der Baumschulen und Flächen

Gegenstand der Nachweisung	1970	1975	1980	1983	1985	1986
Betriebe	.	4 272	4 424	4 369	4 188	4 129
Baumschulflächen (in ha)						
Obstgehölze	1 311	951	1 189	1 158	1 245	1 318
Ziergehölze	7 360	9 126	10 739	10 821	10 648	10 817
Forstpflanzen	2 324	2 989	3 098	2 808	2 765	2 706
Sonstige Flächen	2 656	2 768	3 378	3 890	4 331	4 589
Insgesamt	13 651	15 834	18 404	18 680	18 985	19 427

Statistisches Bundesamt

Buchführungsergebnisse der Baumschulen

Gegenstand der Nachweisung[1]	1974/75	1978/79	1980/81	1982/83	1985/86
Arbeitskräfte (AK/Betrieb)	4,15	4,49	5,02	4,75	4,83
Nichtentlohnte Familienarbeitskräfte (FAK/Betrieb)	1,34	1,23	1,18	1,19	1,30
Grundfläche (ha GG/Betrieb)	3,90	4,34	4,32	3,52	3,99
Unternehmensertrag (DM/Unternehmen)	241 287	322 431	420 244	378 790	375 789
Unternehmensaufw. (DM/Unternehmen)	160 292	235 867	347 837	311 709	310 995
Gewinn (DM/FAK)	60 501	70 110	61 171	56 411	49 797
Gewinn (DM/Unternehmen)	80 994	86 570	72 407	67 081	64 795
Düngemittelaufwand (DM/ha GG)	1 554	1 687	1 937	2 399	1 817
Pflanzenschutzaufwand (DM/ha GG)	380	379	302	371	320
Energieaufwand[2] (DM/ha GG)	.	1 576	1 571	2 344	2 000
Nettoinvestitionen (DM/ha GG)	5 563	4 663	4 253	3 571	7 120
Bilanzvermögen (DM/Unternehmen)	352 807	427 476	464 366	456 784	441 686
Umlaufvermögen (DM/Unternehmen)	112 091	109 679	141 461	120 469	142 845

[1]) AK = Arbeitskräfte, FAK = Familienarbeitskräfte, GG = Grundfläche der Gartengewächse.
[2]) Heizstoffe, Strom, Wasser, Treib- und Schmierstoffe.

Agrarberichte der Bundesregierung

Landwirtschaft der Europäischen Gemeinschaft[1]) (EG 12)

EG 12	Belgien	Däne-mark	BR Deutsch-land	Griechen-land	Spanien	Frank-reich	Irland	Italien	Luxem-burg	Nieder-lande	Portu-gal	Vereinigt. König-reich
Allgemeines 1986												
Gesamtfläche (in 1 000 ha)												
225 575	3 052	4 308	24 869	13 196	50 477	54 909	7 028	30 128	259	3 729	9 207	24 414
Bevölkerung (in 1 000 Personen) (1985)												
322 523	9 859	5 116	61 020	9 950	38 710	55 282	3 537	57 199	367	14 529	10 185	56 769
Einwohner/km² Gesamtfläche												
143	323	119	245	75	77	101	119	190	142	390	111	233
Einwohner/100 ha landw. genutzter Fläche												
250	701	182	513	173	142	176	62	327	288	718	225	307
Erwerbstätige (in 1 000)												
122 078	3 608	2 556	25 257	3 601	10 814	20 965	1 062	20 614	164	5 135	4 063	24 239
Erwerbstätige in der Land- und Forstwirtschaft, Fischerei (in 1 000)												
10 108	103	182	1 345	1 026	1 742	1 536	168	2 242	7	248	890	619
Anteil der Erwerbstätigen an der Bevölkerung (in Prozent)												
37,9	36,6	50,0	41,4	36,2	27,9	37,9	30,0	36,0	44,7	35,3	39,9	42,7
Anteil der Erwerbstätigen in der Land- und Forstwirtschaft, Fischerei an den Erwerbstätigen insgesamt (in Prozent)												
8,3	2,9	7,1	5,3	28,5	16,1	7,3	15,8	10,9	4,3	4,8	21,9	2,6
Bruttoinlandsprodukt[2]) (in Mrd. ECU[3])) (1985)												
3 314,2	104,5	76,4	826,4	42,8	216,2	674,8	24,1	556,5	4,7	165,3	27,3	595,0
Anteil der Landwirtschaft am Bruttoinlandsprodukt (in Prozent) (1985)												
3,1[4])	2,5	5,0	1,8	16,4	5,6	3,7	10,2	4,6	2,5	4,1	.	1,8

[1]) Angaben des Statistischen Amtes der Europäischen Gemeinschaft (Eurostat), die Schätzwerte und vorläufige Angaben enthalten.
[2]) zu Marktpreisen und jeweiligen Wechselkursen [3]) Währungseinheit der EG [4]) EG-10 (ohne Spanien und Portugal)

EG 12	Belgien	Däne-mark	BR Deutsch-land	Griechen-land	Spanien	Frank-reich	Irland	Italien	Luxem-burg	Nieder-lande	Portu-gal	Vereinigt. König-reich
Betriebsgrößenstruktur 1985[1]) (Betriebe in 1 000; Fläche in 1 000 ha LF)												
Landw. Betriebe von 1 bis unter 5 ha LF												
2 275,8	22,8	1,8	210,8	491,7	849,5	180,8	35,2	1 272,8	0,8	29,2	272,4	29,9
Fläche												
5 459,6	59,3	5,7	543,3	1 213,9	2 007,0	471,2	99,6	2 907,2	2,1	76,5	581,6	80,7
Landw. Betriebe von 5 bis unter 10 ha LF												
826,1	15,2	15,4	128,2	138,0	274,2	122,2	34,7	318,1	0,4	22,9	43,9	30,2
Fläche												
5 824,1	111,1	113,1	932,3	931,7	1 894,7	895,2	260,5	2 187,5	2,9	167,8	300,7	222,1
Landw. Betriebe von 10 bis unter 20 ha LF												
750,9	20,8	24,1	157,4	53,1	183,1	193,2	63,8	168,1	0,5	32,2	18,3	37,7
Fläche												
10 713,2	302,8	349,6	2 291,6	702,0	2 522,9	2 836,9	923,9	2 287,3	7,7	465,5	247,6	545,8
Landw. Betriebe von 20 bis unter 50 ha LF												
816,9	19,0	35,9	170,1	18,1	132,8	317,5	66,8	92,7	1,3	31,9	8,7	63,6
Fläche												
25 456,1	570,6	1 133,3	5 190,7	507,8	4 070,2	10 139,7	2 037,3	2 784,5	40,7	951,9	261,5	2 094,2
Landw. Betriebe mit 50 ha LF und mehr												
367,4	4,3	14,1	37,3	4,6	84,4	160,8	19,6	40,0	1,0	4,6	6,2	81,1
Fläche												
40 180,5	329,9	1 232,6	2 907,4	642,7	12 881,4	14 103,7	1 674,2	4 982,0	66,6	357,8	1 723,6	13 883,6
Landw. Betriebe zusammen												
5 038	82	91	704	706	1 524	975	220	1 892	4	121	350	243
Fläche												
87 633,5	1 373,7	2 834,3	11 865,3	3 998,1	23 376,2	28 446,2	4 995,6	15 148,5	125,9	2 019,5	3 115,0	16 826,5
Fläche je Betrieb in ha												
17,4	16,8	31,1	16,9	5,7	15,3	29,2	22,7	8,0	31,4	16,7	8,9	69,2

[1]) Aufgrund methodischer Unterschiede ist die Vergleichbarkeit eingeschränkt. Angaben für Spanien aus 1983, für Portugal aus 1979/80.

EG 12	Belgien	Däne-mark	BR Deutsch-land	Griechen-land	Spanien	Frank-reich	Irland	Italien	Luxem-burg	Nieder-lande	Portu-gal	Vereinigt. König-reich
Arbeitskräfte 1984 und Maschinen 1985												
Familienarbeitskräfte (in 1 000 Personen)												
12 535[3])	158	161	1 689	2 123	.	2 076	387	5 178	10	264	.	499
Arbeitskräfte insgesamt (in 1 000 JAE)[1])												
6 967[3])	112	140	946	863	.	1 658	276	2 158	8	243	.	562
Fläche je JAE[1])-Arbeitskraft (in ha LF)												
12,7[3])	12,5	20,3	12,9	4,0	.	17,3	18,2	7,4	16,4	8,3	.	30,0
Schlepper (in 1 000)												
5 584,6[3])	114,3	166,3	1 483,0	248,4[2])	.	1 488,0	150,0	1 227,1	8,9	183,4	.	515,2
Schlepper je 1 000 ha LF												
63[3])	82	58	124	27[2])	.	47	26	70	71	91	.	28
Mähdrescher (in 1 000)												
444,8[3])	7,7	34,6	139[4])	6,5[2])	.	153,7	5,2[2])	38[2])	1,6	4	.	54,5
Mähdrescher je 1 000 ha Getreidefläche												
13[3])	20	21	28	4[2])	.	16	12[2])	7[2])	46	22	.	14
Melkmaschinen (in 1 000)												
.	41	.	.	.	.	409	20,2[5])	119,5[2])	2,5	.	.	.
Melkmaschinen je 1 000 Milchkühe												
.	41	.	.	.	.	54	14[5])	39[2])	35	.	.	.
Handelsdüngerverbrauch 1984/85[6])												
Stickstoffdünger (in 1 000 t Reinnährstoff)												
9 260	186	398	1 452	413	907	2 337	328	974	16	505	164	1 580
kg/ha LF												
72	130	140	122	45	33	74	57	56	125	249	36	85
Phosphatdünger (in 1 000 t Reinnährstoff)												
4 611	102	111	732	176	446	1 579	152	626	5	89	124	469
kg/ha LF												
36	71	39	61	19	16	50	27	36	39	44	27	25
Kalidünger (in 1 000 t Reinnährstoff)												
4 747	123	150	988	46	291	1 863	197	352	7	125	64	541
kg/ha LF												
37	86	53	82	5	11	59	34	20	55	62	14	29

[1]) 1 JAE = Arbeitsleistung einer vollzeitlich im Betrieb beschäftigten Person [2]) 1982 [3]) EG-10 (ohne Spanien und Portugal) [4]) 1984 [5]) 1980 [6]) vorläufig

EG 12	Belgien	Däne-mark	BR Deutsch-land	Griechen-land	Spanien	Frank-reich	Irland	Italien	Luxem-burg	Nieder-lande	Portu-gal	Vereinigt. König-reich
Bodennutzung 1987 (in 1 000 ha)												
Ackerland												
67 803[1])	746	2 592[1])	7 233	2 925[1])	15 651[1])	17 735[1])	1 062[1])	9 061[1])	56	876[1])	2 906	6 861
Dauergrünland												
49 022[1])	625	219[1])	4 440	1 789[1])	6 645	12 100	4 612[1])	4 944[1])	70	1 108	761	11 567
Dauerkulturen												
11 798[1])	14	12[1])	181	1 040[1])	4 917[1])	1 300	2[1])	3 359[1])	2	36	865[1])	61
Landw. genutzte Fläche												
129 023[1])	1 406	2 823[1])	11 891	5 741[1])	27 213[1])	31 418[1])	5 676[1])	17 445[1])	127	2 024[1])	4 532[1])	18 505
Waldfläche												
53 420	617	493	7 360	5 755	12 511	14 620	327	6 097	82	293	2 968	2 297
Gewässer												
3 570	27	70	440	312	534	613	139	721	1	337	44	328
Sonstige Flächen												
39 562[1])	1 001	922[1])	5 175	1 388[1])	10 219[1])	8 258[1])	886[1])	5 865[1])	48	1 075[1])	1 663[1])	3 284
Gesamtfläche												
225 575	3 052	4 308	24 869	13 196	50 477	54 909	7 028	30 128	259	3 729	9 207	24 414
Getreide insgesamt												
35 384[1])	354	1 588[1])	4 689	1 408	7 703	9 284	356	4 473	34	176	979	3 941
Weizen (Hart- und Weichweizen, einschl. Spelz)												
15 814	192	409	1 679	868	2 175	4 952	46	3 078	8	110	306	1 992
Roggen- und Wintermenggetreide												
1 018	5	134	419	11	227	85	.	8	1	6	116	7
Gerste												
12 397	123	1 100	1 837	263	4 377	1 994	286	430	17	50	84	1 836
Hafer- und Sommermenggetreide												
1 986[1])	19	25[1])	548	38	378	386	24	180	8	9	196	105
Körnermais												
3 705	9	.	191	226	526	1 716	.	760	.	.	277	.

[1]) 1986

EG 12	Belgien	Däne-mark	BR Deutsch-land	Griechen-land	Spanien	Frank-reich	Irland	Italien	Luxem-burg	Nieder-lande	Portu-gal	Vereinigt. König-reich
Bodennutzung 1987 (in 1 000 ha)												
Reis												
320	.	.	.	18	79	12	.	180	.	.	31	
Hülsenfrüchte												
1 659[1])	6	145[1])	105	43[1])	428	503	2[1])	162	.	48	270[1])	210
Kartoffeln												
1 461[1])	54	31[1])	200	56[1])	307	198	31[1])	110	1	167	137	178
Zuckerrüben												
1 856	104	69	375	40	184	445	38	270	.	127	1	203
Futterrüben												
379[1])	14	117[1])	87	.	16[1])	105[1])	7[1])	12[1])	.	2	.	13
Ölsaaten												
3 819[1])	5	230[1])	430	313[1])	1 095	1 793	6	375	1	10	42[1])	391
Ernteerträge 1987 (in dt/ha)												
Weichweizen und Spelz												
50,2[1])	57,5	61,5[1])	58,4	26,4	25,8	58,8	69,1	39,1	41,8[1])	70,9	16,8[1])	69,7[1])
Hartweizen												
25,8[1])	.	60,0[1])	46,7	23,2	29,6	46,5	.	23,1	.	.	16,7[1])	65,0[1])
Roggen												
29,9[1])	42,9	45,1[1])	42,6	18,8	14,1	35,3	.	25,0	34,4[1])	44,1	7,8[1])	46,4[1])
Gerste												
36,9[1])	52,9	47,2[1])	46,7	23,5	21,6	53,8	51,0	34,3	35,7[1])	53,8	10,7[1])	52,2[1])
Hafer												
29,3[1])	44,3	44,0[1])	42,8	12,0	13,2	40,3	45,8	18,6	32,9[1])	53,7	7,7[1])	52,1[1])
Körnermais												
64,2	65,0	.	50,6	.	64,5	65,9	.	73,4	.	50,0	22,9[1])	
Reis												
58,4[1])	.	.	.	63,7	61,8	43,8	.	59,4	.	.	49,4	.
Bohnen												
.	31,1[1])	.	38,1[1])	18,3[1])	8,2	32,3	.	13,9	23,6[1])	43,2[1])	2,8[1])	38,5[1])

[1]) 1986

EG 12	Belgien	Däne-mark	BR Deutsch-land	Griechen-land	Spanien	Frank-reich	Irland	Italien	Luxem-burg	Nieder-lande	Portu-gal	Vereinigt. König-reich
Ernteerträge 1987 (in dt/ha)												
						Kartoffeln						
268,5[1])	355,5	364,2[1])	352,4[1])	174,8[1])	176,4	330,0	203,0	195,8	315,0[1])	410,6[1])	85,0[1])	360,3[1])
						Zuckerrüben						
504,1[1])	590,0	456,4[1])	518,8[1])	580,5[1])	413,8	600,0	344,3[1])	503,0	400,0[1])	559,7[1])	400,0	404,0[1])
						Grünmais						
.	508,4[1])	354,8[1])	479,7[1])	128,6[1])	360,3[1])	377,2[1])	.	473,8[1])	450,0[1])	544,0[1])	.	396,1[1])
						Raps und Rübsen						
29,2[1])	35,0	27,0[1])	28,7	.	12,2	32,3	28,2	16,7	28,5[1])	31,2	.	32,3[1])
Erzeugung von Obst, Gemüse und Wein 1987 (in 1 000 t)												
						Tafeläpfel						
7 461	241	46	1 080	295	983	1 899	9	2 100	6	440	77	285
						Tafelbirnen						
2 684	79	4	290	94	546	430	0	995	0	155	45	47
						Pfirsiche						
2 693	0	.	23	470	576	369	.	1 210	.	0	45	.
						Erdbeeren (1986)						
617	25	9	50	6	189	90	3	168	0	23	2	51
						Zitrusfrüchte (1986)						
8 624	.	.	.	1 122	3 758	34	.	3 548	.	.	162	.
						Obst insgesamt (1986)						
31 302	409	83	3 583	3 499	7 673	3 449	13	10 941	9	586	557	501
						Firschobst (1986)						
20 934	409	83	3 570	2 135	3 304	3 365	17	6 587	10	622	328	501
						Tomaten (1986)						
10 781	174	17	26	1 700	2 243	716	12	4 517	0	547	706	125
						Gemüse insgesamt (1986)						
.	1 242	.	2 175	3 690	9 199	6 684	303	12 948	12	3 136	.	3 639
						Frischgemüse (1986)						
.	1 057	.	1 511	3 690	9 199	5 204	228	11 073	3	2 936	.	3 639
						Wein in 1 000 hl (1986)						
206 004	2	.	9 886	4 520	36 611	73 449	.	73 500	180	.	7 812	14

1) 1986

EG 12	Belgien/ Luxemburg	Dänemark	BR Deutschland	Griechenland	Spanien	Frankreich	Irland	Italien	Niederlande	Portugal	Vereinigt. Königreich
Viehbestand und tierische Leistungen 1986											
Rinder (1 000 Stück)											
80 717[3])	3 146	2 490	15 305	761	4 954	22 171	5 626	8 866	4 922	.	12 476
Milchkühe (1 000 Stück)											
25 638[3])	1 007	865	5 391	233	1 786	6 358	1 490	3 004	2 260	.	3 242
Milchkühe/100 ha LF											
21[3])	66	31	45	4	7	20	26	17	112	.	18
Milchleistung je Kuh/Jahr in kg											
4 505[4])	4 119	5 598	4 847	4 253	.	4 304	3 670	3 467	5 441	.	4 958
Schweine (1 000 Stück)											
100 683[3])	5 836	9 422	24 180	1 130	15 780	12 063	980	9 274	.	14 063	7 955
Zuchtsauen (1 000 Stück)											
11 161[3])	691	1 057	2 831	158	1 783	1 234	108	765	1 625	.	908
Schafe und Ziegen (1 000 Stück)											
97 506	136	69	1 386	17 632	20 102	11 560	2 917	12 856	1 024	3 800	26 024
Legehennen (1 000 Stück)											
295 550[4])	10 810	4 224	49 700	16 784	.	69 600[1])	3 246[1])	47 798[1])	40 374[1])	.	53 015
Legeleistung (Eier je Henne)											
236[4])	270	321	249	145	.	214	199	225	274	.	249
Pferde (1 000 Stück)											
3 670[5])	26[1])	34[1])	368	373[1])	1 841[2])	332[1])	87[1])	398[1])	66	.	145[1])
Großvieheinheiten insgesamt (1 000)											
98 992[4])	4 217	4 603	19 607	2 483	.	24 980	5 271	12 778	8 648	.	16 308
Großvieheinheiten/100 ha LF											
102[4])	275	163	163	43	.	80	93	73	427	.	88

[1]) 1985 [2]) 1983 [3]) ohne Portugal [4]) Schätzung (EG-10 ohne Spanien und Portugal) [5]) Schätzung (ohne Portugal)

EG 12	Belgien	Dänemark	BR Deutschland	Griechenland	Spanien	Frankreich	Irland	Italien	Luxemburg	Niederlande	Portugal	Vereinigt. Königreich
Tierische Erzeugung 1986 (in 1000 t)												
						Rind- und Kalbfleisch						
7 877[1])	345[3])	243	1 739	73	384[1])	2 039[1])	533[1])	967[1])	[4])	523	103	1 016
						Schweinefleisch						
11 822[1])	703[3])	1 146	3 288	153	1 157[1])	1 571[1])	136[1])	1 112[1])	[4])	1 736	205	993
						Schaf- und Ziegenfleisch						
904[1])	4[3])	1	23	106	133[1])	173[1])	49[1])	49[1])	[4])	18	25	302
						Geflügelfleisch						
5 340[1])	134[3])	116	377	145	815[1])	1 277[1])	55[1])	998[1])	[4])	442	157	930
						Pferdefleisch						
62[1])	2[3])	1	7	1	8[1])	14[1])	2[1])	12[1])	[4])	4	1	4
						Fleisch insgesamt						
28 378[1])	1 298[3])	1 578	5 803	529	2 761[1])	5 786[1])	869[1])	3 519[1])	[4])	2 848	553	3 412
						Milcherzeugung						
116 989[2])	3 927	5 217	26 700	2 169	.	34 824	5 607	11 636	319	12 695	1 257	17 822
						Kuhmilcherzeugung						
115 860	3 918	5 111	26 349	700	5 115	28 000	5 607	10 660	299	12 695	1 257	16 149
						Eier (Mill. Stück)						
70 032[2])	2 914[3])	1 355	12 382	2 436	.	14 910	647	10 773	[4])	11 100	.	13 203
						Butter						
8 509	86	112	566	2	5 115	619	154	77	8	292	1 257	221
						Magermilchpulver						
2 104[2])	124	31	643	.	.	695	151	.	12	181	.	267
						Käse (ohne Schmelzkäse)						
2 459[2])	41[1])	254	923	125[1])	.	1 279	.	590[1])	3	531[1])	.	256[1])

[1]) 1985 [2]) EG-10 (ohne Spanien und Portugal) [3]) einschl. Luxemburg [4]) siehe Belgien

EG 12	Belgien/ Luxemburg	Dänemark	BR Deutschland	Griechenland	Spanien	Frankreich	Irland	Italien	Niederlande	Portugal	Vereinigt. Königreich
Durchschnittlicher Verbrauch von Nahrungsmitteln je Kopf 1985/86 (in kg/Jahr)											
Getreide (in Mehlwert)											
84,9	71,0	71,3	74,3	104,9	75,0	79,8	90,8	114,9	58,6	100,8	81,8
Reis											
3,9	3,2	1,8	2,0	4,1	5,6	3,8	1,1	5,1	1,9	13,3	3,1
Kartoffeln											
80,8	98,0	63,9	77,7	78,3	107,4	75,4	127,2	35,4	86,4	88,4	110,0
Zucker											
33,5	37,3	35,2	36,7	31,7	27,4	35,5	41,9	26,8	40,8	27,5	36,8
Gemüse											
115,1	91,3	70,4	75,1	228,0	150,4	112,8[1])	85,1[1])	171,4	93,7	113,7[1])	91,8
Frischobst											
62,2[1])	50,9	38,7	77,7	74,1	67,5	53,5[1])	30,0[1])	69,4	65,7	34,6[1])	34,0
Zitrusfrüchte											
24,3[1])	23,1	12,3	29,5	35,7	27,8	17,5[1])	14,7[1])	41,5	84,0	12,7[1])	14,5
Wein (in l)											
41,5	28,7	19,4	23,3	29,6	48,8	80,4	3,3	62,2	14,0	72,0	9,2
Rind- und Kalbfleisch (1985)											
25,2[2])	26,4	14,5	23,1	21,3	11,5	31,9	22,0	27,9	19,0	11,4	21,3
Schweinefleisch (1985)											
37,5[2])	45,2	56,7	60,1	21,3	30,3	35,3	33,6	27,6	41,5	19,6	24,3
Geflügelfleisch (1985)											
15,2[2])	15,4	11,0	9,7	15,7	21,8	17,4	16,9	18,0	13,7	13,5	16,0
Fleisch insgesamt (1985)											
89,7[2])	101,6	90,5	100,5	78,7	74,4	102,4	96,0	83,9	78,8	53,4	73,7
Eier (1985)											
14,1[2])	14,4	14,7	17,0	11,5	.	15,6	12,4	11,3	11,7	.	13,5
Butter (1985)											
5,1	8,1	7,2	7,6	1,0	0,5	9,3	10,2	2,4	4,0	0,8	4,9

[1]) 1984/85 [2]) EG-10 (ohne Spanien und Portugal)

EG 12	Belgien/ Luxemburg	Dänemark	BR Deutschland	Griechenland	Spanien	Frankreich	Irland	Italien	Niederlande	Portugal	Vereinigt. Königreich
Selbstversorgungsgrad 1985/86 (in Prozent)											
Getreide insgesamt											
112	54	119	95	104	92	204	86	80	25	30	116
Weizen											
120	69	105	98	104	97	232	55	77	47	34	108
Kartoffeln											
102	101	99	93	108	101	104	86	97	137	92	94
Zucker											
125	245	285	140	99	83	210	120	81	146	.	58
Gemüse											
108[1])	119	71	39	139	134	91[1])	82[1])	128	200	152[1])	119
Frischobst											
86[1])	60	36	52	123	118	88[1])	16[1])	132	47	91[1])	23
Wein											
115	5	.	42	130	132	112	.	127	.	122	.
Rind- und Kalbfleisch (1985)											
107[2])	127	319	113	35	87	116	683	61	185	85	89
Schweinefleisch (1985)											
102[2])	145	374	86	70	99	81	114	71	272	91	71
Geflügelfleisch (1985)											
106[2])	83	205	60	99	97	129	92	97	215	100	96
Fleisch insgesamt (1985)											
101[2])	121	355	89	71	96	99	256	74	237	93	81
Eier (1985)											
102[2])	113	98	73	97	.	98	79	92	325	.	95
Butter (1985)											
124	117	183	112	51	96	116	464	61	453	96	73
Käse (1985)											
107[2])	38	441	96	87	92	114	527	80	254	100	72

[1]) 1984/85 [2]) EG-10 (ohne Spanien und Portugal)

EG 12	Belgien	Dänemark	BR Deutschland	Griechenland	Spanien	Frankreich	Irland	Italien	Luxemburg	Niederlande	Portugal	Vereinigt. Königreich
Erzeugerpreise (DM/100 kg) 1986												
						Weichweizen						
.	40,33	39,40	40,96	33,68	.	36,06	30,48	49,42	37,17	39,75	.	35,25
						Roggen						
.	41,31	34,99	40,79	.	.	35,92	.	45,98	38,14	37,94	.	.
						Gerste						
.	39,32	37,44	37,31	32,75	.	32,90	29,58	46,59	35,71	39,84	.	34,48
						Hafer						
.	34,03	31,12	34,59	38,69	.	27,80	30,14	49,79	33,77	36,47	.	32,22
						Speisekartoffeln						
.	11,99	24,21	18,75	37,51	.	15,00	.	37,09	29,15	15,47	.	.
						Zuckerrüben (tatsächlicher Zuckergehalt)						
.	8,30	9,01	.	7,37	.	8,73	10,50	.	.	9,16	.	8,54
						Schweine (geschlachtet, Kl. II oder vergleichbare Qualität)						
.	320,40	312,66	294,00	.	.	339,86	.	400,52	390,18	303,15	.	285,80
						Jungbullen (Durchschnitt aller Klassen)						
.	677,56	711,78	654,20	667,96	.	698,74	578,42	756,13	685,87	678,05	.	613,92
						Jungmastgeflügel (geschlachtet, Kl. A oder vergleichbare Qualität)						
.	353,49	469,26	335,00	.	.	256,12	389,55	.	.	312,01	.	277,45
						Milch (3,7 % Fett)						
.	52,48	60,60	60,61	.	.	53,34	48,91	74,35	56,27	58,10	.	47,35
						Eier (DM/100 Stück)						
.	7,68	11,37	15,10	15,99	.	12,74	11,25	14,84	.	9,31	.	7,61

EG 12	Belgien	Däne-mark	BR Deutsch-land	Griechen-land	Spanien	Frank-reich	Irland	Italien	Luxem-burg	Nieder-lande	Portu-gal	Vereinigt. König-reich
Indizes der Einkaufspreise landw. Betriebsmittel (1980 = 100) 1986												
Düngemittel												
135,6[1])	141,9	156,6	110,6	184,3	202,9	141,3	132,6	180,9	134,0	107,6	.	115,1
Futtermittel												
132,4[1])	125,9	127,3	97,6	315,7	191,1	144,1	126,9	158,1	124,5	94,3	.	123,7
Brenn- und Treibstoffe (einschl. elektr. Strom)												
132,9[1])	101,5	110,4	91,2	247,5	212,0	146,2	155,6	155,9	130,7	122,6	.	140,8
Waren- und Dienstleistungen für die laufende Produktion insgesamt												
138,9[1])	129,0	134,4	106,2	279,3	197,1	150,1	140,5	161,4	131,9	105,1	.	131,2
Neubauten landw. Betriebsgebäude												
165,1	139,8	160,3	115,6	249,1	184,0	151,6	162,5	198,4	122,0	118,1	.	155,1
Neuanschaffungen größerer Maschinen												
171,1	161,4	152,7	124,3	329,2	181,2	168,7	163,9	214,4	159,2	128,0	.	144,5
Einkaufspreise für Futtergetreide und Düngemittel[2]) (DM/100 kg) 1986												
Gerste												
.	48,23	42,28	42,92	41,08	.	40,64	.	47,33	45,66	45,12	.	43,40
Mais												
.	58,93	.	53,90	41,90	.	48,21	51,17	50,44	.	59,38		
Kalkammonsalpeter												
.	121,47	142,70	146,82	52,68	.	144,26[3])	128,59	119,23	117,73	125,34	.	182,98
Thomasphosphat												
.	13,75	.	29,49	.	.	15,78[3])	28,05[4])	30,37	8,56	28,19	.	14,49[4])
Kaliumchlorid												
.	78,73	71,22	71,52	.	.	60,44[3])	73,64	68,60	64,58	79,42	.	56,29
Dreinährstoffdünger (NPK = 1 : 1 : 1)												
.	47,25	54,32	51,71	21,09	.	34,02[5])	49,81	32,17	49,95	56,64	.	50,94

[1]) EG-10 (ohne Spanien und Portugal) [2]) Die Preise beziehen sich bei Kalkammonsalpeter und Kaliumchlorid auf je 100 kg Nährstoff, sonst auf je 100 kg Ware
[3]) 1983 [4]) 1981 [5]) 1985

EG 12	Belgien	Däne-mark	BR Deutsch-land	Griechen-land	Spanien	Frank-reich	Irland	Italien	Luxem-burg	Nieder-lande	Portu-gal	Vereinigt. König-reich
Treibstoffpreise in der Landwirtschaft (DM/100 l) 1986												
						Dieselkraftstoff						
.	37,61	42,97	47,59	59,33	.	110,28	.	47,45	.	46,00	.	73,20
						Motorenbenzin						
.	98,54	47,41	90,55	112,66	.	105,20	173,11	33,47	.	112,29	.	118,92
						Heizöl leicht						
.	37,61	45,02	38,45	59,33	.	66,10	57,48	82,26	.	69,83[1])	.	53,11
Löhne für landwirtschaftliche Arbeitskräfte[2]) (DM/Std.) 1985/86												
						Ungelernte Arbeiter						
.	13,83	15,70	13,17	.	.	9,30	9,37	.	.	22,22	.	11,36
						Melker						
.	.	.	15,90	.	.	11,24	10,21	15,35	.	23,87	.	13,02
						Traktorführer						
.	.	16,72	14,99	.	.	10,39	.	17,63	.	23,03	.	12,19

[1]) 1985 [2]) einschl. Sozialleistungen

Vergleichsdaten zur Landwirtschaft in der Schweiz und in Österreich

Merkmal	Einheit	Schweiz 1980	Schweiz 1985	Österreich 1980	Österreich 1985	Österreich 1986
Allgemeines						
Bevölkerung	1 000	6 385	6 533	7 549	7 558	.
Gesamtfläche	1 000 km^2	41 293	41 293	83 853	83 855	.
davon produktive Fläche	1 000 km^2	20 195	20 195	34 826	35 106	34 808
Anteil an Gesamtfläche	%	48,9	48,9	41,5	41,9	.
Einwohner auf 1 km^2						
überhaupt	Anzahl	155	158	90	90	.
auf produktiver Fläche	Anzahl	316	324	217	215	.
Beschäftigte insgesamt	1 000	3 170	3 171	3 105	3 355,2	.
in Land- und Forstwirtschaft	1 000	220	210	166	293,8	.
Anteil an Beschäftigten	%	6,9	6,6	5,3	8,8	.
Bruttoinlandprodukt	Mrd. sFr bzw. öS	170,330	227,760	994,700	1 366,640	.
davon Landwirtschaft	Mrd. sFr bzw. öS	.	.	44,292	45,450	.
Anteil am Bruttoinlandsprodukt zu Marktpreisen	%	.	.	4,4	3,3	.
Betriebsgrößenstruktur						
unter 1 ha	Betriebe	27 094	27 682	8 578	.	.
	Fläche ha	9 817	9 511	4 998	.	.
1– 5 ha	Betriebe	25 571	22 401	103 812	.	.
	Fläche ha	56 749	50 202	273 877	.	.
5–10 ha	Betriebe	20 158	17 489	56 529	.	.
	Fläche ha	130 894	113 467	406 306	.	.
10–20 ha	Betriebe	34 638	32 941	63 467	.	.
	Fläche ha	431 082	413 652	923 447	.	.
20–50 ha	Betriebe	16 783	18 141	59 778	.	.
	Fläche ha	392 518	426 215	1 300 691	.	.
über 50 ha	Betriebe	1 030	1 077	15 146	.	.
	Fläche ha	59 948	60 123	4 256 985	.	.
insgesamt	Betriebe	125 274	119 731	307 864	.	.
	Fläche ha	1 081 008	1 073 170	7 638 555	.	.
Ø Fläche je Betrieb	in ha	8,6	9,0	24,8	.	.

Merkmal	Einheit	Schweiz 1980	Schweiz 1985	Österreich 1980	Österreich 1985	Österreich 1986
Kultur- und Anbauflächen						
Ackerland	1 000 ha	275	287	1 488	1 430	1 418
Wiesen und Weiden, Almen	1 000 ha	782	760	2 041	1 986	1 970
Landwirtschaftliche Nutzfläche	1 000 ha	1 086	1 076	3 741	3 549	3 526
Forstfläche	1 000 ha	1 052	1 037	3 282	3 221	3 191
Unproduktive Fläche	1 000 ha	1 058	.	1 298	818	804
Weizen	ha	85 300	92 840	268 753	319 837	324 415
Roggen	ha	8 058	3 759	109 234	88 131	83 406
Gerste	ha	46 111	50 512	373 912	334 079	332 685
Hafer	ha	11 117	9 849	91 989	75 247	73 362
Kartoffeln	ha	23 664	21 063	52 569	37 719	34 854
Zuckerrüben	ha	13 075	14 935	50 732	42 745	28 177
Gemüse	ha	7 333	7 891	11 954	8 819	8 816
Raps/Rübsen	ha	12 577	14 532	3 900	6 324	9 835
Grün-/Silomais	ha	37 412	42 218	106 262	122 398	119 747
Rebfläche	ha	13 327	13 449	59 545	53 622	54 686
Tabak	ha	769	723	258	261	263
Ernteerträge						
Weizen	dt/ha	43,6	57,0	44,7	48,9	43,6
Roggen	dt/ha	43,4	52,9	35,0	38,4	34,0
Gerste	dt/ha	45,9	53,3	40,5	45,5	38,8
Hafer	dt/ha	47,8	52,3	34,3	37,7	36,8
Körnermais	dt/ha	64,7	82,2	67,0	83,1	80,3
Kartoffeln	dt/ha	346,0	388,0	240,4	276,3	281,9
Zuckerrüben	dt/ha	516,3	528,2	510,0	563,2	557,5
Weintrauben	dt/ha	81,0	116,0	57,2	21,0	40,8
Tabak	dt/ha	16,4	20,7	16,7	17,3	17,5
Handelsdüngerverbrauch		(1980/81)				
Stickstoffdünger	1 000 t Reinnährstoff	65,6	70,2	168,1	169,3	.
Phosphatdünger	1 000 t Reinnährstoff	47,8	41,8	108,1	96,0	.
Kalidünger	1 000 t Reinnährstoff	68,7	66,0	159,7	134,3	.
Kalkdünger	1 000 t Reinnährstoff	.	.	66,1	77,1	.

		Schweiz		Österreich		
Merkmal	Einheit	1980	1986	1980	1985	1986
Viehbestand						
Rinder insgesamt	1 000 Stck.	2 031	1 902	2 517	2 651	2 637
Kühe	1 000 Stck.	893	815	975	989	988
Schweine	1 000 Stck.	2 205	1 973	3 706	3 926	3 801
Schafe	1 000 Stck.	354	365	191	245	256
Ziegen	1 000 Stck.	80	80	32	33	31
Hühner	1 000 Stck.	6 146	5 691	14 160	14 440	14 198
Pferde	1 000 Stck.	45	48	40	45	44
Bienenvölker	1 000 Stck.	273	247	394	447	437
Schlachtungen			(1985)			
Stiere	1 000 Tiere	117,8	} 489,6	345,0	386,7	390,6
Ochsen	1 000 Tiere	31,4		11,0	13,0	11,0
Kühe	1 000 Tiere	234,8		174,8	195,0	203,3
Rinder (sonstige)	1 000 Tiere	102,5		51,8	62,8	65,7
Kälber	1 000 Tiere	399,5	350,9	206,9	193,8	198,8
Schweine	1 000 Tiere	3 308,7	3 427,4	3 879,5	5 260,4	5 141,4
Schafe	1 000 Tiere	168,3	189,7	35,0	57,1	60,9
Pferde	1 000 Tiere	4,9	5,6	.	1,8	2,0
Milcherzeugung und -verwertung						
Milchkühe	1 000 Stck.	875,0	816,0	975,0	994,9	988,7
Milchziegen	1 000 Stck.	51,0	46,0	.	.	.
Jahresmilchleistung	kg/Kuh	4 180	4 710	3 518	3 817	3 820
Gesamtmilcherzeugung	1 000 t	3 679	3 867	3 430	3 797	3 776
Milchverwendung						
Verfütterung/Aufzucht	1 000 t	515	649	541	684	684
Haushalt Viehbesitzer	1 000 t	145	142	655	.	.
Haushalte Bevölkerung	1 000 t	617	610	.	692	.
Technische Verarbeitung	1 000 t	2 418	2 476	2 237	2 383	.
Buttererzeugung	1 000 t	34,7	37,8	39,8	40,6	.
Käseerzeugung	1 000 t	119,9	126,4	71,7	82,5	.

Merkmal	Einheit	Männer	Frauen	insgesamt	zusammen	Männer	Frauen	insgesamt	zusammen
Landw. Arbeitskräfte			Schweiz (1980)				Schweiz (1985)		
Betriebsleiter und									
Familienangehörige ständig	1 000	105,1	15,8	121,0	138,1	97,3	14,6	111,9	129,6
Familienfremde ständig	1 000	16,2	0,9	17,1		16,5	1,2	17,7	
Gelegentliche Arbeitskräfte	1 000	82,2	111,6	193,8		80,5	104,0	184,5	
Betriebsinhaber und Familienangehörige			Österreich (1979)				Österreich (1983)		
vollbeschäftigt	1 000	126,7	245,4	372,1	579,1	.	.	.	524,8
teilbeschäftigt	1 000	176,7	30,7	207,0		.	.	.	
Familienfremde									
Arbeitskräfte ständig	1 000	19,0	6,2	25,2	46,9	.	.	.	44,1
nichtständig	1 000	11,2	10,5	21,7		.	.	.	

Betriebsorganisation

neubearbeitet von Prof. Dr. **H. Jungehülsing,** LD **H. Kühn** und AR **H. Streyl,** Münster

Natürliche Grundlagen (Klimafaktoren)

Reine Luft = 20,95 % O + 78,08 % N + 0,03 % CO_2 + 0,94 % sonstige Gase

Normaler Luftdruck = 760 mm Barometerstand bei normal Null (NN), 1,033 kg je cm^2 auf Meeresspiegel

Relative Luftfeuchtigkeit = % Luftfeuchtigkeit der höchstmöglichen Sättigungsmenge bei bestimmter Lufttemperatur

Mittlere Lufttemperaturen

Station	Höhe mm	Mittlere Lufttemperatur °C Mai-Juli	Juli	Jan.	Jahr	Jahresschwankung
Flensburg	10	14,1	16,5	0,6	7,9	15,9
Hannover	52	15,2	17,2	0,7	8,7	16,5
Clausthal (Harz)	585	12,2	14,3	−2,0	5,8	16,3
Kleve	48	15,2	17,1	1,6	9,1	15,5
Geisenheim	103	16,5	18,4	0,8	9,5	17,6
Neukirch-Salzburg (Westerwald)	636	12,2	14,2	−2,3	5,9	16,5
Freiburg i. Br.	295	16,3	18,5	0,7	9,5	17,8
Freudenstadt	728	13,2	15,4	−1,4	6,8	16,8
Hohenheim (Stuttgart)	402	15,4	17,6	−0,7	8,4	18,3
Hof (Saale)	477	13,5	15,6	−2,7	6,3	18,3
Nürnberg	320	16,1	18,3	−0,8	8,7	19,1
München	531	14,8	16,9	−2,2	7,5	19,1
Lindau (Bodensee)	405	15,5	17,8	−0,8	8,6	18,6
Wien	203	17,0	19,4	1,4	9,3	18,0
Klagenfurt	448	16,9	19,4	−5,2	7,9	24,6
Genf	405	16,9	19,5	0,6	9,8	18,9
Basel	318	15,9	18,3	0,2	9,0	18,1

Vegetationszeit (Temperatur über 5 °C)

nach **Schnelle**

Station	Höhe mm	Beginn einer Temperatur von +5 °C	Ende einer Temperatur von +5 °C	An dauer in Tagen	Andauer einer Temperatur von +10 °C in Tagen	Mittlere Dauer der frostfreien Zeit in Tagen
Flensburg	10	6. 4.	10. 11.	215	147	186
Hannover	52	23. 3.	13. 11.	231	163	191
Clausthal (Harz)	585	17. 4.	23. 10.	187	123	165
Kleve	48	18. 3.	16. 11.	239	165	191
Geisenheim	103	13. 3.	13. 11.	241	173	184
Neukirch (Westerwald)	636	15. 4.	24. 10.	190	126	160
Freiburg i. Br.	295	13. 3.	15. 11.	243	172	198
Freudenstadt	728	10. 4.	29. 10.	200	134	156
Hohenheim	402	23. 3.	7. 11.	225	160	184
Hof (Saale)	477	12. 4.	24. 10.	193	132	–
Nürnberg	320	23. 3.	7. 11.	225	163	178
München	531	1. 4.	1. 11.	211	151	–
Lindau (Bodensee)	405	22. 3.	11. 11.	230	163	193

Frosttage, Sommertage, Niederschläge (langjähriger Durchschnitt)

	Frosttage[1]) Dez.–März	Sommertage[2]) Mai–Sept.	Niederschläge in mm 1 mm = 1 l/m²
Flensburg	62	11	778
Hamburg	56	13	714
Hannover	57	22	661
Münster	58	30	742
Freiburg i. Br.	59	44	849
Freudenstadt	89	20	1 520
Frankfurt	55	38	604
Stuttgart	56	41	703
München	91	20	910
Wien	–	–	653
Klagenfurt	–	–	988
Basel	–	–	801

[1]) Frosttag: Die Tiefsttemperatur in 2 m Höhe beträgt weniger als 0 °C;
[2]) Sommertag: Die Höchsttemperatur beträgt mindestens 25 °C.

Klimatypen in Mittel-Europa

Gemäßigtes Klima zwischen dem 47. und 53. Breitengrad, ziemlich ausgeglichen, günstig für Ackerbau, mit folgender Unterteilung:

Klimatyp	Jahres- temperatur	Frostfreie Tage etwa	Isothermen- verlauf
Maisklima	10 °C	290	Juli 19 °C
Weinklima	9 °C	260	Juli 18 °C
Wintergetreideklima	8 °C	180	Juli 16 °C
Sommergetreideklima	6 °C	120	Juli 15 °C

Klimaansprüche beim Körnermais

Sorten (FAO-Zahlen)[1]	Temperaturen[2]	
200–240	14,5 °C	für die Monate
250–290	15,5 °C	Mai bis September

[1]) FAO-Zahlen: bis 200 = frühe Sorten, bis 250 = mittelfrühe Sorten, über 250 = späte Sorten.

[2]) Auf Lehmböden; bei leichteren und gut erwärmbaren Böden sind die Klimaansprüche geringer. Notwendige Sonnenscheindauer 900 Stunden, wobei 200 Stunden Sonnenscheindauer 1 °C ersetzen.

Wirtschafts- und Organisationsgrundlagen

Begriffe der Einheitsbewertung und Bodenschätzung

Gesetzliche Grundlage: Bewertungsgesetz i. d. F. vom 26. 9. 1974.

Einheitsbewertung: Gesetzlich vorgeschriebene Bewertung des land- und forstwirtschaftlichen Vermögens für Zwecke der Besteuerung. Der Einheitswert umfaßt den Wohnungswert und den Wirtschaftswert eines Betriebes.

Wohnungswert: Ertragswert (Mietwert) des Wohnteils.

Wirtschaftswert:
- Vergleichswert der land- und forstwirtschaftlichen Nutzungen
- Einzelertragswerte des Abbaulandes und Geringstlandes
- Einzelertragswert der Nebenbetriebe

Der Ertragswert der land- und forstwirtschaftlichen Nutzung wird nach einem vergleichenden Verfahren ermittelt (daher Vergleichswert). Die vergleichende Bewertung erfolgt auf der Grundlage der **Bodenschätzung.**

Beurteilungsmaßstab: Natürliche Ertragsbedingungen.

Ackerschätzungsrahmen:
- Bodenart (S, Sl, lS, SL, sL, L, LT, T, Mo)
- Entstehung (z.B. Löß)
- Zustandsstufe (Stufe 1 = sehr gut; Stufe 7 = schlecht)

Grünlandschätzungsrahmen:
- Bodenart (S, lS, L, T, Mo)
- Zustandsstufe (1 = sehr gut; 3 = schlecht)
- Klima (durchschnittliche Jahrestemperatur)
- Wasser (1 = günstig; 5 = ungünstig)

Die Bewertung erfolgt nach Wertzahlen (Bodenzahl bzw. Grünlandgrundzahl) unter Berücksichtigung durchschnittlicher natürlicher und wirtschaftlicher Produktionsbedingungen. Der beste Boden hat die Wertzahl 100.

Bodenzahl ± Zu- oder Abrechnungen für besondere Klima- oder Geländeverhältnisse ergibt die **Ackerzahl**

Grünlandgrundzahl ± Zu- oder Abrechnungen für besonders natürliche Bedingungen, z.B. Hangneigung ergibt die **Grünlandzahl**

Ertragsmeßzahl (EMZ): Fläche im qm x Ackerzahl bzw. Grünlandzahl : 100. Die EMZ ist im Liegenschaftskataster auf 1 ar bezogen ausgewiesen.

Bodenklimazahl: Durchschnittliche EMZ/ha.

Ertragsmeßzahl ± Zu- oder Abrechnungen für Grünland oder für extrem schwere oder leichte Böden (zum 1. 1. 1964) ergibt die

bereinigte Ertragsmeßzahl (bEMZ).

Weitere Zu- und Abrechnungen für wirtschaftliche Ertragsbedingungen (z.B. innere und äußere Verkehrslage, Betriebsgröße und Betriebsorganisation, z.B. Hackfruchtanteil und Viehhaltung, Industrieschäden) sowie Zu- und Abrechnungen für regionale Lohn- und Preisverhältnisse führen zur

Betriebsmeßzahl (BMZ).

Betriebszahl (BZ): BMZ einschließlich anteiliger Hof- und Gebäudeflächen/ha.

Aus der Betriebszahl ergibt sich durch Zu- und Abrechnungen für Abweichungen von der durchschnittlichen Grundsteuerbelastung und für Kosten der Entwässerung die

landwirtschaftliche Vergleichszahl (LVZ) in 100 je ha.

Die LVZ berücksichtigt alle natürlichen und wirtschaftlichen Ertragsbedingungen des zu bewertenden Betriebes. Sie wird durch Vergleich der tatsächlichen Verhältnisse des Betriebes mit den Verhältnissen des maßgeblichen **Bewertungsstützpunktes** festgestellt.

Bewertungsstützpunkte: Zur Sicherung der Gleichmäßigkeit der Bewertung werden in einzelnen Betrieben mit gegendüblichen Ertragsbedingungen die Vergleichszahlen von Nutzungen und Nutzungsteilen ermittelt und durch Rechtsverordnung festgesetzt (Haupt-, Landes- und Ortsbewertungsstützpunkte).

Aus der LVZ und dem per Gesetz festgelegten Ertragswert von 3726,– DM/ha wird der Hektarwert abgeleitet.

Hektarwert = LVZ x 3726,– DM : 100.

Vergleichswert: Hektarwert x ha LF einschl. Hof- und Gebäudefläche.

Der Vergleichswert kann sich durch Zu- und Abschläge ändern, wenn die tatsächlichen Verhältnisse einer Nutzung um mehr als 20 % von den bei der Bewertung unterstellten gegendüblichen Verhältnissen abweichen (z. B. Zuschläge für starke Viehhaltung).

Aus der Summe der Vergleichswerte der verschiedenen Nutzungen des Betriebes ergibt sich der **Wirtschaftswert.**

Begriffe und Maßstäbe der Betriebsorganisation

Betriebsanalyse: Jede betriebswirtschaftliche Beratung setzt eine Analyse unter folgender Fragestellung voraus:

1. Welche Betriebszweige arbeiten rentabel, welche sind unrentabel?
2. Wie ist der Vermögensstand des Betriebes?
3. Wie sind die Standortverhältnisse und die Produktionstechnik?

Als Folge der Betriebsanalyse können sich Empfehlungen im produktionstechnischen Bereich (z. B. Düngung, Fütterung, Arbeitswirtschaft) oder im Hinblick auf die Betriebsorganisation ergeben.

Betriebsorganisation: Zahl und Umfang der landwirtschaftlichen Betriebszweige, die in einer Einheit zusammengefaßt sind. Die Auswahl der Betriebszweige erfolgt nach ihrer Rentabilität, unter Berücksichtigung der knappen Produktionsfaktoren. Maßstab der Rentabilität ist der Deckungsbeitrag eines Betriebszweiges.

Deckungsbeitrag: Marktleistung eines Betriebszweiges abzüglich der variablen Spezialkosten. Der Deckungsbeitrag steht zur Deckung der festen Kosten eines Betriebes und als Roheinkommen zur Verfügung.

Marktleistung: Erzeugung eines Betriebszweiges, die auf dem Markt verkauft werden kann (sie umfaßt z. B. in der Milchviehhaltung die gesamte ermolkene Milch, das Kalb und den anteiligen Wert der Schlachtkuh).

Betriebsplanung: Überlegungen zur Ermittlung der optimalen Betriebsorganisation unter Berücksichtigung der vorgegebenen Produktionsfaktoren.

Gebräuchliche Verfahren:

- Programmplanung; Auswahl und Kombination der Produktionsverfahren unter dem Gesichtspunkt der bestmöglichen Verwertung der knappen Faktoren (Boden, Arbeit, Kapital) bzw. der Optimierung des Gewinns.
- Betriebsplan („Baggerplan"): Voranschlagsverfahren, bei dem der Betriebserfolg jeweils für eine bestimmte Betriebsorganisation errechnet wird.
- Lineare Programmierung („LP"): Ermittlung des rechnerischen Betriebsoptimums mit Hilfe der EDV (aufwendiges und teures Verfahren, das für die landwirtschaftliche Praxis nur selten in Frage kommt).

Betriebsplanung ist notwendig u. a. bei folgenden Gelegenheiten:

Veränderung in Umfang oder Zahl der Betriebszweige;

Neuorganisation eines Betriebes (Kauf, Aussiedlung, Althofsanierung);

Veränderung in der Ausstattung mit Produktionsfaktoren (Zupacht, Zugang bzw. Abgang von Arbeitskräften).

Einzelbetriebliche Förderung:

Zur Durchführung von Investitionen können unter bestimmten Voraussetzungen staatliche Förderungsmittel (Zinsverbilligung und/oder öffentliche Darlehen) gewährt werden. Voraussetzung ist der Nachweis anhand eines Betriebsverbesserungsplanes, daß die Investitionen wirtschaftlich und der Kapitaldienst tragbar sind.

Agrarkreditprogramm (AKP) seit 1984 in der Bundesrepublik Programm zur Verbilligung von Kapitalmarktdarlehen; die Zinsverbilligung beträgt 3 %, in „benachteiligten Regionen" 5 %; für Personen, die in den letzten 5 Jahren den Betrieb übernommen haben, jeweils 1 % mehr. Der Verbilligungsbetrag wird als einmaliger Zuschuß ausgezahlt. Darlehenshöchstbetrag 143 000 DM, bei Maschinenkäufen 40 000 DM. Das AKP kommt nur Landwirten und Nebenerwerbslandwirten zugute, deren „positiven Einkünfte" vor Steuern 65 000 DM, bei höchstens 40 000 DM außerlandwirtschaftlichen Einkünften, nicht übersteigen. Positive Einkünfte sind der landwirtschaftliche Gewinn (s. S. 46) vermehrt um Einkünfte aus Kapitalvermögen, Gewerbebetrieb und nichtselbständiger Arbeit, jeweils abzüglich der Werbungskosten.

Ausgleichzulage: Stützungsprogramm der EG für landwirtschaftliche Betriebe, die in „benachteiligten Gebieten" wirtschaften. Direkter, an Fläche und RGV gebundener Zuschuß, den z. Z. ca. 230 000 Betriebe (50 % der LF) in der Bundesrepublik erhalten. Höchstbetrag: 240 DM/ha und 12 000 DM/Betrieb.

Junglandwirteprogramm (Niederlassungsbeihilfe): Beihilfe bis zu 10 000 DM für die erstmalige Übernahme (Kauf, Pacht, Erbgang) eines landwirtschaftlichen Betriebes nach dem 5. April 1985. Voraussetzungen u. a.: Antragsteller unter 40 Jahre, Investitionen über 50 000 DM.

Naturschutzprogramm: In allen Flächenstaaten (außer Baden-Württemberg und Saarland) können Dauergrünlandflächen bei Einbeziehung in ein entsprechendes Programm Entschädigungen von 300 bis 400 DM je ha erhalten. Für nicht gegen Unkräuter gespritzte Ackerrandstreifen werden Entschädigungen von 3 bis 10 DPf/qm gezahlt. Daneben gibt es Ökologieprogramme (Baden-Württemberg und Saarland) sowie in Bayern ein Landschaftspflegeprogramm.

Das Kapital des landwirtschaftlichen Betriebes

A. **Aktivkapital** = Summe der im landwirtschaftlichen Produktionsprozeß eingesetzten Kapitalgüter

1. **Anlagekapital**
   a) Boden
   b) Grundverbesserungen
   c) Gebäude und bauliche Anlagen
   d) Dauerkulturen
   e) Maschinen und Geräte
   f) Vieh

2. **Umlaufkapital**
   a) Feldvorräte
   Hofvorräte
   b) Geld
   Bargeld
   Bankguthaben
   Forderungen

Das Umlaufkapital beträgt ca. 50 % der Betriebsausgaben.

B. **Passivkapital** = Summe von Eigen- und Fremdkapital

1. **Eigenkapital** = Aktivkapital abzügl. Fremdkapital
2. **Fremdkapital**
   a) Langfristige Verbindlichkeiten (Laufzeit 10 Jahre und mehr)
   b) Mittelfristige Verbindlichkeiten (Laufzeit 1–10 Jahre)
   c) Kurzfristige Verbindlichkeiten (Laufzeit unter 1 Jahr)

Finanzierung, Kapitaldienstgrenze, Kennwerte der Betriebsfinanzierung

1. Beim Einsatz von Fremdkapital sind die Laufzeit der Kredite, Zinssatz, Bearbeitungsgebühr und Auszahlungssatz sowie Anteil des Eigenkapitals zu beachten. So können sich beispielsweise bei einer Fremdfinanzierung mit einer kürzeren Laufzeit als dem normalen Abschreibungszeitraum die Kapitalkosten beträchtlich erhöhen und schon bei geringen Preisschwankungen zur Illiquidität und zu Verlusten führen. Deshalb ist bei größeren Kreditaufnahmen die Ermittlung der Kapitaldienstgrenze unerläßlich.

2. Die Kapitaldienstgrenze läßt sich wie folgt ermitteln:

   Landwirtschaftliche Einnahmen
   – Lfd. Wirtschaftsausgaben
   = Rohüber(zu)schuß
   \+ Nicht-landwirtschaftliche Einnahmen
   = Zur Verfügung stehender (oder fehlender) Geldbetrag
   – Pachten, Mieten, Altenteil, Renten (bare Ausgaben), Alterskasse, pers. Versicherungen und Steuern, private Barausgaben, Abschreibungen für Gebäude, bauliche Anlagen, Maschinen und Geräte sowie Grundverbesserungen
   = Kapitaldienstgrenze.

   Der so errechnete Betrag für die Kapitaldienstgrenze muß den Jahresbetrag an Zinsen, Tilgungen und Kosten für Kredite decken.

3. **Kennwerte der Betriebsfinanzierung**

Der zunehmende Einsatz von Kapital in der Landwirtschaft erfordert zur Beurteilung eines Betriebes auch für die Finanzwirtschaft eigene Kennwerte.

Die Finanzstruktur: Unter Finanzstruktur versteht man das Verhältnis von Eigenkapital zu Fremdkapital. Das Eigenkapital sollte in der Landwirtschaft mindestens so groß sein wie das Fremdkapital. Der Wert des Bodens wird in dieser Relation mit dem zweifachen Einreihungswert + 1000,– DM je ha angesetzt.

Vieh- und Umlaufvermögen, Fremdkapital: Die Summe aus Vieh- und Umlaufvermögen sollte in einem landwirtschaftlichen Betrieb mindestens 1,2 × so groß sein wie das Fremdkapital.

Die Vermögensstruktur gibt das Verhältnis von Anlage- zu Vieh- und Umlaufvermögen wieder. Das Anlagevermögen sollte möglichst nicht mehr als das Doppelte des Vieh- und Umlaufvermögens umfassen. Je risikoreicher die Betriebsorganisation ist, desto enger sollte das Verhältnis sein.

Die Elastizität gibt das Verhältnis von Fremdkapital zu Eigenkapitalbildung + Abschreibungen wieder. Dieses Verhältnis sollte kleiner als 1 : 10 sein. (Das bedeutet, daß ein Betrieb in weniger als 10 Jahren bei Verzicht auf Ersatzinvestitionen und mit Hilfe der Eigenkapitalbildung und Abschreibungen seine Schulden tilgen kann.)

Die Flexibilität ist das Verhältnis von Sachvermögen zu Eigenkapitalbildung + Abschreibungen. Auch dieser Kennwert sollte eine engere Relation als 1 : 10 aufweisen, um dem Betrieb finanzielle Beweglichkeit und Anpassungsfähigkeit zu erhalten.

„Cash flow" = der zu Investitionen aus dem Betrieb verfügbare Betrag. Er umfaßt Abschreibungen und den nicht entnommenen Gewinn.

Die Liquidität im landwirtschaftlichen Betrieb

Es gibt zwei Arten von Liquidität:

1. Liquidität im Wirtschaftsjahr (Zeitraumliquidität)
2. Liquidität am 30. 6. (Zeitpunktliquidität)

Zeitraumliquidität

Ausdruck für das Verhältnis von Geldeinnahmen zu den Geldausgaben unter Berücksichtigung der Veränderungen der Schulden und Forderungen. Dabei ist die Liquidität im Wirtschaftsjahr gegeben, wenn der Betrieb innerhalb des Wirtschaftsjahres in der Lage ist, seinen Geldverpflichtungen nachzukommen, so daß am Schluß des Jahres kein Überschuß verbleibt. Die gesamten Geldeinnahmen müssen die Geldausgaben decken (s. nachstehendes Beispiel).

Im nachstehenden Beispiel beträgt die erforderliche Liquidität zum Ausgleich der Einnahmen und Ausgaben ca. 6 % des Umsatzes. In stärker spezialisierten Betrieben kann dieser Wert bis auf 25 % des Umsatzes ansteigen.

Liquiditätsvoranschlag

		Einnahme-umsätze DM	Ausgabe-umsätze*) DM	Differenz Überschuß DM	Fehl DM
I	Juli/Aug.	46 300,–	50 600,–	–	4 300,–
II	Sept./Okt.	54 700,–	68 100,–	–	13 400,–
III	Nov./Dez.	64 200,–	58 500,–	5 700,–	–
IV	Jan./Febr.	60 500,–	49 900,–	10 600,–	–
V	März/April	53 500,–	53 000,–	500,–	–
VI	Mai/Juni	44 600,–	43 700,–	900,–	
I–VI	Juli–Juni	323 800,–	323 800,–	17 700,–	17 700,–

*) Ohne Lohnanspruch und Investitionen, aber einschl. abzugsfähige Steuern, Abgaben, Versicherung, Gebäudeunterhaltung, sonstige Gemeinkosten sowie Zinsen, Altenteil, Pacht, Ausgaben für Privat: Steuern, Haushalt, Versicherung, Gewinnverwendung.

Zeitpunktliquidität

Die Liquidität am 30. 6. erfaßt alle Guthaben und kurzfristigen Verbindlichkeiten, die zu diesem Zeitpunkt anfallen. Sie ist somit der Ausdruck für das zu einem bestimmten Termin festgestellte Verhältnis verfügbarer Mittel zu den kurzfristigen Verpflichtungen.

Betriebswirtschaftliche Erfolgsrechnung

Zur Kennzeichnung des wirtschaftlichen Erfolges des landwirtschaftlichen Produktionsprozesses bleiben die nichtlandwirtschaftlichen Produktionszweige sowie Einnahmen und Ausgaben an Zinsen und Pachten, die sich aus den Vermögens- und Besitzverhältnissen ergeben, unberücksichtigt. Die Errechnung der Erfolgsbegriffe ergibt sich aus folgendem Beispiel:

	Landw. Einnahmen	281 000,– DM
+	Bestandsvermehrung	3 000,– DM
+	Naturalentnahmen	6 000,– DM
=	Betriebsertrag	290 000,– DM
	Landw. Ausgaben	209 000,– DM
+	Abschreibungen	25 000,– DM
+	Bestandsverminderung	3 000,– DM
–	Privatanteile	7 000,– DM
=	Betriebsaufwand	230 000,– DM
–	Lohnaufwand	6 000,– DM
=	Sachaufwand	224 000,– DM
	Betriebsertrag	290 000,– DM
–	Sachaufwand	224 000,– DM
=	Betriebseinkommen	66 000,– DM
–	Lohnaufwand	6 000,– DM
=	Roheinkommen	60 000,– DM
–	Lohnanspruch	40 000,– DM
=	Reinertrag	20 000,– DM

Für die Gesamtunternehmung (also Landwirtschaft und nichtlandwirtschaftliche Vermögensteile) ist der Erfolgsmaßstab der „Gewinn", mitunter auch als „Reineinkommen" bezeichnet. Der Gewinn errechnet sich wie folgt:

Roheinkommen	60 000 DM
– Ausgaben für Zinsen, Pachten	16 000 DM
+ Einnahmen aus Pachten, Zinsen	2 000 DM
= Gewinn	46 000 DM

Steuerliche Gewinnermittlung

1. Gewinnermittlung durch Vermögensvergleich gem. § 4 Abs. 1 EStG **(Buchführung)**
   Land- und Forstwirte müssen ihren Gewinn durch Buchführung ermitteln, wenn eine der folgenden Grenzen überschritten wird:
   - 500000,– DM Umsatz (= Einnahmen ohne Mehrwertsteuer) im Kalenderjahr
   - 40000,– DM Wirtschaftswert der selbstbewirtschafteten Fläche
   - 36000,– DM Gewinn aus Land- und Forstwirtschaft im Kalenderjahr.
2. Gewinnermittlung nach **Durchschnittssätzen** gem. § 13a EStG
   Der Gewinn ist nach Durchschnittssätzen zu ermitteln, wenn
   - keine Buchführungspflicht besteht (vgl. Punkt 1);
   - der Ausgangswert mehr als 0,– DM, jedoch nicht mehr als 32000,– DM beträgt (Ausgangswert = Vergleichswert der selbstbewirtschafteten LF + Zuschläge für übernormale Viehhaltung + Vergleichswerte für Sonderkulturen, Nebenbetriebe und Geringstland, soweit sie insgesamt 2000,– DM nicht übersteigen; der Vergleichswert der Forstflächen gehört nicht zum Ausgangswert) und
   - 3 VE/ha LF nicht überschritten werden. Beträgt der Schweine- und Geflügelanteil am Viehbestand mehr als 75%, erhöht sich diese Grenze für die ersten 15 ha auf 4 VE/ha. Kleinbetriebe dürfen aber in jedem Fall 30 VE halten, es sei denn, die Grenze zum Gewerbebetrieb wird überschritten.
3. Gewinnermittlung durch Einnahmen – Ausgaben – **Überschußrechnung** gem. § 4 Abs. 3 EStG
   Betriebe, die die Grenzen des § 13a EStG überschreiten, aber noch nicht buchführungspflichtig werden, können den Betriebsgewinn aufgrund von Aufzeichnungen über die Betriebseinnahmen und -ausgaben durch Überschußrechnung ermitteln.
4. Gewinnermittlung durch **Schätzung** gem. § 162 Abgabenordnung
   Wird in Betrieben, die buchführungspflichtig sind oder für die die Überschußrechnung infrage kommt, der Gewinn nicht durch Buchführung bzw. durch Überschußrechnung ermittelt, so wird der Gewinn vom Finanzamt nach **Richtsätzen** geschätzt. Dabei sind unabhängig von den Richtwerten alle Umstände des Einzelfalls zu berücksichtigen, die im konkreten Fall von Bedeutung sein können.

Entschädigungsfragen

Schadensersatz – Entschädigung

Schadensersatz:

Rechtsgrundlage: §§ 249ff. BGB, vertragliche Vereinbarungen

Anlaß: Schaden durch rechtswidrige oder unerlaubte Handlung

Beispiele: Verkehrsunfallschaden, Flurschaden durch Bauarbeiten, Wildschaden, Manöverschaden, Schaden durch Lieferung schlechter Ware, Pachtaufhebung u. a.

Grundsatz: Wiederherstellung des früheren Zustandes oder Entschädigung in Geld. Dieser Grundsatz wird eingeschränkt, wenn die Wiederherstellung unverhältnismäßig aufwendig und nicht zumutbar ist.

Öffentlich-rechtliche Entschädigung

Rechtsgrundlage: Artikel 14 Grundgesetz, Enteignungsgesetze, Bundesbaugesetz, Städtebauförderungsgesetz, Straßengesetze, Landbeschaffungsgesetz, Bundesleistungsgesetz u. a.

Anlaß: Eingriff des Staates in die Rechtsposition eines einzelnen aufgrund der o. a. Rechtsgrundlagen.

Beispiele: Städtebau, Straßenbau, Bau von Versorgungs- und Entsorgungsleitungen, Anlage von Truppenübungsplätzen.

Entschädigungsgrundsätze: Die Entschädigung bei Inanspruchnahme von Grundstücken und landwirtschaftlichen Betrieben bemißt sich nach dem **gemeinen Wert (Verkehrswert).** Dieser wird durch den Preis bestimmt, der im gewöhnlichen Geschäftsverkehr ohne Rücksicht auf ungewöhnliche oder persönliche Verhältnisse zu erzielen wäre.

Außerdem sind **sonstige Vermögensnachteile** zu entschädigen, z. B. Nachteile durch Wirtschaftserschwernisse (Umwege, Anschneidungen, Durchschneidungen), durch Wertminderung des Restbetriebes, durch Pachtaufhebung sowie Anwalts- und Sachverständigenkosten.

In Schadensersatz- und Entschädigungsfällen gilt, daß der Geschädigte verpflichtet ist, den Schaden so gering wie möglich zu halten (Schadensminderungspflicht).

Jährlich wiederkehrende Schäden werden für die Dauer des Schadens kapitalisiert und in einem Betrag ausgezahlt.

Für die Berechnung gelten folgende Vervielfacher:

Vervielfacher für gleichbleibende Schäden und sinkende Schäden

Schadensdauer in Jahren	Vervielfacher für gleichbleibende Schäden	Vervielfacher für sinkende Schäden	Schadensdauer in Jahren	Vervielfacher für gleichbleibende Schäden	Vervielfacher für sinkende Schäden
1	0,96	0,96	14	10,56	6,4
2	1,89	1,5	15	11,12	6,7
3	2,78	1,9	20	13,59	8,4
4	3,63	2,4	25	15,62	9,8
5	4,45	2,8	30	17,29	11,0
6	5,24	3,3	40	19,79	13,1
7	6,00	3,7	50	21,48	14,8
8	6,73	4,1	60	22,62	
9	7,44	4,5	70	23,39	
10	8,11	4,9	80	23,91	
11	8,76	5,3	90	24,27	
12	9,39	5,7	100	24,50	
13	9,99	6,0	über 100	25,00	

Aufwuchsschäden

Wird der Aufwuchs landwirtschaftlich genutzter Flächen ganz oder teilweise zerstört, so ist eine Aufwuchsentschädigung zu zahlen. Grundlage für die Entschädigung ist der Rohertrag. Sind als Folgen des Schadens Einsparungen, z.B. bei der Düngung, beim Pflanzenschutz oder bei der Ernte möglich, so ist das bei der Berechnung der Entschädigung zu berücksichtigen. Bei kleineren Flächen sind in der Regel Einsparungen nicht möglich.

Bei der Ermittlung der Aufwuchsentschädigung von **Marktfrüchten** ist

- der Umfang der Schadensfläche,
- die voraussichtliche Erntemenge und
- der gültige Preis/dt einschließlich MWSt

zu bestimmen.

Bei Getreide ist neben dem Kornertrag auch der Strohertrag zu erfassen. Bei der Bewertung des Strohs ist die Art der Verwertung zu beachten (Verkauf, Strohdüngung, Verwertung als Einstreu). Im allgemeinen kann folgendes Korn-Stroh-Verhältnis zugrunde gelegt werden:

Roggen 1 : 1,6 Weizen/Gerste 1 : 1,1 Hafer 1 : 1,3

Bei Zuckerrüben empfiehlt es sich, von einem Zuckergehalt von 16% auszugehen. Neben den Rüben sind Trockenschnitzel (6% Gratisschnitzel) und Rübenblatt (Rüben-Blatt-Verhältnis 1 : 0,8) gesondert zu entschädigen. Beim Blatt ist wie beim Stroh die Art der Verwertung zu berücksichtigen.

Für die Höhe der Entschädigung bei Kartoffeln ist die Art der Vermarktung von erheblicher Bedeutung.

Wiederbeschaffungskosten

Wird der Aufwuchs (Getreide, Futterpflanzen) ausschließlich im eigenen Betrieb verfüttert, so sind im allgemeinen Wiederbeschaffungskosten zu ersetzen. Grundlage für die Berechnung der Entschädigung sind in diesem Fall bei Marktfrüchten die Einkaufspreise z. Z. der Ernte. Bei Grünland und anderen Rauhfutterarten wird die Entschädigung zweckmäßig auf der Basis der Kilostärkeeinheit (kStE) berechnet.

Die Aufwuchsentschädigung für zerstörte Futtermittel ergibt sich aus den Kosten der Wiederbeschaffung der zerstörten kStE bei Ersatzfuttermitteln. Da der Grundsatz der Schadensminderungspflicht gilt, ist zu prüfen, ob das Futter durch innerbetriebliche Maßnahmen (z.B. Anbau von Zwischenfrüchten) oder durch Zukauf von Silomais ersetzt werden kann.

In diesen Fällen dürfte im allgemeinen eine Entschädigung von 0,40 DM/kStE angemessen sein. Beim Zukauf von Heu erscheint dagegen ein Betrag von 0,60 DM/kStE angebracht (1 dt entspricht etwa 40 kStE). Beim Ersatz des zerstörten Futters durch Kraftfutter kostet die kStE ca. 0,70 bis 0,90 DM.

Ist bei der Ermittlung der Schadenshöhe noch nicht bekannt, durch welche Ersatzfuttermittel das zerstörte Futter ersetzt werden kann, so sollte die kStE pauschal mit 0,60 DM bewertet werden.

Richtsätze für die Ermittlung von Aufwuchsschäden bei Marktfrüchten

	Erzeugerpreis DM/dt incl. MWSt.	Bei einem Ertrag von . . . dt/ha beträgt der Wert des Aufwuchses ohne Stroh/Blatt[1]) . . . Pf/m²					
		mäßiger Ertrag		guter Ertrag		sehr guter Ertrag	
		dt/ha	Pf/m²	dt/ha	Pf/m²	dt/ha	Pf/m²
Weizen	47,–	40	**18**	60	**28**	80	**37**
Roggen	47,–	35	**17**	50	**24**	65	**30**
Futtergerste	44,–	40	**17**	55	**24**	70	**31**
Hafer	44,–	35	**15**	50	**22**	60	**26**
Körnermais	55,–	40	**22**	60	**33**	80	**44**
Raps	112,–	20	**23**	30	**34**	40	**46**
Zuckerrüben	10,–[2])	350	**35**	500	**50**	650	**65**
Kartoffeln[3])	10,–	200	**18**	350	**32**	500	**44**
	20,–		**34**		**59**		**84**
	30,–		**50**		**87**		**124**
	40,–		**66**		**114**		**164**

[1]) Stroh/m²: Düngerwert 1–2 Pf/m²; Verkauf, ungepreßt 1,5–3,0 Pf/m², Verkauf, gepreßt 6–10 DM/dt
[2]) Mischpreis aus A- und B-Rübenpreis bei 16 % Zucker und 1,30 DM Schnitzelvergütung je dt Rüben
Rübenblatt: Düngerwert 2–4 Pf/m²; Verkauf ab Feld 3–6 Pf/m²; Wert bei Selbstverfütterung (frisch) 5–10 Pf/m²
[3]) Futterkartoffelanteil von 20 % ist berücksichtigt; Futterkartoffeln 4,– DM/dt

Richtwerte für Erträge im Futterbau

	Netto-Ertrag in kStE/ha		
	gering	gut	sehr gut
Grünland			
Wiesen	2 000–3 000	3 000–4 000	4 000–5 000
Standweiden	1 500	3 000	4 000
Umtriebsweiden	2 000	3 500	5 000
Portionsweiden	–	4 000	6 000
Silomais	3 000–5 000	5 000–7 000	7 000–9 000
Stoppelrüben	1 000	–	3 000
Übrige Zwischenfrüchte	1 000	–	2 000

Bewertung von Arbeits- und Maschinenleistungen

Bei der Ermittlung der Entschädigung für Arbeiten, die im Zusammenhang mit der Beseitigung von Schäden anfallen (Planierungsarbeiten, Mehrarbeit durch Aufstallung von Vieh, Zeitverlust durch Umwege) ist grundsätzlich vom Tariflohn eines landwirtschaftlichen Facharbeiters (Lohngruppe VI lt. Tarifvertrag) auszugehen. Der Tariflohn ist um einen Zuschlag von 60 % für Lohnkosten (Sozialversicherungsbeiträge des Arbeitgebers, Urlaubsgeld, Krankheitsausfall etc.) zu erhöhen. Beispiel: Lohngruppe VI 1986 für Westfalen-Lippe 12,53 DM/Stunde plus 60 % = 20,05 DM/Stunde.

Betriebssysteme nach der Struktur des Standarddeckungsbeitrages   Landwirtschaft ≧ 75 %

Bezeichnung	Kurz-bezeich-nung	Anteil am Standarddeckungsbeitrag des Betriebes		
LANDWIRTSCHAFT	LA	●	●	●
Marktfruchtbetriebe	M	Marktfrucht ≥ 50 %	●	●
MARKTFRUCHTSPEZIALBETRIEBE Intensivfruchtfolge Extensivfruchtfolge	M_1 MIN MEX	Marktfrucht ≥ 75 %	●	● Intensivfrüchte ≥ Extensivfr. Extensivfrüchte > Intensivfr.
MARKTFRUCHT-VERBUNDBETRIEBE Marktfrucht-Futterbaubetriebe Marktfrucht-Veredlungsbetriebe Marktfrucht-Dauerkulturbetriebe	M_2 M–F M–V M–D	50 % ≤ Marktfrucht < 75 %	● Veredl. ≤ Futterb. ≥ Dauerk. Futterb. < Veredl. ≥ Dauerk. Futterb. < Dauerk. > Veredl.	●
Futterbaubetriebe	F	Futterbau ≥ 50 %	●	●
FUTTERBAUSPEZIALBETRIEBE Milchviehbetriebe Rindermastbetriebe	F_1 FMI FRI	Futterbau ≥ 75 %	●	● Milcherzeug. ≥ Rindfleischerz. Rindfleischerzeug. > Milcherz.
FUTTERBAU-VERBUNDBETRIEBE Futterbau-Marktfruchtbetriebe Futterbau-Veredlungsbetriebe Futterbau-Dauerkulturbetriebe	F_2 F–M F–V F–D	50 % ≤ Futterbau < 75 %	● Veredl. ≤ Marktfr. ≥ Dauerk. Marktfr. < Veredl. ≥ Dauerk. Marktfr. < Dauerk. > Veredl.	●
Veredlungsbetriebe	V	Veredlung ≥ 50 %	●	●
VEREDLUNGSSPEZIALBETRIEBE Schweinebetriebe Geflügelbetriebe	V_1 VSW VGE	Veredlung ≥ 75 %	●	● Schweine ≥ Geflügel Geflügel > Schweine
VEREDLUNGS-VERBUNDBETRIEBE Veredlungs-Marktfruchtbetriebe Veredlungs-Futterbaubetriebe Veredlungs-Dauerkulturbetriebe	V_2 V–M V–F V–D	50 % ≤ Veredlung < 75 %	● Futterb. ≤ Marktfr. ≥ Dauerk. Marktfr. < Futterb. ≥ Dauerk. Marktfr. < Dauerk. > Futterb.	●
Dauerkulturbetriebe	D	Dauerkulturen ≥ 50 %	●	●
DAUERKULTURSPEZIALBETRIEBE Obstbaubetriebe Weinbaubetriebe Hopfenbaubetriebe	D_1 DOB DWE DHO	Dauerkulturen ≥ 75 %	●	● Weinb. ≤ Obstb. ≥ Hopfenb. Obstb. < Weinb. ≥ Hopfenb. Obstb. < Hopfenb. > Weinb.
DAUERKULTUR-VERBUNDBETRIEBE Dauerkultur-Marktfruchtbetriebe Dauerkultur-Futterbaubetriebe Dauerkultur-Veredlungsbetriebe	D_2 D–M D–F D–V	50 % ≤ Dauerkulturen < 75 %	● Futterb. ≤ Marktfr. ≥ Veredl. Marktfr. < Futterb. ≥ Veredl. Marktfr. < Veredl. > Futterb.	●
Landw. Gemischtbetriebe	XLA	Marktfrucht, Futterbau		●
Landw. mit Marktfrucht Landw. mit Futterbau Landw. mit Veredlung Landw. mit Dauerkulturen	XMM XMF XMV XMD	Veredlung und Dauerkulturen jeweils < 50 %	F ≤ M ≥ V; M ≥ D M < F ≥ V; F ≥ D M < V > F; V ≥ D M < D > F; D > V	●

Zeichenerklärung: > größer als   < kleiner als   ≥ gleich oder größer als   ≤ gleich oder kleiner als

Kosten der Getreidekonservierung in DM/dt unter Berücksichtigung der Verluste und des Futterwertes der Konservierungszusätze

Getreidemenge dt	600	1 200	1 800	3 000	6 000
Trocknung	5,99	4,68	5,46	4,62	3,68
Kühlung	–	–	4,15	3,17	2,30
Luftdichte Lagerung	–	4,60	4,17	3,17	2,73
Feuchtgetreide in Flachsilo 0,3 % Propionsäure	4,29	4,29	4,29	4,29	4,29
Harnstoffkonservierung 75,– DM/dt	3,58	2,45	1,98	1,78	1,55
Propionsäurekonservierung					
a) 4,35 DM/l	6,72	5,15	–	–	–
b) 3,55 DM/l	6,20	4,63	4,10	3,68	3,37
c) 2,30 DM/l	5,66	4,09	3,56	3,14	2,83

Zinsansatz 3,5 %; Abschreibung 4–8,3 %; für Lagerung in vorhandenen Gebäuden 80,– DM/m³ unterstellt; Verrechnungspreis für Lohnschroten: 2,20 DM/dt (nach Weber, verändert).

Kosten von Mahl- und Mischanlagen (in DM/dt)

Mastschweinebestand	100	200	400	600	800
Futtermenge dt/Jahr	620	1 240	2 470	3 700	4 930
Gesamtkosten einschl. Lohnkosten (15,– DM) AKh:					
Absetziges Verfahren[1])	4,60	3,35	2,70	2,50	2,35
Kontinuierliches Verfahren[2])	4,65	2,75	1,80	1,35	1,30

Dazu kommen Allgemeinkosten für Lagerung (ca. 0,80 DM/dt); Lagerungsverluste (ca. 0,25 DM/dt) und Zinsanspruch (ca. 0,70 DM/dt).

[1]) Hammermühle, 7,5 kW, 5000,– DM und Behältermischer, 10 dt, 5000,– DM.
[2]) Hammermühle, 10 kW, 5000,– DM und 4 Dosiereinrichtungen, 10500,– DM.

Tierische Veredlung

Umrechnungsschlüssel für Tierbestände

Die verschiedenen Vieharten lassen sich zum Zweck gemeinsamer Beurteilung auf verschiedene Maßstäbe umrechnen.

Vieheinheit (VE) – Großvieheinheit (GV) – Dungeinheit (DE)

VE: Eine Vieheinheit entspricht einem Tier mit einem Futterbedarf von etwa 20 Getreideeinheiten (vgl. Getreideeinheitenschlüssel S. 74).

GV: Eine Großvieheinheit (GV) entspricht einem Tier mit einem Lebendgewicht von 500 kg.

DE: Eine Dungeinheit entspricht einem Güllevolumen von 80 kg N aus tierischer Erzeugung (vgl. DE-Schlüssel S. 212).

Vieheinheiten nach § 51 Bewertungsgesetz, Stand 1. 1. 1982

a) Tiere, die nach dem **Jahresdurchschnittsbestand** in Vieheinheiten umgerechnet werden. Unter Jahresdurchschnittsbestand ist in der Regel 1/13 der Summe aus Jahresanfangsbestand und den zwölf Monatsendbeständen zu verstehen.

	VE/Tier
Rinder	
Zuchtbullen	1,2
Kühe	1,0
Jungtiere über 2 Jahre*)	1,0
Jungtiere 1 bis 2 Jahre*)	0,7
Jungtiere unter 1 Jahr*)	0,3
Intensivmastrinder (Schlachtrinder)**)	1,0
Schafe	
1 Jahr und älter	0,10
unter 1 Jahr ohne Mastlämmer	0,05
Ziegen	0,08
Damtiere	
Damhirsche, Alttiere und Schmaltiere, 1 Jahr und älter	0,08
Damkälber unter 1 Jahr	0,04
Schweine	
Zuchteber und Zuchtsauen (einschl. der halben Stückzahl der erzeugten Zuchtschweine)	0,33
Geflügel	
Legehennen aus selbsterzeugten Junghennen	0,02
Legehennen aus zugekauften Junghennen	0,0183
Zuchtenten	0,04
Zuchtgänse	0,04
Zuchtputen	0,04
Pferde	
Pferde unter 3 Jahren	0,70
Pferde 3 Jahre und älter	1,10

*) Einschließlich Extensivmastrinder (Mastendgewicht von 500–550 kg erst nach 24 Monaten Lebensalter).

**) z.B.: Mast von Fressern, Mastendgewicht von 500–550 kg innerhalb von 12 Monaten nach Mastbeginn. Für die Aufzuchtphase (bis ca. 6 Mon.) gilt der Schlüssel für Jungvieh unter 1 Jahr (0,3 VE × 6 Mon. = 0,15 VE).

b) Tiere, die nach der **Jahreserzeugung** in Vieheinheiten umgerechnet werden.

	VE/Tier
Rinder	
Mastkälber aus zugekauften Absatzlämmern	0,15
übrige Mastkälber	0,20
Schweine	
Mastschweine aus selbsterzeugten Ferkeln	0,16
Mastschweine aus zugekauften Ferkeln (Jungtiere bis 20 kg)	0,14
Mastschweine aus zugekauften Ferkeln (Jungtiere 20–30 kg)	0,12
Mastschweine aus zugekauften Läufern (Jungtiere 30–45 kg)	0,10
Läufer aus selbsterzeugten Ferkeln	0,06
Läufer aus zugekauften Ferkeln	0,04
Schwere Ferkel (20–30 kg)	0,04
Leichte Ferkel (bis 20 kg)	0,02
Schafe	
Mastlämmer	0,05
Geflügel	
Junghennen, verkauft	0,0017
Jungmasthühner (6 und weniger Durchgänge je Jahr)	0,0017
Jungmasthühner (mehr als 6 Durchgänge je Jahr)	0,0013
Mastenten	0,0033
Mastgänse	0,0067
Mastputen aus selbsterzeugten Jungputen	0,0067
Mastputen aus zugekauften Jungputen	0,0050
Jungputen, verkauft	0,0017

Anwendung

- Berechnung der gegendüblichen Tierhaltung wie der Zu- und Abschläge bei der Einheitsbewertung gem. § 41 BewG
- Abgrenzung der landwirtschaftlichen von der gewerblichen Tierhaltung
- Abgrenzung der 13 a-Betriebe
- Berechnung der Gewinnzuschläge bei der Schätzung des steuerlichen Gewinns gemäß § 162 Abgabenordnung
- Berechnung der Obergrenze für Zuschläge der Mehrwertsteuer bis zu 330 VE/Betrieb.

Steuerunschädlicher Umfang der landwirtschaftlichen Viehhaltung:

Für die ersten 20 ha LF	–	10	VE/ha
Für die nächsten 10 ha LF	–	7	VE/ha
Für die nächsten 10 ha LF	–	3	VE/ha
Für jeden weiteren ha	–	1,5	VE/ha

Dabei ist von der regelmäßig landwirtschaftlich genutzten Fläche auszugehen. Nicht dazu gehören forstwirtschaftlich oder gärtnerisch genutzte Flächen, Unland, Geringstland und Bauland. Bei der Feststellung der Tierbestände ist die regelmäßige und nachhaltige (über 3 Jahre) Erzeugung bzw. Haltung zu berücksichtigen.

Dungeinheiten

Im Rahmen von Gülle-Verordnungen oder -Richtlinien werden die zulässigen Tierzahlen nach dem folgenden Umrechnungsschlüssel ermittelt:

	Stück
Rinder > 2 Jahre	1,5
Jungrinder 3 Monate bis 2 Jahre	3
Kälber < 3 Monate	9
Zuchtsauen mit Ferkeln < 20 kg	3
Schweine > 20 kg	7
Legehennen	100
Junghennen	300
Masthähnchen	300
Mastenten	150
Mastputen	100

Wirtschaftlichkeit der Milchkuhhaltung

Milchleistung kg je Kuh und Jahr	4 500	5 500	6 500
Erlös: Milch 0,70 DM	3 150	3 850	4 550
0,25 Schlachtkuh x 1600,– DM	400	400	400
0,9 Kalb x 400,– DM	360	360	360
Marktleistung/Kuh und Jahr, DM	3 910	4 610	5 310
Kosten, DM (veränderlich, stückgebunden)			
0,25 Färse x 2200/2400/2600	550	600	650
Kraftfutter 44,– DM/dt	572	792	1 012
Mineralfutter 110,– DM/dt	88	99	110
Deckgeld, Tierarzt	135	165	195
Variable Maschinenkosten	120	120	120
Versicherung, TSK, MLP	120	120	120
Strom, Wasser, Stallgeräte	60	60	60
Insgesamt	1 645	1 956	2 267
Deckungsbeitrag/Kuh, DM	2 265	2 654	3 043
Bedarf an MJ NEL[1]) je Kuh	31 470	34 920	38 370
davon: Kraftfutter	8 970	12 420	15 870
Weide	9 000	9 000	9 000
Winterfutter	13 500	13 500	13 500
Gemischtbetrieb			
Milchkühe je ha Futterfläche (50000 MJ NEL/ha*); 1000,– DM v. Kosten/ha)	2,22	2,22	2,22
Deckungsbeitrag je ha Futterfläche, DM	4 028	4 892	5 755
Grünlandbetrieb			
Milchkühe je ha Futterfläche (40000 MJ NEL/ha*); 800,– DM v. Kosten/ha)	1,78	1,78	1,78
Deckungsbeitrag je ha Futterfläche, DM	3 232	3 924	4 617

[1]) siehe Seite 69

*) 60 v.H. d. Grundfutters vom Grünland
40 v.H. d. Grundfutters vom Acker

Wirtschaftlichkeit der Bullenmast und der Färsenaufzucht

Produktionsverfahren	Bullenmast		Färsenaufzucht	
	Herbst-kalbung Stall-endmast	Herbst-kalbung Weide-endmast	Abkalbealter 24. Mon.	32. Mon.
Lebensalter, Monate	18	22		
Endgewicht, kg	550	550		
Erlös, DM je kg	4,20	4,20		
Marktleistung, DM	2 310	2 310	2 000	2 000
Variable Kosten, DM				
Kalb	500	500	400	400
Aufzucht bis 125 kg	250	250	250	250
Kraftfutter	350	300	375	225
Tierarzt, Medikamente	30	30	45	50
Deckgeld	–	–	50	50
Strom, Wasser, Stallgeräte	30	30	40	50
Verlustausgleich, TSK	100	100	120	120
Insgesamt	1 260	1 210	1 280	1 145
Deckungsbeitrag, DM/Tier	1 050	1 100	720	855
Bedarf an kStE je Stück	1 800	1 900	2 155	2 920
davon: Kraftfutter	400	350	505	310
Weide	450	1 025	1 130	1 675
Winterfutter	950	525	520	935
Grünlandstandort Produktionseinheiten[1]) je ha Futterfläche (3600 kStE/ha; 700,– DM v. Kosten/ha)	2,57	2,32	2,18	1,38
Deckungsbeitrag je ha Futterfläche, DM	1 999	1 852	870	480
Ackerbaustandort Produktionseinheiten je ha Futterfläche (4500 kStE/ha[2]); 900,– DM v. Kosten/ha)	3,21	2,90	2,73	1,72
Deckungsbeitrag je ha Futterfläche, DM	2 471	2 290	1 066	571

[1]) Produktionseinheit = ab Kalb bis Verkauf bzw. Abkalbung
[2]) 60 v.H. d. Grundfutters vom Grünland, 40 v.H. d. Grundfutters vom Acker

Wirtschaftlichkeit der Mutterkuhhaltung

Produktionsverfahren	Winterkälber Kälberverkauf nach Absetzen mit 9 Monaten	Winterkälber Mast: Bullen 16 Monate Färsen 18 Monate
Schlachtkuh 1600,– DM x 0,2	320	320
Männliche Tiere 280 kg x 0,45		
= 126 kg x 5,50 DM je kg	693	
Weibliche Tiere 240 kg x 0,45		
= 108 kg x 4,50 DM je kg	486	
Männliche Tiere 500 kg x 0,45		
= 225 kg x 4,40 DM je kg		990
Weibliche Tiere 400 kg x 0,45		
= 180 kg x 4,20 DM je kg		756
Marktleistung, DM	1 499	2 066
Kosten, DM (veränderlich, stückgebunden)		
Färse 2000,– DM x 0,2	400	400
Kraftfutter	60	285
Mineralstoffe	–	–
Deckgeld, Tierarzt	70	80
Strom, Wasser, Sonstiges	50	60
Verlustausgleich, TSK	60	90
Variable Maschinenkosten	20	30
Insgesamt	660	945
Deckungsbeitrag je Kuh einschl. Nachzucht, DM	839	1 121
Bedarf an kStE je Kuh einschl. Nachzucht	2 380	3 100
davon: Kraftfutter	80	380
Weide	1 400	1 600
Winterfutter	900	1 120
Grünlandstandort Produktionseinheiten je ha Futterfläche[1]) (3600 kStE/ha; 600,– DM v. Kosten/ha)	1,56	1,32
Deckungsbeitrag je ha Futterfläche, DM	709	880

[1]) Produktionseinheit = Mutterkuh einschl. Nachzucht und Mastbulle bzw. -färse

Wirtschaftlichkeit der Koppelschafhaltung

0,2 Mutterschaf: 75 kg x 0,2 = 15 kg x 2,80 DM je kg	42
1,3 Lämmer: 45 kg x 1,3 = 58,5 kg x 4,– DM je kg	234
Wolle	10
Marktleistung, DM	286
Kosten, DM (veränderlich, stückgebunden)	
Zutreter 0,2 x 180,– DM	36
Kraftfutter, Mineralstoffe	30
Bockhaltung	8
Tierarzt, Medikamente	10
Strom, Wasser, Schurlohn	15
Versicherung bzw. Verlustausgleich	12
Insgesamt	111
Deckungsbeitrag je Mutterschaf einschließlich Nachzucht, DM/Jahr	175
Bedarf an kStE je Mutterschaf einschließlich Nachzucht	380
davon: Kraftfutter	30
Grundfutter	350
Produktionseinheiten je ha Futterfläche (3600 kStE/ha; 600,– DM var. Kosten/ha*))	10
Deckungsbeitrag je ha Futterfläche, DM	1 150

*) einschließlich Einzäunung

Rentabilität verschiedener Ersatzformen der Milchviehhaltung

		Mastdauer Monate	Abkalbe-alter Monate	Endgewicht kg	Deckungs-beitrag in DM/ha HF	Relative Rentabilität
Gemischtbetrieb:	60 v.H. Grünland 40 v.H. Ackerfutter					
Milchkuh	6 500 kg				5 755	118
	5 500 kg				4 892	100
	4 500 kg				4 028	82
Mastbullen	Stallendmast	18		550	2 471	51
	Weideendmast	22		550	2 290	47
Färsenaufzucht			24		1 066	22
Färsenaufzucht			32		571	11
Grünlandbetrieb:	100 v.H. Grünland					
Milchkuh	6 500 kg				4 617	118
	5 500 kg				3 924	100
	4 500 kg				3 232	82
Mastbullen	Stallendmast	18		550	1 999	51
	Weideendmast	22		550	1 852	47
Färsenaufzucht			24		870	22
Färsenaufzucht			32		480	12
Mutterkühe		Kälber 9			709	18
Mutterkühe		Bullen 16 Färsen 18			880	22
Koppelschafe		5		45	1 150	29

Wirtschaftlichkeit der Schweinemast

Erfolg der Schweinemast bei unterschiedlichen Preisen für Schlachtschweine und Fertigfutter sowie verschiedenen Bestandserneuerungskosten und verschiedener Futterverwertung

bei einem Loco-Hof-Preis von ... DM je kg Lebendgewicht	und einem Mischfutterpreis von ... DM je dt	In der Getreidemast läßt sich sowie Kosten von ... DM je Ferkel					
		120		100		80	
		und einer Futterverwertung von 1 :					
		3,4	3,2	3,4	3,2	3,4	3,2
		ein Deckungsbeitrag von ... DM/Mastschwein erreichen					
2,30	50			−24,50	−16,50	− 4,50	3,50
(2,88)*)	46			−13,62	− 6,26	6,38	13,74
	42			− 2,74	3,98	17,26	23,98
2,60	50			7,00	15,00	27,00	35,00
(3,25)*)	46			17,88	25,24	37,88	45,24
	42			28,76	35,48	48,76	55,48
2,90	50	18,50	26,50	38,50	46,50		
(3,63)*)	46	29,38	36,74	49,38	56,74		
	42	40,26	46,98	60,26	66,98		
3,20	50	50,00	58,00	70,00	78,00		
(4,00)*)	46	60,88	68,24	80,88	88,24		
	42	71,76	78,48	91,76	98,48		

*) Entspricht etwa ... DM je kg Schlachtgewicht (bei einer Ausschlachtung von 80% = 84 kg Schlachtgewicht)

Unterstellte Daten:

1. Gewichtsabschnitt 25−105 kg
2. Tierarzt, Medikamente, Desinfektion 5,− DM
3. Versicherung bzw. Verlustausgleich, TSK 8,− DM
4. Wasser, Strom, variable Maschinenkosten 6,− DM
5. Mastkontrolle 3,− DM
6. Vermarktungskosten 8,− DM

Rentabilitätsberechnung in der Schweinemast

			Beispiel (Neubau)	eigene Berechnung
1	**Neubaukosten** pro Mastplatz 600–800 DM	Mittelwert 700,– DM	700,–	DM
2	**Umbaukosten** pro Mastplatz 300–500 DM + Restwert des Altgebäudes (Zeitwert) DM: Umbaukosten pro Mastplatz =	Mittelwert 400,– DM Mastplätze = DM DM		
3	Abschreibung 3–5 % Mittelwert 4 %			
4	Unterhaltung 0,5–2 % Mittelwert 1 %			
5	Abschreibung und Unterhaltung pro Mastplatz = 5 % vom (Neu)Wert (Z. 1 oder 2)		35,–	DM
6	Feuerversicherung je Mastplatz (Anhaltswert 4 ‰ vom Neuwert)		2,80	DM
7	**Festkosten** pro Mastplatz	(Summe Z. 5 und 6)	37,80	DM
8	Kosten für Fremd-Arbeitskräfte (AK) 0,5–1,0 Arbeitsstunden (AKh) pro Mastschwein 0,6 AKh pro Mastschwein x 15,– DM	Bestandsgröße 100 / 500 / 1 000 Mittelwert 1,20 / 0,60 / 0,50 AKh	9,–	DM
9	Umtriebe pro Jahr 2–2,5; Mittelwert 2,2			
10	Festkosten pro Mastplatz: Anzahl der Umtriebe pro Jahr (Z. 7 : Z. 9)		17,18	DM
11	**Festkosten** pro Mastschwein (Summe Z. 8 und Z. 10)		26,18	DM
12	Deckungsbeitrag pro Mastschwein abzgl. Festkosten (z. B.: 45,– DM abzgl. Z. 11) **Gewinn** (des Unternehmens) pro Mastschwein		18,82	DM

Futterkosten in der Schweinemast in Abhängigkeit von Futterpreis und Futterverwertung

Bei einem Fertig-futterpreis von ... DM/dt	und einer Futterverwertung von 1 : ...				
	3,0	3,2	3,4	3,6	3,8
	betragen die Futterkosten ... DM je Mastschwein*)				
42	100,80	107,52	114,24	120,96	127,68
44	105,60	112,64	119,68	126,72	133,76
46	110,40	117,76	125,12	132,48	139,84
48	115,20	122,88	130,56	138,24	145,92
50	120,00	128,00	136,00	144,00	152,00
52	124,80	133,12	141,44	149,76	158,08
54	129,60	138,24	146,88	155,52	164,16

*) Gewichtsabschnitt 25–105 kg Lebendgewicht = 80 kg Zuwachs

Kosten der Ferkelerzeugung bis zu einem Alter von 8 Wochen

Bei Futter-kosten ... DM je Zucht-sau und Jahr	und Bei-futter-kosten von ... DM je Ferkel	sowie einer Aufzuchtleistung von ..... Ferkel pro Jahr		
		14	16	18
		betragen die Aufzuchtkosten ..... DM je Ferkel		
I. einschließlich der Kosten für Gebäude (ohne Arbeit)				
600	20	88	79	73
	18	86	77	71
500	20	81	73	67
	18	79	71	65
400	20	74	67	62
	18	72	65	60
II. einschließlich der Kosten für Gebäude und Arbeit				
600	20	120	107	98
	18	118	105	96
500	20	113	101	92
	18	111	99	90
400	20	106	95	87
	18	104	93	85

Unterstellte Daten: Altsau = Kosten der Bestandsergänzung

Sonstige variable Kosten (Deckgeld, Tierarzt, Verlustausgleich, Wasser, Strom, Heizung): 200,– DM

Gebäudekosten 150,– DM; Arbeitskosten 450,– DM (30 AKh x 15,– DM); Futterbedarf Ferkel: 30 kg (Preis/dt: 65,– DM)

Wirtschaftlichkeit der Zuchtsauenhaltung

Erfolg der Zuchtsauenhaltung bei unterschiedlichen Preisen für Ferkel sowie unterschiedlicher Aufzuchtleistung und verschiedenen Gesamtfutterkosten

	In der Zuchtsauenhaltung läßt sich					
bei .... DM Gesamtfutterkosten pro Sau und Jahr (einschl. Ferkelfutter)	sowie Erlösen von .... DM je Ferkel					
	80			100		
	und einer Aufzuchtleistung von .... Ferkel pro Jahr					
	14	16	18	14	16	18
	ein Deckungsbeitrag von .... DM je Zuchtsau erzielen					
1 000	−100	60	220	180	380	580
900	± 0	160	320	280	480	680
800	100	260	420	380	580	780
700	200	360	520	480	680	880
600	300	460	620	580	780	980

Futterkosten der Legehennenhaltung in Abhängigkeit von der Eierleistung sowie von Futterverbrauch und Futtermittelpreis

Bei einem Fertigfutterpreis von DM .... je dt	und einer Legeleistung von .... Eiern je Tier					
	260			290		
	sowie einem Futterverbrauch von .... g je Ei					
	160	170	180	160	170	180
	betragen die Futterkosten .... DM je Henne und Jahr					
45,00	18,72	19,89	21,06	20,88	22,19	23,49
50,00	20,80	22,10	23,40	23,20	24,65	26,10
55,00	22,88	24,31	25,74	25,52	27,12	28,71
60,00	24,96	26,52	28,08	27,84	29,58	31,32

Produktionskosten für Eier

Bei einem Fertigfutterpreis von .... DM/dt	und einer Legeleistung von .... Eiern/Tier					
	260			290		
	sowie einem Futterverbrauch von .... g/Ei					
	160	170	180	160	170	180
	betragen die Produktionskosten .... Dpf./Ei					
45,00	13,26	13,71	14,16	12,63	13,08	13,53
50,00	14,06	14,56	15,06	13,43	13,93	14,43
55,00	14,86	15,41	15,96	14,23	14,78	15,33
60,00	15,66	16,26	16,86	15,03	15,63	16,23

Produktionskosten von Eiern. Unterstellte Daten: Bestandesgröße 10 000 Stück; Kosten der legereifen Junghennen 9,– DM; Umtrieb nach 14 Monaten; Schlachthennenerlös 2,– DM; var. Kosten 2,– DM; Gebäudekosten einschl. Einrichtung 4,– DM; Arbeitszeitbedarf 0,25 AKh à 15,– DM/AKh = 9,– DM – 2,– DM = 7,– DM : 14 Monate x 12 Monate = 6,– DM Bestandsergänzung + 6,– DM var. Kosten und Gebäudekosten + 3,75 DM Arbeitskosten = 15,75 DM/Henne/Jahr.

Wirtschaftlichkeit der Eiererzeugung

Erfolg der Legehennenhaltung bei unterschiedlichen Preisen für Eier und Fertigfutter sowie verschiedenen Bestandserneuerungskosten und Futterverbrauch je Ei. Einheit: 100 Legehennen.

bei einem Preis von ... DM je Ei	und einem Mischfutterpreis von ... DM je dt	In der Legehennenhaltung läßt sich sowie Kosten von ... DM je legereife Junghenne 11,00 und einem Futterverbrauch von ... g je Ei 180	11,00: 170	11,00: 160	9,00: 180	9,00: 170	9,00: 160
		ein Deckungsbeitrag von ... DM je 100 Stück erzielen					
14	45,00	563	680	797	734	851	968
	50,00	329	459	589	500	630	760
	55,00	95	238	381	266	409	552
	60,00	−139	17	173	32	188	344
16	45,00	1 083	1 200	1 317	1 254	1 371	1 488
	50,00	849	979	1 109	1 020	1 150	1 280
	55,00	615	758	901	786	929	1 072
	60,00	381	537	693	552	708	864
18	45,00	1 603	1 720	1 837	1 774	1 891	2 008
	50,00	1 369	1 499	1 629	1 540	1 670	1 800
	55,00	1 135	1 278	1 421	1 306	1 449	1 592
	60,00	901	1 057	1 213	1 072	1 228	1 384
20	45,00	2 123	2 240	2 357	2 294	2 411	2 528
	50,00	1 889	2 019	2 149	2 060	2 190	2 320
	55,00	1 655	1 798	1 941	1 826	1 969	2 112
	60,00	1 421	1 577	1 733	1 592	1 748	1 904
22	45,00	2 643	2 760	2 877	2 814	2 931	3 048
	50,00	2 409	2 539	2 669	2 580	2 710	2 840
	55,00	2 175	2 318	2 461	2 346	2 489	2 632
	60,00	1 941	2 097	2 253	2 112	2 268	2 424
24	45,00	3 163	3 280	3 397	3 334	3 451	3 568
	50,00	2 929	3 059	3 189	3 100	3 230	3 360
	55,00	2 695	2 838	2 981	2 866	3 009	3 152
	60,00	2 461	2 617	2 773	2 632	2 788	2 944

Unterstellte Daten (Angaben in DM je 100 Legehennen): Legeleistung 260 Eier/Jahr; Umtrieb 14 Monate; Schlachthennenerlös 200,– DM; var. Kosten 200,– DM (Maschinenkosten 50,– DM, Tierarzt, Medikamente, Wasser, Strom 100,– DM, Versicherung bzw. Verlustausgleich 50,– DM). Bei Direktvermarktung fallen zusätzliche Kosten von 400–500 DM/100 Legehennen oder 1,5–2 Pf/Ei an.

Rentabilität des Düngereinsatzes bei Grünland

Naturalertrag kStE (netto)	Mineraldüngeraufwand in DM/ha	Kosten des Mineraldüngers in Pf/kStE
1 500	–	–
3 000	334	11,13
4 000	518	12,95
5 000	723	14,46
6 000	973	16,20

In viehstarken Betrieben wird ein nicht unerheblicher Teil des angegebenen Düngeraufwandes durch Wirtschaftsfutter (Stallmist, Gülle bzw. Kot, Harn beim Weidebetrieb) gedeckt. Bei den Grunddüngern (P_2O_5 u. K) erreicht der Anteil bis 50 %, bei Stickstoff bis 25 %.

Naturalertrag und Deckungsbeiträge im Getreidebau bei steigenden N-Gaben

Getreideart		Wintergerste					Winterweizen		
Bodenart Ackerzahl Versuche, Anzahl		S–L 27–82 29					S–L 27–85 44		
N	kg/ha	0	110	130	150	170	0	130	150
Leistungen									
Körnerertrag*	dt/ha	47,3	66,0	69,6	71,7	72,8	49,2	70,5	73,0
Erzeugerpreis	DM/dt	44,—	44,—	44,—	44,—	44,—	46,—	46,—	46,—
Marktleistung	DM/ha	2 081	2 904	3 062	3 155	3 203	2 263	3 243	3 358
Var. Kosten									
Saatgut	DM/ha	125	125	125	125	125	175	175	175
Düngemittel									
kg/ha P_2O_5	100/120	130	130	130	130	130	156	156	156
K_2O	150/170	105	105	105	105	105	119	119	119
NO	–170/150	—	132	156	180	204	—	156	180
Düngung gesamt	DM/ha	235	367	391	415	439	275	431	455
Pflanzenschutz inkl. Wachstums-regulatoren	DM/ha	140	225	225	225	225	200	250	250
Trocknung	DM/ha	47	66	70	72	73	49	71	73
var. Maschinen-kosten	DM/ha	150	150	150	150	150	150	150	150
Lohndrusch	DM/ha	240	240	240	240	240	240	240	240
Hagelversicherung	DM/ha	20	23	24	24	24	21	24	24
Variable Kosten gesamt	DM/ha	957	1 196	1 225	1 251	1 276	1 110	1 341	1 367
Deckungsbeitrag	DM/ha	1 124	1 708	1 837	1 904	1 927	1 153	1 902	1 991

* Körnererträge und Düngemittelmengen nach Landwirtschaftliche Forschung Hanninghof der Ruhr-Stickstoff AG

Mehrkosten der Saatgetreideerzeugung (DM/ha)

Erzeugung und Aufbereitung von Saatgetreide verursachen je dt Erntemenge 8–10 DM höhere variable Kosten als Konsumgetreide.

Getreideeinheitenschlüssel (GE)

Erzeugnis	Getreideeinheiten in dt
I. Pflanzliche Erzeugung	
1 dt Getreide (Weizen, Roggen, Gerste, Hafer)	1,00
1 dt Mais, Reis, Milocorn, Kanariensaat	1,00
1 dt Buchweizen	0,80
1 dt Getreidekleie	0,70
1 dt Maiskleberfutter	0,90
1 dt Zitrus-/Obsttrester	0,50
1 dt Futterhefen	1,00
1 dt Schwimmgerste	0,70
1 dt Malzkeime, getrocknet	0,75
1 dt Biertreber, getrocknet	0,50
1 dt Maisabfälle	0,90
1 dt Getreideschlempe	0,05
1 dt Kartoffeln	0,20
1 dt Kartoffelflocken	1,00
1 dt Kartoffelpülpe	0,25
1 dt Kartoffelschlempe	0,04
1 dt Kartoffel- u. Gemüseabfälle	0,20
1 dt Spiritus aus Kartoffeln oder Getreide	2,00
1 dt Zuckerrüben	0,25
1 dt Zuckerrüben unter Anrechnung der Schnitzelrücklieferung	0,22
1 dt vollw. Zuckerschnitzel	1,00
1 dt Trockenschnitzel	0,70
1 dt Naßschnitzel	0,10
1 dt Futterzucker	1,00
1 dt Melasse	0,60
1 dt Troblaco	0,60
1 dt Runkel-, Kohlrüben	0,10
1 dt Mohrrüben	0,10
1 dt Rübenblatt, frisch	0,10
1 dt Futterkohl	0,10
1 dt Topinambur	0,20
1 dt Grün- und Silomais	0,16
1 dt Hülsenfrüchte (alle Arten)	1,00
1 dt Ölsaaten (Raps, Lein, Mohn, Hanf)	1,70
1 dt Ölsaaten unter Anrechnung der Ölkuchenrücklieferung	1,10
1 dt Ölkuchen (alle Arten)	1,00
1 dt Sojaschrot	1,00
1 dt Pflanzliche Fette	3,10
1 dt Futter aus Ackerfutterbau als Haupt- oder Zwischenfruchtbau[1]) in Heuwert	0,45
1 dt Wiesen-, Weideheu	0,40
1 dt Klee-, Luzerneheu	0,50
1 dt Luzernegrünmehl	0,70
1 dt Erbsenstroh	0,25
1 dt Winterhalmstroh	0,10
1 dt Sommerhalmstroh	0,15
1 dt Tabak	2,00
1 dt Hopfen	7,00
1 dt Faserlein, Samen und Stroh	1,00
1 dt Faserlein, nur Stroh	0,70
1 dt Hanf, nur Stroh	0,50
1 dt Grassamen	3,00
1 dt Klee, Luzernesamen	3,00
1 dt Zuckerrübensamen	5,00
1 dt Futterrübensamen	6,00
1 dt Gemüse (Ø aller Arten)	0,15
1 dt Obst (Ø aller Arten)	0,25
1 hl Weinmost	1,00
1 dt Maniok	1,00
1 dt Maniokabfälle aus der Stärkeherstellung	0,80
1 dt Hefe	1,00
1 ha Blumen u. Zierpflanzen	130,00
II. Futtermittel tierischer Herkunft	
1 dt Fischmehl	1,00
1 dt Fleischfuttermehl	1,30
1 dt Fleischknochenmehl	0,90
1 dt Futterknochenschrot	0,50
1 dt Blutmehl	0,90
1 dt Federmehl	0,90
1 dt Tierische Fette	2,80
1 dt Solubles (Fischpreßsaft, eingedickt)	0,60
1 hl Molken	0,05
1 hl Magermilch	0,10
1 dt Magermilchpulver	1,00
1 dt Futterpulver	1,25
III. Tierische Erzeugnisse	
1 hl Vollmilch	0,80
1 dt Milchfett in der Vollmilch	21,50
1 dt Rahm, etwa 21 % Fett, Magermilch bleibt im Betrieb	4,00
1 dt Butter, etwa 82 % Fett, Mager- und Buttermilch bleibt im Betrieb	15,50
1 dt Lebendgewicht neugeborenes Kalb	2,40
1 dt Lebendgewicht 4 Monate altes Kalb zur weiteren Aufzucht	3,60
1 dt Lebendgewicht 18 Monate altes Rind zur weiteren Aufzucht	4,80
1 dt Lebendgewicht 27 Monate alte Färse = 1 dt Lebendgewicht Kuh	5,70
1 dt Lebendgewicht 4 Monate alter Bulle zur Weitermast	3,60
1 dt Lebendgewicht Mastbulle	4,90
1 dt Lebendgewicht Mastkalb	5,20
1 dt Lebendgewicht Rindvieh aller Geschlechts- u. Altersklassen	5,20
Haltung von Großvieh auf der Weide, je 100 kg Lebendgewichtszunahme	5,20
1 hl Schafs-, Ziegenmilch	0,80
1 dt Lebendgewicht Schaf unter 1 Jahr alt	4,80
1 dt Lebendgewicht Schaf 1 Jahr alt und älter	5,40
1 dt Lebendgewicht Schaf aller Geschlechts- und Altersklassen	5,20
1 dt Schmutzwolle	40,00
1 dt Reinwolle	100,00
1 dt Lebendgewicht Ziege aller Geschlechts- und Altersklassen	5,20
1 dt Lebendgewicht Schwein	4,20
1 dt Eier	4,20
100 Eier	0,25[2])
1 dt Lebendgewicht Geflügel aller Arten	3,75

[1]) Außer Stoppelklee (0,50). – [2]) Bei einem Durchschnittsgewicht je Ei von 58 g. Quelle: BML 215

Raumgewichte (geschüttet)*)

verschiedener landwirtschaftlicher Erzeugnisse und Betriebsmittel

1 m³ wiegt bei gewöhnlicher Lagerung etwa ... Kilogramm (kg)

Schwefels. Ammoniak	1 000
Ammonsulfatsalpeter	800– 850
Kalkammonsalpeter	950–1 000
Stickstoffmagnesia	950
Kalksalpeter	1 000
Harnstoff	750
Kalkstickstoff	1 500
Superphosphat gek.	800
Rhenania-Phosphat	1 200
Thomasphosphat	1 700–1 800
Rhe-Ka-Phos	950–1 000
Thomas-(phosphat) kali, gekörnt	1 070–1 300
Kali	1 100
NPK-Dünger	1 000–1 100
Stickstoffkali	950
Stickstoffphosphat	1 000
Ammonnitrat-Harnstoff-Lösung	1 280
Kalkstein (roh)	2 400–2 600
Kalkstein (gebrannt)	1 700–1 800
Stückkalk (gelöscht)	1 000–1 200
Stallmist	750–1 000
Kompost	900–1 100
Torfmull gepr.	300– 650
Erde u. Flußsand	1 600–1 800
Kies	1 500–1 800
Lehm	1 500–1 600
Beton	1 800–2 200
Zement	2 200–2 300
Steinkohle	750– 900
Braunkohle	700– 850
Koks	350– 550
Holzkohle	200– 250
Weizen (Körner)	710– 820
Roggen (Körner)	660– 780
Gerste (Körner)	580– 640
Hafer (Körner)	400– 500
Mais (Körner)	680– 720
Hülsenfrüchte	760– 820
Raps	700– 750
Maisfrischkolben	500– 800
Kraftfutter	550– 700
Kartoffeln	625– 725
Sauerkartoffeln	950–1 000
Kartoffelschnitzel	430– 450
Kartoffelflocken	135– 145
Futterrüben	625– 700
Kohlrüben, Mohrrüben	660– 760
Zuckerrüben	650– 700
Rübenblätter und -köpfe	350– 370
Zucker- und Trockenschnitzel	320– 350
Gärfutter	700– 800
Corn-Cob-Mix (siliert)	900–1 000
Grünfutter	315– 345
Heu, gepreßt	250– 350
Heu, fest gelagert	80– 100
Heu, lose	50– 75
Trockengrün, Heubriketts	300– 400
Stroh, lose o. gehäcks.	40– 70
gepreßt	
Garn-	70– 100
Draht-	100– 150
Getreidespreu	80– 125

*) Vergleiche auch
Kapitel „Pflanzenernährung und mineralische Düngung", S. 259
Kapitel „Futterkonservierung und Getreidetrocknung", S. 424ff. u. 448
Kapitel „Bauwesen", S. 540ff.

Maße und Gewichte

Längenmaße

1 Meter (m)	= 10 Dezimeter (dm) = 100 Zentimeter (cm) = 1000 Millimeter (mm)
1 Kilometer (km)	= 1000 m
1 geogr. Meile	= 7,420 km
1 Seemeile	= 1000 Faden = 1,852 km
1 preuß. Landmeile	= 7,532 km
1 engl. Meile	= 1760 Yards = 1,609 km
1 engl. yard	= 3 feet = 0,914 m
1 russ. Werst	= 1500 Arschinen = 1066,78 m
1 russ. Saschehn	= 7 Fuß zu 12 Zoll = 2,134 m

Flächenmaße

1 Quadratkilometer (km^2)	= 100 ha = 10000 a = 1000000 m^2
1 Hektar (ha)	= 100 a = 10000 m^2
1 Ar (a)	= 0,01 ha = 100 m^2
1 Quadratmeter (m^2)	= 10000 cm^2, 1 cm^2 = 100 mm^2
1 preuß. Morgen	= 25,53 a
1 württ. Morgen	= 31,52 a
1 bad. Morgen	= 36,00 a
1 hann. Morgen	= 26,21 a
1 hess. Morgen	= 25,00 a
1 bayer. Tagwerk	= 34,07 a
1 geogr. Quadratmeile	= 55,06 km^2
1 deutsche Quadratmeile	= 56,25 km^2
1 square yard	= 9 square feet = 0,836 m^2
1 engl. acre	= 160 square rods = 40,47 a
1 amerik. acre	= 4840 square yards = 40,47 a
1 russ. Quadrat-Werst	= 1,138 km^2

Körpermaße

1 Kubikmeter (m^3)	= 1000 Kubikdezimeter (dm^3)
1 dm^3	= 1000 Kubikzentimeter (cm^3)
1 Klafter	= 10 Kubikfuß = 0,335 m^3
1 Festmeter (fm)	= 1 m^3 feste Masse, z. B. Holzmasse
1 Raummeter (rm)	= 1 m^3 geschichtete Masse, z. B. sind 1 rm geschichtetes Holz = 0,7 fm
1 Liter (l)	= 1000 cm^3
1 Hektoliter (hl)	= 100 l
1 Registertonne (Schiffsraum)	= 2,83 m^3
1 engl. quarter	= 8 bushels = 290,8 l
1 bushel = 8 gallons	= 36,35 l (engl.) od. 35,24 l (amerik.)
1 gallon = 4 quarts	= 4,54 l (engl.) od. 3,79 l (amerik.)
1 barrel	= 159 l

Massen

1 Kilogramm (kg)	= 1000 g = ca. 1 l Wasser
1 Dezitonne (dt)	= 100 kg
1 Tonne (t)	= 10 Dezitonnen (dt) 20 Zentner (Ztr.) = 1000 kg
1 Pfund	= 30 Lot = 0,5 kg
1 metr. Karat	= 200 mg = 0,2 g
1 lb	= 16 ounces (oz) = 453,6 g
1 long ton	= 2240 pounds (lbs) = 1,016 metr. t

1 short ton	=	2 000 lbs = 0,907 metr. t
1 engl. hundredweigth (cwt)	=	112 lbs = 50,8 kg
1 amerik. cwt	=	100 lbs = 45,36 kg
1 russ. Pud	=	16,380 kg
1 russ. Pfund	=	1/40 Pud = 0,4095 kg
1 span. quintal	=	100 libres = 45,95 kg
1 franz. quintal	=	100 livres = 100 kg

Gebräuchliche Abkürzungen

LN	=	landw. Nutzfläche (nutzbare Fläche)
LF	=	landw. genutzte Fläche
AKh	=	Arbeitskraft/Stunde
Sh	=	Schlepperstunde
GAZ	=	Gesamtarbeitszeit
kW	=	Kilowatt (1 kW = 1,36 PS, 1 PS = 0,736 kW)
GE	=	Getreideeinheit
GN	=	Gesamtnährstoff
TM (TS)	=	Trockenmasse (Trockensubstanz)
RP	=	Rohprotein
vE	=	verdauliches Eiweiß
StE	=	Stärkeeinheit
kStE	=	Kilostärkeeinheit (1 000 StE)
NEL	=	Netto-Energie-Lactation; Energiebewertung für Kühe und Jungrinder. Maßeinheit: 1 Megajoule (MJ)
ME	=	Umsetzbare Energie (Metabolizable Energy) mit der Maßeinheit MJ (Mega-Joule)
ES	=	Energiesumme (Rohfett x 2 + Zucker + Stärke)
ESZ	=	Energiezahl Schweine (ES + Rohprotein x 0,8)
GV	=	Großvieheinheit (auch GVE)
RGV	=	Rindergroßvieheinheit
VE	=	Vieheinheit (steuerliche Bewert.)
DE	=	Dungeinheit (Gülleverordnung)
LG	=	Lebendgewicht
FCM	=	fat corrected milk (fettkorrigierte Milch)
ppm	=	parts per Million = 1 : 1 Million
ppb	=	parts per billion = 1 : 1 Billion
LD 50	=	letale Dosis (tödlich) bei 50 % der Versuchstiere
ADI	=	acceptable daily intake, angegeben in mg Wirkstoff/kg Körpergewicht/Tag
J	=	Joule (Energiemaßeinheit, 1 J = 0,24 cal)
MJ	=	Mega-Joule = 1 000 Kilo-Joule (kJ = 239 kcal)
WE	=	Wärmeeinheit = 1 kcal/h

Verrechnungssätze für überbetriebliche Arbeiten

Stand 1987

zusammengestellt von Dr. **A. Riemann,** Münster

Die Verrechnungssätze der **Maschinenringe** sind getrennt angegeben, und zwar für Schlepper und Fahrer nach Stunden und für die angehängte Maschine nach Hektar, Stunden, Dezitonne oder Ballen. Der komplette Arbeitskreis ergibt sich durch Zusammenrechnung der Einzelwerte für Schlepper, Fahrer und Maschine. Diese bei der MR übliche Abrechnung gestattet eine Anpassung an unterschiedliche Arbeitsverhältnisse. Nur für selbstfahrende Maschinen sind vollständige Arbeitspreise angegeben.

Die **Lohnunternehmerpreise** gelten ausnahmslos für die komplette Arbeit.

Alle angegebenen Werte sind ungefähre und durchschnittliche Richtwerte. Auftraggeber und Auftragnehmer sollten vor Beginn der Arbeit eigene Sätze vereinbaren, die die örtlichen Einsatzverhältnisse berücksichtigen. Empfehlenswert sind z. B. Zu- oder Abschläge für schwere oder leichte Arbeiten, für kleine oder große Flächen sowie bei Großmaschinen Zuschläge zu den angegebenen Stundensätzen.

Falls nichts anderes vereinbart wird, gelten diese Verrechnungssätze einschl. Mehrwertsteuer. Sie enthalten die Kosten für Abschreibung, Verzinsung, Reparaturen, Wartung, Unterbringung, Versicherung und Schmier- und Treibstoffe. Nicht enthalten sind Dünge- und Spritzmittel und Saatgut. Die Lohnarbeitskreise enthalten außerdem allgemeine Geschäftskosten, Betriebssteuern und den Gewinn.

Alle Werte sind knapp kalkuliert. Sie liegen meist 25–35 % unter den Kosten betriebseigener Maschinen, die nicht genügend ausgelastet sind.

	Maschinenringe		Lohnunternehmer	
	Einheit	Einzelwert DM	Einheit	komplett DM
1. Zug- und Arbeitskräfte				
Schlepperfahrer und sonstige Bedienungskräfte	Std.	11,– bis 15,–		
Schlepper				
31– 40 PS (23–29 KW)	Std.	12,–		
41– 50 PS (30–37 KW)	Std.	14,–		
51– 60 PS (38–44 KW)	Std.	16,–		
61– 70 PS (45–51 KW)	Std.	18,–		
71– 80 PS (52–59 KW)	Std.	21,–		
81– 90 PS (60–66 KW)	Std.	24,–		
91–100 PS (67–74 KW)	Std.	26,–		
je weitere 10 PS (7 KW)	Std.	2,–		
Aufpreis für Allradschlepper und Geräteträger (Anbaugeräte siehe 4. Düngung)		25 %		

	Maschinenringe Einheit	Maschinenringe Einzelwert DM	Lohnunternehmer Einheit	Lohnunternehmer komplett DM
2. Transportfahrzeuge		DM/t Tragfähigkeit		
Anhänger	Std.	1,–		
Anhänger mit Kratzboden oder Kipper	Std.	2,–		
Containerfahrzeug	Std.	2,50		
Viehanhänger	Std.	2,50		
3. Bodenbearbeitung				
Pflug	ha	40,–	ha	130,–
Packerkombination	ha	10,–		
Untergrundlockerer je Dorn	ha	7,–		
Schälpflug	ha	22,–		
Ackeregge	ha	7,–		
Gerätekombination (schwere Egge und Krümler)	ha	17,–		
Schwergrubber, ab 80 PS (59 KW)	ha	22,–	Std.	90,–
Spatenrollegge	ha	20,–		
Scheibenegge	ha	18,–		
Kreiselegge oder Taumelegge	ha	28,–		
Bodenfräse ab 50 PS (37 KW)	Std.	30,–		
ab 80 PS (59 KW)	Std.	40,–	Std.	95,–
4. Düngung				
Stallmiststreuer 4 t	Std.	20,–		
Frontlader Gr. 3	Std.	8,–		
mit großer Gabel	Std.	14,–	Std.	60,–
Hecklader m. Greifer (schwer)	Std.	14,–		
Güllewagen 6 m^3	Std.	20,–		
Güllewagen 6 m^3 m. Pumpe	Std.	26,–	Std.	70,– (6 m^3)
Vakuumfaß 6 m^3	Std.	24,–		
Güllepumpe o. Antrieb (schwer)	Std.	15,–		
Tellerdüngerstreuer	ha	7,–		
Schleuderstreuer	ha	7,–		
Großflächenstreuer 2,5 t (Pendel)	Std.	16,–		
4 t (Schnecke)	Std.	22,–		
je nach Streumenge	dt	0,80 bis 1,20	dt	1,80 bis 3,50
Transport zusätzlich	dt	0,02/km		
Flüssigdüngung (ohne Lieferung von Düngemitteln) ab 2,5 ha	ha	11,–	ha	32,–

	Maschinenringe Einheit	Maschinenringe Einzelwert DM	Lohnunternehmer Einheit	Lohnunternehmer komplett DM
5. Bestellung, Pflege, Pflanzenschutz				
Drillmaschine	ha	20,–		
Scheibendrillmaschine	ha	22,–		
Fräsdrille 2,5 m mit Packer	ha	70,–	ha	140,–
Einzelkornsägerät (45 cm, max. 5 km/Std.)	ha	40,–		
mit Bandspritze o. Temik	ha	52,–	ha	110,–
Hackmaschine (max. 6 km/Std.)	ha	20,–		
Maissägerät	ha	42,–		
mit Reihendüngerstreuer	ha	56,–	ha	100,–
Maishackgerät	ha	24,–	ha	60,–
Kartoffellegemaschine (max. 5 km/Std.) vollautomatisch	ha	42,–	ha	140,–
Feldspritze (ohne Lieferung von Spritzmitteln)				
ab 10 ha	ha	13,–	ha	32,–
ab 2,5 ha	ha	15,–		
6. Futter- und Getreideernte				
Messermähwerk	ha	18,–		
Kreiselmäher	ha	24,–	ha	75,–
Heuwender	ha	9,–		
Hochdruckpresse, ohne Garn	Ballen	0,25	Ballen	0,45
Bindegarn zusätzlich	Ballen	0,06		
Ballenschleuder zusätzlich	Ballen	0,05		
Ballenwagen zusätzlich	Ballen	0,05		
Großballenpresse mit Garn				
250 kg	Ballen	6,–	Ballen	11,–
400 kg	Ballen	8,–	Ballen	16,–
Exakt-Feldhäcksler				
bis 80 PS (59 KW)	Std.	32,–		
ab 81 PS (60 KW)	Std.	44,–	ha	250,–
bei Silomais und Welksilage				
bis 80 PS (59 KW)	Std.	38,–		
ab 81 PS (60 KW)	Std.	52,–	ha	350,–
Häckselwagen, autom.	Std.	18,–		
Schlegelfeldhäcksler	Std.	16,–	Std.	80,–
Häcksler-Ladewagen 28 m³	Std.	44,–	Std.	90,–
Ladewagen 20 m³	Std.	16,–		
je Messer zusätzlich	Std.	0,50		
Mähdrescher bis 2 ha	ha	250,–	} ha	} 240,–
2–10 ha	ha	230,–	ha	240,–
über 10 ha	ha	210,–	} ha	} 240,–

	Maschinenringe Einheit	Einzel-wert DM	Lohnunternehmer Einheit	komplett DM
Anbauhäcksler zusätzlich	ha	35,–	ha	42,–
Strohhäcksler	ha	20,–		
Maisdrescher	ha	320,–	ha	365,–
Maismühle	m³	8,–	ha	190,–
Schwadmäher	ha	40,–	ha	130,–
Rapsdrusch vom Halm	ha	260,–	ha	260,–
7. Rübenernte (Reihenweite 45 cm)				
Bunkerköpfroder, Einmannbed.	ha	360,–	ha	590,–
mit Blatthäckseln zur Bergung	ha	390,–	ha	720,–
Futterrübenvollernter	ha	320,–	ha	600,–
Futterrübenziehmaschine	ha	80,–		
Stoppelrübenhäcksler, 2 Reihen	Std.	34,–		
8. Kartoffelernte				
Vorratsroder	ha	70,–		
Bunkersammelroder	Std.	50,–	ha	660,–
9. Hofmaschinen, Sonstiges				
Körnertrocknung (Getreide und Mais)				
Festkosten:	dt	2,20 (getrocknete Körner)		
Betriebskosten:	dt	0,20/1 % Wasserentzug (Heizölpreis ca. 40 Pf/Ltr.)		
Körnergebläse 5 PS (4 KW) oder Körnerschnecke 3 m	Std.	8,–	Std.	8,–
Mahl- und Mischanlage (65 % Getreideanteil)	dt	2,80 komplett	dt	2,90
Siloentnahmegerät, Block	Std.	15,–		60,–
Fräse	Std.	22,–		
Hochdruckreiniger (Kaltwasser)	Std.	8,–		
Erdbohrgerät	Std.	16,–		60,–
Mulchgerät	Std.	20,–		
Kreissäge	Std.	15,–		
Motorsäge ohne Treibstoff	Std.	9,–		
Holzhackmaschine	Std.	15,–	Std.	50,–
Holzspaltmaschine	Std.	12,–		
Forstseilwinde	Std.	13,–		
Planierschild 1,5 m	Std.	8,–		
Betonmischer, Anbau	Std.	8,–		
Elektro-Motoren je KW	Std.	0,15		
Grabenfräse	m	0,70	m	0,80
Traubenerntemaschine	Std.	430,–		
Hopfenpflückmaschine	Stock	0,80		
10. Wegekosten	km	0,60 (ab 3 km)	km	0,60

Technische Grunddaten

zusammengestellt von Dipl.-Ing. Dr. **E. Dohne,** Kuratorium für Technik und Bauwesen in der Landwirtschaft (KTBL) e. V., Darmstadt

Seit 31. 12. 1977 gelten in der Bundesrepublik gesetzlich die international vereinbarten Maßeinheiten des SI-Systems.

Die für die Landwirtschaft wichtigen neuen Einheiten einschließlich der alten werden im folgenden zusammengestellt. Wie auch bisher können jederzeit durch vor die Einheiten gesetzte Vorsilben Vielfache oder Teile der Einheiten angewendet werden (z. B. das tausendfache eines Meters – 1 km = 10^{3}m).

Tabelle der Vielfachen und Teile der Maßeinheiten

für das	Ziffer	Vorsilbe	Kurzzeichen	Potenz
Billionenfache	1 000 000 000 000	Tera	T	10^{12}
Milliardenfache	1 000 000 000	Giga	G	10^{9}
Millionenfache	1 000 000	Mega	M	10^{6}
Tausendfache	1 000	Kilo	k	10^{3}
Hundertfache	100	Hekto	h	10^{2}
Zehnfache	10	Deka	da	10^{1}
Zehntel	0,1	Dezi	d	10^{-1}
Hundertstel	0,01	Zenti	c	10^{-2}
Tausendstel	0,001	Milli	m	10^{-3}
Millionstel	0,000 001	Mikro	μ	10^{-6}
Milliardstel	0,000 000 001	Nano	n	10^{-9}
Billionstel	0,000 000 000 001	Piko	p	10^{-12}

Der bisherige Begriff „Gewicht" als übliche Bezeichnung im geschäftlichen Verkehr wird durch die Bezeichnung „Masse" abgelöst, wodurch die Unveränderbarkeit dokumentiert wird. Damit ändern sich auch die bisherigen verschiedenen Gewichtsbezeichnungen bei Fahrzeugen und Maschinen, z. B. wird das „zulässige Gesamtgewicht" zukünftig als „Gesamtmasse" bezeichnet werden. Man spricht auch nicht mehr vom „spezifischen Gewicht", sondern von der „spezifischen Masse" oder „Dichte" (kg/m^3).

Für ein bisheriges „Gewicht" als Größe von der Art einer Kraft (z. B. Kraft, mit der ein Schleppergewicht auf die Fahrbahn drückt), und zwar für das Produkt der Masse eines Körpers und der Fallbeschleunigung, sollte man zukünftig anstelle des Wortes „Gewicht" das Wort „Gewichtskraft" verwenden. Z. B. drückt ein Schlepper mit dem Gewicht von m = 2000 kg mit der Gewichtskraft $G = m \cdot g = 2000\ kg \times 9{,}81\ m/s^2 = 19620\ N$ auf die Fahrbahn.

Wärmemenge, Energie und Arbeit wurden und werden auch heute noch im allgemeinen Sprachgebrauch unterschieden, vom Wesen her ist aber kein Unterschied vorhanden; Wärmemenge ist eine Form der Energie, und Energie ist die Fähigkeit, Arbeit leisten zu können. Daher ist verständlich, daß alle drei Begriffe mit der gleichen Grundeinheit bezeichnet werden, dem „Joule" (1 Newton × 1 Meter = 1 Joule; Kraft × Weg = Arbeit), und darüber hinaus bietet sich für alle 3 Begriffe, besonders für die Wärmemenge, die abgeleitete Einheit Wattsekunde (oder auch als Vielfaches Kilowattstunde) an, mit der vielfach einfacher zu rechnen ist (1 Joule = 1 Ws; 3,6 MJ = 1 kWh).

Es ist heute üblich, Leistungen im Bereich von Heizungs-, Trocknungs- und Klimatechnik in kW anzugeben wie bei Motoren, erforderliche Energiemengen bei den verschiedensten Bedarfsfällen in kWh und Heizwerte (= Energieinhalte) von Brennstoffen in kWh/kg.

Für die Kennzeichnung von Drücken bei Flüssigkeiten und Gasen ist das „bar" üblich, das nahezu mit der früheren „at" identisch ist.

Die **Motorleistung von Ackerschleppern** und selbstfahrenden Landmaschinen wird heute in kW angegeben und in Deutschland nach dem Meßverfahren DIN 70020 bestimmt (kW nach DIN), und zwar sind hierbei alle leistungszehrenden Hilfsaggregate (z. B. Luftfilter, Auspuff, Lichtmaschine u. a.) am Motor angebaut. Die Messung erfolgt üblicherweise direkt an der Motorwelle.

Innerhalb des OECD-Bereiches wird die Leistung der Schleppermotoren einheitlich auch entsprechend DIN 70020 geprüft. Die Pflichtprüfung erfolgt aber an der Zapfwelle. In Deutschland wird im allgemeinen zusätzlich auch noch die Leistung an der Motorwelle gemessen. Die Leistung an der Zapfwelle ist etwa 4–10 % niedriger (Wirkungsgrad der Zapfwelle).

Auch die spezifischen Kraftstoffverbrauchswerte der Schleppermotoren sind auf die Leistung in kW bezogen, d. h. angegeben in g Kraftstoff je kWh. Der Kraftstoffverbrauch ist kein konstanter Wert, sondern abhängig von der Motorkonstruktion, der Motordrehzahl und der abgegebenen Motorleistung. Der optimale Verbrauch liegt meistens im Bereich von etwa 60–80 % der Nenndrehzahl und 60–80 % der Nennleistung, darüber und darunter steigt der spezifische Verbrauch an, er ist auf die Zapfwellenleistung bezogen jeweils höher als auf die Motorleistung bezogen. Bei der OECD-Prüfung wird der Verbrauch bei 6 charakteristischen Teillasten gemessen. Der Durchschnitt gibt einen Anhalt für einen mittleren spezifischen Verbrauch. Er bewegt sich je nach Schlepper etwa zwischen 280 und 430 g/kWh. Bei ∅ 50 % Motorauslastung entspricht das etwa einem absoluten Kraftstoffverbrauch von 1,4 l/h je 10 kW Motornennleistung.

Vereinzelt wird in den USA (und auch in einigen sozialistischen Ländern) die Motorleistung nach den „SAE**)-Standards" gemessen. Alle leistungszehrenden Hilfsaggregate sind hier bei der Messung abgebaut, daher Leistungsangabe des gleichen Motors nach SAE ca. 10 bis 15 % höher als nach DIN.

Andere Meßmethoden spielen heute keine Rolle mehr. Sie entsprachen einer Mischung der Messung nach DIN und nach SAE.

*) SI-System – Système Internationale d'Unites
**) SAE – Society of Automotive Engineers

Größe	Einheiten neu		Einheiten alt	Beziehung neu zu alt	Beziehung alt zu neu
Basiseinheiten					
1. Länge	m	(Meter)	m		
2. Masse	kg	(Kilogramm)	kp s²/m	1 kg = 0,102 kps²/m (100 kg = 1 dt; 1000 kg = 1 t)	1 kps²/m = 9,81 kg (≈ 10 kg) (dz nicht mehr zulässig; 1 dz = 1 dt)
3. Zeit	s	(Sekunde)	s		
4. elektrische Stromstärke	A	(Ampere)	A		
5. thermodynamische Temperatur	K	(Kelvin)	°K	Kelvin ist als „Größe" zu verstehen, nicht als „Skala". Celsius bleibt Skala.	
6. Lichtstärke	cd	(Candela)	cd		
abgeleitete Einheiten					
7. Kraft	N	(Newton)	kp (u. dyn)	1 N = 0,102 kp	1 kp = 9,81 N (abgerundet 10 N)
8. Arbeit (= Kraft × Weg; = Leistung × Zeit)	J	(Joule)	kpm	1 J = 1 Nm = 0,102 kpm	1 kpm = 9,81 J (≈ 10 J)
9 Energie	J	(Joule)	PSh	1 J = $3{,}77 \times 10^{-7}$ PSh	1 PSh ≈ 2650 kJ (≈ 632 kcal)
10. Wärmemenge	J	(Joule)	kcal	1 J = 0,238 cal	1 kcal = $4{,}187 \cdot 10^{3}$ J (≈ 4,2 kJ) (≈ 427 kpm)
	= Ws	(Wattsekunde)	kcal	1 Ws = 0,238 cal 1 kWh ≈ 860 kcal (= 3,6 MJ) = 1,36 PSh = 367×10^{3} kpm	1 kcal = 1,16 Wh = 4 176 Ws

Größe	Einheiten neu		Einheiten alt	Beziehung neu zu alt	Beziehung alt zu neu
11. Leistung (= Arbeit pro Zeit) (auch: Energiestrom, Wärmestrom)	W	(Watt)	PS	1 kW ≈ 1,36 PS	1 PS = 736 W
$= \frac{\text{Drehmoment} \times \text{Drehzahl}}{\text{Konstante}}$			$\frac{mkp}{s}$	1 W = 0,102 mkp/s (= 1 J/s)	1 mkp/s ≈ 10 W
$= \frac{\text{Förderm. pro Zeit} \times \text{Druck}}{\text{Konstante}}$		(hydraulisch)	$\frac{mkp}{s}$		
12. elektrische Spannung	V	(Volt)	V		
13. elektrischer Widerstand	Ω	(Ohm)	Ω		
14. Druck (mechan. Spannung)	Pa	(Pascal)	$\frac{kp}{cm^2}$	1 Pa = $1{,}02 \times 10^{-5} \frac{kp}{cm^2}$ (= $1 \frac{N}{m^2}$)	$1 \frac{Kp}{cm^2} = 9{,}81 \cdot 10^4$ Pa
(Gase, Flüssigkeiten, Dämpfe)	bar	(Bar)	at (= techn. Atmosphäre)	1 bar = 1,02 at	1 at = 0,980 bar (∼ 1 bar)
			mWS	= 10,197 mWs (= 10^5 Pa)	1 mWS = 0,098 bar (∼ 0,1 bar)
			mmHG	= 750,1 mm HG	1 mmHG = 1,33 mbar
(Vakuumtechnik)			Torr	= $0{,}75 \times 10^3$ Torr	1 Torr = 1,33 mbar
15. Fläche	m^2	(Quadratmtr.)	qm	1 m^2 = 1 qm	1 qm = 1 m^2
16. Volumen	m^3	(Kubikmeter)	cbm	1 m^3 = 1 cbm	1cbm = 1 m^3

Technische Daten der wichtigsten Frontreifen (Lenkradreifen)

(nach DIN 7808 und W. d. K.-Leitlinie 169)

Reifengröße	Statischer Halbmesser (mm)	Betriebsbreite max. (mm)	Zahl der Gewebelagen PR	Max. Achslast[1]) (2 Reifen) (kg)	bei (bar)	Achslast bei 1,0 bar (kg)
5,00–16 AS Front	318	153	4	780	2,5	490
5,50–16	330	164	6	1 050	3,25	570
6,00–16	342	180	4	900	2,0	640
			6	1 120	3,0	670
6,00–20	400	185	6	1 340	3,0	770
6,50–20	408	196	6	1 450	2,75	880
7,50–16	376	223	6	1 490	2,25	1 010
7,50–20	430	223	6	1 750	2,25	1 170

Allradschlepper verwenden vorn auch Triebradreifen.

[1]) Bei 30 km/h. Bei 20 km/h einschl. angebauter Arbeitsgeräte 35 % Überlastung zulässig. Bei Frontladereinsatz und Fahrgeschwindigkeit 8 km/h 100 % Überlastung zulässig. Bei Fahrgeschwindigkeit 40 km/h nur 80 % Achslast.

Technische Daten der wichtigsten Triebradreifen

(nach DIN 7807 und W. d. K.-Leitlinie 154 – Wirtschaftsverband der Deutschen Kautschukindustrie)

In der Tabelle werden nur Triebradreifen nach Radialbauart aufgeführt, da als Neureifen praktisch nur noch diese in Betracht kommen. Neue Reifentypen eines Herstellers werden heute im allgemeinen mit Tragfähigkeitskennzahlen (Li) anstelle der PR-Zahlen und mit Geschwindigkeitskennzahlen (Si) versehen. Die Daten weiterer Reifen und die für andere Geschwindigkeiten geltenden Tragfähigkeiten müssen aus den umfangreichen Unterlagen der Reifenhersteller entnommen werden.

Reifengröße (Breite – Reifenbauart – Durchmesser)	Reifenbetriebsmaße Breite max. mm	Außendurchmesser[1]) max. mm	Zahl der Gewebelagen PR	Max. Achslast (2 Reifen) bei Luftdruck kg	bar	zul. Achslast bei 1 bar kg
9,5 R 36	260	1 365	6	2 260	2,1	1 440
11,2 R 28	307	1 220	6	2 230	1,8	1 550
12,4 R 32	340	1 375	6	2 710	1,7	2 040
12,4 R 36	340	1 475	6	2 880	1,7	2 160
14,9 R 30	408	1 430	6	3 330	1,4	2 760
16,9 R 30	463	1 505	8	4 490	1,7	3 800–1,3
16,9 R 38	463	1 705	8	5 040	1,7	3 680
18,4 R 34	504	1 680	10	5 980	1,8	5 130–1,4
18,4 R 38	504	1 780	10	6 330	1,8	5 430–1,4
20,8 R 38	570	1 870	8	6 180	1,3	5 340
20,8 R 42	570	1 970	14	9 580	2,4	–
23,1 – 26	634	1 660	12	7 220	1,7	–
28,1 – 26	771	1 675	14	9 060	1,9	–
18,4/70 R 28[2])	469	1 387	*138[3])	4 720	1,6	3 430
18,4/70 R 38[2])	517	1 685	*145[3])	5 800	1,6	4 560
20,8/70 R 38[2])	557	1 743	*150[3])	6 700	1,6	4 960

[1]) für reguläres Profil [2]) Niederquerschnittsreifen [3]) Tragfähigkeitsindex

Wichtigste Daten von Schlepper-Größenklassen

		Schleppergrößenklasse					
		I	II	III	IV	V	VI[1])
Ø Motorleistung	kW	15	25	40	55	75	110
	(PS)	20	35	55	75	100	150
Ø Kraftstoffverbrauch[2])	l/h	2	3,5	5,5	7,5	10	15
Gesamtleermasse	kg	1 300	2 100	2 400	3 200	4 100	5 600
zul. Gesamtmasse mit lösbaren Arbeitsgeräten	kg	2 000	3 300	4 200	5 000	6 200	8 000
Bereifung der Triebräder	AS	8.3–32 bis 8.3–32	9.5–36 bis 12.4–28	12.4–32 bis 12.4–36	14.9–26 bis 14.9–30	16.9–30 bis 23.1–26	16.9–38 bis 28.1–26
Bereifung der Vorderräder,	ASF	4.50–16	6.00–16	6.00–20	6.50–20	(7.50–20)	–
desgl. bei Allradantrieb	AS	–	–	(10.5–20)	12.5–20	14.9–26	16.9–30
Ø Höchstzugkraft auf ebenem Acker mittlere Bodenverhältnisse	N	6 000	10 000	12 500	15 500	20 000	30 000
Ø Hubkraft	N	12 000	18 000	28 000	33 000	45 000	65 000
mögliche Pflugschare bei mittlerem Boden		1	2	3	4	5	7
3-Punkt-Kategorie		1	1 + 2	2 + 1	2	3 (+ 2)	3 (+ 2)
Frontladergröße		1	2	3	3	Industrielader	Industrielader

[1]) Schlepper mit höherer Motorleistung werden nur in geringen Stückzahlen eingesetzt. [2]) bei 50 % Motorauslastung.

Zur Verbesserung der Zugkraft und zur Reduzierung des Bodendruckes werden verschiedentlich Doppelbereifungen eingesetzt. Die Verwendung auf öffentlichen Straßen ist nur möglich, wenn diese in den Kraftfahrzeugschein eingetragen ist. Für die dann mögliche Achslast ist aber in jedem Fall nur der vom Hersteller erlaubte und im KFZ-Schein eingetragene Wert zulässig. Gleiches gilt für die Benutzung von Gitterrädern auf öffentlichen Straßen.

Daten der wichtigsten Ackerwagenreifen (DIN 7813 u. WdK-Leitlinie 161)

Die früheren AM- und AW-Reifen sind durch die internationalen „Implement-Reifen“ für landw. Geräte und Arbeitsmaschinen sowie Ackerwagen ersetzt worden. Die Tragfähigkeiten wurden teilweise erheblich geändert; an landw. Transportanhängern gelten die aufgeführten extra hohen Werte, sofern die Radlast in unbeladenem Zustand unter 50 % dieser angegebenen Höchsttragfähigkeit liegt (Höchstgeschwindigkeit 30 km) sowie auch für Erntemaschinen auf dem Acker bei Höchstgeschwindigkeit 8 km/h.

Für Maschinenreifen mit Dauerlast gelten geringere Werte, jeweils wiederum in Abhängigkeit von der Fahrgeschwindigkeit. Hinweise durch die Reifenhersteller.

	Reifengröße[1])	(Reifengröße, alt)	Statisch. Halbmesser (mm)	Betriebsbreite max. (mm)	Zahl der Gewebelagen PR	Max. Achslast (2 Reifen) (kg)	bei (bar)
Normal-Querschnitt	7.00 –16 Implement	7,00–16 AW	357	204	8	2 380	4,00
	7.50 –16 Implement	7,50–16 AW	362	204	10	2 990	4,50
	7.00 –20 Implement	7,00–20 AW	408	204	6	2 200	3,00
	7.50 –20 Implement	7,50–20 AW	412	219	8	2 950	3,75
	8.25 –20 Implement	8,25–20 AW	431	240	10	3 480	4,00
					14	4 370	5,75
Breitreifen	20 –20 AM		570	562	10	5 000	2,25
	10.0/75–15 Implement	10 –15 AM	343	277	8	3 200	4,25
	11.5/80–15 Implement	11,5 –15 AM	372	305	10	4 660	4,75
	10.5/80–18 Implement	10,5 –18 AM	406	288	8	4 120	4,00
	15.0/55–17 Implement	15 –17 AM	371	411	8	4 450	3,00
	12.5/80–18 Implement	12,5 –18 AM	432	344	10	5 720	4,00
	13.0/75–16 Implement	13 –16 AM	400	353	8	4 580	3,25
	14.5/75–20 Implement	14,5 –20 AM	476	390	10	6 820	3,75
	16.0/70–20 Implement	16 –20 AM	475	428	10	7 340	3,75
					14	8 810	5,00

[1]) Bei den Breitreifen gibt die Zahl hinter dem Schrägstrich den %-Anteil der Querschnittshöhe von der Querschnittsbreite an.

Was leistet 1 kWh?

Mit einer Kilowattstunde kann man etwa:

0,75 dt Weizen dreschen

85 kg Roggen schroten

7 dt Stroh häckseln

120 dt Weizen mit Elevator 10 m hoch fördern

15 dt Weizen mit Gebläse 20 m weit fördern

10–12 dt Rüben reinigen und schneiden

40 dt Heu mit dem Heuaufzug in die Scheune bringen

10 Mähmaschinenmesser (200 Klingen) schleifen

1 200 Liter Jauche 4 m hoch pumpen

4 000 Liter Wasser 20 m hoch pumpen

2 Kühe einen Monat lang melken

1–1½ Raummeter Holz mit der Kreissäge vierschnittig sägen

80 kg Mehlteig kneten

8 Liter Wasser zum Kochen bringen

1 Kühlschrank mit 135 Liter Inhalt einen Tag betreiben

1,0 ar tief pflügen bei mittlerem Boden

0,5 t Strauchholz hacken

1 Tiefkühltruhe (300 l) 10 h betreiben

Tagesgemelk von 7–8 Kühen kühlen und durch Abwärme 50 l Wasser erwärmen

1 l Wasser verdunsten bei der Trocknung

Maßeinheiten für Energie

1 Joule	(J)	=	0,239 cal = 0,000239 kcal
1 Kilojoule	(kJ)	=	10^3 J
1 Megajoule	(MJ)	=	10^6 J = 239 kcal = 0,27 kWh
1 Gigajoule	(GJ)	=	10^9 J
1 Terajoule	(TJ)	=	10^{12} J
1 Petajoule	(PJ)	=	10^{15} J
1 Exajoule	(EJ)	=	10^{18} J

Landtechnik und Arbeitswirtschaft

aus **KTBL-Taschenbuch für Arbeits- und Betriebswirtschaft**

zusammengestellt von **H. Staude,**
Kuratorium für Technik und Bauwesen in der Landwirtschaft, Darmstadt

Kosten der wichtigsten Schlepper und Landmaschinen

In der folgenden Tabelle sind die Maschinenkosten getrennt nach festen und veränderlichen Kosten zusammengestellt.

Unter **Maschinenart** ist die Arbeitsbreite bzw. Nennleistung vermerkt. Soweit zusätzliche Angaben erforderlich sind, können diese den Anmerkungen unter den Tabellen entnommen werden.

Die **Nutzungsdauer nach Zeit** (N) dient zur Berechnung der jährlichen Abschreibung und drückt die voraussichtliche Lebensdauer einer Maschine in Jahren aus.

Die **Nutzungsdauer nach Leistung** (n) gibt die voraussichtliche Lebensleistung einer Maschine in ha, h oder dt an.

Die **Auslastungsschwelle** errechnet sich aus $\frac{n}{N}$. Liegt die jährliche Leistung einer Maschine über dem Tabellenwert, dann ist mit einer kürzeren Nutzungsdauer nach Zeit zu rechnen, die jährliche Abschreibung muß erhöht werden (Beispiel 1).

Die **festen Kosten** enthalten die Abschreibungen ($\frac{A}{N}$), einen Zinsanspruch in Höhe von 8 % des halben Anschaffungspreises und bei Schleppern und selbstfahrenden Mähdreschern zusätzlich die Versicherungskosten. Sie sind stets in DM/Jahr ausgedrückt.

Die **veränderlichen Kosten** enthalten die Reparatur- und Betriebsstoffkosten. Die veränderlichen Kosten sind entweder in DM/ha Arbeitsfläche oder in DM/Betriebsstunde oder in DM/dt Verarbeitungsmenge ausgewiesen.

Die aufgeführten Kosten enthalten weder Unterbringungskosten noch Lohnkosten für Wartung und Bedienung der Maschinen. Um Mißverständnissen vorzubeugen, sei vermerkt, daß es sich um Selbstkosten des landwirtschaftlichen Betriebes handelt.

Beispiel 1:

Die jährliche Auslastung eines 44-kW-Schleppers wird mit 1 000 h kalkuliert. Dadurch verringert sich die Nutzungsdauer nach Zeit (N) auf

10 000 h (n) : 1 000 h = 10 Jahre,

die jährliche Abschreibung beträgt demnach

41 000 DM (A) : 10 Jahre = 4 100 DM/Jahr.

Die in den Tabellen-Festkosten (5 397 DM/Jahr) enthaltene Abschreibung beläuft sich auf 3 417 DM/Jahr (41 000 DM : 12 Jahre).

Diese Festkosten müssen um den Betrag, um den die Abschreibung erhöht wurde (4 100 − 3 417 = 683), auf 6 080 DM/Jahr angehoben werden.

Beispiel 2:

Gesucht werden die Kosten je ha Erntefläche für das Roden von Zuckerrüben mit einreihigem Bunkerköpfroder (A = 60000 DM) und 44-kW-Schlepper (A = 41000 DM). Die jährliche Erntefläche des Roders beträgt 20 ha, der Schlepper wird 700 h im Jahr eingesetzt. Der Zeitbedarf für das Roden beträgt 8,1 h/ha.

Maschine	Arbeitsumfang je Jahr	Kosten fest	Kosten veränderlich DM/ha	Kosten insgesamt
Roder	20 ha	495,00[1])	120,00	615,00
Schlepper	700 h	62,45[2])	71,60[3])	134,05
Insgesamt	–	557,45	191,60	749,05

[1]) 9 900 DM/Jahr : 20 ha/Jahr
[2]) 5 397 DM/Jahr : 700 h/Jahr x 8,1 h/ha
[3]) 8,84 DM/h x 8,1 h/ha

Die Maschinenkosten für das Zuckerrübenroden (ohne Bedienung, Wartung und Unterbringung) belaufen sich auf 749 DM/ha.

Maschinenart, -größe, -typ	Anschaffungspreis A	Nutzungsdauer nach Zeit N	Nutzungsdauer nach Leistung n	Auslastungsschwell. n/N	Kosten fest	Kosten veränderlich
	DM	Jahre	h	h/Jahr	DM/J.	DM/h
1. Schlepper						
mit Hinterradantrieb						
15– 18 kW (20– 25 PS)	17000	12	10000	833	2181	4,23
19– 26 kW (26– 35 PS)	23000	12	10000	833	2969	5,11
27– 33 kW (36– 45 PS)	28000	12	10000	833	3633	6,31
34– 40 kW (46– 55 PS)	34000	12	10000	833	4429	7,55
41– 48 kW (56– 65 PS)	41000	12	10000	833	5397	8,84
49– 59 kW (66– 80 PS)	49000	12	10000	833	6383	10,53
60– 81 kW (81–110 PS)	61000	12	10000	833	8004	13,66
mit Allradantrieb						
23– 33 kW (30– 45 PS)	37000	12	10000	833	4743	6,73
34– 40 kW (46– 55 PS)	41000	12	10000	833	5293	8,87
41– 48 kW (56– 65 PS)	49000	12	10000	833	6383	10,74
49– 59 kW (66– 80 PS)	59000	12	10000	833	7617	13,10
60– 74 kW (81–100 PS)	70000	12	10000	833	9114	16,54
75– 92 kW (101–125 PS)	90000	12	10000	833	11695	20,65
93–114 kW (126–155 PS)	106000	12	10000	833	13668	25,55
115–140 kW (156–190 PS)	130000	12	10000	833	16628	31,54
über 140 kW (über 190 PS)	181000	12	10000	833	22918	40,56
Frontsitzschlepper						
38 kW (52 PS)	60000	12	10000	833	7636	9,67
55 kW (75 PS)	86000	12	10000	833	10947	13,91
62– 70 kW (84– 95 PS)	103000	12	10000	833	13184	16,66
92–110 kW (125–150 PS)	127000	12	10000	833	16258	24,15

Maschinenart, -größe, -typ	Anschaffungspreis A	Nutzungsdauer nach Zeit N	Nutzungsdauer nach Leistung n	Auslastungsschwell. n/N	Kosten fest	Kosten veränderlich
	DM	Jahre	h	h/Jahr	DM/J.	DM/h
Trac-Schlepper, Geräteträger mit Hinterradantrieb						
33 kW (45 PS)	49000	12	10000	833	6223	5,82
45– 60 kW (61– 82 PS)	65000	12	10000	833	8357	8,47
mit Allradantrieb						
48– 60 kW (65– 82 PS)	76000	12	10000	833	9713	11,95
61– 70 kW (83– 95 PS)	99000	12	10000	833	12691	16,13
81–110 kW (110–150 PS)	135000	12	10000	833	17245	24,11
2. Schlepperzubehör						
Frontlader, Ladeschwinge einschließlich Druckzylinder und Frontschutz ...... Größe 2	4800	12	2500	208	592	0,97
Größe 3	5700	12	2500	208	703	1,01
Hydraulische Abschiebegabel für Rüben, Rübenblatt, Grünfutter und Heu Größe 2 und Größe 3	4500	12	2500	208	555	2,18
Heckplanierschild, 2 m	3700	12	2500	208	456	0,76
Erdbohrer, 0,3 m Durchmesser .	5100	12	2500	208	629	2,42
3. Transportfahrzeuge						DM/t[1]
Plattformwagen zweiachsig .... 3,5 t	6600	20	–	–	594	0,22
Zweiseitenkipper, zweiachsig .... 6,5 t	13300	15	–	–	1419	0,22
Dreiseitenkipper, einachsig .... 5,5 t	11000	15	–	–	1173	0,22
zweiachsig .... 5,5 t	13800	15	–	–	1472	0,22
Schnelläufer, Zweiseitenkipper, zweiachsig ..... 5,5 t	18600	15	–	–	1984	0,22
Dreiseitenkipper, einachsig .... 5,0 t	19200	15	–	–	2048	0,22
Hochhubkipper .... 6,0 t	22000	12	–	–	2713	0,22
Heckkipper .... 8,0 t	22000	15	–	–	2347	0,22
4. Bodenbearbeitung			ha	ha/Jahr		DM/ha
Anbaubeetpflug, zweifurchig	4200	14	800	57	468	15,00
dreifurchig	6400	14	1100	79	713	15,00
vierfurchig	8500	14	1500	107	947	15,00

[1]) Transportierte Menge bei 1 km Hof-Feld-Entfernung. Für jeden weiteren km sind 0,08 DM hinzuzuzählen.

Maschinenart, -größe, -typ	Anschaffungspreis A	Nutzungsdauer nach Zeit N	Nutzungsdauer nach Leistung n	Auslastungsschwell. n/N	Kosten fest	Kosten veränderlich
	DM	Jahre	ha	ha/Jahr	DM/J.	DM/ha
Aufsattelbeetpflug,						
fünffurchig	28000	14	1800	129	3120	15,00
sechsfurchig	31000	14	2100	150	3454	15,00
Volldrehpflug,						
zweifurchig	8900	14	1100	79	992	16,00
dreifurchig	11600	14	1600	114	1293	16,00
Anbauschälpflug,						
fünffurchig	5100	14	1500	107	568	6,90
Schwergrubber, 2 m	6300	14	1000	71	981	5,85
Ackeregge, 4 m	3000	14	2000	143	334	1,30
Federzinkenegge (Feingrubber), 4 m	4200	14	2000	143	468	2,65
Gerätekombination zur Saatbettbereitung, 3 m	6800	10	1500	150	952	3,20
Anhängescheibenegge, 2 m	13000	14	1200	86	1449	6,10
Spatenrollegge (Spatenkrümler), 3 m	6900	8	800	100	1139	5,90
Rüttelegge, 3 m	8400	8	800	100	1386	7,90
Anbaubodenfräse mit Umschaltgetriebe, 2 m	9400	8	600	75	1551	17,00
5. Düngung						
Walzenstreuer, 3 m	2100	10	750	75	294	1,90
Tellerstreuer, 3 m	4300	10	1200	120	602	2,40
Schleuderstreuer,						
600 Liter	2900	10	2400	240	406	0,50
Pneumatischer						
Düngerstreuer, 1 t	11000	10	2400	240	1540	1,50
Düngerstreuer mit Großbehälter, angehängt						
5 t Nutzmasse	20000	10	5000	500	2800	3,20
Schnelläufer,						
8 t Nutzmasse	36000	10	800	800	5040	3,70
Stalldungstreuer,			t	t/Jahr		DM/t
einachsig, 4,0 t	13000	10	16000	1600	1820	0,68
einachsig, 6,0 t	18000	10	24000	2400	2520	0,68
6. Bestellung			ha	ha/Jahr		DM/ha
Anbaudrillmaschine,						
3 m	7500	14	1500	107	536	3,35
Pneumatische Drillmaschine[1]),						
4 m	16400	12	1700	142	2023	3,35
Fräsdrillmaschine, 2 m	14500	8	600	75	2393	17,00

[1]) Einschließlich Mehrpreis für Langfahrvorrichtung.

Maschinenart, -größe, -typ	Anschaffungspreis A	Nutzungsdauer nach Zeit N	Nutzungsdauer nach Leistung n	Auslastungsschwell. n/N	Kosten fest	Kosten veränderlich
	DM	Jahre	ha	ha/Jahr	DM/J.	DM/ha
Einzelkorndrillmaschine mit Zentralantrieb, fünfreihig	10000	8	600	75	1650	5,30
Bandspritzeinrichtung, fünfreihig	3800	8	600	75	627	0,95
Einzelkorndrillmaschine für Mais, zweireihig	6000	8	380	48	990	5,30
Reihendüngerstreuer, zweireihig	2000	8	380	48	330	1,10
Anbau-Kartoffellegemaschine, Handeinlage, zweireihig	3500	12	500	42	432	5,30
Anbau-Kartoffellegemaschine, vollautomatisch, vierreihig	16000	10	1000	100	2240	11,00
7. Pflege und Pflanzenschutz						
Anbauhackmaschine zum Rübenhacken, fünfreihig	5900	12	1250	104	728	3,05
Anbauhackmaschine zum Maishacken, zweireihig	5000	12	800	67	617	3,05
Anbaugerät zur Kartoffelpflege, zweireihig	3300	12	600	50	407	2,75
Anbau-Pflanzenschutzspritze, 600 Liter, 10 m	6500	10	3000	300	910	1,25
Aufbau-Pflanzenschutzspritze, 1 000 Liter, 12 m	12000	10	5000	500	1680	1,25
8. Ernte von Grünfutter und Heu						
Fingerbalkenmähwerk, Seitenanbau, mech. Antrieb, 1,5 m	2800	12	400	33	345	9,30
Kreiselmähwerk, Heckanbau, 1,6 m	5300	10	500	50	742	9,30
Sternrechwender, Heckanbau, 4 Sterne	2300	14	1600	114	256	1,50
Kreiselzettwender, 3,6 m, 4 Kreisel	4500	14	1600	114	501	1,70
Kreiselschwader, 2,8 m	3800	14	1150	82	423	1,70
Hochdruckpresse, technische Leistung bei Heu 10 t/h	18000	12	600	50	2220	37,10
Ballenschleuder für Hochdruckpresse	6100	12	1000	83	752	1,95
Rundballenpresse	28000	10	1000	100	3920	32,30

Maschinenart, -größe, -typ	Anschaffungspreis A	Nutzungsdauer nach Zeit N	Nutzungsdauer nach Leistung n	Auslastungsschwell. n/N	Kosten fest	Kosten veränderlich
	DM	Jahre	ha	ha/Jahr	DM/J.	DM/ha
Kurzschnitt-Ladewagen[1]), 30 m³	30000	8	750	94	4950	12,00
Langgut-Ladewagen, 20 m³	14500	8	650	81	2393	9,00
Spezial-Häckselwagen (Automatikwagen), 3 t	22000	12	850	71	2713	6,90
Schlegelfeldhäcksler, 1,1–1,3 m	8300	8	500	63	1370	17,10
Trommelfeldhäcksler, technische Leistung bei Grüngut 40 t/h	28000	8	400	50	4620	33,90
Zusatzausrüstung, Maisgebiß, zweireihig	11000	8	750	94	1815	17,00
Spezialmaishäcksler, technische Leistung 25 t/h	8800	8	100	13	1452	53,00
9. Ernte von Getreide						
Mähdrescher, gezogen, 2,4 m ..	25000	10	600	60	3500	24,70
Selbstfahrer m. Dieselmotor, 37–44 kW (50–60 PS), 2,3 m	60000	10	600	60	8615	47,95
48–63 kW (65–85 PS), 2,8 m	75000	10	800	80	10747	49,74
66–81 kW (90–110 PS), 3,0–3,6 m	105000	10	1100	110	15010	51,63
88–103 kW (120–140 PS), 3,6–4,0 m	140000	10	1300	130	19983	53,92
Zusatzausrüstung Strohhäcksler	7300	10	800	80	1022	6,99
Maispflückvorsatz[3]), dreireihig	34000	10	700	70	4760	40,80
Pick-up-Trommel, 2,0 m	4000	10	800	80	560	1,90
Strohhäcksler, Schlepperanbau, 1,5–1,8 m	7700	8	800	100	1271	4,45
10. Ernte von Kartoffeln						
Schwingsiebroder	4600	12	350	29	567	12,00
Kartoffelsammelroder, einreihig mit Absackstand ...	37000	8	200	25	6105	77,00
mit Kippbunker, 12–15 dt ...	41000	8	250	31	6765	84,00
mit Rollbodenbunker, 15–20 dt	44000	8	300	38	7260	84,00
mit Rollbodenbunker, zweireihig, 40 dt	90000	8	400	50	14850	84,00

[1]) Ohne Dosiereinrichtung und Querförderband.
[2]) Für jede transportierte t Futter und/oder Stroh sind bei 1 km Hof-Feld-Entfernung 0,22 DM hinzuzuzählen.
[3]) Einschließlich Maisdreschorgane.

Maschinenart, -größe, -typ	Anschaffungspreis A	Nutzungsdauer nach Zeit N	Nutzungsdauer nach Leistung n	Auslastungsschwell. n/N	Kosten fest	Kosten veränderlich
	DM	Jahre	ha	ha/Jahr	DM/J.	DM/ha
11. Ernte von Zucker- und Futterrüben						
Zuckerrübenköpfrodebunker,						
einreihig, 20–25 dt	60000	8	300	38	9900	120,00
zweireihig, 40 dt	75000	8	600	75	12375	130,00
Futterrübenköpfrodebunker,						
einreihig, 17 dt	24000	8	150	19	3960	140,00
12. Förderung und Lagerung			h	h/Jahr		DM/h
Greiferaufzug[1]) mit 3-kW-Elektromotor,						
Schienenlänge 10 m	13800	17	2500	147	1364	1,66
Ballenförderbahn mit 1,5-kW-Elektromotor,						
7 m hoch, 20 m weit	10000	17	3000	176	988	2,00
Gebläsehäcksler, 22-kW-Elektromotor,						
15 m Rohr	16000	14	2000	143	1783	9,38
Abladegebläse für Hochsilo, 15 m hoch, klappbarer Trog, 15-kW-Elektromotor,						
15 m Rohr	13600	14	2000	143	1515	4,42
Körnerdruckgebläse, mit 7,5-kW-Elektromotor und						
Zellenradschleuse, 7–9 t/h ..	8800	14	2500	179	981	2,70
13. Bearbeitung und Lagerung			t	t/Jahr		DM/t
Heubelüftung						
Heubelüftungsanlage 80–100 mm WS, 10 m³/sec,						
7,5-kW-Elektromotor	9100	12	–	–	1331	14,25
Getreidetrocknung						
Satztrockner mit Behälter, Gebläse und Heizung 15 dt/ha Leistung,						
75 dt Inhalt	18000	12	5000	417	2220	9,10
Durchlauftrockner, Ölheizung						
10,0 dt/h	19000	12	6000	500	2343	9,10

[1]) Ohne Montage.

Maschinenart, -größe, -typ	Anschaffungspreis A	Nutzungsdauer nach Zeit N	Nutzungsdauer nach Leistung n	Auslastungsschwell. n/N	Kosten fest	Kosten veränderlich
	DM	Jahre	h	h/Jahr	DM/J.	DM/h
14. Getreideverarbeitung						
Steinschrotmühle mit 7,5-kW-Elektromotor, 6 dt/h	2300	17	3000	176	227	3,04
Hammermühle mit Abschaltautomatik und Gebläse, mit 5,5-kW-Elektromotor, 2,5 dt/h	5100	17	3000	176	504	1,59
Mahl- und Mischanlage, ortsfest, mit Hammermühle, Mischer, Schaltautomatik und Staubabscheider, mit 7,5-kW-Elektromotor, 10 dt/h	9900	17	3000	176	978	2,22
15. Fütterung[1])						
Siloobenfräse für Silo mit 6,0 m Durchmesser	12800	8	–	–	2666	1,42
CCM-Dosierstation, 5,5-kW-Elektromotor, 2 t/h	7300	8	–	–	1570	1,05
Trockenfütterungsanlage für 500 Mastplätze	39000	12	–	–	4948	0,15
Flachsilo-Blockentnahmegerät, angebaut, technische Leistung bei Silomais 3 t/h	8000	8	–	–	1621	–
16. Milchgewinnung[1])						DM/Kuh und Jahr
Melken						
Eimermelkanlage[2]) 2 Melkzeuge für 15 Kühe	7000	12	–	–	1363	32,91
Rohrmelkanlage[2]) 3 Melkzeuge für 30 Kühe	19000	12	–	–	3178	36,45
Fischgrätenmelkstand[2]) 2 x 4 Melkzeuge	38000	12	–	–	6505	32,11
Kühlen						
Kühlaggregat für Durchlaufkühlung mit Kühlwasserpumpe und Thermostat für doppelwandige Hofbehälter, 200 Liter	5000	12	–	–	752	18,72

[1]) Da ganzjährige Benutzung unterstellt ist, sind die Reparaturkosten zu den festen Kosten hinzugezählt worden.

[2]) Ohne Montage, Wasser- und Elektroinstallation. Melkstand mit mechanischer Kraftfutterzuteilung.

Maschinenart, -größe, -typ	Anschaffungspreis A	Nutzungsdauer nach Zeit N	Nutzungsdauer nach Leistung n	Auslastungsschwell. n/N	Kosten fest	Kosten veränderlich
	DM	Jahre			DM/J.	DM/Kuh u. Jahr
Tauchkühler für Direktverdampfung für Hofbehälter und Milchtanks ohne Kühlmantel 2500 kcal/h 736 W	3700	12	–	–	671	17,17
Kühlaggregat für Direktverdampfung einschließlich Kühlwanne aus Chromnickelstahl mit Aluminium-Außenmantel, Thermostat; viereckige Form, 1200 Liter	16000	12	–	–	2637	17,46
17. Entmistung[1])						DM/h
Schubstangenentmistung, 20 m, 1,5-kW-Elektromotor	6800	10	–	–	2002	0,28
Faltschieber[2]) mit Antrieb, 20 m Kotgang, 1,1-kW-Elektromotor	6900	10	–	–	1302	0,21
Tauchschneidpumpe mit 22-kW-Elektromotor	11000	8	–	–	2065	4,18
Kreiseljauchepumpe mit 1,5-kW-Elektromotor	2200	12	–	–	365	0,28
			m^3	m^3/Jahr		DM/m^3 [3])
Pumpentankwagen, 4000 Liter	16200	10	26000	2600	2268	0,43
6000 Liter	20600	10	39000	3900	2884	0,43
8000 Liter	28000	10	52000	5200	3920	0,43
Schleudertankwagen, 4000 Liter	13200	10	26000	2600	1848	0,33
6000 Liter	17500	10	39000	3900	2450	0,33
8000 Liter	27000	10	52000	5200	3780	0,33
Kompressortankwagen, 4000 Liter	14000	10	26000	2600	1960	0,39
6000 Liter	17700	10	39000	3900	2478	0,39
8000 Liter	26000	10	52000	5200	3640	0,39

[1]) Da ganzjährige Benutzung unterstellt ist, sind die Reparaturkosten zu den festen Kosten hinzugezählt worden.

[2]) Bei täglich zweimaligem Entmisten.

[3]) Transportkosten bei 1 km Hof-Feld-Entfernung. Für jeden weiteren km sind 0,08 DM hinzuzuzählen.

Arbeitszeitbedarf[1]) in der Feldwirtschaft

A. Ackerarbeiten[2])

	Effektive Arbeits- breite m	Arbeitszeitbedarf bei einer Parzellengröße von ...... ha AKh(Sh)/ha 0,5	1	2	5
1. Pflügen					
mit Kehrpflug	0,5	6,0	5,0	4,5	4,0
	0,8	4,0	3,3	2,9	2,6
	1,4	2,7	2,2	1,9	1,6
	2,0	2,0	1,6	1,3	1,1
mit Beetpflug	0,5	6,5	5,5	4,8	4,2
	0,8	4,6	3,7	3,2	2,8
	1,4	3,1	2,6	2,1	1,8
	2,0	2,3	1,9	1,6	1,3
2. Schälen					
mit Schälpflug	1,2	3,2	2,5	2,0	1,7
	1,7	2,5	2,0	1,6	1,3
	2,2	2,1	1,6	1,3	1,1
mit Scheibenegge	2,4	1,4	1,1	0,9	0,7
	3,9	1,1	0,7	0,6	0,5
3. Fräsen	1,9	2,3	1,8	1,5	1,3
	2,9	1,8	1,3	1,0	0,9
	3,9	1,5	1,1	0,8	0,7
4. Grubbern	2,0	1,6	1,3	1,1	0,9
	3,0	1,3	0,9	0,7	0,6
	5,0	1,0	0,7	0,5	0,4
5. Saatbett vorbereiten					
mit Gerätekomb.	3,0	1,5	1,0	0,8	0,6
	6,0	1,1	0,7	0,5	0,4
	8,0	1,0	0,6	0,4	0,3
mit Kreiselegge	2,5	1,6	1,3	1,1	0,9
	4,0	1,2	0,9	0,7	0,6
6. Striegeln und					
Schleppen	3,0	1,4	1,1	0,9	0,8
	6,0	1,0	0,7	0,5	0,4
7. Walzen	3,0	1,1	0,9	0,8	0,7
	6,0	0,7	0,5	0,4	0,4
8. Arbeiten mit					
Spatenrollegge	2,5	1,2	0,8	0,6	0,5
	4,0	1,0	0,6	0,5	0,4

[1]) Bei den Arbeitsbedarfszahlen der Außenwirtschaft sind, falls nicht anders vermerkt, eine Hof-Feld-Entfernung von 1 km und Fahrgeschwindigkeiten bei Transportarbeiten von 10 km/h bei Last- und 15 km/h bei Leerfahrten unterstellt worden.

[2]) Leistungsbedarf:

	kW	(PS)	
Pflug	15–22	(20–30)	je Schar
Schälpflug	20–24	(27–33)	je m Arbeitsbreite
Scheibenegge	15–19	(20–25)	je m Arbeitsbreite
Fräse und Grubber	19–26	(25–35)	je m Arbeitsbreite
Gerätekombination und Kreiselegge	15–19	(20–25)	je m Arbeitsbreite

B. Düngung

a) Stalldung laden, abfahren und streuen

Streu-menge dt/ha	Ladegewicht dt/Stalldung-streuer	Arbeitszeitbedarf bei einer Parzellengröße von ...... ha 0,5	1	2	5
		AKh/ha[1])[2])			
1. Laden mit Ladegerät (100 dt/h), abfahren und streuen mit Stalldungstreuer					
200	30	6,8	5,9	5,7	5,7
	40	6,3	5,3	5,2	5,2
	50	5,3	5,0	4,9	4,9
400	30	10	10	9,9	9,8
	40	9,1	8,9	8,9	8,8
	50	8,6	8,4	8,3	8,3
2. Laden mit Ladegerät (200 dt/h), abfahren und streuen mit Stalldungstreuer					
200	30	5,5	4,8	4,7	4,5
	40	4,9	4,2	4,1	4,1
	50	4,2	4,0	3,7	3,7
400	40	6,9	6,6	6,6	6,6
	50	6,4	6,0	6,0	6,0
	60	6,4	5,9	5,8	5,8

b) Flüssigmist laden, transportieren und ausbringen (Parzellengröße 2 ha)

Feldent-fernung km	Arbeitszeitbedarf bei einem Fassungsvermögen des Tankwagens von ...... m^3 2	3	4	6	8
	AKh (Sh)/ha				
	$20\ m^3/ha$				
1	3,1	2,3	1,9	1,4	1,2
3	6,7	4,8	3,5	2,6	2,1
5	10	7,2	5,3	3,8	2,9
10	19	14	9,7	7,0	5,1
	$40\ m^3/ha$				
1	6,6	4,8	3,8	2,9	2,5
3	14	9,5	7,3	5,4	4,3
5	21	14	11	7,9	6,1
10	39	26	20	14	11

c) Jauche ausbringen ($50\ m^3/ha$; Parzellengröße 2 ha)

Fassungsvermögen des Jauchefasses m^3	Arbeitszeitbedarf AKh (Sh)/ha
1	15
2	8,6
3	6,6

[1]) Wenn Laden, Abfahren und Streuen von einem Mann ausgeführt werden, ist der Bedarf an Schlepperstunden (Sh je ha) so groß wie der Arbeitszeitbedarf.

[2]) Fahrgeschwindigkeit bei Leerfahrten: 10 km/h.

…hutz

…nge	Arbeitszeitbedarf bei einer Parzellengröße von . . . . . . ha			
	0,5	1	2	5
	AKh (Sh)/ha			
…breite, 400-l-Behälter				
	0,9	0,6	0,5	0,5
	1,0	0,8	0,7	0,7
	1,3	1,3	1,0	1,0
…tsbreite, 1500-l-Behälter				
	0,7	0,5	0,4	0,3
	0,9	0,6	0,5	0,5
	0,9	0,7	0,6	0,5

…it schnellaufender Zugmaschine und Aufbaubehälter, dabe… …f dem Hof füllen[1])

…itsbreite, 2000-l-Behälter

Feld-entfernung km	Arbeitszeitbedarf bei einer Parzellengröße von . . . . . . ha			
	0,5	1	2	5
	AKh (Sh)/ha			
1	0,7	0,4	0,3	0,3
5	0,7	0,5	0,4	0,3
1	0,8	0,5	0,5	0,3
5	0,8	0,6	0,5	0,4
1	0,9	0,6	0,5	0,5
5	1,0	0,9	0,8	0,7

…digkeit: Hof–Feld 20 km/h
Feld–Hof 25 km/h.

d) Mineraldünger

Dünger streuen

1. **Gesackten Dünger** am Düngerlager **von Hand** auf Wagen laden, zum Feld transportieren, Wagen am Feldrand abstellen, Dünger in Streuer füllen und ausstreuen

Düngergabe dt/ha	Arbeitszeitbedarf bei einer Parzellengröße von . . . . . . ha			
	0,5	1	2	5
	AKh (Sh)/ha			
Kastenstreuer mit **3 m** Arbeitsbreite und **4 dt** Fassungsvermögen				
2	1,6	1,2	1,0	0,9
4	1,8	1,4	1,2	1,1
6	2,0	1,6	1,4	1,3
8	2,2	1,8	1,6	1,5
Schleuderstreuer mit **6 m** Arbeitsbreite und **4 dt** Fassungsvermögen				
2	1,2	0,8	0,7	0,5
4	1,4	1,0	0,9	0,7
6	1,6	1,2	1,1	1,0
8	1,8	1,4	1,2	1,2
Schleuderstreuer mit **10 m** Arbeitsbreite und **4 dt** Fassungsvermögen				
2	1,0	0,7	0,5	0,4
4	1,2	0,9	0,7	0,6
6	1,4	1,1	0,9	0,8
8	1,6	1,3	1,1	1,1[1])
Schleuderstreuer mit **10 m** Arbeitsbreite und **6 dt** Fassungsvermögen				
2	1,0	0,7	0,5	0,4
4	1,2	0,9	0,7	0,6
6	1,4	1,1	0,9	0,8
8	1,6	1,3	1,1	1,0
Schleuderstreuer mit **12 m** Arbeitsbreite und **10 dt** Fassungsvermögen				
2	1,0	0,7	0,5	0,4
4	1,2	0,9	0,7	0,6
6	1,4	1,1	0,9	0,8
8	1,6	1,3	1,1	1,0

[1]) Der Düngerstreuer muß an beiden Schlagenden gefüllt werden.

2. **Losen Dünger** auf Dreiseitenkipper zum Feld transportieren, Wagen am Feldrand abstellen, Dünger in **Streuer** füllen und ausstreuen

Düngergabe dt/ha	Arbeitszeitbedarf bei einer Parzellengröße von ...... ha 0,5	1	2	5
	AKh (Sh)/ha			
Schleuderstreuer mit **6 m** Arbeitsbreite und **4 dt** Fassungsvermögen				
2	1,1	0,7	0,5	0,4
4	1,1	0,7	0,5	0,5
6	1,1	0,8	0,6	0,5
8	1,2	0,9	0,7	0,6
Schleuderstreuer mit **10 m** Arbeitsbreite und **6 dt** Fassungsvermögen				
2	0,9	0,5	0,4	0,3
4	0,9	0,6	0,4	0,3
6	0,9	0,6	0,5	0,4
8	1,0	0,7	0,5	0,4

3. **Losen Dünger** vom Düngerlager oder Waggon **in Großbehälterstreuer** füllen, zum Feld transportieren und ausstreuen

Düngergabe dt/ha	Feldentfernung km	Arbeitszeitbedarf bei einer Parzellengröße von ...... ha 0,5	1	2	5
		AKh (Sh)/ha			
Großbehälterstreuer mit **6 m** Arbeitsbreite und **40 dt** Fassungsvermögen					
6	1	0,7	0,5	0,4	0,3
	5	0,8	0,6	0,5	0,5
10	1	0,8	0,6	0,5	0,4
	5	0,9	0,7	0,6	0,6
20	1	0,9	0,7	0,6	0,5
(Kalk)	5	1,2	1,0	1,0	0,9
Großbehälterstreuer mit **10 m** Arbeitsbreite und **40 dt** Fassungsvermögen					
10	1	0,6	0,4	0,4	0,3
	5	0,8	0,6	0,6	0,5
20	1	0,7	0,6	0,5	0,5
(Kalk)	5	1,1	0,9	0,8	0,8

C. Bestellung[1]

Arbeitsbreite m	Arbeitsz 0,5
1. Drillen bei Getreide	
Saatgut gesackt	
2,5	1,9
3	1,9
6	1,8
Saatgut lose	
6	1,5
2. Drillen von Ölfrüchten und Feinsäme	
2,5	1,3
3	1,2
3. Drillen von Mais mit Spezial-Einzelk	
ohne Reihendüngung	
1,5	2,4
3	1,5
4,5	1,4
mit Reihendüngung	
1,5	3,0
3	2,3
4,5	2,3
4. Drillen von Rüben mit mechanischer E	
ohne Bandspritzung	
2,5	1,9
3	1,7
6	1,5
mit Bandspritzung	
2,5	3,1
3	2,9
6	2,7
5. Drillen von Getreide mit Fräs-Drill-Kon	
2,5	2,7
3	2,5
6. Legen von Kartoffeln mit Maschine	
zweireihig, Handeinlage, 3 AK	26,0[2]
	8,7[3]
vierreihig, selbsttätige Einlage, Einzelb	6,6
vierreihig, selbsttätige Einlage, Großbel	4,0

[1]) Einschließlich Anfuhr von Saatgut, Pflanzenschutzmitt
[2]) AKh/ha
[3]) Sh/ha
[4]) Behälterinhalt reicht nicht für eine Auf- und Abfahrt.

D. Pflanzensc

Aufwandme l/ha
9 m Arbeit
200
400
600
15 m Arbe
200
400
600

2. Spritzen n Behälter a

18 m Arbe

Aufwandmenge l/ha
200
400
600

[1]) Fahrgeschwi

E. Pflege

Arbeitsbreite m	Arbeitszeitbedarf bei einer Parzellengröße von ...... ha 0,5	1	2	5
	AKh (Sh)/ha			
1. Zuckerrüben				
Blindstriegeln				
6	1,0	0,7	0,6	0,4
1. und 2. Maschinenhacke, 1 AK				
2,5	2,4	2,0	1,7	1,5
3	2,1	1,7	1,5	1,3
6	1,6	1,1	0,9	0,7
3. Maschinenhacke, 1 AK				
2,5	2,0	1,6	1,3	1,1
3	1,8	1,4	1,1	0,9
6	1,4	0,9	0,7	0,5
Vereinzeln				
Monogermsaatgut, 12 cm Ablage: 20 AKh/ha				
Rundhacke, normal: 5–20 AKh/ha				
Rundhacke, stark verunkrautet: 30–40 AKh/ha				
2. Kartoffeln, vierreihig				
Hacken oder				
Häufeln	1,4	1,1	0,9	0,8
Striegeln	1,4	1,0	0,9	0,7
Häuflerstriegel	1,5	1,1	0,9	0,8

F. Ernte

a) Getreideernte

Arbeitsgänge	Arbeitszeitbedarf bei einer Parzellengröße von ...... ha 0,5		1		5	
	AKh/ha	Sh/ha	AKh/ha	Sh/ha	AKh/ha	Sh/ha
1. **Körnerernte** (50 dt/ha)						
Mähen mit MD						
schleppergezogen, 2,1 m	**3,6**	**3,6**	3,1	3,1	2,7	2,7
selbstfahrend, 2,6 m	2,2	–	**2,0**	–	1,8	–
3,0 m	2,0	–	1,8	–	**1,5**	–
5,0 m	1,3	–	1,1	–	1,0	–
Korn abfahren						
30 dt/Fahrt	**0,6**	**0,6**	0,6	0,6	0,6	0,6
50 dt/Fahrt	0,5	0,5	**0,5**	**0,5**	**0,4**	**0,4**
70 dt/Fahrt	0,4	0,4	0,3	0,3	0,3	0,3
Korn abladen in						
Körnergebläse	**0,9**	**0,9**	**0,9**	**0,9**	0,9	0,9
Körnersumpf	0,2	0,2	0,2	0,2	**0,2**	**0,2**
	5,1	**5,1**	**3,4**	**1,4**	**2,1**	**0,6**

Arbeitsgänge	Arbeitszeitbedarf bei einer Parzellengröße von ...... ha					
	0,5		1		5	
	AKh/ha	Sh/ha	AKh/ha	Sh/ha	AKh/ha	Sh/ha
1. **Strohbergung** (50 dt/ha)						
Stroh in Schwad ziehen	**1,0**	**1,0**	**0,8**	**0,8**	**0,7**	**0,7**
Stroh laden und abfahren						
Ladewagen, 12 dt/Wagen	**2,8**	**2,8**	2,7	2,7	2,4	2,4
HD-Preise						
ohne Ballenschleuder[1])	8,2	3,3	**6,5**	**2,6**	5,2	2,1
mit Ballenschleuder[2])	3,8	3,8	2,7	2,7	**2,3**	**2,3**
Stroh abladen, 40 dt/h						
1 AK	**1,3**	–	1,3	–	**1,3**	–
3 AK	3,8	–	**3,8**	–	3,8	–
	5,1	**3,8**	**11**	**3,4**	**4,3**	**3,0**
Strohhäcksler für						
Schlepperanbau, 1,8 m	2,8	2,8	2,4	2,4	1,9	1,9
Schlepperzug, 3,0 m	1,8	1,8	1,5	1,5	1,2	1,2
b) Körnermaisernte						
1. **Kornerte** (50 dt/ha)						
Mähdrescher						
selbstfahrend, Pflückvorsatz dreireihig	**3,9**	–	**3,1**	–	2,9	–
vierreihig, Unterbauhäcksler	3,0	–	2,4	–	**2,2**	–
Korn abfahren						
30 dt/Fahrt	**0,6**	**0,6**	0,6	0,6	0,6	0,6
50 dt/Fahrt	0,5	0,5	**0,5**	**0,5**	0,4	0,4
70 dt/Fahrt	0,4	0,4	0,3	0,3	**0,3**	**0,3**
Korn von Hand in Hammermühle, mit Förderband in Silo	**6,0**	–	–	–	–	–
Korn abkippen in Körnersumpf	0,2	0,2	**0,2**	**0,2**	**0,2**	**0,2**
Stroh zerkleinern						
Anbaugerät, 1,8 m	2,8	2,8	**2,4**	**2,4**	1,9	1,9
	11	**0,6**	**6,2**	**3,1**	**2,7**	**0,5**
2. **CCM-Ernte** (100 dt/ha)						
SF-MD, dreireihig	**4,7**	–	**4,2**	–	4,0	–
Vierreihig	3,8	–	3,3	–	**3,0**	–
Erntegut abfahren						
50 dt/Fahrt	**0,7**	**0,7**	**0,7**	**0,7**	**0,6**	**0,6**
Zuteilentleerung in Gebläse, einlagern in Hochsilo	**2,1**	**2,1**	**2,1**	**2,1**	**2,1**	**2,1**
Stroh zerkleinern	**2,8**	**2,8**	**2,4**	**2,4**	1,9	1,9
	10	**5,6**	**9,4**	**5,2**	**5,7**	**2,7**

[1]) Absätziges Verfahren, 2 Wagen je 20 dt, 3 AK.
[2]) 15 dt/Wagen, 1 AK.

c) Kartoffelernte (75 cm Reihenweite; 300 dt/ha Kartoffeln)

Arbeitsgänge	Arbeitszeitbedarf bei einer Parzellengröße von ...... ha					
	0,5		1		5	
	AKh/ha	Sh/ha	AKh/ha	Sh/ha	AKh/ha	Sh/ha
1. Sammelroder mit Absackvorrichtung, einreihig, 4 AK						
Kraut abtöten[1])	0,7	0,7	0,6	0,6	0,5	0,5
Roden[2])	57	15	47	13	36	10
Abfahren (30 dt/Wagen)	2,3	2,3	2,3	2,3	2,3	2,3
Säcke von Hand in Scheune abladen	12	–	12	–	12	–
	72	**18**	**62**	**16**	**51**	**13**
2. Bunkersammelroder (mittelschwer), einreihig, 3 AK						
Kraut abtöten[1])	0,7	0,7	0,6	0,6	0,5	0,5
Roden	36	12	35	12	28	9,4
Abfahren (40 dt/Wagen) und abladen	2,5	2,5	2,5	2,5	2,5	2,5
Einlagern	3,0	–	3,0	–	3,0	–
	42	**15**	**41**	**15**	**34**	**13**
3. Bunkersammelroder (schwer), einreihig, 4 AK, 2 Schlepper						
Kraut abtöten[1])	0,7	0,7	0,6	0,6	0,5	0,5
Roden	22	11	20	9,7	15	7,7
Abfahren (50 dt/Wagen) und abladen	2,5	2,5	2,5	2,5	2,5	2,5
Einlagern	3,0	–	3,0	–	3,0	–
	28	**14**	**26**	**13**	**21**	**11**
4. Bunkersammelroder (schwer), zweireihig, Fließverfahren, 2 AK, 2 Schlepper						
Kraut abtöten[1])	0,7	0,7	0,6	0,6	0,5	0,5
Roden	7,0	7,0	6,1	6,1	4,9	4,9
Abfahren (50 dt/Wagen) und abladen	2,1	2,1	2,1	2,1	2,1	2,1
Einlagern	3,0	–	3,0	–	3,0	–
	15	**9,8**	**13**	**8,8**	**11**	**7,5**

[1]) Feldspritze 600 l, 400 l/ha, 12 m Arbeitsbreite.
[2]) Säcke werden zum Feldende mitgenommen und dort auf Standwagen übergeladen.

d) Zuckerrübenernte (450 dt/ha Rüben; 350 dt/ha Blatt)

Arbeitsgänge	Arbeitszeitbedarf bei einer Parzellengröße von . . . . . . ha 0,5		1		5	
	AKh/ha	Sh/ha	AKh/ha	Sh/ha	AKh/ha	Sh/ha
1. Gezogener Köpfrodebunker, einreihig, abkippen auf Feldrandmiete[1]), absätziges Verfahren, 1 AK						
Köpfroden	11	11	8,8	8,8	6,7	6,7
Blatt laden aus Querschwad mit Frontlader, abfahren und einlagern	13	13	13	13	13	13
	24	**24**	**22**	**22**	**20**	**20**
2. Gezogener Köpfrodebunker, zweireihig, abkippen auf Feldrandmiete[1]), Fließverfahren[2]), 4 AK, 4 Schlepper						
	h/ha		h/ha		h/ha	
Köpfroden	6,1	6,1	5,2	5,2	4,0	4,0
Übernahme des zerkleinerten Blattes, abfahren und abladen mit Kratzkette[3])	4,0	7,9	3,6	7,1	3,0	6,1
Verteilen	1,8	1,8	1,8	1,8	1,8	1,8
	AKh/ha		AKh/ha		AKh/ha	
	24	**16**	**21**	**14**	**16**	**12**
3. Selbstfahrender Köpfrodebunker, dreireihig, abkippen auf Feldrandmiete[1]), Fließverfahren[2]), 4 AK, 3 Schlepper						
	h/ha		h/ha		h/ha	
Köpfroden	4,5	–	3,7	–	2,8	–
Übernahme des zerkleinerten Blattes, abfahren und abkippen[3])	3,0	6,1	2,7	5,5	2,4	4,7
Verteilen	1,8	1,8	1,8	1,8	1,8	1,8
	AKh/ha		AKh/ha		AKh/ha	
	18	**7,9**	**15**	**7,3**	**11**	**6,5**
4. Zweiphasiges Verfahren, sechsreihig, 4 AK, 3 Schlepper						
	h/ha		h/ha		h/ha	
Köpfroden	3,0	–	2,2	–	1,4	–
Laden	2,8	2,8	2,1	2,1	1,3	1,3
Übernahme der Rüben und abfahren (7-t-Kipper)	1,6	3,1	1,3	2,6	1,2	2,1
	AKh/ha		AKh/ha		AKh/ha	
	12	**5,9**	**8,8**	**4,7**	**5,6**	**4,4**

1) Mehrbedarf bei Abkippen auf Standwagen: 0,2 AKh (Sh)/ha.

2) Bei Fließverfahren bestimmt der Arbeitsgang, der am meisten Zeit (h) beansprucht, die Gesamtarbeitszeit (AKh) des Verfahrens.

3) 50 dt/Wagen. Niedrigere Lademengen bewirken beim Fließverfahren Wartezeiten für den Köpfrodebunker.

e) Futterernte

1. **Silomais** (450 dt/ha, 30 % TS; 75 cm Reihenweite)

Arbeitsgänge	Arbeitszeitbedarf bei einer Parzellengröße von ...... ha: 0,5		1		5	
	Fließverfahren					
	Umhängebetrieb		**Parallelbetrieb**			
	Anbauhäcksler, einreihig, Hochsilo, 2 AK, 2 Schlepper, 2 Wagen		**gez. Maishäcksler, zweireihig, Hochsilo, 4 AK, 5 Schlepper, 3 Kipper**		**SF-Maishäcksler, dreireihig, Flachsilo, 5 AK, 3 Schlepper, 1 Schaufellader, 3 Kipper**	
	h/ha	Sh/ha	h/ha	Sh/ha	h/ha	Sh/ha
Maishäckseln						
30 dt/Wagen	9,0	9,0	–	–	–	–
40 dt/Wagen	–	–	3,6	3,6	–	–
50 dt/Wagen	–	–	–	–	2,4	–
Abfahren						
30 dt/Wagen	4,6	4,6	–	–	–	–
Überladen und abfahren						
40 dt/Wagen	–	–	5,9	5,9	–	–
50 dt/Wagen	–	–	–	–	4,2	4,2
Zuteilentleerung mit Kratzkette, Dosierung von Hand	5,0	5,0	–	–	–	–
Abladen in Dosierer	–	–	1,0	1,0	–	–
Einlagern in Hochsilo	–	–	–	3,0	–	–
Abkippen in Flachsilo	–	–	–	–	1,3	1,3
Verteilen und festfahren	–	–	–	–	1,5	1,5
	AKh/ha		AKh/ha		AKh/ha	
	19	**19**	**15**	**11**	**12**	**7,0**

[1]) Bei Fließverfahren bestimmt der Arbeitsgang, der am meisten Zeit (h) beansprucht, die Gesamtarbeitszeit (AKh) des Verfahrens.

2. **Futterrüben** (800 dt/ha Rüben; 200 dt/ha Blatt[1]); 50 cm Reihenweite)

Arbeitsgänge	Arbeitszeitbedarf bei einer Parzellengröße von ...... ha 0,5 **Köpfschippe, Rodeschlitten, Laden v. Hand, 2 AK**		1 **Köpfrodebunker, 1,5 t, 2 AK**		2 **Köpfrodebunker, 2,5 t, 2 AK**	
	AKh/ha	Sh/ha	AKh/ha	Sh/ha	AKh/ha	Sh/ha
Köpfen	29 [2])	–	–	–	–	–
Roden	2,4[3])	2,4	–	–	–	–
Köpfroden, Überladen auf Standwagen	–	–	30	15	26	13
Rüben laden	56	28	–	–	–	–
Rüben abfahren						
30 dt/Wagen	6,3	6,3	–	–	–	–
40 dt/Wagen	–	–	5,0	5,0	–	–
50 dt/Wagen	–	–	–	–	3,7	3,7
Rüben abkippen in befahrbaren Lagerraum[4])	7,0	7,0	5,3	5,3	4,3	4,3
Blatt laden						
von Hand	14	6,8	–	–	–	–
mit Frontlader	–	–	2,6	2,6	–	–
mit Ladewagen	–	–	–	–	1,4	1,4
Abfahren, 25 dt/Wagen	2,0	2,0	2,0	2,0	2,0	2,0
Blatt						
abkippen am Stall	1,1	1,1	–	–	–	–
einlagern in Flachsilo, verteilen und festfahren	–	–	3,2	3,2	3,2	3,2
	118	**54**	**48**	**33**	**41**	**28**

[1]) Der hier angeführte Rüben- und Blattertrag gilt für Mittelrüben. Bei Massenrüben kann ein Ertrag von etwa 1000 dt/ha Rüben und 170 dt/ha Blatt (Rüben : Blatt = 6 : 1) und bei Gehaltsrüben ein Ertrag von etwa 600 dt/ha Rüben und 200 dt/ha Blatt (Rüben : Blatt = 3 : 1) unterstellt werden. Die Arbeitszeitbedarfszahlen in der Tabelle sind entsprechend dem angegebenen Rüben : Blatt-Verhältnis zu ändern; so verringert sich z. B. bei Gehaltsrüben der Arbeitszeitbedarf für das Laden, Abfahren und Einlagern der Rüben um etwa 25 %, während der Arbeitszeitbedarf für die Blattbergung gleich bleibt.

[2]) Roden und Blatt abstechen von Hand: 63 AKh/ha

[3]) Geköpfte Rüben roden und laden mit Frontlader: 18 AKh (Sh)/ha
Ungeköpfte Rüben roden und laden mit Frontlader: 22 AKh (Sh)/ha

[4]) Rüben von Hand in Miete abladen und eindecken: 82 AKh/ha

3. **Anwelkgut** zum Einsilieren (1. Schnitt = 120 dt/ha; 33 % TS)

Arbeitsgänge	Arbeitszeitbedarf bei einer Parzellengröße von ...... ha: 0,5 — Absätziges Verfahren, Häckslerladewagen, Hochsilo, 1 AK, 1 Schlepper		1 — Fließverfahren[1]) (Umhängeverfahren) Mittlerer Feldhäcksler, Hochsilo, 2 AK, 2 Schlepper, 3 Automatikwagen		2 — Fließverfahren[1]) (Umhängeverfahren) Großer Feldhäcksler, Flachsilo, 4 AK, 4 Schlepper, 3 Kipper	
	AKh/ha	Sh/ha	AKh/ha	Sh/ha	AKh/ha	Sh/ha
Mähen mit Doppelmessermähwerk, 1,5 m	1,6	1,6	–	–	–	–
Kreiselmähwerk, 1,6 m	–	–	1,2	1,2	–	–
Mähaufbereiter, 2,5 m	–	–	–	–	0,8	0,8
2x wenden mit Kreiselzettwender, 2,8 m	1,8	1,8	–	–	–	–
3,6 m	–	–	1,2	1,2	–	–
Schwaden mit Kreiselschwader, 2,8 m	1,0	1,0	0,8	0,8	0,7	0,7
			h/ha		h/ha	
Laden und abfahren, 30 dt/Wagen	3,8	3,8	–	–	–	–
Laden (häckseln), 35 dt/Wagen	–	–	2,3	2,3	–	–
40 dt/Wagen	–	–	–	–	1,8	1,8
Abfahren, 35 dt/Wagen	–	–	1,1	1,1	–	–
40 dt/Wagen	–	–	–	–	0,9	0,9
Einlagern in Hochsilo mit Gebläse, Zuteilentleerung	0,9	0,9	0,9	0,9	–	–
Einlagern in Flachsilo, Abkippen und grobverteilen	–	–	–	–	0,8	0,8
Feinverteilen und festfahren	–	–	–	–	1,2	1,2
			AKh/ha		AKh/ha	
	9,1	**9,1**	**7,8**	**7,5**	**8,7**	**6,2**

[1]) Bei Fließverfahren bestimmt der Arbeitsgang, der am meisten Zeit (h) beansprucht, die Gesamtarbeitszeit (AKh) des Verfahrens.

4. **Heu** (1. Schnitt = 40 dt/ha; 80 % TS)

Arbeitsgänge	Arbeitszeitbedarf bei einer Parzellengröße von ...... ha					
	0,5		1		2	
	Absätzige Verfahren				**Fließverfahren[1]**	
	Ladewagen, Schneidgebläse, 1 AK, 1 Schlepper		**HD-Presse mit Ladeschurre, 3 AK, 2 Schlepper**		**HD-Presse mit Ballenschleuder, 2 AK, 2 Schlepper, 2 Wagen**	
	AKh/ha	Sh/ha	AKh/ha	Sh/ha	AKh/ha	Sh/ha
Mähen mit Doppelmessermähwerk, 1,5 m	1,6	1,6	–	–	–	–
Kreiselmähwerk, 1,6 m	–	–	1,2	1,2	1,1	1,1
4x wenden mit Kreiselzettwender, 2,8 m	3,6	3,6	–	–	–	–
3,6 m	–	–	2,4	2,4	2,0	2,0
2x schwaden mit Kreiselschwader, 2,8 m	2,0	2,0	1,6	1,6	1,4	1,4
					h/ha	
Laden und abfahren, 10 dt/Wagen	3,3	3,3	–	–	–	–
Pressen und laden	–	–	6,3[2])	2,1	1,1	1,1
Abfahren	–	–	0,4	0,4	0,4	0,4
Einlagern mit Gebläse, Zuteilentleerung von Hand	1,3	1,3	–	–	–	–
Förderband	–	–	2,1[3])	–	0,5[4])	0,5
					AKh/ha	
	12	**12**	**14**	**7,7**	**6,7**	**6,5**

[1]) Bei Fließverfahren bestimmt der Arbeitsgang, der am meisten Zeit (h) beansprucht, die Gesamtarbeitszeit (AKh) des Verfahrens.

[2]) 27 dt/Wagen, 2 Packer.

[3]) 3 AK.

[4]) 1 AK, ohne Stapelung im Fach.

Arbeitszeitbedarf in der Rindviehhaltung

A. Milchvieh

1. Milchkühe in Anbindeställen

Arbeitsgänge	Tiere je Arbeitsgang 10	20	40	60
	AKmin/Kuh und Tag			
Füttern				
Rüstarbeiten vor und nach dem Füttern	**1,6**	**1,0**	**0,7**	**0,6**
Winter				
Rüben (Gabelwurf) und Silage (Flachsilo, Handentnahme)	**3,7**	3,0	–	–
Silage, Hochsilo, Handentnahme	3,4	**2,5**	–	–
Hochsilo, Greifer, Futtertisch	–	–	1,2	1,0
Hochsilo, Obenfräse, Futterwagen	–	–	**1,8**	1,0
Flachsilo, Frontlader, Handverteilung	–	1,8	1,5	1,1
Flachsilo, Frontlader, Futterwagen	–	2,2	1,4	1,2
Flachsilo, Blockschneidegerät	–	1,8	1,5	**1,1**
Rauhfutter, lose oder Bunde	**0,9**	**0,6**	**0,5**	**0,5**
Sommer				
Sommerstallfütterung	**6,6**	**3,6**	1,7	1,5
Ganztagsweide	7,6	4,1	**3,2**	**2,1**
Milchgewinnung[1]				
Eimermelkanlage, 2 Melkzeuge	**9,4**	**7,2**	–	–
Rohrmelkanlage, 3 Melkzeuge, Tank	–	4,8	**4,0**	–
4 Melkzeuge, Tank	–	–	4,2	**3,9**
Kannen in Wasserbad kühlen	**0,3**	**0,3**	–	–
Kühlwanne, Kühltank				
Abholung täglich	–	0,4	**0,2**	0,1
Abholung jeden zweiten Tag	–	0,2	0,2	**0,1**
Hauptreinigung der Eimermelkanlage	**0,4**	**0,2**	–	–
Rohrmelkanlage	–	0,6	**0,4**	**0,3**
Entmisten und Einstreuen				
bei ganztägiger Stallhaltung				
von Hand	**6,0**	5,4	5,0	–
mit Schubstange	–	**3,2**	2,8	2,7
mit von Seilwinde gezogenem Mistschieber	–	2,8	**2,1**	2,1
Gitterrostaufstallung ohne Einstreu	2,0	1,4	0,9	**0,8**
bei Ganztagsweide	0,9	0,6	**0,4**	**0,3**
Sonderarbeiten	**1,0**	**0,8**	**0,7**	**0,6**
Insgesamt[2]) Winterfütterung	**23,3**	**15,8**	**10,4**	**7,9**
Sommerfütterung	**25,3**	**16,3**	**8,9**	**7,3**

[1]) Durchschnittliche Anzahl der trockenstehenden Kühe = 1/6 des Kuhbestandes.
[2]) Summe der **halbfett** gedruckten Arbeitszeitbedarfswerte.

2. Milchkühe in Boxenlaufställen

Arbeitsgänge	Tiere je Arbeitsgang 40	60	80	100
	AKmin/Kuh und Tag			
Füttern				
Rüstarbeiten vor und nach dem Füttern	**0,66**	**0,53**	**0,5**	**0,4**
Winter				
Hochsilo, Greifer, Futtertisch	**1,0**	0,9	0,9	0,9
Obenfräse, Futterwagen	0,8	0,7	0,6	0,5
Flachsilo, Blockschneidegerät, Futtertisch	0,8	**0,7**	**0,7**	0,6
Frontlader, Futtertisch	0,8	0,7	0,7	**0,6**
Rauhfutter, lose oder Bunde	**0,5**	**0,4**	**0,4**	**0,4**
Sommer				
Sommerstallfütterung	**1,4**	**1,0**	0,9	0,8
Ganztagsweide	2,2	1,2	**1,0**	**0,9**
Milchgewinnung[1]				
Fischgrätenmelkstand				
2 × 4 Buchten, 8 Melkzeuge[2], Tank	**4,6**	**4,2**	–	–
2 × 5 Buchten, 10 Melkzeuge[2], Tank	4,5	4,2	**4,0**	4,0
2 × 6 Buchten, 12 Melkzeuge[2], Tank	–	3,2	3,1	**3,0**
2 × 8 Buchten, 16 Melkzeuge[2], Tank	–	–	3,0	2,9
Kühlwanne, Kühltank[3]				
Abholung täglich	**0,3**	**0,2**	0,1	0,1
Abholung jeden zweiten Tag	0,2	0,1	**0,09**	**0,09**
Hauptreinigung der Melkanlage	**0,4**	**0,3**	**0,2**	**0,1**
Entmisten und Einstreuen				
bei ganztägiger Stallhaltung	**0,2**	**0,16**	**0,14**	**0,13**
bei Ganztagsweide	0,1	0,06	**0,04**	**0,03**
Sonderarbeiten	**0,6**	**0,6**	**0,5**	**0,5**
Insgesamt[4]) Winterfütterung	**8,3**	**7,1**	**6,5**	**5,2**
Sommerfütterung	**8,2**	**7,0**	**5,8**	**4,6**

[1]) Durchschnittliche Anzahl der trockenstehenden Kühe = 1/6 des Kuhbestandes.
[2]) Mit Abschaltautomatik.
[3]) Mit automatischer Tankreinigung.
[4]) Summe der **halbfett** gedruckten Arbeitszeitbedarfswerte.

B. Jungvieh

1. Kälber bis zu 4 Monaten

Aufzucht

Arbeitsgänge	Einzelbucht				Sammelbucht
	Kälber je Arbeitsgang				
	3	6	12	25	12
	AKmin/Kalb und Tag				
Tränke vorbereiten	5,0	3,5	3,2	3,1	3,2
Tränken	0,8	0,7	0,65	0,6	0,65
Füttern von Kraftfutter	0,4	0,3	0,25	0,2	0,15
Füttern von Heu	0,15	0,15	0,15	0,15	0,07
Einstreuen	0,4	0,35	0,3	0,3	(0,2)
Lattenrost reinigen, Staurinne ablassen	(0,21)	(0,18)	(0,17)	(0,17)	0,1
Fegen	0,1	0,1	0,1	0,1	0,05
Krippen reinigen	–	–	–	–	0,05
Tägl. Arbeiten insges.[1]) AKmin/Kalb u. Tag	**6,85**	**5,10**	**4,65**	**4,45**	**4,27**
AKh/Kalb und Aufzuchtperiode	**14**	**10**	**9,3**	**8,9**	**8,5**
Sonderarbeiten[2]) AKh/Kalb und Aufzuchtperiode			**1,7**		**0,9**

[1]) Bei „Einzelbucht" wurde Haltung mit Einstreu, bei „Sammelbucht" einstreulose Haltung unterstellt.

[2]) Tierarzthilfe, umstallen, Einzelbuchten entmisten, Buchten reinigen und desinfizieren.

Mast

Arbeitsgänge	Einzelbucht				Sammelbucht
	Kälber je Arbeitsgang				
	20	50	100	200	20
	AKmin/Kalb und Tag				
Tränke vorbereiten und tränken					
mit Eimern	4,24	–	–	–	–
mit Mixer und Zapfschlauch	–	2,08	1,99	1,95	–
Milchaustauscher in Tränkeautomaten nachfüllen	–	–	–	–	0,12
Eimer reinigen	0,87	–	–	–	–
Eimer und Mixer reinigen	–	0,87	0,86	0,85	–
Tränkeautomaten reinigen, anteilig	–	–	–	–	0,05
Einstreuen	–	–	–	–	0,26
Lattenrost reinigen, Staurinne ablassen	0,17	0,13	0,10	0,08	–
Futtergang reinigen	0,22	0,13	0,07	0,04	–
Sonderarbeiten (Ein- und Ausstallen, Behandlung)	0,40	0,40	0,40	0,40	0,35
Insgesamt	**5,90**	**3,61**	**3,42**	**3,32**	**0,78**

2. Jungvieh von 5 Monaten bis zu 2 Jahren

Arbeitsgänge	5–12 Monate alt			1–2 Jahre alt		
	Tiere je Arbeitsgang					
	10	20	50	10	20	50
	AKmin/Tier und Tag					
Füttern von Silage						
Hochsilo, Handentnahme, Karre	**1,20**	1,04	0,95	**1,88**	1,60	1,55
Greifer, Futterwagen	1,12	1,00	0,60	1,12	1,00	0,70
Fräse, Futterwagen	1,66	0,91	0,39	1,66	0,91	0,39
Flachsilo, Handentnahme, Karre	1,40	1,18	0,98	2,09	1,77	1,74
Frontlader, Handverteilung	1,05	**0,72**	0,47	1,08	**0,84**	0,65
Frontlader, Futterwagen	1,66	0,91	**0,45**	1,64	1,04	**0,58**
Fräse, Futterwagen	1,90	1,04	0,46	1,93	1,07	0,49
Anbauschneidgerät, Handverteilung	1,11	0,67	0,42	1,12	0,69	0,45
Füttern von Heu	**0,65**	**0,53**	**0,34**	**0,85**	**0,75**	**0,42**
Füttern von Kraftfutter						
Verteilen mit Eimer	**0,38**	**0,34**	0,30	–	–	–
Verteilen aus Muldenwagen	0,75	0,46	**0,28**	–	–	–
Einstreuen und Entmisten						
Anbindestall, Entmisten und Stapeln von Hand	**3,60**	3,44	–	**3,60**	3,44	–
Schubstangenentmistung	–	**1,20**	1,20	–	**1,20**	1,20
Gitterrost	–	0,44	0,28	–	0,44	0,28
Tieflaufstall	–	0,80	0,50	–	0,80	0,50
Mehrraumlaufstall, Schiebeschild	–	0,80	**0,60**	–	0,80	**0,60**
Ganzspaltenboden	–	0,07	0,07	–	0,07	0,07
Rüstarbeiten für Fütterung	**0,45**	**0,22**	**0,09**	**0,45**	**0,22**	**0,09**
Trog und Futtertisch fegen	**0,19**	**0,12**	**0,06**	**0,19**	**0,12**	**0,06**
Sonderarbeiten						
Stall reinigen und desinfizieren	**0,08**	**0,08**	**0,08**	**0,12**	**0,12**	**0,12**
Tierarzt, Zuchtmaßnahmen	**0,03**	**0,03**	**0,03**	**0,15**	**0,15**	**0,15**
AKmin/Tier und Tag[1])	**6,6**	**3,3**	**1,9**	**7,3**	**3,4**	**2,0**
AKh/Tier und Aufzuchtperiode	**27**	**13**	**7,6**	**44**	**21**	**12**

[1]) Summe der **halbfett** gedruckten Arbeitszeitbedarfswerte.

Arbeitszeitbedarf in der Schafhaltung

Arbeitszeitbedarf für die Schafhaltung[1]) bei unterschiedlichen Bestandsgrößen und Haltungsverfahren

Haltungs- und Arbeitsverfahren	AKmin je 10 Tiere und Tag bei einer Bestandsgröße von ...... Tieren 100	250	500
Fütterung			
Heu in Raufe, Silage in Trog,			
Kraftfutter: Säugende Schafe in Trog			
Lämmer in Automat			
Tränke			
Mit Schlauch in Trog			
Eingestreut			
Mutterschafe ohne Lämmer oder Tiere zur Bestandsergänzung	4,4	3,6	3,3
Mutterschafe, 1,4 Lämmer säugend[2])			
6 Wochen Säugezeit	6,1	5,2	4,7
11 Wochen Säugezeit	5,9	5,0	4,5
Fütterung			
Heu in Futterband			
Kraftfutter wie oben			
Selbsttränke			
Einstreulos			
Mutterschafe ohne Lämmer oder Tiere zur Bestandsergänzung	2,0	1,7	1,5
Mutterschafe, 1,4 Lämmer säugend[2])			
6 Wochen Säugezeit	3,4	2,8	2,5
11 Wochen Säugezeit	3,2	2,7	2,3

[1]) Arbeitszeitbedarf während der **Vegetationszeit:**

Bei der **Wanderschafhaltung** liegt die Grenze der Zahl der Schafe, die von einer Person sachgemäß betreut werden können, bei etwa 300 Tieren mit Nachzucht, also etwa da, wo auch im konventionellen Stall die täglich anfallenden Arbeiten noch von einer Person durchführbar sind.

Bei der **Koppelschafhaltung** spielt der Arbeitsaufwand in der Vegetationszeit eine untergeordnete Rolle. Ohne Berücksichtigung der Sonderarbeiten (siehe Seite 119) können etwa 0,05 AKmin/Tier und Tag angesetzt werden.

[2]) 1 Mutterschaf + 1,4 Lämmer = 1 Tier.

Haltungs- und Arbeitsverfahren	AKmin je 10 Tiere und Tag bei einer Bestandsgröße von ...... Tieren 100	250	500
Wirtschaftsmast nach 11wöchiger Säugezeit von 20–50 kg LG			
Fütterung: Heu in Raufe, Kraftfutter in Trog Tränke: Mit Schlauch in Trog Einstreulos	3,4	2,6	2,3
Fütterung: Silage in Trog, sonst wie oben Tränke: Mit Schlauch in Trog Einstreulos	6,3	5,0	4,6
Wirtschaftsmast nach 6wöchiger Säugezeit von 12–50 kg LG			
Fütterung: Heu in Raufe, Kraftfutter in Trog Tränke: Mit Schlauch in Trog Eingestreut	4,1	3,2	2,8
Fütterung: Silage in Trog, sonst wie oben Tränke: Mit Schlauch in Trog Eingestreut	7,0	5,6	5,1
Intensivmast nach 6wöchiger Säugezeit von 12–45 kg LG			
Fütterung: Heu in Raufe, Kraftfutter in Trog Selbsttränken Einstreulos	1,2	1,0	0,9

Arbeitszeitbedarf für Sonderarbeiten in der Schafhaltung

Arbeiten	Zeitdauer	Anzahl der Arbeitskräfte	Arbeitszeitbedarf
	min/Schaf	AK	AKmin/ Schaf
Geburtshilfe bzw. -aufsicht einschließlich abgelammte Muttern mit Lämmern umbuchten, je Mutterschaf	4,4	1	4,4
Lämmer wiegen und kennzeichnen, evtl. behandeln	2,3	1	2,3
Lämmerschlupf errichten	2,7	1	2,7
Lämmer kupieren mit Gummiring	0,5	2	1,0
mit Glühzange	0,8	2	1,6
Umtreiben von Ablamm- in Sammelbucht	1,0	1	1,0
Tätowieren, 1 Ohr	1,6	2	3,2
2 Ohren	1,8	2	3,6
Fellnummern auftragen	1,5	2	3,0
Ohrmarken anbringen	0,7	2	1,4
Klauen schneiden			
bei gesunden Tieren	3,0	1	3,0
bei Moderhinke	5–10	1	5–10
Baden	0,4	3	1,2
Klauenbad	0,2	2	0,4
Einsprühen	0,1	2	0,2
Orale Eingabe von Medikamenten	0,5	2	1,0
Schafe einzeln wiegen	1,0	2	2,0
Sortieren und verladen	1,0	2	2,0
Hormontampon einführen und nach 12 Tagen herausnehmen	1,5	2	3,0
Künstliche Besamung	1,4	1[1])	1,4
Sprung aus der Hand	1,4	1	1,4
Gruppensprung	1,9	1	1,9
Pferch auf- oder abbauen			
1 m²/Schaf	0,2	1	0,2
6 m²/Schaf	0,4	1	0,4
Elektrozaun versetzen für Portionsweide, 5–10 m²/Schaf	0,2	1	0,2
Scheren	6,0	2,5	15,0

[1]) Hilfsperson für Tierarzt bzw. Besamungstechniker.

Für **Sonderarbeiten** können bei 8 Stunden täglicher Arbeitszeit und Beständen von
250 Tieren etwa 2,0 AKh bzw. 0,48 AKmin/Tier und Tag
500 Tieren etwa 2,8 AKh bzw. 0,34 AKmin/Tier und Tag
750 Tieren etwa 3,2 AKh bzw. 0,26 AKmin/Tier und Tag
angesetzt werden.

Arbeitszeitbedarf in der Schweinehaltung

A. Mastschweine

1. Getreidemast

Mittlere Schweine mit etwa 55 bis 60 kg Lebendgewicht; Futterration: 2,5 kg/Tier und Tag; Einstreumenge: 0,5 kg/Tier und Tag; Frischmistmenge: 2,2 kg/Tier und Tag; Mastperiode: 150 Tage

Arbeitsgänge	Schrotmühle, Handmischen, Handfüttern, Entmisten mit Schubkarre – Tiere je Arbeitsgang			Fertigfutter, Trogfütterung aus Vorratstonnen, Seilzugentmistung – Tiere je Arbeitsgang			
	50	100	300	50	100	300	500
	AKmin/10 Tiere und Tag			AKmin/10 Tiere und Tag			
Futter aufbereiten							
Schroten, Handbefüllung	0,23	0,21	0,20	–	–	–	–
Schroten, automatische Weiterbeförderung	–	–	–	–	–	–	–
Mischen von Hand, 1× wöchentlich	1,06	1,06	1,06	–	–	–	–
Mischen mit Vertikalmischer, 1× wöchentlich	–	–	–	–	–	–	–
Füttern							
Tragen von Kübeln	2,80	2,80	–	–	–	–	–
Fahren von Kübeln	–	–	2,30	–	–	–	–
Transportieren von Futtervorratstonnen, 1× wöchentlich	–	–	–	0,44	0,47	0,49	0,56
Verteilen mit Eimer aus Futtervorratstonnen	–	–	–	0,64	0,54	0,48	0,46
Behälterwagen							
Verteilen mit Schaufel	–	–	–	–	–	–	–
Verteilen mit Eimer	–	–	–	–	–	–	–
Tränken							
mittels Schlauch und Futter anfeuchten	2,23	2,00	1,86	–	–	–	–
mittels Selbsttränke und Futter anfeuchten	–	–	–	–	–	–	–
mittels Selbsttränke	–	–	–	0,07	0,07	0,07	0,07
Einstreuen							
Langstroh							
erdlastige Lagerung, Transport auf Vorrat	–	–	–	–	–	–	–
deckenlastige Lagerung	–	–	–	–	–	–	–
Häckselstroh							
erdlastige Lagerung	2,30	2,60	3,00	–	–	–	–
deckenlastige Lagerung	–	–	–	1,41	1,35	1,38	1,32
Entmisten							
Schubkarre	4,15	3,79	3,57	–	–	–	–
Mistschieber-Seilzug	–	–	–	1,14	0,95	0,99	1,01
Schubstangenanlage	–	–	–	–	–	–	–
Stall reinigen							
Stallgänge fegen, 1× täglich	0,47	0,40	0,33	0,47	0,40	0,33	0,32
Futterraum fegen, 1× täglich	0,38	0,36	0,34	0,38	0,36	0,34	0,32
Stallgänge spritzen, 1× wöchentl.	0,20	0,16	0,12	0,20	0,16	0,12	0,11
AKmin/10 Tiere und Tag	**13,82**	**13,38**	**12,78**	**4,75**	**4,30**	**4,20**	**4,17**
AKh/Tier und Mastperiode	**3,46**	**3,35**	**3,20**	**1,19**	**1,08**	**1,05**	**1,04**

Fertigfutter, Automatenfütterung aus Vorratstonnen, Seilzugentmistung – Tiere je Arbeitsgang				Mahl- und Mischanlage, Trogfütterung aus Wagen, Schubstangenentmistung – Tiere je Arbeitsgang					Fertigfutter, Automatenfütterung aus Wagen, Schubstangenentmistung – Tiere je Arbeitsgang				
50	100	300	500	50	100	300	500	1000	50	100	300	500	1000
AKmin/10 Tiere und Tag				AKmin/10 Tiere und Tag					AKmin/10 Tiere und Tag				
–	–	–	–	–	–	–	–	–	–	–	–	–	–
–	–	–	–	0,09	0,06	0,03	0,02	0,02	–	–	–	–	–
–	–	–	–	–	–	–	–	–	–	–	–	–	–
–	–	–	–	0,41	0,41	0,36	0,36	0,36	–	–	–	–	–
–	–	–	–	–	–	–	–	–	–	–	–	–	–
–	–	–	–	–	–	–	–	–	–	–	–	–	–
0,43	0,45	0,46	0,51	–	–	–	–	–	–	–	–	–	–
0,62	0,57	0,54	0,53	–	–	–	–	–	–	–	–	–	–
–	–	–	–	2,02	1,81	1,71	1,74	–	1,69	1,67	1,60	1,62	–
–	–	–	–	–	–	–	–	1,70	–	–	–	–	1,59
–	–	–	–	–	–	–	–	–	–	–	–	–	–
–	–	–	–	1,59	1,49	1,44	–	–	–	–	–	–	–
0,07	0,07	0,07	0,07	–	–	–	0,07	0,07	0,07	0,07	0,07	0,07	0,07
1,36	1,09	0,94	0,91	–	–	–	–	–	–	–	–	–	–
–	–	–	–	1,37	1,13	0,93	0,90	0,87	–	–	–	–	–
–	–	–	–	–	–	–	–	–	–	–	–	–	–
–	–	–	–	–	–	–	–	–	1,41	1,35	1,38	1,32	1,30
–	–	–	–	–	–	–	–	–	–	–	–	–	–
0,95	0,89	0,92	0,93	–	–	–	–	–	–	–	–	–	–
–	–	–	–	0,80	0,72	0,68	0,66	0,65	0,78	0,70	0,66	0,64	0,63
0,47	0,40	0,33	0,32	0,47	0,40	0,33	0,32	0,31	0,47	0,40	0,33	0,32	0,31
0,38	0,36	0,34	0,32	0,38	0,36	0,34	0,32	0,25	0,38	0,36	0,34	0,32	0,25
0,20	0,16	0,12	0,11	0,20	0,16	0,12	0,11	0,10	0,20	0,16	0,12	0,11	0,10
4,48	**3,99**	**3,72**	**3,70**	**7,33**	**6,54**	**5,94**	**4,50**	**4,33**	**5,00**	**4,71**	**4,50**	**4,40**	**4,25**
1,12	**1,00**	**0,93**	**0,93**	**1,83**	**1,64**	**1,49**	**1,13**	**1,08**	**1,25**	**1,18**	**1,13**	**1,10**	**1,06**

Arbeitsgänge	**Schrotmühle, Handmischen, Automatenfütterung, Tieflaufstall (25 Tiere/Bucht)** Tiere je Arbeitsgang				**Mahl- und Mischanlage, Ganzspaltenboden** Tiere je Arbeitsgang				
	50	100	300	500	50	100	300	500	1000
	AKmin/10 Tiere und Tag				AKmin/10 Tiere und Tag				
Futter aufbereiten									
Schroten, Handbefüllung	0,26	0,24	0,22	0,22	–	–	–	–	–
Schroten, automatische Weiterbeförderung	–	–	–	–	0,11	0,07	0,04	0,02	0,02
Mischen von Hand 1× wöchentlich	1,27	1,20	1,16	1,15	–	–	–	–	–
Mischen mit Vertikalmischer, 1× wöchentlich	–	–	–	–	0,42	0,42	0,40	0,39	0,39
Füttern									
ad libitum bis 50 kg Lebendg., danach rationiert aus Behälterwagen mit Eimer	1,27	1,18	1,14	1,14	–	–	–	–	1,63
wie vor, jedoch einwiegen in Eimer	–	–	–	–	–	–	1,66	1,69	–
wie vor, jedoch verteilen mit Schaufel	–	–	–	–	1,73	1,65	–	–	–
Automatenbefüllung mit Förderanlage	–	–	–	–	–	–	–	–	–
Zapfen aus Hahn in Trog	–	–	–	–	–	–	–	–	–
handbedienter Dosierwagen 2× täglich	–	–	–	–	–	–	–	–	–
Drehstrom-betriebener Dosierwagen, 2× täglich	–	–	–	–	–	–	–	–	–
Tränken									
Selbsttränken	0,05	0,05	0,05	0,05	0,07	0,07	0,07	0,07	0,07
Einstreuen									
Langstroh beschaffen, erdlastige Lagerung	0,25	0,22	0,22	0,22	–	–	–	–	–
Langstroh einstreuen, 2 kg/Tag	1,60	1,32	1,32	1,31	–	–	–	–	–
Entmisten									
Frontlader, Tiefeinstreu	0,12	0,09	0,07	0,07	–	–	–	–	–
Teilspaltenboden, alle 2 Tage reinigen	–	–	–	–	–	–	–	–	–
Ganzspaltenboden	–	–	–	–	–	–	–	–	–
AKmin/10 Tiere u. Tag	**4,82**	**4,30**	**4,18**	**4,16**	**2,33**	**2,21**	**2,17**	**2,16**	**2,11**
AKh/Tier u. Mastperiode	**1,21**	**1,08**	**1,05**	**1,04**	**0,58**	**0,55**	**0,54**	**0,54**	**0,53**

Fertigfutter, Futterdosierwagen, Teilspaltenboden					**Fertigfutter, Futterverteilanlage, Teilspaltenboden**				**Flüssigfütterung Teilspaltenboden**		
Tiere je Arbeitsgang					Tiere je Arbeitsgang				Tiere je Arbeitsgang		
50	100	300	500	1000	100	300	500	1000	300	500	1000
AKmin/10 Tiere und Tag					AKmin/10 Tiere und Tag				AKmin/10 Tiere u. T.		
–	–	–	–	–	–	–	–	–	–	–	–
–	–	–	–	–	–	–	–	–	–	–	–
–	–	–	–	–	–	–	–	–	–	–	–
–	–	–	–	–	–	–	–	–	–	–	–
–	–	–	–	–	–	–	–	–	–	–	–
–	–	–	–	–	–	–	–	–	–	–	–
–	–	–	–	–	–	–	–	–	–	–	–
–	–	–	–	–	0,40	0,28	0,26	0,24	–	–	–
–	–	–	–	–	–	–	–	–	0,19	0,15	0,13
2,22	1,72	1,47	–	–	–	–	–	–	–	–	–
–	–	–	1,03	1,06	–	–	–	–	–	–	–
0,07	0,07	0,07	0,07	0,07	0,07	0,07	0,07	0,07	0,07	0,07	0,07
–	–	–	–	–	–	–	–	–	–	–	–
–	–	–	–	–	–	–	–	–	–	–	–
–	–	–	–	–	–	–	–	–	–	–	–
0,84	0,81	0,79	0,78	0,75	0,81	0,79	0,78	0,75	0,79	0,78	0,75
–	–	–	–	–	–	–	–	–	–	–	–
3,13	**2,60**	**2,33**	**1,88**	**1,88**	**1,28**	**1,14**	**1,11**	**1,06**	**1,05**	**1,00**	**0,95**
0,78	**0,65**	**0,58**	**0,47**	**0,47**	**0,32**	**0,29**	**0,28**	**0,27**	**0,26**	**0,25**	**0,24**

Arbeitsgänge	Mastschweine 50	100	300	500	1000
	AKmin/Tier und Mastperiode				
Kontrollwiegen alle 4 Wochen					
Ein- und ausstallen	1,95	1,80	1,50	1,35	1,20
Wiegen und umbuchten	5,10	5,10	4,95	4,95	4,95
Tierarzthilfe, Behandlung	1,05	0,90	0,90	0,60	0,60
Stallhygiene	1,05	0,60	0,45	0,30	0,15
Stall gründlich reinigen und desinfizieren	1,65	1,80	1,80	1,80	1,95
AKmin/Tier und Mastperiode	**10,80**	**10,20**	**9,60**	**9,00**	**8,85**
AKh/Tier und Mastperiode	**0,18**	**0,17**	**0,16**	**0,15**	**0,15**
Wiegen nur beim Ausstallen					
Einstallen	1,05	0,90	0,75	0,60	0,60
1× umbuchten	0,38	0,30	0,23	0,23	0,23
Tierarzthilfe, Behandlung	1,05	0,90	0,90	0,60	0,60
Stallhygiene	1,05	0,60	0,45	0,30	0,15
Wiegen und verladen	2,40	2,40	2,40	2,40	2,40
Stall gründlich reinigen und desinfizieren	1,65	1,80	1,80	1,80	1,95
AKmin/Tier und Mastperiode	**7,58**	**6,90**	**6,53**	**5,93**	**5,93**
AKh/Tier und Mastperiode	**0,13**	**0,12**	**0,11**	**0,10**	**0,10**

B. Zuchtsauen

Die Vielzahl von Arbeitsgängen bei den einzelnen Verfahren der Sauenhaltung ermöglicht neben den durch **halbfetten Druck** hervorgehobenen Beispielen weitere Verfahrenskombinationen. Es kann innerhalb der Haltungsverfahren für leere bzw. tragende Sauen und innerhalb der Haltungsverfahren für säugende Sauen kombiniert werden. Dabei dürfen nur Werte einer Bestandsgröße miteinander verknüpft werden; logische Zusammenhänge müssen beachtet werden (z.B. ist „Häckselstroh beschaffen" nicht mit „Langstroh einstreuen" zu kombinieren).

Falls nicht anders vermerkt, gelten folgende **Annahmen:**

Futter vorbereiten (Schroten und Mischen)	1× wöchentlich
Sauen füttern	2× täglich
Ferkel füttern (Automat)	1× täglich
Entmisten	1× täglich
Einstreuen	1× täglich
Selbsttränke reinigen	alle 2 Tage

Einreihige Aufstallung bei 5 und 10 Sauen je Arbeitsgang, bei größeren Beständen zweireihige Aufstallung.

Die Summe der Bedarfswerte je Arbeitsgang ergibt den **Gesamtarbeitszeitbedarf** in AKmin/Sau und Tag für tägliche Arbeiten.

1. Leere bzw. tragende Sauen

Gruppenbuchten (5 Sauen/Bucht); 2,5 kg Alleinfutter je Tier und Tag; einstreulos

Arbeitsgänge	Sauen je Arbeitsgang 10	20	50	100
	AKmin/Tier und Tag			
Füttern				
Handschaufeln aus Behälterwagen, Volumendosierung, Wagen befüllen aus Säcken	**0,65**	**0,37**	0,22	0,17
wie oben, Wagen befüllen aus Silo	0,44	0,28	**0,20**	**0,17**
Tränken				
Funktionsprüfung und Reinigung von Hand alle 2 Tage	**0,02**	**0,02**	**0,02**	**0,02**
Entmisten				
Teilspaltenboden alle 2 Tage nachreinigen	**0,09**	**0,09**	**0,08**	**0,08**
Insgesamt[1])	**0,76**	**0,48**	**0,30**	**0,27**

[1]) Summe der **halbfett** gedruckten Arbeitszeitbedarfswerte.

Gruppenbuchten (5 Sauen/Bucht); Grundfutter und 1,0–2,0 kg Mischfutter je Tier und Tag; Festmist

Arbeitsgänge	Sauen je Arbeitsgang 10	20	50	100
	AKmin/Tier und Tag			
Getreide schroten				
Hammermühle mit Schaufel befüllen	**0,04**	0,03	0,02	0,02
Hammermühle automatisch befüllen	0,02	**0,01**	0,01	0,01
Getreide mischen (Ergänzungsfutter mit Sackkarre heranfahren)				
Handmischen	**0,15**	0,11	0,08	0,08
Maschinenmischen	0,08	**0,05**	0,03	0,02
Trockenfutter füttern				
Fertigfutter aus Säcken, Handschaufeln aus Behälterwagen, Trogfütterung – Einzelfreßplätze, Volumendosierung	**0,63**	**0,34**	0,17	0,13
Behälterwagen füllen aus Silo, Volumendosierung	0,41	0,25	**0,16**	**0,13**
Grünfutter vorlegen				
15 kg/Tier und Tag, Muldenkarre (ohne Grünfutter beschaffen)	**0,88**	**0,82**	**0,80**	**0,80**
Maissilage füttern				
12 kg/Tier und Tag, Muldenkarre Entnahme aus Hochsilo	1,54	1,04	1,04	1,04
Rüben schnitzeln und füttern				
12 kg/Tier und Tag, Muldenkarre	0,86	0,78	0,64	0,64
Tränken				
Funktionsprüfung und Reinigung von Hand alle zwei Tage	**0,02**	**0,02**	**0,02**	**0,02**
Stroh herbeischaffen				
Langstroh deckenlastig, durch Schächte auf Mistgang abwerfen	**0,10**	0,07	0,05	0,04
Häckselstroh deckenlastig, durch Schächte auf Mistgang abwerfen	0,15	0,10	**0,08**	0,08
Häckselstroh deckenlastig, in Vorratsschächte abwerfen, 1× wöchentl.	0,03	0,03	0,02	**0,02**
Einstreuen				
Langstroh aus Haufen im Mistgang	**0,34**	0,32	0,27	0,27
Häckselstroh aus Haufen i. Mistgang	0,19	0,16	**0,14**	0,13
Häckselstroh aus 20 m entfernter Strohscheune holen und einstreuen	0,32	**0,26**	0,25	0,25
Häckselstroh aus Vorratsschacht	0,18	0,16	0,13	**0,13**
Entmisten				
Schubkarre	**0,59**	0,48	0,41	0,31
Seilzug-Dungschieber	0,42	**0,29**	**0,20**	0,19
Faltschieber oder Schubstange	0,13	0,13	0,11	**0,10**
Sommerfütterung, 180 Tage	**2,75**	**1,79**	**1,40**	**1,20**
Winterfütterung, 185 Tage				
bei Maissilage	3,41	2,01	1,64	1,44
Rübenschnitzel	2,73	1,75	1,24	1,04
Jahresmittel bei Maissilage	**3,08**	**1,90**	**1,52**	**1,32**
Rübenschnitzel	**2,74**	**1,77**	**1,32**	**1,12**

Einzelhaltung mit Einstreu, 0,5 kg/Tier und Tag; Alleinfutter 2,5 kg/Tier und Tag

Arbeitsgänge	Sauen je Arbeitsgang 10	 20	 50	 100
	AKmin/Tier und Tag			
Getreide schroten				
Hammermühle mit Schaufel befüllen	**0,04**	0,03	0,02	0,02
Hammermühle automatisch befüllen	0,02	**0,01**	0,01	0,01
Getreide mischen (Ergänzungsfutter mit Sackkarre heranfahren)				
Handmischen, Hammermühle fördert zum Mischplatz	**0,17**	0,12	0,10	0,10
Maschinenmischen, Hammermühle fördert in Mischer	0,08	**0,05**	0,03	0,02
Füttern				
Handschaufeln aus Behälterwagen, Volumendosierung, Wagen befüllen aus 50-kg-Fertigfuttersäcken	**0,65**	**0,37**	0,22	0,17
Handschaufeln aus Behälterwagen, Volumendosierung, Wagen befüllen aus Silo	0,44	0,28	**0,20**	**0,17**
Tränken				
Funktionsprüfung und Reinigung von Hand, 1 Doppeltränke je 2 Sauen	**0,07**	**0,06**	**0,06**	**0,06**
Stroh beischaffen				
Langstroh deckenlastig, durch Schächte auf Mistgang abwerfen	**0,10**	0,07	0,05	0,04
Häckselstroh deckenlastig, durch Schächte auf Mistgang abwerfen	0,15	0,10	**0,08**	0,08
Häckselstroh deckenlastig, in Vorratsschächte abwerfen, 1× wöchentl.	0,03	0,03	0,02	**0,02**
Einstreuen				
Langstroh aus Haufen im Mistgang in Anbindestand	0,31	0,29	0,24	0,24
Kastenstand	**0,47**	0,45	0,40	0,40
Häckselstroh aus Haufen im Mistgang in Anbindestand	0,22	0,19	**0,17**	0,16
Kastenstand	0,38	0,35	0,33	0,32
Häckselstroh aus 20 m entferntem Strohlager in Anbindestand	0,36	0,29	0,29	0,29
Kastenstand	0,52	**0,45**	0,45	0,45
Häckselstroh aus Vorratsschacht in Anbindestand	0,22	0,20	0,17	**0,17**
Kastenstand	0,38	0,36	0,33	0,33
Entmisten				
Anbindestand				
Schubkarre	0,38	0,31	0,27	0,25
Seilzug-Dungschieber	0,27	0,20	0,15	0,14
Faltschieber oder Schubstange	0,14	0,12	0,09	**0,08**
Kastenstand				
Schubkarre	**0,59**	0,54	0,50	0,49
Seilzug-Dungschieber	0,53	**0,46**	0,40	0,39
Faltschieber oder Schubstange	0,39	0,36	**0,34**	0,33
Insgesamt	**2,09**	**1,40**	**0,85**	**0,50**

Einzelhaltung ohne Einstreu; Alleinfutter 2,5 kg/Tier und Tag

Arbeitsgänge	Sauen je Arbeitsgang 10	 20	 50	 100
	AKmin/Tier und Tag			
Getreide schroten				
Hammermühle mit Schaufel befüllen	**0,04**	0,03	0,02	0,02
Hammermühle automatisch befüllen	0,02	**0,01**	0,01	0,01
Getreide mischen (Ergänzungsfutter mit Sackkarre heranfahren)				
Handmischen, Hammermühle fördert zum Mischplatz	**0,17**	0,12	0,10	0,10
Maschinenmischen, Hammermühle fördert in Mischer	0,08	**0,05**	0,03	0,02
Füttern				
Handschaufeln aus Behälterwagen, Volumendosierung, Wagen befüllen aus 50-kg-Fertigfuttersäcken	**0,65**	0,37	0,22	0,17
Handschaufeln aus Behälterwagen, Volumendosierung, Wagen befüllen aus Silo	0,44	**0,28**	0,20	0,17
Tränken				
Funktionsprüfung und Reinigung von Hand, 1 Doppeltränke je 2 Sauen	**0,01**	**0,01**	**0,01**	**0,01**
Entmisten (Spaltenboden im hinteren Liegebereich)				
nicht durchgetretenen Kot in Schacht schaufeln alle 2 Tage				
Anbindestall	0,22	0,22	**0,21**	**0,21**
Kastenstand	**0,28**	**0,27**	0,26	0,25
Insgesamt	**1,15**	**0,62**	**0,44**	**0,38**

2. Säugende Sauen

Einraumbuchten mit Einstreu

Arbeitsgänge	Sauen je Arbeitsgang 5	 10	 15	 20	 25
	AKmin/Tier und Tag				
Ferkel füttern					
Rationierte Fütterung, 1× täglich					
Handschaufeln aus Behälterwagen in Futterautomaten, Wagen füllen aus Säcken	**0,78**	**0,62**	0,54	0,51	0,50
Handschaufeln aus Eimer in Futterautomaten (1 Vorratstonne/Buchtenreihe)	0,48	0,40	**0,39**	**0,38**	**0,38**
Vorratstonnen füllen, 50-kg-Säcke mit Sackkarre	0,07	0,04	**0,04**	**0,03**	**0,03**

Arbeitsgänge	Sauen je Arbeitsgang 5	10	20	50	100
	AKmin/Tier und Tag				
Sauen füttern					
Rationierte Fütterung, 2× täglich, 5 kg/Tier und Tag, Handschaufeln aus Behälterwagen, Wagen füllen aus Säcken	**0,45**	**0,27**	**0,20**	**0,18**	**0,18**
Tränken					
Funktionsprüfung und Reinigung von Hand alle 2 Tage	**0,12**	**0,12**	**0,12**	**0,12**	**0,12**
Stroh beischaffen					
Langstroh in Hofscheune, abwerfen auf Haufen, 1× wöchentlich	**0,92**	0,46	0,31	0,31	0,25
Langstroh deckenlastig, durch Schächte auf Mistgang abwerfen, 1× täglich	0,19	**0,10**	0,08	0,07	0,07
Häckselstroh deckenlastig, durch Schächte auf Mistgang abwerfen, 1× täglich	0,29	0,18	0,17	**0,14**	0,10
Häckselstroh deckenlastig, in Vorratsschächte abwerfen, 1× wöchentlich	0,05	0,04	0,03	0,03	**0,03**
Einstreuen					
Langstroh von Hofscheune mit Plattformwagen holen und einstreuen, 1× täglich	**1,27**	0,89	0,78	0,75	0,71
Häckselstroh von Hofscheune holen und einstreuen, 1× täglich	0,74	0,51	**0,51**	0,46	0,46
Langstroh vom Mistgang aus einstreuen, 1× täglich	0,95	**0,84**	0,82	0,81	0,77
Häckselstroh vom Mistgang aus einstreuen, 1× täglich	0,51	0,46	0,44	**0,43**	0,42
Häckselstroh aus Vorratsschacht entnehmen und einstreuen	0,52	0,45	0,44	0,43	**0,42**
Entmisten					
Außenfreßplätze entmisten mit Schubkarre, 1× täglich	**0,77**	0,62	0,58	0,55	0,53
Einraumbuchten entmisten, 1× täglich mit Schubkarre					
bei Außenfütterung	**1,95**	1,88	1,86	1,80	1,80
bei Innenfütterung	2,53	**2,47**	2,40	2,40	2,40
mit Seilzug-Dungschieber,					
Innenfütterung	1,60	1,41	**1,41**	1,37	1,29
mit Protektabügel	1,30	1,09	1,07	1,02	1,02
mit Faltschieber oder Schubstange,					
Innenfütterung	1,20	1,12	1,10	**1,08**	1,07
mit Protektabügel	0,84	0,77	0,76	0,74	**0,73**
Insgesamt	**6,26**	**4,42**	**2,67**	**2,36**	**1,89**

3. Absatzferkel

Nach 7 Wochen Säugezeit von 14 bis 20 kg LG; eingestreut

Arbeitsgänge	Ferkel je Arbeitsgang 50	80	100	150
	AKmin/10 Ferkel und Tag			
Füttern				
Pelletiertes Futter mit Schaufel aus Behälterwagen in Automaten füllen, Wagen aus Säcken füllen	0,77	0,77	**0,68**	**0,66**
Futter mit Eimer in Automaten verteilen	**1,00**	**1,00**	0,96	0,95
Tränken				
Nippeltränken, Funktionsprüfung	**0,01**	**0,01**	**0,01**	**0,01**
Stroh beischaffen				
Langstroh aus Scheune abwerfen auf Vorrat, 1× wöchentlich	**0,06**	0,05	0,04	0,03
Langstroh deckenlastig, auf Mistgang abwerfen, täglich	0,30	**0,19**	0,17	0,12
Häckselstroh deckenlastig, in Vorratsschächte abwerfen, 1× wöchentlich	0,06	0,05	0,05	0,05
Häckselstroh deckenlastig, auf Mistgang abwerfen, täglich	0,26	0,19	0,19	0,16
Einstreuen				
Langstroh, Transport vom Lager	**0,71**	0,57	0,53	0,45
Langstroh, vom Mistgang aus	0,44	**0,40**	0,35	0,34
Häckselstroh, Transport vom Lager	0,88	0,76	0,71	0,71
Häckselstroh, vom Mistgang aus	0,56	0,51	0,50	0,49
Häckselstroh, aus Vorratsschacht	0,59	0,53	0,53	0,51
Entmisten				
Festmist, Schubkarre	**1,79**	**1,66**	1,65	1,62
Teilspaltenboden, alle 2 Tage reinigen	0,83	0,80	**0,78**	0,76
Zusätzliche Kontrolle	0,08	0,08	0,08	**0,08**
Insgesamt	**3,57**	**3,26**	**1,47**	**0,75**

Nach 5 Wochen Säugezeit von 10 bis 20 kg LG; einstreulos

Arbeitsgänge	Ferkel je Arbeitsgang 100	150	200	250
	AKmin/10 Ferkel und Tag			
Füttern				
Pelletiertes Futter mit Schaufel aus Behälterwagen in Automaten füllen, Wagen aus Säcken füllen	0,68	0,60	**0,59**	**0,57**
Futter mit Eimer in Automaten verteilen	**0,90**	**0,89**	0,88	0,87
Tränken				
Nippeltränken, Funktionsprüfung	**0,01**	**0,01**	**0,01**	**0,01**
Kontrolle	**0,08**	**0,08**	**0,08**	**0,08**
Insgesamt	**0,99**	**0,98**	**0,68**	**0,66**

Nach 3 Wochen Säugezeit von 5 bis 20 kg LG; einstreulos

Arbeitsgänge	Ferkel je Arbeitsgang 150	200	250	300	350
	AKmin/10 Ferkel und Tag				
Füttern					
Pelletiertes Futter mit Schaufel aus Behälterwagen in Automaten füllen, Wagen aus Säcken füllen	0,65	0,60	0,55	**0,54**	**0,54**
Futter mit Eimer in Automaten verteilen	**0,88**	**0,86**	0,85	0,84	0,84
Tränken					
Nippeltränken, Funktionsprüfung	**0,01**	**0,01**	**0,01**	**0,01**	**0,01**
Kontrolle	**0,08**	**0,08**	**0,08**	**0,08**	**0,08**
Insgesamt	**0,97**	**0,95**	**0,64**	**0,63**	**0,63**

4. Sonderarbeiten

Arbeitsgänge	Säugezeit in Wochen		
	3	5	7
	Würfe je Sau und Jahr		
	2,3	2,1	1,9
	AKh/Sau und Jahr		
Sauen decken lassen			
im Deckstand	0,96	0,88	0,80
künstliche Besamung	0,92	0,84	0,76
konventionell	0,77	0,70	0,64
im Deckzentrum	**0,46**	**0,42**	**0,38**
Beobachtung der Rausche und des Gesundheitszustandes der tragenden und säugenden Sauen und der Ferkel	**2,30**	**2,10**	**1,90**
Eintreiben der Sauen in Abferkelbuchten einschließlich Waschen u. Desinfizieren	**0,61**	**0,55**	**0,50**
Geburtshilfe	**1,22**	**1,11**	**1,00**
Ferkel behandeln nach der Geburt (z. B. Nabel desinfizieren, Hakenzähne abkneifen, Eiseninjektion)	**1,22**	**1,11**	**1,00**
Sauen absetzen	**0,24**	**0,22**	**0,20**
Ferkel wiegen und tätowieren	**0,85**	**0,77**	**0,70**
Ferkel kastrieren			
konventionell	0,73	0,66	0,60
frühkastrieren	**0,48**	**0,44**	**0,40**
Stallreinigung und -desinfektion	**2,44**	**2,22**	**2,00**
Tierarzthilfe	**1,50**	**1,50**	**1,50**
Reparaturen	**1,00**	**1,00**	**1,00**
Betriebsleitung	**1,00**	**1,00**	**1,00**
Insgesamt	**13,3**	**12,4**	**11,6**

Tierhaltung

bearbeitet von **Dr. Egbert Feddersen**
ADT (Arbeitsgemeinschaft Deutscher Tierzüchter) Bonn

I. Allgemeines

Produktionswert der Tierproduktion in den jeweiligen Preisen

(ohne Mehrwertsteuer)

Erzeugnis	1970/71 Mio. DM	%	1978/79 Mio. DM	%	1985/86 Mio. DM	%
Rinder	5198	15,4	8531	16,3	9313	23,2
Kälber	643	1,9	800	1,5	750	1,9
Schweine	7511	22,2	10105	19,3	10975	27,3
Geflügel	545	1,6	829	1,6	1093	2,7
Kaninchen	93	0,3	158	0,3	136	0,3
Pferde	37	0,1	34	0,1	64	0,2
Schafe	50	0,1	107	0,2	193	0,5
Milch	7429	22,0	12820	24,5	15692	39,0
Eier	2134	6,3	2037	3,9	1862	4,6
Wolle	5	0,0	13	0,0	12	0,0
Honig	78	0,2	91	0,2	128	0,3
Tierische Erzeugnisse	23723	70,2	35525	67,9	40219	67,9

(BML/ADR)

Produktionswerte (PW) der Rinderproduktion (10-Jahres-Vergleich)

Erzeugnis	1975/76 Mio. DM	%	1985/86 Mio. DM	%
Rinder	8265	39,0	9313	36,2
Kälber	738	3,5	750	2,9
Kuhmilch	12167	57,5	15692	60,9
Summe	21170	100,0	25755	100,0
Anteil % am PW der tierischen Erzeugung		57,4		64,0

(BML/ADR)

Tiere, Tierhalter und Zahl der durchschnittlich gehaltenen Tiere
(Dezember-Zählung, in 1000 Stück)

	Pferde	Rinder	Schweine	Schafe	Hühner
Tiere (1000)					
1950*)	1570	11149	11890	1643	48064
1975	341	14493	19805	1087	88705
1986***)	377	15305	25503	1383	72124
Tierhalter (1000)					
1950*)	643	1536	2934	283	3920**)
1975	116	654	684	60	633
1986***)	93	431	393	62	317
Tiere je Halter					
1950*)	2,4	7,3	5,0	5,8	8,2
1975	2,1	22,2	30,3	18,1	133,8
1986	4,0	35,5	62,4	22,3	227,2

(BML/ADR)

*) ohne Saarland
**) 1949 landw. Betriebszählung und allgemeine Viehzählung
***) vorläufig

Gewichtsverluste des Schlachtviehs beim Transport

in % des Stallabgangsgewichtes

Tiergattung	Entfernungen in km bis 100 %	100–200 %	200–300 %	300–400 %
Rinder	1–3	3–5	4–6	6–8
Schweine 100–140 kg Lebendgewicht	1,5–2,5	2,5–3,5	3,5–5	5 u. m.

(Bundesanstalt f. Fleischforschung)

Anzeigenpflichtige Seuchen (§ 10 Abs. 1 und 2 TierSG)

1. Milzbrand und Rauschbrand
2. Tollwut
3. Rotz
4. Maul- und Klauenseuche
5. Lungenseuche der Rinder
6. Pockenseuche der Schafe
7. Beschälseuche der Pferde
8. Räude der Einhufer und der Schafe
9. Schweinepest und ansteckende Schweinelähmung (Teschener Krankheit)
10. Rinderpest

11. Geflügelcholera, Geflügelpest und Newcastle-Krankheit
12. Tuberkulose des Rindes
13. Afrikanische Pferdepest
14. Afrikanische Schweinepest
15. Brucellose der Rinder, Schweine, Schafe und Ziegen
16. Ansteckende Blutarmut der Einhufer
17. Psittakose
18. Faulbrut und Milbenseuche der Bienen
19. Aujeszky Krankheit
20. Vesikuläre Schweinekrankheit
21. Leukose der Rinder
22. Salmonellose der Rinder
23. Deckinfektion der Rinder
24. Varroatose der Bienen

(BML)

Gesetzliche Gewährsmängel und Gewährsfristen

A. Bei Nutz- und Zuchttieren

Pferd, Esel, Maulesel, Maultier:
14 Tage bei Rotz, Dummkoller, Koppen, periodischer Augenentzündung, Kehlkopfpfeifen, Dämpfigkeit.

Rinder: 14 Tage bei Tuberkulose (sofern infolge dieser Erkrankung eine Beeinträchtigung des Ernährungszustandes hervorgerufen ist); 28 Tage bei Lungenseuche.

Schweine: 3 Tage bei Rotlauf; 10 Tage bei Schweineseuche und Schweinepest.

Schafe: 14 Tage bei Räude.

B. Bei Schlachtvieh

Pferd, Esel, Maultier, Maulesel:
14 Tage bei Rotz.

Rinder: 14 Tage bei Tuberkulose, wenn mehr als die Hälfte des Schlachtgewichtes nicht oder nur unter Beschränkung als Nahrungsmittel für Menschen geeignet ist.

Schweine: 14 Tage bei Tuberkulose (wie oben), Finnen, Trichinen.

Schafe: 14 Tage bei allgemeiner Wassersucht.

Der Mangel muß innerhalb der Gewährsfrist (tierärztlich) festgestellt sein. Hauptmangel Tuberkulose bei Nutz- und Zuchttieren kann nicht nur durch die Schlachtung erwiesen werden. Die Mängelrüge ist innerhalb der Gewährsfrist, zweckmäßig durch Einschreibebrief, beim Verkäufer geltend zu machen. An die normale Gewährsfrist schließt sich eine Anzeigefrist von 2 Tagen an. Sie verlängert sich um einen Tag, wenn der letzte Tag der Anzeigefrist ein Sonntag oder gesetzlicher Feiertag ist.

(BML)

Zeitpunkt der ersten Zulassung

Tierart	Alter in Monaten männlich	Alter in Monaten weiblich
Pferd	36	36
Rind	12–15	15–20
Schwein	8	7
Fleischschaf	8–15	8–15
Landschaf	12–18	12–24
Ziege	9	9
Hund	9–22	9–30
Kaninchen	8	8

Dauer der Fruchtbarkeit und Anzahl weiblicher Tiere je Vatertier*)

Tierart	Lebensalter in Jahren männlich	Lebensalter in Jahren weiblich	weibliche Tiere je Vatertier
Pferd, Warmblut	2–25	2–20	50– 80
Pferd, Kaltblut	2–12	4–15	40– 60
Rind	1–12	1–15	60– 80
Schwein	1–10	1– 6	30– 40
Schaf	¾– 6	¾– 8	40– 50
Ziege	¾– 6	¾– 6	50–100
Hund	¾– 8	¾– 8	–
Kaninchen	½– 4	¾– 4	10– 15

*) Künstliche Besamung ist unberücksichtigt

Zeitpunkt und Dauer der Brunst und Trächtigkeit

Tierart	Beginn der Brunst .... Tage nach der Geburt	Dauer der Brunst .... Tage	Wiederkehr bei Nichtträchtigkeit nach .... Tagen	Trächtigkeitsdauer (Mittelwerte)
Pferd	7–11	2–10	21 (10–35)	11 Monate
Rind	21–49	½– 1½	21 (14–24)	9 Monate u. 9 Tage
Schwein . . .	5– 8 nach dem Absetzen der Ferkel	1– 5	21 (15–30)	3 Monate, 3 Wochen u. 3 Tage
Schaf	42–56	1– 3	17 (16–21)	5 Monate weniger 5 Tage
Ziege	14– 21	1– 3	20 (17–21)	5 Monate
Hund	120–150	9–14	Spätsommer, Spätwinter	63 Tage
Kaninchen . .	14	3	14	30 Tage

Zahlen sind Anhaltspunkte; es kommen viele Unregelmäßigkeiten vor.

Säugezeiten

	empfehlenswert
Fohlen	14–18 Wochen
Kälber/Mutterkuhhaltung	8–10 Wochen
Ferkel	4– 6 Wochen
Lämmer	4– 8 Wochen
Kaninchen	6– 8 Wochen

Normale Körpertemperaturen und Pulsschläge

	Temperatur (rektal)	Pulsschläge (Minute)
Beim Pferd	38 °C	30– 40
Beim Rind	39 °C	40– 80
Beim Kalb	39 °C	100–110
Beim Schwein	39,5 °C	60–100
Beim Schaf	39,5 °C	70– 90
Beim Geflügel	42,5 °C	140–400
Beim Hund	38–39 °C	60–120

II. Rindviehhaltung

Ernährungswirtschaftliche Bedeutung

Selbstversorgungsgrad mit Erzeugnissen der Rindviehhaltung

Produkt	1978	1982	1986
Butter	117	131	118
Käse	105	108	101
Kondensmilch	168	171	147
Magermilch	109	139	179
Rind- und Kalbfleisch	97	111	106

(ZMP/BML)

Marktwirtschaftliche Bedeutung 1985/86

	%-Anteil vom Produktionswert der Tierproduktion	Landwirtschaft
Rinderproduktion	64,0	43,5
davon Rinder	23,2	15,7
Kälber	1,9	1,3
Milch	39,0	26,5

BML/ADR

Verordnung über gesetzliche Handelsklassen für Rindfleisch Vom 25. April 1969

(BGBl. I S. 338), geändert durch die Änd.VO vomn 11. 11. 1977 (BGBl. I S. 2138), Art. 4 der VO zur Änderung vieh- und fleischrechtlicher Vorschriften vom 10. 11. 1982 (BGBl. I S. 1512) und 3. Änd.VO vom 15. 12. 1983 (BGBl. I S. 1442)

Handelsklassen und deren Merkmale

1. Fleischigkeit (Entwicklung der Profile der Schlachtkörper und insbesondere ihre wesentlichen Teile)

Fleischigkeitsklasse	Beschreibung	ergänzende Bestimmungen		
1	2		3	4
E vorzüglich	Alle Profile konvex bis superkonvex; außergewöhnliche Muskelfülle	Keule: Rücken: Schulter:	stark ausgeprägt breit und sehr gewölbt bis in Schulterhöhe stark ausgeprägt	Oberschale tritt stark über die Beckenfuge (Symphisis pelvis) hinaus. Hüfte stark ausgeprägt.
U sehr gut	Profile insgesamt konvex, sehr gute Muskelfülle	Keule: Rücken: Schulter:	ausgeprägt breit und gewölbt bis in Schulterhöhe ausgeprägt	Oberschale tritt über die Beckenfuge (Symphisis pelvis) hinaus. Hüfte ausgeprägt.
R gut	Profile insgesamt geradlinig; gute Muskelfülle	Keule: Rücken: Schulter:	gut entwickelt noch gewölbt aber weniger breit in Schulterhöhe ziemlich gut entwickelt	Oberschale und Hüfte sind leicht ausgeprägt
O mittel	Profile geradlinig bis konkav; geringe Muskelfülle	Keule: Rücken: Schulter:	mittelmäßig entwickelt mittelmäßig entwickelt mittelmäßig entwickelt bis fast flach	Hüfte geradlinig
P gering	Alle Profile konkav bis sehr konkav; geringe Muskelfülle	Keule: Rücken: Schulter:	schwach entwickelt schmal mit hervortretenden Knochen flach mit hervortretenden Knochen	

2. Fettgewebe (Dicke der Fettschicht auf der Außenseite des Schlachtkörpers und auf der Innenseite der Brusthöhle)

Fettgewebe-klasse	Beschreibung	Ergänzende Bestimmungen
1 sehr gering	keine bis sehr geringe Fettabdeckung	kein Fettansatz in der Brusthöhle
2 gering	leichte Fettabdeckung; Muskulatur fast überall sichtbar	In der Brusthöhle ist die Muskulatur zwischen den Rippen deutlich sichtbar.
3 mittel	Muskulatur mit Ausnahme von Keule und Schulter fast überall mit Fett abgedeckt; leichte Fettansätze in der Brusthöhle	In der Brusthöhle ist die Muskulatur zwischen den Rippen noch sichtbar.
4 stark	Muskulatur mit Fett abgedeckt, an Keule und Schulter jedoch noch teilweise sichtbar; einige deutliche Fettansätze in der Brusthöhle	Fettstränge der Keule hervortretend. In der Brusthöhle kann die Muskulatur zwischen den Rippen von Fett durchzogen sein.
5 sehr stark	Schlachtkörper ganz mit Fett abgedeckt; starke Fettansätze in der Brusthöhle	Die Keule ist fast vollständig mit einer dicken Fettschicht überzogen, so daß die Fettstränge nicht mehr sichtbar sind. In der Brusthöhle ist die Muskulatur zwischen den Rippen von Fett durchzogen.

Kategorien

Kategorie	Bezeichnung	Beschreibung
Kalbfleisch	KA	Fleisch von Tieren mit einem Zweihälftengewicht[1]) bis zu 150 kg mit Kalbfleischeigenschaften
Jungrindfleisch	JR	Fleisch von anderen nicht ausgewachsenen männlichen und weiblichen Tieren
Jungbullenfleisch	JB	Fleisch von ausgewachsenen[2]) jungen männlichen nicht kastrierten Tieren[3])
Bullenfleisch	B	Fleisch von anderen ausgewachsenen männlichen nicht kastrierten Tieren
Ochsenfleisch	O	Fleisch von ausgewachsenen männlichen kastrierten Tieren
Kuhfleisch	K	Fleisch von ausgewachsenen weiblichen Tieren, die bereits gekalbt haben
Färsenfleisch	F	Fleisch von anderen ausgewachsenen weiblichen Tieren

[1]) Zweihälftengewicht ist das Gewicht des längsgeteilten oder ungeteilten ausgeweideten Schlachttierkörpers ausschließlich der Haut, des zwischen Hinterhauptbein und erstem Halswirbel abgetrennten Kopfes, der im Karpal- und Tarsalgelenk abgetrennten Gliedmaßen sowie der Organe in der Brust- und Bauchhöhle, jedoch einschließlich der Nieren und des Nierenfettgewebes.

[2]) Ausgewachsene Rinder: Rinder mit einem Lebendgewicht von mehr als 300 kg.

[3]) Die Schlachtkörper junger männlicher nicht kastrierter Tiere unterscheiden sich von den Schlachtkörpern anderer männlicher nicht kastrierter Tiere durch den Grad der Verknöcherung der Dornfortsatzkappen. Die knorpeligen Enden der Dornfortsätze der vier vorderen Brustwirbel dürfen für die Einstufung als Schlachtkörper junger männlicher nicht kastrierter Tiere von weniger als zwei Jahren nicht mehr als Anzeichen einer Verknöcherung und die Dornfortsätze des fünften bis neunten Brustwirbels noch keine wesentliche Verknöcherung aufweisen.

Arbeitsgemeinschaft Deutscher Rinderzüchter e.V. (ADR)

Der ADR waren 1986 angeschlossen:

a) 50 Züchtervereinigungen mit 1822114 eingetragenen lebenden Herdbuchtieren. 21 % aller kuhhaltenden Betriebe gehören einer Züchtervereinigung an, 34 % aller Kühe sind Herdbuchkühe (Abteilungen A und B).

b) 9 Landesarbeitsgemeinschaften für Besamung; im Besamungsjahr 1986 wurden 5,834 Mio. Kühe und Rinder in 318237 Betrieben besamt = 74,4 % des deckfähigen Rinderbestandes (Abteilung C).

c) 11 Landeskontrollverbände für Milchleistungs- und Qualitätsprüfung (und 2 Milchprüfringe), die im Prüfungsjahr 1986 2,869 Mio. Kühe in 113094 Betrieben prüften. Damit waren 53,1 % aller Milchkühe leistungsgeprüft (Abteilung D).

Anteil der Rinderrassen in % des Herdbuchbestandes im Bundesgebiet (1976 und 1986)

Rasse	1976	1986	Rasse	1976	1986
Schwarzbunt	42,8	43,8	Fleckvieh	28,7	33,2
Rotbunt	14,8	43,6	Braunvieh	9,6	10,2
Angler	1,2	1,1	Gelbvieh	1,7	1,4
Rotvieh	0,2	0,2	Vorderwälder	0,4	0,4
Angus	0,3	0,1	Pinzgauer	0,1	0,0
Jersey	0,2	0,2	Hinterwälder	0,0	0,0
	625 412	994 209		425 053	822 429
Abteilung B:	59,4%	54,5%	Abteilung A:	40,5%	45,3%

(ADR)

Anteil der Rinderrassen am geprüften Kuhbestand – 1986

Rasse	Anteil am Kuhbestand (%) 1976	1986	Anzahl der Kühe 1976	1986
Deutsche Schwarzbunte	48,3	45,5	1091736	1304587
Deutsches Fleckvieh	27,2	30,2	615897	866041
Deutsche Rotbunte	12,1	11,7	274209	334551
Deutsches Braunvieh	9,0	8,7	203345	249868
Deutsches Gelbvieh	1,4	0,9	31745	27083
Deutsches Rotvieh (incl. Angler)	1,2	0,8	27573	23800
übrige Rassen	0,8	2,2	17476	62957
alle Rassen	100,0	100,0	2261981	2868887

(ADR)

Milchleistung in der Rindviehhaltung

Die jährliche Durchschnittsleistung betrug 1986 (1. 10. 1985 bis 30. 9. 1986)

Kategorie	Milch kg	Fett %	Fett kg	Eiw. %	Eiw. kg
bei 5,399 Mio. Kühen	4833	3,96	191	3,35	162
bei 2,869 Mio. geprüften Kühen	5575	4,04	225	3,37	188
bei 1,341 Mio. Herdbuchkühen	5853	4,09	239	3,39	199

(ZMP/ADR)

Umfang der Milchleistungsprüfung

Jahr	Zahl der unter Prüfung stehenden Betriebe	Kühe	Gesamtbestand im Dezember des Vorjahres	geprüfte Kühe in % der Gesamtkuhzahl	Ø-Kuhzahl je geprüfter Betrieb
1960	239592	2054087	5669800	36,2	8,6
1970	175668	2175713	5848300	37,2	12,4
1980	124985	2619262	5442600	48,1	21,0
1983	120921	2920439	5530300	52,8	24,2
1986	113094	2868887	5451500	53,1	24,4

(ADR)

Strukturveränderung in den geprüften Betrieben

Anteil **Betriebe** mit ... Kühen

Jahr	1–9	10–19	20–39	40 und mehr
1970	49,3	39,2	10,5	1,0
1980	17,2	41,1	34,6	7,1
1983	10,9	35,0	41,8	12,3
1986	9,4	31,7	44,6	14,3

Anteil **Kühe** in Betrieben mit ... Kühen

Jahr	1–9	10–19	20–39	40 und mehr
1970	28,0	45,3	22,2	4,5
1980	5,9	30,1	46,0	18,0
1983	3,1	21,6	47,4	27,9
1986	2,5	18,7	48,6	30,2

(ADR)

Embryo-Transfer-Ergebnisse 1985 und 1986

	1985	1986	86:85 absolut	86:85 in %
Spender	1364	1726	+ 362	26,5
Spülungen	1458	1855	+ 397	27,2
gewonnene Embryonen	12360	17388	+5028	40,7
transfertaugl. Embryonen	7021	9816	+2795	39,8
transfertaugl. Embr./Spülung	4,8	5,3	+ 0,5	10,4
Übertragungen	5884	7846	+1962	33,3
Trächtigkeitsrate (in %)	58,4	58,0		

(ADR)

Leistungen ganzjährig geprüfter Herdbuch- und Nichtherdbuchkühe nach Rassen

Rasse	Jahr 19...	Herdbuchkühe Anz. Kühe	Milch kg	Fett %	Fett kg	Eiweiß %	Eiweiß kg	Nichtherdbuchkühe Anz. Kühe	Milch kg	Fett %	Fett kg	Eiweiß %	Eiweiß kg
Schwarzbunt	86	641002	6461	4,15	268	3,36	217	405306	5625	4,04	227	3,31	186
	76	393364	5439	3,98	216			463431	4917	3,90	192		
Rotbunt	86	135808	5732	4,02	232	3,42	197	129958	5050	3,94	199	3,35	169
	76	119909	5193	3,85	200			101923	4635	3,78	175		
Angler	86	13395	5419	5,01	272	3,61	196	2051	3814	4,66	178	3,55	136
	76	12368	4805	4,72	227			5171	4708	4,72	222		
Rotvieh	86	2192	5363	4,59	246	3,61	193	1243	4585	4,42	203	3,49	160
	76	2108	4870	4,27	208			2137	4245	4,20	178		
Jersey	86	1961	4022	6,23	251	4,24	171	570	3857	5,72	221	3,95	152
	76	2232	3811	5,93	226			3199	3909	5,53	198		
Fleckvieh	86	407333	5129	3,98	204	3,44	176	228301	4546	3,92	178	3,39	154
	76	248910	4608	4,01	185			205761	3973	3,93	156		
Braunvieh	86	122071	5480	3,99	218	3,43	188	65245	4776	3,94	188	3,40	162
	76	85867	4710	3,98	187			67675	4108	3,91	161		
Murnau-	86	45	4168	3,75	156	3,37	141	7	4425	3,99	177	3,51	155
Werdenfelser	76	224	4204	3,75	158			142	3894	3,76	146		
Gelbvieh	86	13690	4610	4,04	186	3,53	163	4572	4319	4,03	174	3,51	151
	76	11445	4226	4,05	171			9891	3775	3,98	150		
Pinzgauer	86	186	3829	3,72	143	3,32	127	51	3715	3,74	139	3,29	122
	76	578	3893	3,91	152			181	3560	3,76	134		
Vorderwälder	86	2699	4736	4,00	190	3,35	159	3063	3970	3,82	152	3,27	130
	76	3398	3970	4,10	163			3664	3326	3,91	130		
Hinterwälder	86	204	3435	4,03	139	3,38	116	212	2885	3,95	114	3,37	97
	76	305	2926	4,20	123			218	2572	4,16	107		
andere Rassen	86	75	4731	4,38	207	3,49	165	15699	4887	4,05	198	3,35	164
	76							850	4612	4,24	195		
Bundesrepublik	86	1340822	5853	4,09	239	3,39	199	856278	5151	3,99	206	3,34	172
	76	880708	5062	3,99	202			864243	4567	3,90	178		

1986 arbeiteten 48 Besamungsstationen. Davon führten 22 Stationen mehr als 100000 und 32 Stationen mehr als 50000 Erstbesamungen durch. Die beiden größten Stationen erreichten 832459 und 542238 Erstbesamungen.

Besamungsdichte %

Jahr	bezogen auf den deckfähigen Rinderbestand	Kuh- und Färsenbestand
1980	70,7	89,1
1982	72,0	91,1
1984	73,5	92,6
1986	74,4	95,3

Erstbesamungen nach Landesarbeitsgemeinschaften in 1986

	EB	86:85 absolut	86:85 %
Schleswig-Holstein	455885	− 7928	−1,7
Hannover	586506	− 5232	−0,9
Weser-Ems	546812	+ 5532	+1,0
Westfalen-Lippe	344078	− 5381	−1,5
Rheinland	218424	− 1801	−0,8
Hessen	296832	+ 3032	+1,0
Rheinland-Pfalz, Saarland	235789	− 2375	−1,0
Baden-Württemberg	638526	+ 6203	+1,0
Bayern	2511522	+11286	+0,5
Gesamtes Bundesgebiet	5834374	+ 3336	+0,05

Erstbesamungen nach Rassen in 1000

Rasse	1984	1985	1986	86:85 in %
Fleckvieh	2402,7	2418,5	2462,0	+ 1,8
Schwarzbunt	2018,3	1924,8	1875,1	− 2,6
Rotbunt	872,8	878,9	882,3	+ 0,4
Braunvieh	390,0	379,4	373,3	− 1,6
Gelbvieh	78,4	74,3	72,5	− 2,4
Angler	26,7	25,3	24,6	− 2,8
Vorderwälder	9,9	9,2	9,2	− 1,0
Fleischrinder	45,7	90,1	101,0	+12,1
alle Rassen	5870,7	5831,0	5834,4	− 0,05

Erstbesamungen nach Bullenkategorie

Kategorie	1978	1982	1986*)
Prüfbullen	29,2	26,0	22,0
Warte- und Ausnahmebullen	2,1	0,2	0,1
Geprüfte Bullen	68,7	73,8	77,9

*) vorläufig

III. Pferdehaltung

Pferdebestand in der Bundesrepublik

Durchschnitt	1935/38	1543400 Stück
	1950	1570000 Stück
	1960	710000 Stück
	1970	252500 Stück
	1975	341600 Stück
	1980	382000 Stück
	1986 (vorläufig)	377000 Stück

In der Abteilung Zucht der Deutschen Reiterlichen Vereinigung (FN) e. V. sind 18 Züchtervereinigungen zusammengeschlossen.

(FN)

Bestand an Zuchtpferden, Zahl der Stutbuchaufnahmen und Stutenbedeckungen (1986)

Rasse	Eingetragene Zuchtstuten	Deckberechtigte Hengste	Stutbuchaufnahmen	Stutenbedekkungen
Warmblut	55542	2251	7696	41656
Kaltblut	2084	151	361	1998
Haflinger	6682	348	974	
Fjordpferde	1016	88	118	11173 (Fjordpferde bis Andere Kleinpferde)
Reitponys	4261	281	631	
Welsh	1793	264	167	
Island	2242	194	268	
Andere Kleinpferde	1032	207	88	
Shetland-Ponys	1352	257	144	
zusammen:	76004	4041	10429	54827

Von den 113 Vollbluthengsten wurden in der Deckperiode 1986 1631 Vollblutstuten gedeckt; von 383 Traberhengsten 3220 Traberstuten.

(FN)

Altersbestimmung der Pferde

Milch-Zangen-Mittelzähne und alle Milchbackenzähne	6 Wochen
Alle Milchschneidezähne	6–9 Monate
Desgl. 1. und 2. Backenzahn, Kunden der Milchzähne verschwinden	1½–2 Jahre
Zangen werden gewechselt mit	2½–3 Jahren
Mittelzähne	3½–4 Jahren
Eckzähne	4½–5 Jahren
Kunden der Schneidezähne verschwinden mit	6–8 Jahren
Der Einbiß der Eckzähne entsteht im Alter von	9 Jahren
besteht im Alter von	10 Jahren
verschwindet im Alter von	11 Jahren
Die Reibefläche der Schneidezähne ist rundlich von	12–18 Jahren

IV. Schweinehaltung

Arbeitsgemeinschaft Deutscher Schweineerzeuger e.V. (ADS)

Die ADS dient der Zusammenfassung und Förderung aller Bestrebungen, die auf die Verbesserung der Produktion und Verwertung von Schweinen gerichtet sind. Ende 1985 waren ihr angeschlossen

13 Landesverbände als regionale Dachorganisationen von insgesamt
24 Schweinezuchtverbänden,
131 Schweineerzeugerringen,
18 Schweinebesamungsstationen.

In den Herdbuchzuchtverbänden wurden 1679 ordentliche Mitglieder gezählt.
Insgesamt 40844 Zuchtschweine, davon 4561 Eber und 36283 Sauen, waren in das Herdbuch eingetragen.

Entwicklung und Verteilung der Herdbuchtiere nach Rassen (%)

Rasse	1960	1970	1980	1985
Deutsche Landrasse (DL)	86,5	93,8	75,0	64,8
Deutsche Landrasse B (LB)	–	–	10,0	8,4
Piétrainschwein (PI)	–	3,6	12,8	21,8
Deutsches weißes Edelschwein (DE)	2,5	1,7	2,0	4,2
Angler Sattelschwein (AS)	5,1	0,5	0,2	0,1
Hampshire (HA)	–	–	–	0,4
Sonstige Rassen	5,9	0,4	–	0,3

(ADS)

Durchschnittsergebnisse der Zuchtleistungen 1986

Rasse	Anzahl Würfe	Wurf-abstand (Tage)	Anzahl Würfe/ Sau/Jahr	Anzahl Ferkel/ Sau/Jahr geb.	Anzahl Ferkel/ Sau/Jahr aufgez.	Verluste 21. Tag %
DL	53004	180	2,01	20,6	19,0	7,5
LB	6877	182	2,00	19,9	18,3	7,9
PI	16520	181	2,00	19,7	18,1	8,4
DE	2447	174	2,06	22,5	20,5	9,1
AS	145	174	2,10	22,4	20,7	8,0
HA	182	175	2,02	19,4	17,7	8,7

(ADS)

Entwicklung der Mast- und Schlachtleistungsergebnisse (Gruppenfütterung)

(Nachkommen- und Vollgeschwisterprüfung im Mastabschnitt 30–100 kg)

		Mastleistung				Schlachtleistung						
Rasse	Jahr	Anzahl Tiere	Alter bei Mastende, Tage	Ø tägliche Zunahme, g	Futterverbrauch/kg Zuwachs	Anzahl Tiere	Schlachtkörperlänge cm	Rückenmuskelfläche cm^2	Fleisch-Fett-verhältn. 1:	Rückenspeckdicke cm	Göfo-Wert	Schinken-Anteil %
DL	1980	12898	165	837	2,77	12847	98,1	46,2	0,41	2,65	56	32,2
	1985	9907	170	812	2,65	9878	98,5	47,6	0,36	2,37	58	32,5
LB	1980	2190	172	773	2,75	2174	94,3	51,3	0,35	2,64	54	33,2
	1985	1418	173	761	2,61	1411	93,3	54,0	0,30	2,32	52	33,9
PI	1980	3121	180	720	2,74	3104	90,5	52,3	0,28	2,42	52	33,4
	1985	4445	180	729	2,58	4414	90,6	55,0	0,23	2,11	50	34,1
DE	1980	228	159	849	2,71	228	97,0	42,6	0,42	2,86	68	31,5
	1985	684	160	850	2,53	684	97,7	41,5	0,40	2,57	67	31,7

Neben der Nachkommen- und Vollgeschwisterprüfung auf deren Mastleistung und Schlachtkörperwert wurden 1985 folgende Formen der Eigenleistungsprüfung durchgeführt:

- Ebereigenleistungsprüfung auf Station 362 Eber, davon 61,9 % zur Zucht selektiert
- Eigenleistungsprüfung von Ebern im Feld
- auf Auktionen (59146)
- Eigenleistungsprüfung von Sauen im Feld
- im Züchterstall (26612)

Verordnung über gesetzliche Handelsklassen für Schweinehälften

Auf Grund der Rechtsakte des Rates und der Kommission der Europäischen Gemeinschaften über das Gemeinschaftliche Handelsklassenschema für Schweineschlachtkörper gelten für ganze und halbe Schlachtkörper von Hausschweinen, auch ohne Kopf, Pfoten, Schwanz, Flomen, Nieren oder Zwerchfell die in Abschnitt I Spalte 1 bezeichneten gesetzlichen Handelsklassen auf der Grundlage des Muskelfleischanteils. Zusätzlich werden die in Abschnitt II Spalte 1 bezeichneten gesetzlichen Handelsklassen eingeführt.

Schweineschlachtkörper, die nach einer gesetzlichen Handelsklasse in den Verkehr gebracht werden, müssen die in der Spalte 2 genannten Anforderungen erfüllen. Angaben des Muskelfleischanteils gelten als Angaben der entsprechenden Handelsklasse.

Der Muskelfleischanteil von Schweineschlachtkörpern ist unmittelbar nach der Schlachtung – im Anschluß an die Fleischuntersuchung vor Beginn des Kühlprozesses – durch Anwendung von Klassifizierungsgeräten oder des beschriebenen Verfahrens zu bestimmen.

Handelsklasse	Anforderungen
	I
	Gemäß § 2 Abs. 2 ermittelter Muskelfleischanteil des Schweineschlachtkörpers mit einem Schlachtgewicht von 50 kg und mehr, jedoch weniger als 120 kg in Vomhundertsätzen
E	55 und mehr
U	50 und mehr, jedoch weniger als 55
R	45 und mehr, jedoch weniger als 50
O	40 und mehr, jedoch weniger als 45
P	weniger als 40
	II
M 1	Schlachtkörper von vollfleischigen Sauen
M 2	Schlachtkörper von anderen Sauen
V	Schlachtkörper von Ebern und Altschneidern

Verfahren zur Ermittlung des Muskelfleischanteils von Schweineschlachtkörpern

1. An der durch Spaltung des Schlachtkörpers längs der Wirbelsäule hergerichteten Schweinehälfte ist folgendes Speck- und Fleischmaß zu ermitteln (s. Abb.):

   Speckmaß (S): Speckdicke, gemessen an der dünnsten Stelle des Speckes (einschl. Schwarte) über dem M. glutaeus medius (in Millimetern)

   Fleischmaß (F): Stärke des Lendenmuskels, gemessen als kürzeste Verbindung des vorderen (cranialen) Endes des M. glutaeus medius zur oberen (dorsalen) Kante des Wirbelkanals (in Millimetern)

2. Der Muskelfleischanteil wird rechnerisch ermittelt durch Einsetzen des Speckmaßes (S) und des Fleischmaßes (F) in folgende Formel:

Muskelfleischanteil MF % =

$$47{,}978 + (26{,}0429 \times \frac{S}{F}) + (4{,}5154 \times \sqrt{F}) - (2{,}5018 \times \lg S) - (8{,}4212 \times \sqrt{S})$$

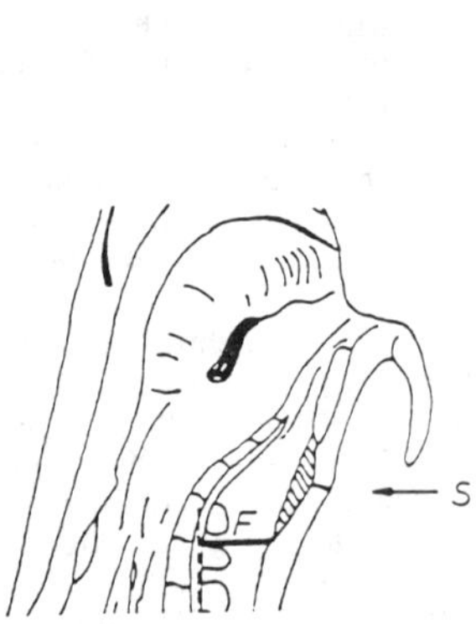

Die künstliche Besamung von Schweinen

Im Jahre 1985 wurden 789733 Erstbesamungen durchgeführt; das waren 14,6% aller im Durchschnitt gehaltenen Sauen. 67% aller Besamungen wurden durch Besamungsbeauftragte, 1,9% durch Tierärzte ausgeführt, 31,1% als Eigenbestandsbesamung.

Bundesland	Anzahl Stationen	Anzahl Erstbes.	Anzahl Eber	EB/ Eber
Schleswig-Holstein	3	35065	98	473
Niedersachsen	4	115767	188	570
Nordrhein-Westfalen	2	119893	237	496
Hessen	2	44834	99	453
Rheinland-Pfalz/Saarland	1	10013	27	321
Baden-Württemberg	3	62449	119	524
Bayern	3	399538	480	839
Gesamt	18	787733	1248	633

(ADS)

Kriterien der Leistungsprüfungen in Auktions-Katalogangaben

Katalogauszug mit Erläuterungen:

Eber 4836/2 geb.: 28. 4. 1983 7/7	
V.: Solo 1372	M.: Rexone 9275 2 W 11,4 (10,0)
Zur Erläuterung NL	
ML V.: 4/8/170/739/2,59 +3/−1/+0,05	SW 93/51,0/0,27/53/32,9 FBZ: 56 +0,9/+0,06/−2/+0,1

Erläuterungen:

Zeile 1:

Der Eber mit der Abstammungsnummer 4836 ist als 2. Ferkel seiner Mutter registriert. Links und rechts hat er 7 Strichanlagen. Sein **Vater (V)** Solo, Herdbuchnummer 1372, ist über 4 Nachkommengruppen und 8 ausgewertete Tiere geprüft:

Ergebnisse der **Mastleistungsprüfung (ML):** 170 = Lebenstage bis zu einem Gewicht von 100 kg (3 Tage besser als der gleitende Anstaltsdurchschnitt); 739 = durchschnittliche tägliche Zunahme im Prüfungsabschnitt 30 bis 100 kg (1 g schlechter als der gleitende Durchschnitt). 2,59 = Futterverwertung, 2,59 kg Futterverbrauch je 1 kg Zuwachs im Prüfungsabschnitt 30 bis 100 kg (0,05 kg besser als der gleitende Durchschnitt).

Ergebnisse der **Schlachtwertprüfung (SW):** 93 = Schlachtkörperlänge vom 1. Halswirbel bis zum Schloßknochen in cm; 51,0 = Rückenmuskelfläche des musculus longissimus dorsi in cm^2 (0,9 cm^2 besser als der gleitende Anstaltsdurchschnitt); 0,27 = Fleisch : Fett-Verhältnis von Muskelfläche zu Fettfläche beträgt 1:0,27 (um 0,06 im Nenner besser als der gleitende Anstaltsdurchschnitt); 53 = Fleischhelligkeitswert mit Göfo-Gerät hinter der 13. Rippe gemessen (2 Einheiten schlechter als gleitender Anstaltsdurchschnitt);

32,9 = Schinkenanteil in % der Schlachtkörperhälfte (0,1 %-Punkte besser als gleitender Anstaltsdurchschnitt), Fleischbeschaffenheitszahl = 56.

Seine Mutter (M) Rexone, Herdbuchnummer 9275, hat in 2 Würfen im Durchschnitt je Wurf 11,4 lebende Ferkel geboren, von denen 10,0 aufgezogen wurden.

Zusätzlich zur Angabe der einzelnen Leistungen erfolgt die Ermittlung des kombinierten Zuchtwertes (Index) für jeden zu körenden Eber.

V. Schafhaltung

Der Vereinigung Deutscher Landesschafzuchtverbände e. V. (VDL) waren am 1. 1. 85 10 Landesschafzuchtverbände mit 14484 Mitgliedern angeschlossen, 52347 Herdbuchtiere eingetragen.

Gesamtbestand in der Bundesrepublik

Durchschnitt	1935/38*)	1889000 Stück
	1943*)	2629000 Stück
	1957/61	1077000 Stück
	1970	797000 Stück
	1980	1178900 Stück
	1985	1295800 Stück

*) Bundesgebiet ohne Saarland und Berlin

Produktionswert der Schafhaltung

	1975/76		1985/86	
	Mill. DM	%	Mill. DM	%
Zucht- und Schlachtschafe	93	89,4	193	93,7
Wolle	11	10,6	12	6,3

(BML/VDL)

Bedeutung der Betriebsformen der Schafhaltung 1985

Betriebsform	Herden		Schafe		∅ Herdengröße (Stück)
	Anzahl	%	Anzahl (i. 1000)	%	
standortgeb. Herden	1276	2,0	380,3	27,8	298
Wanderschafherden	949	1,5	372,6	27,3	393
Standortgeb. Haltung	62935	96,5	613,9	44,9	20

(VDL)

Durchschnittsgewichte, mittlerer Wollertrag, Wollzuchtziel und Reinwollgehalt nach Rassen

Rassen	Durchschnittsgewichte männl. Tiere kg	Durchschnittsgewichte weibl. Tiere kg	Wollertrag männl. Tiere kg	Wollertrag weibl. Tiere kg	Reinwollgehalt %	Wollzuchtziel
Merinofleischschafe	120–140	70– 80	6–8	4–5	44–49	A–AB 23–24 μ
Merinolandschafe	110–130	70– 85	6,5–7	4–5	45–54	A/AB–B 25–27 μ
Dt. schwarzköpf. Fleischschafe	110–135	70– 85	5–7	4–5	48–55	C–CD 30–35 μ
Dt. weißköpf. Fleischschafe	110–140	75– 90	6–8	5–6	60–65	CD–DE 31–41 μ
Texelschafe	100–120	80– 90	5–7	4–5	48–55	C–CD 29–33 μ
Suffolks	100–130	70– 85	5–7	4–5	48–52	C 28–31 μ
Ostfries. Milchschafe	110–130	80–100	6–7	5–7	60	C–D 29–39 μ
Leineschafe	90–110	70– 80	5–6	3,5–4	48–50	C–D 29–39 μ
Rhönschafe	80–100	55– 65	5	3–4	45–55	CD–D 31–39 μ
Bergschafe	60– 90	65– 70	6–7	4–5	50–60	C–E 29–41 μ
Heidschnucken	60– 75	40– 45	4	1,5–2,5	55	E–EE 40–44 μ

(VDL)

Kategorieneinteilung von Schaffleisch

Kategorie	Bezeichn.	Unterscheidungsmerkmale
Milchlammfleisch	M	Schlachttierkörper von Milchmastlämmern, nicht über 6 Monate alt; Höchstgewicht: Schlachttierkörper ohne Kopf 22 kg, Schlachttierkörper mit Kopf 23,5 kg.
Mastlammfleisch	L	Schlachttierkörper von Stall- und Weidemastlämmern, nicht über 12 Monate alt.
Hammelfleisch	H	Schlachttierkörper von weiblichen Tieren, die nicht zur Zucht benutzt worden sind, und kastrierten männlichen Tieren, jeweils nicht älter als 2 Jahre.
Schaffleisch	S	Schlachttierkörper von kastrierten männlichen Tieren, älter als 2 Jahre, und von weiblichen Tieren.
Fleisch von Böcken	B	Schlachttierkörper von nichtkastrierten männlichen Tieren, über 12 Monate alt.

Schlachttierkörper dieser Kategorien werden je nach Ausbildung der wertbestimmenden Körperpartien, wie Keule, Rücken, Bug und Kamm in die Handelsklassen E, I, II, III eingeteilt.

Milchleistung der Schafe

Jahresdurchschnittsleistung: 650 kg Milch, 6,50 % Fett
Variation: 500–900 kg Milch, 5,5–7,5 % Fett, 4–6 % Eiweiß
Spitzenleistung: bis 2000 kg

Anteil der Rassen am Gesamtschafbestand in der Bundesrepublik Deutschland

Rasse	Gesamtzahl 1982	Gesamtzahl 1985	Prozentanteil 1982	Prozentanteil 1985
Merinolandschaf	505822	541084	42,8	41,7
Schwarzk. Fleischschaf	293227	324300	24,8	24,9
Weißk. Fleischschaf	90617	97165	7,6	7,5
Merino-fleischschaf	24500	13012	2,0	1,0
Texelschaf	95913	114224	8,0	8,8
Blauk. Fleischschaf	3383	3672	0,2	0,3
Milchschaf	18917	22056	1,6	1,7
Heidschnucken	38941	26315	3,2	2,1
Bergschaf	19900	24150	1,6	1,9
Rhönschaf	4561	8230	0,3	0,6
Kreuzungen	81670	118113	6,9	9,1
Übrige	3890	5222	0,3	0,4
Gesamt	1181341	1297516	100,0	100,0

(VDL)

Geflügelhaltung

neubearbeitet von **Dr. R. Bröcker,** Deutscher Bauernverband e. V., Bonn

Geflügelbestände in der Bundesrepublik (1 000 Stück)

Jahr[1])	Legeküken unter ½ Jahr	Legehennen ½ Jahr u. älter	Schlacht- u. Masthühner	Gesamtbestand Hühner	Gänse	Enten	Truthühner
1961	3 866	57 963	4 185	66 014	1 382	1 698	353
1965	9 170	62 240	10 886	82 296	908	1 666	376
1970	15 208	61 871	21 521	98 600	491	1 610	844
1976	15 651	49 239	23 195	88 085	322	1 021	1 033
1980	14 961	45 275	24 024	84 260	324	1 187	1 518
1981	13 715	42 985	21 044	77 744	328	877	1 560
1983	13 036	41 018	21 034	75 088	353	956	1 908
1985	12 506	40 404	18 146	71 057	346	1 382	2 209

[1]) Dezember-Zählung

Quelle: Stat. Bundesamt

Versorgung mit Eiern (Mio. Stück)

	1960	1965	1970	1980	1983	1985	1986
Erzeugung z. Verzehr	7 500	11 334	14 608	12 806	12 381	12 492	12 127
Einfuhr							
Schaleneier	4 769	1 769	2 121	4 715	4 666	4 545	4 635
Eiprodukte in Schalenwert	557	773	519	574	759	686	844
Verbrauch[1])	12 816	13 930	17 070	17 544	16 950	17 074	16 606
je Kopf/Stck.	230	238	281	285	276	280	272

[1]) Differenz durch Bestandsveränderung und geringe Ausfuhr.

Quelle: BML

Versorgung mit Geflügelfleisch (1 000 t)

	1960	1965	1970	1980	1983	1985	1986
Erzeugung	100	152	258	374	344	357	377
davon Jungmasthühner	17	55	156	253	215	215	221
Suppenhennen	46	58	58	60	58	60	59
Enten	19	24	24	17	18	20	22
Gänse	13	7	4	2	2	20	2,5
Truthühner	5	8	16	42	51	60	72
Einfuhr gesamt	138	204	239	219	204	215	218
davon EWG	49	132	201	182	175	175	188
Drittländer	89	72	38	37	29	40	30
Verbrauch kg/Kopf	4,2	6,3	8,3	9,8	9,2	9,7	10,1
davon Hähnchen	–	3,9	5,3	6,3	5,7	6,1	6,3
Fleischverbrauch[1]) insges. kg/Kopf	59,0	66,4	76,1	99,9	97,1	100,5	102,1

[1]) ab 1975 EG-einheitlich incl. Abschnittsfette

Quelle: BML

Legehennenhalter und Legehennenbestände[1]) nach Bestandsgrößen

Bestandsgrößen von bis	1982 Legehennenhalter	1982 Legehennenbestand (1 000)	1984 Legehennenhalter	1984 Legehennenbestand (1 000)
1– 19	248 134	2 613	233 359	2 436
20– 99	101 733	2 924	92 663	2 648
100– 499	6 414	1 322	5 604	1 140
500– 999	1 751	1 199	1 619	1 118
1 000– 9 999	3 595	10 703	3 344	9 960
10 000–29 999	436	6 958	450	7 230
30 000–99 999	143	8 032	155	8 221
100 000–und mehr	58	9 053	60	10 005
insgesamt	362 274	42 804	337 254	42 757

[1]) Legehennen ½ Jahr und älter.

Quelle: Stat. Bundesamt

Masthühnerhalter und Masthühnerbestände nach Bestandsgrößen

Bestandsgrößen von bis	1982 Masthühnerhalter	1982 Masthühnerbestand (1 000)	1984 Masthühnerhalter	1984 Masthühnerbestand (1 000)
1– 499	66 956	218	65 554	208
500– 2 999	200	235	166	181
3 000– 9 999	95	558	96	600
10 000–24 999	240	3 704	194	3 007
25 000–99 999	148	6 954	143	6 357
100 000 und mehr	54	10 813	56	11 811
insgesamt	67 693	22 482	66 209	22 243

Quelle: Stat. Bundesamt

Legeleistung je Henne*)

1970	1976	1978	1980	1982	1984	1985	1986
215,5	239,2	247,5	249,5	252,3	261,1	264,8	264,8

*) ab 1976 ohne Kleinstbestände von 1–20 Hennen.

Quelle: BML

Eiererzeugung in den Bundesländern, in Millionen Stück

	1960	1970	1974	1978	1980	1982	1984	1986
Schleswig-Holstein u. Hamburg	580	892	776	702	688	649	680	625
Niedersachsen u. Bremen	1 974	4 459	4 980	5 098	5 284	4 912	5 167	5 042
Nordrh.-Westf.	1 794	3 398	3 141	2 850	2 723	2 608	2 433	2 373
Hessen	528	1 138	1 107	1 031	876	980	850	843
Rheinl.-Pfalz	431	984	927	644	553	583	549	549
Baden-Württ.	894	1 707	1 540	1 475	1 294	1 311	1 243	1 187
Bayern	1 594	2 553	2 303	2 377	1 941	2 079	2 054	2 042
Saarland	100	169	150	115	94	93	78	77
Berlin-W.	.	77	30	29	27	26	26	26
Bundesgebiet	7 895	15 377	14 956	14 321	13 480	13 109	13 080	12 765

Quelle: BML

Anteile der einzelnen Absatzwege von Eiern im Bundesgebiet

(Verkäufe der Erzeuger von Eiern an Erstabnehmer)
in v. Hundert aller abgesetzten Mengen

	1977/78	1980/81	1982/83	1983/84	1984/85	1985/86
Erfassungsbetriebe Sammelstellen	30,1	26,8	30,2	30,7	32,6	31,8
Ambulante Aufkäufer, Großhandel	13,2	13,9	13,9	14,5	13,6	13,8
Großverbraucher, Gaststätten, Einzel- handel	17,1	16,1	13,8	15,8	15,7	15,9
Einzelverbraucher[1])	39,6	43,2	42,1	39,0	38,1	38,5

Anmerkung: Jeweils Wirtschaftsjahr Juli/Juni. Ohne Bestände mit 1 bis 19 Hennen.
[1]) Einschließlich Verkauf auf Wochenmärkten. Quelle: BML

EG-Vermarktungsnormen für Eier

Eier dürfen innerhalb der EG nur vermarktet werden, wenn sie den EG-Vermarktungsnormen entsprechen. Ausgenommen von dieser Regelung ist der Erzeuger-Verbraucher-Direktverkehr auf dem Hof, auf dem örtl. öffentl. Markt oder an der Haustür.

Güteklassen

A oder „frisch“

Schale u. Kutikula: normal, sauber, unverletzt
Luftkammer: Höhe nicht über 6 mm, unbeweglich

Eiweiß:	klar, durchsichtig, gallertartig, fest, frei von fremden Einlagerungen jeder Art
Dotter:	beim Durchleuchten nur schattenhaft, ohne deutliche Umrißlinie sichtbar, beim Drehen des Eies nicht wesentlich von der zentralen Lage abweichend, frei von fremden Ein- und Auflagerungen jeder Art
Keim:	nicht sichtbar entwickelt
Geruch:	frei von fremdem Geruch

B oder „Zweite Qualität" oder „haltbar gemacht"

C sind Eier, die nicht den Anforderungen der Klasse A und B entsprechen. Sie dürfen nur an Aufbereitungsstellen (Eiproduktenhersteller) oder Betriebe der Nahrungsmittelindustrie bzw. des Nahrungsmittelhandwerks abgegeben werden.

Gewichtsklassen

Gewichtsklassen	Gewicht des einzelnen Eies in Gramm	Mindestnettogewicht (Reingewicht) des Eies in Packungen mit mehr als 30 E. in g
1	70 g und darüber	70
2	65 g bis unter 70 g	66
3	60 g bis unter 65 g	61
4	55 g bis unter 60 g	56
5	50 g bis unter 55 g	51
6	45 g bis unter 50 g	46
7	unter 45 g	–

Kennzeichnung

Eier der Klasse A brauchen nicht gestempelt zu werden
mit Ausnahme von Eiern in der „Familienpackung" (nach Gewicht). Falls dennoch gestempelt wird (rot), kann nach Wahl aufgebracht werden:

- Güteklasse (Kreis von 12 mm Durchmesser)
- Gewichtsklasse (Ziffer von 2–3 mm Höhe)
- Packzeit oder Verpackungsdatum (Ziffer von 5 mm Höhe)
- Firmenzeichen oder Handelsmarke
- Deklaration der Handelsform möglich:
  „Eier aus Freihaltung", max. 1000 ♀♀/ha = 10 m²/Huhn
  „Eier aus intensiver Auslaufhaltung", max. 4000 ♀♀/ha = 2,5 m²/Huhn
  „Eier aus Bodenhaltung", ⅓ Einstreu/max. 7 ♀♀/m² Stallboden
  „Eier aus Volierenhaltung", max. 25 ♀♀/m² Stallboden
  „Käfighaltung"
- geographischer Ursprung möglich: Ort, Gebiet, Mitgliedsstaat der Erzeugung, nicht der Verpackung
- empfohlenes Verkaufsdatum möglich

Das Wort EXTRA darf nur verwendet werden, wenn

- die Eier in Kleinpackungen verpackt sind,
- Güteklasse A angehören,
- die Luftkammer der Eier zum Zeitpunkt der Verpackung eine Höhe von weniger als 4 mm aufweist.

Die Kleinpackungen müssen das Verpackungsdatum tragen und mit einer Banderole, auf der das Wort EXTRA aufgedruckt ist, verschlossen sein.

Eier der Klassen B und C müssen gestempelt werden (rot).

Schlachtgeflügel

VO über gesetzl. Handelsklassen für geschlachtetes Geflügel und für Geflügelteile

Rohes Geflügelfleisch, das zur Abgabe an den Verbraucher bestimmt ist, unterliegt den Bestimmungen der Handelsklassen-Verordnung. Davon ausgenommen ist Geflügelfleisch, das vom Geflügelhalter am Ort der Geflügelhaltung unmittelbar an den Verbraucher abgegeben wird.

Sorten

Brathähnchen:	vor der Geschlechtsreife geschlachtetes Huhn
Junghuhn oder Poularde:	Brathähnchen über 1450 g Gewicht geschlossen oder über 1200 g Gewicht bratfertig
Jungmasthahn:	männliche Tiere über 1800 g Gewicht, bratfertig
Suppenhuhn:	nach der Geschlechtsreife geschlachtetes Huhn
Frühmastente:	vor der ersten Federreife geschlachtete Ente
Junge Ente:	nach der ersten Federreife geschlachtete Ente, Brustbein noch biegsam
Über ein Jahr alte Ente:	Knorpelteile und Brustbeinfortsatz sind verknöchert
Frühmastgans:	durch Schnellmast vor der ersten Federreife schlachtreif gewordene Gans
Junge Gans:	nach der ersten Federreife geschlachtete Gans, Brustbein noch biegsam
Über ein Jahr alte Gans:	Knorpelteile und Brustbeinfortsatz sind verknöchert
Junge Pute:	Die Knorpelteile sind nicht verknöchert. Der Brustbeinfortsatz muß noch biegsam sein
Über ein Jahr alte Pute:	Knorpelteile und Brustbeinfortsatz sind verknöchert

Als Teile von geschlachtetem Geflügel dürfen nach Handeslklassen-VO bezeichnet werden: Hälften, Brust, ganzer Schenkel, Oberschenkel, Unterschenkel.

Angebotszustände

Frisch:	von der Schlachtung an nicht durch Kälteeinwirkung erstarrt; Lagerung bei 0 °C bis 4 °C
Gefroren:	unmittelbar nach der Schlachtung auf eine Kerntemperatur von mindestens −12 °C eingefroren und auf dieser Temperatur gehalten. Vorübergehende Temperaturerhöhungen der Randschicht auf −9 °C erlaubt
Tiefgefroren:	unmittelbar nach der Schlachtung auf eine Kerntemperatur von mindestens −18 °C eingefroren und auf dieser Temperatur gehalten. Vorübergehende Temperaturerhöhungen der Randschicht auf −15 °C erlaubt

Herrichtungsformen für geschlachtetes Geflügel

Geschlossen:	geschlachtetes, vollständig gerupftes Geflügel
Entdärmt:	geschlachtetes, vollständig gerupftes Geflügel, dessen Därme vollständig entfernt sind
Bratfertig bzw. kochfertig:	geschlachtetes, vollständig gerupftes und ausgenommenes Geflügel ohne Kopf, Hals und Ständer, genießbare Innereien und Hals in Bauchhöhle eingelegt
Grillfertig:	wie bratfertig, aber ohne genießbare Innereien und Hals
Spießfertig:	wie grillfertig, aber mit Hals, Kopf und Ständern
Handelsklassen:	A, A Extra, B, C, abhängig von der Qualität

Geflügelfleisch darf gewerbsmäßig nur nach einer gesetzlichen Handelsklasse in den Verkehr gebracht werden; es muß dabei mindestens die jeweiligen Qualitätsmerkmale aufweisen.

Hähnchen mit den Qualitätsmerkmalen der Handelsklasse A können mit der Bezeichnung Handelsklasse Extra in den Verkehr gebracht werden, sofern das Nenngewicht mindestens 1200 Gramm, bei Tierkörpern ohne Hals und Innereien mindestens 1100 Gramm, beträgt.

Tierernährung

neubearbeitet von **Prof. Dr. E. Farries,** Mariensee

In der Bundesrepublik Deutschland entfallen 70% der Verkaufserlöse aus der Landwirtschaft auf Veredelungsprodukte. Die veränderten Marktsituationen haben besonders in der Rindviehhaltung zu einem höheren Stellenwert für wirtschaftseigene Futtermittel geführt, was in Zukunft auch in der Sauenhaltung wieder mehr Gewicht bekommen könnte. Bislang gehen etwa 96% des wirtschaftseigenen Futters in die Rindviehhaltung, dazu etwa 50% des Zukaufkraftfutters und 18% des Getreides. In der Schweinehaltung werden dagegen 35% des Zukaufkraftfutters und etwa 63% des Getreides veredelt.

Zur Erhaltung eines optimalen Betriebserfolges wird es zunehmend wichtig, das Produktionsmittel Futter der Tierart und der Veredelungsrichtung entsprechend effektiv einzusetzen. Die nachfolgenden Faustzahlen wollen dies unterstützen.

Beurteilung von Futtermitteln

Zusammensetzung und Nährwert typischer Futtermittel für Wiederkäuer

	1000 g Futtermittel enthalten: TM	Roh-faser	Roh-eiw.	verd. Roh-eiw.	StE	NEL
	g	g	g	g		MJ
1. Grünfutter, frisch						
Intensivweide						
1. Aufwuchs						
vor bis nach dem Schossen	180	39	35	26	108	1,1
Wiese, allgemein						
1. Schnitt						
Beginn bis Mitte der Blüte	209	60	28	18	117	1,23
2. Schnitt						
Beginn bis Mitte der Blüte	225	61	34	19	104	1,03
Rotklee-Grasgemenge						
1. Schnitt						
Beginn bis Mitte der Blüte	231	70	31	22	125	1,09
Blaue Luzerne						
1. Schnitt						
in der Knospe bis vor der Blüte	194	56	37	29	95	1,00
1. Schnitt						
Beginn bis Mitte der Blüte	235	70	43	31	109	1,18
2. Schnitt in der Knospe	218	58	44	33	104	1,09
3. Schnitt						
in der Knospe bis vor der Blüte	211	52	47	36	105	1,07
Landsberger Gemenge						
– Beginn bis Mitte der Blüte	168	45	28	20	90	0,93
Sommerraps, Lihoraps						
in der Knospe bis vor der Blüte	126	19	27	23	82	0,84

	1000 g Futtermittel enthalten:					
	TM	Roh-faser	Roh-eiw.	verd. Roh-eiw.	StE	NEL
	g	g	g	g		MJ
Mais						
in der Milchreife	160	43	18	11	94	0,93
Winterrübsen						
in der Knospe bis vor der Blüte	100	18	21	16	65	0,67
Beginn bis Mitte der Blüte	113	24	19	15	71	0,73
Zuckerrübenblätter, ungewaschen	182	22	24	16	105	1,07
2. Heu						
Weide, Heu						
Beginn bis Mitte der Blüte	862	237	131	87	400	4,78
Ende der Blüte	863	272	112	58	354	4,35
Wiese, allgemein Heu						
1. Schnitt						
im bis nach dem Schossen	869	235	114	76	398	5,03
nur Unterdachtrocknung	836	211	101	57	431	5,02
Beginn bis Mitte der Blüte	870	268	97	56	336	4,17
nur Unterdachtrocknung	843	256	94	56	357	4,41
Blaue Luzerne						
1. Schnitt						
Beginn bis Mitte der Blüte	869	268	165	18	294	3,89
2. Schnitt						
Beginn bis Mitte der Blüte	901	253	184	34	316	4,03
2. Schnitt, Ende bis nach d. Blüte	835	325	132	95	218	3,38
3. Schnitt	879	260	178	45	392	4,84
3. Grünfutter, künstl. getrocknet						
Wiese, allgemein						
Roheiweißgehalt 13 bis 15 %	896	224	140	85	300	3,32
15 bis 17 %	886	194	164	117	580	6,00
17 bis 19 %	913	199	180	125	436	4,40
Luzerne						
Roheiweißgehalt 15 bis 17 %	908	255	162	119	412	4,31
17 bis 19 %	902	230	178	128	457	4,70
19 bis 21 %	906	235	200	164	465	4,73
21 bis 23 %	893	196	217	178	517	5,25
4. Grünfutter, Silage						
Weide, allgemein						
1. Aufwuchs						
Beginn bis Mitte der Blüte	196	63	23	15	103	1,09
– angewelkt	290	77	41	27	152	1,61
– stark angewelkt	435	126	64	42	211	2,42
Wiese, allgemein						
1. Schnitt						
Beginn bis Mitte der Blüte	210	64	28	17	111	1,18
– angewelkt	299	87	39	27	165	1,81
– stark angewelkt	447	129	56	33	222	2,55

	1 000 g Futtermittel enthalten:					
	TM	Roh-faser	Roh-eiw.	verd. Roh-eiw.	StE	NEL
	g	g	g	g		MJ
1. Schnitt						
Ende der Blüte	238	79	29	17	99	1,13
– angewelkt	311	97	36	20	129	1,46
– stark angewelkt	540	166	66	37	201	2,54
2. Schnitt						
Beginn bis Mitte der Blüte	221	60	31	16	105	1,11
– angewelkt	300	83	40	21	121	1,34
– stark angewelkt	479	118	57	30	242	2,68
Mais						
in der Milchreife	220	55	21	12	129	1,33
in der Teigreife	270	61	24	13	163	1,70
überständig bis vollreif	320	65	27	14	204	2,12
Maiskolben mit Hüllblättern LKS	500	74	49	30	359	4,02
Zuckerrübenblätter						
ungewaschen	207	26	24	15	89	0,91
sorgfältig geerntet bzw. gewaschen	155	22	20	14	87	0,88
Preßschnitzel	200	41	22	14	137	1,42
5. Wurzeln und Knollen						
Massenrübe	112	9	10	7	66	0,68
gehaltvolle Futterrübe	144	10	12	7	86	1,16
Kohlrübe	110	12	12	10	75	1,02
Stoppelrübe mit Blättern	119	15	17	14	65	0,75
Kartoffeln						
– gedämpft und eingesäuert	228	9	23	8	174	1,76
– Knolle künstlich getrocknet, Flocken	881	29	74	25	697	7,28
6. Getreide, Hülsenfrüchte						
Hafer	884	102	110	92	645	6,60
Gerste	870	47	102	80	719	7,52
Mais	874	24	94	53	746	7,69
Ackerbohnen	866	75	269	223	686	7,01
7. Industrielle Nebenerzeugnisse						
a) Müllerei						
Weizenschälkleie	894	148	125	81	374	4,55
Weizenkleie	867	111	144	107	437	5,35
Weizenbollmehl	880	63	163	130	568	6,78
Weizenfuttermehl	879	40	182	157	721	7,91
Roggenschälkleie	888	114	134	98	373	4,66
Roggenkleie	881	72	145	101	572	6,36
Roggenfuttermehl	878	32	147	115	708	7,29

	1 000 g Futtermittel enthalten: TM g	Roh-faser g	Roh-eiw. g	verd. Roh-eiw. g	StE	NEL MJ
b) Gärungsgewerbe						
Biertreber von Gerste						
– frisch	234	45	58	42	136	1,43
– eingesäuert	265	54	67	53	139	1,53
– getrocknet	919	160	232	151	356	3,74
Roggenschlempe, frisch	85	5	36	22	47	0,49
Weizenschlempe, frisch	42	0	15	8	21	0,20
Maisschlempe, frisch	67	7	18	11	46	0,50
Kartoffelschlempe, frisch	55	4	15	8	27	0,28
c) Zuckerherstellung						
Zuckerrübe						
– Naßschnitzel						
– – frisch	156	32	15	8	109	1,12
– – getrocknet, Trockenschnitzel	906	183	88	52	663	6,93
– Melasseschnitzel	896	140	100	61	638	6,66
d) Ölgewinnung						
Expeller: (4–7,9% Fett)						
– Erdnuß, teilweise enthülst	905	109	443	403	732	7,32
– Kokos	900	132	216	169	731	7,12
– Lein	902	100	336	296	773	7,61
– Palmkern	892	165	178	137	650	6,27
– Raps	893	137	329	280	643	6,31
– Baumwollsaat	913	91	438	425	670	6,37
Extraktionsschrot:						
– Erdnuß, enthülst	872	46	501	461	712	7,12
– Lein	889	95	348	305	589	5,87
– Raps	888	129	352	292	593	5,92
– Sojabohnen, entschält	894	29	512	473	717	7,26
8. Futtermittel tierischer Herkunft						
aus Milch						
Magermilch, frisch	87	–	34	28	56	0,64
nur im Sprühverfahren getrocknet	948	–	350	322	687	8,25
Labmolke, frisch	49	–	8	7	34	0,44
– getrocknet	958	–	127	114	657	8,68

Verfahren zum Aufschluß von Getreidestroh

Begasung mit NH_3 (Ammoniak)
Strohballen mit 3 kg NH_3-Gas/100 kg Stroh bei gasdichtem Abschluß in Folie oder im Fahrsilo mit Plastikabdeckung begasen. Einwirkzeit ca. 8 Wochen. Vor Verfüttern ablüften.

Mittlere Flächenerträge verschiedener wirtschaftseigener Futtermittel (pro ha)

Futterart	Ertrag dt	Roheiw. kg	verd. Roheiw. kg	kStE	NEL MJ
Grün- und Rauhfutter					
Wiesengras					
– 3 Schnitte					
2 × Anwelksilage (30 % TM)	180	720	600	3000	32600
1 × Heu	33	320	190	1200	13800
Weidegras					
– Intensivweide	550	1925	1250	7600	60500
Wiesenheu, 2 Schnitte					
– bodengetrocknet	62	663	350	2100	28200
– Unterdachtrocknung	62	580	450	2300	26300
Luzerne, frisch	380	1672	1200	4000	41800
– Heu	82	1394	980	2600	32400
– Grünmehl	78	1623	1200	3600	37000
Maissilage	350	735	470	4400	44500
Markstammkohl (Hauptfrucht)	510	1070	920	4000	43400
Raps-Rübsen (Winterzwischenfr.)	270	490	400	1900	21800
Stroh					
Wintergerste	52	172	31	1500	17700
– NH_3-begast	52	317	94	1640	19200
Hafer	52	156	36	1380	15960
Getreide-Hülsenfrüchte					
Wintergerste	51	530	390	3550	36800
Sommergerste	43	450	330	3000	31200
Hafer	43	470	350	2650	26960
Mais	55	522	350	4400	46000
Ackerbohnen	40	1050	880	2800	28600
Knollen und Wurzeln					
gehaltvolle Futterrüben	800	960	480	8200	88800
Kohlrüben					
– Zweitfrucht	620	740	560	5100	57600
Stoppelrüben ohne Blätter	290	320	230	1650	17700

Im Gegensatz zu den für Wiederkäuer geeigneten Futtermitteln zeichnen sich typische Schweinefuttermittel durch hohe Nährstoffkonzentration aus. Sie sind eingeteilt in vorwiegend Energieträger und Eiweißfuttermittel. Die für das Schwein erforderliche hohe Verdaulichkeit schließt Futtermittel mit für das Rind noch ausreichender Nährstoffkonzentration aus.

Zusammensetzung und Nährwert typischer Futtermittel für Schweine

I. Trockenfuttermittel	Verdau-lichk. d. org. Subst. %	1000 g Futtermittel enthalten bei 88 % TM: Roh-eiw. g	verd. Roh-eiw. g	MET g	LYS g	umsetzb. Energie (UE) BFS-korrigiert MJ
Ackerbohnenschrot	82	261	214	2,1	17,8	12,55
Blutmehl, getr.	80	825	660	8,9	71,3	14,37
Dorschmehl, 60–65 % Protein unter 3 % Fett	91	631	578	19,7	47,5	13,26
Fischmehl						
– allg., 60–65 % Protein Typ 60, 3–8 % Fett	89	624	573	18,5	52,4	14,12
– 65–70 % Protein, über 8 % Fett	91	664	609	18,1	52,2	15,91
Fleischfuttermehl	93	770	726	8,5	31,7	18,53
Fleischknochenmehl 50–55 % Protein	80	523	427	8,8	30,3	11,85
Gerste (Winter), Körner	82	105	79	2,3	4,8	12,40
Hafer, Körner	70	110	85	1,8	4,3	11,32
Heringsmehl, über 65 % Protein, 3–8 % Fett	90	682	626	19,6	54,3	15,40
Kartoffeln						
– flocken	93	74	50	1,5	4,5	13,57
Magermilchpulver, TM 95 %	96	341	323	8,8	26,0	14,91
Maiskörner	89	95	75	1,8	2,7	14,09
Maiskolbenschrot						
– CCM, getrocknet	84	95	67	–	–	13,03
Maniokmehl	94	22	11	–	–	13,51
Milokorn	92	103	81	1,8	2,1	14,19
Sauermolkenpulver	92	146	122	2,1	7,4	12,74
Roggen						
– körner	89	98	77	1,2	3,2	13,30
– futtermehl	80	149	108	–	–	11,72
– kleie, bis 8 % Rohfaser	70	144	94	2,0	6,7	9,28
Sojaextraktionsschrot						
– entschält, 50 % Protein	92	490	451	6,2	31,2	14,17
– nicht entschält, 45 % Protein	87	448	390	6,2	28,5	12,97
Tiermehl, Typ 55, 55–60 % Protein	78	581	483	8,2	25,2	12,48
Weizen, Winter						
– korn	90	119	103	1,7	3,2	13,75
– nachmehl	90	176	159	2,8	5,9	14,37
– futtermehl	83	179	149	2,5	7,3	13,10
– kleie, 8–12 % Rohfaser	64	143	102	2,2	6,2	9,07

II. Saftfuttermittel	Verdau-lichk. d. org. Subst. %	1 000 g Futtermittel enthalten TS g	Roh-eiw. g	verd. Roh-eiw. g	MET g	LYS g	umsetzb. Energie (UE) BFS-korrigiert MJ
Gehaltsrüben	92	146	12	7	0,1	0,4	1,91
Kartoffeln – gedämpft	93	221	21	14	0,3	1,1	3,32
Magermilch, frisch	95	86	32	29	0,8	2,4	1,37
Maiskolbenschrot – CCM, siliert	84	–	54	41	–	–	7,42

Gehalt an STE verschiedener Grundfuttermittel

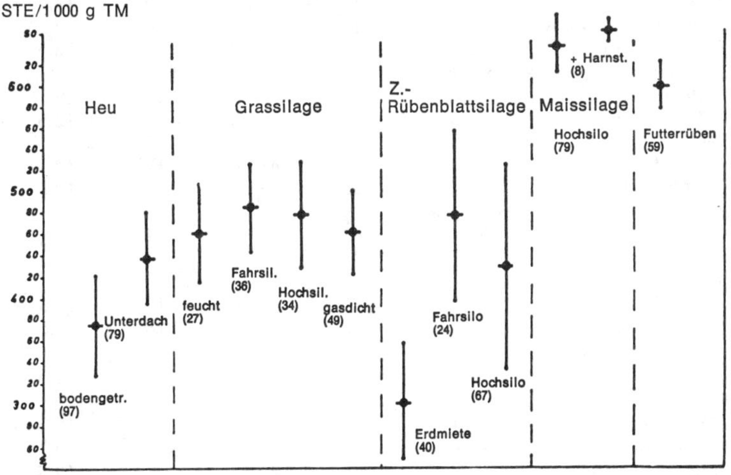

Schätzgleichungen für Mischfutter

1. Rindermastfutter – Schätzgleichung

   $StE = 7{,}5 \times \%$ Rohprotein $+ 20 \times \%$ Rohfett (HCl) $+ 9{,}2 \times \%$ N-freie Extraktstoffe $+ 5$ StE (bei Gehalten unter 10% Rohfaser gilt der Faktor $9{,}5 \times \%$ N-freie Extraktstoffe)

2. Milchleistungsfutter – Schätzgleichung

   $NEL = 0{,}075 \times$ Gasbildung (ml/200 mg TM) $+ 0{,}087 \times \%$ Rohprotein $+ 0{,}161 \times \%$ Rohfett (HCl) $+ 0{,}056 \times \%$ N-freie Extraktstoffe $- 2{,}422 + 0{,}05$

3. Schweinemischfutter (Schätzgleichung)

   $UE = 0{,}223 \times \%$ Rohprotein $+ 0{,}341 \times \%$ Rohfett $+ 0{,}17 \times \%$ Stärke $+ 0{,}168 \times \%$ Zucker (Saccharose) $+ 0{,}074 \times (100 -$ Wasser $-$ Rohasche $-$ Rohprotein $-$ Rohfett $-$ Stärke $-$ Zucker $-$ Rohfaser = organischer Rest) $- 0{,}109 \times \%$ Rohfaser

Eiweißfuttermittel pflanzlicher Herkunft

Inhaltsstoffe bei NORMTYP in %

Bezeichnung	Roh-eiweiß min.	Rohfett max.	Roh-faser max.	Wasser max.
Erdnußextraktionsschrot				
– enthülste Saat	48	2	7	12,5
– teilenthülste Saat	40	2	14	12,5
Erdnußkuchen				
– enthülste Saat	45	4– 8	6	12,5
– teilenthülste Saat	37	4– 8	14	12,5
Sojaextraktionsschrot				
– geschälte Saat, dampferhitzt	48	2	3	12,5
– dampferhitzt	44	2	6,5	12,5
Sesamextraktionsschrot	40	2	–	12,5
Sesamkuchen	38	4– 8	–	12,5
Sonnenblumenextraktionsschrot				
– geschälte Saat	40	2	14	12,5
– teilgeschälte Saat	30	2	22	12,5
Sonnenblumenkuchen				
– geschälte Saat	38	4– 8	14	12,5
– teilgeschälte Saat	29	4– 8	21	12,5
Baumwollsaatextraktionsschrot				
– geschälte Saat	43	2	11	12,5
– teilgeschälte Saat	34	2	18	12,5
Baumwollsaatkuchen				
– geschälte Saat	41	4– 8	10	12,5
– teilgeschälte Saat	32	4– 8	18	12,5
Leinextraktionsschrot	33	2	–	12,5
Leinkuchen	31	4– 8	–	12,5
Rapsextraktionsschrot	34	2	–	12,5
Rapskuchen	30	4– 8	–	12,5
Palmkernextraktionsschrot	16	2	–	12,5
Palmkernkuchen	15	4–12	–	12,5
Kokosextraktionsschrot	21	2	–	12,5
Kokoskuchen	19	4–12	–	12,5

Eiweißfuttermittel tierischer Herkunft

Inhaltsstoffe bei NORMTYP in %

Bezeichnung	Roh-eiweiß min.	Roh-fett max.	NaCl max.	$CaCO_3$ max.	P max.	Wasser max.
Fischmehl						
– Typ 64	64	12	4	2	–	11
– Typ 60	60	12	4	2,5	–	11
– Typ 55	55	12	5	3	–	11
Fleischfuttermehl	72	12	2	–	4	11
Fleischknochenmehl	40	10	2	–	7	10

Bezeichnung	Roh-eiweiß min.	Roh-fett max.	NaCl max.	$CaCO_3$ max.	P max.	Wasser max.
Futterknochenschrot	24	5	–	–	min. 8	10
Tiermehl						
– Typ 60	60	10	2	–	5	10
– Typ 55	55	10	2	–	5	10
– Typ 50	50	14	2	–	6	10

Zusatzstoffe, die die Futterverwertung verbessern

Alle hier aufgeführten Zusatzstoffe dürfen nur an „Vormischbetriebe" abgegeben werden.

Antibiotika	Tierart	Höchstalter bis (einschließlich)	Gehalt an Zusatzstoffen mg/kg Futter min.	max.
Avoparcin (AVP)	Ferkel	4 Monate	10	40
	Schweine	über 4 Mon.–6 Mon.	5	20
Flavophospholipol (FPL)	Kälber	6 Monate	6	16
		6 Monate	8	16*
	Mastrinder		2	10
	Schweine	6 Monate	1	20
		3 Monate	10	20*
Monensin-Natrium (MON)	Mastrinder		10	40
Spiramycin (SPI)	Kälber	16 Wochen	5	50
	Schaf- und	17 Wochen bis	5	20
	Ziegenläm.	6 Monate	5	80*
	Ferkel	4 Monate	5	50
		3 Monate	5	80*
	Schweine	über 4 Mon.–6 Mon.	5	20
Tylosin (TYL)	Ferkel	4 Monate	10	40
	Schweine	über 4 Mon.–6 Mon.	5	20
Virginiamycin (VGN)	Kälber	16 Wochen	5	50
		17 Wochen–6 Mon.	5	20
		6 Monate	5	80*
	Ferkel	4 Monate	5	50
	Schweine	über 4 Mon.–6 Mon.	5	20
Zink-Bacitracin (ZBA)	Kälber	16 Wochen	5	50
	Schaf- und	17 Wochen bis	5	20
	Ziegenläm.	6 Monate	5	80*
	Ferkel	4 Monate	5	50
		3 Monate	5	80*
	Schweine	über 4 Mon.–6 Mon.	5	20

* Nur in Milchaustauschfuttermitteln

Mischfutterkomponenten mit spezifischer Wirksamkeit

1. FUMARIL
   Dosierungsoptimum in Mischfuttermitteln für Schweine und Mastgeflügel: 1,5–2,0 Gewichtsprozente. FUMARIL senkt pH-Wert im Verdauungstrakt und schafft damit günstigere Verhältnisse für Nährstoffverwertung. Erhöht Futteraufnahme und Zuwachsrate, verbessert Nährstoffumsatz.
2. 1.2 Propandiol RUSTICA CH_2OH CHOH CH_3 (Propylenglykol).
   Prophylenglykol stützt beim Wiederkäuer die Glukoneogenese und kann damit Energiestoffwechselstörungen (Acetonämie) vorbeugen. Besonders gefährdeter Zeitraum ist Laktationsbeginn. Prophylaktische Maßnahmen 2–3 Wochen vor bis 4–5 Wochen nach dem Kalben. Dosierungshöhe 2–4 % im Ergänzungsfutter für Milchkühe.
3. Futterharnstoff

Produkteigenschaften:	N-Gehalt	46 Gew.-%
	Harnstoffgehalt	98,5 Gew.-%

Es können 20 % des Eiweißes bei der Fütterung von Milchkühen ersetzt werden (100 g Harnstoff ~ 230 g verd. Rohprotein).

Bei mehrmaligen Kraftfuttergaben sind weder Leistungseinbußen noch gesundheitliche Störungen zu erwarten. Bei niederleistenden und trockenstehenden Kühen sowie bei Masttieren kann ⅓ des erforderlichen Eiweißes über Futterharnstoff gedeckt werden.

Futterharnstoff kann über das Kraftfutter und über Maissilage (0,5 % Futterharnstoff auf frische Masse) verabreicht werden. Fütterungshinweise des Herstellers beachten bei Mischfuttermitteln. Einsetzbar auch als Zusatz bei Feuchtsilierung (Wasserzusatz) von CCM für Schweine.

Wasserbedarf landwirtschaftlicher Nutztiere

Der Wasserbedarf über Tränke richtet sich nach dem Wassergehalt der Futtermittel und nach der TM-Aufnahme.

Wassergehalt einiger Futtermittel

Futtermittel	1000 g enthalten g Wasser	Futtermittel	1000 g enthalten g Wasser
Weidegras	850	Futterrüben	850
Maissilage	720	Heu	140
Grassilage, frisch	780	Trockenschnitzel	100
Grassilage, angewelkt	700	Getreideschrot	100
Grassil., stark angewelkt	550	Kraftfutter	100
Zuckerrübenblattsilage	820		

Wasserbedarf insgesamt

Als Faustzahl können folgende Werte gelten:

	je kg aufgenommener TM
Kuh	4–5 Liter
Schwein	3–4 Liter
Pferd, Schaf	2–3 Liter

Fütterung der Milchkühe

Erhaltungsbedarf von Milchkühen

Lebend-gewicht kg	NEL MJ	Roh-eiweiß g	Ca g	P g	Mg g	Na g
450	28,9	400	20	20	10	7
550	33,3	440	23	23	11	8
650	37,7	480	26	26	13	9
750	42,1	520	29	29	14	10

Leistungsbedarf je kg Milch

Fett-gehalt %	Eiweiß-gehalt %	NEL MJ	Roh-eiweiß g	Ca g	P g	Mg g	Na g
3,5	3,2	2,97	80	3,2	1,7	0,6	0,6
4,0	3,4	3,17	85				
4,5	3,6	3,37	90				
5,0	3,8	3,57	95				

Gesamtbedarf einer Milchkuh

(650 kg – 4 % Milchfett)

Leistung	NEL MJ	Roh-eiweiß g	Ca g	P g	Mg g	Na g	Carotin mg
Erhaltung							
+ 5 kg Milch	53,4	900	42	34	16	12	250
+ 10 kg Milch	69,4	1330	58	43	19	15	375
+ 15 kg Milch	85,3	1760	74	52	22	18	500
+ 20 kg Milch	101,1	2180	90	60	25	21	
+ 25 kg Milch	117,0	2610	106	69	28	24	
+ 30 kg Milch	132,8	3030	122	77	31	27	
+ 35 kg Milch	148,7	3460	138	86	34	30	
+ 40 kg Milch	164,6	3880	154	94	37	33	↓

Für 1 kg FCM (fat corrected milk = Milch mit 4 % Fett) werden benötigt: 85 g Roheiweiß in 3,17 MJ NEL

Umrechnungsformel von kg Milch auf kg FCM:
FCM kg = Milch kg × (0,4 + Fett % × 0,15)

Beispiel: 15 kg Milch mit 3,5 % Milchfett
= 15 × (0,4 + 3,5 × 0,15) = 13,88 kg FCM

Mischfutter für Milchkühe

Bezeichnung nach Typenliste	DLG-Standard	Energie-Stufe	NEL MJ/kg mind. ca.	Roh-eiweiß mind. %	Roh-faser max. %
Ergänzungsfutter-	I	1	6,0	18	14
mittel für Milchkühe		2	6,4	18	12
		3	6,8	18	10
Eiweißreiches	II	1	6,0	26	14
Ergänzungsfutter-		2	6,4	26	12
mittel für Milchkühe	III	1	6,0	32	14

Empfehlungen für den Einsatz:

1 kg DLG-Standard II/2 + 1 kg Getreideschrot = 2 kg Kraftfutter für 4,5 kg FCM;

1 kg DLG-Standard III + 2 kg Getreideschrot = 3 kg Kraftfutter für 6,6 kg FCM.

Fütterung hochtragender Milchkühe

Fütterung so einstellen, daß möglichst wenig Körperfett angelegt werden kann. Abbau zu Laktationsbeginn führt vorwiegend zur Belastung des Stoffwechsels, subklinischer Ketosis und Störungen im Fortpflanzungsgeschehen. Bei knapper Versorgung in der Trockenstehperiode ist Futteraufnahme zu Beginn der Laktation höher.

Empfehlung:

Nettoenergieversorgung für Erhaltung + 4 bis 6 kg FCM ist ausreichend (50–57 MJ NEL/Tag).

Bei gutem Grundfutter Aufnahme auf 20 kg (Maissilage, Anwelksilage) bzw. 40 kg (Zuckerrübenblattsilage) bzw. 30 kg (Futterrüben) begrenzen. 2 bis 3 kg Heu.

Bei Maissilage und Rüben Eiweißausgleich über max. 1 kg Sojaextraktionsschrot.

Mineralstoffversorgung wie für 10 bis 12 kg Milch.

Praxisnahe Grundfutterrationen für Milchkühe (kg/Tag)

Rationstyp		1	2	3	4	5	6	7
Wiesenheu, sehr gut		—	—	4	—	—	3	—
Wiesenheu, mäßig		5	—	—	4	—	—	3
Luzerneheu		—	4	—	—	—	—	—
Grassilage								
– früh, 35 % TM		—	—	21	—	—	15	20
– spät, 35 % TM		—	—	—	17	—	—	—
– früh, 50 % TM		—	—	—	—	20	—	—
Maissilage, 27 % TM		15	25	—	—	—	15	—
Zuckerrübenblattsilage		15	—	—	—	—	—	—
Futterrüben		—	—	—	—	—	—	20
Gerstenschrot		1,0	1,5	0,5	3,5	1,0	—	—
Ration enthält:								
TM	kg	11,9	11,8	11,9	12,8	10,9	11,7	12,6
Roheiweiß	g	1255	1338	1955	1597	1975	1670	1500
NEL	MJ	68,0	69,5	70,3	70,6	69,2	68,7	71,4
Rohfaser	g	2670	2725	2563	3144	2295	2894	2650
Ca	g	91	91	100	86	100	89	63
P	g	46	47	47	49	48	44	28
Na	g	30	13	28	27	27	27	19
Ration reicht für . . . kg FCM (650 kg Lebendgewicht)								
Roheiweiß		9,1	10,1	17,4	13,1	17,6	14,0	12,0
NEL		9,6	10,0	10,3	10,4	10,4	9,8	10,6

Ergänzung mit Mineralstoffen

Entsprechend dem jeweiligen Rationstyp im Grundfutter muß die Mineralstoffversorgung erfolgen.

Grundfutter vorwiegend aus:	Gehalt in Mineralstoffmischung, % Ca	P	Mg	Na
Gras oder Graskonserven	min. 10	5– 8	2–3	min. 10
Rüben und Maissilage	min. 15	8–10	1–2	5–10
Zuckerrübenblatt und -silage	max. 10	8–10	1–2	4– 8

Im eigenen Betrieb erstellbare Ergänzungsfuttermittel für Milchkühe

Futtermittel	1 kg enthält Roheiweiß g	1 kg enthält NEL MJ	geeignet als Energieergänzung %	geeignet als Eiweißergänzung %	
Haferschrot	109	6,60	50	10	17
Gerstenschrot	105	7,52	47	—	—
Weizenkleie	143	5,35	—	7	—
Ackerbohnen	262	7,01	—	—	10
Sojaextraktionsschrot	501	7,26	—	20	20
Rapsextraktionsschrot	351	5,92	—	20	10
Kokosexpeller (4 bis 8% Fett)	207	7,12	—	20	20
Palmkernexpeller (4 bis 8% Fett)	187	6,27	—	20	20
Mineralstoffmischung (28% P_2O_5)	—	—	3	3	3
1 kg Kraftfutter enthält:	g Roheiw.		104	270	255
	MJ NEL		6,83	6,35	6,54

Fütterung der Kälber

(nach DLG)

Kälberaufzucht

Woche	Biest- bzw. Vollmilch Liter/Tag	Tränke Liter/Tag	Milchaustauschfuttermittel für Aufzuchtkälber/Liter Tränke . . . g	Ergänzungsfuttermittel für Aufzuchtkälber	Heu
1	3–5	–	–	–	–
2	4	3	80	zur beliebigen Aufnahme bis 1, 5 kg tägl.	zur beliebigen Aufnahme
3		8	100		
.		.	.		
.		.	.		
10		8	100		
11		6	100		
12		2	100		
Gesamtverbrauch etwa	50 l	525 l	50 kg	60–80 kg	20–30 kg

Frühentwöhnung

Woche	Biest- bzw. Vollmilch Liter/Tag	Tränke Liter/Tag	Milchaustauschfuttermittel für Aufzuchtkälber (mögl. mit 15 % Fett)/Liter Tränke . . . g	Ergänzungsfuttermittel für Aufzuchtkälber	Heu
1	3–5	–	–	–	–
2	4	3	100	zur	zur
3		6	100	beliebigen	belie-
.		.	.	Aufnahme	bigen
7		6	100	bis 1,5 kg	Auf-
8		3	100	tägl.	nahme
9–12					
Gesamtverbr. etwa	50 l	250 l	25 kg	80–100 kg	20–30 kg

Kälberaufzucht mit kalter Sauermilchtränke

Konzentration: 100 g/l Nullaustauscher (auf Basis Molkenpulver) oder 100 g/l Milchaustauscher für Kälberaufzucht. 3 ml 85 %ige Ameisensäure/l Tränke (falls nicht bereits im Austauscherpulver enthalten).

Tränketemperatur: um 15 °C
Tränkebeginn: ab 2. Lebenswoche
Tränkemenge: am besten über Gummisauger ad libitum
Kraftfutter, Heu und Wasser zur freien Aufnahme.

Kälbermast

Tränkeplan für die Kälbermast

Mastwoche	Tränke l/Tag	A Energie- u. Wirkstoffzusatz (50 % Fett) in g/Liter Magermilch (N 1,6)	B Milchaustauscher g/Liter Wasser bis 80 kg: MAT I (N 1,4) ab 80 kg: MAT II (N 1,5)		C Tränke l/Tag	MAT I/II in g/Liter Wasser	
1	6	30 (50)*)	80–120	MAT I	6	180	MAT I
2	7	30 (50)	130	↓	7	190	↓
3	8	40 (60)	140		8	190	
4	9	40 (60)	150		9	200	
5	10	50 (70)	160		9	210	MAT II
6	11	50 (70)	160	MAT II	10	210	↓
7	12	60 (80)	170	↓	10	210	
8	13	60 (80)	170		11	230	
9	14	60 (80)	180		11	230	
10	14–15	60 (90)	190		11	250	
11/12	14–15	60 (90)	200		11	260	
13/14	15–16	60 (90)					
Gesamtverbrauch von 50–160 kg Lebendgewicht		ca. 1000 l Magerm. + 55 kg bzw. 75 kg*) energiereiches Ergänzungsfutter	40 kg MAT I 130 kg MAT II		40 kg MAT I 120 kg MAT II		

*) Aufwerter mit 30 % Fett

Richtzahlen für die tägliche Nähr- und Mineralstoffversorgung von weiblichen Jungrindern

Lebendgewicht kg	TM kg	MJ NEL bei Zunahme von 500 g	700 g	Roheiweiß g	Ca g	P g	Na g	Mg g
150	3– 4	18	21	560	23–29	14–16	3	5
200	4– 6	21	25	630	27–32	16–18	4	6
250	5– 6	25	29	700	30–37	19–22	5	7
300	6– 7	29	33	770	32–39	22–24	5	8
350	7– 9	32	37	840	↓	23–26	6	9
400	8– 9	35	40	↓		26–28	7	10
450	8–10	39	44			29–31	8	11
500	9–10	43	49			↓	↓	↓

Fütterung der Mastrinder

Mastverfahren:

Intensivmast: Mast schließt direkt an Aufzucht an.
Stallmast. Angestrebte mittlere Tageszunahmen von 150–500 kg LM mindestens 1000 g.

Weidemast: Aufzucht bis etwa 125 kg LM.
Herbstkälber werden im Winter knapp gefüttert. Ausnutzen des kompensatorischen Wachstums auf der Weide. Zunahmen im Winter nicht unter 400 g/Tag, Endmast auf der Weide bis zu 1200 g/Tag. Frühjahrskälber: Endmast während der 3. Weideperiode. Mastdauer gegenüber Herbstkälbern etwa 5 Monate länger, aber höheres Endgewicht, besserer Schlachtkörper, günstigere Marktlage beim Verkauf ab Juli.

Nährstoffbedarf in der Bullenmast

Richtzahlen für die Nähr- und Mineralstoffversorgung

Lebendgewicht kg	TM kg	StE bei Zunahme von 1000 g	1200 g	1400 g	Roheiweiß g	Ca g	P g	Na g	Mg g
150	3– 4	2400	–	–	700	35	18	4	5
200	4– 6	2800	3100	–	770	40	22	5	6
250	5– 6	3200	3550	3950	840	50	25	5	7
300	6– 7	3600	4000	4500	910	56	30	6	8
350	7– 9	4000	4400	4900	980	55	35	6	9
400	8– 9	4300	4750	5250	1050	55	35	7	10
450	8–10	4600	5100	5700	1120	55	35	8	11
500	9–10	5000	5550	–	1120	55	35	8	11
550	9–10	5400	6000	–	1120	50	33	8	11

Fütterungsbeispiele für die Wirtschaftsmast von Jungbullen

A) Maissilage

Lebend-gewicht kg	tägl. Zun. g	Tagesgaben kg Kraft-futter	Mais-silage 25 % TM	Kraft-futter	Mais-silage 30 % TM	Rauh-futter
150	950	2,5	5	2–2,5	6	
250	1 150		12		12	
350	1 300		20		18	nach Bedarf
450	1 250		23		21	
550	1 050	↓	25	↓	23	
Gesamt-verbrauch ca. dt		10	66	8,5	62	

B) Zuckerrübenblattsilage

Lebend-gewicht kg	tägl. Zun. g	Tagesgaben kg Kraft-futter	ZR-Blatt-silage	Rauh-futter
150	1 000	3,5	3	1,5
250	1 250		6	
350	1 200		18	
450	1 100		24	
550	950	↓	28	↓
Gesamt-verbrauch ca. dt		15	64	6

C) Grassilage (25 bis 30 % TM)

Lebend-gewicht kg	tägl. Zun. g	Tagesgaben kg Kraft-futter	Gras-silage	Rauh-futter
150	1 000	2,5	9	
250	1 200	3,0	11	
350	1 300	3,0	13	nach Bedarf
450	1 250	3,5	15	
550	1 050	4,4	18	
Gesamt-verbrauch ca. dt		8,3	38	

Fütterungsbeispiel für die Stallendmast mit Zuckerrübenblattsilage

Lebend-gewicht kg	tägl. Zun. g	Tagesgaben kg Kraft-futter	ZR-Blatt-silage	Rauh-futter
300	1 100	2,5	22	1
350	1 100	↓	26	↓
400	1 250		31	
450	1 300		32	
500	1 400		35	
550	1 450		38	
600	1 250		38	
Gesamtverbrauch ca. dt		7,5	75	2,5

Je nach Grundfutter als Kraftfutter Rindermastfutter I (15–25 % Roheiweiß) oder Rindermastfutter II (30–40 % Roheiweiß) und Mineralfutter I, II oder III einsetzen.

Fütterung der Zuchtsauen

Grundsätzlich gilt:

In der Trächtigkeit so knapp wie möglich, in der Laktation so viel wie möglich. In der Trächtigkeit kann wirtschaftseigenes Futter eingesetzt werden, in der Laktation möglichst nur Kraftfutter.

Empfehlungen zur Nähr- und Mineralstoff- sowie Vitaminversorgung von Sauen

Leistungs-stand	Umsetzb. Energie UE MJ	Roh-eiw. g	verd. Roh-eiw. g	LYS g	MET CYS g	Ca g	P g	Na g	Vitamine A IE	D₃ IE	B µg
niedertragend	25	250	200	11	6	14	9	4	8000	1500	30
hochtragend	29	300	240	13	8	20	13	5	20000	1600	40
säugend											
8 Ferkel											
– ohne Beifutter*)	58	700	560	35		37	25	10	40000	5000	80
– 8 kg Beifutter	54	650	520	32					↓	↓	↓
10 Ferkel											
– ohne Beifutter	70	900	720	45		45	30	12			
– 12 kg Beifutter	64	800	640	40							
12 Ferkel											
– ohne Beifutter	82	1050	840	54		52	25	14			
– 18 kg Beifutter	72	920	740	46							
Absetzen bis Belegen	29	300	240	13	8	20	13	5	20000	1600	40

*) jeweils in 5 Wochen

Zusammensetzung von Zuchtsauenfutter für Selbstmischer (Alleinfutter)

A) tragende Sauen

30% Gerste
40% Hafer
20% Weizen
9% Eiweißkonzentrat Typ 2.15
1% Mineralfutter Typ 2.16

30% Gerste
40% Hafer
20% Weizen
5% Sojaschrot
2% Trockenhefe
3% Mineralfutter Typ 2.16

B) säugende Sauen

40% Gerste
15% Hafer
10% Weizen
10% Weizenkleie
20% Sojaschrot
2% Hefe, getrock.
3% Mineralfutter Typ 2.16

30% Gerste
20% Hafer
20% Weizen
10% Weizenkleie
12% Sojaschrot
2% Hefe, getrock.
3% Fischmehl (Typ 60)
3% Mineralfutter Typ 2.16

oder

Ergänzungsfutter für Sauen 1 : 1 mit Getreide mischen (Typ 2.13 mit 22% Roheiweiß)

Eiweißreiches Ergänzungsfutter 1 : 4 mit Getreide mischen für Schweine (Typ 2.14 mit 34–38% Roheiweiß)

Eiweißkonzentrat für Schweine 1 : 5 mit Getreide mischen (Typ 2.15 mit 44% Roheiweiß)

Futterbedarf in der Zuchtsauenfütterung

A) Alleinfutter

	Futter-tage	Alleinfutter kg/Tag	Alleinfutter kg ges.
niedertragend 1.–13. Woche	91	2,2	200
hochtragend 14. Woche – Abferkeln	25	2,7	68
säugend, 10 Ferkel			
– ohne Beifutter	35	6,0	210
– mit Beifutter	35	5,3	185
Absetzen bis Belegen	10	2,7	27
Verbrauch je Wurf			ca. 5 dt
Verbrauch je Sau und Jahr bei 2,25 Würfen			ca. 11 dt

B) kombinierte Fütterung

	Futter-tage	Ergänzungsfutter kg/Tag	Ergänzungsfutter kg ges.*)	Getreideschrot kg/Tag	Getreideschrot kg ges.*)	Grundfutter (Silage, Gras)
niedertragend 1.–13. Woche	91	1,0	91	–	–	satt
hochtragend 14. Wo.–Abferkeln	25	2,0	50	–	–	satt
säugend, 10 Ferkel						
– ohne Beifutter	35	3–1	105–35	3–5	105–175	
– mit Beifutter	35	2,6–0,9	91–32	2,6–4,4	91–154	
Absetzen bis Belegen	10	1,35	13,5	1,35	13,5	–

*) Verbrauch je Wurf und Jahr ist abhängig von dem Typ des Ergänzungsfutters und dem Mischungsverhältnis mit Getreide.

Empfehlungen zur Energie- und Eiweißversorgung von Mastschweinen (pro Tag)

	Mastabschnitt kg											
	20–40			40–60			60–80			80–100		
Lebendmassezun. g	UE MJ	Roh-eiw. g	LYS g	UE MJ	Roh-eiw. g	LYS g	UE MJ	Roh-eiw. g	LYS g	UE MJ	Roh-eiw. g	LYS g
500	15,8	225	11,2									
600	17,9	261	13,0	22,5	277	13,8						
700	20,1	296	14,8	24,7	312	15,6	29,2	332	16,5	33,8	318	15,8
800				26,8	347	17,3	31,4	367	18,2	35,9	354	17,5
900				29,0	383	19,1	33,5	402	20,0	38,1	389	19,3

Rationsliste für die Getreidemast mit Alleinfutter I und II für Mastschweine oder entsprechende Aufmischungen

Mastwoche	Lebendgewicht je Schwein kg	tägliche Futtergabe je Schwein kg	Tageszunahmen g	Futtermischung
–	15,0–17,1	0,6		Ferkelaufzuchtfutter I
–	17,1–20,0	0,8		
1	20,0–23,5	1,1		
2	23,5–27,0	1,2	mind.	Alleinfuttermittel I für
3	27,0–30,5	1,3	500	Mastschweine oder Auf-
4	30,5–35,0	1,5		mischung aus Ergän-
5	35,0–39,5	1,6		zungsfuttermittel I oder II
6	39,5–44,0	1,8		(50 bzw. 35 %) und Getrei-
7	44,0–49,0	2,0		deschrot oder 15–20 %
8	49,0–54,0	2,1	etwa	Eiweißkonzentrat und
9	54,0–59,0	2,3	650	85–80 % Getreideschrot

noch Rationsliste für die Getreidemast mit Alleinfutter

Mastwoche	Lebendgewicht je Schwein kg	tägliche Futtergabe je Schwein kg	Tageszunahmen g	Futtermischung
10	59,0– 64,0	2,4		
11	64,0– 69,0	2,5	über	Alleinfuttermittel II für
12	69,0– 74,0	2,7	700	Mastschweine oder Aufmi-
13	74,0– 79,0	2,8		schungen aus Ergänzungs-
14	79,0– 84,0	2,9		futtermittel I (25 %) oder II
15	84,0– 90,0	3,0		(20 %) und Getreideschrot
16	90,0– 95,0	3,1*)		oder etwa 10 % Eiweißkon-
17	95,0–100,0	3,2*)		zentr. und Getreideschrot
18	100,0–105,0	3,2*)		mit Mühlennachprodukten,
19	105,0–110,0	3,2*)		Tapioka u. a.

*) diese Futtermengen werden in der Praxis nicht immer aufgenommen.

Fertigfutter für Schweine

Bezeichnung	Normtyp Inhaltsstoffe %			Zusatzstoffe je kg
Alleinfutter-mittel I für Mastschweine bis etwa 50 kg	Roheiweiß	min.	17	Cu min. 20 mg
	Lysin	min.	0,85	Zn min. 50 mg
	Rohfett	max.	8	Vit. A min. 4000 IE
	Rohfaser	max.	6	Vit. D min. 500 IE
Normtyp 2.4	Stärke	min.	33	
	Ca	min.	0,75	
	P	min.	0,55	UE min. 12,5 MJ
	Na	min.	0,15	
Alleinfutter-mittel II für Mastschweine von etwa 50 kg an	Roheiweiß	min.	14	Zn min. 50 mg
	Lysin	min.	0,7	
	Rohfett	max.	10	
	Rohfaser	max.	7	UE min. 12,5 MJ
Normtyp 2.5	Stärke	min.	33	
	Ca	min.	0,65	
	P	min.	0,44	
	Na	min.	0,15	
Ergänzungs-futtermittel I für Mastschweine	Roheiweiß		24–27	Cu min. 40 mg
	Lysin	min.	1,45	Zn min. 200 mg
	Rohfett	max.	12	Vit. A min. 8000 IE
Normtyp 2.11	Rohfaser	max.	7	Vit. D min. 1000 IE
	Ca	min.	2,1	
	P	min.	0,75	Bis 50 % der Gesamt-
	Na	min.	0,35	ration einsetzen
Ergänzungs-futtermittel II für Mastschweine	Roheiweiß		28–33	Cu min. 60 mg
	Lysin	min.	1,75	Zn min. 200 mg
	Rohfett	max.	12	Vit. A min. 12000 IE
Normtyp 2.12	Rohfaser	max.	8	Vit. D min. 1500 IE
	Ca	min.	2,4	
	P	min.	0,9	Bis 35 % der Gesamt-
	Na	min.	0,4	ration einsetzen

Mast mit Maiskornsilage und Maiskolbensilage (CCM = corn cob mix)

Gewichts-abschnitt kg	I 1,0 kg Beifutter + Maiskornsilage kg	II 1,0 kg Beifutter + CCM (50 % TM; 5 % Rohf.) kg	III 1,5 kg Beifutter + CCM (60 % TM; 8 % Rohf.) kg
20– 30	0,4	0,5	nicht geeignet
30– 40	0,9	1,0	0,3
40– 50	1,3	1,6	0,6
50– 60	1,7	2,3	1,1
60– 70	2,1	2,7	1,5
70– 80	2,3	3,0	1,8
80– 90	2,5	3,2	2,0
90–100	2,7	3,4	2,2
100–110	2,7	3,4	2,2
Ges.verbr. 20–110 kg	140 kg Beifutter 240 kg Maiskornsil.	140 kg Beifutter 290 kg CCM	200 kg Beifutter 170 kg CCM

Fütterungshinweise für Absatzferkel

Die Beifütterung der Ferkel beginnt in der 3. Lebenswoche, damit beim Frühabsetzen nach der 4. Lebenswoche genügend hohe Futteraufnahme gesichert ist.
In der 3. Laktationswoche ist der Eiweißgehalt der Sauenmilch am niedrigsten. Beifutter für Ferkel muß daher mindestens 17 % Roheiweiß mit hoher Verdaulichkeit haben.

Empfehlungen zur Energie- und Nährstoffversorgung von Ferkeln

tägl. Zun. g	Gewichtsbereich kg 5	10	15	20
		Umsetzbare Energie (UE) in MJ		
100	2,6	–	–	–
200	4,3	5,2	6,0	–
300	6,0	7,1	8,0	9,0
400	–	8,9	10,0	11,2
500	–	–	12,0	13,3
600	–	–	–	15,5
		Roheiweiß in g		
100	46	–	–	–
200	75	86	96	–
300	105	117	128	136
400	–	148	160	168
500	–	–	192	201
600	–	–	–	233
		Lysin in g		
100	2,4	–	–	–
200	4,0	4,6	5,1	–
300	5,6	6,2	6,8	7,2
400	–	7,9	8,5	8,9
500	–	–	10,1	10,6
600	–	–	–	12,3

Als Ferkelbeifuttergemische während der Säugeperiode und als Aufzuchtfutter nach dem Absetzen haben sich die folgenden Mischungen bewährt:

Futtermittel	Anteile in % Typ I	Typ II	Typ III
Gerste	45,0	46,5	39,0
Mais	–	–	15,0
Weizen	20,0	25,0	18,0
Hafer	15,0	–	–
Tapiokamehl	–	–	5,0
Fischmehl	17,0	4,5	14,0
Sojaschrot	–	19,0	6,0
Trockenhefe	2,0	3,0	2,0
Mineralstoffmischung mit Vitaminen und Spurenelementen	1,0	2,0	1,0

Mischfutter für die Ferkelfütterung (NORMTYP)

Inhaltsstoffe %			Zusatzstoffe/kg		
Milchaustauschfuttermittel für Ferkel (Alleinfuttermittel)					
Roheiweiß	min.	24	Eisen	min.	100 mg
Lysin	min.	1,5	Kupfer	min.	20 mg
Rohfett	min.	4	Mangan	min.	30 mg
Rohfaser	max.	1,5	Zink	min.	70 mg
Rohasche	max.	8	Vitamin A	min.	8 000 IE
Calcium	min.	1	Vitamin D	min.	1 000 IE
Phosphor	min.	0,7	Vitamin B_{12}	min.	20 µg
Natrium	min.	0,2	Vitamin E	min.	20 mg
Ergänzungsfuttermittel für Saugferkel					
Roheiweiß	min.	22	Eisen	min.	100 mg
Lysin	min.	1,4	Kupfer	min.	20 mg
Rohfett	max.	6	Mangan	min.	30 mg
Rohfaser	max.	5	Zink	min.	70 mg
Stärke	min.	30	Vitamin A	min.	8 000 IE
Laktose	min.	10	Vitamin D	min.	1 000 IE
Calcium	min.	0,8	Vitamin B_{12}	min.	20 µg
Phosphor	min.	0,7			
Natrium	min.	0,2	UE	min.	13 MJ
Ferkelaufzuchtfutter I (Alleinfuttermittel) bis etwa 20 kg					
Roheiweiß	min.	18,5	Eisen	min.	100 mg
Lysin	min.	1,1	Kupfer	min.	20 mg
Rohfett	max.	7	Mangan	min.	30 mg
Rohfaser	max.	6	Zink	min.	70 mg
Stärke	min.	33	Vitamin A	min.	8 000 IE
Calcium	min.	0,85	Vitamin D	min.	1 000 IE
Phosphor	min.	0,65			
Natrium	min.	0,20	UE	min.	12,5 MJ

Fütterungshinweise für Schafe

1. Zuchtschafe

Nährstoffnormen und Rationen

	Bedarf				Ration				
	Leb.-gewicht kg	TM kg	StE	Roh-eiw. g	Heu kg	Saft-futter (25% TM) kg	Me-lasse-schnit-zel kg	Kraft-fut-ter kg	Mine-ral-futter Typ 3.4 g
Mutterschaf	65	1,2	550	70	0,5*)	3,0	–	–	10
– leer	80	1,5	650	85	0,7*)	3,0	–	–	10
– niedertrag.	65	1,5	580	85	0,6*)	3,0	–	–	15
	80	1,8	670	100	0,8*)	3,0	–	–	15
– hochtragend	65	1,3	830	150	0,7	2,5	–	0,3	20
(ab 100. Tag)	80	1,6	920	165	0,9	2,5	–	0,3	20
– säugend									
– – 1 Lamm	65	2,0	1050	230	0,7	3,0	0,3	0,4	20
– – 2 Lämmer		2,0	1250	300	0,7	2,0	0,3	0,8	30
– – 1 Lamm	80	2,2	1150	250	0,9	3,0	0,3	0,5	20
– – 2 Lämmer		2,2	1350	320	0,9	2,0	0,3	1,0	30

*) Stroh zur freien Aufnahme

Koppelschafhaltung: Besatzdichte bei mittlerem Grünland
= 10–20 Mutterschafe mit Nachzucht/ha.

Ergänzungsfuttermittel für Zuchtschafe (Normtyp)

Inhaltsstoffe in v.H.		
Roheiweiß	min.	15
Roheiweiß aus NPN-Verbindungen	max.	4,5
Rohfaser	max.	14
Rohasche	max.	10
Calcium	min.	1
Phosphor	min.	0,5

2. Mastlämmer

Nach dem Absetzen ist zunächst ein Alleinfuttermittel mit einem engeren Verhältnis von v.E. : StE (1 : 4) einzusetzen (180 g v.E. in 700 StE).

Richtzahlen für die Nährstoffversorgung von Mastlämmern

Gewicht kg	tägl. Zun. g	verd. Roheiw. g	StE
		Bocklämmer	
20	bis 300	110	595
30		130	770
40		145	930
50		160	1 080
		Zibbenlämmer	
20	bis 250	90	510
30		105	680
40		125	840

Alleinfuttermittel für Mastschaflämmer zur freien Aufnahme
Heu 50 bis 100 g/Tier und Tag.

Alleinfuttermittel für Mastschaflämmer (Normtyp)

Inhaltsstoffe in v. H.			Zusatzstoffe je kg		
Roheiweiß	min.	16	Vitamin A	min.	10000 IE
Rohfaser	max.	8	Vitamin D	min.	1250 IE
Rohasche	max.	9	Vitamin E	min.	12 mg
Calcium	min.	1			
Phosphor	min.	0,5			

(Ca : P-Verhältnis nicht unter 2 : 1)
1 kg Alleinfuttermittel enthält: min. 140 g v. E. in 700 StE.

Richtzahlen zum Nähr- und Mineralstoffbedarf von Pferden

	verd. Energie MJ/Tag	verd. Roheiw. g/Tag	Ca g/Tag	P g/Tag
a) ausgewachsenes Pferd, ca. 600 kg Körpergewicht				
Jungpferde				
– 3– 6 Monate, 260 kg	70	670	36	24
– 7–12 Monate, 360 kg	75	540	30	21
– 13–24 Monate, 490 kg	80	480	30	18
Stuten				
– hochtragend	80–90	470–590	36–45	21–30
– säugend	150	1 270	50	40
Hengste				
– starke Deckbeanspruchung	110	600	30	20
Reitpferde				
– Erhaltung	75	360	24	15
– Arbeit				
– – leicht	bis 90	bis 450	27	17
– – mittel	90–110	450–540	27	18
– – schwer	über 110	über 540	30	21
b) ausgewachsenes Pferd, ca. 400 kg Körpergewicht				
Jungpferde				
– 3– 6 Monate, 170 kg	50	470	24	16
– 7–12 Monate, 240 kg	55	380	20	14
– 13–24 Monate, 330 kg	60	350	20	12
Stuten				
– hochtragend	60–65	350–440	24–30	14–20
– säugend	105	940	40	33
Hengste				
– starke Deckbeanspruchung	80	440	24	16

b) ausgewachsenes Pferd, ca. 400 kg Körpergewicht

	verd. Energie MJ/Tag	verd. Roheiw. g/Tag	Ca g/Tag	P g/Tag
Reitpferde				
– Erhaltung	54	270	16	10
– Arbeit				
– – leicht	bis 70	bis 340	18	11
– – mittel	70–80	340–400	18	12
– – schwer	über 80	über 400	20	14

c) ausgewachsenes Pferd, ca. 200 kg Körpergewicht

Jungpferde				
– 3– 6 Monate, 85 kg	30	250	12	8
– 7–12 Monate, 120 kg	30	210	10	7
– 13–24 Monate, 165 kg	35	190	10	6
Stuten				
– hochtragend	35–40	200–260	12–15	7–10
– säugend	65	560	25	20
Hengste				
– starke Deckbeanspruchung	50	260	15	10
Reitpferde				
– Erhaltung	30	160	8	5
– Arbeit				
– – leicht	bis 40	bis 200	9	5
– – mittel	40–50	200–240	9	6
– – schwer	über 50	über 240	10	7

Rationsbeispiele

Absetzfohlen (6 Monate, 240 kg Körpergewicht)

2,0 kg Ergänzungsfuttermittel f. Fohlen 2,0 kg Hafer 3,0 kg Wiesenheu 1,0 kg Massenrüben	oder	4,0 kg Hafer 3,0 kg Wiesenheu 1,0 kg Massenrüben 100 g Mineralfutter f. Pferde

Zuchtstuten (Laktation, 600 kg Körpergewicht)

2,5 kg Ergänzungsfuttermittel für hochtrgd. u. laktierende Stuten 2,5 kg Hafer 30,0 kg Weidegras 2,0 kg Wiesenheu	oder	5,0 kg Hafer 30,0 kg Weidegras 2,0 kg Wiesenheu 150 g Mineralfutter f. Pferde

Reitpferde (leichte bis mittlere Leistungsbeanspruchung, 600 kg Körpergewicht)

2,5 kg Ergänzungsfuttermittel f. Pferde 2,0 kg Hafer 6,0 kg Wiesenheu	oder	4,5 kg Hafer 6,0 kg Wiesenheu 150 g Mineralfutter f. Pferde

Fütterung des Geflügels

neubearbeitet von Dr. **H. Vogt,** Dir. u. Prof.
Institut für Kleintierzucht der FAL, Celle

Fütterungsempfehlung

Legehennen – Aufzucht und Legeperiode

1.– 6. Woche: Alleinfutter für Hühnerküken mit 18 % Rohprotein,
7.–12. Woche: Alleinfutter für Junghennen A mit 16 % Rohprotein,
ab 13. Woche: Alleinfutter für Junghennen B mit 13 % Rohprotein,
ab Legebeginn: Alleinfutter I für Legehennen mit 16 % Rohprotein,
ab 10. Legemonat: Alleinfutter II für Legehennen mit erhöhtem Calciumgehalt und gesenktem Phosphorgehalt.

Alle Futter in Mehlform, Energiegehalt 11–11,3 MJ ME/kg, Alleinfutter II für Legehennen etwas niedriger.

Mastküken (Broiler)

erste 10 Tage: Alleinfutter für Hühnerküken i. d. ersten Lebenswochen mit 23 % Rohprotein,
11. Tag bis Mastende: Alleinfutter I für Masthühnerküken (Broiler) mit 23 % Rohprotein,
evtl. 5. Woche bis Mastende: Alleinfutter II für Masthühnerküken (Broiler) von etwa der 5. Lebenswoche ab mit 19 % Rohprotein.

Alle Mastfutter in Preßform, Energiegehalt mind. 13 MJ ME/kg.

Mastputen

1.–2. Woche: Alleinfutter für Truthühnerküken (Krümel oder Granulat) mit 28 % Rohprotein,
3.– 5. Woche: Alleinfutter für Truthühnerküken mit 26 % Rohprotein,
6.– 9. Woche: Alleinfutter für Masttruthühner mit 23 % Rohprotein,
10.–13. Woche: Alleinfutter für Masttruthühner mit 21 % Rohprotein,
14.–17. Woche: Alleinfutter für Masttruthühner mit 19 % Rohprotein,
18.–22. Woche: Alleinfutter für Masttruthühner mit 15 % Rohprotein.

Alle Putenfutter (außer in den ersten beiden Wochen) in Preßform; Energiegehalt während der Mast von mind. 11 auf mind. 12,5 MJ ME/kg ansteigend.

Mastenten (Peking)

erste 14 Tage: Alleinfutter für Entenküken mit 18 % Rohprotein,
3.–8. Woche: Alleinfutter für Mastenten mit 16 % Rohprotein.

Alle Entenfutter in Preßform, Energiegehalt 11,5 MJ ME/kg.

(Die als Fütterungsempfehlung genannten Rohproteingehalte sind keine Mindestgehalte, sondern Ist-Gehalte! ME = umsetzbare Energie.)

Körpergewichtsentwicklung, Futterverbrauch und Wasserbedarf bis zur Legereife bei Legehybriden

(nach **Vogt,** Jahrbuch für die Geflügelwirtschaft 1979)

Woche	Normale Fütterung Durchschnittl. Gewicht	Durchschn. Futterverbr. pro Tier in g			Eingeschr. Fütterung (Beispiel) Durchschnittl. Gewicht	Durchschn. Futterverbr. pro Tier in g			Wasserbedarf pro Tag
	g	pro Tag	pro Woche	insgesamt	g	pro Tag	pro Woche	insgesamt	g
1	85	8	60		85	7	51		15
2	140	16	110	170	130	14	101	152	25
3	200	23	163		180	21	149		40
4	260	31	214	547	240	28	194	495	55
5	330	37	258		310	33	232		68
6	410	42	297	1 102	380	38	264	991	80
7	500	48	336		475	42	292		90
8	590	53	371	1 809	565	45	318	1 601	100
9	680	57	400		645	49	342		110
10	770	61	426	2 635	730	52	365	2 308	120
11	850	65	450		810	55	388		130
12	930	68	476	3 561	890	59	410	3 106	140
13	1 000	71	500		960	62	431		150
14	1 070	74	521	4 582	1 020	64	451	3 988	160
15	1 140	77	540		1 080	67	470		170
16	1 200	79	556	5 678	1 140	70	488	4 946	180
17	1 255	81	568		1 200	72	505		190
18	1 310	83	581	6 827	1 260	74	521	5 972	200
19	1 360	84	591		1 300	76	535		210
20	1 410	86	600	8 018	1 350	78	547	7 054	220
21	1 455	87	609		1 400	80	560		230
22	1 500	88	619	9 246	1 440	82	574	8 188	240

Bei leicht eingeschränkter Fütterung wird der Futterverbrauch bis zur 20. Woche auf 7,4–7,5 kg vermindert. Bei jeder eingeschränkten Fütterung muß die Gewichtsentwicklung ständig kontrolliert werden. Eingeschränkte Fütterung muß mit einem entsprechenden Beleuchtungsprogramm kombiniert werden, z. B. 11.–15. Woche 8 Std., 16. Woche 9 Std., 17. Woche 10 Std., 18. Woche 11 Std. Licht usw.

Der Gesamtfutterverbrauch (in Klammern Werte für eingeschränkte Fütterung) beträgt in der 1.–6. Woche 1,1 kg (1 kg) Alleinfutter für Hühner, in der 7.–12. Woche 2,5 kg (2,1 kg) Alleinfutter für Junghennen A und in der 13.–20. Woche 4,5 kg (4 kg) Alleinfutter für Junghennen B. Viel höhere Verbrauchszahlen gehen auf das Konto: Nachlässigkeit des Geflügelhalters. Daneben gibt man während der gesamten Aufzuchtzeit etwa 25 g Grit je Tier.

Futterverbrauch Legehennen

Legeleistung %	je Henne und Tag	Eier pro Jahr	Futterverbrauch je Henne und Tag	je Henne und Jahr	je Ei von 62 g	je kg Eimasse
Körpergewicht der Henne (weißschalige Eier): 1800 g						
60	37,2 g	219	104 g	38,0 kg	173 g	2,80 kg
70	43,4 g	256	109 g	40,0 kg	156 g	2,52 kg
80	49,6 g	292	115 g	41,9 kg	144 g	2,31 kg
90	55,8 g	329	120 g	43,9 kg	133 g	2,15 kg
Körpergewicht der Henne (braunschalige Eier): 2300 g						
60	37,2 g	219	113 g	41,3 kg	189 g	3,04 kg
70	43,4 g	256	119 g	43,3 kg	169 g	2,73 kg
80	49,6 g	292	124 g	45,3 kg	155 g	2,50 kg
90	55,8 g	329	130 g	47,3 kg	144 g	2,32 kg

Futterverbrauch bei Käfighaltung und 11,25 MJ (2687 kcal) ums. Energie je kg Futter; 3–5 % Futterverlust einkalkuliert.

– bei Bodenintensivhaltung Futterverbrauch je Henne und Tag um 6–7 g, je Ei um 7–11 g höher.

WPSA-Energieschätzgleichung 1985
(seit dem 2. 1. 1987 in der Bundesrepublik Deutschland geltendes Recht):

kJ ME_n/kg = 15,51 g Rohprotein
+ 34,31 g Rohfett (nach Säureaufschluß)
+ 16,69 g Stärke
+ 13,01 g Zucker (ber. als Saccharose)

Mastdauer, Futterverbrauch und Zuwachs beim Geflügel

	Huhn Broiler		Pute Broiler	Schw. Pute Henne	Schw. Pute Hahn	Ente	Jungmastgans
Mastdauer i. W.	5½	7	9	16	24	7½	10
Futterverbr. i. kg	2,5	3,3	6	19	51	7,5	15
Ges.-Zunahme i. kg	1,4	1,7	3	7	15	2,5	5
Rohverwertung, 1 :	1,8	1,9	2	2,75	3,4	3	3

Anforderungen an Inhaltsstoffe bei Normtyp-Mischfuttermitteln

Nr.	Bezeichnung*)		Rohprotein min. %	Met. min. %	ME**) mind. MJ/kg	Calcium Spanne %	Phosphor min. bzw. Spanne %
6.1	A.	Entenküken	17	0,35	10	0,8 – 1,6	0,6
6.2	A.	Jungenten	12			0,8 – 1,6	0,6
6.3	A.	Zuchtenten	15	0,28	10	2,0 – 3,0	0,5
6.4	A.	Mastenten	15	0,30	11,5	0,8 – 1,4	0,6
7.1	A.	Hühnerküken in den ersten Lebenswochen	22	0,45	11,5	0,9 – 1,3	0,6
7.2	A.	Hühnerküken	17	0,35	10	0,7 – 1,2	0,6
7.3	A.	Junghennen	12			0,5 – 1,2	0,5
7.4	A.I	Legehennen	15	0,28	10	3,0 – 4,0	0,5–0,8
7.5	A.II	Legehennen***)	15	0,28	10	3,5 – 4,5	0,45–0,6
7.6	A.	Zuchthennen	15	0,28	10	2,0 – 4,0	0,5–0,8
7.7	A.I	Masthühnerküken (Broiler)	22	0,45	12,5	0,8 – 1,2	0,6
7.8	A.II	Masthühnerküken (Broiler) von etwa der 5. Lebenswoche an	18	0,36	12	0,7 – 1,2	0,6
7.9	E.	Junghennen	14			0,75– 1,8	0,6
7.10	E.	Legehennen	18	0,35		2,0 – 6,0	0,6–1,0
7.11	EE.	Legehennen	27	0,54		8,5 –12,0	0,9–1,8
7.12	M.	Legehennen					10
8.1	A.	Truthühnerküken	25	0,50	10	1,2 – 2,0	0,8
8.2	A.	Jungtruthühner	14			0,7 – 1,7	0,7
8.3	A.	Zuchttruthühner	15	0,28	10	2,0 – 3,0	0,6–0,9
8.4	A.	Masttruthühner	14	****)	11,5	0,7 – 1,7	0,7

Außerdem Anforderungen für Natrium (0,12–0,25 % für Alleinfutter, Ergänzungsfutter entsprechend höher), für Methionin plus Cystin (bei den beiden Futtern mit mind. 25 bzw. 27 % Rohprotein) und für Zucker (außer einigen Kükenfuttern max. 12 %), sowie z. T. Deklarationspflicht.

*) A = Alleinfutter(mittel), E = Ergänzungsfutter(mittel), EE = Eiweißreiches Ergänzungsfutter (mittel), M = Mineralfutter(mittel).

**) 1mal % Rohprotein + 2,25mal % Rohfett + 1,1mal % Stärke + 1mal % Zucker (Gesamtzucker nach Salzsäure-Inversion, berechnet als Saccharose).

***) Ab etwa 10. Legemonat.

****) Methioningehalt min. 2 % des Rohproteingehaltes.

Anforderungen an Zusatzstoffe bei Normtyp-Mischfuttermitteln

Spurenelemente, Mindestgehalt je kg Futter:

70 mg Mangan u. 70 mg Zink: Alleinfutter für Truthühnerküken

50 mg Mangan u. 50 mg Zink: alle übrigen Alleinfutter für wachsendes Geflügel

40 mg Mangan u. 60 mg Zink: alle Alleinfutter für ausgewachsenes Geflügel.

Ergänzungs- und Mineralfutter entsprechend höher.

Vitamine, Mindestgehalt je kg Futter:

3200 I.E. Vit. A, 400 I.E. Vit. D_3 u. 2 mg Riboflavin (Vit. B_2): Alleinfutter für Jung- und Mastenten.

4000 I.E. Vit. A, 500 I.E. Vit. D_3 u. 2 mg Riboflavin (Vit. B_2): Alleinfutter für Junghennen,

4000 I.E. Vit. A, 500 I.E. Vit. D_3 u. 4 mg Riboflavin (Vit. B_2): Alleinfutter für Enten- und Hühnerküken,

6000 I.E. Vit. A, 750 I.E. Vit. D_3 u. 2,5 mg Riboflavin (Vit. B_2): Alleinfutter für Legehennen I u. II und für Masthühnerküken (Broiler) II von etwa der 5. Lebenswoche an,

6000 I.E. Vit. A, 750 I.E. Vit. D_3 u. 4 mg Riboflavin (Vit. B_2): Alleinfutter für Zuchtenten, für Hühnerküken in den ersten Lebenswochen und für Masthühnerküken (Broiler) I,

8000 I.E. Vit. A, 1000 I.E. Vit. D_3 u. 4 mg Riboflavin (Vit. B_2): Alleinfutter für Zuchthennen, für Jungtruthühner, für Zuchttruthühner und für Masttruthühner,

10000 I.E. Vit. A, 1250 I.E. Vit. D_3 u. 4 mg Riboflavin (Vit. B_2): Alleinfutter für Truthühnerküken.

Ergänzungs- und Mineralfutter entsprechend höher.

Außerdem bei einigen Alleinfuttern Mindestanforderungen an Vit. E, Vit. B_{12} und Biotin.

Zugelassene Zusatzstoffe, die die Futterverwertung verbessern

		Hühnerküken, Broiler	Junghennen bis 16 Wochen	Junghennen	Legehennen	Truthühner bis 26 Wochen
Antibiotika						
Avoparcin	mg/kg	7,5–15**				
Flavophospholipol	mg/kg	1–20		1–20	2–5	1–20
Spiramycin	mg/kg	5–20	5–20		–	5–20
Virginiamycin	mg/kg	5–20	5–20		–	5–20
Zink-Bacitracin	mg/kg	5–20*		5–20	15–100	5–20*
Nitrovin	mg/kg	10–15	10–15			10–15

* in den ersten 4 Lebenswochen 5–50 mg/kg.

** nur Masthühner (Broiler).

Boden und Bodenbearbeitung

bearbeitet von Prof. Dr. **H.-J. Altemüller,** Dr.-Ing. **C. Sommer**
und Dipl.-Ing. **M. Zach**
Bundesforschungsanstalt für Landwirtschaft (FAL) Braunschweig-Völkenrode

I. Bodenaufbau

1. Größenklasse der festen Bodenbestandteile

a) Feinboden (Bodenbestandteile kleiner als 2 mm)

Bezeichnung	Abkürzung	Unterteilung		Äquivalentdurchmesser in μ	Äquivalentdurchmesser in mm
Ton	T			<2	<0,002
Schluff	U	Feinschluff	fU	2– 6	0,002–0,006
		Mittelschluff	mU	6– 20	0,006–0,020
		Grobschluff	gU	20– 63	0,020–0,063
Sand	S	Feinsand	fS	63– 200	0,063–0,20
		Mittelsand	mS	200– 630	0,20 –0,63
		Grobsand	gS	630–2000	0,63 –2,00

b) Bodenskelett (Bodenbestandteile größer als 2 mm)[1])

kantige Formen (Grus, Schutt, Trümmer)		gerundete Formen (Kies, Gerölle, Geschiebe)		∅ in mm
Grus	Gr	Kies (Grand)	G	
Feingrus	fGr	Feinkies	fG	2– 6
Mittelgrus	mGr	Mittelkies	mG	6– 20
Grobgrus	gGr	Grobkies	gG	20– 63
Steine	X	Steine (i.e.s.)	fX	63–200
		Blöcke	mX	>200

2. **Bezeichnung des Skelettanteils** im Verhältnis zum Feinboden[1])

Bezeichnung	Bodenskelettanteile Raumprozente	Bodenskelettanteile Gewichtsprozente
sehr schwach steinig, kiesig, grusig	< 1	< 2
schwach steinig, kiesig, grusig	1–10	2–15
mittelsteinig, kiesig, grusig	10–30	15–45
stark steinig, kiesig, grusig	30–50	45–60
sehr stark steinig, kiesig, grusig	50–75	60–85
Skelettboden	> 75	> 85

[1]) nach: Bodenkundliche Kartieranleitung der Arb.-Gem. Bodenkunde der Geol. Landesämter und der Bundesanstalt für Geowissenschaften und Rohstoffe.

3. Körnungsart (Bodenart) des Feinbodens[1])

a) Bestimmung im Gelände durch die Fingerprobe bei mittlerem Feuchtezustand

Körnungsart-gruppen	Körnigkeit	Bindigkeit, Formbarkeit
S Sand	Einzelkörner gut sicht- u. fühlbar rauh (je feiner, desto weniger)	nicht bindig, haftet nicht am Finger, nicht formbar
uS schluffiger Sand	Einzelkörner gut sicht- u. fühlbar daneben etwas Feinsubstanz	nicht bindig, etwas Feinsubstanz in Fingerrillen, nicht formbar
lS lehmiger Sand	Einzelkörner gut sicht- u. fühlbar, Feinsubstanz deutlich	etwas bindig, Feinsubstanz haftet am Finger, weniger formbar, reißt bei jeder Verformung
tS toniger Sand	Einzelkörner gut sicht- u. fühlbar	schwach bindig, etwas zähplastisch, schlecht bis mittel formbar
U Schluff	samtartig-mehlig, Einzelkörner nicht oder kaum sicht- u. fühlbar	nicht bindig, haftet deutlich in Fingerrillen, nicht oder schlecht formbar
sU sandiger Schluff	samtartig-mehlig, Einzelkörner der Sandfraktion sicht- und fühlbar	nicht bindig, haftet deutlich in Fingerrillen, nicht oder schlecht formbar
lU lehmiger Schluff	Einzelkörner der Sandfraktion nicht oder nur schwach sicht- u. fühlbar, mehlig	schwach bis mittel bindig, schlecht bis mittel formbar, schwach klebrig, haftet deutlich in Fingerrillen
sL sandiger Lehm	Sandkörner gut sicht- u. fühlbar, viel Feinsubstanz	schwach bindig, haftet am Finger, klebt, schmiert, formbar u. bleistiftdick ausrollbar, wird dabei aber rissig
uL schluffiger Lehm	Kaum sicht- u. fühlbare Körner, viel Feinsubstanz, etwas mehlig	bindig, haftet, klebt, schmiert, gut formbar, wird beim Ausrollen rissig
tL toniger Lehm	sehr viel Feinsubstanz, nur einzelne Körner sicht- u. fühlbar	bindig, zähplastisch, klebrig, gut formbar und ausrollbar, schwach glänzende Reibflächen

[1]) sh. S. 190

Körnungsart-gruppen	Körnigkeit	Bindigkeit, Formbarkeit
sT sandiger Ton	sehr viel Feinsubstanz, wenige Sandkörner sicht- und fühlbar	bindig, zähplastisch, klebrig, gut formbar und ausrollbar, schwach glänzende Reibflächen
lT lehmiger Ton	sehr viel Feinsubstanz, Sandkörner nicht oder kaum sicht- und fühlbar	stark bindig, zähplastisch, gut formbar und ausrollbar, glänzende Reibflächen
T Ton	keine Sandkörner fühlbar	stark bindig, stark zähplastisch, klebrig, sehr gut formbar und ausrollbar, glänzende Reibflächen

b) Bestimmung aus der Schlämmanalyse mit Hilfe des Dreieckdiagramms

Die %-Anteile der Kornfraktion Sand, Schluff und Ton werden auf den entsprechenden Koordinaten eingetragen und treffen sich in einem Punkt. Das getroffene Feld bezeichnet die Körnungsart.

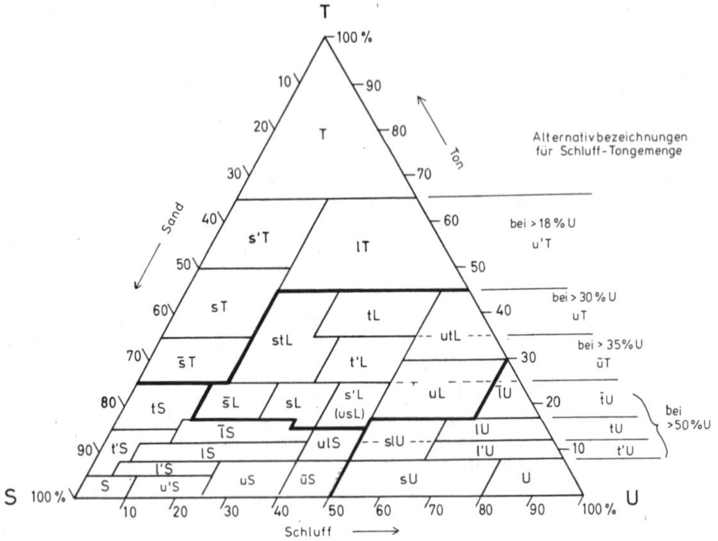

4. Einteilung der Böden nach der Reichsbodenschätzung

	Bodenart		Abschlämmbares (kleiner als 0,01 mm)
Sandböden	Sand	**S**	bis 10 %
	anlehmiger Sand	**Sl**	10–13 %
	lehmiger Sand	**lS**	14–18 %
Lehmböden	stark sandiger Lehm	**SL**	19–23 %
	sandiger Lehm	**sL**	24–29 %
	Lehm	**L**	30–44 %
Tonböden	lehmiger Ton	**lT**	45–60 %
	Ton	**T**	über 60 %
Moor		**Mo**	
Mergelböden			20–40 % $CaCO_3$
Kalkböden			über 40 % $CaCO_3$
Schwach humose (leichte) Böden			1– 2 % Humus
Humose (leichte) Böden			2– 4 % Humus
Schwach humose (schwere) Böden			2– 5 % Humus
Humose (schwere) Böden			5–10 % Humus
Anmoorige Böden			10–20 % Humus
Torf- und Moorböden			über 20 % Humus

5. Humusgehalte der Ackerböden[1])

Bezeichnung	Gehalt an organ. Substanz in % (C-Gehalt · 1,72)
sehr schwach humos	unter 1
schwach humos	1– 2
(mittel) humos	2– 4
stark humos	4– 8
sehr stark humos	8–15
extrem humos (bei Feuchtböden: anmoorig)	15–30
Torf (% C · 2)	über 30

[1]) sh. S. 190

6. Bodengefüge

Man versteht darunter die räumliche Anordnung der Bodenbestandteile. Infolge der unterschiedlichen Größe der Gefügeeinheiten und sonstiger Gefügemerkmale ist es zweckmäßig, in Makro- und Mikrogefüge zu unterteilen. Ersteres umfaßt den Größenbereich, der ohne besondere Hilfsmittel am Profil oder Spatenaushub zu beobachten ist. Die Untersuchung des Mikrogefüges erfordert ein Mikroskop und setzt besondere Präparationsverfahren voraus.

Das Makrogefüge gliedert sich in drei Grundformen:

a) Einzelkorngefüge

Vorherrschend in Sandböden, wenn tonige Anteile fehlen oder nur in geringer Menge vorhanden sind. Die Körner lagern nur lose aneinander.

b) Kohärente Gefüge

Im einfachsten Fall handelt es sich um wenig gegliederte, mehr oder weniger aneinander haftende (kohärente!) Bodenmassen, wie sie in austrocknenden Schlickmassen, aber auch in Verdichtungshorizonten auftreten. Die Körnungsarten können sehr variabel sein. Auch Sandböden können kohärente Gefüge aufweisen (z.B. Ortstein).

Das Merkmal der Dichtlagerung ist nicht entscheidend, sondern vor allem die Festigkeit der Kornbindung. Infolgedessen können auch netzartig verzweigte Porenräume, Wurzelröhren usw. vorhanden sein, nach denen die kohärenten Gefüge dann zu unterteilen sind. Die Ausbildung von Rissen ist in gewissen Grenzen möglich.

c) Aggregierte Gefüge

Entstehung z.B. aus kohärenten Gefügen durch Absonderung von Aggregaten infolge von mehr oder weniger regelmäßig gebildeten Rissen durch Trocknung, Frosteinwirkung usw., ferner aus der Tätigkeit von Bodentieren und als Folge von Maßnahmen der Bodenbearbeitung.

Die aggregierten Gefüge werden vor allem nach den vorherrschenden Aggregatformen näher bezeichnet.

7. Wichtige Aggregatformen des Bodens

Krümel: Vorherrschend rundliche Aggregate mit rauher Oberfläche, die teilweise aus kleineren Aggregaten zusammengesetzt sein können und dann sehr porenreich sind. Ihre Größe geht selten über 10 mm ∅ hinaus.

Bröckel: Unregelmäßig geformte Bruchstücke mit rauher Oberfläche und meist stumpfen Kanten, die bei der Bodenbearbeitung entstehen und sich von natürlichen Absonderungselementen deutlich unterscheiden. Übersteigt die Größe etwa 5 cm ∅, so spricht man von Klumpen oder Schollen.

Splitter: Scharfkantige, splitterartige, spitz zulaufende Aggregate, bis etwa 5 mm ∅, die durch Frosteinwirkung vor allem an der Oberfläche schwerer Böden entstehen.

Polyeder: Aggregate, durch unregelmäßige, vorwiegend glatte Flächen und mehr oder weniger scharfe Kanten begrenzt. Ihre Größe schwankt von einigen mm bis über 10 cm. Die Polyeder entstehen in mittleren bis tonreichen Böden durch Frost oder Austrocknung, jedoch mehr im Inneren des Bodenverbandes.

Prismen: Aggregate mit gestreckter Längsachse, senkrecht im Boden orientiert und durch fünf bis sechs glatte Außenflächen mit mehr oder weniger scharfen Kanten begrenzt. Der Durchmesser kann von einem bis über 10 cm betragen, charakteristisch für tonreiche Unterbodenhorizonte. Häufig durch vorgezeichnete Risse untergliedert und leicht in Polyeder zu zerlegen.

Platten: Meist horizontal angeordnete, plattenförmige oder lamellenartige Aggregate mit glatten bis rauhen Oberflächen; oft in engem Verband ineinandergelagert und erst beim Aufbrechen des Bodens deutlich. Verbreitet vorkommend, durch Frost in verdichteten Unterböden (unter der Pflugsohle) in mittleren Böden. Die Ausprägung der Platten ist abhängig von Körnungsart, Dichtlagerung und Wasserführung. Als Maß wird nur die Dicke der Platten angegeben; sie schwankt zwischen 1 mm und etwa 5 cm.

II. Bodenphysikalische Kenngrößen im Ackerbau

1. Begriffe

Lagerungsdichte [$g \cdot cm^{-3}$] (Dichte des trockenen Bodens, Trockenraumgewicht, Volumengewicht) ist die Masse (Gewicht) des trockenen Bodens je Raumeinheit.

Porenanteil [Vol.-%] (Porenvolumen) ist das Verhältnis des Rauminhalts aller luft- und wassergefüllten Poren (Hohlräume) zum Rauminhalt der gesamten Bodenprobe.

Wassergehalt des Bodens [Gew.-%] (Bodenfeuchte) ist das Verhältnis der Masse (Gewicht) des im Boden befindlichen Wassers zur Masse des trockenen Bodens. Andere Dimensionen: [Vol.-%], [mm].

Feldkapazität (FK) [Gew.-%] ist der obere Grenzwert für das Wasserspeicherungsvermögen des Bodens. Andere Dimensionen: [Vol.-%], [mm].

Luftkapazität (LK) ist der Luftgehalt des Bodens bei Feldkapazität.

Welkepunkt (WP) [Gew.-%] ist der untere Grenzwert für das Wasserspeicherungsvermögen des Bodens. Andere Dimensionen: [Vol.-%], [mm].

Nutzbare Feldkapazität (nFK) ist die Differenz zwischen der Feldkapazität und dem Welkepunkt und stellt das maximale Speicherungsvermögen des Bodens für pflanzenverfügbares Wasser dar.

Porengröße. Sie entspricht dem Äquivalentdurchmesser (d) einer Bodenpore. Der Äquivalentdurchmesser wird nach der Formel für den kapillaren Wasseraufstieg (h) errechnet und in cm, mm oder µ angegeben (h und d in cm).

$$h = \frac{0{,}3}{d} \qquad d = \frac{0{,}3}{h}$$

Beispiel: $h = 100$ cm, $d = \frac{0{,}3}{100} = 0{,}003$ cm $= 0{,}03$ mm $= 30\ \mu$

Bodenwasserspannung (Saugspannung, Porenunterdruck). Sie ist die Kraft, die aufgrund der Oberflächenspannung des Wassers von den Wassermenisken ausgeübt wird. Sie verursacht sowohl die kapillare Wasserbewegung als auch die Wasserspeicherung in den Bodenporen.

Die Bodenwasserspannung ist gleich dem atmosphärischen Unter- oder Überdruck, der zur Entwässerung einer bestimmten Porengröße erforderlich ist. Dieser Druck kann in cm Wassersäule (Ws), Atmosphären (at) oder bar angegeben werden.

pF-Wert. Er ist der Logarithmus der in cm Ws angegebenen Bodenwasserspannung.

Beispiel: Bei 100 cm Ws Bodenwasserspannung ist der pF-Wert = log. 100 = 2.

Bodenwasserspannung (cm Ws)	U.-Druck (at)	∾ bar	pF-Wert
10 oder 10^1	0,01	0,01	1
100 oder 10^2	0,10	0,10	2
1 000 oder 10^3	1,00	1,00	3
10 000 oder 10^4	10,00	10,00	4

Für Zwischenwert s. Logarithmentafel.

z. B.: 150 cm Ws = 0,15 at, pF = 2,18 (Angabe in cm Ws oder at ist zweckmäßiger).

Die pF-Kurve gibt an, welche Wassermenge in einem Boden mit jeder dort möglichen Wasserspannung im Gleichgewicht steht (s. Abbildung).

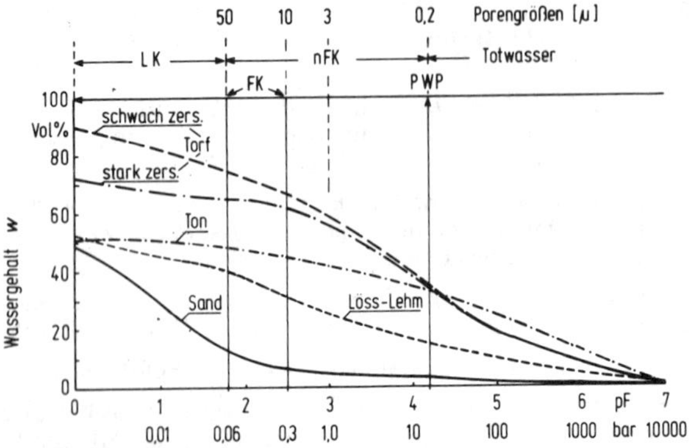

Saugspannungs-(pF)-Kurven verschiedener Böden (n. Kuntze u. a.)

2. Funktionen der Porengrößen

Wasser- und Lufthaushalt (s. Abbildung)

Poren	Wasser-spannung bar	Zustand des Boden-wassers	Durch-lüftung	Pflanzen-verfüg-barkeit
grob	<0,06	Bewegung von Sicker- und Haft-(Kapillar-)wasser	leicht	leicht
mittel	0,06–15	Wasserspeicherung (pflanzennutzbare Kapazität)	schwer	mittelschwer
fein	>15	Bereich des toten, für die Pflanzen nicht verfügbaren Wassers	keine	keine

Porengröße für das Bodenleben[1])

Poren-durchmesser	Wasser-spannung bar	pF	Lebensraum für
300 μ	> 0,01	1,0	Faserwurzeln
20 μ	> 0,15	2,18	Protozoen und Algen
10 μ	> 0,3	2,5	Wurzelhaare
1 μ	> 3	3,0	Bakterien

3. Richtwerte

Optimales Porenvolumen bzw. Raumgewicht für die Pflanzen[2])

Bodenart	Gesamtporen-volumen in Vol.%	Luftkapazität bei 0,1 at in Vol.%	Trockenraum-gewicht g/cm³ Boden
Sand	40	15	1,60
Lehm	45	10	1,45
Ton	47	12	1,40

Durchschnittswerte der Bodenverdichtung durch Schlepper (30–60 PS)[2])

Bodenart	Gesamtporen-volumen in Vol.%		Luftkapazität bei 0,1 at in Vol.%		Trockenraum-gewicht g/cm³	
Sand	38	und weniger	12	und weniger	1,65	und höher
Lehm	40		5		1,55	
Ton	42		5		1,59	

Wassergehalt verschiedener Böden in natürlicher Lagerung

Sandböden:	w = 5–10 Gew.-%
Feinsande:	w = 10–15 Gew.-%
Schluffböden:	w = 10–20 Gew.-%
Tonböden:	w = 20=30 Gew.-%

nFK und WP-Werte verschiedener Bodenarten[3])

	nFK (Vol.-%)	WP (Vol.-%)
Feinsand, schwach lehmiger Sand	11–13	3,0
schwach schluffiger Ton bis Ton	14–15	18,0
lehmiger Sand, sandiger Lehm	15–18	4,5
toniger Schluff	20–22	15,0
Schluff	22–24	10,5

Einteilung der Porengröße

Poren	Durchmesser μ	Wasser-spannung bar	pF
grob	> 50	< 0,06	< 1,8
mittel	50–0,2	0,06–15,0	1,8–4,2
fein	< 0,2	> 15	> 4,2

[1]) Nitzsch, W. v.: Bessere Bodenbearbeitung, Parey-Berlin 1959
[2]) Czeratzki, W.: Faustzahlen. 8. Auflage 1978
[3]) Renger, M.: Strebel, O.; Gisel, W.: Z. f. Kulturtechnik u. Flurbereinigung 1974, S. 148–160

III. Bodenbearbeitung

1. Definition und Einordnung von Bodenbearbeitungssystemen

- Traditionelle Bodenbearbeitung
  Jährliche Lockerung und Wendung auf volle Krumentiefe
- Konservierende Bodenbearbeitung
  Lockerung nach vorheriger Bodenansprache und Belassen von Pflanzenreststoffen auf oder nahe der Bodenoberfläche
- Direktsaat, Verzicht auf jede Bodenbearbeitung

2. Bodenbearbeitung zum Bodenschutz

Die konservierende Bodenbearbeitung ist ein System des Pflanzenbaus, bei dem aus Ernterückständen der Haupt- und/oder Zwischenfrucht durch Vermischung mit dem Boden eine oberflächennahe Mulchschicht geschaffen wird (Mulchsaat mit Saatbettbereitung) oder bei dem diese Reststoffe ohne Einarbeitung als Mulch an der Oberfläche belassen werden (Mulchsaat ohne Saatbettbereitung). Dieser Bodenbedeckung kommt entsprechend den Bedeckungsfaktoren in den Bodenabtragsgleichungen in Verbindung mit der geringeren Bodenbearbeitungsintensität neben dem Einsatz flankierender Maßnahmen (Fruchtfolgegestaltung, Zwischenfruchtanbau, Schutzstreifen) besondere Bedeutung zur Vorbeugung von Bodenerosion durch Wind oder Wasser zu. Neben einer langandauernden Bodenbedeckung stabilisiert das Wurzelnetz einer Zwischenfrucht das mechanisch geschaffene Bodengefüge und vermindert somit Bodenverdichtungen mit negativen Auswirkungen auf Pflanzenwachstum und Ertrag. Geräte für konservierende Bodenbearbeitung sind z. B. Schichtengrubber oder Parapflug zur Bodenlockerung, Kombinationen von Lockerungsscharen und Zinkenrotoren oder basieren auf Scheibenwerkzeugen für die Bestellung von Reihenfrüchten oder Getreide.

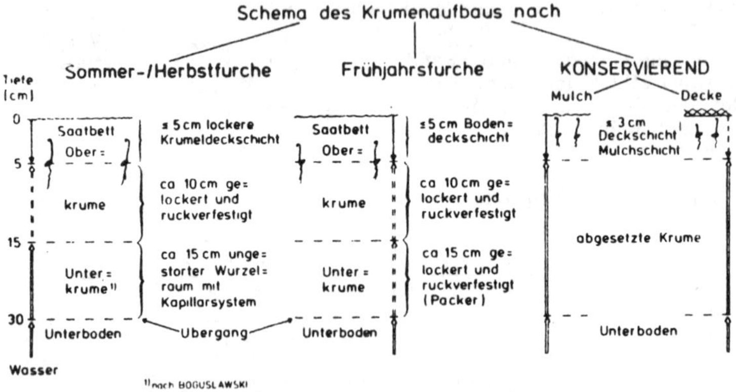

(Inst. f. Pflanzenbau u. Pflanzenzüchtung, FAL)

3. Spezifischer Pflugwiderstand verschiedener Böden[1])

Bodenarten		Bei Verwendung geeigneter Pflugkörper und einer Arbeitsgeschwindigkeit von 5 km/h beträgt der spezifische Pflugwiderstand daN/dm² (∼ kp/dm²) der Krume (bis ca. 30 cm)
leicht	lehmiger Sand kalkhaltiger Sand humoser Sand	22 . . . 35
leicht bis mittelschwer	Humus sandig lehmig tonig	25 . . . 40
mittelschwer	Kalk Sandmergel Lehmmergel Tonmergel	30 . . . 55
mittelschwer bis schwer	sandiger Lehm humoser Lehm kalkhaltiger, milder Lehm	35 . . . 60 und mehr
schwer bis sehr schwer	humoser Ton schwerer Lehm kalkhaltiger Ton	60 . . . 120

[1]) n. A. Seifert, Hütte II B S. 77 (28. Auflage).

4. Arbeitsgeschwindigkeit und Leistungsbedarf bei Ackerarbeiten

Gerät	Arbeitsgeschwindigkeit km/h	Mittlerer Schlepperleistungsbedarf je 1 m Arbeitsbreite kW/m	PS/m
Stoppelbearbeitung:			
Schälpflug	6– 8	18–26	25–35
Schwergrubber	6–10	18–30	25–40
Spatenrollegge	8–12	15–22	20–30
Scheibenegge	5– 8	15–18	20–25
Scheibenschälpflug	5– 8	15–22	20–30
Fräse	4– 7	22–33	30–45
Pflügen:			
Pflug	4– 7	30–66	40–90
Pflugnachläufer (Packer + Sternwälzegge)	4– 7	11–15	15–20
Grubbern:			
Schwergrubber	5– 8	30–59	40–80
Saatbettbereitung:			
gezogene Saatbeetkombination (versch. Zinkegge + Wälzegge)	7–10	11–18	15–25
zapfwellengetriebene Kombination:			
Kreiselegge	5– 7	15–18	20–25
Rüttelegge	5– 7	15–22	20–30
Taumelegge	5– 9	15–22	20–30
Fräse	4– 7	18–26	25–35

5. Schlepperleistungsbedarf von verschiedenen Bestellkombinationen

(Bodenart: schluffiger Lehm)

Bestellkombination	Arbeits-geschwin-digkeit km/h	Schlepperleistungsbedarf je 1 m Arbeitsbreite kW/m	PS/m
Feingrubber	5,0	11	15
mit Wälzegge	7,0	15	20
und aufgebautem Säkasten			
Kreiselegge	5,0	15	20
mit Wälzegge	7,0	20	27
und Drillmaschine			
Rüttelegge	5,0	12	16
mit Packerwalze	7,0	23	31
und Drillmaschine			
Taumelegge	5,0	15	20
mit Drillmaschine	7,0	21	28
Fräse	5,0	18	25
mit Wälzegge	7,0	27	36
und aufgebautem Säkasten			

6. Einfluß der Arbeitstiefe auf den Zugkraft- bzw. Leistungsbedarf beim Pflügen

(Bodenart: schluffiger Lehm, Bodenfeuchte: 19,3 Gew.-%)

Arbeits-tiefe	Arbeits-geschwin-digkeit	Zugkraftbedarf je 1 m Arbeitsbreite		Schlepperleist.-Bedarf je 1 m Arbeitsbreite	
cm	km/h	daN/m	kp/m	kW/m	PS/m
20	6,5	1 050	1 070	44	60
25	6,5	1 450	1 480	58	80
30	6,5	1 940	1 980	77	105

7. Arbeitswirtschaftliche Kenndaten für verschiedene Bestellverfahren (in einem Arbeitsgang)

	Arbeits-breite m	Erforderliche Schlepperleistung kW	PS	Flächen-leistung ha/h	Arbeits-zeitbed. AKh/ha
Pflugsaat	0,9	44	60	0,4	2,5
	1,4	66	90	0,6	1,7
Bestellsaat:					
– mit gezogenen	2,5	44	60	1,0	1,0
Kombinationen	3,0	55	75	1,2	0,8
– mit zapfwellen-					
getriebenen	2,0	44	60	0,85	1,2
Kombinationen	3,0	66	90	1,3	0,8
Frässaat	2,5	66	90	1,0	1,0
Direktsaat	3,0	44	60	1,2	0,8

8. Arbeitswirtschaftliche Kenndaten für Stroheinbringung

Gerät	Arbeitsbreite m	Erforderliche Schlepperleistung kW	PS	Flächenleistung ha/h	Arbeitszeitbed. AKh/ha
Schälpflug	1,5	44	60	0,9	1,1
Schwergrubber	2,2	66	90	1,3	0,8
Scheibenegge	3,0	66	90	1,3	0,8
Spatenrollegge (2 Arbeitsgänge)	3,0	66	90	1,1	0,9
Fräse	2,5	66	90	1,1	0,9

9. Stroheinbringung

geeignet erscheinende Geräte zur Stroheinbringung

	Schwergrubber	Schälpflug	Fräse	Scheibenegge	Spatenwälzegge
Allgemeines	Auch bei festem Bodenzustand zu verwenden, Arbeitstiefe ca. 12 cm, 2. Arbeitsgang nach Auflaufen von Unkraut quer oder diagonal und 2–3 cm tiefer ist vorteilhaft	Pflugkörper evtl. mit Leitblechen versehen, Körpermindestentfernung 60 cm	Schaltgetriebe notwendig, um Messerdrehzahl der mögl. Arbeitsgeschw. anpassen zu können	Sollte schwer sein und stark belastet werden können	Muß stark belastet werden können und schnell gefahren werden. Kreuz- u. Querfahren notwendig. Bei sehr festem Boden keine befriedigende Arbeit
Vermischen des Strohs mit dem Boden	gut (kurzes Häcksel)	schlecht, Ablage in Paketen	sehr gut	gut	gut
Auflaufen von Unkraut und Ausfallgetreide	gut	mäßig, da Körner zu tief vergraben werden	gut	mäßig	gut

Bodentechnologische Grundregeln

Neu bearbeitet von
Prof. Dr. **H. Kuntze** und Dr. **R. Eggelsmann,** Bremen

Bodentyp

Faktoren der Bodenbildung sind Ausgangsgestein, Klima, Flora, Fauna, Mensch, Zeit; Ergebnis bodenbildender Prozesse (Verwitterung, Entkalkung, Ton-Humusbildung und -verlagerung) Bodenprofile mit typischen Horizonten und spezifischen physikalischen, chemischen und biologischen Eigenschaften. Als **Bodentypen** unterscheiden wir:

terrestrische Böden (grundwasserfern)	Rohböden, Ranker, Rendzina, Pararendzina, Schwarzerde, Braunerde, Parabraunerde, Podsol, Pelosol, Plastosol
hydromorphe Böden (Grund-Stauwassereinfluß)	Pseudogley, Stagnogley, Gley, Auenboden, Marschen, Moorböden
anthropogene Böden (umgestaltet)	Plaggenesch, Hortisol, Rigosol, Moorkulturtypen

Bodentechnologien für meliorationsbedürftige Bodentypen

Bodentyp		V	D	MD	TL	TP	SD	MK	B
Podsol	(P)				(+)	+		+	+
Pelosol	(D)			+	(+)				
Pseudogley	(S)		+		+				
Gley	(G)	+	+	(+)				+	
Auenboden	(A)	+	+	+		(+)			
Marschen	(M)	+	+	(+)	(+)	(+)	(+)	+	
Hochmoor	(HH)		+	+		+	+	+	
Niedermoor	(HN)	+	+	+		(+)	+	(+)	

V = Vorflutverbesserung, Hochwasserschutz
D = Rohr-Dränung
MD = Erd-/Maulwurfdränung
TL = Tieflockerung
TP = Tiefpflügen Unterbodenmelioration
SD = Besandung
MK = Meliorationskalkung/-düngung
B = Bewässerung

+ dringend erforderlich
+ meist erforderlich
(+) gelegentlich erforderlich

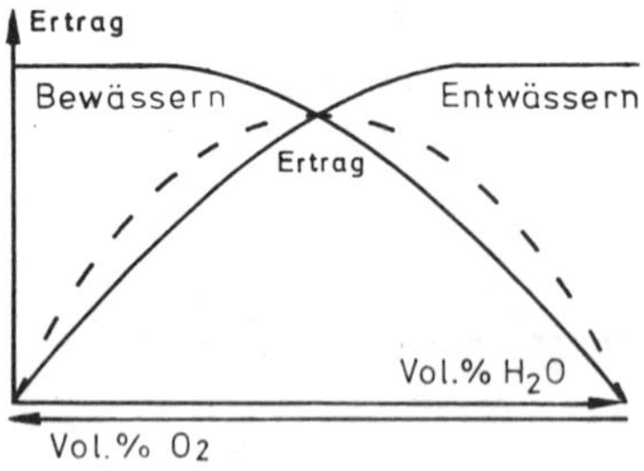

Abb. 1: Ertrag und Wasser-/Lufthaushalt der Böden

Warum ent- und bewässern?

Wegen der Wasser- und Luftansprüche der Kulturpflanzen im Boden: Hackfrüchte 15–20 Vol. %; Getreide 10–15 Vol. %; Grünland 5–10 Vol. % Luftkapazität.

Zu hoher Wassergehalt des Bodens erschwert Gasaustausch und Erwärmung. Bindige Böden sind bei Bodenfeuchte > Ausrollgrenze plastisch verformbar bei Belastungen. Ihr Gefüge wird dann zerstört. Schluffreiche Böden sind bei Wassergehalt > Fließgrenze anfällig für Erosion und Verdichtung. Vernäßte schwere Mineral- und Moorböden sind nicht trag- und trittfest.

Ursachen schädlicher Bodennässe

Ungenügende Vorflut infolge topographisch ungünstiger Lage, Tideeinfluß, Verkrautung, Verschlammung, Abflußhindernisse;
häufige und lange Überschwemmungen (Auen-, Marsch-, Moorböden);
ober- und/oder unterirdische Fremdwasser (Hangnässegley);
zu hohes Grundwasser (Gleye, Marsch-, Moorböden);
schwerdurchlässiger Unterboden (Gleye, Marsch-, Moorböden);
zu großes Wasserhaltevermögen (Haftnässe-Pseudogley, Pelosol).

Entwässerungsbedürftige Böden der Bundesrepublik Deutschland:

Vorherrschender Bodentyp	Mio. ha	% LN
Staunässeböden	1,4	9,9
Mineral. Grundwasserböden	2,2	15,5
Moorböden	0,8	5,6
Insgesamt	4,4	31,0

Etwa 60 % der Entwässerungsfläche sind durch Dränung zu verbessern, mehr als 50 % wurden seit 1950 melioriert.

Umweltschutz bei bodentechnologischen Eingriffen beachten

Das neue Naturschutzrecht verbietet, erhaltenswerte Feuchtbiotope (unkultivierte Moore, Seen, Kleingewässer, Bruch- und Auewälder) zu entwässern. Besonders in grundwaserabhängigen, natürlichen oder naturnahen Landschaftsteilen haben Natur- und Landschaftsschutz künftig Vorrang.

Entwässerungsmaßnahmen sollen von Schutzgebieten soweit entfernt bleiben, daß deren Ökologie nicht beeinträchtigt wird; für wenig geneigtes Gelände und Grundwasserabsenkung bis 1 m gelten folgende Erfahrungswerte für hydrologische Schutzzonen:

Moortyp / Bodentyp	Breite in m
tiefes Hochmoor, Pseudogley, Brackmarsch	30– 80
flaches Hochmoor üb. Sand, tiefes Niedermoor, Marsch	120–150
flaches Niedermoor/Anmoor über Sand, Auenboden	200–250
Bruchwaldmoor, Moorgley/Gley aus sand. Lehm	350–500
Quellmoor, Naßgley/Gley aus Sand/Kies	>600

Entwässerungsverfahren

Man unterscheidet Binnenentwässerung durch Gräben und Dränung bzw. Unterbodenmelioration.

Unzureichende Vorflut und häufige **Überschwemmungen** müssen durch wasserwirtschaftliche Maßnahmen (Ausbau, Schöpfwerke, Deichbau, Grabenunterhaltung u. a.) beseitigt werden.

Folgende **Vorzüge** ergeben sich bei:

Grabenentwässerung	Rohrdränung
geringer Gefällebedarf	kein Flächenverlust
große Wasseraufnahme	rationeller Maschineneinsatz
Störungen gut erkennbar	geringe Unterhaltung
für Forst geeignet	lange Wirksamkeit
Ein- und Anstau möglich	verbesserte Trittfestigkeit
relativ geringe Kosten	gleichmäßiger Pflanzenwuchs

Fremdwasserandrang muß nach DIN 1185*) (T 1) durch (mehrere, ggf. gestaffelte) Fangegräben oder -dräne abgeleitet werden (Abb. 2), die ausreichend dimensioniert sein müssen. Sie sind mit durchlässigem **Filter**material (Kies, Schlacke, Styropor o. ä.) zu verfüllen.

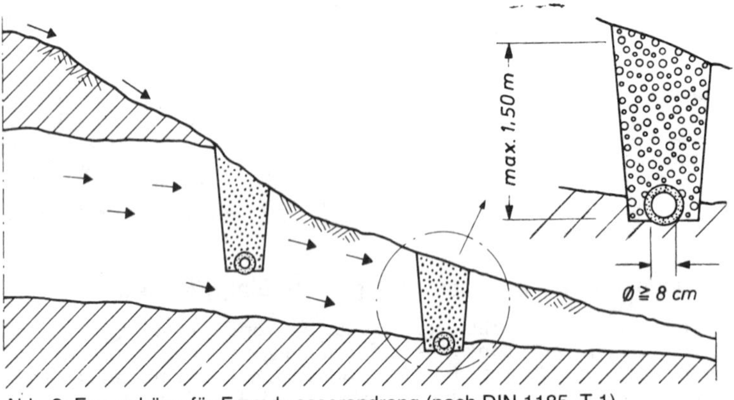

Abb. 2: Fangedräne für Fremdwasserandrang (nach DIN 1185, T 1)

Drän- und Meliorationsverfahren

Die Wahl des zweckmäßigen Dränverfahrens richtet sich gemäß DIN 1185 nach der oder den Ursache(n) der Bodenvernässung (Abb. 3).

Eine **Rohrdränung** besteht aus einem System von im Boden – nach kulturtechnischen Gesichtspunkten – verlegten Rohren, Sauger und Sammler, aus gebranntem Ton oder PVC-hart. Dräntiefen richten sich nach Boden und Nutzung. Für gute Tragfähigkeit sollte der grundwasserfreie Bodenraum mindestens 80 cm betragen. Dränabstände werden nach der Bodendurchlässigkeit (DIN 19682, T 8) ermittelt.

*) DIN 1185 (T 1–5) Dränung. Beuth-Verlag GmbH, Berlin-Köln, 1973.

Klassifizierung der Durchlässigkeit (k_f; cm/d) und Dränfähigkeit

< 1 cm/d	=	nicht dränfähig	ggf. zusätzl. lockern
1– 10 cm/d	=	bedingt dränfähig	
10–100 cm/d	=	gut dränfähig	
>100 cm/d	=	nicht dränbedürftig, Vorfluterausbau genügt	

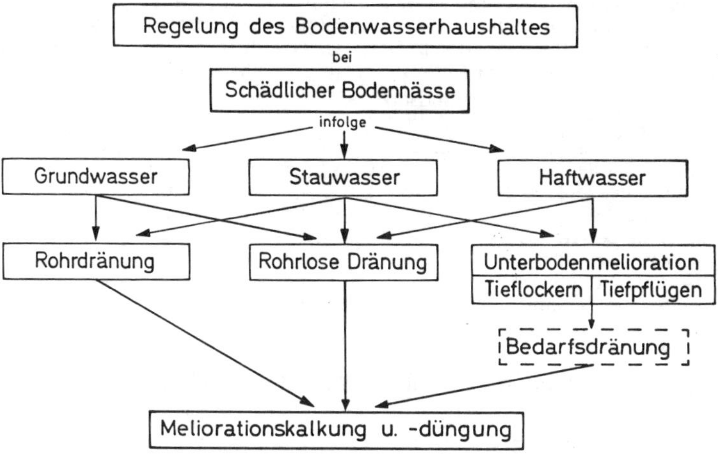

Abb. 3: Moderne Dränmethoden in Abhängigkeit von der Ursache der Bodenvernässung (aus Eggelsmann, 1981*)

Klassifizierung der Durchlässigkeit von Böden

Klasse	k_f (cm/d)	Beurteilung	Bodenart*)	Bodentyp
I	< 1	s. gering	U, tU	Pseudogley, Knickmarsch
II	1– 10	gering	tU–uL	Pseudogley, st. zers. Moorböd.
III	10– 40	mittel	uT–lT	Parabraunerde, Seemarsch
IV	40–100	hoch	fS, utL	Auen- u. m. zers. Moorböden
V	100–300	s. hoch	mS	schwach zers. Moorböden
VI	> 300	extr. hoch	gS, G	Organomarsch

*) Bodenart s. S. 190.

Rohrlose Dränung ist nach DIN 1185 Maulwurf- oder Erddränung für Mineralböden mit ≧ 30% Ton bei T: U ≧ o,5 meist in Kombination mit Rohrdränen. In stark zersetzten, dicht lagernden Moorböden werden Erddräne eingefräst. Abstände 2–6 m, Tiefe 0,5–0,6 m in Mineralböden, 1,0–1,4 m in Moorböden, Funktionsdauer 3–8 Jahre, im Moor teilweise länger.

Die **Unterbodenmelioration** verbessert Wasserbewegung und -speicherung. Wenn verdichteter Unterboden zu schlechte Körnung aufweist, empfiehlt sich **Tieflockern** (bis 1,2 m).

*) R. Eggelsmann, Dränanleitung. Verlag Paul Paray, 2. Aufl. Hamburg 1981.

Es ist angebracht bei staunassen Böden mit oberflächennahem Staukörper (Furchenabstand 0,75 m). Das **Tiefpflügen** erfolgt vor allem bei Podsolen sowie wurzelechten Hochmooren (Torflage < 1,5 m) über Sand. MW im Vorfluter sollte 0,2 m tiefer als die Tiefpflugsohle liegen; das Schichtverhältnis von Torf : Sand soll 2 : 1 bis 1 : 2 sein.

Dränmaßnahmen sind gemäß DIN 1185 zu planen. Ing.-Büros oder Fachbehörden stellen Drän- und Landbautechnischen Entwurf auf; Nivellement und Geländeuntersuchung sind erforderlich, Meliorationskalkung und -düngung nach Bodenanalyse (s. S. 236 ff.). Tiefdüngung ist bei Tieflockern nicht zu empfehlen (Nährstoffauswaschungsgefahr).

Einige wichtige Planungsgrundsätze lauten nach DIN 1185 (gekürzt):

je nach Bodenart	für Sammler	für Sauger	
Mindestgefälle	0,05– 0,45	0,1– 0,3	%
Erwünschtes Gefälle	0,4 – 4,0	0,3– 1,0	%
Höchstgefälle	4 – 8	1 – 8	%
Maximale Länge	400 –500	100 –200	m
Mindestnennweite	65	50	mm
Maximale Nennweite	150	—	mm
Mindestüberdeckung	0,8	0,7	m
Mindesteintrittsfläche	8	8	cm^2/m

Funktionsstörungen der Dräne – Verhüten und Beseitigung

Störung	Vorsorge	Maßnahmen
Versandung	Vollfilterung	Hochdruckspülung
Verockerung	Einzeldräne	häufige Spülung
Verwurzelung	Baumabstand > 20 m Schutzfolie	Neuverlegung
Versetzen, Versacken	Rohre auf Holzrost	Neuverlegung

Je mehr und öfter eine Meliorationsanlage gepflegt wird, desto länger ist die Funktion gesichert.

Sickerwasser von Silage und extrem hohe Güllegaben gefährden Rohrdränungen. In den Dränen entwickeln sich „Abwasserpilze", besonders in verockerungsgefährdeten Standorten.

Dränfilter

Dränfilter wirken mechanisch und hydraulisch

- bei vorübergehender, zeitlich befristeter **Primär**verschlämmung (Einsatz von Fräskettenmaschinen in zu feuchten Boden)
- bei andauernder **Sekundär**verschlammung (gefügelabile, fS–U-reiche, kalk- und humusarme Böden)

Solange eine Vollfilterung billiger ist als eine Hochdruckspülung, ist sie wegen der zusätzlichen hydraulischen Funktionsverbesserung der Dränung (besserer Abfluß) vorzuziehen. Man verwendet leicht abbaubare Filter (Stroh) bei **Primär**verschlammung, dagegen nur langfristig abbaubare (Kokos) bzw. dauerhafte (Kies, synthetische Fasern) bei **sekundärer** Verschlammung. Abbaubare organische Filterstoffe (Sägemehl, Antoc® können biochemisch (Sauerstoffverzehr, Komplexbildner) die Verockerung abschwächen. Ihr Einsatz ist erlaubnispflichtig (Untere Wasserbehörde). Kunststoffdräne sind in ihren Eintrittsöffnungen der Bodenart anzupassen.

Boden-/Torfart (vgl. S. 190)	Weite der Eintrittsöffnung ohne Dränfilter	mit Dränfilter
U, st. zers. Torf	–	0,6–0,9
fS	(0,6–0,9)	1,1–1,5
T, L, lS, m. zers. Torf	1,1–1,5	(1,7–2,0)
schw. zers. Torf	1,7–2,0	–

Meliorationskosten

Die Kosten der Meliorationsverfahren sind auf die Funktionsdauer zu beziehen. Sie beträgt für:

Rohrdränung	bis zu 30 Jahre
Maulwurfdränung	bis zu 8 –10 Jahre
Tieflockern	bis zu 5(–10) Jahre
Tiefpflügen	> 30 Jahre

Die Kosten einer Rohrdränung betragen 1986:

Dränabstand m	Dränlänge lfd. m/ha	Dränkosten DM/ha*) Flachland**) ohne Dränfilter	Flachland**) mit Dränfilter	Hügelland***) ohne Dränfilter	Hügelland***) mit Dränfilter
8	1 250	2 200	2 800	3 500	5 040
12	833	1 450	1 850	2 320	3 300
16	625	1 100	1 400	1 760	2 520
20	500	880	1 100	1 410	2 000
30	333	580	750	930	1 350
40	250	420	540	670	980

*) 10% Sammler, erschwerte Bedingungen (Steine, Steilhang) 30–50% Mehrkosten.
**) Bevorzugt grabenfrei arbeitende Dränmaschinen mit Vollfilter-Dränrohren.
***) Bevorzugt Fräsketten-Dränmaschinen oder Löffelbagger mit Dränrohren ohne Dränfilter.

Die Kosten einer kombinierten Dränung sind durch Abstand der Rohrsammler (mit Grabenfilter z.B. Kies) und Lebensdauer der rohrlosen Dräne beeinflußt, wie folgender Kostenvergleich (1986) zeigt:

Sammlerabstand:	30 m	50 m	70 m
10 J. Funktion rohrloser Dräne:	DM 3 500,–	2 500,–	2 000,–
15 J. Funktion rohrloser Dräne:	DM 3 100,–	2 100,–	1 800,–

Tiefpflügen kostet je cm Pflugtiefe 10–15 DM/ha, d.h. bei 100 cm Pflugtiefe = 1000,– bis 1500,– DM/ha, zuzüglich Kosten für Planierung (200,– bis 700,– DM/ha) sowie Meliorationskalkung und -düngung (600,– bis 1000,– DM/ha), insgesamt also 1800,– bis 3200,– DM/ha (Basis 1986).

Die Kosten für Tieflockerung betragen je nach Tiefe, Meliorationsdüngung und Bedarfsdränung zwischen 500,– bis 1500,– DM/ha (Basis 1986).

Organische Düngung

neubearbeitet von Dr. **H. Aigner,** Landw. Forschung Hanninghof, Dülmen/Westf.

Täglicher Frischmistanfall je GV

nach **Weigert** und **Fürst**

Rind (Flachstall)	40 kg	Pferd	23 kg
Rind (Tiefstall)	50–70 kg	Schwein	25 kg
Mastbullen und Jungrinder	30–35 kg	Legehennen (Frischkot)	44 kg

Berechnung des tägl. Frischmistanfalls nach **Wolff**

(½ Trockensubstanz des Futters + Trockensubstanz der Einstreu) · 4

Stalldunganfall bei verschiedener Stallhaltung und Einstreu

(Festmist und Jauche)

Vieh-gattung	Stall-haltungs-tage	Einstreu schwache (2 kg/tgl.)			mittlere (4,5 kg/tgl.)			starke (10 kg/tgl.)		
		a)	b)	c)	a)	b)	c)	a)	b)	c)
Rinder u.	365	90	–	4,0	110	140	3,0	130	180	1,5
Schafe	180	45	–	2,0	55	70	1,5	65	90	0,8
Pferde	365	70	–	–	90	–	2,0	110	–	–
	180	35	–	–	45	–	1,0	55	–	–
Schweine	365	90	–	5,0	110	–	4,5	130	–	4,0

a): Stapelmist dt/GV b): Tiefstallmist dt/GV c): Jauche m^3/GV

Anfall an Wirtschaftsdüngern bei verschiedenen Tierarten (entw. Mist und Jauche oder Gülle)

nach **LUFA Oldenburg,** 1987

Zahl und Art	dt Mist	m^3 Jauche	m^3 Gülle
1 GV Rind, 200 Stalltage	54	2,5	10
365 Stalltage	100	4,5	18
1 Zuchtsau mit Ferkeln/Jahr	20	1,5	5
10 Mastschweineplätze/Jahr	90	6	20
100 Legehennenplätze/Jahr			
Frischkot	60	–	8
Trockenkot	30	–	–
getrockneter Kot	18	–	–
100 Hähnchenplätze/Jahr	8	–	–

Nährstoffgehalte in Rottemist und Geflügelkot in kg

nach **LUFA Oldenburg** bzw. aus früheren Auflagen der „Faustzahlen" übernommen

Menge und Art		N	P_2O_5	K_2O	CaO	MgO	Cu
100 dt (ca. 12 m³)	Rindermist	60	40	70	64	19	0,090
100 dt (ca. 11 m³)	Schweinemist	76	85	54	80	26	0,600
100 dt (n. b.)	Pferdemist*)	65	30	63	30	18	n.b.
100 dt (n. b.)	Schafmist*)	85	33	80	35	20	n.b.
10 dt (ca. 1,5 m³)	Hähnchenmist	26	24	22	21	6	0,030
10 dt (ca. 1,1 m³)	Hühnerfrischkot	13	11	6	21	2	0,010
10 dt (n. b.)	Taubenfrischkot*)	17	16	9	20	n.b.	n.b.
10 dt (n. b.)	Frischkot von Enten und Gänsen*)	8	10	8	13	n.b.	n.b.
10 dt (ca. 1,3 m³)	Hühnertrockenkot	23	20	11	40	4	0,020
10 dt (ca. 2,2 m³)	getrockn. Hühnerkot	38	39	22	73	7	0,040

Nährstoffgehalte in Gülle und Jauche in kg

nach **LUFA Oldenburg,** 1987

Art	Trockensubstanz %	N	P_2O_5	K_2O	CaO	MgO	Cu
10 m³ Rindergülle	5	23	12	28	13	4	0,030
	10	46	24	56	25	7	0,050
	15	69	36	84	39	11	0,080
10 m³ Schweinegülle	3,5	29	19	17	18	6	0,130
	7	57	39	33	37	12	0,270
	10,5	86	58	50	55	18	0,400
10 m³ Hühnergülle	7	49	41	24	87	9	0,050
	14	98	83	48	173	17	0,090
	21	147	124	73	260	26	0,140
10 m³ Rinderjauche		40	2	80	bei stärkerem Wasserzulauf entsprechend niedrigere Gehalte		
10 m³ Schweinejauche		50	9	35			

Der Nährstoffgehalt der Gülle kann – bedingt durch Zusammensetzung und Beschaffenheit sowie dem Einfluß der Fütterung (Sommer/Winter) – in weiten Grenzen schwanken.

Nährstoffgehalte (kg/m³) in Gülle mit mittleren TS-Gehalten (7,5 %) nach **Hege**

	org. S	N_t	NH_4-N	K_2O	P_2O_5	CaO	MgO
Rindergülle							
Milchvieh	60	4,0	2,2	5,0*)	1,7	2,3	0,9
Mastbullen	60	4,0	2,2	3,8	2,0	2,3	0,9
Schweinegülle	60	5,5	3,6	3,0	4,5	3,0	0,9

*) In Betrieben mit hohem Silage-, Grün- oder Rauhfutteranteil können die Werte bis zu 30 % höher liegen.

Mittlere Gehalte an Hauptnährstoffen und deren Fraktionen von verschiedenen Güllen (auf Basis 10 % TS)

nach **Amberger**

Gülleart	Stickstoff	davon als		Phosphat (P_2O_5)	davon		Kali (K_2O)	davon	
	Gesamt %	NH_4-N %	org. N %	Gesamt %	anorg. %	org. %	Gesamt %	H_2O-lösl. %	$CaCl_2$-lösl. %
Rindergülle	0,44	0,19	0,25	0,21	0,16	0,05	0,65	0,58	0,64
Schweinegülle	0,86	0,57	0,29	0,46	0,37	0,09	0,43	0,36	0,42
Hühnergülle	0,71	0,48	0,23	0,46	0,28	0,18	0,38	0,31	0,36

Bilanz des Stickstoffs und der organischen Substanz in kg bei Lagerung von Stapelmist und Gülle

(Weidebetrieb mit nächtlicher Stallhaltung ohne Berücksichtigung der Einstreu) neubearbeitet nach **Schmid** und nach **Vetter**

	Stapelmist	Gülle
Jährlicher Anfall an N je GV	80	80
N-Lagerungsverlust	24 (= 30 %)*)	4 (= 5 %)
N-Menge im Endprodukt	56	76
davon Ammonium-N	8 (= 15 %)	30 (= 40 %)
Organisch gebundener N	48 (= 85 %)	46 (= 60 %)
Jährlicher Anfall an org. Substanz je GV	1 500	1 500
Lagerungsverlust	300 (= 20 %)	120 (= 8 %)
Org. Substanz im Endprodukt	1 200	1 380
C : N-Verhältnis	21 : 1	18 : 1

*) davon ca. 18 % Sickersaft

Lagerungsverluste des Stallmistes

neubearbeitet nach **Vetter** u. **Steffens** 1986 und nach **Köhnlein** u. **Vetter 1953**

	TS %	N %	P_2O_5 %	K_2O %
Überdachte Lagerung	10–40	15–25	1–3	5–25
Offene Lagerung	15–50	20–30	2–4	25–50

Von den angegebenen Verlusten sind bei der TS ca. 3 bzw. 8 %, bei N ca. 5–12 bzw. 8–18 %, bei P_2O_5 und K_2O die gesamte Menge im Sickersaft enthalten.

Die aufgeführten Verluste sind abhängig von der Lagerungszeit, der Einstreumenge und der Stallmistpflege.

Ausnutzung des Stickstoffs von Gülle, Festmist und Jauche in % der Düngewirkung von mineralischem Stickstoff[1])

aus „Schriften des Verbandes der LK“, Heft 21

a) Gülle

Monat	Rüben Kohl Kartoffeln Mais	Raps Wi.-Getreide Feldgras Kleegras Grassamen	So.-Getreide Frühkartoffeln Körner-Leguminosen Bohnen Grünerbsen	Grünland	Zwischenfrüchte
1	50	50	40	40	–
2	60	50	50	50	–
3	70	50	60	60	–
4	70	50	60	70	–
5	60	40	40	60	–
6	40	30	30	50	50
7	30	20	20	30	50
8	20	20	|	30	50
9	20	30	|	20	50
10	30	30	↓	20	–
11	40	40	30	20	–
12	50	50	40	30	–

Monat	b) Festmist: Hackfrüchte Grünland	b) Festmist: alle anderen Fruchtarten	c) Jauche: für alle Fruchtarten (einschl. Grünland)
1	30	30	40
2	40	|	50
3	50	|	70
4	50	|	70
5	40	|	50
6	30	|	30
7	|	|	10
8	|	|	10
9	|	|	10
10	|	|	20
11	|	|	20
12	↓	↓	30

[1]) d. h. 100 kg N in der Gülle können die aufgeführten Mengen an mineralischem N bei der Düngung ersetzen.

Wirkung des Güllestickstoffs (kurzfristig) bei verschiedenen Ausbringungszeiten

100 kg Gülle-N = × kg Mineraldünger-N (Mineraldüngeräquivalent)
nach **LUFA Oldenburg,** 1987

Ausbringungszeit	Sand, Moor	lehmiger Sand	sandiger Lehm, Lehm, tiefgründig
Acker			
August–September, für die Folgefrucht			
ohne Zwischenfrucht	0–10	10–20	20–40
mit Zwischenfrucht	10–30	20–40	30–50
für die Zwischenfrucht selbst	60–80	60–80	60–80
Oktober–November			
ohne Didin	10–20	20–30	30–50
mit Didin	30–40	40–50	40–60
Dezember–Januar	30–60	30–60	40–60
Februar-März	60–80	60–80	60–80
April–Mai, Getreide-Kopfdüngung	40–50	40–50	40–50
Frühjahr–Spätsommer, zur Saat bzw. Pflanzung beliebiger Kulturen	60–80	60–80	60–80
Grünland,			
günstige Bedingungen	40–70	40–70	40–70
ungünstige Bedingungen	10–40	10–40	10–40

Günstige Bedingungen sind: kleine Einzelgaben, geringe Futterverschmutzung, günstige Ausbringungszeitpunkte, zusätzliche mineralische N-Düngung.

Tierzahlen je Düngergroßvieheinheit bzw. Dungeinheit

nach **Vetter** und **Steffens,** 1986

Tierart bzw. Tiergruppe	Zahl der Tiere	Tierart bzw. Tiergruppe	Zahl der Tiere
Rinder (über 2 Jahre)	1,5	Legehennen	100
Jungrinder (üb. 3 Mt. b. 2 Jhr.)	3,0	Junghennen*)	200
Kälber (bis 3 Monate)	9,0	Masthähnchen	300
Zuchtsauen m. Ferkel b. 20 kg	3,0	Mastenten	150
Schweine über 20 kg	7,0	Mastputen	100

*) In Nordrhein-Westfalen 300 Tiere.

Als eine **Düngergroßvieheinheit (DGV)** bzw. **Dungeinheit (DE)** gilt ein Tierbesatz, der jährlich mit Kot und Harn nicht mehr als 80 kg Stickstoff, bewertet als Gesamtstickstoff, oder nicht mehr als 70 kg Phosphat (P_2O_5), bewertet als Gesamtphosphat, absetzt.

Zweckmäßige mittlere Güllegaben bei einem Anbauverhältnis von zwei Drittel Getreide und einem Drittel Hackfrucht

nach **Vetter** und **Steffens,** 1986

Gülleart[1])	Güllegabe m³/ha	N	Nährstoffzufuhr kg/ha P_2O_5	K_2O	MgO	Cu
a) in Betrieben mit sehr hohem Gülleanfall						
Rindergülle	28	129	67	155	20	0,1
Schweinegülle	31	177	120	102	37	0,8
Hühnergülle	14	142	120	67	24	0,1
b) in Betrieben mit mittlerem Gülleanfall (ca. 1,5 DGV/ha)*)						
Rindergülle	23	106	55	129	16	0,1
Schweinegülle	20	114	78	66	24	0,5
Hühnergülle	12	118	100	58	20	0,1
c) in Betrieben mit mäßigem Gülleanfall (ca. 1,0 DGV/ha)*)						
Rindergülle	15	69	36	84	11	0,1
Schweinegülle	14	80	55	46	17	0,4
Hühnergülle	8	78	66	38	14	0,1

[1]) Rindergülle mit 10 % TS; Schweinegülle mit 7 % TS; Hühnergülle mit 14 % TS.
*) In diesen Betrieben entprechen die Güllegaben dem jährlichen Anfall.

Aufbringungsbeschränkung

In Niedersachsen ist die jährlich auszubringende Güllemenge durch einen Runderlaß und in Nordrhein-Westfalen durch die Gülleverordnung grundsätzlich auf den Höchstwert von drei Dungeinheiten beschränkt worden.

Zweckmäßige Jahresgaben zu unterschiedlichen Pflanzenarten in Betrieben mit sehr hohem Gülleanfall

nach **Vetter** und **Steffens,** 1986

N-Bedarf	Pflanzenart	Rindergülle 10 % TS m³/ha	kg/haN	Schweinegülle 7 % TS m³/ha	kg/haN	Hühnergülle 14 %TS m³/ha	kg/haN
hoch:	W-Weizen, S-Weizen, Raps, Mais	33 (43)	152 (198)	36	205	17	167
mittel:	W-Gerste, Z-Rüben	28 (38)	129 (175)	31	177	14	137
niedrig:	S-Gerste, Hafer, Roggen, Kartoffeln	23 (33)	106 (152)	26	148	11	108

Zahlen in Klammern: Wenn mit Rindergülle neben dem Kalidüngebedarf im Mittel der Jahre auch der Phosphatdüngebedarf gedeckt werden soll.

Arbeitswirtschaftliche und ackerbauliche Bedeutung der Strohdüngung

Verbilligung der Ernte durch Fortfall der arbeitsaufwendigen Strohbergung.

Nutzbringende Möglichkeit der „Strohbeseitigung" bei viehloser und viehschwacher Wirtschaftsweise ohne Gefahr der Umweltverschmutzung (Strohverbrennung!).

Versorgung der Böden viehloser bzw. viehschwacher Betriebe mit organischer Substanz.

Bessere Ausnutzung der mineralischen Düngung.

Verringerung der N-Verlagerung in der vegetationslosen Zeit durch Festlegung des von der Vorfrucht nicht genutzten Stickstoffs.

Zufuhr geringer Mengen an mineralischen Nährstoffen.

Ertragssteigerung bei entsprechender **N-Ausgleichsdüngung,** vor allem zusammen mit einer Gründüngung.

In einigen wenigen Fällen kann die Strohdüngung auch **nachteilig** wirken: Z. B. auf Pelosolböden in trockenen Anbaugebieten bei zu langsamer Strohverrottung; bei Nachbau von Wintergerste nach Getreide; auf Böden mit Neigung zur „Vermullung" bei regelmäßiger bzw. zu häufiger Strohzufuhr.

N-Ausgleichsdüngung: 1,0 kg Rein-N pro 100 kg Stroh (nach langjähriger Strohdüngung reduzieren auf 0) entweder vor dem Einbringen des Strohes oder im Frühjahr zusätzlich zur üblichen N-Düngung.

Zweckmäßige Verfahren der Strohdüngung:

1. Stroh hinter dem Mähdrescher häckseln oder zerreißen. Verabreichung der N-Ausgleichsdüngung, zerkleinertes Stroh flach einschälen, einscheiben oder einfräsen.
2. Wie 1., aber nach dem Einbringen des Strohes Gründüngungspflanzen einsäen. Bei Nichtleguminosen ist eine Gabe von 60–80 kg/ha N, z. B. als Kalkammonsalpeter, erforderlich.
3. Bei vorhandener Untersaat zerkleinertes Stroh bis zur Herbstfurche obenauf liegen lassen. Untersaat wächst durch den Strohteppich und fördert Verrottung des Strohes.

Mittlerer Nährstoffgehalt im Getreidestroh in % der Trockensubstanz und bei 14 % Wassergehalt ( )

nach **Rauhe,** nach **Amberger** und nach **Boguslawski**

Getreideart	N	P_2O_5	K_2O	CaO	MgO
Winterroggen	0,50 (0,43)	0,29 (0,24)	1,1 (0,95)	0,39 (0,34)	0,11 (0,10)
Winterweizen	0,46 (0,40)	0,22 (0,19)	1,1 (0,95)	0,34 (0,29)	0,11 (0,10)
Wintergerste	0,58 (0,50)	0,24 (0,21)	1,4 (1,2)	0,50 (0,43)	0,11 (0,10)
Sommerweizen	0,49 (0,42)	0,24 (0,21)	0,9 (0,77)	0,31 (0,27)	0,10 (0,09)
Sommergerste	0,66 (0,57)	0,21 (0,18)	1,4 (1,2)	0,29 (0,25)	0,13 (0,11)
Hafer	0,56 (0,48)	0,27 (0,23)	2,0 (1,7)	0,51 (0,44)	0,15 (0,13)
Körnermais	1,00	0,68	2,3	0,84	0,50
Raps	0,55	0,27	3,0	1,38	0,30

Wirkung einer Stroh- und Gründüngung im Vergleich zu Stallmist

nach **Kürten,** LFH

Durchschnittliche Relativerträge 1966–1971

Prüfglieder	Kartoffeln	Roggen	Hafer	Gesamtertrag (GE)
1. NPK ohne org. Düngung	100 (267)[1]	100 (54,0)[1]	100 (38,6)[1]	100 (53,1)[2]
2. NPK + Stroh ohne N-Ausgleichsdüngung	96	98	92	96
3. NPK + Stallmist (250 dt/ha z. Kartoffeln)	112	106	104	108
4. NPK + Stroh + 20 kg/ha N Frühj.	104	101	106	104
5. NPK + Stroh + 40 kg/ha N Frühj.	117	99	114	108
6. NPK + Stroh + Gründüng. + 20 kg/ha N z. Gründüng.	119	104	123	115

Die Strohdüngung erfolgte zu Kartoffeln und Hafer.

[1]) dt/ha [2]) GE/ha

Bedeutung der Gründüngung für Pflanzenernährung und Bodenfruchtbarkeit

Verhinderung bzw. Verminderung der Nährstoffauswaschung

Mobilisierung der Nährstoffe des Untergrundes und Verlagerung in die Krume

Günstige Beeinflussung der Nährstoffdynamik

N-Gewinnung bei Verwendung von stickstoffsammelnden Leguminosen

Zufuhr organischer Substanz

Erhaltung und Verbesserung der Bodenstruktur und Verhinderung der Erosion (Bodenabtrag) sowie der N-Verlagerung durch die Bodenbedeckung

Verbesserung der Wasserkapazität und der Wasserführung

Belebung der biologischen Aktivität des Bodens

Vermehrung des Porenvolumens auf schweren Böden

Auflockerung enger, getreidereicher Fruchtfolgen und damit gute Vorfruchtwirkung

Dadurch höhere Erträge und bessere Qualität der Ernteprodukte

Durchschnittliche Stickstoffmengen in einigen Leguminosen

von **Rauhe,** berechnet nach **Köhnlein, Vetter** und **Prjanischnikow**

	Stickstoff kg/ha			
	Oberird. Masse (OM)	Ernte-rückst. (ER)	gesamt	ER Anteil in %
Im Zwischenfruchtbau				
Gelbe Lupine	75	25	100	25
Erbse, Wicke, Bohne	50	30	80	37,5
Rotklee	65	70	135	52
Im Hauptfruchtbau				
Rotklee	115	70	185	38
Steinklee	150	50	200	25
Luzerne	225	75	300	25

„Wurzelleistung" verschiedener Herbst- und Winterzwischenfrüchte

nach **Könekamp**

Kultur	Erntemasse (Oberirdisch) dt/ha	Wurzel-masse (U) dt/ha	Stoppel-masse dt/ha	Wurzelwert U in % von O
Senf	16,3	7,0	2,1	42
Ölrettich	25,6	7,3	4,1	27
Sommerraps	27,3	11,1	3,5	40
Legum. Gemenge	37,1	16,5	3,3	44
1jähr. Weidelgras	23,8	18,5	6,0	76
Phacelia	29,3	18,5	4,8	63
Grünmais	47,0	21,7	9,4	40
Sonnenblumen	66,4	24,3	8,6	36
frühe Kreuzblütler	32,0	19,4	5,1	60
späte Kreuzblütler	46,0	24,6	9,8	53
Futterroggen	51,0	18,6	11,0	36
Wickroggen	82,9	21,5	15,1	26
Wickweizen	60,3	21,5	11,1	35
Landsberger Gemenge	84,6	33,3	23,1	40
Welsches Weidelgras	94,4	36,7	19,3	39

Ernterückstände (dt/ha) und Nährstoffmengen (kg/ha) verschiedener Feldfrüchte

nach **Köhnlein** und **Vetter**

Mittlere Werte; Schwankungen der Einzelwerte in ( )

	Ernte-rückstände	N	P_2O_5	K_2O
Getreide (reif)	14 (9–17)	14 (8–17)	5 (3–7)	12 (9–15)
Hülsenfr. (reif)	13 (5–23)	28 (12–53)	5 (3–9)	11 (3–23)
Hackfrüchte:				
Kartoffeln, Rüben	8 (6–10)	22 (20–25)	6 (5–7)	37 (30–48)
Futterpflanzen als Hauptfrucht:				
3jähr. Luzerne	67	159	35	64
2jähr. Kleegras	56	81	33	75
1jähr. Kleegras	30 (29–42)	73 (41–104)	24 (19–29)	43 (41–45)
Gelbe Lupine	16 (15–16)	36 (35–37)	8 (7–9)	35 (28–42)
Winterzwischen-früchte:				
W.-Rübsen	9	15 (13–17)	9	30 (28–31)
Grünroggen	15 (14–16)	21 (16–26)	8 (7–9)	26 (21–30)
Roggen, Zottelw.	17 (16–18)	29 (28–29)	10 (9–10)	28 (27–28)
Landsb. Gemenge	28 (27–29)	35 (33–37)	13	44 (36–52)
Stoppelfrüchte:				
Erbsen/Wicken, Bohnen, Sommerraps, Senf	7 (6–10)	18 (13–29)	5 (4–6)	19 (17–24)
Untersaaten zur Herbstnutzung:				
Rotklee	28 (22–33)	84 (70–97)	23 (21–24)	66 (60–72)
Weißklee	30 (22–38)	103 (73–133)	26 (22–30)	65 (53–77)
Schwedenklee	26 (21–30)	84 (69–98)	20	60 (48–72)
Serradella	10	28	7	23
Fruchtfolgen/ Getreideanteil				
1. niedrig	10	17	5	18
2. mittel	15	24	7	24
3. hoch	20	30	10	30

Wurzeltiefgang*) einiger Gründüngungspflanzen
nach Scheffer

150–300 cm und mehr	80–150 cm	bis 80 cm
Lupine Steinklee Rotklee Sonnenblume	Serradella Ackerbohne Erbse Gelbklee Saatwicke, Stoppelrübe Senf, Raps, Rübsen Buchweizen Phacelia, Ölrettich	Weißklee Inkarnatklee Zottelwicke Peluschke

*) Näherungswerte; in Abhängigkeit von Bodenstruktur und Bodenbearbeitung erhebliche Abweichungen möglich.

Nährstoffzufuhr mit Ernterückständen in kg
nach **LUFA Oldenburg**

Menge und Art (Anfall je ha)	a) Gesamtzufuhr					b) für die Folgefrucht etwas anrechenbar				
	N	P_2O_5	K_2O	CaO	MgO	N	P_2O_5	K_2O Sand Moor	K_2O andere Böden	MgO
400 dt Zuckerrübenblatt	150	40	240	70	40	60	30	100	200	20
300 dt Futterrübenblatt	100	30	160	70	40	40	20	70	140	20
130 dt Kartoffelkraut	60	15	120	90	30	20	10	50	100	15
100 dt Körnermaisstroh	60	30	140	50	30	0	20	60	120	15
50 dt Rapsstroh	30	15	150	80	15	0	10	60	120	8
50 dt Getreidestroh	30	15	90	25	10	0	10	40	80	5
40 dt Körnerleguminosenstroh	60	15	80	60	15	20	10	40	70	8
100 dt Gründüngung	50	15	50	40	5	15	10	20	40	0

CaO in Ernterückständen nicht anrechenbar, da keine basische Wirkung vorhanden.

Zufuhr an organischer Substanz durch:

Ernterückstände je nach Kulturart	10–20 dt/ha
100 dt Stallmist (z. B. 300 dt/3 Jahre)	20–25 dt/ha
50–60 dt Frischstroh (mittlere Strohernte)	ca. 35–50 dt/ha
Gründüngung	ca. 10–50 dt/ha

Einfluß des Kulturartenverhältnisses auf den Abbau an organischer Substanz
abgeändert nach **Scheffer**

Hackfruchtanteil in der Fruchtfolge	bis 15 %	bis 25 %	bis 35 %	über 45 %
jährlicher Humusabbau	20	30	40	über 40 dt/ha

Schnelligkeit des Abbaus organischer Düngung bzw. zunehmende Nachwirkung

Gründüngung > Strohdüngung > Stallmist > Torf

Mittlere Kohlenstoff-Stickstoff-Verhältnisse (N = 1)

Schwarzerde	10
Braunerde	10–15
Podsol	20–40
Hochmoor	30–50
Getreidestroh (z. B. zur Strohdüngung)	50–100
Maisstroh	50–60
Leguminosenstroh	15
Unzersetzter strohiger Frischmist	25–30
Stroharmer Frischmist	20
Reifer Stapelmist	15–18
Gülle	12–15
Kot der Tiere im Durchschnitt	15
Günstiges C : N-Verhältnis =	10–20
Ungünstiges C : N-Verhältnis =	> 20

Mittlerer Nährstoffgehalt von Klärschlamm, Müllkompost und Stallmist (kg je 10 t bzw. 10 m^3) nach **Kick**

(Die Angaben für N, P_2O_5, K_2O, CaO und MgO bedeuten unmittelbar zugänglich bzw. den Handelsdüngernährstoffen gleichzusetzen)

	10 m^3 Klär-schlamm 10% TS	10 t stichfester Klär-schlamm 30–30% TS	10 t Müll-kompost	10 t Stallmist
wirksame organische Subst.	300-400	1500-2000	900-1500	1800
basisch wirksame Stoffe berechnet als CaO	80-200	200-500	500-1000	60
N	~ 5-6	15-20	8-10	15-20
P_2O_5	~ 10	~ 30	~ 10	15-20
K_2O	0,5-1	unbed.	30-40	60-70
MgO	~ 40	~ 120	50-100	~ 15
Ges. Schwefel*)	5-15	15-45	50-300	20-30
Ges. Kupfer	0,4-2	1,6-8	0,8-1,2	0,02
Ges. Zink	0,3-2,6	1,2-10,5	8,0-12	0,12
Ges. Mangan	~ 0,6	~ 2,4	4,2-6,0	0,4
Ges. Molybdän	< 0,01	< 0,1	0,1	0,001
Ges. Bor	~ 0,02	~ 0,08	0,6-3,6	0,03-0,04

*) Beim Schwefel und bei den Spurenelementen handelt es sich um Gesamtmengen, die aber wesentlich zur Versorgung der Pflanzen beitragen.

Empfehlenswerte Anwendungsmengen an Klärschlamm:

Getreide und Grünland 50–100 m^3/ha (Naßschlamm 5% Trockenmasse)
Hackfrüchte und Mais 100 m^3/ha (Naßschlamm 5% Trockenmasse)

Wegen der Gefahr einer Anreicherung von Schwermetallen (s. S. 281ff) dürfen auf landwirtschaftlich, forstwirtschaftlich und gärtnerisch genutzte Böden nach der Klärschlammverordnung v. 25. 6. 82 nicht mehr als 5 t TS innerhalb von drei Jahren ausgebracht werden.

Anwendungsempfehlungen für Kompost aus Müll und Müllklärschlamm

nach „Vorläufiges Merkblatt für Qualitätskriterien und Anwendungsempfehlungen für Kompost aus Müll und Müllklärschlamm"

Kulturen	Kompostart	Häufigkeit	Menge
Getreide	Frisch- u. Fertigkompost	alle 2-4 J.	20- 60 t/ha
Hackfrüchte	Frisch- u. Fertigkompost	alle 2-4 J.	40-100 t/ha
Grünland u. Ackerfutterbau	feiner Frisch- oder Fertigkompost	alle 2-4 J.	20- 50 t/ha
Obstbau	Frisch- u. Fertigkompost	alle 3 J.	100-200 t/ha
Weinbau			
leichte Böden	Frisch- u. Fertigkompost	alle 2-4 J.	50-100 t/ha
schwere Böden	Frisch- u. Fertigkompost	alle 2-4 J.	80-200 t/ha
Erosionsbekämpfung im Weinbau			
erstmalig	Frisch- u. Fertigkompost	Einmalig	bis 300 t/ha
Ergänzung	Frisch- u. Fertigkompost	alle 4 J.	100 t/ha
Freilandgemüsebau	Fertig- o. Spezialkompost	alle 2-4 J.	50-100 t/ha
Spargelbau	Fertig- o. Spezialkompost feinkörnig	alle 6 J.	50-100 t/ha
Glashauskulturen	Fertig- o. Spezialkompost	alle 2-4 J.	1-1,5 kg/m^2

Mittlere Nährstoff- und Salzgehalte von Torfkultursubstraten

nach AK „Gärtnerische Erden" des VDLUFA, 1975

Nährstoff		mg je Liter Substrat bei Typ 1*)	Typ 2*)
pH-Wert	($CaCl_2$)	5,5	5,5
Lösliche Salze**		1 100	2 200
N	(Stickstoff)	150	300
P_2O_5	(Phosphat)	150	300
K_2O	(Kali)	200	400
Mg	(Magnesium)	80	150
B	(Bor)	0,5	1,0
Cu	(Kupfer)	1,0	2,0
Mn	(Mangan)	3,0	5
Zn	(Zink)	3,0	5
Mo	(Molybdän)	0,1	0,2
Fe	(Eisen)	20	30

*) Typ 1 zum Pikieren; Typ 2 zum Eintopfen
**) berechnet als KCl

Organische und organisch-mineralische Handelsdünger

(Zusammengestellt nach Düngemittelverzeichnis des VDLUFA)

Düngerbezeichnung	org. Substanz	Gehalte in % N	P_2O_5	K_2O	Sonstiges
Organische Handelsdünger[3]					
Düngetorf	40–50	–[1]	–[1]	–[1]	
Organische Stickstoffdünger (aus Blutmehl, Hornmehl, Horngrieß, Hornspänen)	–[2]	10–14	–	–	
Organische P-Dünger (entleimtes Knochenmehl)	–[2]	–	~ 30 %	–	
Organische NP-Dünger					
gedämpfte Knochenmehle	–[2]	4–5	13–22	–	
Horn-Knochenmehlmischdünger	–[2]	6–9	5–12	–	
Organische NPK-Dünger (Peru-Guano)	–[2]	6	12	2	
Organisch-mineralische Handelsdünger					
Torfmischdünger	> 30	1	1	1	teilweise auch 1–5 % MgO und Spurenelemente
Organisch-mineralische Mischdünger	35–40	1–4	2–4	2	
Organisch-mineralische NPK-Dünger	–[2]	4–10	4–10	5–13	

[1]) pflanzenverfügbare Nährstoffe nur in unbedeutenden Mengen.
[2]) keine Gehaltsangaben.
[3]) Bei Produkten, die von Tieren stammende Bestandteile enthalten, kann das Vorkommen bestimmter Krankheitserreger, wie z. B. Salmonellen, nicht mit Sicherheit ausgeschlossen werden.

Da die Anzahl der Typen und Bezeichnungen sehr groß ist, konnten diese aus Platzgründen nicht einzeln aufgeführt werden. Sie können dem oben genannten Düngemittelverzeichnis des VDLUFA entnommen werden.

Pflanzenernährung und mineralische Düngung

neubearbeitet von Dr. **H. Aigner,** Landw. Forschung Hanninghof,
Prof. Dr. **H. Vetter** u. Dr. **K. Früchtenicht,** LUFA Oldenburg

Übersicht über die Pflanzennährstoffe

Nährstoffgruppe	Element		Bedeutung für die Pflanze
I. **Nährelemente,** die Hauptbestandteile der Pflanze sind und vorwiegend aus der Luft (als CO_2) und dem Bodenwasser aufgenommen werden.	Kohlenstoff Wasserstoff Sauerstoff	C H O	unentbehrlich unentbehrlich unentbehrlich
II. **Nährelemente,** welche die Pflanze in größerer Menge benötigt und die in der Regel durch Düngung zugeführt werden müssen, da der Bodenvorrat für eine optimale Versorgung nicht ausreicht; auch **Haupt- oder Kernnährstoffe** bzw. **Makronährstoffe** genannt.	Stickstoff Phosphor Kalium Calcium Magnesium	N P K Ca Mg	unentbehrlich unentbehrlich unentbehrlich unentbehrlich unentbehrlich
III. **Nährelemente,** die ebenfalls von der Pflanze in größeren Mengen benötigt bzw. aufgenommen werden, die aber meist genügend im Boden vorhanden oder als Beistoffe in Düngemitteln enthalten sind.	Schwefel Eisen Natrium Chlor Silicium	S Fe Na Cl Si	unentbehrlich unentbehrlich nützlich[1][2] nützlich[1] nützlich[1]
IV. **Nährelemente,** die infolge ihres hohen Wirkungsgrades von der Pflanze nur in geringen Mengen benötigt bzw. aufgenommen werden; deshalb auch **Spurenelemente** oder **Mikronährstoffe** genannt. Im Ackerbau nur auf Mangelstandorten Zufuhr durch Düngung notwendig; auf dem Grünland Anreicherung im Futter je nach Bedarf der Tiere empfehlenswert.	Bor Mangan Kupfer Zink Molybdän Cobalt	B Mn Cu Zn Mo Co	unentbehrlich unentbehrlich unentbehrlich unentbehrlich unentbehrlich entbehrlich[2]

[1]) Bei manchen Pflanzen unentbehrlich
[2]) Für Tier und Mensch unentbehrlich, deshalb Anreicherung in der Pflanze anzustreben

Nährstoff- oder Ernteentzug: Menge an Nährstoffen, die durch die Ernteprodukte dem Boden entzogen und vom Felde fortgeschafft wird. **Nährstoffaufnahme:** Menge an Nährstoffen, die während der Vegetationszeit von der Pflanze aufgenommen wird = tatsächlicher Bedarf. Die Nährstoffaufnahme ist immer höher als der Ernteentzug, da mit den Ernterückständen (Wurzeln, Stoppeln usw.) sowie durch Blattabfall, evtl. Rückwanderung in den Boden, Auswaschung aus dem Stroh und dergleichen ein Teil der aufgenommenen Nährstoffe auf dem Felde zurückbleibt.

Nach **Roemer** und **Scheffer** beträgt der Nährstoffentzug im Durchschnitt 80 % der Nährstoffaufnahme.

Die **Höhe der Nährstoffentzüge** wird von den Erträgen und dem Gehalt der Erntesubstanz an Nährstoffen bestimmt. Beide Faktoren können, bedingt durch unterschiedliche Standort- und Witterungsbedingungen, in weiten Grenzen schwanken. Um den Einfluß der Ertragshöhe auszuschalten, sind die Nährstoffentzüge für eine bestimmte Ertragseinheit – zum Beispiel 10 dt Körner – angegeben. Sie können dann auf die tatsächlich erzielten Erträge umgerechnet werden.

Die Einwirkung ungleich hoher Nährstoffgehalte – welche vor allem durch eine unterschiedlich gute Nährstoffversorgung verursacht werden – ist durch die Schwankungsbreite bei den aufgeführten Entzugszahlen berücksichtigt.

Die Kenntnis des Nährstoffentzuges als Maßstab des Nährstoffbedarfs der landwirtschaftlichen und gärtnerischen Kulturpflanzen ist eine Voraussetzung für deren optimale und gezielte Versorgung mit Nährstoffen durch die Düngung.

Beispiel für die Berechnung des Entzuges

Ertrag: 60 dt Körner je ha; mittlerer Entzug je 10 dt Körner: 30 kg N. Errechneter Entzug (Körner mit normalem Strohertrag): 30 kg N × 6 = 180 kg/ha N.

Entzug an Kernnährstoffen in kg

Fruchtart	Ernteentzug in kg pro	N	P_2O_5	K_2O	CaO	MgO
Roggen	10 dt Körner mit Stroh	20–30	10–15	20– 30	6– 10	2– 5
Weizen	10 dt Körner mit Stroh	25–35	10–14	20– 25	4– 8	2– 5
Wintergerste	10 dt Körner mit Stroh	20–25	8–12	20– 30	8– 12	2– 4
Sommergerste	10 dt körner mit Stroh	15–25	8–12	20– 25	8– 12	2– 4
Hafer	10 dt Körner mit Stroh	20–30	10–15	30– 40	4– 8	3– 5
Getreide allg.	10 dt Körner mit Stroh	20–30	10–15	20– 30	6– 10	2– 5
Getreide allg.	10 dt Körner o. Stroh	15–20	6–10	5– 8	0,5– 2	1,5– 3
Körnermais	10 dt Körner mit Stroh	25–30	10–15	30– 40	6– 10	6–10
Körnermais	10 dt Körner o. Stroh	18–22	7– 9	4– 6	< 1	2– 3
Raps u. Rübsen	10 dt Körner mit Stroh	50–60	25–35	40– 60	40– 70	7–12
Erbsen	10 dt Körner mit Stroh	55–65[1]	15–20	30– 40	30– 35	4– 8
Ackerbohnen	10 dt Körner mit Stroh	60–65[1]	15–20	40– 50	30– 40	5–10
Lupinen	10 dt Körner mit Stroh	70–80[1]	15–20	40– 50	22– 26	8–12
Frühkartoffeln	100 dt Knollen m. Kraut	50–60	20–25	80–100	35– 40	10–20
Spätkartoffeln	100 dt Knollen m. Kraut	45–55	15–20	75– 90	15– 40	8–15
Spätkartoffeln	100 dt Knollen o. Kraut	30–40	10–15	55– 65	1– 5	3–10
Zuckerrüben	100 dt Rüben m. Blatt	40–55	15–20	60–100	10– 20	10–20
Zuckerrüben	100 dt Rüben o. Blatt	15–22	8–10	20– 30	3– 5	5–10
Futterrüben	100 dt Rüben m. Blatt	20–30	8–12	45– 65	8– 12	8–12
Kohlrüben	100 dt Rüben m. Blatt	30–40	10–16	40– 60	15– 25	6–10
Luzerne	10 dt Heu	20–30[1]	5–10	20– 25	25– 30	2– 4
Rotklee	10 dt Heu	20–25[1]	4– 8	20– 25	18– 25	4– 6

[1]) Ein Teil des Stickstoffs aus der Luft.

Fruchtart	Ernteentzug in kg pro	N	P_2O_5	K_2O	CaO	MgO
Futterraps	100 dt Grünmasse	50–60	10–15	50– 60	30– 40	4– 8
Futterroggen	100 dt Grünmasse	40–50	10–15	55– 65	10– 15	4– 6
Wickroggen	100 dt Grünmasse	45–55	15–20	60– 70	30– 35	6–10
Landsberger Gemenge	100 dt Grünmasse	50–60[1]	15–20	40– 60	30– 40	4–10
Silomais	100 dt Grünmasse	25–35	15–20	35– 45	12– 18	5–10
Sonnenblumen	100 dt Grünmasse	20–30	8–12	35– 45	30– 35	2– 6
Senf	100 dt Grünmasse	40–50	6–10	35– 45	35– 45	2– 5
Markstammkohl	100 dt Grünmasse	60–70	18–23	70– 80	40– 45	10–15
Stoppelrüben	100 dt Grünmasse	20–30	10–20	50– 60	20– 40	8–12
Tabak	ha Gesamtpfl.*)	100–200	18–35	170–350	190–270	8–25
	10 dt Blätter*)	20–30	3– 5	30– 50	50– 70	1– 7
Hopfen	10 dt Dolden	85–95	35–45	80–100	140–160	25–30
Reben	10 dt Trauben m. Blatt- u. Holzzuwachs	4– 8	2– 3	5– 10	4– 11	1– 3
Wiesen	10 dt Heu	15–20	5–10	25– 30	8– 12	6– 8
Weiden[2])	1000 kStE	45–55	18–23	55– 65	25– 35	10–15

S-Bedarf für 10 dt Trockensubstanzertrag nach Saalbach

		N-Gehalte in %	S-Bedarf in kg
Weizen	Korn	1,5–3,0	1,0–2,0
	Stroh		1,0
Hafer	Korn (entspelzt)	2,0–3,5	2,2–3,8
	Spelzen		0,4
	Stroh		1,0
Gerste	Korn	1,5–2,5	1,2–1,9
	Stroh		1,8
Kartoffeln	Knollen		1,1
	Kraut		1,9
Zuckerrüben	Rüben		1,2
	Blätter	2,0–3,5	1,3–2,3
Grünmais		1,2–1,7	1,1–1,8
Luzerne		3,0–4,0	2,5–3,6
Kleearten		3,0–4,5	2,0–3,0
Gräserarten		2,0–4,5	1,4–4,2

Entzug einiger Kulturpflanzen an Mikronährstoffen nach verschiedenen Autoren

Kulturart	Ernteentzug in g pro	Bor	Mangan**)	Kupfer
Getreide	10 dt Körner mit Stroh	5– 17	80–300	7–16
Getreide	10 dt Körner ohne Stroh	2– 5	30– 90	4– 7
Körnermais	10 dt Körner o. Stroh u. Spindeln	ca. 3	ca. 13	ca. 4
Silomais	100 dt Grünmasse	10– 20	60– 90	20–35
Kartoffeln	100 dt Knollen mit Kraut	30– 45	60–180 (800)	25–30
Kartoffeln	100 dt Knollen ohne Kraut	15– 25	15– 40	14–18
Zuckerrüben	100 dt Rüben mit Blatt	60– 75	110–250 (500)	18–23
Zuckerrüben	100 dt Rüben ohne Blatt	20– 35	65–120	12–15
Winterraps	10 dt Körner mit Stroh	50–300	n. b.	n. b.
Rotklee	10 dt Heu	10– 35	95–120	9–15
Luzerne	10 dt Heu	25– 40	80– 90	5– 7
Wiese	10 dt Heu	10– 15	80–100 (1100)	6–12
Weiden	1000 kStE	15– 20	70–100	10–15
Tabak***)	10 dt Blätter (dachtrocken)	70	130	20
Reben	10 dt Trauben mit Blatt- und Holzzuwachs	10– 15	8– 12	n. b.

[1]) Ein Teil des Stickstoffs aus der Luft
[2]) Bei Weiden wird ein großer Teil der mit dem Futter entzogenen Nährstoffe im Kot und Harn dem Boden wieder zugeführt.
*) niedrige Werte: Virgin-Tabak; hohe Werte: Geudertheimer und Burley.
**) Die Entzüge an Mangan können bedingt durch die Bodenreaktion in weiten Grenzen schwanken; in Klammern die höchsten in der Literatur gefundenen Werte.
***) Ernteentzug an Eisen: ca. 500 g/10 dt Blätter.

Umrechnungsfaktoren

für einige in der Pflanzenernährung wichtige Mineralstoffe von der Element- in die Oxidform und umgekehrt

Element	× Faktor	= Oxid	Oxid	× Faktor	= Element
P	× 2,29	= P_2O_5	P_2O_5	× 0,44	= P
K	× 1,20	= K_2O	K_2O	× 0,83	= K
Ca	× 1,40	= CaO	CaO	× 0,71	= Ca
Mg	× 1,66	= MgO	MgO	× 0,60	= Mg
Na	× 1,35	= Na_2O	Na_2O	× 0,74	= Na
N	× 4,43	= NO_3	NO_3	× 0,23	= N

Nährstoffverluste durch Auswaschung je ha und Jahr[1])

10–100 kg N*)	20– 120 kg Na_2O
0– 10 kg P_2O_5*)	200– 360 kg SO_4
10– 70 kg K_2O	150– 250 g B
100–600 kg CaO	150–1100 g Mn
10–120 kg MgO	15– 50 g Cu

Die Höhe der Auswaschungsverluste wird u.a. von der Niederschlagsmenge, der Bodenart, dem Nährstoffvorrat des Bodens, der Düngung, der biologischen Aktivität (N!) und dem Pflanzenbestand bestimmt.

[1]) Siehe auch S. 265ff „Landwirtschaft und Umwelt"
*) Ohne Extremwerte, z.B. bei Anwendung zu hoher Güllegaben; siehe auch S. 271ff

Beispiele für den Verlauf der Trockensubstanzbildung (in dt/ha) und Nährstoffaufnahme (in kg/ha) einiger Feldfrüchte

Winterroggen (nach **Kürten** und **Aigner**)[1])

EC-Stadium	25	31	51		69			87	
	ganze Pflanzen			H	Ä	H+Ä	H	Ä	H+Ä
TS	7	19	52	80	13	93	60	59	119
N	34	65	94	83	25	108	46	87	133
P_2O_5	9	21	34	36	8	44	11	35	46
K_2O	27	76	157	168	12	180	112	36	148
CaO	4	9	17	24	3	27	21	5	26
MgO	2,2	5	11	15	3	18	8	12	20

Winterweizen (nach **Kürten** und **Aigner**)[1])

EC-Stadium	25	31	51		69			87	
	ganze Pflanzen			H	Ä	H+Ä	H	Ä	H+Ä
TS	5	22	79	86	24	110	70	67	137
N	25	71	148	115	42	157	57	130	187
P_2O_5	5	15	41	36	14	50	16	39	55
K_2O	25	95	228	228	24	252	145	51	196
CaO	2,7	12	30	30	3	33	27	6	33
MgO	1,2	5	14	16	5	21	10	13	23

[1]) Mittelwerte aus den Jahren 1971–1981.
[2]) Mittelwerte aus den Jahren 1972–1981.
[3]) Mittelwerte aus den Jahren 1971–1973.

Wintergerste (nach **Kürten** und **Aigner**)[1])

EC-Stadium	25	31	51		69			87	
	ganze Pflanzen			H	Ä	H+Ä	H	Ä	H+Ä
TS	11	24	58	61	26	87	52	58	110
N	32	70	98	74	45	119	26	89	115
P_2O_5	10	23	36	26	19	45	8	43	51
K_2O	51	110	190	187	30	217	123	49	172
CaO	7	17	29	29	5	34	22	9	31
MgO	2,6	6	15	12	7	19	7	14	21

Sommergerste (nach **Kürten** und **Aigner**)[2])

EC-Stadium*)	25	31	51		69			87	
	ganze Pflanzen			H	Ä	H+Ä	H	Ä	H+Ä
TS	5	17	42	42	22	64	38	43	81
N	26	54	79	62	40	102	29	69	98
P_2O_5	6	14	23	17	13	30	7	26	33
K_2O	33	86	135	109	30	139	87	35	122
CaO	5	12	23	25	5	30	19	8	27
MgO	1,7	5	10	9	5	14	5	9	14

Hafer (nach **Kürten** und **Aigner**)[1])

EC-Stadium*)	25	31	51		69			87	
	ganze Pflanzen			H	Ä	H+Ä	H	Ä	H+Ä
TS	4	13	54	52	23	75	48	50	98
N	22	45	91	74	40	114	35	99	134
P_2O_5	5	10	30	23	14	37	18	32	50
K_2O	26	72	206	207	28	235	167	43	210
CaO	4	8	23	30	5	35	23	9	32
MgO	1,2	3	12	12	5	17	9	10	19

Sommerweizen (nach **Kürten** und **Aigner**)[3])

EC-Stadium*)	21	30	49	69	75	85	92
TS	1,5	8	32	46	64	76	81
N	10	39	63	91	123	129	128
P_2O_5	2	11	27	37	46	58	54
K_2O	8	48	114	119	125	108	102
CaO	1	6	11	13	20	20	18
MgO	1	2	7	11	15	17	16

Körnermais (neubearbeitet nach **Kising** und **Zscheischler**)

Tage n. dem Auflaufen	15-25	26-35	36-50	51-65	66-80	81-95	96-110	111-125	126-140	> 140
TS	2	6	16	32	56	75	94	112	124	140
N	6	17	34	60	100	118	139	151	154	162
P_2O_5	4	7	9	18	27	46	55	64	73	80
K_2O	8	30	80	141	193	204	210	202	183	180
MgO	2	4	5	16	26	30	32	34	36	36

Frühkartoffeln (neubearbeitet nach **Remy** und **Deichmann**)

	April	Mai	Juni
N	4	32	140
P_2O_5	4	16	60
K_2O	16	78	225

Spätkartoffeln (neubearbeitet nach **Remy** und **Deichmann**)

	Mai	Juni	Juli	August	September
N	16	69	143	180	200
P_2O_5	5	22	44	59	70
K_2O	16	110	220	310	330

Zuckerrüben (nach **Lüdecke**)

	Ende Mai	Ende Juni	Anfang August	Mitte Sept.	Anfang Oktober	Mitte Nov.
N	28	175	231	245	269	255
P_2O_5	7	38	70	77	73	73
K_2O	31	224	371	378	378	392
Na_2O	21	157	161	161	129	91
CaO	14	80	87	101	73	56
MgO	7	42	63	84	83	70

Der Verbrauch an Reinnährstoffen und die Erträge ausgewählter Ackerfrüchte (im Deutschen Reich bzw. Bundesgebiet)

Beobachtungszeitraum	Düngung in kg Reinnährstoff/ha LF[1]) über Handelsdünger			über Wirtschaftsdünger			Erträge[2]) in dt/ha		
	N	P_2O_5	K_2O	N	P_2O_5	K_2O	Winterweizen	Kartoffeln	Zuckerrüben
∅ 1878–1880	0,7	1,7	0,8	11,5	5,8	16,1			
∅ 1890–1893	1,6	5,6	1,2	15,5	7,8	21,7	12,9	84	237
∅ 1898–1900	2,2	10,3	3,1	20,5	10,3	28,8	18,5	130	277
∅ 1911–1913	4,9	17,4	13,2	25,6	12,8	35,8	21,3	137	266
∅ 1925–1927	12,3	14,2	22,7	28,2	14,1	39,5	21,7	155	254
∅ 1935–1938	19,8	25,7	37,6	32,0	16,0	44,9	22,3	168	327
1950/51	25,6	29,6	46,7	31,9	16,0	44,8	25,8	245	362
1955/56	33,1	33,6	59,4	41,8	20,9	58,5	28,8	203	342
1960/61	43,1	46,2	70,2	43,4	21,7	60,8	35,8	236	420
1965/66	63,0	60,1	85,8	43,7	21,8	61,2	30,9	231	366
1970/71	83,3	67,2	87,2	57,6	22,8	80,6	46,8	274	457
1975/76	92,3	58,6	82,6	63,8	31,9	89,4	41,9	236	409
1979/80[3])	112,5	69,6	91,8	73,3	36,6	102,6	49,7	259	484
1980/81	126,6	68,4	93,4	70,8	35,4	99,2	51,5	309	546
1984/85	120,5	60,8	82,0	72,8	36,4	101,9	61,3	359	516
1985/86	126,1	61,3	77,5	.	.	.	63,9	343	506

[1]) bis 1965/66 Angaben je ha LN

[2]) ab 1950/51 beziehen sich die Ertragsangaben jeweils auf die Ernte des folgenden Wirtschaftsjahres

[3]) ab 1979 Vergleich mit Vorjahren durch methodische Änderung bei der Bodennutzungshaupterhebung beeinträchtigt

Zusammengestellt nach den statistischen Berichten des Bundesministeriums für Ernährung, Landwirtschaft und Forsten vom Institut für landwirtschaftliche Betriebslehre, Prof. Dr. Dr. h. c. E. Reisch, Stuttgart-Hohenheim.

Entwicklung des Handelsdüngerverbrauches in der Bundesrepublik Deutschland

		1938/39*)	1950/51	1960/61	1970/71	1980/81	1985/86
		1 000 t Reinnährstoff					
Stickstoff	(N)	345	362	619	1 131	1 551	1 516
Phosphorsäure	(P_2O_5)	413	418	662	913	837	737
Kali	(K_2O)	637	659	1 007	1 185	1 144	932
Kalk	(CaO)	823	642	535	672	1 138	1 452
		kg Reinnährstoff je ha LF					
		1938/39*)	1950/51	1960/61	1970/71	1980/81	1985/86
Stickstoff	(N)	23,6	25,6	43,4	83,3	126,6	126,1
Phosphorsäure	(P_2O_5)	28,3	29,6	46,4	67,2	68,4	61,3
Kali	(K_2O)	43,4	46,7	70,6	87,2	93,4	77,5
Kalk	(CaO)	56,4	45,4	37,5	49,5	92,9	112,9

*) Gebiet der Bundesrepublik Deutschland ohne Saarland und Berlin (West)

Aufwand an Nährstoffen in den Bundesländern bzw. Kammerbezirken in kg/ha LF

	1985/86 N	1985/86 P_2O_5	1985/86 K_2O
Schleswig-Holstein	172,3	74,4	73,0
Hamburg	.	.	.
Niedersachsen	129,9	49,5	74,3
Weser-Ems	157,0	61,1	82,6
Hannover	114,5	43,0	69,6
Bremen	.	.	.
Nordrhein-Westfalen	169,3	66,8	87,5
Westfalen-Lippe	128,6	59,7	73,0
Rheinland	246,7	80,2	115,1
Hessen	105,2	59,2	70,9
Rheinland-Pfalz	98,2	61,1	86,7
Baden-Württemberg	85,1	56,6	71,7
Bayern	113,3	66,3	79,2
Saarland	49,0	33,0	39,6
West-Berlin	124,0	43,0	84,0

Erzeugungswerte von Stickstoff, Phosphorsäure und Kali

nach **Deichmann**

Die Leistung der Kernnährstoffe wurde aus einer Vielzahl von Nährstoffmangelversuchen errechnet, indem die Erträge der einzelnen Mangelparzellen von den Erträgen der Volldüngerparzellen abgezogen und die Differenzen durch die Düngermengen dividiert wurden.

Die N-Wirkung errechnet sich aus der Differenz NPK minus PK.
Die P-Wirkung errechnet sich aus der Differenz NPK minus NK.
Die K-Wirkung errechnet sich aus der Differenz NPK minus NP.

1 kg N

Getreide	16–20 kg	Körner + ca. 32–40 kg Stroh
Kartoffeln	90 kg	Knollen mit ca. 14 kg Stärke
Zuckerrüben	90 kg	Rüben mit ca. 12 kg Zucker + 100–120 kg Zuckerrübenblatt
Futterrüben	200 kg	Rüben (in gleicher Größenordnung: Markstammkohl, Futtermais)
Raps	9 kg	Körner mit ca. 3–4 kg Fett
Wiese	30 kg	Heu
Umtriebsweide	10–12 kStE	(Stärkeeinheiten)

1 kg P_2O_5		**1 kg K_2O**	
Getreide (Korn)	6,0 kg	Getreide (Korn)	2,8 kg[1])
Kartoffeln	46,0 kg	Kartoffeln	19,2 kg
Zuckerrüben	51,0 kg	Zuckerrüben	29,0 kg[2])
Futterrüben	125,0 kg	Futterrüben	68,9 kg
Raps (Korn)	5,0 kg	Raps (Korn)	1,7 kg
Wiesenheu	26,0 kg	Wiesenheu	12,4 kg

[1]) Mit zugehörigem Stroh [2]) Mit 4,7 kg Zucker

Erzeugungswerte und Aufwands-Optimum der N-Düngung zu Winterweizen, abhängig vom N-Nachlieferungsvermögen des Bodens und dem N_{min}-Gehalt

nach **Becker** und **Quade**

(Mittelwerte aus 47 Feldversuchen 1978–1980)

N-Nachlieferungsvermögen	Ackerzahl Vorfrucht	N_{min}-Gehalt kg/ha N	N-Dü. kg/ha		Erträge dt/ha			Erzeugungswerte	
			Z_1	$Z_{opt.}$[1])	Z_0	Z_1	$Z_{opt.}$[1])	$Z_0 : Z_{opt.}$[1])	$Z_1 : Z_{opt.}$[1])
gering	< 60 Halmfrucht	< 40	169	189	34,1	63,4	65,9	16,8	12,5
mittel / mittel	< 60 Blattfrucht / > 60 Halmfrucht	40–80	136	156	53,6	75,2	77,3	15,2	10,5
hoch	> 60 Blattfrucht	> 80	117	137	53,1	73,2	76,8	17,3	18,0
Durchschnitt			145	165	45,7	70,0	72,6	16,3	13,0

[1]) Optimale N-Gabe

Erzeugungswerte je kg N bei gesteigerten N-Gaben zum Ährenschieben

nach Versuchsergebnissen der LFH 1981–1983

N-Frühjahrsdüngung	kg/ha N	Sollwert: Weizen 120; Gerste und Roggen 100					
N zum Schossen	kg/ha N	30					
N zum Ährenschieben	kg/ha N	40	60	80	40	60	80
		kg Körner			kg Rohprotein		
Winterweizen (n = 27)		8,0	6,3	5,8	3,8	3,8	3,4
Wintergerste (n = 27)		6,0	5,3	3,6	2,8	2,7	2,4
Winterroggen (n = 11)		7,8	5,7	5,4	3,3	2,8	2,6

n = Anzahl der Versuche

Erzeugungswerte von Stickstoff bei Winterweizen, abhängig vom Düngungszeitpunkt

nach **Becker**
(Mittelwerte aus Feldversuchen 1979–1982)

N-Düngungszeitpunkt	Frühjahr	Schossen	Ähren-schieben
N-Gabe, kg/ha	80	30	40
Mehrertrag durch die jeweilige N-Gabe, dt/ha	20,2	3,3	3,4
Erzeugungswert, kg Körner	25,3	11,0	8,5

Erzeugungswerte von Stickstoff im Feldfutterbau

nach **Kürten**

		1 kg N erzeugte im Durchschnitt		
	kg/ha N	TS kg	Rohprotein kg	kStE
Feldgras	200	29	3,4	17,4
Silomais	200	18	3,0	11,9
Futterrüben	200	13	2,6	8,0
Futterroggen	160	16	3,5	11,1

Einfluß der Düngemittel auf den Kalkzustand der Böden nach Sluijsmans

nach Berechnungen von **Aigner**

1. **Formel zur Errechnung der Kalkbedarfswerte**

   E (kg CaO) = 1,0 · CaO % + 1,4 · MgO % + 0,6 · K_2O % + 0,9 · Na_2O % − 0,4 · P_2O_5 % − 0,7 · SO_3 % − 0,8 · Cl % − 1,0 · N % (Grünland 0,8 · N %).

2. **Errechnete Kalkbedarfswerte**

		Kalkverlust bzw. -gewinn in kg CaO			
		je 100 kg Ware		je 100 kg N (P_2O_5)	
Düngemittel	N %	Acker	Grünland	Acker	Grünland
Kalkammonsalpeter	27,5	−16	−10	− 58	− 36
Ammonsulfat (schwefels. Ammoniak)	21	−63	−59	−299	−280
Ammonsulfatsalpeter mit und ohne Bor	26	−51	−45	−196	−173
Harnstoff	46	−46	−37	−100	− 80
Kalkstickstoff	15	+13	+16	+ 81	+100
Stickstoffmagnesia 22+0+0+7	22	± 0	+ 4	± 0	− 18
Kalkstickstoff	21	+35	+39	+167	+186
Ammonnitrat-Harnstoff-lösung	28	−28	−22	−100	− 80
Ammoniak-flüssig	82	−82	−66	−100	− 80
	P_2O_5 %				
Superphosphat	18	± 1	± 1	(± 6)	(± 6)
Thomasphosphat	15	+45	+45	(+300)	(+300)
Novaphos	23	+13	+13	(+ 55)	(+ 55)
Carolonphosphat	26	+22	+22	(+ 85)	(+ 85)
Hyperphos	29	+33	+33	(+114)	(+114)
Ammonphosphat 11+52+0		−37	−35	−336	−318
Stickstoffphosphat 20+20+0		−18	−14	− 90	− 70
NP-Lösung 10+34+0		−25	−24	−250	−240
Phosphatkali R 0+15+20		+ 6	+ 6	(+ 40)	(+ 40)
Carolon-Kali-Phosphat 0+18+18		+17	+17	(+ 95)	(+ 95)
Hyperphoskali 0+20+20		+23	+23	(+115)	(+115)
Thomaskali 0+10+20		+30	+30	(+300)	(+300)
Thomaskali 0+12+18		+25	+25	(+208)	(+208)
Kalisalze und Kieserit		∾ 0	∾ 0	–	–
NPK-Dünger					
6+12+18		−11	−10	−183	−167
10+8+18		−12	−10	−120	− 83
10+15+20		− 9	− 7	− 90	− 70
12+12+17+2 „chloridarm"		−12	− 9	−100	−111
13+13+21		−12	− 9	− 92	− 69
15+15+15		−14	−11	− 93	− 73
24+8+8		−23	−18	− 96	− 75

Diese Kalkbedarfswerte geben den theoretischen Kalkverlust bzw. Kalkgewinn durch die verschiedenen Düngemittel an. Die tatsächlichen Veränderungen des Kalkhaushaltes und damit des pH-Wertes der Böden werden oft stärker von anderen Faktoren (z. B. Auswaschung von CaO) beeinflußt. Die Kalkzufuhr **nur** aufgrund einer aus diesen Werten erstellten Bilanz vorzunehmen ist deshalb zu unsicher. Es wird empfohlen, den pH-Wert und den Kalkbedarf durch regelmäßige Bodenuntersuchung zu überprüfen.

Empfehlenswerte Reinnährstoffgaben in kg/ha

(nach Fachverband der Stickstoffindustrie, 1987)

Die in der nachfolgenden Tabelle aufgeführten Nährstoffmengen stellen den Rahmen dar, in dem sich die von den Standortvoraussetzungen abhängige Nährstoffaufwendung bewegen kann. Falls zweckmäßigerweise eine Bodenuntersuchung durchgeführt wird, soll nach den Empfehlungen der LUFA's gedüngt werden. Durch wirtschaftseigene Dünger zugeführte Nährstoffe sind bei der Bemessung der Düngergaben zu berücksichtigen.

Kultur	Ertrags- erwartung	Stickstoff (N)	Phosphat (P_2O_5)	Kali (K_2O)
Getreide				
Weizen	40–60 dt/ha	100–170[1]	50– 70	100–140
	> 60 dt/ha	130–210[1]	70–100	140–180
Roggen	40–60 dt/ha	60–140[1]	50– 70	100–140
	> 60 dt/ha	70–160[1]	70–100	140–180
Wintergerste	40–60 dt/ha	100–170[1]	50– 70	100–140
	> 60 dt/ha	130–210[1]	70–100	140–180
So.-Braugerste	40–60 dt/ha	50– 60[1]	50– 70	100–140
	> 60 dt/ha	60– 80[1]	70– 90	140–180
So.-Futtergerste	40–60 dt/ha	100–150[1]	50– 70	100–140
	> 60 dt/ha	100–170[1]	70– 90	140–180
Hafer	40–60 dt/ha	80–140[1]	50– 80	100–140
	> 60 dt/ha	100–170[1]	80–100	140–180
Körnermais	< 70 dt/ha	120–160[2]	100–120	200–240
	> 70 dt/ha	160–180[2]	120–150	240–280
Silomais	< 500 dt/ha	120–160[2]	100–200	200–240
	> 500 dt/ha	160–180[2]	120–150	240–280
Hackfrüchte				
Frühkartoffeln		150–200	90–140	240–360
Saatkartoffeln		60–120	90–140	240–360
Speisekartoffeln		100–140	90–140	240–360
Veredelungs- kartoffeln		100–160	90–140	180–270
Zuckerrüben	400–600 dt/ha	140–160[3]	90–120	180–210
	> 600 dt/ha	160–210[3]	120–140	200–270
Futterrüben	500–800 dt/ha	160–220[3]	90–120	400–440
	> 800 dt/ha	190–250[3]	120–140	440–480
Handelsgewächse				
Raps		160–240[3]	80–120	200–240
Hopfen (s. a. Hopfenbau, S. 334)		160–200[3]	30– 70	150–210
Tabak				
Schneidegut		120–180	120–150	200–250
Zigarrengut		80–120	90–120	200–250
Hülsenfrüchte				
Erbsen, Ackerbohnen		bis 60	60– 90	120–200
Feldgemüse[3]				
Rotkraut, Blumenkohl, Wirsing, Weißkraut, Grünkohl, Rosenkohl, späte Kohlrabi		160–250	80–100	160–300

[1]) Zweckmäßige Aufteilung der N-Gaben siehe Abschnitt „Stickstoffdüngung bei Getreide", S. 234.
[2]) Auf leichten Böden ist in niederschlagsreichen Jahren eine zusätzliche Gabe von etwa 40 kg/ha N anzuraten.
[3]) N-Düngung in mehreren Gaben.

Kultur	Stickstoff (N)	Phosphat (P_2O_5)	Kali (K_2O)
Sellerie, Rote Rüben, Tomaten, Porree	120–180	60– 80	120–220
frühe Kohlrabi, Einlegegurken, Karotten, Möhren, Schwarzwurzeln	100–140	50– 70	100–170
Zwiebeln, Kopfsalat, Rettiche	80–120	40– 60	80–140
Spinat, Mangold, Endivie	80–120	40– 60	80–120
Rhabarber	160–240	80–120	160–300
Feldsalat	40– 60	20– 30	40– 80
Spargel	80–120	40– 60	80–140
Futterpflanzen			
Klee, Luzerne	bis 40	80–120	200–280
Kleegras, höher. Leguminosenanteil	80–160	80–120	180–280
Kleegras, ger. Leguminosenanteil	120–200	60–120	180–280
Feldgras	200–300	60–120	180–280
Untersaaten	60–120	90–120	120–170
Herbstzwischenfrüchte für Futtergewinnung	80–120	90–120	120–160
Leguminosengemenge	30– 60	90–120	120–160
Winterzwischenfrüchte			
– Futtergräser	100–200	70–110	160–240
– Gemenge je nach Grasanteil	60–160	90–120	120–160
– Futterraps, Rübsen	100–200	100–175	140–200
– Futterroggen	100–200	70–120	100–240
Markstammkohl, Grünmais	100–160	90–120	120–240
Gründüngung: Raps, Ölrettich, Senf usw.	40– 60	80–120[4])	120–180[4]
Grünland[3])			
Wiesen, zweischürig	60–100	60–100	160–200
Wiesen, mehrschürig	160–200	90–120	200–280
Umtriebsweiden, ohne Mähnutzung	100–180	60–120	60–120
intensive Mähweiden bzw. Portionsweiden	220–380	190–210	120–180
intens. Standweiden	200–240	60–120	60–120
Reben[3]), s. a. S. 344 ff	80–150	30– 70	100–200
Obst s. S. 377			

Die Höhe der **Magnesiumdüngung** soll bei Getreide, Raps und Futterpflanzen 40–80 kg/ha, bei Hackfrüchten, Mais und Grünland 60–160 kg/ha und bei Feldgemüse 20–60 kg/ha betragen.

Ein geordneter **Kalk- und Strukturzustand** ist die Voraussetzung für den optimalen Erfolg der Mineraldüngung. Auf eine regelmäßige Kalkung und eine geordnete Humusversorgung ist daher stets zu achten, damit die verabreichten Düngergaben voll zur Wirkung kommen können.

[3]) N-Düngung in mehreren Gaben.
[4]) Kommt überwiegend der Nachfrucht zugute.

Die Stickstoffdüngung zu Getreide

Für eine ökonomisch und ökologisch sinnvolle N-Düngung ist ihre gezielte Anwendung von eminenter Bedeutung. Dazu ist neben der Kenntnis des Nährstoffbedarfs die Berücksichtigung des standortgemäßen N-Angebotes aus dem Boden unerläßlich. Dieses kann entweder durch langjährige, praktische Erfahrung und Beobachtung der Bestände geschätzt, durch sogenannte Hilfstabellen kalkuliert oder am besten mit Hilfe der Bodenuntersuchung auf N_{min} und auch des Nitrat-Schnelltestes gemessen werden.

Die nachstehende Tabelle enthält Richtwerte über die Höhe der N-Gaben zu Getreide und informiert über deren zweckmäßige Verteilung.

Beispiele einer Stickstoffdüngung zu verschiedenen Getreidearten

(nach **Fachverband Stickstoffindustrie,** 1987)

Düngungszeitpunkte[1]		1	2	3
Getreideart	Ertrags-erwartung dt/ha	N-Düngung kg/ha		
Winterweizen, Sommerweizen, Wintergerste	40–60	60– 80	0–30	40–60
	über 60	80–100	0–30	50–80
Winterroggen	40–60	40– 70	0–30	20–40
	über 60	50– 80	0–30	20–50
Sommergerste				
Braugerste	40–60	50– 60	–	–
	über 60	60– 80	–	–
Futtergerste	40–60	60– 80	0–30	ca. 40
	über 60	60– 80	0–30	40–60
Hafer	40–60	50– 70	0–30	30–40
	über 60	60– 80	0–30	40–60

[1]) **Düngungszeitpunkte**

1: Bei Wintergetreide in einer Gabe vor bzw. bei Vegetationsbeginn oder aufgeteilt in zwei Gaben im Abstand von vier bis sechs Wochen (1a und 1b); bei Sommergetreide vor oder nach der Saat
2: zum Schossen (nur bei dünneren Beständen oder auf ärmeren Standorten)
3: zum Ähren-(Rispen-)schieben

Sollwerte für Bemessung der N-Frühjahrsgabe nach Bodenuntersuchung auf N_{min} siehe S. 256

Wirkung gesteigerter zusätzlicher N-Gaben zum Ährenschieben auf Ertrag und Qualität

nach **Versuchsergebnissen der LFH 1981–1983**

Frühjahrsdüngung kg/ha N		0	Weizen: Sollwert 120, Gerste und Roggen: Sollwert 100			
zum Schossen		0	30			
zum Ährenschieben kg/ha N		0	0	40	60	80
N-Düngung gesamt kg/ha N						
Winterweizen ∅		0	110	150	170	190
Wintergerste ∅		0	100	140	160	180
Winterroggen ∅		0	100	140	160	180
Winterweizen	Kornertrag dt/ha	52,3	74,6	77,8	78,4	79,2
27 Standorte	Rohproteingehalt %	10,7	12,1	13,1	14,4	14,8
	Rohproteinertrag dt/ha	5,6	9,0	10,5	11,3	11,7
Wintergerste	Kornertrag dt/ha	48,7	69,0	71,4	72,2	71,9
27 Standorte	Rohproteingehalt %	9,4	11,4	12,7	13,2	13,6
	Rohproteinertrag dt/ha	4,6	7,9	9,0	9,5	9,8
Winterroggen	Kornertrag dt/ha	33,2	59,8	62,9	63,2	64,1
11 Standorte	Rohproteingehalt %	9,6	9,3	10,7	11,4	11,8
	Rohproteinertrag dt/ha	3,2	5,5	6,8	7,2	7,6

Beispiel für die jährliche Nährstoffbilanz innerhalb einer Fruchtfolge (kg/ha)

neubearbeitet von **Aigner** nach **Kundler** und **Ansorge**

	N		P_2O_5		K_2O	
Ernteentzug (75 GE/ha im Durchschnitt der Fruchtfolge: Zuckerrüben, Winterweizen, Sommergerste)	−175		− 65		−230	
Verluste durch Verlagerung, Festlegung etc. (ca. 30 % bei N, ca. 40 % bei P_2O_5, ca. 20 % bei K_2O, bezogen auf die gesamte Zufuhr)	− 70		− 45		− 60	
Zufuhr: Durch Niederschläge, Verwitterung etc.,		+10		+ 8		+ 30
durch N-bindende Bakterien,		+40		–		–
durch Saat- und Pflanzgut,		+ 5		+ 2		+ 5
durch organische Düngung (bei 0,8 GV/ha)		+40		+20		+ 70
Bilanz	−245	+95	−110	+30	−290	+105
Differenz = notwendige Zufuhr durch Mineraldüngung	150		80		185	

Einteilung der Weizensorten in Backqualitätsgruppen

nach **beschreibender Sortenliste 1986 des BSA**

Volumen-ausbeute	Backqualitäts-gruppe	Volumen ausbeute	Backqualitäts-gruppe
sehr hoch	A 9	mittel	B 5
hoch bis sehr hoch	A 8	niedrig bis mittel	B 4
hoch	A 7	niedrig	B 3
mittel bis hoch	A 6	niedrig bis sehr niedrig	C 1
		sehr niedrig	C 2

Qualitätskriterien für Mahlroggen

	Mindestwerte	günstiger Bereich
Fallzahl	75	100–150
Amylogramm-Einheiten	200	300–600
Verkleisterungstemperatur	63 °C	64–66 °C

Die **Fallzahl** ist ein Kennwert für den Auswuchs und gibt Aufschluß über die Qualität der Stärke.

Amylogramm-Einheiten und **Verkleisterungstemperatur** sind bei Mahlroggen Kennwerte für die Verkleisterungseigenschaften der Stärke sowie für die Quellung und das Wasserbindungsvermögen einer Mehl-Wasser-Suspension.

Entwicklungsstadien bei Getreide

nach **Feekes, Biologische Bundesanstalt (BBA)** und **Eucarpla (EC)**[1])

Feekes[2])	BBA[2])	EC	Entwicklungsstadien
			Keimtriebentwicklung
1	A	10	**Auflaufen:** Keimscheide (Koleoptile) durchbricht Erdoberfläche, 1. Blatt noch eingerollt.
	B	11	**1-Blatt-Stadium:** Oberer Teil des 1. Blattes ist entfaltet. Spitze des 2. Blattes wird sichtbar.
	C	12	**2-Blatt-Stadium:** 2. Blatt vollständig entfaltet, neigt sich zur Seite.
	D	13	**3-Blatt-Stadium:** 3. Blatt (in der Mitte der Pflanze) ist zur Hälfte entwickelt.
			Bestockung
2	E	21	**Bestockungsbeginn:** Nebentriebe erscheinen in den Blattachseln oder neben dem Haupttrieb. Bildung von Sekundärwurzeln.
3	F	25	**Hauptbestockung:** Pflanze breitet sich aus („kriechend") oder neigt sich auf die Seite. Blätter spiralig. Nebentriebe entwickeln sich weiter.
4	G	29	**Bestockungsende:** Rasche Entwicklung der Nebentriebe, die sich aufzurichten beginnen.

[1]) nach Zadok, Chang und Konzak, EUCARPIA-Bulletin Nr. 7, 1974 (EUCARPIA: Europäische Gesellschaft für Pflanzenzüchtung)

[2]) bis 1979 gebräuchliche Bezeichnung

Feekes	BBA	EC	Entwicklungsstadien
			Schossen
5	H	30	**Schoßbeginn:** Haupt- und Nebentriebe stark aufgerichtet.
6	I	31	**1-Knoten-Stadium:** 1. Knoten dicht über der Erdoberfläche wahrnehmbar.
7	J	32	**2-Knoten-Stadium:** 2. Knoten wahrnehmbar. Ein Stengel hat sich gebildet.
8	K	37	**Erscheinen des letzten Blattes:** Letztes Blatt noch eingerollt. Ähre*) ist im Halm aufwärts geschoben und geschwollen.
9/10	L	39	**Ligula-Stadium:** Ligula (Blatthäutchen) des letzten Blattes ist vollständig entwickelt. Blattscheide ist stark geschwollen.
10.1	M	49	**Öffnen der Blattscheide bzw. Grannenspitzen:** Letzte Blattscheide platzt gerade auf, bzw. Grannen werden über der Ligula des letzten Blattes gerade sichtbar.
			Ährenschieben
10.2	N	51	**Beginn des Ährenschiebens:** Die Spitze der Ähre*) tritt heraus, bzw. die Ähre*) drängt seitlich aus der Blattscheide.
10.4		55	**Mitte des Ährenschiebens:** Ährenbasis noch in der Blattscheide.
10.5	O	59	**Ende des Ährenschiebens:** Ähre vollständig sichtbar.
			Blüte
10.5.1	P	61	**Blüh-Beginn:** Die ersten Staubbeutel erscheinen in der Ährenmitte bzw. am Rispenumfang.
10.5.2		65	**Vollblüte:** Die meisten Ährchen haben reife Staubbeutel.
10.5.3	Q	69	**Blüh-Ende:** Sämtliche Ährchen haben abgeblüht. An den Ährchen hängen noch einige ausgetrocknete Staubbeutel.
			Reife
10.5.4	R	71	**Kornbildung:** Erste Körner haben die Hälfte ihrer endgültigen Größe erreicht. Inhalt wässerig.
11.1	S	75	**Milchreife:** Alle Körner haben ihre endgültige Größe erreicht. Korninhalt milchig, Körner noch grün.
11.2	T	85	**Teigreife:** Korninhalt noch weich, aber trocken; zwischen den Fingern zerreibbar. Korn und Spelzen gelbgrün.
	U	87	**Gelbreife:** Korninhalt plastisch bis fest. Korn kann noch über den Daumennagel gebrochen werden.
11.3	V	91	**Vollreife:** Korn ist hart, kann nur schwer über den Daumennagel gebrochen werden. Pflanze vollständig abgestorben.
11.4	W	92	**Totreife:** Korn vollständig hart, kann nicht mehr gebrochen werden.

*) ggf. Rispe

Für Feldbestände gilt: ⅔ der Pflanzen haben das betreffende Stadium erreicht.

I. Mineralische Einnährstoffdünger

Stickstoffdünger

	% Stickstoff ca.	N-Form	Bemerkungen
Stickstoffmagnesia (Stickstoffmagnesiumcarbonat) z. B. Stickstoffmagnesia 22+7 RUSTICA	22	11 Nitrat 11 Ammonium	mit 7 % MgO
Kalkstickstoff gemahlen	20,5	Calciumcyanamid	mit 60 % CaO
Kalkstickstoff (PERLKA)	19,8	Calciumcyanamid bis 3 % N als Nitrat	mit 55 % CaO
Ammonsulfat (schwefels. Ammoniak) z. B. Schwefelsaures Ammoniak RUSTICA	21	Ammonium	–
Kalkammonsalpeter z. B. Kalkammonsalpeter 27 RUSTICA	27	13,5 % Nitrat 13,5 % Ammonium	
Ammonsulfatsalpeter*) z. B. Ammonsulfatsalpeter 26 RUSTICA	26	6,5 % Nitrat 19,5 % Ammonium	–
Harnstoff	46	Amid	
Ammonnitrat-Harnstofflösung	28	14 % Amid 7 % Nitrat 7 % Ammonium	ca. 36 Vol.-% N

*) auch mit 0,2 % Bor

Phosphatdünger

	% P_2O_5 ca.	Löslichkeitsform	Bemerkungen
Thomasphosphat	12–18	In 2%iger Zitronensäure löslich	
Superphosphat	18	Neutral-ammoncitratlöslich, davon mind. 93 % wasserlöslich	gemahlen als Stallsuper
Triple-Superphosphat	38	Neutral-ammoncitratlöslich, davon mind. 93 % wasserlöslich	
Novaphos	23	mineralsäurelösl. P_2O_5, davon 50 % wasserlöslich	teilaufgeschlossenes Rohphosphat
Cederan P 23	23	wie Novaphos	
Magnesium-Novaphos	17	Löslichkeit wie Novaphos	mit 7 % MgO

	% P_2O_5 ca.	Löslichkeitsform	Bemerkungen
Carolon-Phosphat	26	mineralsäurelösl. P_2O_5 davon ca. 55 % in 2%iger Ameisensäure löslich und ca. 35 % wasserlöslich	teilaufgeschlossenes Rohphosphat
Magnesium-Carolon-Phosphat 20+7		Löslichkeit wie Carolon-Phosphat	mit 7 % MgO
Hyperphos gekörnt und gemahlen	26 bzw. 30	mineralsäurelösl. P_2O_5 davon mind. 55 % in 2%iger Ameisensäure löslich	weicherdiges Rohphosphat
Hyperphos-Magnesia 21/7	21	Löslichkeit wie Hyperphos	mit 7 % MgO

Kalidünger	% K_2O ca.	Kaliform	Bemerkungen
Magnesia-Kainit, grob	12	Chlorid	mit 6 % MgO
60er Kali, grob	60	Chlorid	–
Korn-Kali mit MgO	40	Chlorid	mit 6 % MgO
Kalimagnesia, grob	30	Sulfat	mit 10 % MgO
Kaliumsulfat, grob	50	Sulfat	–

Kalk- und Magnesiumdünger*)

	Gehalte (Näherungswerte)	Bemerkungen
Branntkalk (gemahlen und körnig)	85–90 % CaO	
Branntkalk mit 5–14 % MgO	85 % CaO + MgO	
Magnesium-Branntkalk (gemahlen und körnig)	90 % CaO + MgO	davon 15–40 % MgO
Mischkalk	60 % CaO	
Mischkalk mit 5–14 % MgO	60 % CaO + MgO	
Magnesium-Mischkalk	60 % CaO + MgO	davon 15–30 % MgO
Kohlensaurer Kalk	85 % $CaCO_3$	= 48 % CaO
Kohlensaurer Kalk mit 5–14 % MgO	85 % $CaCO_3$ + $MgCO_3$	= 48 % CaO + MgO
Kohlensaurer Magnesiumkalk	90 % $CaCO_3$ + $MgCO_3$ davon 15–40 % $MgCO_3$	= 51 % CaO + MgO
Thomaskalk 4	45 % CaO + MgO	mit 4 % P_2O_5
Thomaskalk 7	40 % CaO + MgO	mit 7 % P_2O_5
Hüttenkalk	43 % CaO + MgO	
Kieserit (Magnesiumsulfat)	26–28 % MgO	

*) Nur regional lieferbare Sorten wurden nicht aufgeführt

II. Mineralische Mehrnährstoffdünger

NP-Dünger		% N[1])	% P_2O_5[2])
NP-Dünger	18+46+0	18	46
NP-Dünger	10+34+0*)	10	34
NP-Dünger	20+20+0	20	20
z.B. RUSTICA-Stickstoffphosphat	20+20+0		
NP-Dünger	26+14+0	26	14

[1]) N bei NP-Dünger 18+46+0 und 10+34+0 als Ammonium, sonst als Ammonium und Nitrat.
[2]) P_2O_5 als neutral-ammoncitratlösl. Phosphat, davon bei NP-Dünger 18+46+0 40 %, bei NP 10+34+0 95 %, sonst 35 % wasserlöslich.
*) Flüssigdünger

PK-Dünger		% P_2O_5[1])	% K_2O[2])	% MgO[3])
Thomaskali	8+15+5	8	15	5
Super-RHE-KA-PHOS	0+9+21+4	9	21	4
Super-RE-KA-PHOS	0+9+25	9	25	–
PHOSPHATKALI R	0+9+27	9	27	–
Magnesium-PHOSPHATKALI R	0+9+23+6	9	23	6
Thomasphosphatkali	10+15+3	10	15	3
Thomaskali	10+20+3	10	20	3
Thomasphosphatkali	11+11+4	11	11	4
Super-RHE-KA-PHOS	0+12+16	12	16	–
Thomaskali	12+18+3	12	18	3
Magnesium-PHOSPHATKALI R	0+12+19+4	12	19	4
CEDERAN-Magnesium-PK	0+12+19+4	12	19	4
Super-RHE-KA-PHOS	0+12+20+4 +0,15*)	12	20	4
PHOSPHATKALI R	0+12+24	12	24	–
CEDERAN-PK	0+12+24	12	24	–
Magnesium-PHOSPHATKALI R	0+12+24+2 0,10**)	9	24	2
Hyperphos-Kali mit Magnesia	12/24/4	12	24	4
Super-RHE-KA-PHOS	0+13+12+2	13	12	2
Magn.-Carolon-Kali-Phosphat	0+13+13+5	13	13	5
Magnesium-PHOSPHATKALI R	0+14+7+7	14	7	7
Super-RHE-KA-PHOS	0+14+8+8	14	8	8
Magnesium-PHOSPHATKALI R	0+14+14+4	14	14	4
CEDERAN-Magnesium-PK	0+14+14+4	14	14	4
Hyperphos-Kali mit Magnesia	14/14/6	14	14	6
Hyperphos-Kali mit Magnesia	14/18/5	14	18	5
Carolon-Kali-Phosphat	0+14+24	14	24	–
Super-RHE-KA-PHOS	0+14+24	14	24	–
palatia-PK	0+14+24	14	24	–
RHE-KA-PHOS	0+15+15+4	15	15	4
palatia-Magnesium-PK	0+15+15+4	15	15	4
PHOSPHATKALI R	0+15+20	15	20	–
CEDERAN-PK	0+15+20	15	20	–
Hyperphos-Kali	15/25	15	25	–
palatia-PK	0+15+30	15	30	–
PHOSPHATKALI R	0+16+16	16	16	–
CEDERAN-PK	0+16+16	16	16	–
Super-RHE-KA-PHOS	0+16+20	16	20	–
palatia-PK	0+16+20	16	20	–
PHOSPHATKALI R	0+18+10	18	10	–
Hyperphos-Kali mit Magnesia	18/10/5	18	10	5

PK-Dünger

PK-Dünger		% P_2O_5[1])	% K_2O[2])	% MgO[3])
Carolon-Kali-Phosphat	0+18+18	18	18	–
Super-RHE-KA-PHOS	0+18+24	18	24	–
Hyperphos-Kali	19/19	19	19	–
palatia-PK	0+20+30	20	30	–
ENPEKA-Phosphatkali	0+20+30	20	30	–
Carolon-Kali-Phosphat	0+21+11	21	11	–
Hyperphos-Kali	22/12	22	12	–
palatia-PK	0+25+25	25	25	–

[1]) **Phosphatlöslichkeit:** Thomaskali-Sorten 12+18+3 und 10+20+3 = zitronensäure- und alkal.-ammoncitratlöslich; Thomasphosphatkali-Sorten und Thomaskali 8+15+3 = siehe Thomasphosphat; Super-RHE-KA-PHOS-Sorten und palatia-PK-Sorten = siehe Superphosphat; PHOSPHATKALI R und CEDERAN-PK-Sorten = siehe Novaphos; Carolon-Kali-Phosphat-Sorten = siehe Carolon-Phosphat; Hyperphos-Kali-Sorten = siehe Hyperphos.
[2]) K_2O als Kaliumchlorid [3]) MgO als Magnesiumsulfat *) 0,15 % B **) 0,10 % B

NPK-Dünger

NPK-Dünger		% N[1])	% P_2O_5[2])	% K_2O[3])	% MgO[4])
NPK-Dünger	5+10+16	5	10	16	–
NPK-Dünger	6+10+18+2	6	10	18	2
NPK-Dünger	6+12+18	6	12	18	–
NPK-Dünger	10+8+18	10	8	18	–
NPK-Dünger	10+15+20	10	15	20	–
NPK-Dünger*)	12+12+17+2	12	12	17	2
z. B. RUSTICA 12+12+17+2 chloridarm mit Spurennährstoffen oder RUSTICA blauspur chloridfrei mit Spurennährstoffen					
NPK-Dünger**)	13+13+21	13	13	21	–
z. B. RUSTICA	13+13+21				
NPK-Dünger	15+9+15+4	15	9	15	4
NPK-Dünger	15+15+15	15	15	15	–
z. B. RUSTICA	15+15+15				
NPK-Dünger	24+8+8	24	8	8	–

[1]) N als Ammonium und Nitrat.
[2]) P_2O_5 als neutral-ammoncitratlösliches Phosphat, davon wasserlöslich bei NPK-Dünger 5+10+16 mindestens 40 %, bei allen übrigen mindestens 30 %.
[3]) K_2O als Kaliumchlorid, bei NPK-Dünger 12+12+17+2 ganz oder teilweise als Kaliumsulfat.
[4]) MgO als Magnesiumsulfat.
*) mit 0,05 % B, 0,1 % Mn und 0,02 % Zn.
**) NPK-Dünger 13+13+21 mit Bor enthält 0,1 % B = 1,0 % Borax.

Spurennährstoffdünger

Spurennährstoffdünger	Nährstoffgehalte %
Kupferdünger EXELLO normal bzw. granuliert	2,65 Cu
Kupferdünger EXELLO 5 %ig granuliert	5 Cu
Magnesium-Kupferdünger EXELLO-Magnesium	2 Cu + 1 Zn + 19,6 MgO
Mikronährstoffdünger EXELLO-spezial granuliert	8 Mn + 4 Zn + 19 MgO
EXELLO-Zink granuliert	8 Zn + 1,5 Fe + 0,4 Cu + 0,05 B + 31 $MgCO_3$
EXELLO-Bor granuliert	7 Mn + 3 Zn + 0,5 B + 32 $MgCO_3$
Mangandünger JOST granuliert	20 Mn
5 %-URANIA-Kupfer-Düngegranulat	5 Cu
URANIA-Kupfer-Düngegranulat	2,5 Cu
URANIA-Magnesium-Dünger mit Kupfer	2,5 Cu + 21 MgO

Die Düngung nach Boden- und Pflanzenuntersuchungsergebnissen

Möglichkeiten und Grenzen der Bodenuntersuchung und Pflanzenanalyse

Für die Ermittlung des Düngebedarfs werden vier verschiedene Verfahren diskutiert und mehr oder weniger angewandt:

- nach Nährstoffgehalten im Boden,
- nach Nährstoffgehalten in Pflanzen,
- nach Faustzahlen unter Berücksichtigung von Entzug, Auswaschung, Nährstoffnachlieferung oder Nährstoffestlegung,
- nach Ergebnissen aus Feldversuchen.

Das allein verläßliche Verfahren und die Grundlage für die drei übrigen Verfahren der Düngebedarfsermittlung ist der Feldversuch mit gestaffelten Düngergaben. Seine Durchführung ist jedoch so aufwendig, daß nicht ausreichend viele Steigerungsversuche durchgeführt werden können, um allein auf der Basis ihrer Ergebnisse an allen Orten die Düngerbedarfsermittlung fortlaufend vornehmen zu können. Es ist vielmehr nötig, aus den Feldversuchsergebnissen für andere Standorte zu lernen. Die wichtigsten, aus Feldversuchen ableitbaren Erkenntnisse sind:

- Die Beziehungen zwischen den Nährstoffgehalten in Böden und dem Düngerbedarf,
- die Beziehungen zwischen den Nährstoffgehalten in Pflanzen und dem Düngerbedarf,
- der Einfluß unterschiedlicher Standorts- und Wirtschaftsbedingungen auf die genannten Beziehungen.

Entnahme von Bodenproben

Eine Bodenuntersuchung erfüllt ihren Zweck nur, wenn die Proben in ihrer Zusammensetzung dem Durchschnitt der zu untersuchenden Fläche entsprechen. Richtlinien für die Entnahme von Bodenproben sind bei jeder LUFA erhältlich.

Bei der Entnahme von Bodenproben für die **N-min-Untersuchung** sind einige Besonderheiten zu beachten. Die Probenahme hierfür erfolgt normalerweise aus drei Tiefen (0–30, 30–60 und 60–90 cm). Einstichzahl je Schlag mindestens 12–16. Verpackung in Plastikbeuteln, Transport in Kühltaschen bei 0–3 °C. Zeit der Probenahme: kurz vor der ersten N-Düngung, zu Beginn der Vegetation, spätestens im März.

Entnahme von Pflanzenproben

Die Nährstoffgehalte in Pflanzen ändern sich mit dem Alter der Pflanzen oder auch mit dem Alter einzelner Blätter. Bei der Entnahme von Pflanzenproben ist dies zu beachten. Für Getreide und Grünland gibt die nachfolgende Übersicht Hinweise.

Entnahme von Pflanzenproben

Pflanze	Stadium	Pflanzenteil	Umfang der Probe
Grünland	weidereif, siloreif, heureif	gesamte oberirdische Pflanze; möglichst nur Gräser	ca. 50 kleine Büschel, insgesamt ca. 1 kg Frischsubstanz
Getreide	Schoßbeginn: Stadium 6–7 bzw. I–J	gesamte oberirdische Pflanze	ca. 50 kleine Büschel, insgesamt 0,5–1 kg Frischsubstanz
Mais	bis ca. 30 cm Bestandeshöhe	gesamte oberirdische Pflanze	ca. 50 Pflanzen
	bis kurz vor dem Fahnenschieben	oberste 2 vollentwickelte Blätter	ca. 60 Blätter
	Fahnenschieben bis Blüte	Blatt gegenüber bzw. ober- oder unterhalb des Kolbens	ca. 60 Blätter
Rüben	Juli–Mitte August	Blattspreiten aus dem mittleren Blattkranz	Blätter von ca. 50 Pflanzen
Kartoffeln	ab 30 Tage nach dem Auflaufen bis Ende der Blüte	oberstes vollentwickeltes Blatt mit Stiel (3.–4. Blatt von oben)	ca. 50 Blätter
Raps	vor oder während der Blüte	oberstes vollentwickeltes Blatt (2.–3. Blatt von oben)	ca. 50 Blätter

Ermittlung der Bodenart

Die zutreffende Ermittlung der Bodenart ist außerordentlich wichtig, denn mit ihr ändern sich die erstrebenswerten Nährstoffgehalte im Boden und die aus bestimmten Nährstoffgehalten abzuleitenden Düngungsempfehlungen. Die Einschätzung der Bodenart nach Fingerprobe ist nicht immer fehlerlos möglich. Es empfiehlt sich, auf einigen typischen Schlägen der Betriebe Körnung und Humusgehalte zu bestimmen und die so erarbeiteten Ergebnisse bei späteren Auswertungen der Bodenuntersuchung wieder zu verwenden. Informationen über die Bodenart können auch aus Bodenkarten übernommen werden.

Einteilung der Bodenarten nach der Körnung

Die Einteilung und Benennung der Bodenarten erfolgt stark vereinfacht nach DIN 19682, Blatt 2

			Bezeichnung für Ton-Schluff-Gemenge (z. B. Marsch, Löß)							
			Alternative „Nord“				Alternative „Süd“			
Ton %	Bezeichnung für Sand-Schluff-Ton-Gemenge	Symbol	Ton %	Schluff %	Bezeichnung	Symbol	Ton %	Schluff %	Bezeichnung	Symbol
0– 5	Sand	S	0– 5	> 50	Schluff	U	0– 5	> 50	Schluff	U
5–12	schwach lehmiger Sand	l'S	5–12	> 50	schwach toniger Schluff	t'U	5–12	> 50	schwach lehmiger Schluff	l'U
12–17	stark-lehmiger Sand	lS	12–17	> 50	toniger Schluff	tU	12–17	> 50	lehmiger Schluff	lU
17–25	sandiger Lehm	sL	17–25	> 50	stark toniger Schluff	tU	17–30	> 50	schluffiger Lehm	uL
25–35	schwach toniger Lehm	t'L	25–35	> 45	stark schluffiger Ton	ūT				
35–45	toniger Lehm	tL	35–45	> 40	schluffiger Ton	uT	30–45	> 50	schluffig-toniger Lehm	utL
45–65	lehmiger Ton	lT	45–65	> 35	schwach schluffiger Ton	u'T	45–65	–	lehmiger Ton	lT
> 65	Ton	T	> 65	–	Ton	T	65	–	Ton	T

Kalk-Versorgungsstufen

pH-Ziel	A stark erhöhte Düngung	C Erhaltungsdüngung	E keine Düngung
4,0	bis 3,7	3,8–4,2	4,3–
4,5	bis 4,2	4,3–4,7	4,8–
5,0	bis 4,7	4,8–5,2	5,3–
5,5	bis 5,2	5,3–5,7	5,8–
6,0	bis 5,7	5,8–6,2	6,3–
6,5	bis 6,2	6,3–6,7	6,8–
7,0	bis 6,7	6,8–7,2	7,3–

er optimale pH-Bereich C wird meistens mit einer Spanne von + −0,2 zum H-Ziel angesetzt. Er kann sich jedoch je nach Körnung, Humusgehalt, lima und Pflanzenart auch weiter nach unten oder oben ausdehnen. In anchen Gebieten erfolgt auch eine Einstufung in M–A–B–C–E–S.

instufung der Nährstoffgehalte in Gehaltsklassen

ie Einstufung der Nährstoffgehalte in bestimmte Gehaltsklassen ist in rschiedenen Ländern und innerhalb der Länder manchmal auch in verhiedenen Regionen unterschiedlich.

ehaltsklassen für Makronährstoffe

ls Beispiel für P, K, Mg – Hessen; für Na – Schleswig-Holstein)

	% Ton	A	B	C	D	E
		mg/100 g Boden				
cker						
O_5		0– 6	7–14	**15–25**	26–39	ab 40
O	0–12	0– 4	5–11	**12–20**	21–29	ab 30
	13–25	0– 6	7–14	**15–25**	26–39	ab 40
	ab 26	0– 8	9–19	**20–30**	34–49	ab 50
g	0–12	0– 3		**4– 5**		ab 6
	13–25	0– 4		**5– 7**		ab 8
	ab 26	0– 6		**7–12**		ab 13
rünland						
O_5		0– 6	7–14	**15–25**	26–39	ab 40
O		0– 6	7–14	**15–25**	26–39	ab 40
g		0– 6		**7–12**		ab 13
a	0–12	0– 1,5	1,6– 3	**3,1– 6**	6,1–12	ab 12,1
	ab 12	0– 2,5	2,6– 5	**5,1–10**	10–20	ab 20,1

Einteilung der Bodenarten nach dem Humusgehalt

% Humus	Bezeichnung
0 – 4	humusarm bis humos
4,1– 8	stark humos
8,1–15	sehr stark humos
15,1–30	anmoorig
über 30	Moorboden bzw. Torf

Die Berücksichtigung weiterer Bodenkenndaten kann die Einstufung der Nährstoffversorgung und die Ableitung von Düngungsempfehlungen sicherer machen, so die Berücksichtigung des Bodentyps, des Wurzeltiefgangs oder des Wasserhaushalts.

Ermittlung der Gehalte an leichtlöslichen Nährstoffen (außer Stickstoff)

Die Satzung des Verbandes Deutscher Landwirtschaftlicher Untersuchungs- und Forschungsanstalten verpflichtet ihre Mitglieder zur Einführung und Anwendung einheitlicher Untersuchungsmethoden und Beurteilungsgrundsätze. Auf diese Weise soll der Erfahrungsaustausch verschiedener Regionen erleichtert werden. In manchen Fällen verlangen unterschiedliche Standortsbedingungen die Anwendung unterschiedlicher Untersuchungsmethoden. So werden die P-Gehalte der Böden in der BR Deutschland nach zwei verschiedenen Verbandsmethoden bestimmt, der DL- und CAL-Methode. Die Anstalten Kiel und Oldenburg, in Gebieten mit relativ viel sauren und humusreichen Böden, untersuchen alle Böden mit pH-Werten unter 6,8 nach der DL-Methode, Böden mit pH-Werten von 6,8 und höher außerdem nach der CAL-Methode. Die übrigen Anstalten (mit einer Ausnahme) untersuchen nach der CAL-Methode.

Die Verbandsmethoden für landwirtschaftlich genutzte Böden in der Bundesrepublik Deutschland

	Extraktions- bzw. Suspendierungsmittel
pH-Wert	0,01 M $CaCl_2$
Phosphat/Kali	DL-Lösung oder CAL-Lösung, eine Anstalt abweichend
Magnesium	0,0125 M $CaCl_2$
Kupfer	0,45 M HNO_3, eine Anstalt abweichend
Bor	Heißwasser
Mangan	„aktives" Mangan in Magnesiumsulfat / Natriumsulfit / Natriumdisulfit-Lösung

DL = Doppellactat; CAL = Calcium-Acetat-Lactat

Grundsätzliches zur Einstufung der Nährstoffgehalte in Gehaltsklassen

Bei Bemessung der Düngergaben in der Praxis wird gefragt:

- welche Düngermengen führen im Mittel vieler Jahre, bezogen auf verschiedene Pflanzenarten, zum höchsten Gewinn (Erhaltungsdüngung)?

- welche Nährstoffgehalte stellen sich bei optimaler Düngermengenbemessung im Boden ein oder sind erstrebenswert (Versorgungsstufe C)?
- sind auf den untersuchten Feldern die erstrebenswerten Nährstoffgehalte (Versorgungsstufe C) erreicht?
- ist eine Erhaltungsdüngung, eine Aufdüngung oder eine reduzierte Düngung am Platze?
- welche Düngermengen entsprechen einer Erhaltungsdüngung, einer verstärkten Düngung oder einer reduzierten Düngung?

Langfristig durchgeführte Feldversuche mit gestaffelten Düngergaben haben gelehrt, daß die langfristig richtige Düngergabe (Erhaltungsdüngung) auf verschiedenen Standorten sehr verschieden sein kann, daß die bei optimaler Düngung im Boden sich einstellenden Nährstoffgehalte verschieden sein können und daß die Nährstoffgehalte, bei denen die Einstellung der Düngung am Platze ist (Versorgungsstufe E), verschieden sein können. Um trotz der standortsbedingt unterschiedlichen Grenzwerte und Düngerbedarfsmengen den Erfahrungsaustausch bei der Ermittlung des Düngerbedarfs zu erleichtern, wurde im Bundesgebiet festgelegt, die Nährstoffgehaltsklassen und Versorgungsstufen und die daraus abzuleitenden Düngungsempfehlungen inhaltlich zu definieren und nach dieser Definition sowohl bei der Eichung der Bodenuntersuchung anhand von Feldversuchsergebnissen wie bei Auswertung der Bodenuntersuchung und Pflanzenanalyse zu verfahren.

Nährstoff-Versorgungsstufen und Düngungsempfehlungen (mit Ausnahme von Stickstoff)
Rahmenschema zur Eichung und Auswertung der Bodenuntersuchung nach VDLUFA (1979)

Klasse/ Stufe	Makronährstoffe	Kalk	Spurennährstoffe
(M)	Meliorationsdüngung	Meliorationsdüngung	Meliorationsdüngung
A	stark erhöhte Düngung	stark erhöhte Düngung	erhöhte Düngung
B	mäßig erhöhte Düngung	mäßig erhöhte Düngung	–
C	**Erhaltungsdüngung**	**Erhaltungsdüngung**	**Erhaltungs- und Risikoausgleichsdüngung, zum Teil nur zu bestimmten Pflanzenarten**
D	ca. ½ Erhaltungsdüngung	–	–
E	**keine Düngung**	**keine Düngung**	**keine Düngung**
(S)	Maßnahmen gegen Überversorgung und Schäden	Maßnahmen gegen Überversorgung und Schäden	Maßnahmen gegen Überversorgung und Schäden

Für die Eichung der Bodenuntersuchungswerte und Düngungsempfehlungen sind die Stufen C und E die orientierenden, inhaltlich definierten Ausgangswerte. Von den im Rahmenschema genannten Stufen werden nicht immer alle genutzt: M und S bei allen Nährstoffen, B und D bei Magnesium, Kalk und Spurennährstoffen nur im Bedarfsfall.

Einstufung der Kalkversorgung

Der pH-Wert kennzeichnet den Säuregrad des Bodens.

Die Einteilung der Böden nach ihren pH-Werten

Reaktionsbezeichnung	pH	Reaktionsbezeichnung
neutral	7,0	–
schwach sauer	6,9–6,0	schwach alkalisch
mäßig sauer	5,9–5,0	mäßig alkalisch
stark sauer	4,9–4,0	stark alkalisch
sehr stark sauer	3,9–3,0	sehr stark alkalisch
extrem sauer	unter 3,0	extrem alkalisch

pH-Ziele zur Berechnung des Kalkbedarfs

Acker

	Humus %				
Ton %	0–4	4,1–8	8,1–15	15,1–30	30,1–60
0 – 5	5,5	5,5	5,0	4,5	4,0
5,1–12	6,0	5,5	5,0	4,5	4,0
12,1–17	6,5	6,0	5,5	5,0	4,5
17,1–25 (30)	(6,5) 7,0*)	6,5	6,0	5,5	4,5
>25 (30)	7,0*)	7,0*)	6,0	5,5	4,5

(30) = Grenzwerte für Ton-Schluff-Gemenge, Alternative „Süd"
*) positive Wirkung von feinverteiltem $CaCO_3$ im Boden möglich. In Nordwestdeu
Bodenfeuchtigkeit von Herbst bis Frühjahr) werden $CaCO_3$-Gehalte von 0,2–1,3 %

Grünland

	Humus %			
Ton %	0–4	4,1–8	8,1–15	15,1–30
0 – 5	5,0	5,0	5,0	4,5
5,1–12	5,5	5,0	5,0	4,5
12,1–17	6,0	5,5	5,0	4,5
17,1–	6,5 (6,0)	6,0	5,5	5,0

Die Ableitung von **Kalkdüngungsempfehlungen** erfolgt nicht a
sorgungsstufen (S. 248), sondern direkt aus den pH-Werten. D
gungsempfehlungen werden von allen Untersuchungsansta
Befunden angegeben. Der Kalkbedarf für die Erhaltungskalk
nach Bodenart bei 2–5 dt/ha CaO jährlich.

Gehaltsklassen für Mikronährstoffe

(als **Beispiel** Weser-Ems)

% Humus	% Ton		M	A	C	E	S
					Gehaltsklasse		
Kupfer (HNO$_3$-Auszug nach Westerhoff)							
			mg Cu/kg Boden				
0– 4	0– 5	S, U	0–1,0	1,1–2,0	**2,1–3,0**	3,1–	(30–)*
	5,1–17	l'S, llS, t'U, tU	0–1,5	1,6–2,2	**2,3–4,0**	4,1–	(40–)
	17,1–35	sL, t'L, ttU, uuT	0–1,5	1,6–2,5	**2,6–5,0**	5,1–	(50–)
	>35	tL, uT, T	0–1,5	1,6–3,0	**3,1–6,0**	6,1–	(60–)
4,1– 8	0– 5	S, U	0–1,5	1,6–2,5	**2,6–4,0**	4,1–	(40–)
	5,1–17	l'S, llS, t'U, tU	0–1,5	1,6–2,7	**2,8–5,0**	5,1–	(50–)
	17,1–35	sL, t'L, ttU, uuT	0–2,0	2,1–3,0	**3,1–6,0**	6,1–	(60–)
	>35	tL, uT, T	0–2,0	2,1–3,5	**3,6–7,0**	7,1–	(70–)
8,1–15	0– 5	S, U	0–1,5	1,6–3,0	**3,1–5,0**	5,1–	(50–)
	5,1–17	l'S, llS, t'U, tU	0–2,0	2,1–3,2	**3,3–6,0**	6,1–	(60–)
	17,1–35	sL, t'L, ttU, uuT	0–2,0	2,1–3,5	**3,6–7,0**	7,1–	(70–)
	>35	tL, uT, T	0–2,0	2,1–4,0	**4,1–8,0**	8,1–	(80–)
			mg Cu/l Boden				
>15 Anmoor, Torf			0–0,5	0,6–1,0	**1,1–2,0**	2,1–	(30–)
Mangan („aktives" Mn nach Schachtschabel)							
	pH		mg Mn/kg bzw. l Boden				
	bis 5,5			0– 5	**6–10**	11–	
	5,6–6,0			0–15	**16–30**	31–	
	6,1–6,5			0–35	**36–50**	51–	
	>6,5			0–50	**51–70**	71–	
Molybdän (nach Griggs)							
	pH			mg Mo/kg bzw. l Boden			
	–3,5			0–0,27	**0,28–0,47**	0,48–	
	3,6–4,0			0–0,22	**0,23–0,42**	0,43–	
	4,1–4,5			0–0,17	**0,18–0,37**	0,38–	
	4,6–5,0			0–0,12	**0,13–0,32**	0,33–	
	5,1–5,5			0–0,07	**0,08–0,27**	0,28–	
	5,6–6,0			0–0,02	**0,03–0,22**	0,23–	
	>6,0			keine Untersuchung erforderlich, immer Klasse E			
Bor (Heißwasserauszug nach Berger/Truog)							
			mg B/kg Boden				
0– 8	0–12	S, l'S, t'U, U		0–0,20	**0,21–0,50**	0,51–	(1,01–)
	12,1–35	llS, tU, sL, t'L, ttU, uuT		0–0,30	**0,31–1,00**	1,01–	(2,01–)
	>35	tL, uT, T		0–0,50	**0,51–1,50**	1,51–	(3,01–)
8,1–15	0–12	S, l'S, t'U, U		0–0,30	**0,31–0,60**	0,61–	(1,21–)
	12,1–35	llS, tU, sL, t'L, ttU, uuT		0–0,45	**0,46–1,20**	1,21–	(2,41–)
	>35	tL, uT, T		0–0,60	**0,61–1,80**	1,81–	(3,61–)
			mg B/l Boden				
>15 Anmoor, Torf				0–0,10	**0,11–0,20**	0,21–	(0,6–)
Zink (Salpetersäureauszug)			mg Zn/kg Boden				
				0–3	**4–7**	8–	(200–)
Kobalt (Salzsäureauszug)			mg Co/kg Boden				
				0–0,10	**0,11–0,30**	0,31–	

* = eingeklammerte Werte sehr unsicher

Nährstoffgehaltsklassen für Pflanzenproben

Die Grenzwerte liegen je nach Pflanzenart, Entwicklungsstadium und den zur Untersuchung verwendeten Pflanzenteilen verschieden hoch. Die hier auszugsweise wiedergegebenen Grenzwerte sind vorläufige, z. T. noch sehr unsichere Werte. (LUFA Oldenburg)

	Gehaltsklassen					
	M	A	B	**C**	E	S
Gras, weidereif (20 % Rohprotein)						
% i. TS:						
P	0– 0,19	0,20 – 0,29	0,30 – 0,39	**0,40 –**		
K	0– 1,49	1,50 – 2,29	2,30 – 2,99	**3,00 –**		
Mg	0– 0,09	0,10 – 0,14	0,15 – 0,19	**0,20 –**		
Ca	0– 0,24	0,35 – 0,37	0,38 – 0,49	**0,50 –**		
Na	–	0 – 0,07	0,08 – 0,14	**0,15 – 0,24**	0,25–	
mg/kg TS:						
Cu	0– 3,9	4,0 – 5,9	6,0 – 7,9	**8,0 –13,9**	14,0 – 49,9	50,0–
Mn	0–19	20 –29	30 –39	**40 –59**	60 –499	500 –
Fe	0–19	20 –29	30 –39	**40 –59**	60 –499	500 –
Zn	0–14	15 –19	20 –29	**30 –49**	50 –149	150 –
Mo	0– 0,14	0,15 – 0,19	0,20 – 0,29	**0,30 – 0,49**	0,50– 9,99	10,0–
Co	0– 0,039	0,040– 0,059	0,060– 0,079	**0,080–**		
Getreide bei Schoßbeginn (Stadium 30)						
% i. TS:						
N	0– 1,9	2,0 – 2,9	3,0 – 3,4	**3,5 –**		
Ca	0– 0,19	0,20 – 0,29	0,30 – 0,39	**0,40 –**		
P	0– 0,19	0,20 – 0,29	0,30 – 0,39	**0,40 –**		
K	0– 1,99	2,00 – 2,99	3,00 – 3,99	**4,00 –**		
Mg	0– 0,06	0,07 – 0,09	0,10 – 0,13	**0,14 –**		

	Gehaltsklassen					
	M	A	B	**C**	E	S
mg/kg TS:						
Cu	0– 2,9	3,0 – 3,9	6,0 – 7,9	**6,0 – 7,9**	8,0 – 49,9	50,0–
Mn	0–19	20 –29	40 –59	**40 –50**	60 –499	500 –
B	0– 2,9	3,0 – 4,4	6,0 – 9,9	**6,0 – 9,9**	10,0 – 49,9	50,0–
Mo	0– 0,14	0,15– 0,22	0,30– 0,49	**0,30– 0,49**	0,50– 9,9	10,0–
Fe	0–19	20 –29	40 –59	**40 –59**	60 –499	500 –
Zn	0–14	15 –22	30 –49	**30 –49**	50 –149	150 –
Raps- und Rübenblätter						
% i. TS:						
N	0– 1,9	2,0 – 2,9	4,0 –	**4,0 –**		
Ca	0– 0,24	0,25– 0,37	0,50–	**0,50–**		
P	0– 0,14	0,15– 0,22	0,30–	**0,30–**		
K	0– 1,99	2,00– 2,99	4,00–	**4,00–**		
Mg	0– 0,09	0,10– 0,14	0,20–	**0,20–**		
mg/kg TS:						
Cu	0– 3,4	3,5 – 4,9	7,0 – 9,9	**7,0 – 9,9**	10,0 – 49,9	50,0–
Mn	0–14	15 –22	30 –39	**30 –39**	40 –499	500 –
B	0–14	15 –22	30 –39	**30 –39**	40 –299	300 –
Mo	0– 0,14	0,15– 0,22	0,30– 0,49	**0,30– 0,49**	0,50– 9,99	10,0–
Fe	0–29	30 –44	60 –99	**60 –99**	100 –499	500 –
Zn	0– 9	10 –14	20 –29	**20 –29**	30 –149	150 –

Von der Gehaltsklasse zur Versorgungsstufe

Bei Einstufung der Nährstoffgehalte in Gehaltsklassen berücksichtigen die Landw. Untersuchungs- und Forschungsanstalten meistens nur die Tongehalte und die pH-Werte bei Mangan, manchmal außerdem die Humusgehalte. Die Berücksichtigung weiterer Bodeneigenschaften oder regionaler Unterschiede wird in der Regel erst durch Mitwirkung von Beratungsstellen möglich. Die Gesichtspunkte, die dabei Beachtung verdienen, veranschaulicht nachstehendes Schema.

Schritte von den Nährstoffgehalten
- über Gehaltsklassen
- zu Versorgungsstufen
- und Düngungsempfehlungen

1. **Nährstoffgehalte im Boden**
   % Ton
   % Humus
   pH-Wert

↓

2. **Gehaltsklassen nach der Bodenuntersuchung**

↙ ↘

Beachtung von Einzeleigenschaften der Böden
- Krumentiefe
- Tiefendurchwurzelung und Nährstoffgehalte im Unterboden
- Wasser- und Lufthaushalt
- Gehalt an Antagonisten und Faktoren der Nährstoffestlegung
- Niveau der übrigen Nährstoffversorgung
- Bodenzustand z. Z. der Probenahme

Unterscheidung von Standorten oder Standortsgruppen
charakterisiert durch:
Bodentyp
Ausgangsgestein
Klima u. a.

Nährstoffgehalte in der Pflanze

3. **Versorgungsstufen nach der Bodenuntersuchung**

4. **Versorgungsstufen nach der Pflanzenanalyse**

↘ ↙

5. **Versorgungsstufen nach Bodenuntersuchung und Pflanzenanalyse**
   - Pflanzenart bzw. Grünlandnutzung
   - Ertragspotential bzw. angestrebter Ertrag

↓

6. **Zu empfehlende Nährstoffgaben**
   - Anrechnung der Nährstoffzufuhr mit Ernterückständen
   - Anrechnung der Nährstoffzufuhr mit Wirtschaftsdüngern

↓

7. **Zu empfehlende Mineraldüngergaben**

Als Beispiel für die Einstufung eines Nährstoffs unter Berücksichtigung der Gehalte eines anderen ist hier die Mg-Einstufung in Abhängigkeit von der Kali-Versorgung aufgeführt.

Korrektur der Mg-Versorgungsstufen bei hohen Kaligehalten

Bei K_2O-Versorgung	Mg-Versorgungsstufe					
M–D	M	A	B	C	D	E
E	M	M	A	B	C	D
S	M	M	M	A	B	C

Von der Versorgungsstufe zur Düngermengenempfehlung
(Berücksichtigung der jeweiligen Wirtschaftsbedingungen)

Berücksichtigung der Pflanzenart

Die Düngung von Ackerkulturen ist in der Regel auf den Düngerbedarf ganzer Fruchtfolgen ausgerichtet. Um den Düngerbedarf ganzer Fruchtfolgen abschätzen zu können, ist es notwendig, den Düngerbedarf einzelner Pflanzenarten anzugeben, auch wenn die Zumessung der Düngung für einzelne Arten so nicht abgestuft wird.

Düngungsempfehlungen in kg Reinnährstoff je ha und Jahr

Beispiele aus Hessen (P, K, Mg), Schleswig-Holstein (Na) und Weser-Ems (Spurennährstoffe)

Nährstoff	Kultur	M	A	B	**C**	D	E
P_2O_5	Getreide		120	90	**60**	30	0
	Leguminosen, Feldfutter, Mais, Raps, Feldgemüse		160	120	**80**	40	0
	Hackfrüchte		200	150	**100**	50	0
	Weide		80	60	**40**	20	0
	Mähweide		160	120	**80**	40	0
	Mähfläche 2 Schnitte		160	120	**80**	40	0
	je weiteren Schnitt		60	40	**30**	20	0
K_2O	Getreide		240	180	**120**	60	0
	Leguminosen, Feldfutter, Mais, Raps, Feldgemüse		300	250	**200**	100	0
	Hackfrüchte		500	400	**300**	150	0
	Weide		120	90	**60**	30	0
	Mähweide		240	180	**120**	60	0
	Mähfläche 2 Schnitte		300	250	**200**	100	0
	je weiteren Schnitt		80	80	**60**	40	0

Nährstoff	Kultur	M	A	B	C	D	E
MgO	Getreide, Raps		80		**40**		0
	Hackfrüchte, Mais, Feldfutter, Feldgemüse		160		**80**		0
	Grünland		80		**40**		0
Na_2O	Grünland		80	60	**40**	20	0
Kupfer (Cu)							
	im Mittel je ha und Jahr	2	1,5		**0,5–1**		0
	einmalig für ca. 6 Jahre	10	5		**3**		0
Mangan (Mn)							
	Spritzung		2 × 2		**2**		0
	Düngung[1])		100		**50**		0
Bor (B)							
	zu Rüben, Kohl, Raps Mais und Luzerne		2		**1**		0
Zink (Zn)			10		**5**		0
Molybdän (Mo)			2		**1**		0
Kobalt (Co) auf Grünland			0,3		**0,1**		0

1) auf schwach Mn-festlegenden Böden und auf Grünland

Berücksichtigung des Ertragspotentials

Den auf den Bodenuntersuchungen basierenden Düngungsempfehlungen sind in der Regel mittlere Ernteerträge zugrundegelegt. In Hessen z. B. folgende Erträge in dt/ha:

Getreide	50,	Zuckerrüben	500,	Silomais	600,
Raps	20,	Futterrüben	900,	Körnermais	60,
				Kartoffeln	350.

Zuschläge für höheren Düngerbedarf bei höherem Ertragsniveau lassen sich in manchen Gebieten am klarsten in absoluten Zahlen angeben.

Mehrertrag von	Zuschläge in kg/ha		
	P_2O_5	K_2O	MgO
10 dt/ha Getreidekorn	15	20	10
10 dt/ha Raps/Körnermais	20	20	15
100 dt/ha Hackfrüchte/Silomais	20	50	20

In anderen Gebieten erfolgt die Berücksichtigung des mit dem Ertragsniveau steigenden Düngerbedarfs zutreffender und einfacher auf der Basis von Relativzahlen, dies gilt vor allem für Beratungsgebiete, in denen der Düngerbedarf verschiedener Regionen nicht mit der Abstufung des Ertragspotentials dieser Regionen parallel läuft.

Zuschläge zu den Düngungsempfehlungen in kg/ha bei wesentlich über dem standorttypischen Durchschnitt liegenden Erträgen

	bei 25 % mehr Ertrag			bei 50 % mehr Ertrag		
	P_2O_5	K_2O	MgO	P_2O_5	K_2O	MgO
Hackfrüchte, Feldgras, Mähgrünland	20	60	10	40	120	20
Mais, Raps, Feldfutter, Leguminosen	15	40	10	30	80	20
Getreide, Mähweide	10	20	5	20	40	10
Weide	10	15	5	20	30	10

Berücksichtigung der Nährstoffzufuhr durch Wirtschaftsdünger

Die Verwertung von Wirtschaftsdüngern, insbesondere die von Gülle und Jauche kann in Abhängigkeit vom Düngungszeitpunkt, der Verteilgenauigkeit und Dosiergenauigkeit sehr verschieden sein. Auf Seite 212 sind dementsprechend die Nährstoffzufuhrmengen bei guter und schlechter Verwertung angesetzt.

Ermittlung des mineralischen Stickstoffs im Boden kurz vor Vegetationsbeginn

Die Ermittlung des löslichen mineralischen Stickstoffvorrates (N-min) im Boden zu Beginn der Vegetation vor der ersten Stickstoffgabe ermöglicht dessen Berücksichtigung bei der Frühjahrsdüngung.

Das Prinzip der von Scharpf und Wehrmann in der Bundesrepublik eingeführten N-min-Methode zeigt nachstehende Übersicht:

„Sollwert" im Frühjahr = für Höchsterträge notwendige N-Menge = Summe aus N-min-Vorrat + N-Düngung (in Düngungsversuchen ermittelt)	120 kg/ha N
abzüglich N-min-Vorrat in 0–90 cm Bodentiefe (im Februar bestimmt)	– 70 kg/ha N
ergibt erforderliche Frühjahrs-N-Düngung	= 50 kg/ha N

Grundsätzlich empfiehlt man, den N-min-Vorrat, ausgedrückt in kg/ha N, durch die Frühjahrsdüngung auf einen „Sollwert" aufzufüllen.

Die angesetzten Sollwerte unterscheiden sich je nach Pflanzenart, Boden, Klima, Vorfrucht und organischer Düngung.

Sollwerte in kg/ha N in 0–90, z. T. auch 0–60 cm Tiefe (Beispiel)

Winterweizen verbreitet	120–130
auf schweren, umsetzungsträgen Böden, z. B. Marsch; bei langsamer Erwärmung im Frühjahr, z. B. Schleswig-Holstein	140–160
in süddeutschen Gebieten mit häufiger Frühjahrstrockenheit	140–150
auf fruchtbaren humusreichen Böden wie Auen, Schwarzerden, kolluvialen Braunerden	100–110
nach Blattfrucht und Ackerzahl über 60	100
nach Getreide und Ackerzahl unter 60	140
Wintergerste	
verbreitet	100
Schleswig-Holstein	120–140
Winterroggen	
verbreitet	100
Schleswig-Holstein	100–120
Zuckerrüben	
nach Getreide	220
nach Gemüse usw.	180
Bayern	250

Düngung nach Bodenuntersuchungsergebnissen im Freiland-Gemüsebau

Der Freiland-Gemüsebau steht hinsichtlich Bodenuntersuchung und Düngung dem Ackerbau näher als dem Gartenbau unter Glas, auf dessen besondere Untersuchungs- und Düngungsmethoden an dieser Stelle nicht eingegangen werden kann. Im Freiland-Gemüsebau kommen die gleichen Untersuchungen wie in der Landwirtschaft in Betracht. Nach hohen organischen Düngergaben interessiert zunehmend die N-min-Untersuchung, in Sonderfällen evtl. zusätzlich der Salzgehalt. Wo schon längere Zeit Müllkomposte oder Klärschlämme als Humusdüngemittel eingesetzt worden sind, sollte untersucht werden, ob die Gehalte an Schwermetallen wie Zink, Kupfer, Chrom und Cadmium nicht unzulässig hoch angestiegen sind.

Im Freilandgemüsebau gelten in der Regel die gleichen anzustrebenden pH-Werte und Nährstoff-Grenzwerte wie im Ackerbau (s. S. 247–249). Düngungsempfehlungen s. S. 356 (P_2O_5, K_2O) und 254 (Mg, B, Cu, Mn).

Salzgehalt

Sachgemäße Düngung führt nicht zu schädlichen Salzanreicherungen im Boden. Zu Salzschäden kann es kommen z. B. durch Silosickersaft, salzreiches Beregnungswasser, salzreiche Siedlungsabfälle, im Küstengebiet durch salzreiches Grundwasser oder Aufspülung von salzreichem Schlick.

Eine Salzgehaltsbestimmung ist durch Messung der Leitfähigkeit schnell und preiswert möglich. Verbindliche Grenzwerte können nicht angegeben werden, denn die Schadwirkung hängt ab von der Art der Salze, dem Tongehalt des Bodens, der Bodenfeuchtigkeit und von Art und Alter der Pflanzen. Nach FINCK erzielen salzempfindliche Pflanzen noch normale Erträge, wenn der Salzgehalt von Böden mittlerer Körnung nicht mehr als 0,6‰ beträgt. Für salzverträgliche Pflanzen liegt der entsprechende Wert bei etwa 3‰.

Gruppierung von Pflanzen nach Salzverträglichkeit

besonders salzempfindlich: Keimpflanzen von Sellerie, Zwiebeln, Möhren, Kopfsalat, Radies und Rettich

salzempfindlich: Kopfsalat, Radies, Rettich, Buschbohnen, Gurken, Rotklee, viele Obstbäume und Beerenobst

ziemlich salzverträglich: Endivie, Sellerie, Tomaten

salzverträglich: Kohlarten, Rote Rübe, Spargel, Gerste, Raps, Zuckerrüben.

Prozentuale Veränderungen der in der Bundesrepublik Deutschland über die Bodenuntersuchung ermittelten Nährstoffgehaltsklassen in Acker- und Grünlandböden von 1949–1985 (nach Fachgruppe II VDLUFA)

Jahr	% Proben in den Nährstoffklassen												
	Phosphat					Kali					Kalk		
	A	B	C	D	E	A	B	C	D	E	A	C	E
1949	45	33	22	–	–	34	40	26	–	–	38	32	30
1955	38	32	30	–	–	28	45	27	–	–	29	35	36
1960	26	34	40	–	–	17	42	41	–	–	25	30	45
1966	19	30	51	–	–	10	26	64	–	–	30	30	40
1971	17	33	50	–	–	14	28	58	–	–	29	31	40
1975	17	36	33	11	3	12	34	33	15	6	43	30	27
1980	14	33	35	14	4	13	40	30	12	5	23	33	44
1981	15	34	36	12	3	14	40	31	12	3	25	32	43
1982	15	36	37	10	2	13	37	32	14	4	24	35	41
1983	15	35	37	11	2	12	37	34	13	4	24	35	41
1984	9	25	38	22	6	8	23	36	26	7	23	39	38
1985	18	27	34	17	4	11	25	37	20	7	28	35	37
1986	16	27	34	17	5	10	27	39	19	6	27	33	41

Anmerkungen:

1. Die Zahl der untersuchten Proben schwankte zwischen 702 000 (1949) und 501 000 (1975) mit wieder zunehmender Tendenz.
2. Die Gehaltsklassen D und E (sehr hoch bzw. besonders hoch) wurden erst 1973 eingeführt.

Technik, Handhabung und Lagerung von Mineraldüngern

neubearbeitet von Dr. **J. Quade,** Bochum

Mischungstafel für Mineraldünger

Kalksalpeter; Ammonsulfatsalpeter, Stickstoffmagnesia; Kalkammonsalpeter; Ammonphosphat, Stickstoffphosphat; Schwefels. Ammoniak; Kalkstickstoff (x); Superphosphat (x), Novaphos (x) Enpeka-Phosphatkali (x), PK-R (x); Thomasphosphat und Th-Mischdünger; Hyperphos, Hyperphos-Kali; Kalimagnesia grob, Kaliumsulfat, Kieserit; Korn-Kali mit MgO, 40er Kali Standard, 50er Kali grob und Standard, Magnesia-Kainit grob

	1	2	3	4	5	6	7	8	9	10	11
1	□	☒	☒	☒	☒	☒	■	☒	☒	☒	☒
2	☒	□	□	□	□	■	□	■	☒	□	☒
3	☒	□	□	□	□	■	☒	■	□	☒	☒
4	☒	□	□	□	□	■	□	■	□	□	□
5	☒	□	□	□	□	■	□	■	□	□	□
6	☒	■	■	■	■	□	■	□	□	□	☒
7	■	□	☒	□	□	■	□	■	□	□	□
8	☒	■	■	■	■	□	■	□	□	□	□
9	☒	☒	□	□	□	□	□	□	□	□	□
10	☒	□	☒	□	□	□	□	□	□	□	□
11	☒	☒	☒	□	□	☒	□	□	□	□	□

1 Kalksalpeter
2 Ammonsulfatsalpeter, Stickstoffmagnesia
3 Kalkammonsalpeter
4 Ammonphosphat, Stickstoffphosphat
5 Schwefels. Ammoniak
6 Kalkstickstoff (x)
7 Superphosphat (x), Novaphos (x) Enpeka-Phosphatkali (x), PK-R (x)
8 Thomasphosphat und Th-Mischdünger
9 Hyperphos, Hyperphos-Kali
10 Kalimagnesia grob, Kaliumsulfat, Kieserit
11 Korn-Kali mit MgO, 40er Kali Standard, 50er Kali grob und Standard, Magnesia-Kainit grob

□ **mischbar**

■ **nicht mischbar**

☒ **bedingt mischbar** möglichst bald nach dem Mischen ausstreuen.

Das Mischen von Mineraldüngern zum gewerblichen Vertrieb ist nur dann gestattet, wenn die Vorschriften des Düngemittelgesetzes und der Gefahrstoffverordnung eingehalten werden.
Alle Kalkdüngemittel können – bei Einarbeitung in den Boden – vor oder nach sämtlichen Einzel- bzw. Mehrnährstoffdüngern ausgebracht werden.

(x) Perlkalkstickstoff ist mit gekörntem Superphosphat, Novaphos, Enpeka-Phosphatkali und PK-R bedingt mischbar.

Düngemittel, die Spurennährstoffe und Magnesium enthalten, entsprechen in ihrer Mischbarkeit den Ausgangsdüngern.

Anleitung: Will man feststellen, ob zwei Düngemittel miteinander gemischt werden können, so suche man das eine Düngemittel in der senkrechten, das andere in der waagerechten Reihe auf. Das Feld im Schnittpunkt gibt Aufschluß über die Mischbarkeit.

Beispiel: Die Düngemittel der senkrechten Reihe 6 und der waagerechten Reihe 8 sind mischbar, da sie in einem Feld □ aufeinanderstoßen.

Düngermischungen mit Komponenten unterschiedlicher Korngrößenspektren können sich beim Transport, vor allem aber beim Ausstreuen, entmischen.

NPK-Dünger (COMPLESAL, ENPEKA, KAMPKA, NITROPHOSKA und RUSTICA) werden im allgemeinen nicht mit anderen Düngemitteln gemischt. Falls aus besonderen Gründen eine Mischung erforderlich ist, gilt das gleiche wie für Kalkammonsalpeter.

N- und NP-Lösungen sind in jedem gewünschten Verhältnis miteinander mischbar.

Raumbedarf je 1 000 kg Handelsdünger

	m^3
Kalkammonsalpeter, Kalksalpeter	1,0–1,1
Stickstoffmagnesia	1,0–1,1
Ammonsulfatsalpeter	1,2–1,3
Schwefelsaures Ammoniak	0,9–1,0
Harnstoff	1,3–1,4
Kalkstickstoff	0,6–0,7
Superphosphat	1,0
Rhenania-Phosphat	0,8
Thomasphosphat	0,5–0,6
Kali	0,9
Stickstoffphosphat	1,0
NPK-Dünger	0,9–1,0
Durchschnittsgewicht der Handelsdünger	1 000 kg/m^3
Schütthöhe bei loser Lagerung	5,00 m
Stapelhöhe gesackter Ware	15–20 Schichten

Lose-Dünger-Kette

Transportmittel

Anforderungen

Korrosionsbeständiges Material (Aluminium, Kunststoff, kunststoffbeschichtetes Stahlblech)

Gute Dichtigkeit gegen herausrieselnden Dünger und eindringende Feuchtigkeit

Leicht zu bedienende, regulierbare Entleerung

Abriebfeste Innenwände

Technische Daten, Leistungen, Preise

	Schrägbodenbehälter	Dreiseitenkipper	Großraumstreuer
Inhalt m^3	2,0–2,7	2,5–5,0	2,0–5,0
max. Stand- bzw. Ladefläche cm	150 × 195	200 × 500	–
Höhe cm	125–165	130–170	140–160
max. Abkipphöhe cm	120	110	–
Leergewicht kg Stahlblech	120–150	700–1 800	350–700
Alu-Legierung	75	–	–
Kunststoff	85	–	–
Tragfähigkeit t	2,0–2,5	5–8	2,5–8,0
Neigungswinkel °	25–30	45	–
Preis DM (ohne MwSt.)	1 150–1 300	7 500–15 000	9 000–30 000

Fördereinrichtungen

Anforderungen

Korrosionsbeständiges Material
Abriebfeste Geräteteile
Schonende Behandlung der Düngerkörner
Hohe Förderleistung
Störungsfreie Arbeit
Leichte Bedienung

Technische Daten, Leistungen, Preise

	Profil-Förderband	Wellkanten-Förderband	Schleuderband	Becherelevator	Schnecke 150 mm ∅
Förderstrecke m	3–10	4–10	bis 12	–	2,5–10
Förderhöhe m	1,5–5	2,5–6	bis 4	5–10	1,8–8
Max. Förderleistung t/h	35	60	25	15–20	22
Preis DM (ohne MwSt.)	5900 bis 10400	7500 bis 13000	9800	5900 bis 9300	3200 bis 10000

Arbeitszeitbedarf der Düngung

(Arbeitskraft-Schlepper-Minuten je 10 dt Dünger)

Arbeitsvorgang	Gesackter Dünger				Lose-Dünger-Kette			
	Schleuderstreuer		Großraumstreuer		Schleuderstreuer		Großraumstreuer	
	10 bis 12 m	4 bis 5 m	10 bis 12 m	5 bis 6 m	10 bis 12 m	4 bis 5 m	10 bis 12 m	5 bis 6 m
Aufladen am Düngerlager	15	15	15	15	6	6	6	6
Transport vom Lager zum Feldrand	10	10	10	10	10	10	10	10
Befüllung des Düngerstreuers	22	22	–	–	12	12	–	–
Ausstreuen	12	20	12	17	12	20	12	17
Summe AK-S-min je 10 dt	59	67	37	42	40	48	28	33

Grundlagen: Arbeitszeitermittlungen des Landtechnischen Vereins Bayern und eigene Ergänzungen.
Ladeleistung der Fördergeräte 120 dt je Stunde;
Ladegewicht 40 dt;

Fahrgeschwindigkeit: Hof–Abholstation–Hof 15 km/h; Hof–Feld–Hof 10 km/h; Streuen 8 km/h

Arbeitsbreite: 10–12 m bei gekörntem Dünger oder bestimmten Streuertypen; 4–6 m bei gemahlenem Dünger oder bestimmten Streuertypen

Schutzanstriche gegen Korrosion

Nr.	Zusammensetzung der Mittelgruppen	Behandlung	Zahl der Behandlungen	Gesamtverbrauch g/m²	Bemerkungen
A. Anwendungshinweise und Kosten für Betonflächen					
1	Steinkohlenteerpech mit mineralischen Füllstoffen	Grundierung Deckanstriche	1 2–3	150 600– 900	Schwarz und rot (für Zwischenanstrich), weniger abriebfest
2	Kunststoff-Dispersion auf Acrylharz-Basis (Einkomponenten-Anstrich)	Grundierung Deckanstriche	1 3	50– 100 300– 450	Lösungsmittelfrei, farblos, Grundierung 1 : 1 mit Wasser, nicht beständig gegen feuchte ammonnitrathaltige Dünger
3	Polyurethan-Teer-Kombination (Einkomponenten-Anstrich)	Grundierung Deckanstriche	1 2	150– 200 300– 400	Lösungsmittelhaltig, schwarz, mit Feuchtigkeit aushärtend, daher auch auf feuchtem Untergrund haftend, abriebfest
4	Kunststoff-Dispersion auf Polyvinylidenchlorid-Basis (Einkomponenten-Anstrich)	Grundierung Deckanstriche	1 2	250 500– 600	Lösungsmittelfrei, guter Korrosionsschutz, abriebfest, verschiedene Farben, auch als Dichtungsanstrich
5	Steinkohlenteerpech-Epoxid-Kombination (Zweikomponenten-Anstrich)	Anstriche	2–3	900–1 350	Schwarz und rot (für Zwischenanstrich), zäh-hart, abriebfest, sehr guter Korrosionsschutz (z. T. lösungsmittelhaltig)
6	Epoxidharz (Zweikomponenten-Anstriche)	Grund-versiegelung Deckanstriche	1 2	100– 150 800–1 000	Lösungsmittelfrei, für Innenbeschichtung von Tanks, sehr guter Korrosionsschutz, hoch abriebfest, dickschichtig, verschiedene Farben
7	Isocyanat-Polyester-Kombination (Dreikomponenten-Anstrich)	Grundierung Deckanstriche	1 2–3	200 500– 750	Lösungsmittelfrei, sehr guter Korrosionsschutz, hoch abriebfest, dickschichtig, sehr haltbar, verschiedene Farben
B. Anwendungshinweise und Kosten für Stahlbleche					
1, 4, 5, 6, 7					Anwendung wie unter A, z. T. mit speziellen Grundierungen
8	Chlorkautschuk-Bais (Einkomponenten-Dickschicht-Anstrich)	Grundierung (Bleimennige) Deckanstriche	1 2	200 1 000	Lösungsmittelhaltig, für robuste Anstriche in schwerem Korrosionsschutz, verschiedene Farben
9	Zinkchromat mit Füllgrund Normale Farben	Grundierung Deckanstriche	1 2	ca. 150 ca. 500	Lösungsmittelfrei

Ausstreuen mineralischer Düngemittel

Die **Streubreite** wird durch folgende Faktoren bestimmt:

A. **Ausleger-Streuer**
1. Maschinenbreite
2. Windstärke und -richtung (minimal bei gekörnten Düngemitteln)

B. **Wurf-Streuer**
1. Fabrikat des Streuers
2. Tourenzahl, Bodenabstand und Stellung (waagerecht oder geneigt) der Schleuderscheibe(n) bzw. des Rohres
3. Griffigkeit und Korngröße des Düngers
4. Windstärke und -richtung
5. Bodenbeschaffenheit bzw. Pflanzenbestand

Die **Streuleistung** in ha je Arbeitsstunde hängt ab:
1. von der Streubreite
2. von der Fahrgeschwindigkeit
3. von der auszubringenden Düngermenge
4. von der Streufähigkeit des Düngers

Streuleistung in ha/Arbeitsstunde bei gekörntem Dünger

(Wurf- und Ausleger-Streuer)

Arbeitsbreite m	Düngermenge kg/ha	Streuleistung ha/AKh
10	200	5,0
	400	3,3
	600	2,6
12	200	5,4
	400	3,5
	600	2,7
15	200	5,8
	400	3,8
	600	2,8

Bei Großraumstreuern mit gesackter Ware 2,5fach, mit loser Ware 2,0fach höhere Leistung, wenn der Beladevorgang entfällt.

Die **Streumenge** wird an der Maschine lt. Tabelle eingestellt. Beim Schleuderstreuer sind außerdem noch die Tourenzahl der Schleuderscheibe, der Fahrabstand und die Körnung des Düngers zu berücksichtigen.

Hohe Tourenzahl, kleine Körnung, glattes Korn und geringer Fahrabstand erhöhen die Streumenge.

Die **Streuqualität** ist abhängig von
1. der Wartung und Pflege der Maschine
2. der Einstellung des Düngerstreuers
3. der Fahrweise des Bedienungsmannes (Anschlußfahren)
4. der Streufähigkeit des Düngemittels (Korngrößenzusammensetzung, Oberflächenbeschaffenheit, Kornform)

Ertragsausfälle durch ungleichmäßige streifenartige N-Düngerverteilung

nach **Zimmermann** (Erträge und Preise 1985/86)

Fruchtart	Durchschn. Ertrag dt/ha	Verluste je ha bei einer Streuabweichung von 15 %		30 % o. Lager		30 % m. Lager		50 % o. Lager		50 % m. Lager	
		dt	DM	dt	DM	dt	DM	dt	DM	dt	DM
W.-Weizen	63,9	0,3	13	1,5	63	14,3	601	4,0	168	20,3	853
W.-Roggen	42,7	0,3	13	1,2	50	7,8	327	3,2	134	11,5	482
W.-Gerste	51,6	0,3	12	1,1	44	4,4	175	3,2	128	7,5	299
S.-Gerste	41,5	0,3	12	1,2	48	4,5	179	3,4	135	7,4	295
Hafer	44,9	0,3	12	1,0	39	5,7	220	2,8	108	8,6	332
Spätkartoffeln	350	3,9	72	15,4	286			43,9	814		
Zuckerrüben	506	4,6	52	17,7	200			53,1	601		

Flüssigdüngung

Außer nach den Nährstoffen werden die Flüssigdünger nach dem Dampfdruck folgendermaßen unterschieden:

N-Flüssigdünger

wasserfreies Ammoniak (NH_3 flüssig) mit 82,2 Gewichts-% N
Dichte bei 15 °C 0,618 = 508 g N/l

Ammoniakwasser (NH_3-Wasser) mit bis zu 24 Gewichts-% N
Dichte bei 15 °C 0,89 = 214 g N/l

Ammonnitrat-Harnstoff-Lösung mit 28 (möglich sind auch bis 32) Gewichts-% N
Dichte bei 15 °C ca. 1,28 = ca. 360 g N/l

NP-Flüssigdünger (druckfrei)

NP-Lösung 10 + 34 (Gewichts-%) Dichte bei 15 °C 1,4 = 140 g N + 480 g P_2O_5/l

Umrechnung von Gewichts-% in Volumen-%

Gewichts-% N × Dichte = Volumen-% N

Beispiel:	Ammonnitrat-Harnstoff-Lösung:	28 × 1,28 = 35,84
	Ammoniakwasser:	20 × 0,90 = 18,0

Bei Ammonnitrat-Harnstoff-Lösung mit 28 Gew.-% N enthalten also

1 t Ware	ca. 280 kg N
1 m³ Ware	ca. 360 kg N

1 t N sind enthalten in 3,571 t Ware
in 2,778 m³ Ware

Auskristallisationstemperatur

Sie hängt bei Ammonnitrat-Harnstoff-Lösung von der Konzentration ab:

28 Gew.-% N	−17 °C
30 Gew.-% N	− 9 °C
32 Gew.-% N	0 °C
NP-Lösung 10 + 34	−40 °C

Die Oberflächenspannung

Von praktischer Bedeutung nur bei Ammonnitrat-Harnstoff-Lösung im Hinblick auf Pflanzenverträglichkeit. Besonders in Kombination mit Pflanzenschutzmitteln.

70 dyn/cm	gute Pflanzenverträglichkeit
30 dyn/cm	nicht immer gute Pflanzenverträglichkeit

Energieeinsatz und -ertrag im Pflanzenbau
Modell: 25 ha-Ackerbaubetrieb

Bewirtschaftung	1880 normal		1980 normal		1980 intensiv	
Energieeinsatz	%	GJ	%	GJ	%	GJ
Düngung	1	3	49	248	59	456
Zugkraft bzw. Kraftstoff	52	130	23	116	20	150
Saatgut	32	80	10	51	7	51
Elektr. Strom	–	–	6	30	5	40
PS-Mittel	–	–	1	5	1	7
Maschinen	–	–	8	40	7	50
Einrichtungen	2	5	2	10	1	10
Menschl. Arbeitskraft	13	33	<1	2	<1	3
Energieeinsatz gesamt		251		502		767
Energieertrag						
Getreide 14 bzw. 50 bzw. 80 dt/ha		342		1 361		2 178
Kartoffeln 100 dt/ha, Zuckerrüben 467 bzw. 600 dt/ha		173		1 512		1 942
Futterbau 32 dt/ha		294		–		–
Energieertrag gesamt		809		2 873		4 120
Verh. Energieeinsatz : -ertrag		1:3,2		1:5,7		1:5,4

1 GJ (Gigajoule) = 1 000 000 J = 239 000 kcal

Landwirtschaft und Umwelt

bearbeitet von Prof. Dr. **W. Kampe,** LUFA Speyer, LD Dr. **Th. Diez,** Bayr. Landesanstalt für Bodenkultur und Pflanzenbau, LD Dr. **H. Rasp,** LUFA Speyer, ORR Dr. **W. Schuy,** Kulturamt Trier

1. Düngung

1.1 Boden

Mineralische Düngung

Infolge meist mangelhafter Informationen wird der Düngung mit Stickstoff und Phosphat ein erheblicher Anteil an der Verunreinigung des Grundwassers und der Oberflächengewässer zur Last gelegt. Die hier aufgeführten Fakten sollen diese oft sehr übertriebenen Aussagen auf das tatsächliche Maß zurechtrücken.

Die Höhe des Nährstoffeintrages in den Unterboden hängt ab von der Nährstoffkonzentration im Oberboden, je mehr von einem Nährstoff dort vorhanden ist, desto größer ist der potentiell mögliche Austrag. Dies gilt nicht nur für Stickstoff, Kalium, Calcium, Magnesium und Natrium, sondern abgeschwächt auch für Phosphat.

Wasserlöslich gebundene Nährstoffe unterliegen einer stärkeren Auswaschung als die, die sorptiv an Bodenpartikel (Ton und Humus) gebunden sind.

1.1.1 Stickstoff

N-Eintrag ins Grundwasser nach **Kuntze**

Nutzung	kg/ha · a	mg/l NO_3 150 mm/a	280 mm/a
Dauerbrache*)	2	6 (2)	3 (1)
Grünland	5– 15	44 (4)	8 (2)
Wald	5– 10	30 (6)	11 (3)
Acker	20– 70	103 (31)	55 (17)
Getreide	20– 30	65 (19)	35 (10)
Hackfrüchte	20– 45	100 (30)	54 (16)
Schwarzbrache	100–175	354 (106)	190 (57)
Sonderkulturen	100–200	295 (89)	158 (47)

*) begrünt
Werte in ( ) = bis 70 % Nitratreduktion bzw. auf mittlere Auswaschungsrate

Nur bei unsachgemäßer Anwendung von mineralischen Stickstoffdüngemitteln und auch Wirtschaftsdüngern (insbesondere überhöhten Güllegaben) kann unter ungünstigen Umständen ein Teil des in tiefere Bodenschichten verlagerten **Stickstoffs** in Form von Nitrat in das Grundwasser und damit auch ins Trinkwasser eintreten. Zu hohe Nitratgehalte (NO_3^-) können gesundheitliche Schäden bei Säuglingen in den ersten 4 Lebensmonaten verursachen, wenn das Nitrat durch nitritbildende Bakterien zu Nitrit (NO_2^-) reduziert wird.

Einfluß von Bodenbedeckung und Fruchtfolge auf den Nitrataustrag

nach **Furrer**

Kultur	Düngung kg/ha N	Auswaschung in 150 cm Tiefe, kg/ha N 1978	1979	1980	1981	1982	Durchschnitt
Brache	–	135	165	95	75*)	31*)	100
Gras	–	19	5	2	4	3	7
Gras	250	25	4	3	3	4	8
Fruchtfolge**)	120	49	89	55	67	103	73
Fruchtfolge**) + Zwischenfr. Raps	160	33	14	7	64	15	26
Klee	–	44	71	230	63	107	103

*) Staunässe – Denitrifikationsverluste
**) Fruchtfolge: Sommergerste – Mais – Sommergerste – Mais

Entnahme und Verbleib des Düngerstickstoffes in Prozent der Düngung (mit ^{15}N markiert) nach Lysimeterversuchen von **Vömel**

	N-Düngung, kg/ha 59	117	176	59	117	176
	Bodentiefe 26 cm			Bodentiefe 50 cm		
Entzug durch die Pflanzen	47,1	48,1	47,8	48,2	53,6	55,3
N-Verlagerung (26 bzw. 50 cm)	6,2	5,6	7,4	4,9	5,2	6,0
Festlegung im Boden	28,7	29,1	24,0	31,1	32,6	26,8
N-Verlust (gasförmig)	18,0	17,2	20,8	15,8	8,6	11,9

N-Auswaschung aus verschiedenen Bodenarten

Vergleich von Lysimeterstationen nach **Vömel**

Ort	Auswaschung in kg/ha N Schotter	Sand	Lehm	Lehm + Stallm.	Löß	Nied.-moor	Ø Niederschlag mm
Limburgerhof	–	38	20	56	–	–	579
R-Holzhausen	–	33	27	–	16	–	630
Bromberg	–	31	26	–	–	137	n. b.
Zürich-Oerlikon	–	–	16	45	–	–	1 030
Weihenstephan	100	85	66	–	–	–	850

N-Bilanz und Standorteigenschaften

(131 RN-Versuche zu W.-Weizen und W.-Gerste 1978–1983)
nach **Buhlmann**

Ertragsfähigkeit		gering	mittel	hoch
Ackerzahl		57	61	65
Kornertrag N_o	dt/ha	38,5		54,3
Kornertrag $N_{dü}$	dt/ha	59,2	70,6	80,3
N-Entzug $N_{dü}$	kg/ha N	148	173	193
N-Düngung	kg/ha N	159	158	158
Bilanzwert	kg/ha N	+11	−15	−35

N-Bilanz einer Fruchtfolge Zuckerrüben – Winterweizen – Wintergerste, kg/ha N

nach **Sturm**

Frucht	Ertrag dt/ha	Entzug Körner/ Rüben	Entzug Stroh/ Blatt	Gesamt	N-Zufuhr
Zuckerrüben	500	100	150	250	160
Winterweizen	80	158	60	218	180
Wintergerste	70	132	50	181	160 (40 Gründg.)
Bilanz in 3 Jahren		390	260	650	500 (540)
Rücklieferung über Stroh und Blatt					260
Niederschlag 3 × 20					60
Entzug durch Denitrifikation 3 × 30				90	
Auswaschung 3 × 30				90	
Gesamtbilanz in 3 Jahren				830	820 (860)

N-Auswaschung bei mineralischer N-Düngung

Durchschnitt aus 14 Jahren nach **Pfaff,** zit. b. **Amberger**

Düngergaben	Ges. N-Menge kg/ha/Jahr	Auswaschung kg/ha N	Mehrauswaschung gg. Stallmist allein
Stallmist (alle 3 Jahre) o. mineral. N-Düngung	30	48,0	–
Stallmist + 80 kg/ha N (verschiedene mineral. N-Formen)	110	55,5	7,5

N-Ausnutzung bei Winterweizen
nach Versuchs- und Beratungsring Lensahn

	1960–63	1970–73	1980–83
Kornertrag (dt/ha)	49,4	63,5	96,3
Rohproteingehalt (%)	13,2	13,5	13,0
N-Düngung	100	160	200
N-Entzug (kg/ha N)	86	150	219
N-Ausnutzung (%)	86	94	110

Vertikale NO_3-N-Verteilung im Boden bei vorwiegend mineralischer und mineralischer/organischer N-Düngung (ca. 200–220 kg/ha N pro Jahr) – nach **Isermann**

Bodentiefe, m	N-Düngung nur mineralisch NO_3-N kg/ha	%	mineralisch und organisch NO_3-N kg/ha	%
0–1	102,9	55	38,5	11
1–2	39,2	–	80,0	–
2–3	19,6	–	93,1	–
3–4	7,7	–	56,7	–
4–5	6,3	–	21,0	–
5–6	4,9	–	19,6	–
6–7	4,9	–	25,9	–
7–8	2,8	–	20,3	–
1–8	85,4	45	316,6	89
0–8	188,3	100	355,1	100

Nitratgehalte im Trinkwasser – 1982/1985 – nach **LAWA**

Bundesländer	%-Anteil des geförderten Grund- und Quellwassers in den Bereichen 0–25	25–50 mg Nitrat	50–90 je Liter	über 90
Baden-Württemberg	63,7	32,8	3,4	0,1
Bayern	78,1	18,0	3,5	0,4
Berlin	100	–	–	–
Bremen	100	–	–	–
Hamburg	100	–	–	–
Hessen	88,5	10,9	0,6	–
Niedersachsen	89,6	10,1	0,3	–
Nordrhein-Westfalen	65,2	26,4	7,9	0,5
Rheinland-Pfalz	73,5	19,5	5,3	1,7
Saarland	75,2	23,4	1,4	–
Schleswig-Holstein	95,1	3,9	0,5	0,5
gewog. Mittel	78,9	17,8	3,0	0,3

Der Einfluß von Vorfrucht und N-Düngung zur Vorfrucht auf den N_{min}-Gehalt im Mittel von 1981–1987*)

(Ergebnisse Versuchsfeld Speyer)

VF	VF N-GD	org. Düngung	Kultur Boden-Bearbeitung cm 0–30	30–60	60–90	Summe kg/ha
2 × GE	380		29	34	40	103
GETR	173		10	14	16	41
ZR	166		12	13	12	38
KÖ.E			9	15	33	57
	184	–	10	13	14	37
	265	GD	14	21	30	65
	180	Stroh	9	11	12	32
	180	Stroh + N	12	11	25	48
	192	Stroh + GD	15	22	22	60
	169	R.BL	13	16	15	44
	247	STM	22	32	27	81
GETR	163	STMzZR	14	10	14	37

*) Untersuchung jeweils im Frühjahr

Erläuterungen:
VF = Vorfrucht
GE = Gemüse
GETR = Getreide
ZR = Zuckerrüben
KÖ.E = Körnererbsen
GD = Gründüngung
R.B. = Rübenblatt
STM = Stallmist

Nachwirkung einer Stickstoff- und Strohdüngung auf den N_{min}-Gehalt unter Wintergerste, wobei die Vorfrucht einheitlich 50 kg/ha N erhalten hatte (Vers.-Feld Speyer)

Entnahme-tiefe	N_0 Stroh mit	N_0 Stroh ohne	N_2 Stroh mit	N_2 Stroh ohne	N_4 Stroh mit	N_4 Stroh ohne
0–30 cm	14	2	9	4	5	11
30–60 cm	19	4	11	7	7	9
60–90 cm	25	12	19	17	29	21
Sa	58	18	39	28	41	41

N_0 ohne N
N_2 107/87 kg/ha N
N_4 187/167 kg/ha N
} N-Dgg. im Mittel der Fruchtfolge

N_{min}-Werte aus Anbauversuchen
Vergleich organische Düngung mit Mineraldüngung
(Dr. **Rüger,** Auweiler, 1982)

	Biologisch-dyn. Bewirtschaftung kg N_{min}	Mineraldüngung kg N_{min}
1979	150,0	35,0
1980	175,7	52,0
1981	110,1	56,4
1982	63,3	53,8

N_{min}-Gehalt im Grasstreifen von Apfelanlagen im Vergleich zum Herbizidstreifen
nach **Scharpf** und **Wehrmann,** 1979

	kg N/ha (bezogen auf volle ha) Herbizidstreifen		Grasstreifen	
Südniedersachsen	46		20	
1978	107		28	
Ruthe	Febr.	Sept.	Febr.	Sept.
1978	121	114	94	50
	168	152	75	34
Loock	228		47	
Niederelbe	240		29	
1978	230		77 (wenig Gras)	
	185		12	
	160		91 (kurz nach Düngung)	
Quast Jork	86		7	
1976	228		37	
White ans	160		45	
Greenham	240		35	
England 1967	100		20	

Der auch für den Landwirt unerwünschte N-Austrag kann durch folgende Maßnahmen noch erheblich vermindert werden:

Sorgfältige Beachtung der Anwendungsempfehlungen der Düngerproduzenten.

Keine Ausbringung von N-Düngern während der Vegetationsruhe.

Verteilung von größeren N-Mengen auf mehrere Gaben und damit Anpassung an den Verbrauch durch die Pflanzen.

Bei Sonderkulturen evtl. Anwendung von langsam wirkenden N-Formen.

Verlängerung der Vegetationszeit durch Anbau von Zwischenfrüchten; damit Erhaltung einer „dauernden" Pflanzendecke auf dem Acker.

Vorübergehende Immobilisierung von ungenutzten Nitratvorräten durch Strohdüngung.

1.1.2 Gülle

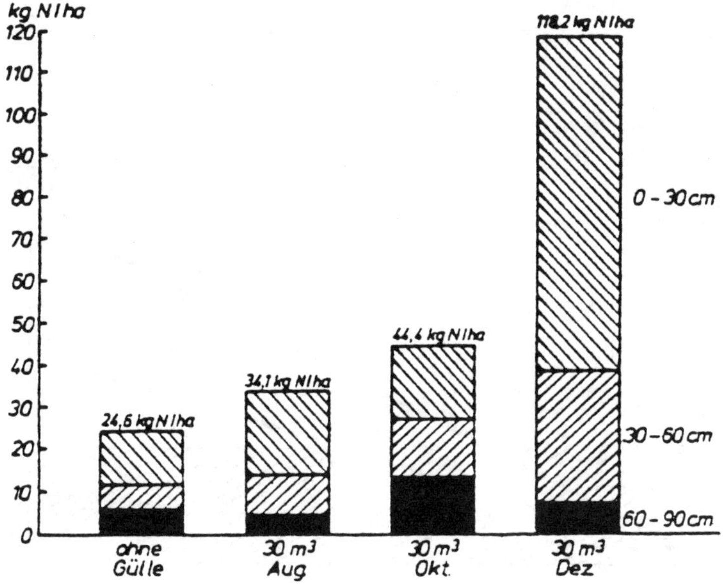

NO_3-N + NH_4-N-Gehalte eines Ackerbodens zu Vegetationsbeginn nach Düngung von Schweinegülle zu unterschiedlichen Zeitpunkten

Aus: **H. Vetter/G. Steffens:** „Wirtschaftseigene Düngung", VUA 1986

Viehbesatz und Phosphatversorgung. Vergleich von fünf verschiedenen benachbarten Gemeinden mit unterschiedlichem Viehbesatz

DGV/ha	Anteil der Böden mit hoher P-Versorgung in % auf Acker
1½	13 %
2½	24 %
3½	35 %
4½	37 %
5½	54 %

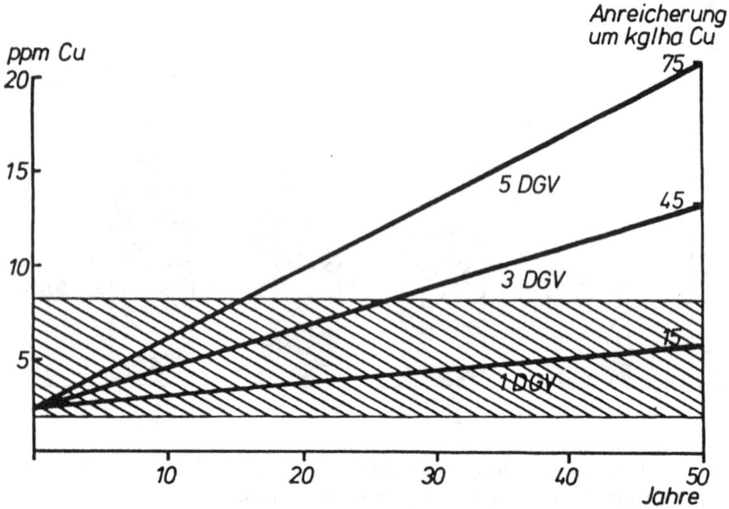

Cu-Anreicherung im Boden nach 50jähriger Düngung mit Flüssigmist von 1, 3 und 5 DGV Schwein bei einem Ausgangsgehalt von 2,5 mg Cu/kg Boden und einem mittleren Cu-Gehalt der Gülle von 27 g/m³ (schraffierter Bereich = Versorgungsstufe C)

Aus: **H. Vetter/G. Steffens:** „Wirtschaftseigene Düngung", VUA

N-Auswaschung in einem Lysimeterversuch nach einer Gülledüngung im August mit und ohne Zwischenfruchtanbau (Mittel aus zwei Versuchsjahren)
Aus: **H. Vetter/G. Steffens:** „Wirtschaftseigene Düngung", VUA

	Düngung		Auswaschung		
	Gülle m³/ha	N kg/ha	kg N/ha	Differenz zu 0	% der Düngung
ohne Zwischen-fruchtanbau	0	0	92	–	–
	30	180	140	48	27
	60	360	239	147	41
	90	540	292	200	37
mit Zwischen-fruchtanbau	0	0	55	–	–
	30	180	70	15	8
	60	360	103	48	13
	90	540	120	65	12

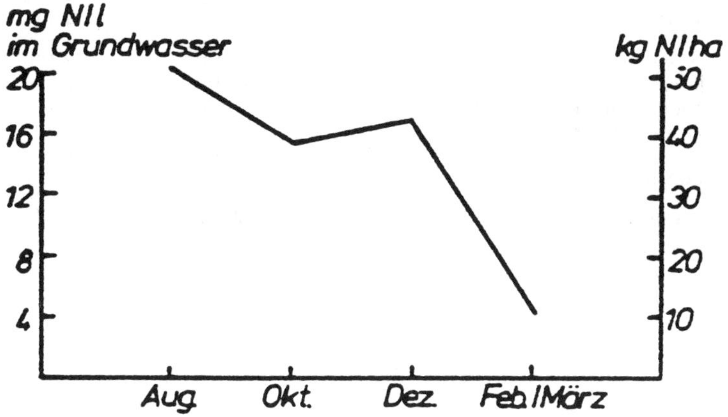

Stickstoffversickerung nach Zufuhr von 30 m³ Schweinegülle/ha (zirka 200 kg N/ha) zu unterschiedlichen Zeitpunkten (mehr gegenüber ohne Gülledüngung)
Aus: **H. Vetter/G. Steffens:** „Wirtschaftseigene Düngung", VUA

1.1.3 Phosphat

Begrenzender (minimierender) Faktor für die **Eutrophierung der Gewässer** (Anreicherung mit Pflanzennährstoffen und dadurch üppigeres Wachstum von Algen und anderen Wasserpflanzen) ist fast immer das **Phosphat.** Die Möglichkeit der Phosphatauswaschung ist sehr gering, da es im Boden kaum beweglich ist. Ein Eintrag in die Gewässer erfolgt fast nur durch Bodenabtrag (Erosion) in Hanglagen, bei unbedecktem Boden und nach heftigen Niederschlägen.

Acker- und kulturbauliche Maßnahmen, wie

- Bodenbearbeitung quer zum Hang,
- möglichst lange Bedeckung des Bodens durch Pflanzen,
- Einarbeitung der Phosphatdünger,
- Zwischenschaltung eines Grünlandsaumes zwischen Ackerland und Gewässer,

vermindern die Gefahr des Phosphateintrages.

Anteile der verschiedenen P-Quellen am Gesamteintrag von P-Verbindungen in Oberflächengewässer der BRD
nach **Werner**

Kläranlagen	46 820 t P	60,8 %
Direkteinleitung	970 t P	1,3 %
häusliche Abwässer	–47 790 t P	62,1 %
industrielle Abwässer	– 9 760 t P	12,7 %
Erosion	6 700 t P	8,7 %
Dränwasser	2 320 t P	3,0 %
Tierhaltung Direkteinleitung	5 300 t P	6,9 %
Tierhaltung Kanalisation	3 450 t P	4,5 %
Landwirtschaft	17 770 t P	23,1 %
Niederschlag	180 t P	0,2 %
Niederschlag Kanalisation	520 t P	0,7 %
Grundwasser	200 t P	0,2 %
Streu	440 t P	0,6 %
Sonstiges	300 t P	0,4 %
sonstige Quellen	1 640 t P	2,1 %
	76 960 t P	100,0 %

1.2 Nitrat und Nahrung

Es ist abgesichert, daß Nitrat bei pflanzlichen Nahrungsmitteln

- in vegetativen Pflanzenteilen und diesbezüglichen Ernteanteilen bevorzugt angereichert wird,
- in Gemüsearten und besonders Blattsalaten hohe Werte erreichen kann,
- innerhalb einer Kultur in großen Streubereichen anzutreffen ist und
- in Abhängigkeit des Wechselgefüges von Umwelt- und Produktionsbedingungen von der Pflanze in unterschiedlicher Menge aufgenommen wird.

Die Situationsanalyse mit Hilfe von Gehalten am Rohprodukt muß berücksichtigen, daß Küchentechniken die Nitratgehalte senken können. Deshalb ist eine reale Einschätzung der Nitratzufuhren mit den Nahrungsmittelgruppen von Gesamtverzehr und Getränkekonsum unerläßlich.

Nitratgehalte in verschiedenen Gemüsearten

(nach **Rauter** und **Wolkerstorfer,** 1982)

Gemüseart	Proben-anzahl	NO_3 mg/kg Frischsubstanz Mittelwert	Minimum	Maximum	Faktor
Blattgemüse					
Kopfsalat	162	1 560	230	3 290	14
Endivie	31	1 060	70	2 590	37
Chinakohl	35	1 120	20	2 610	131
Feldsalat	27	1 170	180	2 980	17
Spinat	85	840	20	2 720	136
Weißkohl	58	1 070	10	3 230	323
Grünkohl	52	1 060	10	3 640	364
Wurzelgemüse*)					
Kohlrabi	109	1 330	360	2 950	8
Radieschen	106	1 530	80	3 383	42
Rettich	54	1 680	300	3 770	13
Rote Bete	115	1 950	180	5 360	30
Sellerie	35	980	70	3 640	52
Möhren	39	500	90	1 100	12

Anmerkungen:

*) Einschließlich Sproß- und Knollengemüse

Faktor: $\frac{\text{Maximum}}{\text{Minimum}}$

Nitratgehalte in Kopfsalat, Endivie und Chinakohl in Abhängigkeit vom küchentechnischen Probenzustand

– Zusammenfassung von je 2 Versuchen 1983 –

(nach **Kampe,** 1984)

Produktform	Kopfsalat mg/kg	Kopfsalat %-Abnahme	Endivie mg/kg	Endivie %-Abnahme	Chinakohl mg/kg	Chinakohl %-Abnahme
Rohprodukt						
Abfall entfernt	2 362	–	840	–	835	–
Verzehrsprodukt						
Blattrippen grob entfernt	1 882	20	–	–	–	–
gewaschen	–	–	724	14	712	15

Anmerkung: Analysenmethode: gaschromatographische Bestimmung

Nitratgehalte in Spinat in Abhängigkeit vom küchentechnischen Probenzustand und von der Dämpfdauer

– Zusammenfassung von 3 Versuchen 1983 – (nach **Kampe,** 1984)

Produktform Probenzustand	NO_3 mg/kg Frischsubstanz Mittelwert	Streubereich	%-Abnahme
Rohprodukt			
ohne Abfall	1 847	1 827 1 866	–
Rohprodukt			
Stengel entfernt	1 434	1 426 1 441	22
Verzehrsprodukt			
Gedämpft – 7 Minuten	1 191	1 004 1 384	36
– 15 Minuten	1 011	917 1 153	45
Gekocht Schnellkochtopf – 2 Minuten*)	1 205	1 190 1 220	56

Anmerkungen: Analysenmethode = gaschromatographische Bestimmung *) nur 1 Versuch

Nitratzufuhren mit dem Gesamtverzehr in Abhängigkeit von Nahrungsmittelgruppen und Erhebungszeiträumen

– Mittelwerte von 6 Familien 1983 – (nach **Kampe,** 1984)

Gruppierungen	NO_3 mg/Person/Woche ohne Gartennutzung		mit Gartennutzung		%-Zunahme
Nahrungsmittelgruppen					
Tierprodukte	21	(7)	46	(9)	119
Getreideprodukte	11	(3)	22	(4)	100
Obst	18	(6)	18	(4)	0
Gemüse	232	(74)	308	(63)	33
Kartoffeln	33	(10)	100	(20)	203
Insgesamt	315	(100)	494	(100)	57
Erhebungszeiträume					
Herbst	386	–	445	–	15
Winter	210	–	251	–	20
Frühling	320	–	707	–	121
Sommer	250	–	572	–	129

Anmerkungen: Erhebungszeiträume – Herbst 8. 10. 1980 bis 14. 10. 1980
– Winter 23. 2. 1981 bis 1. 3. 1981
– Frühling 9. 6. 1981 bis 15. 6. 1981
– Sommer 26. 8. 1981 bis 1. 9. 1981

Zahlen in () = Prozentuale Anteile der Nahrungsmittelgruppen an der Gesamtzufuhr

Nitratgehalte und -zufuhren des Getränkekonsums je Person und Woche

– Mittelwerte von 20 Familien 1983*) – (nach **Kampe,** 1984)

Getränk	Konsum-l	Nitrat Gehalte-mg/l	Nitrat Zufuhren-mg/Person/Woche
Kaffee	2,02	50	101,0
Tee	1,22	50	61,0
Tafelwässer	1,09	10	10,9
Fruchtsäfte	0,46	5	2,3
Limonaden	0,71	10	7,1
Milch	0,51	0,3	0,2
Kakao	0,21	0,3	0,1
Bier	0,98	15	14,7
Wein	0,30	3,1	0,9
Spiritosen	0,02	0	0
insgesamt	7,52	–	198,2

*) Mittelwerte aus Erhebungs- und Analysendaten sowie deren kompositorische Verrechnung
Nitratgehalt im Trinkwasser 50 mg/l

2. Verunreinigungen – Rückstände

Beurteilungsgrundlagen

Die oft kontrovers-strittige Interpretation von Befunden ist dadurch gekennzeichnet, daß nicht ausreichend berücksichtigt sind

- die Beziehungen von Dosis und Wirkung,
- die Definition der Begrenzungsdaten als Orientierungswerte, Richtwerte, Grenzwerte, Höchstmengen, FAO/WHO-Werte (ADI), und vor allem
- die Gehaltsveränderungen in Nahrungsmitteln zwischen den Angebots- und Verzehrsformen.

Die Interpretation von Analysenbefunden orientiert sich an Kriterien, die toxikologisch, experimentell oder (und) statistisch ausgelegt sind.

Begrenzungsdaten

Orientierungs- bzw. Grenzwerte für Böden (mg/kg Boden-Trockenmasse)

Für Böden liegen für Schwermetalle Orientierungswerte vor, die Belastungsgrenzen für die landwirtschaftliche Nutzung signalisieren sollen. Basis dieser Werte sind ausgewertete Analysenergebnisse und Transferuntersuchungen bei Kulturpflanzen. Dabei sind Schäden an ihnen mit weitgehender Sicherheit auszuschließen. Die Orientierungswerte sind als Grenzwerte in die Klärschlamm-Verordnung von 1982 übernommen worden; sie sind im Zusammenhang mit der Anwendung von Klärschlämmen gesetzlich bindend.

ZEBS-Richtwerte (mg/kg Frischmasse)

Sie wurden durch die **Z**entrale **E**rfassungs- und **B**ewertungs**s**telle des Bundesgesundheitsamtes als Belastungsmaßstab für Cd (Cadmium), Pb (Blei) und Hg (Quecksilber) erstmals 1976, in berichtigter Form 1979 und 1986 erarbeitet. Dabei sind neben statistischen auch toxikologische Wertungen eingegangen. Eine Orientierung am Richtwert läßt Abweichungen von der Norm und damit Belastungsschwerpunkte erkennen. Überschreitungen sollen zur Ursachenfindung herausfordern. Richtwerte lassen Dekontaminationseffekte unberücksichtigt, weil sie sich auf ungewaschene und nicht verarbeitete Rohprodukte beziehen.

ZEBS-Richtwerte 1986 für Blei, Cadmium und Quecksilber in Vegetabilien

	mg/kg Frischmasse		
Nahrungsmittel	Blei	Cadmium	Quecksilber
Weizenkörner	0,3	0,1	0,03
Kartoffeln	0,25	0,1	0,02
Fruchtgemüse	0,25	0,1	0,05
Wurzelgemüse	0,25	0,1	0,05
Blattgemüse	0,8	0,1	0,05
Grünkohl	2,0	0,1	0,05
Küchenkräuter	2,0	0,1	0,05
Sproßgemüse	0,5	0,1	0,05
Beerenobst	0,5	0,05	0,03
Kernobst	0,5	0,05	0,03
Steinobst	0,5	0,05	0,03

FAO/WHO-Werte (mg/Person/Woche)
FAO/WHO = **F**ood and **A**griculture **O**rganization/**W**orld **H**ealth **O**rganization

Für Zufuhren von Cadmium, Blei und Arsen mit der festen Nahrung gibt es seit 1972 Empfehlungen der Weltgesundheitsorganisation. Sie sind als vorläufig duldbare wöchentliche Aufnahmen definiert und entsprechen dem derzeitigen Wissensstand, indem sie vor allem Erfahrungen von am Arbeitsplatz stark exponierten Personen berücksichtigen. Normalgehalte in Trinkwasser und Atemluft sind vorausgesetzt.

FAO/WHO-Werte 1972

Element	mg/Person/Woche
Arsen*)	0,98
Cadmium	0,5
Blei	3,0

*) bezogen auf die anorganische As-Bindungsform

Höchstmengen

Sie basieren auf gesundheitsbezogenen Untersuchungen, die von einem Schwellenwert („no-effect-level") ausgehen, bei dem keine Auswirkungen auf Gesundheit und Verhalten von Versuchstieren zu erkennen sind. Dieser Wert, um einen Sicherheitsfaktor von meist 100 verringert, bildet als ADI-Wert (**a**cceptable **d**aily **i**ntake) die vertretbare tägliche Aufnahmedosis. ADI-Werte werden in mg Wirkstoff/kg Körpergewicht international festgelegt. Die Annahmen von Nahrungsmittelverzehr (0,4 kg täglich) und Körpergewicht (60 kg) führen bei Einbeziehung des ADI-Wertes zur toxikologisch vertretbaren Höchstmenge in mg Wirkstoff/kg Nahrungsmittel. Eine lebenslange Aufnahme dieser Menge läßt nach Kenntnisstand keine gesundheitlichen Gefahren erwarten.

Die Höchstmengen in der Bundesrepublik Deutschland bieten noch weitergehende Sicherheit: Man ermittelt die Rückstände nach „guter landwirtschaftlicher Praxis", die meist unter den toxikologisch vertretbaren liegen. Diese gehen dann als noch weitergehende Sicherheit in die Höchstmengen-Verordnung ein. Geringfügige Überschreitungen von Höchstmengen müssen als Vergehen gegen ein Gesetz und dürfen nicht als gesundheitsschädigend interpretiert werden.

Gebundene Rückstände im Boden

Gebundene Rückstände im Boden sind diejenigen Verbindungen (Ausgangswirkstoff, Umwandlungsprodukte oder Fragmente), die aus einem praxisgerechten Einsatz der Pflanzenschutzmittel in der Landwirtschaft resultieren; sie sind mit Methoden, die die Struktur des Rückstands nicht wesentlich verändern, nicht extrahierbar und verbleiben dann im Boden (siehe auch S. 304). Aufgrund der bisherigen Erkenntnisse ergeben sich keine Anhaltspunkte für eine Schädigung der Bodenfunktionen durch gebundene Rückstände. Wissenslücken machen eine ständig fortschreitende Beobachtung des Verhaltens von gebundenen Rückständen erforderlich.

Wissenschaftliche Untersuchungen und Arbeitsschritte für die Festsetzung von Höchstmengen

(nach **Kampe,** 1986)

1. Unwirksame Dosis
(no-effect-level)
bei empfindlichem
Versuchstier
mg Wirkstoff/kg Futter

↓

2. Höchste duldbare Tagesdosis
– ADI-Wert –
(acceptable daily intake)
unwirksame Dosis
mg Wirkstoff/kg Körper-
gewicht vom Versuchstier: 100
(Sicherheitsfaktor)

↓

3. Höchste duldbare Tagesdosis
– ADI-Wert –
mg Wirkstoff/kg Körpergewicht
des Menschen

↓

4. Duldbare Rückstandsmenge

$$\frac{\text{ADI} \times \text{Körpergewicht (60 kg)}}{\text{Tagesverzehr (0,4 kg)}}$$

→

5. Duldbare Rückstandsmenge
(permissible level)
mg Wirkstoff/kg Nahrungsmittel

↑

7. Geduldete Rückstandsmenge
(permitted level)
Die Rückstandsmenge gemäß 6.
darf die nach 5. nicht
überschreiten

↑

6. Technisch unvermeidbare Rückstandsmenge
Rückstandsmenge bei guter
landwirtschaftlicher Praxis
(good agricultural practice)
mg Wirkstoff/kg Nahrungsmittel

8. Zulässige Höchstmenge
Rückstandsmenge
gemäß 5. oder 6.
(meist nach 6.)
mg/kg Nahrungsmittel
festgesetzt in
Pflanzenschutzmittel-
Höchstmengenverordnung

2.1 Boden

2.1.1 Schwermetallgehalte

Schwermetallgehalte der für eine Klärschlammverwertung vorgesehenen Böden in der Bundesrepublik Deutschland 1985
(nach **VDLUFA,** 1986)

	mg/kg Boden-Trockenmasse					
	Blei			Cadmium		
Dienstbezirk LUFA	Proben-anzahl	Mittel-wert	%-Grenz-wert-ausschöp-fung	Proben-anzahl	Mittel-wert	%-Grenz-wert-ausschöp-fung
Bonn	2 565	48,6	49	2 569	0,55	18
München	2 929	29,2	29	2 929	0,52	17
Oldenburg	709	13,0	13	709	0,23	8
Speyer	828	25,5	26	828	0,27	9
Stuttgart	303	36,7	37	303	0,40	13
Gesamt-mittelwert	7 334	34,3	34	7 338	0,47	15

Häufigkeitsverteilung der Schwermetallgehalte in für die Klärschlammanwendung vorgesehenen Böden der Bundesrepublik Deutschland im Anhalt an Grenzwerte (nach **VDLUFA,** 1986)

	Ausschöpfung der Grenzwerte					
Dienstbezirk	Blei			Cadmium		
LUFA	<50 %	51–100 %	>100 %	<50 %	51–100 %	>100 %
Bonn	73,7	19,9	6,4	96,7	2,2	1,1
München	94,6	5,0	0,4	94,7	4,6	0,7
Oldenburg	98,9	1,1	0	99,7	0,3	0
Speyer	95,1	4,7	0,2	99,7	0,2	0,1
Stuttgart	87,8	8,9	3,3	96,3	2,7	1,0
insgesamt	87,3	9,3	3,2	97,5	1,7	0,8

Cadmiumgehalte in Böden unbelasteter Gebiete
(nach **Vetter, Kowalewsky** und **Säle,** 1983)

Gebiet	Untersuchungsgebiet 1000 ha	% Flächen >Orientierungswert
Karlsruhe	1 716	0,11
Kassel	889	0,08
München	3 669	0
Oldenburg	998	0,02
Speyer	219	0

Bedeutung von Schwermetallen für Böden und Pflanzen
– Belastungswerte bei steigenden Gehalten – (Stand 1987)
(verändert nach **VDI, Kloke,** 1983)

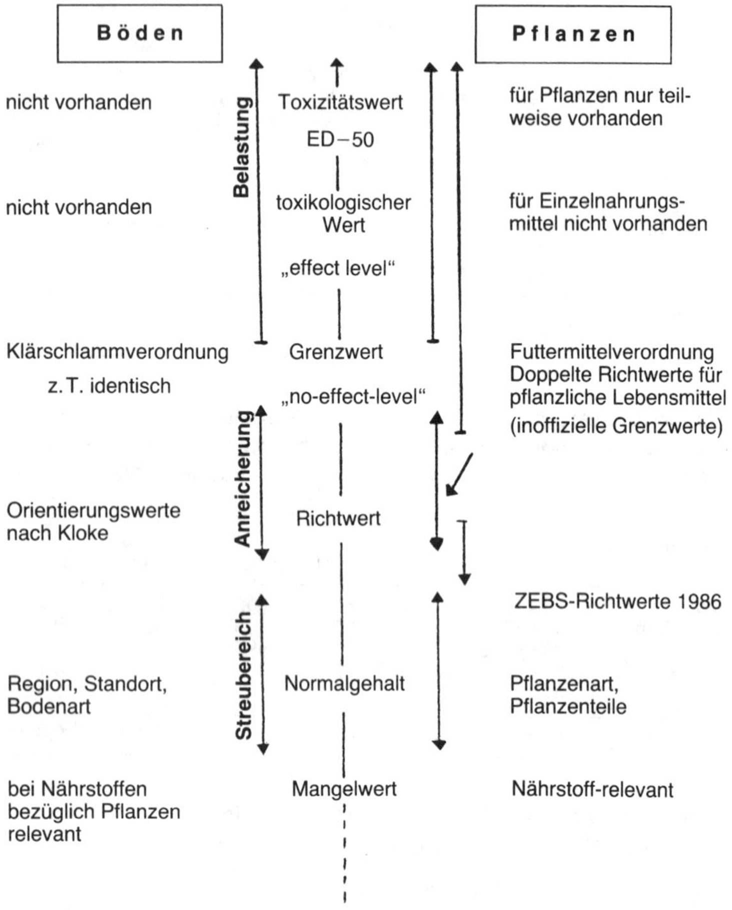

Cadmiumgehalte und deren Ursachen in Böden von Belastungsgebieten

– Auswertung von 3099 Befunden –

(nach **Vetter, Kowalewsky** und **Säle,** 1983)

Ursachen	Belastung 1000 ha	Belastung %	> Orientierungswert %
Immissionen	46,3	51	33
Flußschlämme	21,0	23	34
Geogene Ursachen	12,0	13	30
Klärschlämme	10,7	12	3
Abwasserberegnung	0,2	13	0
insgesamt	90,1 (= 1 % der LF)	100	100 (= 0,4 % der LF)

2.1.2 Rückstände

Die wichtigsten Zulassungsuntersuchungen bei Pflanzenschutzmitteln zur Risikoabwägung für Umwelt und Gesundheit

1. **Umweltbezogene Untersuchungen mit dem Stoff und (oder) dessen Abbauprodukten**

Verhalten in Pflanzen

Abbau- und Umwandlungsgesetzmäßigkeiten
Methoden für die Rückstandsanalytik
Messung der Rückstandsmenge in Pflanzen und Pflanzenteilen
Einflüsse auf die Nahrungsqualität

Verhalten in Tieren

Rückstände im Gesamtkörper und in Organen
Abbau- und Umwandlungsgesetzmäßigkeiten
Ausscheidung
} Geflügel, Säugetiere, Fische, Milch, Fleisch, Eier
Anreicherung in bestimmten Organen
Verhalten in Indikatororganismen
Wirkungen auf Nützlinge
Bienengiftigkeit

Verhalten in Boden, Wasser und Luft

Vorkommen, Abbau, Umwandlung und Auswaschung von Rückständen, Beeinflussung von Bodenlebewesen
Prüfung „gebundener Rückstände"

2. **Gesundheitsbezogene Untersuchungen an mindestens zwei Versuchstierarten mit dem Stoff und dessen Abbauprodukten**

Akute Giftigkeit (Akute Toxizität)

Nahrungs
Haut
Atmungs
} -Einträge

Mittelfristige Giftigkeit (Subchronische Toxizität)
90-Tage-Fütterungsversuch
21-Tage-Hautversuch
21-Tage-Einatmungsversuch

Langfristige Giftigkeit (Chronische Toxizität)
2-Jahre-Fütterungsversuch
Studien über krebserregende Wirkungen
3-Generationen-Vermehrungs-Versuch
Studien über Mißbildungen, Erbveränderungen und spezielle Wirkungen

Besondere Studien
Umwandlungsprodukte und deren Verhalten in der Nahrungskette
Entwicklung von Gegenmitteln bei Vergiftungsfällen (Antidots)
Nervengiftigkeit, Verhaltensstudien
Wirkungen bei Zusammentreffen mehrerer Stoffe (Kombinationswirkungen)

Persistenzverhalten von Pflanzenschutzmittelgruppen im Boden
(nach **Ottow**, 1984)

Persistenzgrad*) (Abbauzeiträume)	Pflanzenschutzmittelgruppen
Stark (1–15 Jahre)	Chlorkohlenwasserstoffe, Pentachlorphenol, Polychlorierte Biphenyle
Mäßig (2–12 Monate)	(Phenyl)-Harnstoffe, Triazine, Benzoesäuren
Gering (1–6 Monate)	Phenoxyfettsäuren, Nitrile (Bromoxynil) Acrylanilide, Dinitroaniline
Nicht (2–12 Wochen)	Carbamate, organische Phosphorsäureester, Thiocarbamate, Benzimidazole, Phthalimid-Derivate, Dinitrophenole

*) Basis: Zeitraum, in dem etwa 75 Prozent der Wirkstoffe nicht mehr nachweisbar sind.

Gehalte von Chlorkohlenwasserstoffen in Böden mit Gemüsenutzung im Freiland und Gewächshaus in Rheinland-Pfalz
(nach **Kampe**, 1985)

(Befunde in mg/kg Boden aus je sechs Intensivbetrieben 1983)

Wirkstoff	Freiland Mittelwert	Freiland Minimum	Freiland Maximum	Gewächshaus Mittelwert	Gewächshaus Minimum	Gewächshaus Maximum	Zunahme Faktor*)
HCB	0,001	0,001	0,003	0,019	0,005	0,054	19,0
Endrin	n. n.	n. n.	n. n.	0,009	0,007	0,011	9,0
Quintozen	n. n.	n. n.	n. n.	0,004	0,003	0,012	4,0
Dieldrin	0,025	0,004	0,075	0,059	0,025	0,213	2,4
DDT (gesamt)	0,230	0,037	0,330	0,434	0,267	0,936	1,9
γ-HCH	0,002	0,001	0,002	0,003	0,001	0,005	1,5

*) Faktor = $\frac{\text{Mittelwert Gewächshaus}}{\text{Mittelwert Freiland}}$

Abbauverhalten von Parathion-Methyl bei unterschiedlicher Bodenvorbehandlung

(nach **Herzel** und **Schmidt,** 1981)

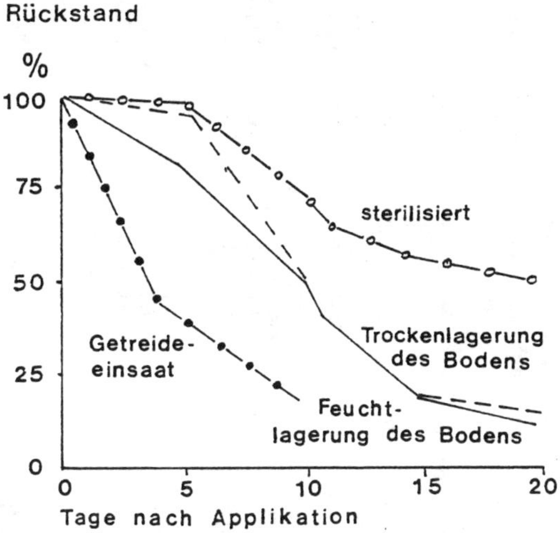

Die generelle Situation von Pflanzenschutz-Wirkstoffen im Boden

(nach **Führ, Klokowski** und **Burauel,** 1985)

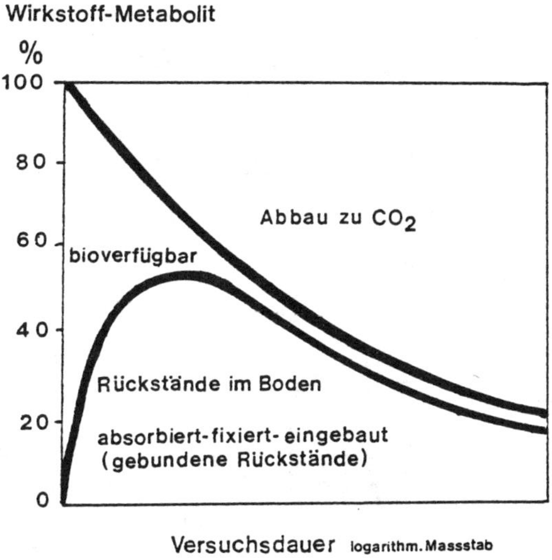

Chlorkohlenwasserstoffe in Ackerböden von Rheinland-Pfalz und vom Saarland 1986

– Zusammenfassung von 72 Befunden 1986 –

(nach **Kampe,** 1987)

		mg/kg Boden-Trockenmasse					
		Lindan (γ-HCH)		Hexachlorbenzol		DDT-gesamt	
Gebiet Standort	Anzahl der Proben	n. n. %	Mittelwert	n. n. %	Mittelwert	n. n. %	Mittelwert
Rheinland-Pfalz							
Emittenteneinfluß	9	33	0,002 (0,006)	0	0,008 (0,022)	0	0,224 (0,658)
Intensivnutzung	9	44	0,008 (0,030)	0	0,007 (0,024)	0	0,049 (0,135)
Extensivnutzung	9	66	0,001 (0,001)	0	0,005 (0,013)	0	0,097 (0,483)
Hunsrück-Eifel-Westerwald							
Emittenteneinfluß	11	55	0,001 (0,004)	0	0,005 (0,013)	27	0,018 (0,091)
Intensivnutzung	11	55	0,001 (0,001)	0	0,007 (0,029)	18	0,051 (0,286)
Extensivnutzung	11	73	0,001 (0,001)	10	0,002 (0,007)	36	0,015 (0,094)
Saarland							
Emittenteneinfluß	4	25	0,001 (0,003)	0	0,001 (0,002)	0	0,045 (0,074)
Intensivnutzung	4	50	0,002 (0,003)	0	0,003 (0,010)	0	0,030 (0,070)
Extensivnutzung	4	25	0,001 (0,001)	0	0,001 (0,002)	0	0,023 (0,069)
Gewogenes Mittel							
Emittenteneinfluß	24	42	0,001 (0,006)	0	0,006 (0,022)	13	0,100 (0,658)
Intensivnutzung	24	50	0,004 (0,030)	0	0,006 (0,029)	8	0,050 (0,286)
Extensivnutzung	24	63	0,001 (0,001)	0	0,003 (0,013)	17	0,050 (0,483)

Kein Nachweis bei Aldrin, α-, β-, δ-, ε-HCH, Chlordan, Endrin, Dieldrin, Heptachlor, Heptachlorepoxid

Zahlen in () = Maximalwerte

2.2 Nahrungsmittel

2.2.1 Angebotsform Schwermetalle

Schwermetallübergang vom Boden in Kulturpflanzen
(nach **Sauerbeck** und **Styperek,** 1987)

Kulturpflanze		% Übergang/Streubereiche					
		Chrom	Blei	Nickel	Cadmium	Kupfer	Zink
Getreidestroh							
Roggenstroh	(3)	2– 3	1–15	4– 17	6– 88	2–165	19–178
Gerstenstroh	(4)	1– 5	0–15	3– 23	3–187	3–206	23– 90
Weizenstroh	(14)	1– 3	0–20	4–120	12–245	3–229	14–345
Haferstroh	(4)	3– 5	0– 7	4– 31	7–317	3–174	12–408
Getreidekörner							
Gerstenkorn	(4)	0– 4	0– 3	2– 18	2– 18	4–201	8–156
Roggenkorn	(3)	0– 3	0– 9	2– 17	2– 26	3–136	19–180
Haferkorn	(4)	1–11	0– 4	4– 68	4– 57	4– 88	7–194
Weizenkorn	(14)	0– 6	0– 3	2– 51	6–189	3–100	8–223
Gemüse							
Kohlarten	(4)	1– 1	1– 2	1– 3	2– 10	3– 4	5– 8
Grünkohlblatt	(3)	5–12	1–11	5– 23	10– 28	6– 19	14– 48
Grünkohlstiel	(3)	1– 6	1– 7	4– 25	20– 49	6– 21	16–125
Sonstiges							
Maisstengel	(9)	1– 6	1–29	1– 20	8–184	1– 58	6–130
Maiskorn	(9)	1–21	1–12	2– 18	1–178	6– 54	4–353
Zuckerrübenblatt	(9)	1–23	1– 5	2– 23	9–244	6– 42	11–284
Gras	(6)	1– 3	1– 3	2– 13	2– 12	2– 21	3– 45

Bemessungsgrundlagen:

Transferfaktor: $\frac{\text{Pflanzen-Frischmasse}}{\text{Boden-Trockenmasse}}$

Zahlen in () = Zahl der Werte

Gehalte von Arsen, Blei und Cadmium in Grünkohl
– Zusammenfassung der Befunde von 66 Standorten in Rheinland-Pfalz und dem Saarland 1986 –
(nach **Kampe,** 1987)

Element	mg/kg Frischmasse Mittelwert	mg/kg Frischmasse Streubereich	%-ZEBS-Richtwert Mittelwert	%-ZEBS-Richtwert Streubereich
Arsen	0,05	0,02 –0,11	–	–
Blei	0,47	0,12 –1,78	24	6–89
Cadmium	0,02	0,003–0,06	20	3–57

Biomonitoring-Programm mit Pflanzenexposition in Vegetationsgefäßen

ZEBS-Richtwerte: Blei 2 mg/kg Frischmasse
Cadmium 0,1 mg/kg Frischmasse

Anreicherung von Pb und Cd in verschiedenen Nahrungspflanzen

– Verzehrsfertige Pflanzenteile, gewaschen –
(verändert nach **VDI**, 1984)

Blei		Cadmium	
stark			
Grünkohl	Sellerie	Grünkohl	Kartoffeln
Rosenkohl	Erdbeeren	Rosenkohl	Rote Bete
Wirsing	Stachelbeeren	Salat	Möhren
Petersilie	Johannisbeeren	Spinat	Radieschen
Spinat, Salat		Lauch	
Lauch			
mäßig			
Weißkohl		Rotkohl	Sellerie
Rhabarber		Blumenkohl	Tomate
Karotten		Wirsing	Erdbeeren
Radieschen		Petersilie	Stachelbeeren
Äpfel		Rhabarber	Johannisbeeren
Sauerkirschen		Zwiebeln	
schwach			
Kartoffeln	Bohnen	Weißkohl	Äpfel
Kohlrabi	Gurken	Kohlrabi	Birnen
Rote Bete	Wein	Bohnen	Sauerkirschen
Zwiebeln		Gurken	Wein

Pb- und Cd-Gehalte in pflanzlichen Nahrungsmitteln

– Zusammenfassung von Ergebnissen 1979 bis 1981 –
(nach **Ocker**, 1981; **Kampe**, 1981 – Auszüge)

Nahrungsmittel	Anzahl Proben	Gehalte mg/kg Frischmasse Blei Mittelwert	Blei Maximum	Cadmium Mittelwert	Cadmium Maximum
Weizen	264	0,030	0,139	0,057	0,325
Weizenmischbrot	60	0,032	0,090	0,018	0,047
ZEBS-Richtwert	–	0,3	0,3	0,1	0,1
Roggen	157	0,075	1,458	0,019	0,259
Roggenmischbrot	20	0,041	0,170	0,011	0,014
ZEBS-Richtwert	–	0,4	0,1	0,4	0,1
Obst (7 Arten)	159	0,036	0,220	0,004	0,035
ZEBS-Richtwert	–	0,5	0,5	0,05	0,05
Blattgemüse (7 Arten)	125	0,031	0,318	0,011	0,058
ZEBS-Richtwert	–	0,8	0,8	0,1	0,1
Wurzelgemüse (5 Arten)	91	0,026	0,133	0,014	0,104
ZEBS-Richtwert	–	0,25	0,25	0,1	0,1

Pflanzenschutzmittelrückstände

Rückstände in Obst und Gemüse

– Befunde der chemischen Lebensmittelkontrolle 1982 –

(nach Ernährungsbericht 1984, Befunde von 5 chemischen Untersuchungsämtern Hamburg, Karlsruhe, München, Münster, Stuttgart)

Herkunft	Anzahl der Proben	% n. n.	% Rückstandsbefunde unter der Höchstmenge	% Rückstandsbefunde über der Höchstmenge
Obst				
Inland	356	74,1	25,6	0,3
Ausland	621	71,3	27,2	1,5
Gemüse				
Inland	683	88,8	10,6	0,6
Ausland	735	62,9	34,4	2,7
Gesamtmittel				
Inland	1 039	83,8	15,7	0,5
Ausland	1 356	66,7	31,1	2,2

Anmerkungen: n. n. = nicht nachweisbar

Rückstände von Pflanzenschutzmitteln in heimischem Obst und Gemüse

– Ergebnisse der Lebensmittelkontrolle Stuttgart 1975 bis 1983 –

(nach mündlicher Mitteilung der chemischen Untersuchungsanstalt Stuttgart)

Jahr	Anzahl der Proben	% Proben mit Rückständen insgesamt	unter der Höchstmenge	über der Höchstmenge
Obst				
1975	78	46,2	44,9	1,3
1976	84	34,5	33,3	1,2
1977	118	32,2	30,5	1,7
1978	155	27,0	27,0	0
1979	114	13,1	12,2	0,8
1980	113	13,2	13,2	0
1981	116	9,4	9,4	0
1982	111	13,5	13,5	0
1983	107	11,2	11,2	0
Gemüse				
1975	320	37,2	28,4	8,8
1976	332	33,7	31,3	2,4
1977	399	46,1	38,3	1,3
1978	427	26,9	23,8	3,0
1979	234	12,8	11,1	1,7
1980	208	7,6	7,2	0,4
1981	261	6,1	5,3	0,7
1982	230	1,7	1,3	0,4
1983	214	1,6	1,4	0,2

Rückstände von Pflanzenschutzmitteln in 17 Kulturen von Obst und Gemüse aus Anbaugebieten in Hessen und Rheinland-Pfalz

– Zusammenfassung dreijähriger Untersuchungen auf 57 Wirkstoffe 1976 bis 1978 –

(nach **Kampe** und **Andre,** 1980)

Jahr	Anzahl Proben	Höchstmengenüberschreitungen				Proben ohne nachweisbare Rückstände
		Anzahl	%	Kultur (Wirkstoff)	Befund mg/kg (Höchstmenge)	
1976	143	0	0	–	–	86 %
1977	134	1	0,8	Möhren (Chlorfenvinphos)	0,6 (0,4)	56 %
1978	131	1	0,8	Kopfsalat (Dichlofluanid)	12,9 (10,0)	69 %
insgesamt	408	2	0,5	–	–	71 %

Extrem- und Mittelwerte von Chlorkohlenwasserstoffen in den Positivbefunden (= 29 %)

Wirkstoff	Anzahl Befunde	mg Wirkstoff/kg Obst bzw. Gemüse				% Ausschöpfung Höchstmenge	
		Maximum	Minimum	Mittelwert	Höchstmenge	Maximum	Mittelwert
γ-HCH	86	0,014	0,0010	0,0020	0,1 bis 3,0	0,14 bis 0,005	0,02 bis 0,0007
DDT (gesamt)	35	0,028	0,0022	0,0069	0,1	0,28	0,069
HCB	5	0,002	0,0010	0,0014	0,01 bis 0,1	0,2 bis 0,02	0,14 bis 0,014

Chlorkohlenwasserstoffe in Milch von Molkereien aus Rheinland-Pfalz im Anhalt an die Werte der Höchstmengen-Verordnung

– Mittelwerte der Rückstandsbefunde von 172 Proben 1980 bis 1984 – (nach **Kampe,** 1985)

Bewertungsmaß	Bezogen auf Wirkstoffe mg/kg Milchfett													
Regierungsbezirk	DDT		Dieldrin		α-HCH		β-HCH		γ-HCH		HCB		Heptachlor	
	x̄	max.	x̄	max.	x̄	max.	x̄	max.	x̄	max.	x̄	max.	x̄	max.
Absolutwerte														
Koblenz	0,021	0,052	0,006	0,012	0,017	0,048	0,005	0,012	0,014	0,090	0,013	0,025	0,008	0,021
Rheinhessen-Pfalz	0,048	0,140	0,006	0,013	0,016	0,029	0,005	0,018	0,015	0,042	0,018	0,047	0,007	0,019
Trier	0,021	0,048	0,007	0,009	0,021	0,038	0,006	0,011	0,015	0,059	0,010	0,017	0,008	0,021
Rheinland-Pfalz	0,029	0,140	0,006	0,013	0,018	0,048	0,005	0,018	0,015	0,090	0,013	0,047	0,008	0,021
%-Höchstmenge														
Koblenz	2,1	5,2	6,0	12,0		22,0	60,0		7,0	45,0	2,6	5,0	8,0	21,0
Rheinhessen-Pfalz	4,8	14,0	6,0	13,0		21,0	47,0		7,5	21,0	3,6	9,4	7,0	19,0
Trier	2,1	4,8	7,0	9,0		27,0	49,0		7,5	29,5	2,0	3,4	8,0	21,0
Rheinland-Pfalz	2,9	14,0	6,0	13,0		23,0	66,0		7,5	45,0	2,6	9,4	8,0	21,0
Höchstmengen	1,0	–	0,1	–		0,1	–		0,2	–	0,5	–	0,1	–

Anmerkungen: x̄ = gewogener Mittelwert

%-Höchstmenge = $\frac{\text{Gehalte}}{\text{Höchstmenge}}$

Ausschöpfungsrate der gesetzlich festgelegten Höchstmenge

Höchstmenge = Angabe gemäß Verordnung über Höchstmengen an Pflanzenschutz- und sonstigen Mitteln sowie anderen Schädlingsbekämpfungsmitteln in oder auf Lebensmitteln und Tabakerzeugnissen (Pflanzenschutzmittel-Höchstmengenverordnung – PHmV) vom 24. Juni 1982 (BGBl. Nr. 22 vom 29. 7. 1982, S. 745–783).

2.2.2 Dekontaminationseffekte durch Küchentechniken

Abnahme von Pb- und Cd-Gehalten durch Waschen von Gemüsearten

– Zusammenfassung von Befunden 1979 und 1981 –

(nach **Kampe,** 1982)

Gemüseart		mg/kg Frischmasse ungewaschen	gewaschen	%-Abnahme
Pb-Gehalte				
Feldsalat	(7)	82,8	15,9	81
Kopfsalat	(7)	4,2	1,5	64
Endivie	(1)	14,6	5,7	61
Grüne Bohnen	(3)	1,7	0,4	77
Weißkohl	(2)	1,1	0,2	82
Mittelwert		–	–	73
Cd-Gehalte				
Feldsalat	(2)	0,54	0,23	57
Wirsing	(1)	0,34	0,15	56
Grünkohl	(2)	0,17	0,12	29
Mittelwert		–	–	47

Anmerkung: Zahlen in Klammern = Anzahl der Befunde

Abnahme von Pb- und Cd-Gehalten durch Schälen von gewaschenen Kartoffeln

– Befunde 1981 –

(nach **Kampe,** 1982)

Küchentechnik	Pb mg/kg FM	Pb %-Abnahme	Cd mg/kg FM	Cd %-Abnahme
Kartoffeln				
ungeschält	3,2	–	0,12	–
geschält	0,2	94	0,06	50
Schalen	16,2	–	0,25	–

Einfluß von küchentechnischer Zubereitung auf Rückstände von Pflanzenschutzmitteln in Gemüsearten

(nach **Bogner,** 1979)

Zubereitungsgänge	%-Abnahme der Rückstandsgehalte Herbizide	Insektizide
Putzen	0	12–63
Waschen	0	5–30
Schaben Schälen	10–40	entfällt
Garen	33–55	13–57
insgesamt	43–95	30–100

Anmerkungen: Herbizide: Prometryn und Terbutryn in Möhren und Kartoffeln
Insektizide: Diazinon und Dimethoat in Bohnen und Blumenkohl

Einfluß der küchentechnischen Zubereitung auf Rückstände von Pflanzenschutzmitteln in Kopfsalat 1981

(nach **Kampe,** 1986)

Küchentechnik Präparat	Dosierung je ha	Rückstandsgehalte mg/kg Frischmasse unmittelbar nach Applikation absolut	%-Abn.	Probenahme nach Applikation*) absolut	%-Abn.	Höchstmenge
ohne Zubereitung						
Metasystox (i)	8,0 l	23,54	0	14,40	0	0,5
	0,8 l	9,63	0	3,33	0	
Polyram Combi	12,0 kg	641,00	0	0,06	0	2,0
	1,2 kg	24,60	0	n. n.	0	
mit Zubereitung						
Metasystox (i)	8,0 l	2,31	90	1,26	91	0,5
	0,8 l	1,26	87	0,07	98	
Polyram Combi	12,0 kg	5,34	99	n. n.	–	2,0
	1,2 kg	0,77	97	n. n.	–	

Anmerkungen:

Zubereitung: Entfernen nicht eßbarer Teile, mehrmaliges Waschen und Zerkleinern, Zugabe von Essigsaucen

Wirkstoffe: Demeton-S-methyl*) 10 Tage; Bestimmung incl. Metaboliten
Metiram*) 21 Tage; Bestimmung als CS_2

2.2.3 Gesamtverzehr

Zufuhren von Blei und Cadmium bei 20 Familien mit dem Gesamtverzehr von fünf Nahrungsmittelgruppen

– Mittelwerte einer Gesamtverzehrsuntersuchung 1980/1981 –

(nach **Kampe,** 1984)

Nahrungsmittelgruppe	mg/Person/Woche					
	Pb			Cd		
	absolut	relativ	%-WHO-Wert	absolut	relativ	%-WHO-Wert
I Tierische Produkte	0,110	20	3,7	0,015	19	3,0
II Getreideprodukte	0,119	22	4,0	0,022	27	4,4
III Obst	0,105	19	3,5	0,004	5	0,8
IV Gemüse	0,143	26	4,7	0,015	19	3,0
V Kartoffeln	0,073	13	2,4	0,024	30	4,8
I bis V Summe	0,550	100	18,3	0,080	100	16,0

WHO-Werte (60 kg Körpergewicht): Pb – 3,0 mg/Person/Woche Cd – 0,5 mg/Person/Woche

Zufuhren von Cd und Pb mit dem Gesamtverzehr

– Mittelwerte aus jeweils 3 einwöchigen Analysengängen nach der Duplikatmethode 1986/1987 –

(nach **Kampe,** 1987)

Zeitraum Nahrungsmittelgruppe	Blei mg/Person/Woche	Blei % WHO-Wert	Cadmium mg/Person/Woche	Cadmium % WHO-Wert
1. Zeitraum (7/86)				
pflanzlich	0,147	4,9	0,056	11,2
tierisch	0,098	3,3	0,021	4,2
Summe	0,245	8,2	0,077	15,4
2. Zeitraum (12/86)				
pflanzlich	0,189	6,3	0,056	11,2
tierisch	0,133	4,4	0,021	4,2
Summe	0,322	10,7	0,077	15,4
3. Zeitraum (3/87)				
pflanzlich	0,126	4,2	0,049	9,8
tierisch	0,063	2,1	0,014	2,8
Summe	0,189	6,3	0,063	12,6
Mittelwert				
pflanzlich	0,154	5,1	0,054	10,8
tierisch	0,098	3,3	0,019	3,8
gesamt	0,252	8,4	0,072	14,4

WHO-Werte: Pb – 3,0 mg/Person/Woche (60 kg Körpergewicht) Cd – 0,5 mg/Person/Woche

Arsenzufuhren bei vier Familien mit dem Gesamtverzehr von fünf Nahrungsmittelgruppen

– Mittelwerte einer Gesamtverzehrsuntersuchung 1985 –

(nach **Kampe**, 1986)

Versorgung Familie	Arsen-gesamt mg/Person/Woche in Nahrungsmittelgruppen I	II	III	IV	V	I–V insgesamt mg	%-WHO-Wert
Mit Hausgartennutzung							
1. Familie	0,016	0,039	0,014	0,016	0,013	0,098	10,0
2. Familie	0,132	0,051	0,018	0,013	0,024	0,237	24,2
Mittelwert	0,074	0,045	0,016	0,015	0,019	0,167	17,1
Ohne Hausgartennutzung							
1. Familie	0,043	0,048	0,013	0,007	0,014	0,125	12,7
2. Familie	0,030	0,069	0,019	0,009	0,012	0,138	14,1
Mittelwert	0,036	0,059	0,016	0,008	0,013	0,131	13,4

Anmerkungen:

Nahrungsmittelgruppen: (Mittelwerte von vier Erhebungszeiträumen)

I Nahrungsmittel tierischer Herkunft
II Getreide
III Obst
IV Gemüse
V Kartoffeln

} einschließlich der Verarbeitungsprodukte

FAO/WHO-Wert = 0,98 mg/Person/Woche (anorganisch gebundenes As)

Im Gesamtverzehr von Vegetabilien gefundene Rückstände von Chlorkohlenwasserstoffen im Vergleich zu ADI-Werten 1979

(nach **Kampe** und **Andre**, 1980)

Wirkstoff	mg Wirkstoff/Person/Woche Maximum	Mittelwert	AWI	Faktor Maximum	Mittelwert
γ-HCH	0,0058	0,0026	4,2	724	1 615
DDT (Gesamt)	0,0022	0,0007	2,1	1 005	3 000
HCB	0,0006	0,0002	0,252	420	1 260
PCNB	0,0031	0,0006	2,94	948	4 900

Anmerkungen:

AWI = tolerierbare wöchentliche Wirkstoffaufnahme (acceptable weekly intake – Umrechnung aus ADI)

Faktor = $\frac{\text{AWI-Wert}}{\text{Mittelwert/Maximum}}$ = Er sagt aus, wieviel mehr man hätte verzehren müssen, um den AWI-Wert zu erreichen.

2.3 Restrisiken

Verglichen mit den natürlichen und zivilisatorischen Risiken sind die durch Rückstände als kalkulierbar gering einzuschätzen. Trotz absichernder Untersuchungen und Prüfungen verbleibt unvermeidbar ein Restrisiko. Ein „Nullrisiko" wird mit Sicherheit nie zu garantieren sein. Mathematisch betrachtet geht das Restrisiko mit zunehmendem Kenntnisstand gegen Null, der dafür erforderliche Aufwand aber gegen Unendlich. Das Restrisiko beinhaltet im wesentlichen, ob

- sich Restmengen in der Nahrungskette unvertretbar anreichern,
- verschiedene Stoffe im Zusammenwirken verstärkte Wirkungen auslösen,
- Umwandlungsprodukte (Metaboliten) der Wirkstoffe in ihrer biologischen Potenz einschätzbar sind und generell, ob
- Rückstände die toxische Gesamtsituation maßgeblich mitbeeinflussen.

Eine **Anreicherung** kann bei manchen Stoffen infolge langsamen Wirkstoffabbaues (Persistenz) zustandekommen. Typische Beispiele sind die fettlöslichen (lipophilen) Chlorkohlenwasserstoffe. Wirkstoffe mit solchen Eigenschaften erhalten heute keine Zulassung mehr. Deshalb führt der moderne chemische Pflanzenschutz als Folge der amtlichen Zulassungsuntersuchungen zu keiner unvertretbaren Stoffanreicherung.

Ein **Zusammenwirken von Stoffen** setzt voraus, daß sich geringe Restmengen mit anderen potenzieren und diese Potenzierung über die Summe der Einzelwirkungen hinausgeht. Wissenschaftliche Befunde über derartige Wirkungen sind zwar nur geringfügig erarbeitet, alle bekannten Befunde bei Normaldosierungen sprechen aber eher dagegen. Wenn bisher toxikologische Wirkungen erkannt wurden, kamen diese in sehr hohen Dosisbereichen zustande, wie sie in der Nahrung real nicht anzutreffen sind.

Die Strukturaufklärung von **Umwandlungsprodukten** (Metaboliten) mit Hilfe radiochemischer Methoden bis hin zur Mineralisierung der Stoffe gehört heute zu den obligatorischen Zulassungsuntersuchungen. Chemische Struktur und toxikologisches Verhalten der wichtigen Metaboliten müssen bekannt sein. Dennoch läßt diese sehr aufwendige Forschung noch manches Problem offen.

Die **toxische Gesamtsituation** geht von der Überlegung aus, daß viele unterschiedliche Stoffe und Faktoren auf Lebensvorgänge potentiell negativ einwirken. Dabei sind neben den Rückständen auch die Folgen von Arzneimitteln, Genußmitteln, Fehlernährung und Streß einzubeziehen. Einer grundsätzlich pessimistischen Einschätzung steht aber die angestiegene Lebenserwartung entgegen. In Abwägung der einwirkenden Faktoren bilden Rückstände nach Meinung führender Toxikologen kein unvertretbares Risiko. Die starke Zunahme zivilisatorisch bedingter Krankheiten ist fast ausschließlich falschen und unausgewogenen Ernährungsgewohnheiten anzulasten.

3. Bodenbeeinflussung durch Acker- und Pflanzenbau

Durch Nährstoffanreicherung, Entwässerung und Aufbrechen von Verdichtungen wurde die natürliche Fruchtbarkeit der Böden in der Regel erheblich verbessert (Melioration der Böden). Zunehmende Intensivierung, Spezialisierung und Mechanisierung des Acker- und Pflanzenbaus bringen jedoch auch zunehmende Bodenbelastungen.

3.1 Fruchtfolge

Der Trend von vielgliedrigen (weiten) zu engen Fruchtfolgen (Anbau von nur wenigen Früchten, im Extremfall Daueranbau von nur einer Frucht = Monokultur) ist begleitet von einer

- Zunahme fruchtspezifischer Unkräuter, Krankheiten und Schädlinge
- Zunehmenden Bodenbelastung durch erhöhten Pflanzenschutzmittelaufwand
- Schlechteren Durchwurzelung
- Abnahme der biologischen Aktivität
- Schlechteren Nährstoffausnutzung
- Verstärkung des Humusabbaues, Verschlechterung der Bodenstruktur und Zunahme der Bodenerosion bei hohen Anteilen weitständiger Reihenfrüchte (z. B. Z. Rüben, Kartoffeln, Mais)

Winterweizenerträge im Daueranbau und Fruchtwechsel (1974–1984)

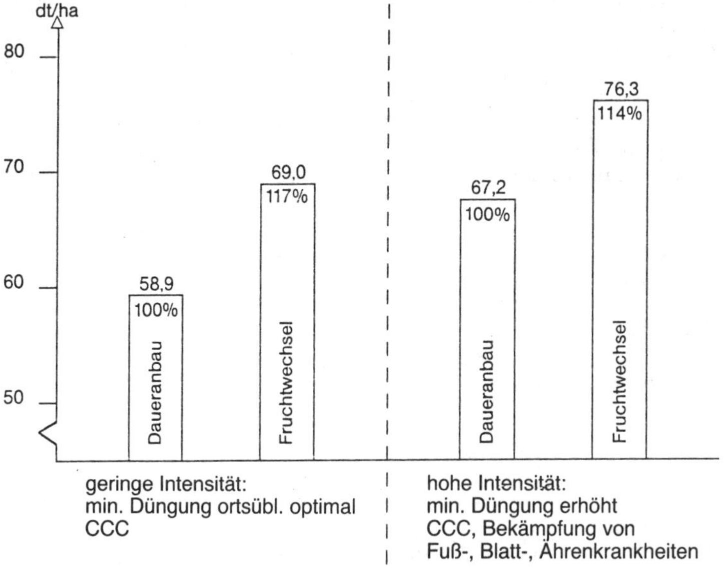

Quelle: Bayerische Landesanstalt für Bodenkultur und Pflanzenbau, München

Veränderung der Bodenmikrobiologie nach 30jähriger unterschiedlicher Nutzung

Bodenmikrobiolog. Eigenschaften	Schwarzbrache	Kartoffeln in Monokultur ohne Stallmist	Kartoffeln in Monokultur mit Stallmist	Kartoffeln in Fruchtwechsel	Getreide in Monokultur ohne Zwischenfr.	Getreide in Monokultur mit Zwischenfr.	Getreide in Fruchtwechsel
Humusgehalt (%)	1,29	1,98	2,15	2,39	2,49	2,56	2,77
Biomasse (mg C/100 g Boden-TS)	10,90	23,50	33,30	40,60	48,20	51,80	61,60

Quelle: nach Beck, 1984, Fruchtfolgeversuch Puch/Obb.

Humusgehalte in Abhängigkeit von der Fruchtfolge

Fruchtfolgeform		Versuchs-Dauer seit	Laufzeit Jahre	Humusgehalt %	Humusgehalt relativ
Verbesserte 3-Felderwirtschaft mit Stallmist und Kleegras		1953	23	2,33	100
Fruchtwechsel mit Kleegras, Zwischenfrucht und Stroh		1953	23	2,30	94
Fruchtfolge mit 87,5 % Getr. u. Zwischenfr.	a) mit Stallmist (275 dt/ha alle 4 J.)	1961	15	2,17	93
	b) mit Stroh	1961	15	2,00	86
Leguminosen-Daueranbau (Ackerbohnen-Erbsen)		1953	23	2,10	90
Getreide-Daueranbau (seit 1968 nur Weizen mit Stroh)		1953	23	1,97	85
Körnermais mit Stroh, Daueranbau		1963	11	2,02	87
Kartoffeln Daueranbau	a) mit Stallmist (90 dt/ha · a)	1953	23	2,25	97
	b) ohne Stallmist	1953	23	1,83	79
Zuckerrüben Daueranbau	a) mit Blatt	1969	7	2,00	86
	b) ohne Blatt	1969	7	1,83	79
Brache	a) Grünbrache (2 × pflügen)	1953	23	2,10	90
	b) Schwarzbrache (8–10 × grubbern u. schälen)	1953	23	1,40	80
Dauerwiese (nach vorheriger Ackernutzung)		1953	23	2,90	124

Quelle: Diez und Bachthaler, 1978; Fruchtfolgeversuch Puch/Obb.

3.2 Bodenbearbeitung und -befahrung

Die zunehmende Größe der Geräte, Zugmaschinen und Transportfahrzeuge setzt die Böden einer zunehmenden Druckbelastung aus. Bearbeitung und Befahrung bei nicht ausreichendem Abtrocknungsgrad hat Bodenverdichtungen zur Folge. Sie werden häufig durch eine intensivierte Bodenbearbeitung und eine Vertiefung der Krumen rückgängig zu machen versucht. Verstärkte Bodenbearbeitung führt zu erhöhtem Humusabbau, einem Rückgang der Regenwürmer und – unter bestimmten Bedingungen – einer Zunahme der Bodenerosion.

Die Bodenstruktur wird geschont und verbessert durch

- Bearbeiten und Befahren nur bei tragfähigem (gut abgetrocknetem, nicht zu feuchtem) Boden
- Bestellung zum optimalen Zeitpunkt mit wenig Arbeitsgängen (Gerätekoppelung, große Arbeitsbreiten)
- Verwendung druckmindernder Bereifung (Gitterräder, Zwillingsbereifung, Breitreifen, verminderter Luftdruck)
- Nicht zu feine Bearbeitung
- Frühe Herbstfurche (Sommertieffurche)
- Nicht zu tiefes Pflügen (vermindert die Tragfähigkeit des Bodens)
- Behutsame Unterbodenlockerung (nur bei sehr starken Pflugsohlen und Fehlen von Klüften, Wurm- und Wurzelröhren)
- Reduzierte Bearbeitung, gesunde Fruchtfolge, Bodenruhe (Mulchsaaten, mehrjährige Futterleguminosen).

Regenwurmbesatz und Regenwurmlebendgewicht bei verschiedenen Bearbeitungs- und Bestellungsverfahren nach dreijähriger Anwendung

(**Bick** und **Brocksieper,** 1979)

Bearbeitungsgerät bzw. Bestellungsverfahren	Regenwurmbesatz Individuen/ha	Regenwurmlebendgewicht kg/ha
Pflug	130 800	42,5
Fräse	181 900	87,1
Direktsaat mit Herbizidbehandlung	639 400	224,5

Einfluß der Grundbodenbearbeitung auf den Ertrag von Zuckerrüben (nach **Golisch**)

	Relativerträge in Abhängigkeit von der Ackerzahl (Ertragsdurchschnitt 92,6 dt Zucker/ha = 100)			
Schlechte Bearbeitung[1])	104	89	92	95,3
Gute Bearbeitung[2])	110	101	103	104,7

[1]) Stroh gehäckselt, 1 × Spatenrollegge, spät und feucht gepflügt (10. 11.)
[2]) Stroh gehäckselt, 3 × gegrubbert mit schrittweiser Vertiefung (bis halbe Krumentiefe), früh und trocken gepflügt (1. 10.)

Linien gleichen Bodendruckes bei verschiedener Bereifung

(nach **Söhne,** 1961)

	A	B	C	
Radlast:	710 kp	710 kp	710 kp	
Reifengröße:	170–20	10–18	170–20	10–18
Reifendruck:	3 bar	1,5 bar	0,75 bar	0,75 bar

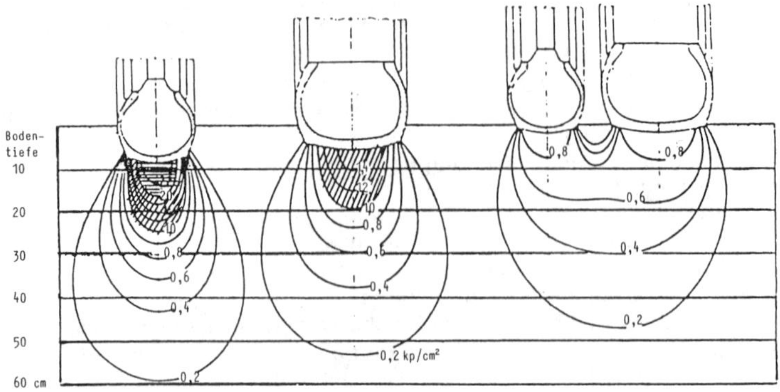

A) Schmaler Reifen

B) Breiter Reifen

C) Doppelbereifung (A + B)

Einfluß der Pflugtiefe auf den Ertrag bei unterschiedlichen Standorten und Früchten

Bodentyp	Boden-art	Pflug-tiefe flach/tief cm	Relativerträge bei flacher Pflugfurche (tiefe Pflugfurche = 100) Wi.-Ge-treide	So.-Ge-treide	Z.-Rüben	F.-Rüben	Silo-mais	Ø
Parabraunerde	uL	20/30	97,5	103,0	106,0	–	–	102,2
Pseudogley-Braunerde	lS	15/35	99,7	–	101,0	–	–	100,4
Braunerde	sL	20/28	–	101,8	–	105,3	–	103,6
Pseudogley	lU	20/30	96,0	99,0	–	–	99,3	98,1
Braunerde	lS	20/30	–	98,3	–	103,0	–	100,7
Pseudogley-Parabraunerde	lS	22/30	97,5	100,0	97,5	–	–	98,4
Braunerde, pseudovergleyt	utS	20/30	100,0	99,0	100,5	–	–	99,8
Ø Kulturarten			98,1	100,2	101,2	104,1	99,3	100,5

nach Bayerische Landesanstalt für Bodenkultur und Pflanzenbau, München 1986

3.3 Bodenerosion

Unter Bodenerosion versteht man den Abtrag und die Verlagerung von Bodenbestandteilen durch Wasser und Wind.

Die Erosionsgefährdung eines Bodens hängt von verschiedenen natürlichen Faktoren und von der Art der acker- und pflanzenbaulichen Bodennutzung ab.

Mit Hilfe der Allgemeinen Bodenabtragsgleichung (ABAG) nach Wischmeier (1978), an deutsche Verhältnisse angepaßt durch Schwertmann (1987), läßt sich der Bodenabtrag durch Wasser nach folgender Formel berechnen:

$$A = R \cdot K \cdot L \cdot S \cdot C \cdot P$$

Darin bedeuten

A = Abtrag in t/ha

R = **Regenfaktor:** Häufigkeit, Menge, jahreszeitliche Verteilung und kinetische Energie der Starkregen

K = Bodenerodierbarkeitsfaktor: Widerstandsfähigkeit der Bodenaggregate gegen Zerschlagung; Durchlässigkeit bzw. Wasseraufnahmefähigkeit des Bodens (stark abhängig von der Bodenart)

L = **Hanglänge**

S = **Hangneigung**

C = **Bearbeitungs- und Bedeckungsfaktor:** Bearbeitungszustand und Bedeckungsschutz durch Pflanzenbestände oder Ernterückstände

P = Erosionsschutzfaktor: Erosionsminderung bei Bodennutzung quer zum Hang

Acker- und pflanzenbauliche Maßnahmen zur Minderung der Bodenerosion

Grundsätze

- Kein Ackerbau in steilen Hanglagen
- Einschränkung erosionsfördernder (z. B. Mais, Rüben), Bevorzugung erosionshemmender Kulturen (z. B. Kleegras)
- Sorgfältige Pflege der Bodenstruktur
- Bearbeitung (Bestellung) quer zum Gefälle
- Unterteilung großer Schläge

Ergänzende (direkte) Erosionsschutzmaßnahmen

- Einsaaten bei weitständigen Reihenfrüchten
- Streifen- und Reiheneinsaaten von Getreide in Mais
- Einsaaten zwischen die Reihen bei Dauerkulturen (Hopfen-, Wein- und Obstbau)
- Spurlockerung

Erosionsmindernde Bestellverfahren

- Bestellung von Mais und Zuckerrüben in abgefrorene Zwischenfrüchte (Mulchsaaten)
- Pfluglose Bodenbearbeitung (Belassen der Ernterückstände auf der Bodenoberfläche)

Vereinfachtes Schema zur Berechnung des Bodenabtrags (nach **Schwertmann** u. a.)

R ·		K ·		L		·	S ·		C		·	P		= Abtrag
(mm/a)		Boden-art		l (m)	Neigung ≥5 %	Neigung <5 %	Neigung (%)			ungünstig	günstig			(t/ha · a)
550:	44	T	0,09	5:	0,6	0,6	3:	0,2	Getreide:			Bearbeitung:		
600:	48	sT	0,10	10:	0,7	0,7	4:	0,3	100 %	0,10	0,04	hangauf-ab	1,0	
650:	52	S	0,10	20:	1,0	1,0	5:	0,5	Bei Fruchtanteil					
700:	56	tS	0,11	30:	1,1	1,1	6:	0,6	< 100 % → Rest Getr.			in Kontur bei		
750:	60	lT	0,13	40:	1,3	1,3	7:	0,7				Hangneigung		
800:	65	uT	0,18	50:	1,5	1,4	8:	0,8	Raps			in %		
850:	69	sL	0,23	60:	1,7	1,5	9:	1,0	33 %	0,10	0,05	3 – 8:	0,5	
900:	73	lS	0,26	70:	1,8	1,6	10:	1,2	Zuckerrüben/			8 – 12:	0,6	
950:	77	stL	0,28	80:	1,9	1,7	11:	1,3	Kartoffeln:			12 – 16:	0,7	
1000:	81	suL	0,35	90:	2,0	1,8	12:	1,5	25 %	0,13	0,08	16 – 20:	0,8	
1050:	85	utL	0,37	100:	2,1	1,8	13:	1,7	33 %	0,14	0,10	20 – 25:	0,9	
1100:	90	ulS	0,39	120:	2,3	2,0	14:	2,0	50 %	0,20	0,18			
1150:	94	uS	0,43	140:	2,5	2,1	15:	2,2	Mais, konventionell:					
1200:	98	uL	0,49	160:	2,7	2,2	16:	2,4	25 %	0,15	0,11	Steinbedeckung		
1250:	102	tU	0,62	180:	2,9	2,3	17:	2,6	33 %	0,18	0,14	in %		
1300:	106	sU	0,65	200:	3,0	2,4	18:	2,9	50 %	0,28	0,26	0:	1,00	
1350:	110	U	0,72	240:	3,3	2,6	19:	3,2	Mais, 33 %:			10:	0,85	
1400:	114			270:	3,5	2,7	20:	3,5	Spurlck	0,16	0,12	20:	0,65	
1450:	119	1 % OS	· 1,1	300:	3,7	2,8	21:	3,8	WG-Eins	0,13	0,09	30:	0,50	
		2 % OS	· 1,0	350:	4,0	3,0	22:	4,1	Futterbau:			40:	0,40	
		3 % OS	· 0,9	400:	4,3	3,2	23:	4,4	25 %	0,05	0,03	50:	0,30	
		4 % OS	· 0,8	Hangform:			24:	4,7	33 %	0,03	0,02	60:	0,20	
		Aggr.	±0,04	konkav		· 0,9	26:	5,4	50 %	0,02	0,01	70:	0,15	
				konvex		· 1,2	28:	6,1	Strohverkauf		· 1,2	80:	0,10	
		Durchl.	±0,05				30:	6,8						

Beispiel: Jahresniederschlag 800 mm	Parabraunerde aus Löß (uL, 2 % OS, ungünstige Aggr.)	Hanglänge 120 m	Hangneigung 8 %	50 % Silomais, kein Strohverkauf	Bearbeitung hangauf-ab keine Steine	mittlerer Bodenabtrag
65 ·	(0,49 · 1 + 0,04) ·	2,3 ·	0,8 ·	0,27 ·	(1 · 1)	= 17 t/ha

Zeichenerklärung: R = Regenerosivität, (mm/a) = Jahresniederschlag, K = Bodenerodierbarkeit (K = Bodenart · OS ± Aggr. ± Durchl.), L = Hanglängenfaktor, l = Hanglänge in m, ≥5 % = Hanglängenfaktor bei Neigung über 5 %, <5 % = Hanglängenfaktor bei Neigung von 3,5–4,9 %, S = Hangneigungsfaktor bei Neigung in %, C = Bewirtschaftungsfaktor, ungünstig = lange Zeitspannen mit unbedecktem Boden: viel Wintergerste, keine Gründüngung, P = Schutzfaktor, OS = organische Substanz, Aggr.– = günstige Aggregation, Aggr.+ = ungünstige Aggregation, Durchl.– = hohe Durchlässigkeit, Durchl.+ = niedrige Durchlässigkeit, Futterbau = Klee, Gras, Luzerne, Spurlck = Spurlockerung, WG-Eins = Wintergersteneinsaat zwischen jede 2. Maisreihe.

Erosionsgefährdete Böden und Faktoren, die die Bodenerosion beeinflussen

nach **Dietz, Th.**, Bayer. Landesanstalt für Bodenkultur und Pflanzenbau

<table>
<tr><th rowspan="2">Einflußfaktoren</th><th colspan="2">es sind gefährdet durch</th></tr>
<tr><th>Wassererosion</th><th>Winderosion</th></tr>
<tr><td>Vegetation</td><td colspan="2">nicht bewachsene Böden;
Böden mit spät deckenden Früchten;
offengehaltene Böden
bei Sonderkulturen</td></tr>
<tr><td>Relief</td><td>Böden in Hanglage
(besonders in Hangmulden)</td><td>Böden in windexponierten Lagen
(Westhänge, Kuppen, baumlose, große Ebenen)</td></tr>
<tr><td rowspan="2">Bodenart</td><td colspan="2">schluffige Böden;
fein- und mittelsandreiche Böden;</td></tr>
<tr><td></td><td>Moorböden</td></tr>
<tr><td rowspan="2">Bodenstruktur</td><td>verdichtete und verkrustete Böden mit erhöhtem Oberflächenabfluß;
stark gelockerte Böden;</td><td>frostgare Böden;
zu fein bearbeitete Böden</td></tr>
<tr><td colspan="2">ausgetrocknete, lockere Böden mit hohem Benetzungswiderstand
(»puffige« Böden);
Böden mit mangelnder »Lebendverbauung«</td></tr>
<tr><th rowspan="2"></th><th colspan="2">es wirken erosionsbegünstigend für die</th></tr>
<tr><th>Wassererosion</th><th>Winderosion</th></tr>
<tr><td>Witterung</td><td>Starkregen, die die Schluckfähigkeit des Bodens übersteigen;
plötzliche Schneeschmelze und Regen auf noch gefrorenen Unterboden</td><td>große Windstärken nach längerer Trockenheit (besonders im Frühjahr auf unbewachsenem Boden)</td></tr>
<tr><td rowspan="3">Bewirtschaftung</td><td colspan="2">lange, einförmig bestellte Hänge</td></tr>
<tr><td>Bearbeitung in Richtung des Gefälles</td><td>große Schläge</td></tr>
<tr><td colspan="2">Umwandlung von Grünland in Ackerland</td></tr>
</table>

Bodenerosion und Flurbereinigung

Die Zusammenlegung kleiner zersplitterter Flurstücke zu maschinengerechten Bewirtschaftungseinheiten ist aus betriebswirtschaftlichen Gründen unerläßlich. Bei sachgerechter Ausführung muß die Erosionsgefahr dadurch nicht steigen, sie läßt sich sogar vermindern.

Folgende Maßnahmen können im Zuge der Flurbereinigung zur Erosionsminderung beitragen:

- Ermittlung der Erosionsgefährdung durch eine Erosionsgefährdungskartierung
- Planung des Wege- und Grabennetzes so, daß eine annähernd höhenlinienparallele Bewirtschaftung möglich bzw. erzwungen wird und zu große Hanglängen vermieden werden
- Möglichste Schonung vorhandener Kleinstrukturen, erforderlichenfalls Anlage neuer Terrassen, Hochraine, Hecken und Feldgehölze und Windschutzpflanzungen
- Herausnahme stark erosionsgefährdeter Hanglagen aus der Produktion (ökologische Ausgleichsflächen)
- Naturnaher Ausbau und Renaturierung von Gewässern. Sicherung ausreichend breiter begrünter Uferstreifen.

Verminderung der Bodenerosion durch Planierung und Anlage von Hangstufen (nach **Weihermann**)

Faktorwerte nach der ABAG:	R	K	L	S	C	P	Abtrag t/ha · a
vorher:	50	0,3	3,0 (200 m)	2,2 (15%)	0,3	1,0	30
nachher:	50	0,3	2,1 (100 m)	1,2 (10%)	0,3	0,6	7–6

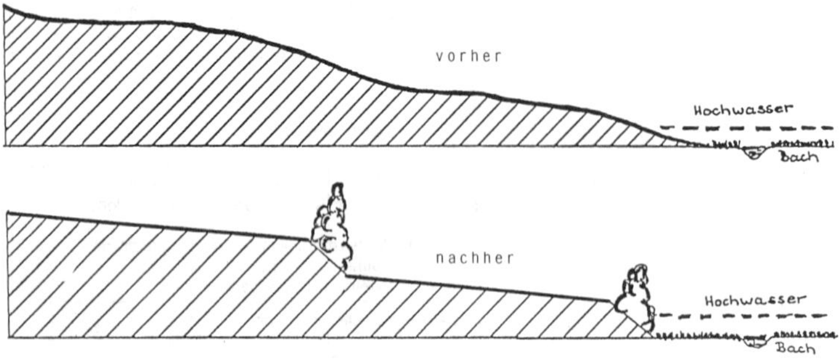

4. Flurbereinigung: Grundlagen der ländlichen Neuordnung

Rechtsgrundlage:

- Flurbereinigungsgesetz (FlurbG) in der Fassung der Bekanntmachung vom 16. März 1976 (Bundesgesetzblatt I S. 546)
- Gesetze und Verordnungen der Länder zur Ausführung des FlurbG
- daneben eine Vielzahl ergänzender (Verwaltungs)Vorschriften der Länder.

Definition/Aufgabenstellung: § 1 FlurbG

Flurbereinigung = Neuordnung ländlichen Grundbesitzes zur

- Verbesserung der Produktions- und Arbeitsbedingungen in der Land- und Forstwirtschaft,
- zur Förderung der allgemeinen Landeskultur,
- zur Förderung der Landentwicklung.

Die genannten Ziele stehen gleichrangig nebeneinander.

Handlungsrahmen und gesetzlicher Neuordnungsauftrag: § 37 FlurbG

Die Flurbereinigung hat bei der praktischen Durchführung die Belange der Landwirtschaft, des Naturschutzes und der Landschaftspflege, der Landentwicklung sowie eine Vielzahl weiterer Interessen und öffentlicher Belange zu berücksichtigen, abzuwägen und zu koordinieren unter Wahrung des Grundeigentums und Erfüllung des Rechtsanspruches der Beteiligten auf wertgleiche Landabfindung im Sinne des § 44 FlurbG.

4.1 Finanzierung der Kosten:

Verfahrenskosten (Kosten der Behördenorganisation), trägt voll das Land

Ausführungskosten (für Ausbau gemeinschaftlicher Anlagen):
- fallen der Teilnehmergemeinschaft zur Last,
  werden anteilig finanziert durch **Eigenleistung** der Beteiligten (bar, unbar), ggf. langfristige **Darlehen,** ggf. **Kostenbeteiligung Dritter** und staatliche **Zuschüsse** (in Höhe von ca. 70–80% und mehr der Ausführungskosten, je nach Verfahrensart und wirtschaftlicher Leistungsfähigkeit der Beteiligten). Die öffentlichen Fördermittel werden vom Bund zu 60% und den Ländern zu 40% aufgebracht (Gemeinschaftsaufgabe).

4.2 Verfahrensablauf (Regelflurbereinigung):

Einleitung	– Vorarbeiten und Agrarstrukturelle Vorplanung – Anhörung und Aufklärung – Einleitungsbeschluß (= Entstehung der Teilnehmergemeinschaft)
Durchführung	– Ermittlung der Beteiligten – Wahl des Vorstandes der Teilnehmergemeinschaft – Wertermittlung – Wege- und Gewässerplan mit landschaftspflegerischem Begleitplan Aufstellung, Feststellung bzw. Genehmigung – Übertragung des neuen Wegenetzes in die Örtlichkeit – Überfliegung – Planwunschtermin – Flurbereinigungs-/Zusammenlegungsplan Aufstellung, Bekanntgabe – (vorläufige) Besitzeinweisung – Ausbau gemeinschaftlicher Anlagen
Abschluß	– (vorzeitige) Ausführungsanordnung – Berichtigung der öffentlichen Bücher – Schlußfeststellung

Verfahrensarten:

Zur Verwirklichung der Neuordnungsziele bietet das FlurbG verschiedene Verfahrensarten an mit abgestuftem Aufgabenkatalog, Kostenumfang und Verfahrensdauer. Die im Einzelfall zu wählende Verfahrensart ist abhängig von der Ausgangssituation und den Zielsetzungen.

- **Verfahren mit umfassender Zielsetzung:**
  - Regelflurbereinigung (§§ 1, 37 FlurbG)
  - Vereinfachte Flurbereinigung (§ 86 Abs. 3 FlurbG)
- **Verfahren mit begrenztem Neuordnungsumfang:**
  - Beschleunigte Zusammenlegung (§§ 91 ff. FlurbG)
  - Freiwilliger Landtausch (§§ 103 a ff. FlurbG)
- **Verfahren mit besonderer Zielsetzung:**
  - Unternehmensflurbereinigung (§§ 87 ff. FlurbG)
  - Vereinfachte Flurbereinigung (§ 86 Abs. 1 FlurbG)
- **Verfahren zur Unterstützung von Maßnahmen des Naturschutzes und der Landschaftspflege:**
  insbesondere Verfahren nach §§ 86 (2), 91, 103 a FlurbG
- **Verbindung verschiedener Verfahrensarten**

4.4 Wechselwirkungen zwischen den „ökonomischen“ und „ökologischen“ Zielen der Flurbereinigung

Interessenkonflikte		Ansätze zur Konfliktlösung	
gesetzlicher Neuordnungsauftrag mit „ökonomischer“ Zielrichtung	mögliche Beeinträchtigung „ökologischer“ Belange	rechtlich, organisatorisch, planerisch	praktische Umsetzungsmöglichkeiten

– Zusammenfassung zersplitterten Grundbesitzes
– zweckmäßige Gestaltung unwirtschaftlich geformten Grundbesitzes
– Schaffung und Verbesserung gemeinschaftlicher Anlagen (Wege, Straßen, Gewässer ...)
– alle sonstigen Maßnahmen zur Verbesserung der Grundlagen der Wirtschaftsbetriebe, zur Verminderung des Arbeitsaufwandes und zur Erleichterung der Bewirtschaftung einschließlich Dorferneuerung
	– Nutzungsintensivierung und Änderung der Nutzungsarten (z. B. Grünlandumbruch)
	– Beseitigung von Standortunterschieden (z. B. feucht – trocken) und Verminderung von Grenzlinien
	– Verlust von Landschaftsbestandteilen
	– Veränderung im Artengefüge von Flora und Fauna (Isolationswirkungen, Verschiebungen in der Vegetationsdecke)
	– Rückgang der Artenvielfalt
	– verstärkter Oberflächenwasserabfluß, Bodenerosion
	– Bodenverdichtung durch Einsatz größerer Geräte und Maschinen
		– Vorschriften des FlurbG zur Beachtung der ökologischen Belange, insbesondere die §§ 1, 5, 34, 37, 38, 41, 45, 50, 86, 87, 91, 93, 97, 99, 103a
		– Vielzahl einschlägiger Verwaltungsvorschriften u. ä. der Länder, die zugleich auch die Abstimmung der zu beteiligenden „ökologischen“ Stellen sowie das Verfahren der Landschaftsplanung in der Flurbereinigung regeln, wie z. B.
		  – Zusammenarbeit mit Landespflegebehörden,
		  – Beteiligung der Naturschutzverbände
		  – Bewertung der Landschaftselemente,
		  – Berücksichtigung der Vorgaben von Biotopkartierungen und kommunalen Landschaftsplanungen
		– Kernstück: Plan über die gemeinschaftlichen und öffentlichen Anlagen nach § 41 FlurbG (Wege- und Gewässerplan mit landschaftspflegerischem Begleitplan)
			– Landerwerb für ökologische Zwecke
			– Schutz und Sicherung von Landschaftsbestandteilen (Eigentumsübertragungen)
			– Erhaltung von Landschaftsbestandteilen vor Ausgleichs- und Ersatzmaßnahmen
			– Neuanlage von Grünbeständen (Vernetzungen/Biotopverbundsysteme entwickeln, erhalten, sanieren)
			– landschaftsangepaßte Erschließung der Flur (Berücksichtigung topographischer Besonderheiten, Beschränkung schwerer Wegebefestigung auf den unbedingt notwendigen Umfang)
			– Regelung und Verbesserung des Wasserhaushaltes (Wasserrückhaltung, Verzicht auf den Gewässerausbau, Einbau von „Kulturstaus“, Sanierung und Renaturierung von Gewässern, Anlage von Pufferstreifen)
			– umweltschonende Bauweisen (Spurbahnwege, Gabionen)
			– Maßnahmen zum Bodenschutz, zur Kleinklimaverbesserung ...

–	–	–	– Flurbereinigung aus landespflegerischen Gründen

4.5 Stand der Flurbereinigung nach Verfahrensarten in den Bundesländern (1985)

Land	anhängige Verfahren		Anteil der Verfahrensarten[1]) nach FlurbG in %									
			Regelflurbereinigung nach §§ 1, 37		Vereinfachte Flurbereinigung nach § 86 (1)		Vereinfachte Flurbereinigung nach § 86 (3)		Unternehmensflurbereinigung nach §§ 87, 90		Beschleunigte Zusammenlegung nach § 91	
	Zahl	ha	Zahl	ha	Zahl	ha	Zahl	ha	Zahl	ha	Zahl	ha
SH	267	308 069	83	86	11	9	1	1	.	.	6	4
NS	382	515 681	42	64	12	7	14	7	19	16	13	6
NW	313	611 130	66	80	13	2	4	1	17	17	.	.
HE	342	220 810	64	71	8	5	.	.	28	24	–	–
RP	486	209 546	74	75	4	2	8	8	4	5	10	10
BW	629	579 808	54	47	2	1	1	.	28	30	15	22
BY	1 703	1 329 031	75	77	1	.	2	2	15	19	7	2
SA	54	38 421	39	49	6	3	–	–	–	–	55	48
gesamt												
1985	4 176	3 812 496	67	71	5	3	4	2	16	18	8	6
1976	4 947	4 335 895	75[2])	81[2])	4	2			8	9	13	7

[1]) die Verfahrensart „freiwilliger Landtausch" nach § 103a ff. FlurbG ist wegen des geringen Umfanges statistisch nicht ausgewiesen

[2]) einschließlich vereinfachte Flurbereinigung nach § 86 (3) FlurbG

. Anteil unter 1 %

Pflanzenbau

neubearbeitet von Dr. **F. X. Maidl** und Prof. Dr. h. c. **G. Fischbeck,** Weihenstephan

1. Fruchtfolge

Fruchtfolgesysteme (nach **Brinkmann** u. **Könnecke,** ergänzt)

Überfrucht-wechsel	Frucht-wechsel	Dreifelder-wirtschaft	Vierfelder-wirtschaft
1. Blattfrucht 2. Blattfrucht 3. Halmfrucht	1. Blattfrucht 2. Halmfrucht Doppelfrucht-wechsel 1. Blattfrucht 2. Blattfrucht 3. Halmfrucht 4. Halmfrucht	1. Blattfrucht 2. Halmfrucht 3. Halmfrucht	1. Blattfrucht 2. Halmfrucht 3. Halmfrucht 4. Halmfrucht
Halmfrucht in % der Ackerfläche			
33 %	50 %	66 %	75 %

Getreidedurchschnittsertrag in Abhängigkeit vom Getreideanteil an der Ackerfläche (Schmaunz)

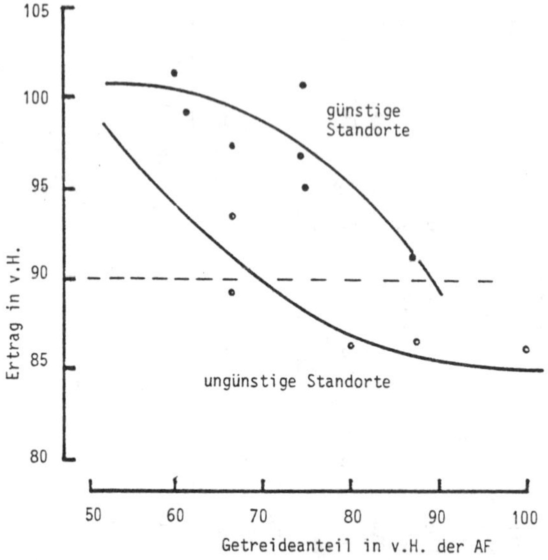

Vorfruchtschema

nach Unterlagen von **Dijkema, Klapp** und **Könnecke,** ergänzt

Nachfrucht	Vorfrucht: Winterweizen	Wintergerste	Sommergerste	Winterroggen	Hafer	Mais	Erbsen	Ackerbohnen	Luzerne, Klee	Gräser, Grünland	Spätkartoffeln	Frühkartoffeln	Winterraps	Zuckerrüben	Futterrüben
Winterweizen	-	-	-	m	+	+	+	+	+	+	+	*	+	+	+
Sommerweizen	-	-	-	+	+	+	*	*	+	+	*	*	*	+	*
Wintergerste	+	-	-	+	+	-	+	+	+	+	-	+	+	-	-
Sommergerste	+	-	-	+	+	+	*	*	*	*	*	*	*	+	*
Winterroggen	+	+	+	m	+	-	*	*	*	+	-	*	*	-	*
Hafer	+	+	+	+	-	*	*	*	+	+	*	*	*	*	*
Mais	+	+	+	+	+	m	+	+	+	+	+	*	*	+	+
Ackerbohnen, Erbsen	+	*	+	+	+	+	-	-	-	-	*	*	*	*	*
Luzerne Rotklee 1)	m	+	+	+	m	*	-	-	-	-	*	+	*	*	*
Gräser 1)	m	+	+	+	m	*	*	*	*	*	*	+	*	*	*
Spätkartoffeln Frühkartoffeln	+	+	+	+	+	+	+	+	+	+	m	m	*	+	+
Winterraps	m	+	+	+	*	-	+	-	*	*	-	+	-	-	-
Zuckerrüben	+	+	+	+	+	+	+	+	+	+	+	*	-	-	-
Runkelrüben	+	+	+	+	+	+	+	+	+	+	+	*	-	-	-

1) Nach Getreide und Raps als Untersaat, sonst als Blanksaat gewertet

\+ günstige Vorfrucht

✶ günstige Vorfrucht, aber Luxusfolge, weil andere Nachfrüchte die Vorfruchtwirkung besser ausnützen können; längere vegetationsfreie Zeiträume ggf. durch Zweit- und Zwischenfruchtanbau nutzbar

m möglich

– ungünstige Vorfrucht (Ertragsabfall, Fruchtfolgekrankheiten) bzw. Einhaltung der Bestellungstermine der Nachfrucht nicht möglich

Ursachen der Ertragseinbußen bei verstärktem Getreidebau

a) Vermehrung von bodenbürtigen Krankheiten (Fußkrankheiten) und Schädlingen (Nematoden)
b) Anreicherung von schwer abbaubaren Ernterückständen und anderen Hemmwirkungen
c) Vermehrung von Unkräutern und Ungräsern
d) Veränderungen des Bodengefüges und des Bodenlebens im Zusammenhang mit fehlerhafter Bodenbearbeitung

Möglichkeiten zur Minderung der Ertragsverluste bei verstärktem Getreidebau

a) Ausgewogene Beteiligung verschiedener Getreidearten und optimale Nutzung verbliebener Vorfruchtwirkungen
b) Geschickte Sortenwahl (Nutzung der unterschiedlichen Anfälligkeit gegen Fruchtfolgekrankheiten und Schädlinge)
c) Sorgfältige, termingerechte Bodenbearbeitung und Saat
d) Gezielter Einsatz effektiver Herbizide, Fungizide und Insektizide
e) Geordnete Versorgung mit organischer Substanz durch Einsatz von Stallmist, Stroh- und Gründüngungsmaßnahmen, ggf. ergänzt durch ganzjährigen Futterbau
f) Anpassung der N-Düngung (erhöhte und geteilte N-Gaben)
g) Gute Gesamt-Nährstoffversorgung.

Neuere Fruchtfolgeversuche lassen erkennen, daß ergänzender bzw. verstärkter Einsatz von Dünge- und Pflanzenschutzmitteln die Ertragseinbußen durch ungünstige Fruchtfolgestellung teilweise beheben kann, ihr Einsatz aber auch bei günstigerer Fruchtfolgestellung oft weitere Ertragsleistungen ermöglicht.

Fußkrankheitsbefall an Weizen nach anfälligen Getreidearten bzw. nach Gräsern

nach **Bockmann**

Fruchtfolge Gruppe	Anzahl der Fälle	Davon in % gesund	krank	schwerkrank
A	142	4	49	47
B	219	18	59	23
C	115	70	26	4
D	112	88	10	2

A: Weizen unmittelbar nach anfälligen Halmfrüchten
B: Weizen mit 1 Jahr Abstand nach anfälligen Halmfrüchten
C: Weizen unmittelbar nach Gräsern, z. T. angesät unter anfälligen Halmfrüchten
D: Weizen mit 1 Jahr Abstand nach Gräsern

Auswirkungen des Befalls mit Nematoden auf den Ertrag
nach **Behringer/Fürst**

Anzahl der neugebildeten Zysten je Biotest-Vierkammergefäß	Ertragsverlust in %					
	Kartoffelnematoden an Kartoffeln		Getreidezystenälchen an		Zuckerrübennematoden*)	
	anfällige Sorte	resistente Sorte	Hafer und S.-Weizen	S.-Gerste	leichter Boden	schwerer Boden
5	bis 10	0	bis 15	bis 5	bis 15	bis 5
10	bis 15	bis 5	bis 30	bis 10	bis 20	bis 10
20	bis 25	bis 10	bis 50	bis 20	bis 25	bis 15
40	bis 30	bis 15	bis 60	bis 30	bis 40	bis 25
80	bis 40	bis 20	–	–	bis 50	25

*) Der Rübennematode wird nicht nur durch Rüben, sondern auch durch einige kreuzblütige Unkrautarten sowie durch Raps und andere Cruciferen in Haupt- und Zwischenfruchtstellung vermehrt, nicht aber durch nematodenresistente Sorten von Ölrettich und Senf.

2. Getreide

Einfluß der Reihenabstände im Getreidebau auf den Ertrag (Mülle)

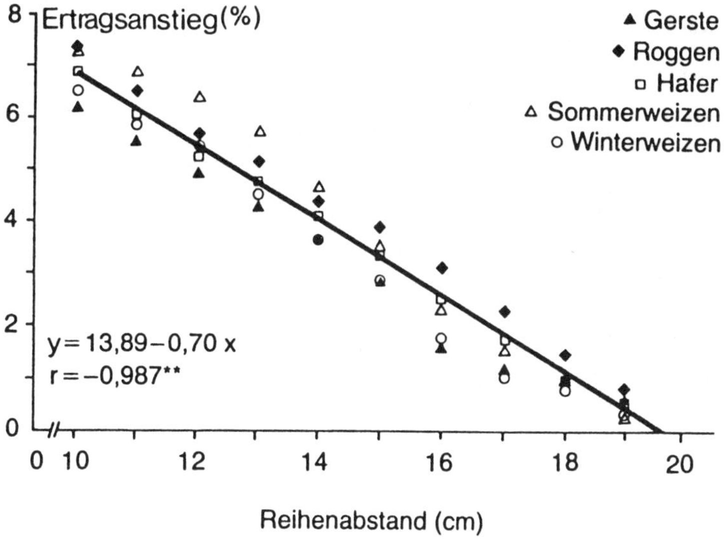

Der optimale Reihenabstand bei Getreide beträgt 10–12 cm. Höhere Reihenentfernungen führen zu Ertragseinbußen von 3–6 %.

Einfluß des Saattermins auf Pflanzenanzahl/Fläche, Ähren/Fläche und Ertrag von Winterweizen
(Darwinkel)

Saattermin	Pflanzen/m²	Ähren/m²	Ertrag (g/m²)
früh (3. 10.)	276	352	823
mittel (6. 11.)	224	364	787
spät (3. 12.)	168	374	723

Vorstehender Versuch zeigt die starke Kompensationskraft bei Pflanzenverlusten über die Bestockung. Der Ertragsrückgang mit später Saat beruht nicht auf einer Reduzierung der Anzahl Ähren/Fläche. Bei später Saat ist häufig der Übergang zu Wechselweizen empfehlenswert.

Besondere Anforderungen[1]) an Marktgetreide für besondere Verwertungszwecke (Qualitätsgetreide)

a) Brotgetreide	Qualitätsweizen Sorten der Gruppe[3]) A 6 u. A 9 (sortenrein)	Mahlweizen Sorten der Gruppe[3]) B 3–A 9	Mahlroggen[2])	b) Braugerste	zweizeilige Sommergerste von Sorten mit guter o. mittlerer Brauqualität[4])
Proteingehalt	14 %	11 %	11 %	Proteingehalt	12 %
Sedimentationswert	35	20	–	Reinheit	96 %
Fallzahl	240	220	75	Keimfähigkeit	98 %
Brotvolumen (RMT)	660 cm³	–	–	Vollgerste	90 %
Maltosezahl	–	–	3,5	(Sortieranteil 2,5 mm Schlitzsieb)	
Schrotamylogramm	–	–	200 AE		
Verkleisterungstemperatur	–	–	63 °C		

[1]) Diese Anforderungen sind nicht gesetzlich festgelegt.

[2]) Nach einem Vorschlag der Bundesforschungsanstalt für Getreide- und Kartoffelverarbeitung (1973).

[3]) Einstufung der Sorten erfolgt im Wege der Sortenzulassung durch das Bundessortenamt auf der Grundlage standardisierter Backversuche (RMT), bei den Verarbeitern bestehen z. T. besondere Präferenzen für bestimmte Sorten aufgrund der von ihnen zu erwartenden Kombinationseffekte mit dem vorhandenen Grundmehl.

[4]) Einstufung der Sorten erfolgt durch die „Arbeitsgemeinschaft zur Förderung des Qualitätsgerstenbaues im Bundesgebiet" aufgrund von Mälzungs- und Brauversuchen (Frankfurter Programm). Als Sorten mit **guter Brauqualität** werden übereinstimmend die Sorten Alexis, Aura, Arena, Beate Dorett beurteilt (Stand Frühjahr 1987).

EG-Getreide-Standard

(gültig für Marktgetreide ohne besondere Qualitätsanforderungen)

	Hartweizen	Weichweizen	Roggen	Gerste	Hafer	Mais
Eigengewicht kg/hl	78	76	71	67	49	–
Feuchtigkeitsgehalt %	14	14	14	14	16	14
Bruchkorn %	2	2	2	2	–	2
Kornbesatz %	1,5+20[1])	1,5	1,5	2	2	4
Auswuchs %	0,5	1	1	1	–	1
Schwarzbesatz %	0,5	0,5	0,5	1	1	1
nicht einwandfreies Grundgetreide insgesamt %	24,5	5	5	6	8	3

Bruchkorn = Teile des Endosperms freiliegend

Kornbesatz = Schmachtkorn, Fremdgetreide, Schädlingsfraß, Keimverfärbungen, Hitzegeschädigte Körner

Auswuchs = Wurzel + Blattkeime sichtbar, leicht erkennbare Veränderungen des Keimlings

Schwarzbesatz = Unkrautsamen, verdorbene Körner, Verunreinigungen, Mutterkorn, Brandbutten, tote Insekten

[1]) Hartweizenkörner, die ihr glasiges Aussehen auch teilweise verloren haben und (höchstens 4 %) Weichweizenkörner.

3. Zuckerrüben

Einfluß der Bestandesdichte auf Rübenertrag, Zuckergehalt und Zuckerertrag (halbschematisch, **Winner**)

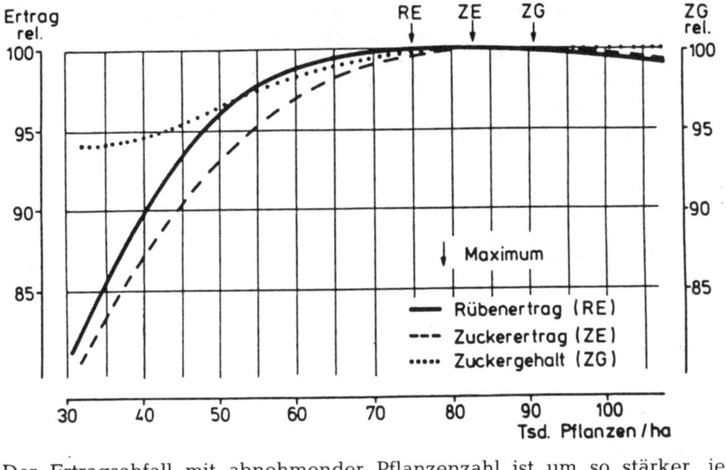

Der Ertragsabfall mit abnehmender Pflanzenzahl ist um so stärker, je ungleichmäßiger die Pflanzenverteilung und je größer einzelne Lücken.

Einfluß der N-Düngung auf Ertrag und Qualität von Zuckerrüben

(halbschematisch, **Winner**)

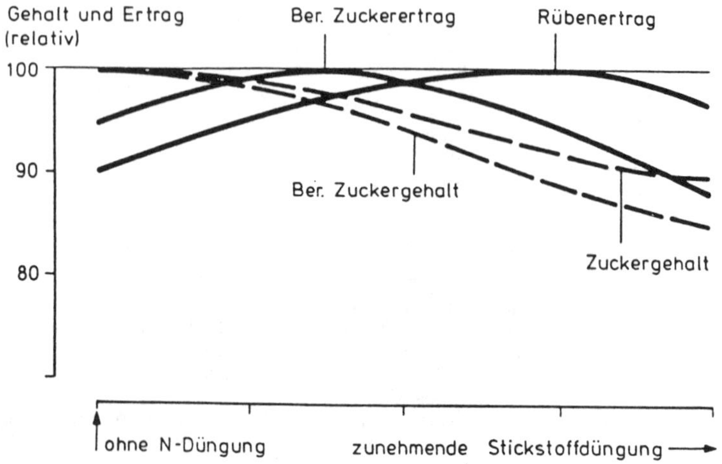

Zuckerrüben-Qualitätsindex

Bereinigter Zuckergehalt (BZG)

Anteil des Zuckers in der Rübe, der sich im normalen großtechnischen Fabrikationsprozeß als Weißzucker mindestens gewinnen läßt (Winner), in der Bundesrepublik Deutschland vielfach Bewertungsgrundlage für die Qualitätsbezahlung von Zuckerrüben.

$BZG = ZG - 0{,}343 \cdot (K + Na) + 0{,}094\ AmN + 0{,}29$

ZG = % Zuckergehalt der Rübenfrischmasse

K, Na und AmN werden auch als „Melassebildner" bezeichnet, sie behindern die Ausbeute an verkaufsfähigem Weißzucker.

Ertragszuwachs bei späterer Rodung

(Maidl)

Rodetermin	zu erwartender Ertragszuwachs pro Tag in dt/ha
Ende September	2,0
Anfang Oktober	1,5
Ende Oktober	0,7

Ertragseinbußen infolge verspäteter Saat
(Winner)

Saattermin	Mögliche Einbußen im Rübenertrag im Vergleich zu „Saat Mitte März" %	Zu erwartende Ertragseinbußen je Tag Aussaatverzögerung (in den entsprechenden Zeitspannen) dt/ha
Ende März	0 (bis 5)	0–2
April, 1. Hälfte	5 (bis 15)	3
April, 2. Hälfte	10 (bis 30)	4
Mai, 1. Woche	20 (bis 40)	5

Nach Ergebnissen zahlreicher Saatzeitenversuche (Bundesrepublik Deutschland); Abweichungen von diesen Faustzahlen im Einzelfall erheblich.

Der ertragssteigernde Effekt der Frühsaaten ist in trockenen Jahren und Lagen stärker ausgeprägt als in feuchten Jahren und Lagen (Schulze und Krämer); bei Aussaat auf Endabstand werden die positiven Effekte der früheren Saat solange und soweit verzögert, wie ein unzureichender Feldaufgang zu mangelhafter Bestandesdichte führt (Maidl, Mangstl). Die optimale Saatzeit kann sich dadurch um etwa 1–2 Wochen verschieben.

Ablageentfernung, Feldaufgang, Pflanzenzahl bei 45 cm Reihenweite

Ablage-entfernung (cm)	Feldaufgang in % 50	65	75	
8	139 000	181 000	208 000	Vereinzelung
10	111 000	144 000	167 000	
12	93 000	120 000	139 000	
18	62 000	80 000	93 000	vereinzelungslos
20	56 000	72 000	83 000	
22	51 000	66 000	76 000	

4. Mais

Bestandesdichte (Pflanzen je m²) für Körner- und Silomais in Abhängigkeit von der Reifegruppe und Wasserversorgung

(Hepting)

Sortengruppe Reifezeit FAO-Zahl	Körnermais einschl. CCM		Silomais	
	Wasserversorgung			
	günstig	kritisch	günstig	kritisch
FAO 200–220	11–10	10	11	11–10
FAO 230–250	10	9	10–11	10
FAO 260–290	9	8	9–10	9

Möglichkeiten der Nutzung in Abhängigkeit vom Reifezustand

		Körner-mais	Corn-Cob-Mix	Liesch-kolben-schrot	Silo-mais
TM	(%)	60–65	55	45–50	29–33
Rohfaseranteil i.d.TS	(%)	2–3	5–7	8–15	18–23
Häcksellänge	(mm)		bis 2		4–10
Ertrag	(dt/ha)	70–90	100–130	120–180	400–500
	(TS dt/ha)	60–75	65–80	80–100	120–150
Siloraum (netto)	(m³/ha)	7–9	10–12	15–20	45–50

5. Kartoffel

Pflanzknollengewicht, Pflanzgutaufwand und Kartoffelertrag

(Klapp)

	Pflanzknolle sehr groß	mittelgroß	klein
Pflanzknollengewicht in g	160	67	33
Knollenertrag dt/ha	322	289	254
Pflanzgutaufwand dt/ha	67	29	14
Nettoertrag dt/ha	255	260	240

Reihenweite, Pflanzabstand, Bestandesdichte bei Kartoffeln

Reihenweite	75 cm	68 cm	62,5 cm
		Pflanzabstand in cm	
40000	33,3	36,8	40,0
50000	26,7	29,4	32,0
60000	22,2	24,5	26,7

Nach Hunnius sind im Konsumkartoffelbau 40000–45000 Pflanzen/ha, im Pflanzkartoffelbau 55000–60000 Pflanzen/ha anzustreben.

Die Reihenweite 75 cm ist günstiger als 62,5 cm, wenn in der Reihe um 5 cm enger gepflanzt wird. Vorteile: mehr Platz für breite Reifen, weniger grüne, beschädigte und deformierte Knollen, weniger Phytophthora und Braunfäule, 10–15% höhere Rodeleistung, auf bindigen Böden weniger Kluten (Klumpen) sowie nach Regen schnelleres Abtrocknen der Dämme (erleichterte Rodearbeit).

Ertrag bei verschiedener Vorbehandlung der Kartoffelknolle (Schick)

	Knollenertrag dt/ha	Knollenertrag rel.	Stärkeertrag dt/ha	Stärkeertrag rel.
nicht vorbehandelt	401,7	100	80,3	100
keimgestimmt	421,8	105	86,4	108
vorgekeimt	454,3	113	91,5	114

Abbau der Kartoffeln

(Praxiserhebungen der Bayerischen Landesanstalt für Bodenkultur und Pflanzenbau, Freising-Weihenstephan)

		Knollenertrag Gesunde Bestände n	Knollenertrag Gesunde Bestände dt/ha	Knollenertrag Abbaukranke Bestände n	Knollenertrag Abbaukranke Bestände dt/ha	% Blattrollvirus
Knollenertrag im Mittel von 89 Sorten aller Verwertungsrichtungen	1979	87	397	57	310	32
Anteil an Marktware (Mittel von 12 Speisesorten)	1980	67	314	35	242	35

Einfluß der Knollentemperatur auf den Anteil beschädigter Knollen beim Roden

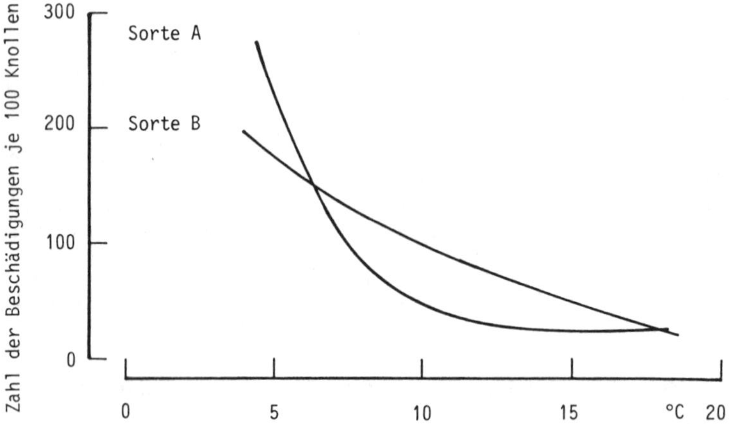

Bei Knollentemperaturen niedriger als 15 °C steigt die Beschädigungshäufigkeit stark an.

Optimaler Temperaturverlauf für eine verlustarme Speisekartoffellagerung

(Pätzold, 1964)

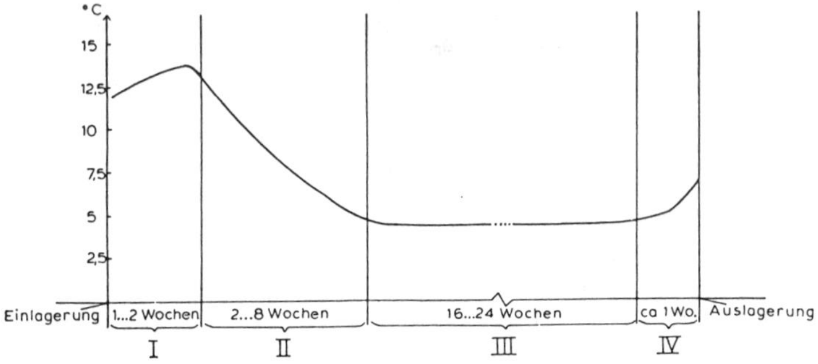

I Wundheilung
II Abkühlungsphase
III Dauerlager
IV Anwärmung vor der Auslagerung

Gesetzliche Handelsklassen für Speisekartoffeln und Speisefrühkartoffeln (BGBl, 1985, S. 542–545)

– **Speisefrühkartoffeln:**
neuerntige Kartoffeln, die bis zum 10. August erstmalig verladen werden.

– **Speisekartoffeln:**
unterschieden nach den **Kochtypen:** festkochend (Salatware), vorwiegend festkochend, mehligfestkochend
neuerntige Ware ab 1. 10. schalenfest.

– **Handelsklassen:**
„Extra", „I", „Drillinge"

– Mindestqualitätsmerkmale: sortenrein, gesund, sauber, fest, ganz; Freiheit von bestimmten Krankheiten (Kartoffelkrebs, Bakterienringfäule, Schleimkrankheit), Veränderungen, Beschädigungen und Verunreinigungen.

– **Sortierung** (Quadratmaß) **und Toleranzen:**
für Speisekartoffeln und Speisefrühkartoffeln ab 20. Mai

	Extra	I	Drillinge
Sortierung:			
a) langovale bis lange Sorten	30–50 mm	30–60 mm	25–35 mm
b) runde bis ovale Sorten	35–55 mm	35–65 mm	25–40 mm
Toleranzen (Angaben in %):			
a) Erde, lose Keime, Fremdkörper	1	2	2
b) Naß-, Trocken-, Braunfäule und Frost- und Hitzeschäden	1	1	2
c) Anteil fremder Sorten	2	2	2
d) Größenabweichung bis 5 mm (Unter- und Übermaß) je Packung oder Partie	4	4	4
Gesamtmängel (Gew.-%)	5	8	

– **Verpackungsnormen:**
1. Nur Fertigpackungen im Sinne des § 14 Abs. 1 des Eichgesetzes zulässig.
2. Verpackungsmaterial muß neu sein.
3. Loseverkauf im Einzelhandel und auf Märkten zulässig.

– **Kennzeichnungspflicht:**
1. Fertigpackung muß in dauerhafter Beschriftung folgende Angaben aufweisen:
   a) gesetzliche Handelsklasse
   b) Sortenbezeichnung
   c) Kochtyp in obengenannter Bezeichnung
2. Bei Verkauf von loser Ware muß gemäß 1. a–c ausgezeichnet werden.

Wichtige Zuchtsorten und Erzeugung von Saat- und Pflanzgut in der Bundesrepublik Deutschland

Getreide

	1	2
Winterweizen		
(1,55 Mio. ha Anbaufläche 1986) (34 956 ha Vermehrungsfläche 1986)		
Kanzler	1980	25
Okapi	1978	13
Rektor	1980	11
Kraka	1982	11
Ares	1983	8
Sperber	1982	5
Basalt	1980	4
insgesamt 58 Sorten zugelassen		
Wintergerste		
(1,26 Mio. ha Anbaufläche 1986) (33 366 ha Vermehrungsfläche 1986)		
mehrzeilig		
Corona	1980	14
Tapir	1980	13
Mammut	1978	12
Ermo	1981	7
Andrea	1984	6
zweizeilig		
Igri	1976	16
Sonja	1973	7
Sonate	1982	4
insgesamt 39 Sorten zugelassen		
Sommerweizen		
(0,92 Mio. ha Anbaufläche 1986) (2 224 ha Vermehrungsfläche 1986)		
Turbo	1979	20
Ralle	1980	19
Star	1983	20
Syros	1982	8
Max	1978	7
Horizont	1979	6
insgesamt 23 Sorten zugelassen		

	1	2
Winterroggen		
(0,41 Mio. ha Anbaufläche 1986) (12 395 ha Vermehrungsfläche 1986)		
Halo	1977	52
Merkator	1980	23
Danko	1980	16
Doninator	1982	6
insgesamt 11 Sorten zugelassen		
Sommergerste		
(0,68 Mio. ha Anbaufläche 1986) (14 039 ha Vermehrungsfläche 1986)		
Golf	1984	16
Aura	1975	14
Arena	1983	14
Apex	1983	13
Gimpel	1979	9
insgesamt 40 Sorten zugelassen		
Hafer		
(0,5 Mio. ha Anbaufläche 1986) (12 274 ha Vermehrungsfläche 1986)		
Alfred	1980	29
Flämingsnova	1976	20
Lorenz	1984	11
Erbgraf	1971	10
Panther	1983	9
Flämingsregent	1983	6
insgesamt 22 Sorten zugelassen		
Durumweizen		
(1 921 ha Vermehrungsfläche 1986)		
Grandur	1980	55
Jakob	1980	
insgesamt 4 Sorten zugelassen		

	1	2
Winterraps		
(0,297 Mio. ha Anbaufläche 1986)		
für Ölnutzung		
(1904 ha Vermehrungsfläche 1986)		
Belinda	1981	24
Jet Neuf	1981	18
Korina	1980	13
Mirander	1982	8
Lirabon	1985	9
insgesamt 14 Sorten zugelassen		
für Grünnutzung		
(2026 ha Vermehrungsfläche 1986)		
Akela	1969	48
Liratop	1984	21
Emerald	1973	9
Nubi	1984	5
insgesamt 13 Sorten zugelassen		

	1	2
Ackerbohne		
(27000 ha Anbaufläche 1986) (2562 ha Vermehrungsfläche 1986)		
Herz Freya	vor 1953	36
Alfred	1983	31
Diana	1969	17
Kristall	1973	10
insgesamt 8 Sorten zugelassen		
Erbsen		
(4400 ha Anbaufläche 1986) (5688 ha Vermehrungsfläche 1986)		
Belinda	1983	28
Stehgolt	1980	20
Birte	1975	18
Miranda	1984	8
Amindo	1981	7
insgesamt 16 Sorten zugelassen		

1 = Jahr der Zulassung 2 = %-Anteil an Probefeldern BSE 1986

Versorgung mit Saat- und Pflanzgut und Sortenangebot anderer Kulturpflanzen

1	2	3	4
Mais	62	a	stark verbreitet: Blizzard (230), Bastian (210), Golda (240), Mutin (240), Tau (220), verbreitet: Ass (210), Felix (230), Forla (210)
Kartoffeln			
I. Sehr frühe Sorten	19	1 571	Ukama, Hela, Christa
II. Frühe Sorten			
– Speisesorten	17	652	Sieglinde, Berolina,
– Wirtschaftssorten	4	111	Tempora
III. Mittelfrühe Sorten			
– Speisesorten	38	8 016	Grata, Granola, Hansa
– Wirtschaftssorten	10	803	Thomana, Mentor
IV. Mittelspäte bis sehr späte Sorten			
– Speisesorten	18	1 657	Aula, Saturna, Cosima
– Wirtschaftssorten	17	1 260	Bodenkraft, Amigo
Insgesamt	282	19 531	

1	2	3	4
Runkelrüben	32	a	keine Angaben zur Sortenverbreitung
Zuckerrüben	31	a	keine Angaben zur Sortenverbreitung
Ölfrüchte (vorwiegend Grünnutzung)	46	3 701	Sommerraps (Petranova) > Winterraps (Akela) >> Winterrübsen (Buko) >> Ölrettich (Rauola) > Senf (Steinacher)
Futterleguminosen			
Rotklee	7	a	Perenta
Luzerne	34	a	Luzerne, Persischer Klee, Inkarnatklee
andere Kleearten			Schwedenklee, Weißklee, Hornschotenklee, Alexandrinerklee, Gelbklee
andere Arten			Saatwicke (Bernina) >> Zottelwicke > Lupinen
Futtergräser			
Weidelgras	73	8 339	Dt. Weidelgras (Liprior, Lihersa, Diana) > W. Weidelgras (Lema, Limulta) >> 1j. Weidelgras (Lirasand)
Wiesenschwingel	9	1 418	Cosmos 11 >> Lifelix
Lieschgras	5	889	Landsberger > Phlewiola > Odenwälder
andere Arten			Rotschwingel (Th. Roemer) > Glatthafer (Arel 41) >> Goldhafer (Trisett 51) >> Knaulgras > Wiesenrispe, Straußgras, Rohrschwingel, Sumpfrispe

Spalte 1: Arten und Artengruppen
Spalte 2: Zahl der Zuchtsorten (Stand 1986)
Spalte 3: Inländische Vermehrungsfläche 1986 (ha)
Spalte 4: Rangfolge des Anteils einzelner Arten bzw. Sorten an der inländischen Vermehrungsfläche 1986: deutliche, erhebliche Differenzierung der Vermehrungsfläche
a): Das benötigte Saatgut stammt nur zum kleineren Teil aus inländischer Vermehrung.

Anforderungen an die Beschaffenheit von zertifiziertem Saat- und Pflanzgut nach dem Saatgutverkehrsgesetz in der Fassung von 1986

Pflanzgut von Kartoffeln

Höchstens 8 von 100 Knollen dürfen Viren aufweisen, die schwere Viruskrankheiten hervorrufen.
Kein Befall von Kartoffelkrebs, Bakterienringfäule, Schleimkrankheit oder Kartoffelnematoden.
Noch zulässige Höchstwerte für Schmutz und kranke Knollen in % des Gewichts:

anhaftende Erde und Fremdstoffe	2	
Naß- und Trockenfäule	0,5	zusammen
äußere Fehler; die den Pflanzgutwert beeinträchtigen	2	höchsten 6
Kartoffelschorf	5	

Saatgut sonstiger landwirtschaftlicher Kulturpflanzenarten

Art	Mindest-keim-fähigkeit (in % d. reinen Körner)	Tech-nische Mindest-reinheit (in % d. Gewichts	Korn-Feuchte %	Höchstanteil an Körnern anderer Pflanzenarten[1]) in % d. Gewichts	in Stück
Weizen			16		in 500 g davon andere Getreidearten Unkräuter Hederich Flughafer oder Taumellolch
Roggen	85	98	15,		
Gerste			16		
Hafer			16		
Mais	90	98	14	0	in 500 g kein Besatz
Raps, Rübsen			9	0,3	
Sareptasenf	85	98	10	0,3	
Schwarzer Senf			10	0,3	
Weißer Senf			10	0,3	
Hanf	75	98	10		
Sonnenblume	85	98	10		
Mohn	80	98	10		
Lein	92	98	13		
Ölrettich	80	97	13	1,0	kein Flughafer und Seide
Ackerbohne	85		15		
Futtererbse	80		15		
Luzerne	80	98	12	0,5	
Lupinenarten	80		15		
Wickenarten	85		15		
Kleearten	75–80	95–97	12	1,5	
Grasarten	70–80	75–96	14	1,5	
Kohlrübe	80	98	10	1,0	
Futterkohl	75	98	10	1,0	
Stoppelrübe	80	97		1,0	
Möhre	65	95	13	1,0	
Zuckerrübe[2])			15		
Monogermsaat	80				
Präzisionssaat	75				
and. Saatgut	68–73				
Runkelrübe[2])		97	15		
Monogermsaat					
Präzisionssaat					
and. Saatgut	68–73				

[1]) Darüber hinaus bestehen spezielle Bestimmungen bezüglich des Befalls mit Krankheiten und Schädlingen, des Feuchtigkeitsgehaltes, der Sortierung u. a. m.

[2]) Höchstens 5 % der gekeimten Knäuel dürfen 3 und mehr Keimlinge aufweisen.

Saatmenge, Saattiefe, Saatweite, Saatzeit der wichtigsten Feldfrüchte

Frucht	Saatmenge[1]) kg/ha günstige Saatbedingungen	Saatmenge[1]) kg/ha ungünstige Saatbedingungen	Saattiefe cm	Saatweite cm	Saatzeit
Getreidearten					
Winterroggen	90	160	1–3	10–18	Mitte Sept. bis Anfang Nov.
Sommerroggen	100	170			März
Winterweizen	140	230	3–4	10–18	Mitte Sept. bis Dezember
Sommerweizen	150	270			zeitigste Aussaat
Wintergerste, vierzeilig	110	180		10–18	September
Wintergerste, zweizeilig	120	200	2–4	10–18	
Sommergerste	120	200		10–18	möglichst früh, bis Mitte April
Hafer	100	190	3–5	10–18	möglichst früh
Körnermais					
Einzelkornsaat	15	35	4–8	68 bis 80 × 15–25	Mitte April bis Mitte Mai
Hülsenfrüchte (Körnerbau)					
Saaterbse (großkörnig)	200	300	4–7	20–30	möglichst früh } Febr./März
Felderbse	160	220	4–7	12–25	möglichst früh } Febr./März
Gelblupine	120	170	2–4	18–25	
Blaulupine	130	200	2–4	20–30	März bis April
Weißlupine	180	240	2–5	20–30	
Ackerbohne	160	320	6–12	18–45	möglichst früh, Febr./März
Sommerwicke	90	130	3–5	12–25	früh
Zottelwicke	5–20 kg mit 60–100 kg Roggen				

Ölfrüchte					
Winterraps	2	10	1–2	12–30	Ndtl.: Anf. Aug. bis Ende Aug. Sdtl.: Mitte Aug. bis Anf. Sept.
Sommerraps	4	10	1–2,5	12–30	ab Mitte März
Winterrübsen	7	11	1–2	12–30	Ende Aug. bis Ende Sept.
Sommerrübsen	10	14	1–2,5	12–25	zeitige Frühjahrssaat
Senf	11	15	0,5–2	12–30	Ende März bis Anfang April
Faserpflanzen					
Faserlein	120	160	1–2	12–18	Mitte März bis Ende April
Öllein	70	100	1–2	15–25	Mitte März bis Ende April
Knollen- und Wurzelfrüchte				Standweite	
Kartoffel	2 000	bis 3 000	4–8	75×25–35 bzw. 68×27–38	Mitte März bis 15. Mai
Topinambur	1 000	bis 2 000	6–10	75×45–55	ab Mitte März
Zuckerrübe, Einzelkornsaat	4	8	2–4	40–50× 20–30	Mitte März bis Mitte April
Runkelrübe, Einzelkornsaat	9	14	2–4	40–50× 25–30	Ende März bis Mitte April
Kohlrübe	3	5	1–3	40–50× 20–30	April
Stoppelrübe	1,5	4	0,5–2	20–40	Juli bis Anfang August

[1]) Der Saatgutbedarf in kg/ha läßt sich berechnen nach der Formel

$$\frac{KD \quad TKG \quad 100}{Kf \qquad FA}$$

KD = Keimdichte (angestrebte Zahl von Keimpflanzen/m^2)
TKG = 1000-Korngewicht (g)
Kf = Keimfähigkeit (%)
FA = Feldaufgang (% der keimfähigen Körner)

Die **Saatmenge** hängt ab von Sorte, Tausendkorngewicht, Keimfähigkeit, Triebkraft, Hartschaligkeit (bei Leguminosen), Bestockungsfähigkeit, Lagergefahr, Bedrohung durch Krankheiten und Schädlinge, Saatzeit, Nutzungszweck, allgemeiner Gunst oder Ungunst der Wachstumsbedingungen.

Der Saatgutbedarf ist

bei schlechter Gare und Struktur höher als bei guter,

bei Trockenheit höher als bei ausreichender Keimwasserversorgung,

bei zur Saatzeit ungünstigen Temperaturen höher als bei günstigen,

in Höhenlagen höher als in Tallagen,

bei verspäteter Saat höher als bei Saat zum normalen Termin.

Faustregel: Je Woche Saatzeitverspätung und je 100 m Geländeanstieg gibt man bei Getreide einen Zuschlag von 10–15 kg/ha.

Die optimale **Saattiefe** ist

bei großen Samen größer als bei kleinen,

bei hypogäischer Keimung größer als bei epigäischer,

bei erschwerter Deckung des Keimwasserbedarfs größer als bei guter,

bei geringem Wärme- und Sauerstoffbedarf größer als bei hohem,

bei Vogelfraßgefahr größer als sonst.

Diese Faktoren haben von Fall zu Fall unterschiedliches Gewicht und wirken z. T. gegensinnig.

Die **Saat- bzw. Standweite** hängt ab von Wüchsigkeit und Bestockung, Unkrautkonkurrenz, Lichtbedürfnis, Nutzungszweck, Pflege- und Ernteverfahren.

Die **Saatzeit** hängt ab von Bodenwärme, Frostgefahr, Tageslänge, Vegetationsdauer, Bedrohung durch Schädlinge zu bestimmten Zeiten.

Mittleres Tausendkorngewicht der wichtigsten Samen

Art	g	Art	g
Roggen	30–40	Sommerwicke	60–100
Weizen	40–55	Zottelwicke	40–60
Gerste	40–55	Rotklee	1,75–2,25
Hafer	30–45	Luzerne	2,00–2,15
Mais	200–450	Betarüben	
Ackerbohne	300–700	genetisch monogerm	
Erbse	150–500	pilliert	27–30
Gelblupine	110–150		
Blaulupine	150–190		
Weißlupine	340–520		

Spätsaatverträglichkeit verschiedener Pflanzenarten

Berkner, Forsberg, Hahne, Heuser, Ivensen, Klapp, Remy, Roemer, Vetter

Ertragsabnahme je Woche Saatzeitverspätung

(bis zu 2–5 Wochen nach dem günstigsten Termin)

3–4 %	5–7 %	8–10 %
Winterweizen	Sommerweizen	Wintergerste
Winterroggen	Hafer	Winterraps
Sommergerste	Zuckerrübe	Winterrübsen
Futterrübe	Lupine	
Kartoffel		

Keimtemperaturen der Kulturpflanzen

Pieper und **Fischbeck, Heyland, Knauer**

0–5 °C	6–10 °C	15–20 °C
Getreide	Mais	Tabak
Raps, Rübsen	Hirse	Kürbis
Zuckerrübe	Möhre	Gurke
Senf	Esparsette	
Erbse	Gartenbohne	
Ackerbohne	Kartoffel	
Klee	Buchweizen	
Luzerne	Sonnenblume	
Hanf	Ölkürbis	
Saatwicke		
Mohn		
Lein		

Dauer der Keimfähigkeit landwirtschaftlichen Saatgutes

	Jahre		Jahre
Roggen	1–2	Felderbse	3–5
Hafer	2–3	Linse, Wicke	3–5
Weizen	2–4	Horn-, Sumpfschotenklee	3–5
Gerste	2–4	Luzerne	3–5
Mais	2–3	Lein	2–4
Esparsette, Serradella	2–3	Gräser	2–5
Schwedenklee	2–3	Mohn, Sonnenblume	2–5
Lupine	2–4	Raps, Rübsen, Senf	3–5
Inkarnat-, Wundklee	2–4	Möhre	3–5
Gelb-, Weiß-, Rotklee	3–4	Kohl-, Steckrübe	4–5
Ackerbohne	3–5	Zucker-, Futterrübe	4–6

Ernte-Zeitpunkt und -Erträge in dt/ha*)

Frucht	Körner bzw. Knollen	Stroh bzw. Laub	Ernte-Zeitpunkt (optimal)
Getreidearten			
Winterroggen	40–80	50–90	Mähdrusch (MD) in der Vollreife, wenn Halmknoten nicht mehr grün sind, bei 12–20 % Wasser im Korn
Sommerroggen	35–55	40–70	
Winterweizen	45–90	50–90	
Sommerweizen	40–80	40–80	
Wintergerste	45–90	50–90	
Sommergerste	40–70	40–70	
Hafer	40–75	40–80	MD bei voller Gelbreife der Außenkörner
Körnermais	50–95	50–100	bei glänzend hartem Korn und vertrockneten Lieschen; wenn beim Verdrehen des Kolbens die Körner quietschen
Hülsenfrüchte (Körnerbau)			
Erbse	30–50	20–60	bei Gelbreife des Bestandes
Ackerbohne	30–55	30–70	bei Schwärzung der unteren Hülse
Sommerwicke	20–25	20–40	wenn untere Hülsen hart und dunkelbraun werden und Bestand vergilbt
Zottelwicke	10–22	20–40	
Gelblupine	15–30	20–50	bei Bräunung der Hülsen und Erkennung der typischen Reifefarben der Samen
Blaulupine	15–30	20–50	
Weißlupine	20–40	30–60	
Ölfrüchte und Faserpflanzen			
Winterraps	25–45	60–80	Mähdrusch vom Stengel in der Vollreife mit Seitenschneidwerk
Sommerraps	15–35	50–70	
Winterrübsen	15–25	60–70	
Sommerrübsen	10–20	40–60	
Weißer Senf	14–22	60–70	bei Gelbwerden der Schoten
Sonnenblumen	25–40	70–100	Vollreife
Faserlein	9–18	40–60	Gelbreife (Stengel zeisiggrün)
Öllein	17–35	20–40	Vollreife
Knollen- und Wurzelfrüchte			
Kartoffeln	300–600	50–120	nach Verwelken des Krautes; bei schalenfester Knolle
Zuckerrübe	400–800	300–600	Oktober/November
Runkelrübe			
Massentyp	700–1300	100–300	
Gehaltstyp	600–1100	150–400	
Zuckerfuttertyp	400–800	200–400	
Kohlrübe			Oktober bis Dezember
Hauptfruchtanbau	500–1000	100–170	
Zweitfruchtanbau	400–800	100–170	
Stoppelrübe	170–400	30–90	

*) Extremwerte sind nicht genannt. Die Erträge können in etwa 10 % aller Fälle höher bzw. niedriger liegen.

Korn : Stroh-Verhältnis bzw. Wurzel : Laub-Verhältnis

Das Korn : Stroh- bzw. Wurzel : Laub-Verhältnis kann durch eine Vielzahl von Faktoren verschoben werden. Es ist z. B. unter feuchten Bedingungen weiter als unter trockenen, bei hoher N-Düngung weiter als bei niedriger und bei niedrigem Ertragsniveau weiter als bei hohem.

Korn bzw. Wurzel = 1

Mehlfrüchte

Winterweizen	0,9
Sommerweizen	1,0
Winterroggen	1,4
Sommerroggen	1,6
Wintergerste	1,0
Sommergerste	1,1
Hafer	1,2
Mais	1,6

Hülsenfrüchte

Erbse	1,4
Ackerbohne	2,0
Gartenbohne	1,1
Sojabohne	1,4
Saatwicke	1,5
Linse	1,0
Gelblupine	1,9
Blaulupine	1,4
Weißlupine	1,7

Ölfrüchte

Winterraps	1,7
Sommerraps	2,0
Winterrübsen	1,9
Sommerrübsen	1,9
Weißer Senf	2,0
Mohn	2,2
Sonnenblume	4,1
Ölrettich	2,0

Knollen- und Wurzelfrüchte

Kartoffel	0,4
Runkelrübe	0,3
Zuckerrübe	0,8
Kohlrübe	0,2
Möhre	0,4
Zichorie	0,6
Topinambur	0,8

Faserpflanzen

Faserlein	5,0
Öllein	1,8
Hanf	7,6

Hopfenbau

Neubearbeitet von **Franz Gmelch,** Dipl.-agr.-Ing., und **Georg Roßbauer,** Dipl.-agr.-Ing., Bayerische Landesanstalt für Bodenkultur und Pflanzenbau – Hopfenforschung und Hopfenberatung – Wolnzach/Hüll

Allgemeines:

Von der Hopfenproduktion werden ca. 99,5 % für die Bierherstellung verwendet. Ca. 0,5 % werden in der Pharmazie (beruhigende Wirkung) und als Geschmacksbereicherung für einige Liköre und Schnäpse verbraucht.

Bedeutung der Inhaltsstoffe des Hopfens für das Bier:

- Bitterstoffe (bewertet in % Alpha-Säuren): bitterer Geschmack, Schaumbildung, Haltbarkeit.
- Aroma (verschiedene ätherische Öle): Geruch und Geschmack des Bieres, sowie sein Aroma.
- Gerbstoffe: Konservierung und Klärung des Bieres.

Die Hopfengabe beträgt im Durchschnitt ca. 125 g Trockenhopfen je 100 l Bier.

Hopfengabe zu unterschiedlichen Biersorten je 100 l Bier:

helles Lagerbier	100–150 g
helles Exportbier	140–190 g
Pils-Bier	250–350 g
dunkles Bier	100–150 g
Märzenbier	120–170 g
Weizenbier	100–150 g

Hopfenanbauflächen und Hopfenernten der Welt und des Reichs- bzw. Bundesgebietes Deutschland

Jahr	Anbaufläche (ha)		Hopfenernte Welt		Hopfenernte Deutschland	
	Welt	Deutschland	dt gesamt	dt/ha	dt gesamt	dt/ha
1885	119 513	47 390	879 500	7,36	332 011	7,00
1910	94 761	27 466	783 500	8,27	197 000	7,17
1930	57 788	13 074	612 150	10,59	112 650	8,62
1950	48 272	6 832	687 866	14,25	96 322	14,10
1970	70 666	12 790	1 025 887	14,52	267 516	20,02
1980	87 180	17 954	1 189 741	13,65	268 925	14,98
1982	97 462	19 985	1 461 155	14,99	424 880	21,26
1984	92 821	19 628	1 287 282	13,87	355 607	18,12
1985	86 855	19 598	1 240 499	14,28	356 969	18,21
1986	84 159	19 647	1 125 632	13,38	341 547	17,38

Quellen: Rebl, Internationales Hopfenbaubüro, EG-Berichte, Barth-Berichte, statistische Berichte, Marktberichte des Hopfenpflanzerverbandes.

Hopfenbau in Deutschland, der EG und den wichtigsten Ländern der Welt 1986

Anbaugebiet	Anbaufläche		Zahl der	Fläche je Betrieb	Ertrag	Erzeugung	
Anbauland	ha	%	Betriebe	ha	dt/ha	dt	%
Hallertau	16 682	19,8	3 620	4,61	17,7	294 745	26,2
Jura	693	0,8	113	6,13	18,8	13 005	1,1
Spalt	850	1,0	553	1,54	15,6	13 235	1,2
Hersbruck	139	0,2	101	1,38	13,4	1 859	0,2
Tettnang	1 266	1,5	457	2,77	14,5	18 396	1,6
Baden	8		1	8,00	16,2	307	
Rheinpfalz	11		2	5,50			
Deutschland	19 649	23,3	4 847	4,05	17,4	341 547	30,3
Frankreich	600	0,7			17,9	10 750	1,0
Belgien	568	0,7			17,8	10 087	0,9
England	4 232	5,0			12,0	50 712	4,5
Irland	34	0,1			5,0	172	
Spanien	1 714	2,0			11,7	20 005	1,8
Portugal	163	0,2			20,2	3 294	0,3
Europäische Gemeinschaft	29 960	32,0			16,2	436 567	38,8
DDR	2 370	2,8			16,1	38 070	3,4
CSSR	11 950	14,2			8,4	100 150	8,9
Polen	2 433	2,9			11,1	27 000	2,4
Jugoslawien	3 318	3,9			13,6	45 040	4,0
UdSSR*)	15 300	18,2			7,0	107 000	9,5
USA	10 098	12,0			22,0	222 341	19,7
China*)	3 500	4,2			14,3	50 000	4,4
Japan	1 011	1,2			19,6	19 779	1,8
Übrige	7 219	8,6			11,0	79 685	7,1
Welt 1986	84 159	100,0			13,4	1 125 632	100,0

Quelle: Statistische Berichte, EG-Berichte, Marktberichte des Hopfenpflanzerverbandes, IHB-Berichte, Barth-Berichte. *) = Schätzung

Eigenschaften der in Deutschland angebauten Hopfensorten

Sorte	Anteil an der Fläche des Bundesgebietes 1986 %	Reifezeit	Durchschnittsertrag dt/ha	Qualität: Aroma	Qualität: Alpha-Säuren lufttrocken %	Anfälligkeit gegen: Welke	Anfälligkeit gegen: Peronospora	Anfälligkeit gegen: Blattläuse
1. Aromahopfen								
Hallertauer	9,2	mittelfrüh	16,0	sehr gut	5,0	sehr stark	sehr stark	mittel
Spalter	1,3	mittelfrüh	15,0	sehr gut	5,0	gering	mittel	mittel
Tettnanger	4,8	mittelfrüh	16,5	sehr gut	5,3	gering	mittel	mittel
Hersbrucker	27,2	mittelspät	20,0	sehr gut	4,5	gering	mittel bis stark	mittel
Hüller	5,2	mittelspät	16,0	gut	5,6	sehr gering	gering	mittel
Perle	8,3	mittelspät	21,0	sehr gut	7,0	sehr gering	gering	mittel
2. Bitterstoffhopfen								
Northern Brewer	28,7	mittelfrüh	19,0	gering	8,0	sehr gering	mittel	stark
Brewers Gold	13,2	spät	26,0	sehr gering	7,0	mittel bis stark	sehr stark	stark
Record	1,7	mittelspät	16,0	gering	6,9	sehr gering	mittel	stark
Orion	0,4	mittelspät bis spät	21,0	mittel bis gering	9,0	sehr gering	gering	mittel

Anbau

Pflanzweiten

Die Sorten haben zur bestmöglichen Entwicklung unterschiedlichen Platzbedarf.

Reihenabstand (m) × Abstand in der Reihe (m)

Hopfensorte	Aufleitungen je ha (ohne Vorgewende)	Anlagensystem Normalanlage	Weitraumanlage** mit Einzelstockaufleitung	Weitraumanlage** mit Doppelstockaufleitung
Aufleitdrähte pro Pflanze		1	1	2
Hallertauer, Perle, Spalter, Tettnanger, Record, Orion, Northern Brewer	4 464	1,60 × 1,40	3,20 × 0,70	3,20 × 1,40
Hersbrucker, Hüller	3 906	1,60 × 1,60	3,20 × 0,80	3,20 × 1,60
Brewers Gold	3 676	1,60 × 1,70	3,20 × 0,85	3,20 × 1,70

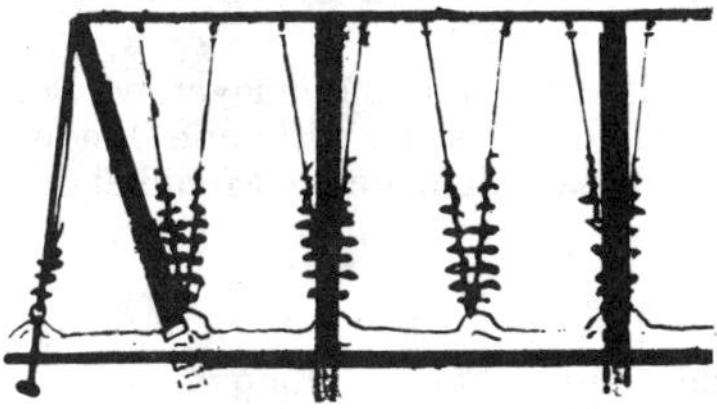

Weitraumanlage

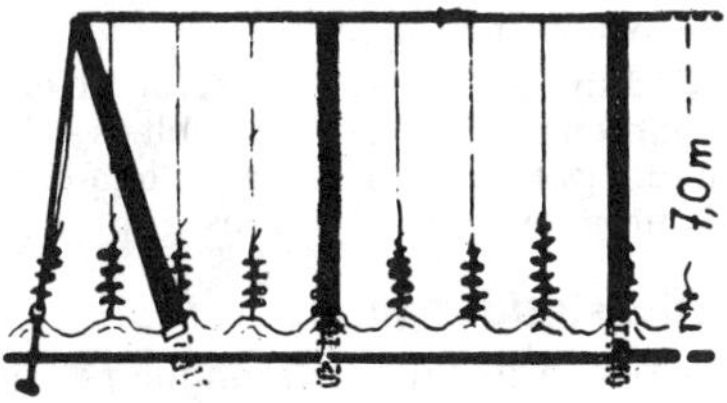

Normalanlage

** Weitraumanlagen ermöglichen bei gleichem Ertrag den Einsatz von Schleppern mit normaler Spurbreite und haben dadurch, sowie durch die niedrigere Stockzahl je ha einen geringeren Arbeitsaufwand.

Bodenerosion

Bodenerosion im Hopfenbau kann in Hanglagen einen erheblichen Umfang einnehmen. Nach Versuchen kann eine Einsaat von Gründüngung diese Bodenerosion erheblich vermindern, in erster Linie mit 15–20 kg/ha Raps Ende Juli (also ca. 4 Wochen vor Hopfenernte); der sich im Herbst kräftig entwickelnde Bestand schützt den Boden und liefert organische Substanz.

Düngung

Die Höhe der Düngung zu Hopfen richtet sich nach dem Nährstoffentzug des Hopfens und dem Nährstoffversorgungszustand des Bodens.

Nährstoffentzug des Hopfens bei einem Ertrag von 20 dt/ha Trockenhopfen

Stickstoff	150 kg/ha N	Magnesium	40 kg/ha MgO
Phosphat	45 kg/ha P_2O_5	Kalk	190 kg/ha CaO
Kali	160 kg/ha K_2O		

Phosphat-, Kali- und Magnesiumdüngung

Grundlage ist die Ermittlung der Nährstoffversorgung des Bodens durch die Bodenuntersuchung. Die Einteilung erfolgt in verschiedene Gehaltsstufen (siehe Seite 246ff.).

Angestrebt werden soll die Gehaltsstufe hoch. Bei einer mittleren oder niedrigen Nährstoffversorgung des Bodens soll in der Bemessung der Düngergabe ein Zuschlag zur Entzugsdüngung gemacht werden, bei sehr hoher oder extrem hoher Versorgung ein Abzug.

Empfohlene Düngermenge bei den verschiedenen Versorgungsstufen in kg/ha Reinnährstoff

Gehaltsstufe	P_2O_5	K_2O	MgO
niedrig	135	260	80
mittel	85	210	60
hoch	45	160	40
sehr hoch	25	80	20
extrem hoch	0	0	0

Anzustrebende pH-Werte:	schwere Böden	6,5–6,9
	mittlere Böden	6,3–6,5
	leichte Böden	5,3–6,2

Sind diese pH-Werte erreicht, genügt eine laufende Erhaltungskalkung von ca. 500 kg/ha CaO.

Niedrigere pH-Werte sollen durch eine Aufkalkung angehoben werden. Bei höheren pH-Werten empfiehlt es sich, physiologisch sauer wirkende Düngemittel (z. B. schwefelsaures Ammoniak) zu verwenden, um die Mobilität der Spurenelemente zu verbessern.

Stickstoffdüngung

Die Höhe der Stickstoffdüngung sowie deren zeitliche Verteilung richtet sich nach der Sorte, um dem unterschiedlichen Wachstumsverlauf gerecht zu werden.

Sorte	N-Gesamt kg/ha	Zeitpunkt zeitiges Frühjahr	Zeitpunkt Ende Mai	Zeitpunkt Ende Juni	Zeitpunkt Anfang Juli
Hallertauer	180–200	½	¼	¼	–
Record	200–220				
Perle, Orion	200–220	⅓	⅓	⅓	–
Tettnanger, Spalter	180–220	⅓	⅓	⅙	⅙
Hersbrucker, Hüller	180–200	⅓	⅓	–	⅓
Brewers Gold	200–220				
Northern Brewer	200–220	⅔	⅓	–	–

Organische Düngung

Zur Erhaltung der Bodenfruchtbarkeit ist eine regelmäßige Zufuhr organischer Stoffe (Stallmist, Flüssigmist, organisch-mineralische Handelsdünger, Rebenhäcksel, Klärschlamm) notwendig. Anrechenbarkeit der Nährstoffe siehe Kapitel organische Düngung Seite 211ff.

Betriebswirtschaft

Kapitalbedarf und Festkosten eines durchschnittlichen Hopfenbaubetriebes mit einer Hopfenfläche von 5 ha für Spezialmaschinen, Spezialgebäude und Anlagen zu Preisen von 1987.

	Neuwert insges. DM	Neuwert DM/ha	Festkosten (ohne Zinsansatz) DM/ha/Jahr
Gerüstanlagen	165 000	33 000	1 320
Pflanzung	25 050	5 010	251
Hopfenschlepper 41 kW	33 000	6 600	509
Pflug	1 400	280	20
Grubber	650	130	9
Aufdeckgerät (½ Anteil)	2 250	450	45
Leiter zum Nachleiten	550	110	8
Kanzel (½ Anteil)	1 600	320	22
Spritze (1 000 l/60 000 m^3)	11 000	2 200	220
Pflückmaschine 170 S	84 000	16 800	865
Kastenaufzug	14 500	2 900	203
Darreinrichtung 9 m^2	22 200	4 440	229
Presse	3 800	760	53
Spezialgebäude	160 000	32 000	1 056
Insgesamt	525 000	105 000	4 810

Deckungsbeitrag für den Betriebszweig Hopfen
Marktleistung des Hopfens 1982–1986

(Vollertragsflächen, Durchschnitt aller Sorten und Anbaugebiete der Bundesrepublik)

Jahr	Ertrag dt/ha	Marktleistung inkl. MWSt. DM/ha
1982	22,10	15 925
1983	18,90	15 470
1984	18,30	15 935
1985	18,55	16 373
1986	18,10	14 139
Ø	19,1	15 568

Quelle: EG-Berichte

Variable Kosten
(Vollertragsflächen, Durchschnitt der Sorten)

	DM/ha	DM/ha
Düngemittel	735,–	
Pflanzenschutzmittel	1 435,–	
Variable Gerüstkosten	330,–	
Auflaufdraht	667,–	
Variable Maschinenkosten	1 642,–	
Trocknungskosten	384,–	
Versicherungen	626,–	
Lohnaufwand für nichtständige AK	770,–	
Steuern, Gebühren, Vermarktungskosten	184,–	
		6 773,–
Deckungsbeitrag je volles Erntejahr		8 795,–

Verarbeitung
Verarbeitungs- bzw. Umwandlungsprodukte des Naturhopfens

Umwandlungsprodukte	Bestandteile	Herstellung
Hopfenpulver	alle natürlichen Bestandteile des Hopfens	durch mech. Vermahlen der Hopfendolden nach vorhergehender nochmaliger Trocknung auf 4 bis 5% Wassergehalt
Lupulin, angereichertes Hopfenpulver	alle Stoffe des Naturhopfens, jedoch vermindert um einen Teil der Doldenblätter mit Spindeln	durch mechanisches Zerkleinern der Hopfendolden, anschließende Tiefkühlung (−35 °C) und mech. Abtrennen der Spindeln und eines Teiles der Hopfenblätter
Hopfenextrakte	Bitterstoffe und ein gewisser Anteil an ätherischen Ölen, sowie Gerbstoffe in unterschiedlichem Anteil je nach Zumischung von Heißwasserextrakt	durch organische Lösungsmittel (Bitterstoffe) und Heißwasser (Gerbstoffe)
CO_2-Extrakt	Bitterstoffe und alle ätherischen Öle (Aroma)	durch CO_2 im überkritischen Druck

Tabakbau

Neubearbeitet von Dr. **J. A. Schmidt,** Direktor, Landesanstalt für Pflanzenbau Forchheim, 7512 Rheinstetten bei Karlsruhe

Allgemeine Übersicht über den Anbau in der Bundesrepublik Deutschland

Sorten	Bad. Geudertheimer Forchheimer Zigarrengut-Neuzüchtungen*)	Bad. Burley E Forchheimer Burley-Neuzüchtungen*)	Forchheimer Virgin Aurea, Virgin-Neuzüchtungen*)
Anbaugebiete	Baden-Württ. Rheinland-Pfalz	Baden-Württ. Rheinland-Pfalz Bayern (Franken) Hessen	Baden-Württ. Rheinland-Pfalz Bayern (Franken) Niedersachsen Schlesw.-Holst.
Anbaufläche 1986**)	1 555 ha	1 114 ha	484 ha
Durchschnittserträge 1970/80**)	27 dt/ha	24 dt/ha	16 dt/ha
Bodenart	sL, L	S, lS	S, lS
pH-Wert	6,2–7,2	5,5–6,0	5,5–6,0

*) Einschließlich peronosporaresistente Neuzüchtungen der Landesanstalt für Pflanzenbau Forchheim.

**) Quelle: Bundesverband deutscher Tabakpflanzer e. V., 6830 Schwetzingen.

Setzlingsanzucht

Warm- oder Kaltbeete mit Glasfensterabdeckung oder Folienhäuser. Für 1 ha Anbaufläche 30–40 Fenster bzw. 45–60 m² Saatbeetfläche.

Herrichten des Saatbeetes

Desinfektion der Saatbeetanlage einschl. Saatbeetfenster gegen Peronospora- und andere Krankheitserreger 4–6 Wochen vor der Aussaat mit M&ENNO-TER-forte (0,5%) oder Orbiplant Spezial (1%).

Füllen des Saatbeetes

Entweder mit 12–15 cm Stallmist, darüber 3 cm Sand, darüber 7 cm Einheitserde oder mit 12–15 cm Komposterde (gedämpft), darüber 7 cm Einheitserde. 1 m³ Einheitserde bei 7 cm Füllhöhe ausreichend für 10 Saatbeetfenster oder 15 m² Saatbeetfläche.

Aussaat 10.–20. März

Saatmenge und Setzlingsbedarf

Je Fenster (1,5 m²) 0,2 g Saatgut, für 5 Fenster 1 g, in Wasser gründlich umrühren und mit Gießkanne (grobe Brause) sofort ausbringen. Diese Dünnsaat erspart das Auslichten zu dicht stehender Sämlinge und vermindert Gefahr von Krankheitsbefall.
Setzlingsbedarf bei üblichen Pflanzweiten von 62,5 x 50 cm 32000 Pflanzen je ha, nach Abzug der Erntewege noch 28000 Pflanzen je ha.

Pflanzenschutzmaßnahmen im Saatbeet

Sie beginnen bei Pfenniggröße der Pflänzchen vorbeugend mit: RIDOMIL TK (0,15%; 200 ml Brühe/m^2, 2. Behandlung 3–5 Tage vor dem Auspflanzen), oder zweimal wöchentlich mit PHYTOX-STAUB (3–4 g/m^2), ANTRACOL, MANEB-Mitteln (0,05%; 200 ml Brühe/m^2).

Behandlungen so vornehmen, daß Luft- und Bodenfeuchte in den Anzuchtkulturen niedrig bleiben.

Sämtliche Tabaksorten, aus Sicherheitsgründen auch die blauschimmelresistenten Sorten, im Anzuchtbeet mitbehandeln.

Fruchtfolge

Weitgestellt, höchstens alle 5 Jahre Virgin-Tabake, keine dem Tabak verwandte Arten, z.B. Kartoffel, unmittelbar vor Tabak anbauen.

Organische Düngung und Bodenbearbeitung

Stallmist (200–300 dt/ha), ausgenommen Virginanbau, zur Vorfrucht oder Gründüngung als Zwischenfrucht mit einer Startdüngung von 30–50 kg/ha N (s. S. 211, 217). Tiefe Winterfurche, im Frühjahr Boden nur lockern.

Mineralische Düngung des Tabaks

Anstelle der früher reichlich bemessenen Düngergaben ist es heute ökologisch und ökonomisch notwendig, genaue Nährstoffbilanzen zu erstellen, in denen die tatsächlich vom Feld entnommenen bzw. wieder zurückgeführten Nährstoffmengen berücksichtigt werden. Die Höhe der mineralischen Düngung richtet sich somit nach der Höhe des Nährstoffentzugs und dem Versorgungsgrad des Bodens bei hoher Bodenfruchtbarkeit und optimaler Nährstoffversorgung.

Versorgung des Bodens mit Grundnährstoffen

Die Grunddüngung mit Phosphat, Kalium, Magnesium und Bor kann, außer auf sehr leichten Böden, schon im Herbst vorgenommen werden. Um zu beurteilen, in welcher Höhe eine Düngung mit den Grundnährstoffen erforderlich ist, sollte alle 3–4 Jahre eine Bodenuntersuchung durchgeführt werden. Der Analysenbefund gibt über die Versorgungssituation des Bodens Auskunft und führt zu entsprechenden Düngungsempfehlungen.

Anzustrebende Nährstoffgehalte, Stufe C optimale Versorgung

	leichte Böden	mittlere Böden	schwere Böden
mg P_2O_5/100 g Boden	21–35	21–35	25–40
mg K_2O*)/100 g Boden	13–25	26–40	31–50
mg MgO/100 g Boden	7–10	13–20	15–25
mg B/100 g Boden	0,8–1,0	0,8–1,0	1,0–1,3

*) Für die K_2O-Düngung nur chloridfreien Dünger verwenden

Kalkversorgung

Der Kalkgehalt*) im Boden wird durch den pH-Wert angegeben. Je nach Bodenart bietet ein anzustrebender pH-Bereich die Gewähr für beste Nährstoffverfügbarkeit und hohe biologische Aktivität des Bodens.

Anzustrebender pH-Bereich

Sand, lehmiger Sand	5,3–6,0 pH
sandiger Lehm	6,1–6,7 pH
Lehm	6,8–7,2 pH

*) Gesundkalkung von mittleren und schwereren Böden mit Kalkmengen über 20 dt/ha ist zur Vorfrucht vorzunehmen.

Stickstoffdüngung

Tabak nimmt überwiegend den Stickstoff in Nitratform auf, das durch die mikrobielle, witterungsabhängige Bodennitrifizierung aus Ammonium über Nitrit gebildet wird. Das sehr leicht lösliche Nitrat wird besonders im unbewachsenen Feld, bei entsprechender Sickerwasserbewegung, in tiefere Bodenschichten verlagert und gelangt in das Grundwasser.

Die Höhe der N-Düngung ist der Tabakvarietät anzupassen, um Qualitätstabake zu produzieren. Der jeweilige N-Bedarf, als Sollwert bezeichnet, wurde durch mehrjährige Entzugsversuche ermittelt.

N-Sollwerte für Tabakvarietäten

Geudertheimer und Burley	200 kg N/ha
Virgin	50–60 kg N/ha

Grundsätzlich ist der im Boden vorhandene NO_3-N vor der 1. N-Düngung zu bestimmen und der hieraus resultierende Wert vom Sollwert abzuziehen.

Die bisher im April übliche 1. mineralische N-Düngung entfällt.

Die 1. N_{min}-Bodenuntersuchung soll kurz vor dem Auspflanzen in einer Bodentiefe bis 60 cm erfolgen. Danach wird die mineralische N-Düngung nach der o. a. Berechnung in zwei oder drei Gaben, zuerst mit langsam-, später mit schnellfließendem N ausgebracht. Der größte N-Bedarf liegt beim Schossen, das ca. 7 Wochen nach dem Auspflanzen erfolgt. Da der N-Sollwert von Virgin bereits durch die 1. N_{min}-Bodenuntersuchung oft gedeckt wird, erübrigt sich für diese Tabakvarietät die mineralische N-Düngung.

Mittels einer 2. N_{min}-Bodenuntersuchung wird der nach der Ernte im Boden vorhandene Nitrat-Stickstoff bestimmt. Ist die Bilanzierung richtig erstellt, muß diese einen niedrigen N-Restwert im angeführten Bodenprofil aufweisen.

Die Bilanz muß außerdem die auf dem Feld zurückbleibenden Nährstoffe erfassen, welche bei Tabak durch Stengel, Blütenstände, Geizen und Wurzeln ausgewiesen werden.

Auf dem Felde verbleibende Nährstoffe

			kg/ha		
Sorten	N	P_2O_5	K_2O	CaO	MgO
Geudertheimer	120 (100)*	20 (15)	195 (120)	115 (75)	10 (5)
Burley	130 (100)	25 (15)	220 (100)	120 (70)	10 (5)
Virgin	65 (50)	15 (10)	120 (75)	95 (60)	5 (3)

( )* = ohne Stengel, die in Einzelfällen vom Feld entfernt werden

Eine entsprechende Bilanzierung ist auch für Fruchtfolgepflanzen und Gründüngung notwendig. Mikronährstoffe nach Entzug (s. S. 224) ergänzen.

Pflanztermin, je nach Lage, Ende April bis Mitte Juni

Nachpflanzen der Fehlstellen innerhalb von 7–10 Tagen. Dazu ca. 10% Reservepflanzen in die Pflanzreihen setzen. Restpflanzen zur Verhinderung von Krankheitsherden aus Saatbeet bis 31. Mai entfernen und vernichten.

Pflegemaßnahmen

Mehrmaliges Hacken oder Anwenden von Patoran in der Woche vor dem Auspflanzen (s. S. 341).

Köpfen (von Hand oder mit Köpfmaschine)

1. Bad. Geudertheimer, Perega u.a.: Bei Vollblüte bzw. zum Zeitpunkt der Sandblatternte.
2. Bad. Burley E, Forchheimer Burley B 5, Bursanica, Burlina u.a.: Nach Sandblatternte, d.h. bei Vollblüte. Bei witterungsbedingtem hohem N-Schub später oder gar nicht.
3. Forchheimer Virgin Aurea, Perevi u.a.: Im allgemeinen nicht köpfen, sonst bei Vollblüte.

Geizen

Entfernen bis auf 2–3 obere Geizen, diese wachsen lassen, wodurch zusätzlich Stickstoff entzogen wird.

Beregnung

Bereits in der Anfangsentwicklung ist für genügend Bodenfeuchte zu sorgen, um Trockenstreß zu vermeiden. Ab Schossen (kniehoher Bestand) bis zur Sandblatternte ab einer Bodenfeuchte von 50–60% des nutzbaren Wasser. Höhe der Regengaben 15–20 mm. Benötigte zusätzliche Wassermenge im Mittel der Jahre 60–80 mm.

Ernte, Geudertheimer und Burley

Bei bestimmtem sortentypischem Reifegrad Einzelblatternte in folgenden Stufen:

1. Grumpen	(Primings)	2–3 Blätter
2. Sandblatt 1	(Lugs)	3–4 Blätter
Sandblatt 2	(Lugs)	3–4 Blätter
3. Hauptgut	(Leaves)	5–7 Blätter
4. Obergut	(Tips)	3–4 Blätter

Virgin

8–9 Erntedurchgänge mit je 2, teilweise je 3 Blättern

Aufarbeitung für die Trocknung

Einnähen für die Lufttrocknung in Maschinenarbeit, bei Virgin, einpacken der Blätter lose in Metallrahmen (Racks), je ca. 40 kg Grüngut.

Trocknung

a) Lufttrocknung in herkömmlichen Jalousienschuppen, neuzeitlichem Schuppen mit halbautomatischer Aufhängevorrichtung, Folienschuppen mit UV-stabilisierter Folie (Stärke 0,15–0,18 mm). Folienbedarf für 100 m langen Schuppen (für 1 ha Anbaufläche) 200 x 6 m.
   Raumbedarf 1000 m^3 für 1 ha Anbaufläche.

b) **Heißlufttrocknung** für Virgintabak
Bulk-Curing-Anlage, Raumbedarf: je ha Anbaufläche 20 m^3.

Sortierung, Verkauf

Abhängen im für die Fermentation günstigen Feuchtigkeitszustand. Hauptsortierung von Grumpen, Sandblatt und Hauptgut in Güteklassen I–III entsprechend den Richtlinien der EG-Rohtabakmarktordnung.

Büscheln der luftgetrockneten und Virgintabake, oder verpacken in kleine Losblattballen, 2 Größen: 12 und 25 kg.

Verkauf ausschließlich aufgrund von Anbau- und Lieferverträgen.

Indexzahlen zur Errechnung der Preise für die einzelnen Ernteanteile und Güteklassen

(Verordnung EWG Nr. 1728/70, Anhang I der Kommission vom 25. 8. 1970)

Sorte	Ernteanteile	Indexzahlen im Verhältnis zu den Preisen der Bezugsqualitäten (Hauptgut Kl. I = 100) Klasse I	Klasse II	Klasse III
Bad. Geudertheimer	Grumpen	90	73	58
	Sandblatt	109	88	71
	Hauptgut	100	82	70
	Obergut	67	–	–
Bad. Burley	Grumpen	114	89	56
	Sandblatt	122	98	76
	Hauptgut	100	77	59
	Obergut	50	–	–
Virgin	ges. Erntegut	100	57	22

Unkrautbekämpfung

Als Herbizid ist Patoran in der Aufwandmenge von 2 kg/ha zugelassen. Das Mittel wird in der Woche vor dem Auspflanzen auf die feinkrümelig hergerichtete Ackerfläche gespritzt. Die Bodenoberfläche sollte feucht sein.

Fachliteratur über den Tabakanbau

Landesanstalt für Pflanzenbau Forchheim, 7512 Rheinstetten 4, Kutschenweg 20, Fachzeitschrift „Der Deutsche Tabakbau", Erscheinungsweise monatlich, Mainzer Verlagsanstalt und Druckerei Will und Rothe GmbH & Co. KG., Große Bleiche 44–50, Postfach 3120, 6500 Mainz 1.

Arbeitszeitbedarf je Hektar für luftgetrocknete Tabake und Virgin

(Quelle: KTBL, 6100 Darmstadt-Kranichstein, „Datensammlung – Tabakbau", 4. Auflage 1986)

	Geudertheimer		Burley		Virgin	
	geringe Mechanisierungsstufe	hohe Mechanisierungsstufe	geringe Mechanisierungsstufe	hohe Mechanisierungsstufe	geringe Mechanisierungsstufe	hohe Mechanisierungsstufe
	AKh	AKh	AKh	AKh	AKh	AKh
Herrichten der Anzuchtbeete, Desinfektion, Aussaat, Pflege	43	43	43	43	43	43
Herrichten des Feldes einschl. Düngerstreuen	14	14	14	14	13	7
Pflanzen ziehen, anfahren und setzen	74	68	74	68	74	68
Pflege der Kultur einschl. Kontrollgang, Maschinenhacken, anschl. hacken von Hand ohne chemische Unkrautbekämpfung	115	–	115	–	115	–
Hacken mit Pendelhacke und anschl. hacken von Hand ohne chemische Unkrautbekämpfung	–	78	–	78	–	72
Beregnung	6	6	6	6	6	6
Pflanzenschutzmaßnahmen	2	2	2	2	2	2
Köpfen und geizen von Hand	65	–	65	–	65	–
Köpfen und geizen mit Maschine (Fremdmaschine)	–	4	–	4	–	2
Ernten von Hand, ablegen und bündeln, abfahren, einnähen, aufhängen, Lufttrocknung	625	–	625	–	–	–
Ernten von Hand, seitl. Abtransport mit Ernteband, einnähen auf dem Ernteband, ablegen, abfahren, aufhängen, Lufttrocknung	–	451	–	451	–	–
Ernten von Hand, ablegen auf Wagen abfahren, einlegen in Racks, einlegen in Bulk-Trocknungsanlage, Heißlufttrocknung	–	–	–	–	435	–
Ernten mit halbautomatischer, selbstf. Maschine, einlegen in Racks, abfahren, einhängen in Bulk-Trocknungsanlage, Heißlufttrocknung	–	–	–	–	–	315
Marktaufbereitung: Abhängen, entfädeln bzw. aushängen, sortieren nach Ernteanteilen und Güteklassen, umsetzen, Verkauf	400	400	470	470	270	170
Ernterückstände einfräsen, pflügen	9	9	9	9	9	4
Summe	1 353	1 075	1 423	1 145	1 032	689

Weinbau

neubearbeitet von Ltd. Reg.-Dir. **E. Kadisch,** Landes-Lehr- und Versuchsanstalt und Berufsbildende Schule Bad Kreuznach

Rebfläche in der Bundesrepublik Deutschland in ha

In den Jahren:	1972	1982	1983	1985	1986
Bestockte Rebfläche:	93674	96878	98386	99806	–
Rebfläche im Ertrag:	77551	89022	90372	93020	93059

(Deutscher Weinbauverband)

Anteile der Hauptrebsorten an der gesamten bestockten Fläche

Weiße Rebsorten	1972 %	1985 %	Rote Rebsorten	1972 %	1985 %
Müller Thurgau	26	25	Portugieser	6	3
Riesling	23	20	Blauer Spät-		
Silvaner	21	8	burgunder	4	4
Ruländer	3	3	Trollinger	2	2
Morio Muskat	3	3	Sonstige Rebsorten	10	4
Scheurebe	2	4			
Kerner	–	7			
Sonstige Rebsorten	8	17			

Insgesamt sind in der Bundesrepublik Deutschland klassifiziert: 41 weiße und 15 rote Rebsorten und 10 Unterlagen.

Weinmosternten, Pro-Kopf-Verbrauch, Rebfläche versch. Länder

Land	Durchschnittliche Weinmosternte in 1000 hl			Ges. Rebfläche 1000 ha	jährl. Verbrauch pro Kopf/Liter		
	Ø1975/79	1982	1985	1985	1975	1982	1985
Bundesrep. Deutschland	8708	5403	5402	99	24,3	24,8	25,4
Frankreich	66614	79200	69249	1064	93,0	86,0	79,4
Großbritannien	–	–	–	–	9,0	7,2	9,5
Italien	71276	72648	63000	1108	91,0	82,8	81,6
Österreich	2868	4906	1126	58	40,0	35,0	34,3
Schweiz	1041	1835	1164	14	45,0	48,4	47,8
USA	15326	–	17203	294	8,0	8,4	9,2
Griechenland	5283	5470	4559	168	42,0	44,0	37,3
Spanien	32622	37263	31271	1633	70,0	57,0	48,0
Portugal	–	–	9744	387	–	84,0	87,0
Japan	–	–	459	28	0,3	0,5	0,47

Deutscher Weinbauverband; Stand: 1. 5. 87

Entzug der Kernnährstoffe kg/ha durch Ertragsreben (Laub, Holz, Trauben)

Traubenertrag Ø dt/ha	N	P_2O_5	K_2O	CaO	MgO
100–120	90	30	100	80	25

Hierbei sind Ausnutzungsgrad, Festlegung und Versickerung von Nährstoffen nicht berücksichtigt! Je nach Wuchskraft, Ertrag und Bodenart schwanken diese Werte.

Entzug der Spurennährstoffe in g/ha durch Ertragsreben

nach **Gärtel**

Mostertrag hl/ha	Bor B	Zink Zn	Mangan Mn	Kupfer Cu	Eisen Fe
100	80–150	100–200	80–160	60–120	430–875

Grenzwerte für die Beurteilung des Nährstoffgehaltes von Weinbergsböden

Gehaltsstufe	mg je 100 g Boden DL-Methode P_2O_5	mg je 100 g Boden DL-Methode K_2O	$CaCl_2$-Methode Mg	ppm Heiß-Wasser-Methode Bor
A sehr gering	< 10	< 15	< 6	< 0,40
B gering	10–20	15–30	6–12	0,41–0,80
C mittel	21–35	31–50	13–20	0,81–1,20
D hoch	> 35	> 50	> 20	> 1,20

Als erstrebenswert für Weinbergsböden müssen die Werte der Endstufe C angesehen werden bei einer pH-Zahl von 6,0–7,0. Für Rebschulen genügen Werte der Stufe B. Übersteigt der Nährstoffgehalt Gruppe C, sollte eine Einschränkung bzw. zeitweise Unterlassung der Düngung erfolgen. Phosphatüberschuß im Boden kann Zn-Mangelschäden an Reben verursachen, mitunter auch Fe-Chlorose begünstigen.

Entnahme der Bodenproben erfolgt

getrennt nach	Oberboden	0–30 cm
	Hauptwurzelbereich	30–60 cm

Erhaltungsdüngung bei 100 hl/ha Mostertrag in kg/ha

	P_2O_5	K_2O	MgO	CaO
Rein-Nähr-stoff:	60–100	70–120	25–40	100–200
Aus-nutzung	20 %	70 %	50 %	50 % Düngg. nur bei pH < 6

Stickstoff nur nach Nmin-Untersuchung u. Wuchs!
Möglicher Bedarf an Reinstickstoff in kg/ha:

Ertrag in hl/ha	Ton	Lehm	Sand	Stein
100	60	70	90	100

Grenzwerte für die Beurteilung des Humusgehaltes von Weinbergsböden

	Gehalt an Humus in % C-Gehalt × 1,72	Erstrebenswert
humusarm	< 1	ausreichend humos
schwach humos	1–2	für sehr steinige
ausreichend humos	2–3	Böden und Steillagen:
stark humos	> 3	Stark humos

Humusbedarf

Ebene Lagen mit sL–L-Böden benötigen jährlich etwa 35–60 dt/ha Humustrockenmasse.

Hanglagen mit 50% Schieferanteil und mehr 50–70 dt/ha Humustrockenmasse.

Steillagen mit hohem Schieferanteil bis zu 80 dt/ha Humustrockenmasse.

Humusversorgung

Ernterückstände im Ertragsweinberg (Gipfel, Laub, Holz, Trester) können zur Deckung des Humusbedarfes mit 15–25 dt/ha organischer Trockenmasse beitragen.

100 dt Stallmist liefern etwa 18 dt organ. Trockenmasse. Somit kann man in ebenen Lagen den Bedarf mit 600 dt/ha Stallmist, in Hanglagen mit hohem Schieferanteil mit 900 dt/ha Stallmist in dreijährigem Turnus ungefähr decken.

Strohdüngung wird am besten mit Gründüngung kombiniert. Hierbei werden ca. 40 dt/ha zerkleinertes Stroh direkt nach Aussaat und Unterbringung der Gründüngung ausgestreut. Da Getreidestroh ein weites C/N-Verhältnis hat, gibt man auf allen Böden mit geringem oder mäßigem N-Gehalt je 100 kg Stroh zusätzlich 1 kg N als Ausgleichsdüngung.

40 dt Stroh liefern 35 dt organ. Trockenmasse entspr. 200 dt Stallmist. 40 dt Stroh mit Gründüngung liefern 70 dt organ. Trockenmasse entspr. 400 dt Stallmist. Eine mittlere Gründüngung ohne Stroh liefert je nach Pflanzenart 25–50 dt organ. Trockenmasse entspr. 150–300 dt Stallmist.

Für Torf und Torfprodukte gelten DIN-Normen. 1 Torfsackballen DIN 11540 – 17 S enthält 300 l, ca. 18–20 kg OTS. Die Wirkungsdauer der organ. Substanz im Torf beträgt ca. das 3fache des Stallmistes.

Klärschlamm

darf nur nach der Klärschlammverordnung BGBl I, Seite 743, 1982 mit maximal 5 t Trm./ha alle 3 Jahre ausgebracht werden, wenn die nachfolgenden Gehalte an Schwermetallen im Klärschlamm und im Boden nicht überschritten werden und Klärschlamm und Boden vorher untersucht wurden! Die Kosten der Untersuchung trägt der Kläranlagenbetreiber. – Sind die ermittelten Werte höher als in der Tabelle, ist eine behördliche Genehmigung erforderlich!

Schwermetallgehalte

	in mg/kg Schlamm-Trockenrückstand	in mg/kg lufttrockener Boden
Blei	1200	100
Cadmium	20	3
Chrom	1200	100
Kupfer	1200	100
Nickel	200	50
Quecksilber	25	2
Zink	3000	300

Für Müllklärschlammkompost

gelten genau die gleichen Grundsätze! Es sollen nicht mehr als 100 cbm/ha = 80 t alle 6 Jahre gegeben werden! Darin sind folgende Nährstoffe enthalten:

	Stickst.	Phosph.	Kali	Kalk	Magnes.
kg Gesamtgehalt:	360	400	180	3100	450
wirksam ca. kg:	60–70	200	180	3100	450

Vor der Neuanlage zur Chlorosebekämpfung:

Zur Bodenverbesserung einer Neuanlage gibt man im Jahr vor der Pflanzung ca. 300 t/ha. Zur Vorbeugung gegen Chlorose auf tertiären Ton- und Mergelstandorten haben sich 400 t/ha gut bewährt. Die Ausbringung muß etwa ein Jahr vor dem Rigolen erfolgen, damit die Rotte in der Krume ablaufen kann.

- Der Kompost ist zu diesem Zweck durch den Rotavator gut mit der Krume zu vermischen.
- Anschließend sind rasch wachsende Kreuzblütler auszusäen, damit die Rotte durch die Schattengare begünstigt wird.
- Nach kräftiger Aufwuchsentwicklung und ausreichender Rotte ist Aufwuchs zu zerkleinern und der gekrümelte Oberboden kann unterrigolt werden.
- Es darf kein ungenügend verrotteter Kompost an die jungen Rebwürzelchen gelangen!
- Deshalb ist Müllkompost für Rebschulen ungeeignet!

Die für einen nennenswerten Erfolg notwendigen höheren Anwendungsmengen müssen daher durch größere Anwendungspausen ausgeglichen werden.

Organische Handelsdünger werden in den verschiedensten Formen angeboten, als Torf und Torfprodukte, Müll- und Klärschlammprodukte, Hühnerdünger, Organische Nährstoffdünger wie Horn- und Knochenmehle, Rizinusschrot u. a. Welche Formen im Einzelfalle anzuwenden sind, hängt von der Zusammensetzung, den jeweiligen Einsatzbedingungen und der Preiswürdigkeit bezogen auf den Preis je kg organische Trockenmasse ab. Die darin enthaltenen Nährstoffe, besonders der Stickstoff, müssen bei der nachfolgenden Mineraldüngung berücksichtigt werden!

1. Mineralische Düngung

a) Stickstoff ist aufgrund des pflanzenverfügbaren Bodenvorrates an Nitratstickstoff zu bemessen! Die Differenz vom gefundenen N-min-Gehalt zum Gesamtstickstoffbedarf ergibt die Höhe der Stickstoffgabe.

Stickstoff im zeitigen Frühjahr geben; um Nitratauswaschung zu verringern, ist Teilung der Gaben notwendig. Letzte Teilgabe bei Schrotkorndicke der Beeren in NO_3-Form. Später nicht mehr, weil Gefahr von Stielerkrankungen besteht.

Bei Kalimangel gibt man die erste Nachblütendüngung am besten in Form von Stickstoffkali 16:24. Junganlagen erhalten die Hälfte der angegebenen N-Mengen.

b) Phosphorsäure: 60–100 kg/ha P_2O_5

c) Kali: 120–320 kg/ha je nach Bodenuntersuchung, überwiegend in Sulfat-, weniger in Chloridform.

d) Kalk: Gesundungskalkung ist bis zum optimalen pH-Wert des Bodens von 6,0–6,5 durchzuführen. Erhaltungskalkung je nach Bedarf in mehrjährigem Abstand. Form und Menge richten sich nach den Ergebnissen der Bodenuntersuchung.

e) Magnesium: 60–120 kg/ha MgO wird am besten in Form magnesiahaltiger Düngemittel verabreicht, wie z.B. Kieserit, Magnesium-Branntkalk, Kalimagnesia (= Patentkali), Stickstoffmagnesia, magnesiahaltige Mehrnährstoffdünger u.a.

f) Bor: 100–200 kg Borax je ha bei starkem Bor-Mangel.
Mit Rücksicht auf die Gefahr einer Bor-Überdüngung durch ungleichmäßige Verteilung wendet man Bor besser in Form borhaltiger Dünger wie z.B. Ammonsulfatsalpeter mit Bor oder Bor-Superphosphat an.

Am genauesten bemißt man die Höhe der mineralischen Düngung für Ertragsweinberge, wenn man nicht nur die Ergebnisse der Bodenuntersuchung, sondern auch Bodenart und Mostertrag (hl/ha) berücksichtigt.

Blattdüngung – d.h. aufspritzen oder aufsprühen von Nährlösungen auf die Blätter zur Ergänzung der Bodendüngung – erfolgt hauptsächlich nach der Blüte zur Vorbeugung gegen Stiellähme oder zur Behebung einwandfrei festgestellter Mangelerscheinungen. Für nahezu alle vorkommenden Fälle gibt es den erforderlichen Blattdünger-Typ. Im Sprühverfahren sollte die für Blattdünger angegebene Spritz-Konzentration nicht vervielfacht, sondern höchstens verdoppelt werden! – Blattdüngung kann Bodendüngung nur ergänzen, nicht ersetzen! –

Bodenpflege durch Begrünung

1. Spätsommerbegrünung

Einsaat in jede Zeile bringt bis zu 50 dt/ha organische Trockenmasse. Bei überwinternden Pflanzen erfolgt das Abmulchen des Aufwuchses im Frühjahr in Anpassung an den Bodenwasservorrat. Wurde wegen Mai-Frostgefahr früh gemulcht, kann bei ausreichender Winterfeuchtigkeit ein erneuter Aufwuchs abgewartet und danach gemulcht und rotaviert werden.

Pflanzenart	Menge kg/ha	Saat- zeit	Saat- tiefe
Wi.-Roggen	100		
Wi.-Gerste	120		
Wi.-Raps	12		
Perko PvH	12	August	2–3 cm
So.-Raps	12		
Phacelia	10		
Platterbse	140	Juli	

Außer bei Leguminosen Startdüngung von ca. 50–60 kg/ha Rein-N (berechnet auf anzusäende Fläche, nur wenn Rebenwachstum mittel–schwach.

2. Dauerbegrünung bewirkt:

Bremsung der Mineralisierung, Bremsung der Nährstoffauswaschung, Bremsung zu starken Wuchses, Minderung der Erosion, Minderung der Chlorose, des Bodentraubenbesatzes, der Pilzkrankheiten, Anhebung des Humusgehaltes, des Porenvolumens und der Artenvielfalt.

Mulchmischung I
mit Klee, geeignet für alle Standorte

10 % Dt. Weidelgras, Rasentyp
10 % Dt. Weidelgras, Weidetyp
20 % Rotschwingel, auslftr.
20 % Horstrotschwingel
30 % Wiesenrispe
5 % Weißes Straußgras
5 % Weißklee

Aussaatmenge: 50 kg/ha

Mulchmischung II
ohne Klee, geeignet auf tiefgründigen Böden

20 % Dt. Weidelgras, Rasentyp
30 % Dt. Weidelgras, Weidetyp
50 % Wiesenrispe

Aussaatmenge: 40 kg/ha

Mulchmischung III
ohne Klee, geeignet auf weniger tiefgründigen und austrocknungsgefährdeten Böden

5 % Dt. Weidelgras, Rasentyp
5 % Dt. Weidelgras, Weidetyp
30 % Rotschwingel, auslftr.
20 % Horstrotschwingel
40 % Wiesenrispe

Aussaatmenge: 40 kg/ha

Mulchmischung IV
ohne Klee, geeignet auf leichteren bis mittleren Böden in niederschlagsärmeren Gebieten (Magerrasen)

20 % Rotes Straußgras
30 % Härtlicher Schwingel
20 % Rotschwingel mit Kurzausläufern
10 % Rotschwingel, auslftr.
10 % Wiesenrispe, Rasentyp
10 % Wiesenrispe, Weidetyp

Aussaatmenge: 60 kg/ha

Mulchmischung V
ohne Klee, für Hang- und Steillagen

50 % Härtlicher Schwingel
25 % Rotschwingel mit Kurzausläufern
15 % Horstrotschwingel
10 % Feinschwingel

Aussaatmenge: 80 kg/ha (n. Breil)

3. Brachebegrünung

a) für mindestens zwei Brachejahre
Luzerne
(Sativa-Typ) 25 kg/ha
(mit guter Bodenerschließungswirkung) oder
Bokharaklee 25 kg/ha

b) für ein Brachejahr (weniger wirkungsvoll)
Platterbse, Perko, Pitt } wie oben oder Gemenge:

Ackerbohnen	40 kg/ha
So.-Erbsen	40 kg/ha
So.-Wicken	40 kg/ha
Sonnenblumen	4 kg/ha
insgesamt	124 kg/ha

Pflanztabelle: Rebenbedarf je ha

Zeilenbreite in cm	Stockabstände in cm 120	130	140	150	160
120	6944	6412	5952	5556	5208
130	6412	5916	5496	5128	4808
140	5952	5496	5104	4760	4464
150	5556	5128	4760	4444	4168
160	5208	4804	4464	4168	3908
180	4630	4274	3925	3704	3473
300	2776	2564	2380	2224	2084
320	2604	2400	2240	2084	1952

Quelle: Der Winzer, Bd. I, Kadisch; Weinbautaschenbuch, Hillebrand u. Schulze

Arbeits- und Materialaufwand bei Neuanlagen von 1 ha Weinberg 100 m Zeilenlänge (nach KTBL-Katalog)

	Seilzuggelände Pfahlerziehung		Direktzuggelände Drahtrahmenerziehung 2 Gertdrähte und 4 Heftdrähte	
1. Arbeitsaufwand	Gassenbreite: 1,30 m Stockabstand: 1,30 m		Gassenbreite: 1,80 m Stockabstand: 1,30 m	
	AKh	Sh	AKh	Sh
Abräumen der alten Anlage	95	10	65	22
Entnahme der Bodenproben	23	1	10	1
Vorratsdüngung:				
Direktzug: Kreiselstreuer	–	–	10	5
Steillage: von Hand	64	9	–	–
Rigolen und Planieren (einschl. Nacharbeit)	180	80	83	30
Abmessen und abzeilen	81	4	55	4
Pflanzlöcher mit Erdbohrer ausheben	–	–	51	2
Pflanzlöcher ausheben v. Hd.	243	5	–	–
Pflanzerde anfahren und verteilen	25	5	26	6
Wasser anfahren und verteilen	24	5	21	3
Reben pflanzen und abdecken	162	8	97	5
Reb-Pfählchen verteilen und stecken	231	10	52	2
Stickel anfahren, verteilen, von Hand schlagen und ausrichten	–	–	70	4
Verankerung anbringen (Schraubanker)	–	–	26	2
Draht ziehen und spannen und Nägel schlagen	–	–	87	6
einschließlich Heftkettchen anbringen	–	–	40	2
Einzelrebschützer anbringen	69	3	–	–
Summe Arbeitsaufwand	1 197	140	793	94

	Seilzuggelände Pfahlerziehung	Direktzuggelände Drahtrahmenerziehung 2 Gertdrähte und 4 Heftdrähte
2. Materialaufwand	Gassenbreite: 1,30 m Stockabstand: 1,30 m	Gassenbreite: 1,80 m Stockabstand: 1,30 m
Vorratsdüngung Je nach den Ergebnissen der Bodenuntersuchung können die Mengen schwanken zwischen:	ca. 30–50 dt Branntkalk, ca. 30–80 dt Phosphatdünger, ca. 10–30 dt 50er Kalidüngesalz	ca. 30–50 dt Branntkalk, ca. 30–80 dt Phosphatdünger, ca. 10–30 dt 50er Kalidüngesalz
Zur Herrichtung der Pflanzerde: (Torfsackballen DIN 11540 – 17 S 300 l, ca. 18–20 kg OTS.)	90 Ballen Torf	60 Ballen Torf
oder gebrauchsfertige Pflanzerde des Handels (z. B. Florahum)	125 Säcke	90 Säcke
Pflanzreben, 4 % Ausfall	6 160 Stck.	4 445 Stck.
Pflanzpfähle 2,75 m, 3–5 cm Zopfstärke	5 920 Stck.	–
Pflanzpfähle 1,5 m, 2–3 cm Zopfstärke	–	4 274 Stck.

	Seilzuggelände Pfahlerziehung	Direktzuggelände Drahtrahmen-erziehung 2 Gertdrähte und 4 Heftdrähte
2. Materialaufwand	Gassenbreite: 1,30 m Stockabstand: 1,30 m	Gassenbreite: 1,80 m Stockabstand: 1,30 m
Paraffin	8 kg	6 kg
Endstickel 2,75 m, 8–9 cm Zopfstärke	–	112 Stck.
Stickel für 1 Durchgang 2,75 m, 8–9 cm Zopfstärke	–	112 Stck.
Zwischenstickel 2,25–2,50 m, 6–7 cm Zopfstärke	–	952 Stck.
Ankerdraht 3,1 mm	–	50 kg
Gertdraht 2,8 mm } stark verzinkt	–	535 kg
Heftdraht 2,5 mm } stark verzinkt	–	850 kg
Drahtspanner	–	224 Stck.
Kettennägel	–	9 kg
Kettchen	–	9 kg
Haften	–	8 kg
Doppelhaken	–	26 kg
Ankerscheiben	–	112 Stck.

Arbeitsaufwand im Ertragsweinberg in Std./ha

	Steillagen Draht- und Pfahl-erziehung ca. 1,30 m Zeilenab. ca. 1,30 m Stockab. AKh/ha	Sh	**Hang- und Flachlagen normale Draht-rahmenerziehung** ca. 1,80 m Zeilenab. ca. 1,30 m Stockab. AKh/ha
Rebschnitt	133	165	93
Biegen, Gerten	92	128	38
Laubarbeiten	268	428	96
Sonstige Stockarbeiten	–	11	16
Stockarbeiten insgesamt	493	732	243
Bodenbearbeitung von Hand	55	125	18
Bodenbearbeitung mit ZK	84	52	18
Bodenbearbeitung insgesamt	139	177	36
Düngung, mineralisch	17	14	7
Düngung, organisch	70	37	5
Mulchen	–	–	5
Düngung insgesamt	87	51	17
Schädlingsbekämpfung	29*	71	22
Lese von Hand	406	480	244
Chemische Unkrautbekämpfung	10	24	6
Neben- und Sonderarbeiten	51	2	5
Gesamtarbeitsaufwand im EW	1934	2497	573
	(nach Schenk)		(Geisenheim)

* 5× Hubschrauber, Abschlußbehandlung mit Schlauchleitung

Arbeitsaufwand für die Weinbereitung und Flaschenweinvermarktung

(nach Angaben des Institutes für Betriebswirtschaft und Marktforschung in Geisenheim)

	Durchschnitt
a) Stückaufwand	
Kelterung (Std./1 000 l Most)	3,8
Faßweinausbau (Std./1 000 l Wein)	7,8
Flaschenfüllung (Std./1 000 Flaschen)	16,5
Faschenausstattung (Std./1 000 Flaschen)	13,8
Vertrieb (Std./1 000 Flaschen)	15,7

b) Arbeitsaufwand für die Vermarktung der Erntemenge eines Hektars Ertragsrebfläche – ∅ Erntemenge 110 hl/ha

	AKh/ha
Ertragsweinberg	617
Kelterung	42
Faßweinausbau	86
Flaschenfüllung	177
Flaschenausstattung	142
Vertrieb	169
Insgesamt:	1 233

Geschmacksangaben

(gemäß Wegweiser durch das Weinrecht September 1977)

Als Geschmacksangaben sind zulässig:

1. trocken: Restzucker entspricht Gesamtsäure + 2 maximal nicht mehr als 9 g/l, z. B. ein Wein hat einen Gesamtsäuregehalt von 6 g/l, dann darf der Restzucker nicht höher sein als 6 + 2 = 8 g/l.
2. halbtrocken: Restzuckergehalt entspricht Gesamtsäuregehalt + 10. Maximale Grenze des Restzuckers 18 g/l, z. B. ein Wein hat einen Gesamtsäuregehalt von 6 g/l, dann darf der Restzucker nicht höher sein als 6 + 10 = 16 g/l. (1. und 2. kann auf dem Etikett stehen.)
3. lieblich: Für die Bezeichnung „lieblich" wird z. Z. erwogen, einen Restzuckergehalt von Säure + 30, maximal jedoch 38 g/l zuzulassen. Die Angabe ist freiwillig und darf nur auf der Preisliste, nicht auf dem Etikett sein!

Gesundheitsbezogene Angaben: maximal 4 g/l Restzucker (z. B. Diabetiker nach Befragen des Arztes).

Gemüsebau

Neu bearbeitet von Prof. Dr. **D. Fritz,** Prof. Dr. **F. Venter,**
AOR Dr. **J. Weichmann,** Gemüsebau, Freising-Weihenstephan

Der Anbau von Gemüse ist heute zu einer Präzisionsarbeit geworden, welche sich moderner technischer Hilfsmittel bedient, eine konstante Marktbelieferung und einen ausgeglichenen Arbeitsaufwand anstrebt und welche die Düngemittel gezielt über die Termindüngung auch zur Verbesserung der Qualität einsetzt. Anforderungen an diese Qualität des Erntegutes für den Frischmarkt sind in der EG-Norm bzw. den Handelsklassen, für die industrielle Verarbeitung in den Deutschen Qualitätsnormen für Gemüse zur industriellen Verarbeitung festgelegt.

Will man die Produktion dem Standort und der Nachfrage anpassen, muß man die geeigneten rationellen Anbautechniken beherrschen. Voraussetzung für einen erfolgreichen Anbau von Gemüse zum Verkauf ist die Nähe geeigneter Absatzeinrichtungen, seien es Frischmarkt, Genossenschaften oder Verarbeitungsindustrie oder auch der Abschluß von Anbauverträgen; vor einem spekulativen Anbau aber wird gewarnt.

Verbrauch an Gemüse in kg je Kopf und Jahr

	Ø 1935/39	1956/57	1966/67	1976/77	1984/85
Eigenproduktion	47,4	34,9	35,1	21,2	29,3
Einfuhr	4,5	10,4	23,4	49,2	50,0
Gesamt	51,9	45,3	58,5	70,4	72,6
Eigenversorgung %	91	77	60	30,1	36,9

aus: ZMP-Berichte

Folieneinsatz im Gartenbau in ha

	1977	1979	1981	1983
Gewächshäuser mit Folienbed.	307	ca. 330	ca. 335	ca. 340
Flach- und Tunnelfolie im Gemüsebau	1 400	1 970	2 100	2 500
Mulchfolie für Einlege- und Salatgurken	693	1 155	1 016	956
Mulchfolie für Erdbeeren	130	156	104	102

aus: BASF-Statistik

Herstellung von Gemüsekonserven

Gemüseart	Naßkonserven in 1000 1-l-Gefäßen			Tiefkühlgemüse in 1000 t			Trockengemüse in t		
	1979/80	1982/83	1984/85	1979/80	1982/83	1984/85	1979/80	1982/83	1984/85
Erbsen	8 000	14 428	7 801	7,6	7,5	7,1	.	.	.
Bohnen	32 266	37 725	34 164	3,6	2,7	3,5	181	117	301
Puffbohnen	6 731	6 192	6 744	0,7	0,6	0,8	.	.	.
Broccoli	.	.	.	0,2	0,1	0,2	.	.	.
Rosenkohl	.	.	.	1,6	1,4	1,0	.	.	.
Grünkohl	8 279	6 905	8 484	5,9	4,4	6,1	3	3	14
Kohlrabi	.	.	.	1,5	1,8	1,9	.	.	.
Rotkohl	3 024	2 649	3 749	3,0	3,8	0,8	.	.	.
Kohlgemüse	.	.	.	0,7	0,4	4,4	30	38	31
Sellerie									
Knollen	1 847	2 683	3 438	0,8	0,4	0,3	79	70	104
Blatt	.	.	.	0,6	0,4	0,3	98	91	39
Petersilie									
Wurzel	.	.	.	.	.	.	1	1	193
Blatt	.	.	.	1,5	1,1	2,4	351	356	113
Schwarzwurzel	37	129	63	.	.	.	.	.	.
Porree	.	.	.	2,1	2,9	2,3	104	133	169
Spargel	297	199	425	.	.	.	.	.	36
Karotten	8 772	14 312	11 733	4,6	3,8	3,6	193	178	525
Spinat	189	408	85	38,6	29,5	43,9	18	14	21
Frischgemüse									
Mischung	14 739	19 855	14 549	.	.	.	.	.	.
Pilze	5 239	4 242	3 548	.	.	.	.	.	.
übriges Gemüse	5 842	4 705	2 730	1,4	3,1	2,5	292	308	280
Gesamt	95 868	114 432	96 514	74,4	63,9	81,1	1 349	1 309	1 826

Nährstoffentzug der Gemüsekulturen einschließlich Ernte- und Putzabfall

Gemüseart	marktfähiger Ertrag in dt/ha	Nährstoffe in kg/ha				
		N	P_2O_5	K_2O	CaO	MgO
Weißkohl (Dauer)	500	230	50	235	130	30
Rotkohl (Dauer)	400	175	46	215	100	20
Wirsing (Dauer)	400	275	62	235	110	20
Chinakohl	500	160	65	225	90	25
Blumenkohl	300	185	50	180	75	25
Brokkoli	120	120	50	180	75	15
Rosenkohl	100	140	35	160	75	13
Grünkohl	250	220	60	210	130	15
Kohlrabi						
früh	250	125	40	150	70	20
Herbst	600	250	95	350	150	45
Kohlrüben	350	110	35	125	55	16
Möhren						
Frischmarkt	350	120	45	220	90	20
Industrie	700	185	75	325	120	30
Rote Rüben	300	125	50	210	40	12
Meerrettich	100	210	66	320	470	35
Schwarzwurzeln	200	80	40	120	40	20
Wurzelpetersilie	250	120	45	220	60	25
Pastinaken	400	120	75	280	65	25
Sellerie	500	230	110	375	150	30
Radieschen						
Freiland	350	95	25	110	75	14
Gewächshaus	250	75	18	100	50	9
Rettich						
Freiland	500	120	45	250	50	20
Gewächshaus	300	80	30	170	30	12
Porree	500	220	65	250	80	30
Zwiebeln	500	115	65	150	40	18
Tomaten (Gewächshaus)	1 000	240	65	380	100	50
Gurken						
Freiland	400	110	50	185	84	24
Gewächshaus	3 000	380	225	700	290	38
Kürbis	1 000	230	110	500	110	45
Pflückerbsen (Korn)	60	125	35	125	110	13
Buschbohnen (Hülsen)	120	120	25	125	90	15
Stangenbohnen (Hülsen)	200	160	45	170	100	20
Puffbohnen (Korn)	60	125	20	100	75	8
Rhabarber	500	180	35	280	200	35
Spargel	60	100	15	120	50	10
Kopfsalat	300	115	33	135	50	28
Endivien	350	120	55	170	55	15
Spinat	250	135	40	210	60	33

In den Ernterückständen zu erwartender Nährstoffgehalt in kg/ha

Gemüseart	erwarteter marktfähiger Ertrag in dt/ha	Ernterückstände in dt/ha TS*)	Nährstoffe in kg/ha N	P_2O_5	K_2O	CaO	MgO
Weißkohl (Dauer)	500	30	90	10	75	90	10
Rotkohl (Dauer)	400	24	75	10	75	80	8
Wirsing (Dauer)	400	24	75	10	75	75	8
Chinakohl	500	15	35	15	50	40	4
Blumenkohl	300	21	65	5	60	60	12
Brokkoli	120	18	60	13	65	70	10
Rosenkohl	100	25	60	8	85	70	8
Grünkohl	250	18	45	10	60	55	7
Kohlrabi							
früh	250	10	25	4	50	30	5
Herbst	600	18	50	7	90	55	9
Kohlrüben	350	6	20	5	20	18	4
Möhren							
Frischmarkt	350	5	15	2	18	20	2
Industrie	700	15	45	5	45	60	5
Rote Rüben	300	12	36	5	60	24	6
Meerrettich	100	50	150	43	235	445	30
Schwarzwurzeln	200	12	30	4	36	25	10
Wurzelpetersilie	250	15	45	12	60	30	8
Pastinaken	400	15	35	5	45	30	12
Sellerie	500	32	80	10	100	88	10
Radies							
Freiland	350	5	15	6	20	15	3
Haus	250	2	5	3	8	7	1
Rettich							
Freiland	500	10	30	5	45	20	5
Haus	300	4	12	3	16	9	2
Porree	500	15	45	5	50	15	6
Zwiebeln	500	5	15	2	15	12	2
Tomaten (Haus)	1 000	15	45	5	30	60	8
Gurken							
Freiland	400	24	48	10	70	68	12
Haus	3 000	40	80	15	180	210	20
Kürbis	1 000	24	50	10	70	70	12
Pflückerbsen (Korn)	60	30	60	15	100	95	8
Buschbohnen (Hülsen)	120	25	70	8	80	85	10
Stangenbohnen (Hülsen)	200	25	40	6	50	40	10
Puffbohnen (Korn)	60	25	60	8	75	70	5
Rhabarber	500						
Spargel	60	15	45	7	60	45	4
Kopfsalat	300	9	25	3	30	27	4
Endivien	350	7	14	7	21	21	4
Spinat	250	5	20	3	38	15	3

*) Trockensubstanz

Richtwerte für die Beurteilung der Nährstoffversorgung von Böden (CAL-Methode) sowie Korrekturfaktoren für die Düngung

Versorgungsstufen nach Bodenuntersuchung		mg P_2O_5/*) 100 g Boden	mg K_2O/*) 100 g Boden	Düngungs-empfeh-lung	Kor-rektur-faktor
A	sehr niedriger Gehalt	<10	<10	stark erhöhte Düngung	x 2
B	niedriger Gehalt	11–20	11–20	erhöhte Düngung	x 1,5
C	mittlerer Gehalt	21–30	21–30	normal = Nährstoff-entzug	x 1
D	hoher Gehalt	31–35	31–45	verringerte Düngung	x 0,5
E	sehr hoher Gehalt	>36	>46	keine Düngung	x 0

*) untere Werte für Sand, obere Werte für schwere Böden

Nährstoffansprüche der Gemüsearten

Gruppe I: sehr starke Zehrer	Weiß- und Rotkohl, Wirsing-, Rosenkohl, Rhabarber
Gruppe II: starke Zehrer	Grünkohl, Porree, Rote Rüben, Spargel, Sellerie, Blumenkohl
Gruppe III: mittelstarke Zehrer	Schwarz- und Petersilienwurzeln, Möhren, Karotten, Spinat, Rettich, Gurken, Zwiebeln, Tomaten, Kohlrabi
Gruppe IV: schwache Zehrer	Bohnen, Erbsen, Feldsalat, Kopfsalat, Endivien, Radies

Ernterückstände und Bedarf an organischer Substanz zum Ausgleich der Humusbilanz

Gemüseart	Ernte-rückstände in dt/ha TS	Bilanz zu 40 dt/ha org. TS	Bedarf an*) Stallmist dt/ha etwa	Torf dt/ha etwa
Blumenkohl	20–25	–15/–20	80–100	40– 50
Frühkohl	15–18	–22/–25	110–130	55– 65
Dauerkohl	20–40	± 0/–20	0–100	0– 50
Rosenkohl	20–25	–15/–20	80–100	40– 50
Kohlrabi	2–10	–30/–38	160–200	80–100
Kopfsalat	3–10	–30/–37	160–190	80– 95
Endivien	3– 7	–33/–37	170–190	85– 95
Möhren	5–15	–25/–35	130–180	65– 90
Sellerie	5–30	–10/–35	50–180	25– 90
Porree	5–10	–30/–35	160–180	80– 90
Zwiebeln	3– 6	–34/–37	175–190	88– 95
Rote Rüben	12–17	–23/–28	120–140	60– 70
Spinat	0– 5	–35/–40	185–200	92–100
Erbsen	16–30	–10/–24	50–125	25– 63
Bohnen	20–30	–10/–20	50–100	25– 50
Leguminosengemenge	40–45	+ 5/± 0	–	–
Kartoffeln	5–10	–30/–35	160–180	80– 90
Phacelia	10–40	± 0/–30	0–160	0– 80

TS = Trockensubstanz *) = entweder, oder nach verschiedenen Autoren

Gründüngungserträge

Pflanzenarten	Aussaat kg/ha	N-Bedarf in kg/ha	Frühjahrsaussaat dt/ha FM	Frühjahrsaussaat dt/ha TS	Frühjahrsaussaat dt/ha Wurzelmasse in TS	Frühj./Sommeranbau dt/ha FM	Frühj./Sommeranbau dt/ha TS	Spätsaat (29. 7.–6. 9.) dt/ha FM	Spätsaat (29. 7.–6. 9.) dt/ha TS	Spätsaat (29. 7.–6. 9.) dt/ha Wurzelmasse in TS
Gelbsenf	20	50	310	58,3	7,5	352	61,0	337–170	66,5–12,6	6,3–2,7
Ölrettich	25	60	409	53,2	6,3	490	60,4	586–152	66,7–10,8	7,7–4,2
Sommerraps	12	60	–	–	–	384	46,1	359– 77	48,3– 6,8	7,6–1,3
Phacelia	12	60	527	66,0	2,5	600	62,1	568–140	54,6– 9,2	2,6–0,8
Leguminosen-Gemenge	*)	–	383	43,1	–	413	47,0	375– 35	39,5– 3,2	5,8
Weidelgras	50	60	284	42,5	15,2	343	43,1	314– 90	37,2– 9,0	13,9–3,7

*) 60 kg/ha Ackerbohnen + 70 kg/ha Futtererbsen + 70 kg/ha Sommerwicke
nach Wonneberger, Org. Landbau **38,** 1971, 45–47

FM = Frischmasse
TS = Trockensubstanz

Tausendkorngewicht, Keimfähigkeit, Keimtemperatur und Keimzeit

Gemüseart	TKG normal in g	TKG Pille in g	Erhaltung d. Keimfähigkeit bei Normallagerung i. Jahren	opt. Keimtemperatur*) in °C	Keimzeit in Tagen
Kopfkohl	2,6– 5	10–15	3 –5	15–20	3–10
Blumenkohl	3 – 5	–	3 –5	15–25	3–10
and. Kohlarten	1,6– 3	–	3 –5	15–20	3–10
Kohlrabi	2 – 4	12–16	3 –5	15–20	3–10
Rettich/Radies	5 – 10	10–20	3 –5	20–25	4– 6
Kopfsalat	0,8– 1,2	10–11	2 –4	8–20	3– 7
Endivien	1,1– 1,6	–	2 –4	20–25	5–14
Chicorée	2 – 2,4	–	2 –4	20–25	5–14
Schwarzwurzeln	10 – 15	160	1 –2	20–30	4– 8
Möhren	0,8– 1,2	10–11	2 –4	20–25	7–14
Sellerie	0,3– 0,5	–	3 –5	15–25	10–21
Petersilie	1,2– 1,8	10–11	2 –3	20–30	10–28
Spinat	8 – 12	–	2 –4	10–15	7–21
Rote Rüben	7 – 20	25–30	3 –6	20–30	4–14
Erbsen	130 – 300	–	2 –5	20	5– 8
Buschbohnen	280 – 500	–	3 –4	20–25	5– 9
Stangenbohnen	400 – 700	–	3 –4	20–30	5– 9
Puffbohnen	1 000 –2 000	–	3 –4	15–20	4–14
Porree	2,5– 3	8–14	1 –2	15–20	6–14
Zwiebeln	3 – 4	10–14	2 –3	15–20	6–12
Schnittlauch	1,2– 3	–	0,5–1	15–20	6–14
Tomaten	3 – 4	–	3 –6	20–25	5–14
Paprika	7 – 10	–	3 –6	20–30	6–14
Eierfrucht	3,8– 5	–	4 –6	20–30	7–14
Gurken	18 – 35	–	4 –8	20–30	4– 8
Mais	100 – 300	–	4	20–30	4– 7

teilw. nach Fritz/Stolz: Erwerbsgemüsebau, Verlag Ulmer, Stuttgart 1973.

*) Beizen ist um so wichtiger, je ungünstiger die Keimtemperatur ist.

Saat- und Pflanztabelle (Saat-, Pflanz-, Erntetermine und Standweiten)

Gemüseart	Saatzeit ab	Saatgutmengen am Standort in kg/ha Drillsaat	E.K.-Saat	i. Anzuchtbeet in g/m²
Weißkohl				
früh	II	—	—	2
mittel	III	—	—	2
spät	IV–V	2	0,4	3
Rotkohl				
früh	II	—	—	2
mittel	III	—	—	2
spät	IV–V	2	0,4	2
Wirsing				
Advent	IX	2	0,4	3
früh	II	—	—	2
mittel	III	—	—	2
spät	IV–V	2	0,4	3
Grünkohl	V–VII	1—3	—	2
Dichtsaat	V–VII	15	—	—
Rosenkohl	IV–V	2	—	2
Blumenkohl	IX	—	—	2
(Frühsorten!)	I–II	—	—	2
	III–IV	2	0,4	2—3
	V–VI	2	0,4	3
Kohlrabi				
früh	II	—	—	3
mittel	III–IV	3	1,5	3
spät	V–VI	3	1,5	3
Radies	ab III	20—40	—	—
Rettich	III–IV VII–VIII	12—15	3—5	—
Kohlrüben	VI	4	—	3
Speiserüben	IV u. VII	6	—	—
Kopfsalat	II–III	—	—	2
	III–VII	1,2—2,5	0,5	2
Endivien	VI–VII	3—4	—	2
Chicorée	IV–V	2—3	—	—
Feldsalat	VIII–IX	15—20	—	—

Anzuchtort und -art**)	Im Freiland Stand-weite	Pflanz-zeit	Ernte-zeit	Dauer Saat bis Pflanzung Tage	Saatgut-bedarf in g je 100 m² Pflanz-fläche
tH–wK	40 x 60	IV	VI	80	3
K–H	60 x 60	V–VI	VIII–IX	60	4
F	60 x 60	VI	X–XI	45	5
wH–wK	50 x 50	IV	VI	80	3
K–H	60 x 50	V	VIII–IX	60	4
F	60 x 60	VI	X–XI	45	5
F	40 x 40	X	V	40	5
wH	50 x 40	IV	VI	80	3
K–H	50 x 60	V	VII–IX	60	4
F	60 x 60	VI	X–XI	40	5
F	50x10–40	VI–VII	X–III	35	5
F	20x 1– 2	–	X	—	—
F	60 x 70	VI–VII	X–II	35	5
K–H	50 x 50	E III	ab E V	200	4
wH	50 x 50	IV	ab E V–VI	70—80	3
K–H	50 x 50	V–VI	VII–VIII	50—60	4
F	50 x 50	VI–VII	E VIII–X	30—40	5
H	20 x 20	IV	V–VI	60	5
K–H	25 x 30	V–VI	VI–VIII	35	6
F	40 x 30	VII–VIII	IX–X	35	8
F	15 x 3	–	ab IV	—	—
F	20 x 10	–	ab V ab IX	—	—
F	40 x 40	VII	X–XI	30	7
F	30 x 10	–	VI u. IX	—	—
H–K	25 x 25	III–IV	V	30	3
F	25 x 30	IV–VIII	VI–X	30	3
F	30 x 30	VII–VIII	X–XII	40	3
F	30 x 10	–	IX–XI	—	—
F	15 x 2	–	X–III	—	—

Saat- und Pflanztabelle (Fortsetzung)

Gemüseart	Saatzeit ab	Saatgutmengen am Standort in kg/ha Drillsaat	E.K.-Saat	i. Anzucht-beet in g/m²
Spinat				
früh	III–IV	60 — 80	—	—
Herbst	VIII	60 — 80	—	—
Winter	IX–X	60 — 80	—	—
Mangold				
Blatt	IV–V	20 — 30	—	—
Stiel	IV–V	10 — 15	—	—
Möhren				
früh	II–IV	3 — 4	—	—
spät	IV–VI	1 — 2,5	—	—
Karotten (kurze)	III–VI	8 — 12	—	—
Pastinaken	III–IV	3 — 4	—	—
Rote Rüben	IV–VI	12 — 15	7	—
Dichtsaat	VI	30	—	—
Schwarzwurzeln	III–IV	10 — 15	—	—
Petersilie	III–VI	6 — 9	—	1—2
Sellerie	II–III	—	—	3—4
Porree	III–IV	1,5— 3	—	3—5
Zwiebeln	II–III	4,5— 7,5	—	5
Erbsen	III–IV	180 —280	—	—
Buschbohnen	V–VII	100 —170	—	—
Stangenbohnen	V–VI	80 —100	—	—
Puffbohnen	II–III	200 —250	—	—
Gurken	V	2,5— 4	—	—
Kürbis	V	8 — 10	—	—
Tomaten	III	—	—	4

Pilliertes Saatgut wird nach Stückzahl berechnet.

Anzuchtort und -art**)	Im Freiland		Ernte-zeit	Dauer Saat bis Pflanzung Tage	Saatgut-bedarf in g je 100 m² Pflanz-fläche
	Stand-weite	Pflanz-zeit			
F	20 x 1–2	–	V–VI	—	—
F	20 x 1–2	–	IX–X	—	—
F	20 x 1–2	–	IV–V	—	—
F	30x 5–10	–	VI–X	—	—
F	30 x 20	–	VI–X	—	—
F	20 x 2	–	VI–VII	—	—
F	40 x 2–4	–	VIII–X	—	—
F	20 x 2	–	VI–X	—	—
F	30 x 10	–	ab VII	—	—
F	30 x 10	–	VIII–X	—	—
F	25 x 5	–	IX	—	—
F	30 x 5	–	X	—	—
K–F	25 x 3	–	VII–IX	—	—
wH–wK	50 x 40	V–VI	IX–XI	80	1
wK–K	30 x 15	V–VI	VIII–IV	60	15
F–K	25 x 2	–	IX	—	—
F	25 x 5	–	VI–VIII	—	—
F	50 x 6	–	VII–IX	—	—
F	100 x 50 (Horst)	–	VII–X	—	—
F	40 x 8	–	VI–VII	—	—
F	110 x 20	–	VII–IX	—	—
F	100 x 100	–	IX–X	—	—
wH	100 x 30	V	ab VII	65	2

**) F = Freiland; H = Haus; K = Kasten; wK = warmer Kasten; wH = Warmhaus; tH = temperiertes Haus

Ergänzt nach Werten aus Fritz/Stolz: Erwerbsgemüsebau, Verlag Ulmer – Stuttgart 1973

Muster eines Beregnungsplanes für Intensivbetriebe*)

Maximalgaben in mm (Vorwegberegnung in Klammer, ohne Sommer- und Herbstsätze)

Gemüseart	Satz Nr.	Feld Nr. od. m²	Pflanz-termin	April			Mai			Juni			Juli			August			September			Liter gesamt je m²
				I	II	III	I	II	III	I	II	III	I	II	III	I	II	III	I	II	III	
Blumen-	1	2 000	30. 3.	10	10	20	20	30														90
kohl	2	2 000	10. 4.		10	10	20	20	30													90
	3	2 000	15. 4.			10	10	20	20	30												90
	4	2 000	20. 5.					(10)		20	20	30	30									110
	5	1 000	15. 6.								(10)	20	30		30	30						120
Kopf-	1	1 000	25. 3.	10	10	10	20															50
salat	2	1 000	10. 4.		10		20		20													50
	3	1 000	25. 4.			10		20		20												50
	4	1 000	5. 5.				10		20		30											60
	5	2 000	30. 5.						(10)		20	30										60
Sellerie	1	2 000	20. 4.			10		20		20		30	30	20								130
	2	5 000	5. 6.							(10)		20		30	30	30	20	20		20		180
Poree	1	1 000	25. 3.	10		20		20		30		30										110
	2	2 000	30. 5.							10	20		30		20	20		20	20		20	160
Schnitt-	1	1 000	5. 5.				10	20		20		20		30		20						120
lauch	2	1 000	25. 5.						10	20	20		30		30		20					130
Kohlrabi früh		2 000	1. 4.		10		20	20	20													70
Rosenkohl		3 000	15. 5.					(10)			20			30		30			20			110
Gesamt mm				30	50	90	130	190	130	170	140	180	150	110	110	130	40	40	40	20	20	
Wasser insg. in m³				40	80	140	200	330	210	280	240	350	240	310	250	330	120	140	100	100	40	

*) Anstelle der hier benutzten Gliederung in Dekaden (= 10 Tage) kann man auch in Wochen (= 7 Tage) (oder für weniger intensiv beregnende Betriebe auch in 2 Wochen = 14 Tage) untergliedern.

Quelle: D. Fritz/W. Stolz: Erwerbsgemüsebau. Verlag Eugen Ulmer, Stuttgart 1973

Gemüsesamenbau

Gemüseart	Samenkultur ⊙ = einjähr. (··) = zweijähr.	Blühbeginn	Blühdauer in Tagen	Samenreife	Samen-ertrag dt/ha	Mindest-reinheit Gew. %	Mindest-keim-fähigkeit in %
Kopfkohle	(··)	VI	30–50	VII–VIII	5–12	97	75
Blumenkohl	(··)–⊙	VII	30–40	IX–X	3– 6	97	70
Kohlrabi, Grünkohl	(··)	V	20–35	VI–VII	4– 8	97	75
Rosenkohl	(··)	VI	20–40	VII–VIII	6–10	97	75
Radies	⊙	VI	20–50	VIII–IX	7– 9	97	70
Rettich	(··)–⊙	VI	20–50	VIII–IX	10–15	97	70
Kopfsalat	⊙	VI	20–30	VIII–IX	5–10	95	75
Endivien	(··)	VI	20–35	VIII–IX	6–10	95	65
Feldsalat	(··)	IV	15–25	VI	6–10	95	65
Spinat	⊙	V	10–20	VI–VII	14–20	97	75
Möhren, Karotten	(··)	VI	30–60	IX–X	6–10	95	65
Rote Rüben	(··)	VII	20–40	IX–X	10–14	97	70
Schwarzwurzeln	(··)	VII	30–60	IX–X	3– 6	95	70
Sellerie	(··)	VI	30–50	IX–X	3– 5	97	70
Porree	(··)	V	15–30	IX–X	10–15	97	65
Zwiebeln	(··)	VII	12–35	IX–X	8–12	97	70
Erbsen	⊙	V	10–25	VII–VIII	30–40	98	80
Buschbohnen	⊙	VI	15–25	IX	20–25	98	75
Stangenbohnen	⊙	VI	30–60	IX–X	25–30	98	75
Puffbohnen	⊙	V	15–30	IX	25–35	98	80
Gurken	⊙	VI	40–70	VIII–IX	3– 5	98	80
Tomaten	⊙	VI	30–70	VIII–IX	3– 5	97	75
Petersilie	(··)	VI	30–60	IX–X	8–12	97	65

Raumgewichte einiger frischer Gemüsearten

Gemüseart	lose kg/m³	verpackt kg/m³	Verpackungsart
Blumenkohl	320–380	150–190	Steige
Einlegegurke	540–600	400–420	Großkiste
Erbse (Hülsen)	200–300	–	
Grüne Bohne	300–400	300–325	Großkiste
		220–290	Steige
Kartoffel	625–725	500–540	Großkiste
Möhre	650–750	430–460	Steige
		550–570	Großkiste
Paprika	275–300	180–190	Steige
Rosenkohl	420	220–280	Steige
		390–400	5-kg-Sack auf Pal.
Rote Rübe	500–600	220–380	Steige
Rotkohl	450–550	410–420	Großkiste
		280–290	Steige
Sellerie (Knollen)	450	320	Steige
		420	Großkiste
Spinat	120–200	100–170	Steige
Weißkohl	450–550	410–420	Großkiste
		280–290	Steige
Wirsing	400–500	400–420	Großkiste
		260–280	Steige
Zwiebel (trocken)	550–600	370–390	Steige
		420–430	25-kg-Sack
		440–450	Großkiste

Lagerbedingungen für frisches Gemüse

Gemüseart	Gefrierpunkt °C	optimale Lagerbed. °C	% rel. LF	Max. Lagerdauer W = Wochen M = Monate
Aubergine	–0,5	8–10	95	1–2 W
Blumenkohl	–0,8	0	97	3 W
Chinakohl	–0,5	0	97	3 M
Feldsalat	–0,5	0	97	1 W
Grüne Bohnen	0 bis –1	7– 8	97	1 W
Gurke, Einlege-	–0,4 b. –1,0	10*)	97	2 W
Gurke, Salat-	–0,4 b. –1,0	12	97	2 W
Kohlrabi m. Laub	–1,0	0	97	2 W
Kopfsalat	–0,4	0	97	2 W
Meerrettich	–1,8	0**)	97	8 M
Möhre	–1,2	0	97	6 M
Paprika	0 bis –1	7– 8	95	2 W
Radies m. Laub	–0,5	0	97	1 W
Rettich m. Laub	–0,5	0	97	1 W
Rosenkohl	–0,8	0**)	97	2 M
Rote Rübe	–1,1	0	97	6 M
Rotkohl	–0,2	0	97	5 M

Gemüseart	Gefrier-punkt °C	optimale Lagerbed. °C	% rel. LF	Max. Lagerdauer W = Wochen M = Monate
Schwarzwurzel	−1,0	0	97	5 M
Sellerie, Knollen-	−0,9	0	97	6 M
Spargel	−0,6	1	97	1 W
Spinat	−0,3	0	97	1 W
Tomate halbreif	−0,8	12—15	90	3 W
Tomate ¾reif	−0,8	8—10	85	1 W
Weißkohl	−0,5	0	97	6 M
Wirsing	−0,5	0**)	97	4 M
Zucchini	−0,5	6— 7	95	1 W
Zwiebel	−0,8	0	80	8 M

*) bei Transport und nachfolgender **sofortiger** Verarbeitung Temperaturabsenkung bis 4 °C möglich.
**) Lagerung unter 0 °C nur in Spezialbetrieben.

Gemüseverpackung für Palette 800 x 1200 mm und 1000 x 1200 mm

Außenmaße*) L x B x H (cm)	Nettoinhalt (kg)	
60 x 40 x 33	bis 25 kg	Weiß-, Rotkohl, Einlegegurken, Wurzelgemüse, Zwiebeln
	bis 15 kg	Wirsing, Eissalat
60 x 40 x 22	bis 15 kg	Wurzelgemüse
	bis 10 kg	Blumenkohl, Salate, Wirsing, Porree, Radies, Rettich
60 x 40 x 17	bis 10 kg	Blumenkohl, Wurzelgemüse
60 x 40 x 13	bis 12 kg	Tomaten
	bis 8 kg	Blumenkohl
	bis 5 kg	Spinat, Salate
60 x 40 x 10	bis 12 kg	Tomaten, Spargel
40 x 30 x 15	bis 6 kg	Tomaten, Radies
	bis 4 kg	Bohnen, Spargel, Champignons, Paprika, Aubergine

*) DIN 10095, DIN 10096. Auch andere Höhen erhältlich. Materialien: Holz, Kunststoff, Pappen.

Verpackung hat verschiedene Aufgaben: Schutz des Inhalts, Qualitätserhaltung, Herstellen der Transport- und Vermarktungsfähigkeit. Verpackung muß sich einfügen in Systeme der Produktion, der Vermarktung, der Klimatisierung und auch der Datenverarbeitung. Dies bedeutet, daß die Verpackungsmaße genormt sein sollten. Neben der (oben angegebenen) Normgrundfläche von 60 x 40 cm besteht auch das Grundmaß 50 x 30 cm, welches nur für das Palettenmaß 100 x 120 cm geeignet ist. Außerdem finden weitere Abmessungen von Kisten und Körben sowie Netzsäcke in verschiedenen Größen Verwendung. Bei der Vorverpackung werden verschiedene Techniken zur Herstellung verbrauchsgerechter Einheiten verwendet.

Arbeitsbedarf je ha
(aus **Storck/Fölster**)*)

Gemüseart	Bestellen**)		Pflege		Ernte		Gesamt		Bemerkungen
	AKh	Sh	AKh	Sh	AKh	Sh	AKh	Sh	
Spinat	12	12	3	3	13	8	28	23	Konservenanbau
	26	16	20	16	260	24	306	56	Frischmarkt
Erbsen	14	14	8	8	50	16	72	48	Konservenanbau
Buschbohnen	14	14	7	7	44	19	65	40	Konservenanbau
	26	16	38	32	1 431	26	1 495	74	Frischmarkt
Möhren	12	12	16	16	49	22	77	50	Konservenanbau
	18	18	60	41	352	21	430	80	Frischmarkt
Sellerie	160	42	100	50	64	29	324	121	Konservenanbau
	194	26	175	33	664	27	1 033	86	Frischmarkt
Einlegegurken	68	20	148	20	606	33	822	73	Konservenanbau auf Folie, Handpflücke
Porree	245	45	40	20	570	24	855	89	Frischmarkt, gebündelt
Zwiebeln	10	10	40	20	600	10	650	40	Säzwiebeln
Kopfsalat	350	100	100	50	550	125	1 000	275	Frühpflanzung
	26	20	120	50	500	100	646	170	Direktsaat
Blumenkohl	220	28	85	32	564	51	869	111	Frühsaat, Handpflanzung
	62	20	24	16	302	28	388	64	Masch. Pflanzung
Kopfsalat	100	32	24	16	361	26	485	74	Frühsatz, Masch. Pflanzung
	65	20	24	16	152	20	241	56	Spätkohl, Masch. Pflanzung
Rosenkohl	65	20	24	16	1 450	35	1 539	71	Vorpflücke und Resternte unter Dach
Radies	30	20	10	10	1 100	25	1 140	55	Bündelware

*) siehe auch „Landtechnik u. Arbeitswirtschaft"
**) ohne Jungpflanzenanzucht

Arbeitsleistungen (ohne Rüstzeiten)*)

Umgraben, je nach Bodenart	25– 46 m²/AKh
Harken, je nach Feinheit	60– 330 m²/AKh
Markieren, je nach Markierbreite	650–1 550 m²/AKh
Beet saatfertig vorbereiten	13– 25 m²/AKh
Pflügen mit Anbaupflug, 8 PS, 20 cm tief	3– 4 a/h
Pflügen mit 17–25-PS-Schlepper, 20 cm tief	5– 18 a/h
Eggen mit Anbauegge	15– 25 a/h
Eggen mit 12–17-PS-Schlepper	100– 190 a/h
Grubbern mit Anbaugrubber, 10 cm tief	4– 7 a/h
Grubbern mit 17–25-PS-Schlepper, 10 cm tief	60– 70 a/h
Fräsen mit Anbaufräse, 10 cm tief	4– 8 a/h
Fräsen mit 17–25-PS-Schlepper, 10 cm tief	70– 100 a/h
Säen von Hand in Reihen	6– 16 m²/AKh
Säen mit Handsägerät	8– 11 a/h
Säen mit Drillmaschine	60– 80 a/h
Pflanzen von Hand (Erdtöpfe, 40 000/ha)	1,1– 1,3 a/AKh
Pflanzen von Hand (pikierte Jungpflanzen, 40 000/ha)	1,4– 1,6 a/AKh
Pflanzen mit der Maschine (Erdtöpfe, 40 000/ha)	6– 15 a/h
Pflanzen mit der Maschine (pikierte Jungpflanzen, 40 000/ha)	9– 18 a/h
Hacken von Hand in der Reihe	0,6– 3,0 a/AKh
Hacken mit Hackfräse	7– 26 a/ha
Mineraldünger streuen von Hand (5 dt/ha)	25– 35 a/h
Mineraldünger streuen mit Schleuderdünger (10–15 dt/ha)	100– 200 a/h

*) siehe auch „Landtechnik u. Arbeitswirtschaft"

nach versch. Autoren, KTBL usw.

Obstbau

bearbeitet von em. o. Professor **Dr. Günther Liebster,** Lehrstuhl für Obstbau der Technischen Universität München in Weihenstephan

Die wirtschaftliche Situation des deutschen Obstbaues ist im großen und ganzen in den letzten Jahren erträglicher geworden, doch bleiben noch zahlreiche Wünsche offen. Im Apfelanbau konnten durch neue, bessere Sorten beachtliche Marktanteile bei guten Preisen gewonnen werden. Äußerst kritisch ist die Situation durch existenzbedrohende Billigimporte auf dem Sauerkirschenmarkt geworden. Auch bei Erdbeeren sind infolge starker Flächenausweitungen und nach Erreichen einer Bedarfssättigung Marktschwierigkeiten zu erwarten. Da die Hilferufe des deutschen Obstbaues in Richtung Brüssel nur wenig Erfolg versprechen, wünscht man sich Bundes- und Landesbeihilfen für die Förderung der Umstellung von Obstanlagen, des Obstlagerbaues und – angesichts der starken Ertragsschwankungen im Obstbau – die Gewährung steuerfreier Rücklagen für die Betriebe. Erfreulich ist die Schaffung einheitlicher Qualitätsnormen für alle Obstarten, bei Beerenobst allerdings nur für Erdbeeren. Es gibt zwar noch keine einheitlichen Pflanzenschutzgesetze in der EG, aber immerhin eine EG-Höchstmengenverordnung. So lautet eine der wichtigsten Forderungen: Harmonisierung des Pflanzenschutzrechtes. Gefordert wird ferner, vor allem auch in Hinblick auf die Süderweiterung der EG, ein freier, aber chancengleicher Wettbewerb der EG-Länder untereinander. Ein nach wie vor unerfreuliches Kapitel ist die EG-Interventionsregelung für den Ankauf von Angebotsüberschüssen; Rodeprämien gibt es aber nicht mehr. Neu hinzugekommen ist die Forderung nach Festlegung einheitlicher Strahlentoleranzen (Becquerel/kg). Hauptforderung des Berufsstandes bleibt eine den deutschen Interessen gerecht werdende Import-, Export-, Preis- und Steuerpolitik.

Gehalt an verdaulichen Kohlenhydraten, Mineralstoffen und Vitaminen in 100 g Obst (Frischgewicht)

nach **Kraut** und **Wirths**

Obstart	verdauliche Kohlenhydrate	Mineralstoffe: Calcium mg	Phosphor mg	Eisen mg	Magnesium mg	Kalium mg	Vitamine: A I.E.[1]	B_1 mg	B_2 mg	Niacin mg	C mg
Äpfel	13	6	10	0,5	6	115	90	0,05	0,05	+	3–30[2]
Aprikosen	11	16	25	0,5	9	440	2790	0,05	0,05	0,5	7
Birnen	13	13	15	0,5	9	130	20	+	0,05	+	4
Kirschen	15	18	20	0,5	14	260	620	0,05	0,05	0,5	8
Pfirsiche	13	8	20	0,5	11	160	880	+	0,05	1,0	8
Pflaumen	16	17	20	0,5	11	170	350	0,05	0,05	0,5	5
Brombeeren	9	32	30	1,0	24	180	200	0,05	0,05	0,5	21
Erdbeeren	8	28	25	1,0	12	145	60	0,05	0,05	0,5	60
Heidelbeeren	12	16	15	1,0	10	65	280	(+)	(+)	(0,5)	16
Himbeeren	7	40	35	1,0	23	190	130	+	(0,05)	(0,5)	24
Johannisbeeren, Rote	7	36	35	1,0	15	260	120	0,05	+	–	36
Johannisbeeren, Schwarze	7	36	35	1,0	15	260	120	0,05	0,05	–	180
Stachelbeeren	9	22	30	0,5	9	150	290	+	+	–	33

[1]) I.E. = Internationale Einheiten; [2]) Große Schwankungen von Sorte zu Sorte; + = Spuren; – = Nährstoffe nicht enthalten

Die wichtigsten Unterlagen

Obstart	Unterlagen	Wuchsstärke	Geeignete Baumformen
Apfel	M 27 (nur für beste Böden)	sehr schwach	Pillar, Spb, kleine Spaliere
	M 9 und Selektionen	schwach	Pillar, Spb, kleine Spaliere
	M 26	schwach	Pillar, Spb, kleine Spaliere
	M 2, M 4, M 7, MM 106, MM 111	mittel	B. Spb
	M 11, MM 109, A 2, Sämling	stark	B, N, M, H
Birne	Quitte Adams	schwach	B, Spb
	Quitte C	schwach	B, Spb
	Quitte A	mittel	B, Spb
	Provence-Quitte	mittel	B, Spb
	Sämling	stark	B, N, M, H
Pflaume und Zwetsche	St. Julien A St. Julien Orléans St. Julien 655/2	mittel	B, N
	Damascener Pflaume	mittel	B, N, M
	Brompton	mittel-stark	B, N, M
	Große grüne Reneklode	mittel-stark	B, N, M
	Myrobalane	stark-sehr stark	B, N, M, H
Süßkirsche	Vogelkirschen-Sämling	stark	B, N, M, H
	Hüttner 170 × 53	stark	B, N, M, H
	F 12/1	stark	B, N, M, H
	Prunus cerasus Weiroot	schwach-mittel	B, N
	Colt	schwach	B, N
Sauerkirsche	Vogelkirschen-Sämling	stark	B, N, M
	Prunus mahaleb	mittel	B, N
	Prunus cerasus Weiroot	schwach-mittel	B, N
Pfirsich	Pfirsich-Sämling Brompton Ackermannpflaume St. Julien A St. Julien 655/2	keine nennenswerten Unterschiede	B, N
Aprikose	Aprikosen-Sämling Hauszwetsche (wurzelecht) Damascener Pflaume	keine nennenswerten Unterschiede	B, N, M
Walnuß	Sämlinge der Schwarznuß Juglans nigra	mittel	B, N, M, H

Baumformen

Baumformen	Abkürzung	Stammlänge cm
Hochstamm	H	>160
Mittelstamm	M	120–160
Niederstamm	N	80–120
Busch	B	60– 80
Spindelbusch, Pillar	Spb	40– 60
Spalierformen		ca. 40
Heister		ohne Kronenanschnitt und mit Seitenholz

Die wichtigsten Sorten für den Erwerbsobstbau

Kernobst

Äpfel

Sorte	Reifezeit Monate	Wuchsstärke
Klarapfel	VII–VIII	mittel–schwach
George Cave	VII–VIII	mittel
Discovery	VIII–X	schwach–mittel
James Grieve und rote Mutanten	VIII–X	schwach–mittel
Jamba 69	VIII–X	mittel–stark
Gravensteiner und rote Mutanten	VIII–XI	sehr stark
Summered	IX–X	sehr schwach
Geheimrat Dr. Oldenburg	IX–XII	mittel
Elstar	IX–III	mittel–stark
Goldparmäne und rote Mutanten	X–I	mittel
Rubinette	X–I	mittel
Holsteiner Cox	X–II	stark
Ingrid Marie (Karin Schneider)	X–III	mittel
Laxtons Superb	X–III	mittel
Horneburger Pfannkuchen	X–III	stark
Jonagold und rote Mutanten	X–III	stark–mittel
Mutsu	XI–II	sehr stark
Freiherr von Berlepsch und rote Mutanten	XI–III	mittel
Schöner von Boskoop und rote Mutanten	XI–IV	sehr stark
Jonathan	XI–V	schwach–mittel
Golden Delicious und Mutanten	XI–V	mittel
Melrose	XII–V	mittel–stark
Gloster	XII–V	stark
Idared	I–IV	schwach–mittel
Ontario	I–V	mittel
Bohnapfel	I–VI	stark

Birnen

Sorte	Reifezeit Monate	Wuchsstärke
Frühe von Trévoux	VIII	mittel
Dr. Jules Guyot	VIII–IX	schwach–mittel
Clapps Liebling	VIII–IX	stark
Williams Christ und Rote Williams	IX	mittel
Gellerts Butterbirne	IX–X	sehr stark
Gute Luise	IX–X	mittel–stark
Köstliche von Charneux	IX–XI	stark
Bosc's Flaschenbirne	X–XI	mittel–stark
Vereinsdechantsbirne	X–XII	mittel–stark
Conference	X–III	mittel
Alexander Lucas	XI–I	mittel
Gräfin von Paris	XI–I	mittel

Steinobst

Pflaumen und Zwetschen

Sorte	Reifezeit Monate	Wuchsstärke
Ruth Gerstetter*)	VII	schwach–mittel
Lützelsacher Frühzwetsche	VII–VIII	mittel
Ersinger Frühzwetsche*)	VII–VIII	mittel
The Czar*)	VIII	schwach
Zimmers Frühzwetsche	VIII	schwach
Bühler Frühzwetsche*)	VIII	stark
Mirabelle von Nancy*)	VIII	mittel
Große grüne Reneklode	VIII–IX	mittel
Wangenheims Frühzwetsche*)	VIII–IX	stark
Italienische Zwetsche*)	IX	mittel
Hauszwetsche (verschiedene Typen)*)	IX	mittel–stark

Süßkirschen

Sorte	Reifezeit Kirschwoche	Wuchsstärke
Burlat	1.–2.	stark
Kassins Frühe	2.	mittel
Meckenheimer Frühe Rote	2.–3.	mittel
Souvenir des Charmes	2.–3.	mittel
Teickners Schwarze Herz	3.	mittel–stark
Große Prinzessin	4.	mittel
Hedelfinger Riesen (verschiedene Typen)	4.–5.	stark
Büttners Rote Knorpel	5.	stark
Große Germersdorfer Knorpel	5.	stark
Sam, Van	5.	mittel
Große schwarze Knorpel	5.–6.	stark
Schneiders Späte Knorpel	5.–6.	stark
Regina	6.–7.	stark

Außerdem wertvolle Lokalsorten in den verschiedenen deutschen Süßkirschenanbaugebieten. Bei Frühsorten starke Konkurrenz mit Importen aus südlichen Ländern.

Sauerkirschen

Sorte	Reifezeit Kirschwoche	Wuchsstärke
Ludwigs Frühe*)	2.–3.	schwach–mittel
Diemitzer Amarelle*)	3.	mittel
Schwäbische Weinweichsel*)	3.–4.	stark
Köröser Weichsel	4.–5.	stark
Heimanns Rubin*)	5.	mittel
Beutelspacher Rexelle*)	5.	stark
Morellenfeuer*) (= Kelleriis Nr. 16)	5.–6.	stark
Schattenmorelle*) (versch. Typen)	6.–7.	stark
Kelleriis Nr. 14*)	7.	mittel

*) selbstfruchtbar

Pfirsiche

Sorte	Reifezeit/Monate	Wuchsstärke
Mayflower	VI–VII	schwach–mittel
Früher roter Ingelheimer	VII	mittel
Amsden	VII	mittel–stark
Alexander	VII	stark
South Haven	VIII	mittel
Madame Rogniat	VIII	schwach–mittel
Rekord von Alfter	VIII–IX	stark
Friedelsheimer Konservenpfirsich	VIII–IX	stark
Kernechter vom Vorgebirge (= Roter Ellerstädter)	IX	stark

Alle aufgeführten Pfirsichsorten sind selbstfruchtbar.

Aprikosen

Sorte	Reifezeit/Monate	Wuchsstärke
Heidesheimer Frühe	VII	mittel
Temperao de Vila Franca	VII	stark
Große wahre Frühaprikose	VII	stark
Aprikose von Nancy	VII–VIII	sehr stark
Ungarische Beste	VIII	mittel

Alle aufgeführten Aprikosensorten sind selbstfruchtbar.

Beerenobst

Erdbeeren (einmal tragende, großfrüchtige)

Früh: Elvira, Gorella, Karina, Karola. **Mittelfrüh:** Elsanta, Induka, Korona, Senga Duretta, Senga Litessa, Senga Sengana, Sivetta, Splendida, Tenira, Valeta. **Spät:** Deutsch Evern Famosa, Domanil, Elista, Hummi Ferma, Senga Dulcita, Senga Fructarina, Senga Rigensa, Tago. **Sehr spät:** Bogota.

Rote Johannisbeeren

Jonkher van Tets, Heros, Red Lake, Rote Vierländer, Rondom, Heinemanns Rote Spätlese.

Schwarze Johannisbeeren

Rosenthals Langtraubige, Schwarze, Silvergieter's Schwarze, Wellington XXX, Roodknop, Strata, Titania, Daniels September, Goliath, Baldwin, Invigo, Lissil, Silgo.

Stachelbeeren

Rot: Rote Triumph, Rote Orléans, Maiherzog, Mauks Frühe Rote. Grün: Grüne Kugel, Lady, Delamare. Gelb: Hönings Früheste, Lauffener Gelbe, Gelbe Triumph. Weiß: Weiße Neckartal, Weiße Triumph.

Himbeeren

Glen Clova, Himbostar, Kelleriis Nr. 5, Korbfüller, Malling Delight, Malling Exploit, Malling Jewel, Malling Promise, Multiraspa, Paul Camenzind, Pecht's Gigant, Preußen, Rucami, Rumiloba, Rusilva, Rutrago, Schönemann, Sirius, Zefa 1, Zefa 2, Zefa 3 (Herbsternte).

Brombeeren

Wilsons Frühe, Thornfree, Black Satin, Thornless Evergreen, Theodor Reimers (Sandbrombeere).

Kulturheidelbeeren

Ama, Berkeley, Bluecrop, Bluetta, Blueray, Coville, Darrow, Dixi, Earliblue, Elliot, Gila, Gretha, Heerma, Lateblue, Patriot, Spartan.

Preiselbeeren

Ammerland, Erntedank, Erntekrone, Erntesegen, Koralle, Red Pearl.

Walnüsse (Veredlungen)

Deutsche Sorten: Nr. 26, Nr. 120, Nr. 139, Nr. 286, Nr. 1247, Esterhazy II, Weinsberg 1.

Französische Sorten: Franquette, Mayette, Parisienne.

Haselnüsse

Bluthasel, Cosford, Englische Riesen, Hallesche Riesen, Nottinghams Fruchtbare, Rotblättrige Zellernuß, Webbs Preisnuß, Wunder von Bollweiler.

Empfehlenswerte Pflanzabstände in m

Obstart	Wuchsstärke		
	stark	mittel	schwach
Apfel H, M, N	9–10×7–8	8×6	7×5
Apfel B	7×6	6×5	5×4
Apfel Spb*)	4×3	4×2,5	3,5×1,5-2,5
Birne H, M, N	8×6–7	7×5	6×5
Birne B	6×5	5×4	4×3
Birne Spb	4×3	4×2,5	3,5×2,5
Süßkirsche	9×8	8×7	7×6
Sauerkirsche		6×5	5×4
Pflaume, Zwetsche	8×7	7×6	6×5
Pfirsich	7×6	6×5	5×4
Aprikose	8×7	7×6	
Rote Johannisbeere		2×1,8	2×1,5
Schwarze Johannisbeere	3×2,5	2,5×2	
Stachelbeere		2×1,8	2×1,5
Himbeere		2×0,3-0,5	
Brombeere, aufrecht		2×0,5	
Brombeere, rankend		4×2	
Kulturheidelbeere	3×1,8	2,5×1,5	
Erdbeeren, mehrj. Kultur		0,8-1,00×0,15-0,3	
Erdbeeren, einj. Kultur		0,3-0,5×0,2-0,3	
Preiselbeeren		1,00×0,25	

*) Bei Mehrfachreihen- u. Beetpflanzung v. Äpfeln (Pillar) verringern sich die Pflanzabstände bis 1 m.

Die heute allgemein übliche Pflanzweise ist die Rechteckpflanzung. Neben der Wuchsstärke der Sorten-Unterlagen-Kombination, dem Klima und Boden bestimmt auch die technische Ausrüstung des Betriebes den Pflanzenabstand.

Standfläche je Baum und Baumbedarf je ha

lassen sich aus den Angaben der Pflanzabstände wie folgt berechnen:

Beispiel: Standfläche für Apfel Spb 4 m × 3 m = 12 m^2
Baumbedarf je ha: 10000 m^2 : 12 m^2 = 833 Bäume
(ohne Wege und Vorgewende)

Grenzabstände für Obstgehölze

Als Grenzabstand gilt in der Regel der halbe Pflanzabstand, jedoch bestehen von Land zu Land unterschiedliche Regelungen. Die jeweiligen landesrechtlichen Bestimmungen sind maßgebend und zu beachten!

Geschätzter jährlicher Entzug von Hauptnährstoffen (kg/ha)

a) durch 9–12jährige Cox Orangen Renette auf M 7 (Greenham, 1976)

	N	P_2O_5	K_2O	CaO	MgO
Früchte, 288 dz/ha	18	4,6	48	3	3
Schnittholz	11	4,6	10	15	3
Einbau in Zweigen und Wurzeln	4	<2,3	4	17	<1,5
insgesamt	33	11,5	62	35	7

b) durch eine Hochstamm-Apfelanlage auf starkwachsender Unterlage (in Anlehnung an Batjer und Rogers, 1952)

	N	P_2O_5	K_2O	CaO	MgO
Abfallende und ausgedünnte Blüten und Jungfrüchte	9,6	1,4	11,9	3,0	0,8
Blätter	38,5	2,7	42,4	69,3	14,6
Schnittholz	9,5	1,8	2,9	22,7	1,4
Summe[1])	57,6	5,9	57,2	95,0	16,8
geerntete Früchte, 300 dz/ha	17,0	5,1	45,8	3,5	1,8
Triebe und Wurzeln	14,9	3,4	11,5	37,0	1,9
Summe[2])	31,9	8,5	57,3	40,5	3,7
Gesamtentzug	89,5	14,4	114,5	135,5	20,6

[1]) Diese Mengen kommen in den Boden zurück
[2]) Diese Mengen werden aus der Anlage entfernt (Früchte) oder in Krone und Wurzel festgelegt.

Bodenuntersuchung und Beurteilung der Bodenuntersuchungsergebnisse

nach **Gg. Hoffmann**

Hinweise für die Bodenprobenahme: Vor Neuanlage, insbesondere von Baumobst, ist eine getrennte Probenahme aus den Schichten 0–20 und 20–40 cm zu empfehlen, um den Unterboden gegebenenfalls mit Nährstoffen anzureichern. In Beerenobstpflanzungen sind generell, in Kernobst-Ertragsanlagen bei Untersuchungen zur Kontrolle der Auswirkung vorangegangener Düngungsmaßnahmen nur einschichtige Probeentnahmen (0–20 cm) ausreichend. Wie üblich sind 20–25 Einstiche aus einer Fläche von maximal 1 ha zu einer Mischprobe zu vereinigen.

Einteilung der P_2O_5-, K_2O-, Mg- und B-Gehalte in Gehaltsklassen

Nach jüngeren Versuchen und Erfahrungen aus der Praxis*) lohnt in Erwerbsanlagen mit etablierter Rasenmulchdecke, regelmäßigem Mulchen und Verbleib von Schnittholz und -gras in der Anlage unabhängig von der Bodenart bei Gehalten zwischen 10–15 bzw. –25 mg/100 g Boden (P und Mg bzw. K) ein erheblich über den Export durch die Früchte gesteigerter Mineraldüngeraufwand nicht. Das bisher im wesentlichen für Hochstammanlagen mit Unterkulturen bemessene 5-gliedrige Einstufungsschema wurde deshalb zugunsten eines nur noch 3 Glieder (A – C – E) umfassenden Systems aufgegeben. Da auch die Grenzwerte wegen der auf den geringen Export der Obstfrüchte an Nährstoffen abgestimmten Düngungsempfehlungen deutlich herabgesetzt wurden, mußten die Zwischenstufen B und D entfallen, weil sie nicht mehr praktikabel waren.

Gehaltsklasse	mg Nährstoff je 100 g CAL-Methode		mg Nährstoff je 100 g $CaCl_2$-Methode	je 1000 g Boden Heißwassermethode
	P_2O_5	K_2O	Mg	B
A niedrig	<10	<15	<10	<0,80
B hoch	10–15	15–25	10–15	0,80–1,20
C besonders hoch	>15	>25	>15	>1,20

Beurteilung der Bodenreaktion

Obstgehölze sind pH-tolerant und können über einen weiten pH-Bereich angebaut werden. Aber nur wenige von ihnen lieben Böden mit hohen pH-Werten und hohen Gehalten an freiem Kalk. Die meisten Obstarten reagieren auf solchen Böden mit Chlorosen oder Spurenelement-Mangelerscheinungen (Bor, Mangan, Eisen usw.). Auf Böden mit pH-Werten unter dem Neutralpunkt sind folgende pH-Bereiche für den Obstbau als günstig anzusehen und bei Unterschreitungen durch Kalkungen einzustellen:

Bodenart	wünschenswerter pH-Bereich
leicht (S–l'S)	5,3–5,7
mittel (lS–sL)	5,8–6,2
schwer (tL–T)	6,0–7,0

*) LINK, H., WELLER, F., HOFFMANN, Gg. und WIECHENS, E. (1982): Bodenuntersuchungen und Düngungsberatung im Erwerbsobstbau. Obst und Garten Nr. 1/1982 101. Jg. S. 23–24.

Düngung der Baum- und Beerenobstarten in kg Reinnährstoff/ha[1])

nach **Gg. Hoffmann**

Obstart	Bis zum Ertragsbeginn			Im Vollertragsalter (Richtwert Äpfel 300 dt/ha)		
	N[2])	P_2O_5	K_2O	N[2])	P_2O_5	K_2O
Apfel[3])	30–150[4])	10–40	20–60	20[5])–100[6])	0–50	0–150
Birne	20–40	10–40	20–60	50–180	10–50	30–150
Süßkirsche	20–40	10–30	30–60	60–100	20–50	30–150
Sauerkirsche	40–80	10–30	20–50	90–140	20–50	30–150
Pflaume	30–50	10–30	20–50	60–140	20–50	30–150
Pfirsich	40–80	20–40	40–70	120–180	20–50	30–150
Rote Johannisbeere	30–60	10–40	30–70	70–150	20–60	60–170
Schwarze Johannisbeere	40–80	10–30	20–50	80–160	10–50	40–140
Stachelbeere	30–60	10–40	20–60	ca. 80	20–60	50–150
Himbeere	30–60	10–40	20–60	60–100	20–60	50–150
Brombeere	40–80	10–40	20–50	ca. 100	20–60	40–140
Erdbeere	–	–	–	0–100[7])	30–80	50–150

[1]) Alle Nährstoffgaben sind nach dem Nährstoffgehalt des Bodens zu staffeln. Die höheren Empfehlungen gelten im allgemeinen für Gehaltsklasse A, das Mittel der Spannweiten für die optimale Gehaltsklasse B. In Klasse C kann eine Düngung vorübergehend unterbleiben.
In allen Fällen ist für eine ausreichende Magnesium-Versorgung zu sorgen. Der Mg-Bedarf von Holzgewächsen ist relativ hoch. Hier tritt bei zu niedrigen Mg-Gehalten im Boden ein akuter, die Bäume in der Wuchs- und Ertragsleistung schädigender Mangel auf. Dieser kann auch – selbst bei hohen Mg-Gehalten im Boden – durch zu hohe Kaligaben (Antagonismus Kali/Magnesium) induziert werden. Ein harmonisches Verhältnis K/Mg sowie eine ausreichende Mg-Versorgung sind zur Erzeugung qualitativ hochwertiger Obstfrüchte unerläßlich. Die Magnesiumdüngung kann auf kalkbedürftigen Böden mit Magnesiumkalken, auf nicht kalkbedürftigen Böden mit Kieserit (ca. 27–30 % MgO), Patentkali (ca. 10 % MgO) oder anderen Mg-haltigen Düngemitteln erfolgen, je nach Gehaltsklasse 20–90 kg MgO/ha.
Bei Vorliegen von Mangel an Spurenelementen (Bor, Mangan, Eisen, Zink usw.) sind die zuständigen Obstbauberater bzw. Landwirtschaftlichen Untersuchungsämter und Forschungsanstalten zu Rate zu ziehen.

[2]) Unter mehrjährig regelmäßig gemulchtem Rasen (N-Mineralisation kompensiert die Konkurrenz der Graswurzeln) N-Düngung nur zum Ersatz des N-Exports durch das Obst (s. Tabelle nach Greenham auf Seite 375). Wo dennoch Gaben über 100 kg N/ha erforderlich sind, auf mehrere Teilgaben verteilen. Der Zeitpunkt der N-Düngung ist in gut mit N versorgten Anlagen meist von untergeordneter Bedeutung. Er spielt am ehesten eine Rolle, wenn die N-Nachlieferung aus dem Boden über längere Zeit durch ungenügende oder auch übermäßige Durchfeuchtung stark eingeschränkt wird. In beiden Fällen nicht über den Boden, sondern über das Blatt mit N düngen.

[3]) Empfehlungen für das Vollertragsalter bei Mulchwirtschaft und Verbleib des Schnittgutes in der Anlage.

[4]) Die höchsten und eventuell weiter erhöhten Gaben für Rasenneueinsaat auf humusarmen, bisher offengehaltenen Flächen.

[5]) Für alte, gut versorgte Mulchrasen; auch dann nur ein geringer oder kein N-Bedarf, wenn im Frühjahr 100 kg N_{min}/ha bis 90 cm Profiltiefe vorhanden.

[6]) 100 kg auf humusarmen Böden bzw. zur bewußten Förderung des Triebwachstums oder bei einem nach dem Junifruchtfall verbliebenen überdurchschnittlichen Fruchtbehang.

[7]) Hauptdüngung nach der Ernte; Frühjahrsgabe erforderlich bei N_{min}-Gehalt im Boden unter 60–80 kg/ha im zeitigen Frühjahr auf 60 cm Profiltiefe.

Empfehlenswerte Gründüngungseinsaaten

Pflanzenart	Saatgutmenge in kg/ha (bei Reinsaat)	Bemerkungen
Sommersaat (nicht vor Juli)		
a) leichte bis mittlere Böden		
Lupinen, blau	160–200	Mischung mit
Lupinen, gelb	160–180	Seradella
Seradella	50	Mischung mit Lupine, Senf, Phazelia
Weißer Steinklee*)	30–40	
b) mittlere bis schwere Böden		
Sommerwicken	50–70 (anteilige Menge)	nicht als Reinsaat Mischung mit Lupine, Ackerbohnen, Senf oder Raps
Ackerbohnen	60 (anteilige Menge)	Mischung mit Wicken, Senf
Raps, Rübsen	10–12	
Senf	20–25	meist in Mischung mit Seradella, Phazelia
Phazelia	15–20	Mischung mit Senf, Seradella

Empfehlung für Gründüngungseinsaaten im Obstbaugebiet an der Niederelbe

Bitterlupinen blaublühend	180 kg/ha
Bitterlupinen gelbblühend	180 kg/ha
Bitterlupinen weißblühend	200 kg/ha
Sommerwicken + Peluschken, Geest	80 + 60 kg/ha
Sommerwicken + Peluschken, Marsch	60 + 80 kg/ha
Sommerraps	16 kg/ha
Rübsen	16 kg/ha
Einjähriges Weidelgras	40 kg/ha
Ölrettich	20 kg/ha
Phazelia	16 kg/ha

*) Bienenschutzverordnung beachten

Empfehlenswerte Mulchrasenmischungen mit mehrmaligem, bis zu 12fachem Schnitt

Empfohlen seien die ausläufertreibenden und horstbildenden **Rotschwingel** *(Festuca rubra* ssp. *rubra = F. rubra* var. *genuina* und *Festuca rubra* ssp. *commutata = F. rubra* var. *fallax)*, die **Wiesenrispe** *(Poa pratensis)* sowie die **Gemeine Rispe** *(Poa trivialis)*. Ergänzt werden können diese Mischungen durch geringe Anteile von **Deutschem Weidelgras** *(Lolium perenne)* und **Flechtstraußgras** *(Agrostis stolonifera)*. Saatgutmenge: 20–30 kg/ha.

Von der Verwendung von **Weißklee** *(Trifolium repens)* sollte man absehen. Blühender Klee in Obstanlagen, die mit Insektiziden behandelt werden müssen, stellen – auch noch in vorher gemähtem Rasenmulch – eine Gefahr für die Bienen dar. Außerdem wird der Klee in graswüchsigen Mulcheinsaaten ohnehin meist in einigen Jahren infolge Lichtmangels von selbst verschwinden.

Empfehlung für Graseinsaat im Obstbaugebiet an der Niederelbe

2mal 8 kg Deutsches Weidelgras in zwei Sorten von:
z. B. „Lisuna“, „Majestic“ oder „Manhattan“

2mal 6 kg Wiesenrispe in zwei Sorten von:
z. B. „Baron“, „Mosa“ oder „Parade“

9 kg Rotschwingel z. B. „Novorubra“

3 kg Rotschwingel z. B. „Dawson“, „Linora“ oder „Oase“

40 kg je ha, als geschlossene Grasfläche gerechnet.

Jährlich erforderliche Niederschlagshöhen für den Anbau von Obst in mm nach **Kemmer** und **Schulz**

Mittlere Sommertemperatur °C Mai–September	jährliche Niederschlagshöhe in mm für		
	Apfel	Birne	Pfirsich
14	540	500	–
15	620	570	440
16	700	640	500
17	780	710	560

Kritische Temperaturen bei Obstgehölzen im Frühjahr

nach **Young,** abgeändert von **Kobel**

Obstart	Knospe geschlossen (Farbe zeigend) °C	Vollblüte °C	junge Früchte °C
Apfel	−4,0	−2,3	−1,7
Birne	−4,0	−2,3	−1,0
Kirsche	−2,3	−2,3	−1,0
Pflaume	−4,0	−2,3	−1,0
Pfirsich	−4,0	−2,7	−1,0
Aprikose	−4,0	−2,3	−0,7

Ertragsverhältnisse der Beerenobstarten im Vollertrag

Obstart	Ertrag kg/a	Ertrag kg/Strauch
Rote Johannisbeeren	80−100	3−4
Schwarze Johannisbeeren	50− 80	2−3
Stachelbeeren (keine Grünpflücke)	80−100	3−4
Kulturheidelbeeren	50− 70	5−8
Himbeeren	60− 80	0,6−0,8
Brombeeren	40− 80	0,4−0,8
Erdbeeren	90−100	
Preiselbeeren	70− 90	

Ertragsverhältnisse der Baumobstarten im Vollertrag

Obstart	Ertrag kg/Baum	Ertrag dt/ha
Apfel		
H, M, N (auf Sämling)	60−90	100−150
B	45−60	150−200
Spb	15−20	150−200
Birne		
H, M, N (auf Sämling)	60−90	100−150
B, Spb (auf Quitte)	20−25	150−200
Süßkirsche	30−50	50− 80
Sauerkirsche	20−30	80−100
Zwetschen und Pflaumen	25−30	60− 70
Pfirsich	20−25	60− 80
Aprikose	25−30	45− 55

Darüber hinausgehende Spitzenerträge können nicht als Faustzahlen dienen.

Lebensdauer der Obstgewächse

Obstart	Lebensdauer Jahre
Apfel	
H, M, N (auf Sämling)	45–60
B (auf mittelstark wachsender Unterlage)	35–45
Spb, Pillar (auf schwachwachsender Unterlage)	15–25
Birne	
H, M, N (auf Sämling)	55–70
B, Spb (auf Quitte)	25–35
Süßkirschen (auf Vogelkirschen-Sämling)	45–60
Sauerkirschen (auf Vogelkirschen-Sämling)	30–40
Sauerkirschen (auf Prunus mahaleb oder Prunus cerasus)	20–25
Zwetschen und Pflaumen	30–40
Pfirsich	15–20
Aprikose	25–35
Johannisbeeren, Stachelbeeren	15–20
Himbeeren, Brombeeren	12–18
Kulturheidelbeeren	20–40
Erdbeeren	1–3

Die wirtschaftliche Lebensdauer ist bedingt durch die Wuchsstärke der Sorten-Unterlagen-Kombination, durch Klima und Boden, insbesondere aber durch die Pflegeintensität. Eine veränderte Marktsituation kann zu wesentlich früheren Rodungen zwingen.

Verpackung

Die in Deutschland genormten Packmittel aus unterschiedlichen Werkstoffen für Obst (und Gemüse) haben als Länge × Breite den Flächenmodul 600 mm × 400 mm oder den halben Flächenmodul 300 mm × 400 mm und nutzen dadurch die genormten Paletten 800 mm × 1200 mm und 1000 mm × 1200 mm. Außer diesen genormten Packmitteln werden für Obst (und Gemüse) aber auch nicht DIN-genormte Packmittel verwendet (z. B. 500 mm × 300 mm oder 500 mm × 400 mm), mit denen sich die Paletten nur unvollständig nutzen lassen. Im Kleinhandel sind zahlreiche Verpackungen wie Beutel, Netze, Körbe, Kartons, Vakuumverpackungen und dergl. aus Holz, Pappe, Kunststoff usw. im Gebrauch.

LAGERUNG VON KERNOBST (Beispiele)

Sorte	Maschinen-gekühltes Lager Temp. °C	Lagerdauer Monate	CA-Lager Temp. °C	CO_2 %	O_2 %	Lagerdauer Monate	Bemerkungen
James Grieve	4	1–2					Neigt zu Stippigkeit
Jamba 69	4	1–2					
Gravensteiner	4	2–3					
Goldparmäne	3–4	2–3					Neigt zu Fleischbräune und Stippigkeit
Elstar	2,5	2–3	3	1,5	3–3,5	4–5	
Holsteiner Cox	3–3,5	3	3,5–4	1,5–2	3–3,5	5	Schalenbräune-empfindlich
Ingrid Marie	1	4	1,5	2,5–3	3–3,5	5–6	
Cox Orangen Renette	3–4	3	3,5–4	1,5–2	3–3,5	4–5	Neigt zu Stippigkeit und Fleischbräune
Laxtons Superb	1–2	5–6	2	2,5–3	3–3,5	6–7	
Horneburger Pfannkuchen	0,5–1,5	6	1–1,5	2–2,5	3–4	8	
Freiherr von Berlepsch	0–2	5	1	3–4	3	6	Neigt zu Schrumpfung und Schalenbräune
Schöner von Boskoop	3–3,5	4–5	3,5–4	1,5–2	3–3,5	6–7	Neigt zu Fleischbräune, Schrumpfung und Stippigkeit
Jonathan	3	4–5	3–4	4	1,5–3	6–7	CA-Lagerung verhindert Jonathanspot
Golden Delicious	1	4–5	1,5	3–3,5	3–3,5	7–8	Neigt zu Schrumpfung
Gloster	1–1,5	5	1,5	2,5–3	3–3,5	7–8	
Glockenapfel	1	7	1,5	2,5–3	3–3,5	7–8	
Jonagold	1–1,5	3–4	1,5	3–3,5	3–3,5	6–7	Neigt zu Fleisch- und Schalenbräune
Rubinette	2–4	4–5	Weniger geeignet, Aroma leidet				
Idared	2	4–5	2–3	2	1,5–3	6	Etwas CO_2-empfindlich

Optimale relative Luftfeuchtigkeit im Obstlager 90–95%.

BIRNE

Sorte	Maschinengekühltes Lager Temp. °C	Maschinengekühltes Lager Lagerdauer Monate	CA-Lager Temp. °C	CA-Lager CO_2 %	CA-Lager O_2 %	CA-Lager Lagerdauer Monate	Bemerkungen
Frühe von Trévoux	-1–0	1–1,5					
Dr. Jules Guyot	0–1	1–1,5					
Clapps Liebling	-1–0	2					Schon im Lager günstige Saft- und Geschmacksentwicklung
Williams Christ	0	2–3	0	2–3	2–3	3	Rechtzeitig ernten
Gellerts Butterbirne	-1–0	3	0	2–3	4–5	2–3	Gut zu kühlen. Neigt zu Welke
Gute Luise	0–1	2					
Köstliche von Charneux	-1–0	3–4					Gute Kühlsorte, welkend. Neigt zur Weiche
Bosc's Flaschenbirne	-1–0	4–5	0	2–3	4–5	6	Schon im Lager günstige Ausfärbung
Alexander Lucas	-1–0	4–5	-1–0	max. 1	3–3,5	5–6	Gute Kühlsorte. Sehr CO_2-empfindlich
Vereinsdechantsbirne	0	3–4	0	3–4	2–3	4–5	
Conference	0	4–5	0	2–3	3	6–7	Beste Kühlsorte. Sofort nach der Ernte einlagern
Gräfin von Paris	0–1	3					

Optimale rel. Luftfeuchtigkeit im Obstlager 90–93 %. CA-Lagerung bei Birnen ohne große praktische Bedeutung. Wichtig: Sofortige Einlagerung nach der Ernte und höhere Temperaturen nach der Auslagerung zur Nachreife.

STEIN- UND BEERENOBST

Obstart	Maschinen-gekühltes Lager		CA-Lager				Bemerkungen
	Temp. °C	Lagerdauer Wochen (W) Tage (T)	Temp. °C	CO_2 %	O_2 %	Lagerdauer Wochen (W) Tage (T)	
Zwetschen, Pflaumen	0–1	1–2 W					
Späte Zwetschen	0	2–5 W	0	3	3	2–6 W	Lagerdauer sortenabhängig
Süßkirschen							
Herzkirschen	0–2	1–2 W					
Knorpelkirschen	0–2	2 W	0–2	5–10	2–3	2–3 W	CO_2-Empfindlichkeit sortenabhängig
Sauerkirschen	-1–0	5–10 T	0	5	3	3 W	Nicht zu reif einlagern
Pfirsiche	-1–0	2–6 W	-1–0	2–3	2	6 W	Lagerdauer sortenabhängig
Aprikosen	-1–0	3 W					
Johannisbeeren	0	5 T–3 W					
Stachelbeeren	0	5 T–3 W					
Kulturheidelbeeren	0	3 W					
Himbeeren, Brombeeren	0	3 T					
Erdbeeren	0–2	5 T	0–2	bis 10	1–2	8–10 T	Lagerdauer sortenabhängig

CA-Lagerung bei Stein- und Beerenobst ohne praktische Bedeutung, z. T. Geschmacksbeeinflussung im Lager

Baumschulen

bearbeitet von Diplomgärtner **Heinz Edgar Thon,**
Landwirtschaftskammer Rheinland

Baumschulflächen in der BR Deutschland in ha

	1969/70	1980/81	1985/86
Schleswig-Holstein	3 807	4 258	4 272
Hamburg	169	183	223
Niedersachsen	2 296	4 030	4 140
Bremen	57	13	13
Nordrhein-Westfalen	2 921	3 799	3 849
Hessen	759	888	877
Rheinland-Pfalz	648	829	854
Baden-Württemberg	1 374	2 205	2 294
Bayern	1 307	2 036	2 181
Saarland	118	118	139
Berlin (West)	140	131	143
Bundesgebiet einschl. Berlin (West)	13 596	18 490	18 985

Quelle: Bodennutzungserhebungen

Verkaufserlöse der Baumschulen in der BR Deutschland in Mio. DM

Die Verkaufserlöse der Baumschulen wurden bis vor wenigen Jahren auf der Basis einer einstmals ermittelten Summe fortgeschrieben. Ohne Berücksichtigung veränderter Handelsgewohnheiten und Verschiebungen im Sortiment dienten lediglich einige ausgewählte Katalogpreise zur Neufestsetzung. Den jeweiligen Werten liegen die tatsächlich ermittelten Buchführungsergebnisse × Fläche zugrunde.

	Mio. DM	Prozent
1975/76	825	63
1980/81	1 310	100
1981/82	1 360	104
1982/83	1 210	92
1983/84	1 240	95
1984/85	1 070	82
1985/86	1 040	79

Quelle: Agrarbericht

Pflanzenbestände in Baumschulen in 1000 Stück

	1970	1975	1981	1985
Obstgehölze mit Kronen				
Äpfel	2 178	768	1 263	1 119
Birnen	905	420	523	441
Süßkirschen	416	316	409	400
Sauerkirschen	617	320	406	372
Pflaumen und Zwetschen	377	260	409	297
Mirabellen u. Renekloden	132	87	128	102
Aprikosen und Pfirsiche	176	163	138	115
Walnüsse	41	38	41	62
Obstgehölze, einjährig				
Äpfel	2 207	1 723	2 125	2 076
Birnen	494	381	394	423
Süßkirschen	61	104	118	128
Sauerkirschen	305	234	281	219
Beerensträucher u. -stämme	6 050	5 050	5 764	5 569
Ziergehölze insgesamt	96 702	121 796	160 720	151 658
davon				
Laubbäume einschl. Heister	13 475	15 710	16 914	14 817
Ziersträucher, laubabwerfend	25 057	30 500	26 541	24 681
Nadelgehölze	15 774	26 945	28 225	22 770
Heckenpflanzen	21 933	27 074	25 875	24 421
Rhododendron	4 617	6 186	8 788	7 397
Freilandazaleen	1 884	2 008	2 010	1 943
Schling- u. Kletterpflanzen	844	958	1 065	2 073
Sonstige immergrüne Ziergehölze	13 118	12 415	13 523	12 874
Bodendecker	keine Angaben	29 342	37 779	40 682
Rosen-Veredlungen	39 175	36 279	27 275	24 848
Forstpflanzen				
Nadelholzpflanzen	1 078 086	1 348 151	944 861	780 309
Laubholzpflanzen	220 951	253 421	259 448	309 501

Quelle: Statistisches Bundesamt

Entwicklung des Außenhandels mit Baumschulerzeugnissen

	Import		Export	
	Mio. DM	%	Mio. DM	%
1979/80	87,1	100	46,1	100
1980/81	84,5	97	39,7	86
1981/82	82,7	95	40,6	88
1982/83	91,0	104	41,9	91
1983/84	105,3	121	45,0	98
1984/85	115,9	133	53,5	116
1985/86	136,4	157	62,1	135

Quelle: ZVG-Jahresberichte

Düngung von Containerpflanzen

Als Substrat wird in den meisten Baumschulen Weißtorf verwendet, dem unterschiedliche Zuschläge beigegeben werden (Sand, Landerde, Schwarztorf, Grodan, Hygromull usw.). Zu Beginn der Kultur werden folgende Nährstoffgehalte als geeignet für den überwiegenden Teil der Gehölze angesehen (Jungpflanzen etwa die Hälfte der Konzentration):

	mg/l Substrat	
Nährstoff	empfindliche Gehölze	verträgliche Gehölze
N	100–200	200–300
P_2O_5	100–300	200–600
K_2O	200–300	300–600
Mg	50– 80	80–150

Entsprechend dem pH-Wert des verwendeten Substrates und dem gewünschten pH-Wert des Fertigsubstrates wird eine **Kalkgabe** von 1,0 bis 4,0 kg kohlensaurer Kalk ($CaCO_3$) je Kubikmeter zugesetzt.

Vorratsdünger können im allgemeinen in der 1,5- bis 2fachen Menge zugesetzt werden. Die Dosierung richtet sich nach dem prozentualen Stickstoffanteil.

Spurennährstoffe müssen in ausreichender Konzentration zur Verfügung stehen. Es werden daher voll versorgte Mehrnährstoffdünger verwendet oder eigenen Mischungen spezielle Spurennährstoffdünger zugesetzt. Als Basis für die Berechnung des Zuschlages dient die Stickstoffkonzentration.

Erfolgskennzahlen in Baumschulen

	1980/81	1982/83	1984/85	1985/86
Unternehmensertrag DM/ha GG	97 193	107 725	93 855	92 432
Betriebseinkommen DM/ha GG	40 152	45 529	41 964	54 026
Reinertrag, DM/ha GG	9 212	9 248	10 758	5 107
Vollarbeitskräfte AK/ha GG	1,16	1,35	1,16	1,19
Flächenausstattung ha LF/AK	1,00	0,89	1,07	1,10
Betriebseinkommen DM/Voll-AK	34 591	33 698	36 188	33 250
Roheinkommen DM/Familien-AK	71 747	66 819	70 053	56 361
Arbeitsertrag DM/Voll-AK	31 353	30 333	32 659	30 047
Bilanzvermögen DM/ha GG	107 397	129 906	116 939	108 641
Höhe und Zusammensetzung des Unternehmensaufwandes in DM/ha GG				
Unternehmensaufwand	80 446	88 647	75 860	76 495
davon				
Spezialaufwand	22 083	18 179	15 837	15 979
dar. Saat- u. Pflanzgut	12 386	7 166	7 126	8 101
Fremdlöhne	20 510	22 932	21 371	21 430
Abschreibung und Unterhaltung	9 781	12 613	10 645	9 903
Zinsen	2 692	3 112	2 010	1 544

Quelle: Agrarberichte der Bundesregierung

Durchschnittlich erforderliche Nährstoffversorgung von Baumschulen

Phosphorsäure (P_2O_5)	20 mg/100 g Boden
Kali (K_2O)	30 mg/100 g Boden
Magnesium (Mg)	10 mg/100 g Boden
Humus	1,3–3 % je nach Bodenart und Kultur
Gesamtsalzgehalt	weniger als 0,3 Prozent

In gut geführten Baumschulen liegen die tatsächlich gefundenen Werte häufig erheblich über diesen Angaben. Je nach Boden und Kulturart sind zusätzliche Nährstoffgaben sinnvoll, auch wenn die Richtwerte erreicht wurden. Nur anhand jährlich durchgeführter Bodenuntersuchungen und genauer Beobachtung des Kulturzustandes kann durch gezielte Nährstoffgaben der optimale Wachstumsstand erreicht werden.

Richtwerte für den Stickstoffbedarf von Baumschulgehölzen

nach **Wennemuth**

Kulturart	kg/ha N
Sämlingskultur von Laubgehölzen mit 1 Kulturjahr	150
Sämlingskultur von Laubgehölzen mit 2 Kulturjahren	120
Sämlingskultur von Koniferen mit 1 Kulturjahr	120
Sämlingskultur von Koniferen mit 2 Kulturjahren	80
Sträucherkulturen und Laubholzheckenpflanzen im 1. Kulturjahr	80
Sträucherkulturen und Laubholzheckenpflanzen im 1. Kulturjahr	140
Rosen im 1. Jahr	90
Rosen im 2. Jahr	150
Rhododendron-Verkaufsware	200–240
Laubgehölz-Solitärs im 1. Jahr nach Umpflanzung	70
Laubgehölz-Solitärs im 2. Jahr nach Umpflanzung	100
Koniferen	80
Koniferen-Solitärs	60

Anteil der Arbeitsarten am Gesamtarbeitszeitaufwand beim Versand in einer Baumschule

Aufbereiten und Etikettieren	8,9 %
Abstechen	8,8 %
Herausnehmen	4,3 %
Einballieren	42,4 %
Be- und Entladen	4,7 %
Transportarbeiten	11,9 %
Nebenarbeiten	12,2 %
Verteilzeiten	6,8 %
Gesamtarbeitszeit	100,0 %

Quelle: Korte, B., Kosten- und Leistungsrechnungen in Baumschulen. Diss. TU Hannover 1974

Pflanzenbedarf je ha bei unterschiedlicher Pflanzweise

Feldgröße: 150 m × 66,67 m
Vorgewende: 2 × 5 m
Reihenabstand: 90 cm

Abstand in der Reihe cm	geschlossene Pflanzung 140 m Reihenlänge	Blockpflanzung 5 Blocks mit 128 m Gesamtlänge, 4 Längswege à 3 m
12	85 000	64 000
15	68 000	51 000
25	40 900	30 700
40	25 500	19 200
50	20 400	15 300
60	17 000	12 800
75	13 600	10 200
90	11 400	8 500

Feldfutterbau

neubearbeitet von Prof. Dr. **W. Jahn-Deesbach,** Gießen

Zum Feldfutterbau im weitesten Sinne gehören neben dem Feldgrünfutterbau auch der Futterhackfruchtbau und der Futtergetreidebau. Als Feldfutterbau im engeren Sinne gilt nur der Anbau von Pflanzen auf dem Ackerlande zur Erzeugung von Grünfutter für Mäh- oder Weidenutzung, Silagebereitung oder Heugewinnung.

Der klassische Feldfutterbau im engeren Sinne (Klee, Kleegras, Luzerne, Leguminosengemische, Feldgras) ist eine wertvolle Säule der Bodenfruchtbarkeit und sollte wieder mehr Beachtung finden. Aus ökonomisch-technischen Gründen ist die Entwicklung sehr stark zum für die Bodenfruchtbarkeit riskanteren Silomaisanbau gegangen. Der Feldfutterbau wird als Hauptfrucht-Futterbau oder als Zwischenfrucht-Futterbau durchgeführt. Der sogenannte Zweitfrucht-Futterbau ist der Anbau von Futterpflanzen nach überwinternden Zwischenfrüchten oder nach sehr frühräumenden Erstfrüchten und ist in den meisten Fällen dem Hauptfrucht-Futterbau zuzuordnen.

I. Formen des Feldfutterbaues und geeignete Pflanzenarten

A. Hauptfrucht-Futterbau

1. **Einsömmeriger Futterbau:**
   a) **halbsömmerig:** für Frühjahrsaussaat Grünhafer, Gemische aus Ackerbohne · Erbse · Wicke, Hafer · Erbse · Wicke, Sommerraps · Erbse · Wicke, Lupine · Erbse · Hafer; für Vorsommeraussaat (auch „Zweitfrucht") Futterrübe (gepflanzt), Kohlrübe, Grünmais, Einjähriges Weidelgras, Futterkohl, Gemische aus Persischer Klee · Einjähriges Weidelgras, Lupine · Erbse, Futterkohl · Zottelwicke.
   b) **ganzsömmerig:** für Frühjahrsaussaat Futterrübe, Futterkartoffel, Futtergetreide, Silomais, Grünmais, Gemische aus Mais · Leguminosen, Futterkohl, Kohlrübe, Topinambur, Einjähriges Weidelgras, Einjähriger Rotklee, Persischer Klee, Serradella, Alexandrinerklee, Gemische aus Einjähriges Weidelgras · Klee oder Zottelwicke oder Erbse, Gemische aus Grünhafer · Welsches Weidelgras oder Einjähriges Weidelgras.
2. **Überjähriger Futterbau** (ein Hauptnutzungsjahr nach dem Aussaatjahr): teils als Untersaaten, teils nach frühräumenden Vorfrüchten Rotklee, Schwedenklee, Weißklee, Gelbklee, Knaulgras, Lieschgras, Bastard-Weidelgras, Klee-Gemische, Klee · Gras-Gemische; außerdem bis August Welsches Weidelgras oder Gemische mit Mehrschnittnutzung, z.B.: „Deesbacher Gemisch" aus Grünfutterroggen · Zottelwicke · Lieschgras oder Knaulgras oder Bastard- oder Welsches Weidelgras.

   „Landsberger Gemisch" aus Inkarnatklee · Zottelwicke · Welsches oder Bastard-Weidelgras;
   „Dülmener Gemisch" aus Grünfutterroggen · Welsches oder Bastard-Weidelgras.
3. **Zweijähriger Futterbau** (mit 2 Hauptnutzungsjahren nach dem Aussaatjahr): Klee · Gras-Gemische, Gras-Gemische.

4. **Mehrjähriger Futterbau:**
   Luzerne, Luzerne · Gras-Gemische, Esparsette, Esparsette · Gras-Gemische, Topinambur, Comfrey.

B. Zwischenfrucht-Futterbau

1. **Untersaaten zur Herbstnutzung:**
   Die Einsaat erfolgt bei kälteverträglichen Arten (z.B. Weißklee, Knaulgras) sehr zeitig im Nachwinter bzw. Frühjahr unter Winterung auf noch sehr feuchten Boden (deshalb oft Breitsaat ohne Bearbeitung) bzw. mit der Aussaat der Sommerung, oder aber sie erfolgt auf Standorten mit ausreichenden Frühjahrs- bzw. Vorsommerniederschlägen erst nach Abschluß der Pflegemaßnahmen bzw. während des Schossens.
   Beste Deckfrüchte sind Winterroggen, Sommergerste, Wintergerste, Grünfutterroggen, Grünfutterhafer u. ä.
   Nutzung erfolgt durch Schnitt oder Beweiden im Herbst.
   Einjähriger Rotklee, Weißklee, Serradella, Persischer Klee, Knaulgras, Einjähriges Weidelgras (Dünnsaat zum Aussamen), Gemische aus Kleearten, Klee · Serradella, Klee · Gras, Serradella · Gras, Möhre, Stoppelrübe.
2. **Stoppelsaaten zur Herbstnutzung:**
   Aussaat nach Hauptfruchternte, Nutzung durch Schnitt oder Beweiden im Herbst; es sollten nach der Aussaat wenigstens 90 Tage Vegetationszeit und ca. 120–160 mm Niederschläge zur Verfügung stehen.
   Nach früh räumenden Hauptfrüchten bzw. in sehr günstigen Lagen:
   Futtererbse, Lupine, Serradella, Gemische aus Ackerbohne · Wicke · Erbse, Hirse, Grünmais, Sommerraps, Stoppelrübe, Futterkohl, Einjähriges Weidelgras, Persischer Klee, Winterraps, Winterrübsen (bedingt: Phazelia, Ölrettich, Sonnenblume). Der Anbau von Gemischen aus mehreren dieser Pflanzen ist i. a. empfehlenswert.
   Nach spät räumenden Hauptfrüchten bzw. in weniger günstigen Lagen:
   Sommerraps (Weißer Senf).
3. **Winterzwischenfrüchte zur Frühjahrsnutzung:**
   Aussaat nach Hauptfruchternte, Nutzung durch Schnitt – seltener durch Beweiden – im Frühjahr.
   Grünfutterrübsen, Grünfutterraps, Grünfutterroggen, Grünfutterroggen · Zottelwicke-Gemisch; Welsches Weidelgras · Zottelwicken · Inkarnatklee = „Landsberger Gemisch".

II. Reinbestände oder Gemische?

Wenn Nutzungsform und Verwendung des Futteraufwuchses eine Mischung von verschiedenen Futterpflanzen nicht notwendig erscheinen lassen, sind auf den Standorten, die einer bestimmten Futterpflanze besonders zusagen und mit dieser höchste Erträge zulassen, Reinsaaten zweckmäßig (z.B. Reinbestände von Luzerne oder Rotklee oder Einjähriges Weidelgras).
Sehr oft aber ist es sinnvoller, Futterpflanzengemische anzubauen, weil auf vielen Standorten hohe und sichere Erträge mit Reinsaaten nicht erzielt werden können oder aber weil durch Gemische die optimale Nutzung und Verwertung (z.B. Heugewinnung, Silierung, günstigeres Eiweiß : Energie-Verhältnis, Mineralstoffgehalte u. a.) besser gewährleistet sind.

III. Saatnormen für die wichtigsten Arten

Pflanzenart	Saatmenge (kg/ha)	Drillreihen-abstand (cm)	Saattiefe (cm)
Luzerne	18– 24	Breitsaat oder enge Drill-reihenabstände von 10–14 cm	1–2
Rotklee	16– 20		
Weißklee	8– 12		
Schwedenklee	10– 15		
Gelbklee	18– 24		
Inkarnatklee	25– 35		
Hornklee	12– 20		
Alexandrinerklee	30– 40		
Persischer Klee	16– 20		
Serradella	30– 40		2–3
Gelbe Lupine	160–180	15–25	2–4
Schmalblättrige Lupine	180–200		
Futtererbse	160–200		4–6
Ackerbohne (kleinkörnig)	160–220		5–8
Sommerwicke	100–140	12–18	3–5
Zottelwicke	40– 80		
Einjähriges Weidelgras	40– 50	Breitsaat oder enge Drill-reihenabstände von 10–14 cm	1–2
Welsches Weidelgras	30– 45		
Bastard-Weidelgras	30– 50		
Deutsches Weidelgras	20– 35		
Knaulgras	16– 20		flach
Wiesenlieschgras	12– 20		flach
Wiesenschwingel	50– 70		1–2
Glatthafer	40– 60		1–2
Silomais	EKS	60–75	4–6
Grünfuttermais	60–120	30–65	4–6
Grünfutterhafer	140–180	10–14	2–3
Futterkohl	3– 5	30–60	1–2
Futterrübe	EKS	45–50	2–3
Futtermöhre	2– 4	25–40	flach
Stoppelrübe	1– 3	25–40	1–2
Kohlrübe	2– 3	40–60	1–2
Grünfutter-Winterrübsen	10– 16	20–25	1–2
Grünfutter-Winterraps	10– 16	20–25	1–2
Grünfutter-Winterroggen	140–200	12–16	1–2
Sommerraps	12– 16	18–20	1–2
Futtermalve	3– 5	25–40	1–2
Ölrettich	18– 24	18–20	2–3
Weißer Senf	16– 22	15–20	1–2
Phazelia	12– 14	15–20	2–3
Rispen-, Kolbenhirse	14– 18	15–25	1–2
Sonnenblume	20– 30	30–40	3–4

[1]) Unter günstigen Bedingungen die niedrigen Saatstärken, unter ungünstigen die hohen; bei mehreren ungünstigen Faktoren auch noch höhere Saatmengen (z. B. bei Breitsaat ohne Bearbeitung Zuschläge von ca. 20 %. – EKS = Einzelkornsaat).

[2]) Bei Feinsämereien – insbesondere bei Einsaat in eine Überfrucht – ist oft die Saat auf die Bodenoberfläche ohne Einarbeitung zweckmäßig.

IV. Anbau-Hinweise für den Hauptfrucht-Futterbau

A. Silomais

Er liefert auf günstigen Standorten sehr hohe Energie-Erträge; arbeitsökonomisch günstig. Nachteil: Erosionsgefahr!

Sorten-Reifegruppen	FAO-Zahl	Temp.-Mittel vom 1. 5.–30. 9.	Pflanzenzahl/m²	Düngungshinweise
früh	bis 190	mind. 13,5 °C	12–14	N: 160–220 kg/ha
mittelfrüh	200–240	mind. 14,5 °C	10–12	½ bei Saat, ½
mittelspät	250–340	mind. 15,5 °C	9–11	bei 6–8 Blättern;
spät	300–340	mind. 16,5 °C	8–10	Bor-empfindlich!

Wegen Erosionsgefahr überwinternde Vorkulturen, z.B. Zottelwicke, anbauen und Direktsaat des Maises in diese; Abtöten der Zottelwicke z.B. mit Basta (vor Auflaufen des Maises) oder z.B. mit Mais-Certrol (bis nach Auflaufen des Maises möglich). – Silomais ist frostempfindlich, deshalb Ernte vor erstem Frost oder sofort danach.

B. Futterrübe

Sie liefert sehr hohen Ertrag an wertvollem Saftfutter; in ungünstigen Klimalagen ist der Ertrag sicherer und höher als bei Silomais. Nachteile: arbeitsintensiver; Aufbewahrung schwieriger.

Typen	Frischmasseertrag (dt/ha)	Trockenmassegehalt (%)	Sitz im Boden (in % d. Höhe)	Düngungshinweise
Massenrüben	1000–1400	< 13	10–25	N: 160–240 kg/ha
Mittelrüben	900–1000	13–16	25–50	⅔ vor Aussaat,
Gehaltsrüben	800– 900	16–19	50–60	⅓ bei 4–6 Blättern;
				Bor-Dgg. beachten!

Ca. 7–8 Pflanzen/m²; Reihenabstand: 45–50 cm; Anbau mit Vereinzeln: Saatgutablage auf 6–8–10 cm in der Reihe; vereinzelungsloser Anbau (nur auf günstigen Standorten): bei 60 % Feldaufgang Monogermsaatgut-Ablage auf ca. 16 cm in der Reihe.

C. Kleeartige und Gräser für den Feldfutterbau im engeren Sinne

1. Hauptverwendungsmöglichkeiten nach Standortfaktoren

trockene, nicht rotklee- oder luzernefähige Standorte	rotklee- und luzernefähige Standorte	feuchtere und kältere Standorte
Weißklee	Rotklee	Schwedenklee
Gelbklee	Luzerne	Weißklee
Hornklee	Schwedenklee	Rotklee
Esparsette	Weißklee	
Knaulgras	Welsches Weidelgras	Lieschgras
Glatthafer	Bastard-Weidelgras	Wiesenschwingel
	Knaulgras	Knaulgras
	Lieschgras	
	Wiesenschwingel	
	Glatthafer	

2. Hauptverwendungsmöglichkeiten nach Nutzungsdauer

Einsömmeriger Futterbau	Überjähriger Futterbau (1 Hauptnutzungsjahr)	Zweijähriger Futterbau (2 Hauptnutzungsjahre)	Mehrjähriger Futterbau
Persischer Klee Serradella Einjähriger Rotklee Weißklee Alexandrinerklee	Rotklee Schwedenklee Gelbklee Weißklee	Rotklee Schwedenklee Weißklee Gelbklee Luzerne Hornklee	Luzerne Weißklee Hornklee Esparsette
Einjähriges Weidelgras Welsches Weidelgras	Welsches Weidelgras Bastard-Weidelgras Knaulgras Lieschgras (Wiesenschwingel)	Bastard-Weidelgras Deutsches Weidelgras Knaulgras Lieschgras Wiesenschwingel Glatthafer	Deutsches Weidelgras Knaulgras Lieschgras Wiesenschwingel Glatthafer

3. Grundsätze für Aussaatmischungen

Standort (Boden + Klima), Nutzungsform und Verwendung bestimmen die Auswahl und den Mischungsanteil der einzelnen Pflanzenarten, wobei den besonderen Eigenschaften (z.B. Verdrängungsvermögen) der Arten unter den betreffenden Standort- und Nutzungsbedingungen Rechnung zu tragen ist. Hierbei ist zu berücksichtigen, daß es innerhalb einer Futterpflanzenart oft sehr unterschiedliche Typen bzw. Sorten gibt, die sich in ihren wertbestimmenden Eigenschaften sehr wesentlich unterscheiden (z.B. niedrigwachsende Weißkleetypen für Weidenutzung, hochwachsende Weißkleetypen für Schnittnutzung; frühschossende Typen des Deutschen Weidelgrases für den zweijährigen Feldfutterbau, spätschossende für den mehrjährigen Feldfutterbau und Dauergrünland).

Es ist deshalb notwendig, sich über den jeweiligen Stand des Angebotes zu informieren und nicht nur eine Artenwahl, sondern auch eine zweckmäßige Typen- bzw. Sortenwahl für den speziellen Fall zu treffen.

Bei der Berechnung von Aussaatmischungen ist vom gewünschten Anteil der betreffenden Arten im Feldbestand und von der jeweiligen Reinsaatstärke der einzelnen Arten auszugehen, wobei vor allem für zwei- oder mehrjährige Gemische das Verdrängungsvermögen bzw. die Verdrängbarkeit jeder Art zu berücksichtigen sind. Stark verdrängende Arten müssen deshalb evtl. mit verminderter Saatstärke in die Aussaatmischung genommen werden.

Saatliste für Gemische in Anlehnung an **E. Klapp**	Reinheit %[1])	Keimfähigkeit %[1])	Verdrängungsvermögen[2])	Reinsaatmenge für Gemische in kg/ha[3])		
				A	B	C
Glatthafer	87	77	I			50
Knaulgras	91	85	I			20
Einjähriges Weidelgras	96	90	I			45
Welsches Weidelgras	96	90	I			30
Bastard-Weidelgras	96	90	I			35
Deutsches Weidelgras	96	90	I			30
Wiesenfuchsschwanz	72	70	II		29	33
Wiesenschwingel	95	90	III	45	60	75
Rohrglanzgras	93	75	III	15	20	25
Wiesenlieschgrad (Timothe)	95	88	III	12	16	20
Luzerne	95	85	I			20
Rotklee	96	87	I			20
Persischer Klee	95	87	II		16	20
Gelbklee	94	82	II		23	27
Hornklee	95	81	III	20	26	33
Schwedenklee	95	87	III	15	20	25
Weißklee	95	87	III	12	16	20

[1]) Gute Mittelwerte

[2]) I = stark verdrängende Wirkung auf Mischungspartner mit den Werten II und III
II = je nach den Umständen verdrängend wirkend oder selbst zurückgedrängt
III = durch wüchsige Mischungspartner gefährdet

[3]) A Berechnungsgrundlage für Mischungen aus Arten nur der Gruppe III
B Berechnungsgrundlage für Mischungen aus Arten der Gruppen II und III
C Berechnungsgrundlage für Mischungen aus Arten der Gruppen I–III

D. Aussaatmischungen für den Hauptfrucht-Futterbau

Nachstehend sind einige Beispiele für den Mischanbau verschiedener Pflanzenarten im Feldfutterbau aufgeführt. Eine Vielzahl anderer Gemische ist möglich. Die angegebenen Zahlen bedeuten die Saatmenge in kg/ha.

1. Mischungen für den einsömmerigen Futterbau

Beispiele für verschiedene Standorte:

15 Sommerrotklee 20 Einj. Weidelgras	15 Persischer Klee 20 Einj. Weidelgras	20 Einj. Weidelgras 20 Zottelwicke
—	—	—
60 Hafer 40 Einj. Weidelgras	4 Futterkohl 10 Zottelwicke	8 Winterraps 20 Zottelwicke
—	—	—
80 Futtererbse 40 Einj. Weidelgras	100 Hafer 80 Futtererbse	100 Lupine 60 Futtererbse
—	—	—
Silomais 8–9 Pf/m² Sojabohne 20 Pf/m² Lupine 20 Pf/m²	120 Hafer 40 Zottelwicke 20 Knaulgras	25 Einj. Weidelgras 25 Welsch. Weidelgras

2. Mischungen für den überjährigen und zweijährigen Futterbau

a) Beispiele für Kleegemische

1.	2.
12 Rotklee	6 Weißklee
4 Schwedenklee	12 Gelbklee
5 Weißklee	

b) Beispiele für einzelne Klee-Gras-Gemische zur einjährigen Hauptnutzung

vorwiegend zur Mahd		vorwiegend zum Beweiden	
auf rotkleesicheren Standorten			
15 Rotklee		10 Rotklee	
6 Welsches Weidelgras		3 Weißklee	
2 Knaulgras		8 Welsches Weidelgras	
auf trockeneren Standorten			
1.	2.	1.	2.
10 Rotklee	8 Rotklee	5 Rotklee	5 Weißklee
5 Weißklee	5 Gelbklee	5 Weißklee	12 Knaulgras
6 Knaulgras	3 Weißklee	6 Wel. Weidelgras	
	6 Knaulgras	4 Knaulgras	
auf feuchteren Standorten			
10 Rotklee		8 Rotklee	
4 Schwedenklee		5 Weißklee	
6 Lieschgras		6 Wel. Weidelgras	
		3 Lieschgras	
auf höhergelegenen, kalten Standorten			
1.	2.		
8 Rotklee	5 Weißklee	8 Rotklee	
5 Schwedenkl.	5 Schwedenkl.	5 Weißklee	
8 Lieschgras	4 Lieschgras	8 Knaulgras	

c) Beispiele für einfache Klee-Gras-Gemische zur zweijährigen Hauptnutzung

auf rotkleesicheren Standorten			
1.	2.	8 Rotklee (tetrapl. oder Spätklee)	
10 Rotklee	10 Rotklee	5 Weißklee	
3 Weißklee	4 Schwedenkl.	12 Bastard-Weidelgras	
8 Lieschgras	5 Lieschgras		
	10 Wiesenschw.		
auf trockeneren Standorten			
1.	2.	1.	2.
8 Rotklee	5 Gelbklee	5 Rotklee	5 Weißklee
5 Weißklee	5 Weißklee	5 Weißklee	3 Hornklee
8 Knaulgras	6 Knaulgras	10 Bast.-Weidelgr.	12 Knaulgras
	12 Glatthafer	4 Knaulgras	

vorwiegend zur Mahd		vorwiegend zum Beweiden	
auf feuchteren Standorten			
1.	2.	1.	2.
10 Rotklee 4 Schwedenkl. 8 Lieschgras	8 Rotklee 5 Schwedenkl. 4 Lieschgras 15 Wiesenschw.	5 Rotklee 5 Weißklee 16 Bast.-Weidelgr.	5 Rotklee 5 Weißklee 10 Bast.-Weidelgr. 8 Wiesenschw. 2 Lieschgras
auf höhergelegenen, kälteren Standorten			
1.	2.		
8 Rotklee 5 Schwedenkl. 10 Lieschgras	8 Schwedenkl. 5 Lieschgras 15 Wiesenschw. 5 Knaulgras	8 Rotklee 5 Weißklee 5 Lieschgras 15 Wiesenschw.	

d) Beispiele für andere Futtergemische für den überjährigen oder zweijährigen Futterbau:

Viele Standorte sind nicht kleefähig (z.B. kalte, flachgründige Mittelgebirgs-Standorte; trockene Sandboden-Standorte; Standorte mit starkem Kleekrebsbefall u.ä.). Auch sind oftmals Klee- bzw. Klee·Gras-Untersaaten unter intensiv gedüngten Getreidebeständen nicht möglich, oder sie mißlingen.

Für solche Fälle eignet sich u.a. folgendes Gemisch:

„Deesbacher Mehrschnitt-Gemisch"

für weidelgras-sichere Standorte	für trockenere Standorte	für feuchte und kältere Standorte
140 Winterroggen	140 Winterroggen	140 Winterroggen
40 Zottelwicke	40 Zottelwicke	40 Zottelwicke
25 Bast.-Weidelgras	20 Knaulgras	20 Lieschgras

Aussaat: August/September (je nach Standort und Graspartner)

Nach einer N-Gabe von 80–100 kg/ha im zeitigen Frühjahr liefern der Roggen – im Schossen nicht zu tief gemäht – einen sehr frühen 1. Schnitt für Grünfutter oder Silage, ein Zottelwicke · Gras-Gemisch den 2. und nach entsprechender N-Düngung (jeweils 60–80 kg/ha) reines Gras den 3. und 4. Schnitt. Auf graswüchsigen Standorten ist ein zweites Hauptnutzungsjahr in Form reiner Grasbestände möglich. Für eine zweijährige Hauptnutzung sind Knaulgras und Lieschgras bzw. deren Mischungen mit Bastard-Weidelgras als Graskomponente zu verwenden.

Weitere Beispiele für derartige Mehrschnitt-Gemische:

„Dülmener"	„Golzower"	„Thyrower"
140 Winterroggen	12 Winterraps	12 Winterrübsen
30 Bast.-Weidelgras	40 Zottelwicke	40 Zottelwicke
	25 Bast.-Weidelgras	20 Knaulgras

„Landsberger"	„Bremer"
12 Inkarnatklee	30 Zottelwicke
40 Zottelwicke	30 Bast.-Weidelgras
25 Bast.-Weidelgras	

Auch Mehrschnitt-Gemische, die bei rechtzeitiger Sommeraussaat bereits eine Herbstnutzung und im folgenden Jahr eine ganzjährige Nutzung zulassen, sind möglich:

neben „Landsberger Gemisch" und „Golzower Gemisch" (siehe oben) auch

„Bremer Kombi-Gemisch 1„	„Bremer Kombi-Gemisch 2"	„Odenwälder Gemisch"
80 Futtererbse	60 Futtererbse	8 Winterraps
30 Zottelwicke	30 Zottelwicke	25 Bastard-Weidelgras
30 Bast.-Weidelgras	4 Weißklee	
	12 Bast.-Weidelgras	
	10 Knaulgras	

3. Mischungen für den mehrjährigen Futterbau

a) Luzerne·Gras-Gemische

Wo reine Luzerneansaaten erfahrungsgemäß früh durch wenig leistungsfähige Wildgräser von geringem Futterwert vergrasen, kann eine Beisaat von wertvollen Kulturgräsern zur Luzerne zweckmäßig sein.

Nach **Stählin** sind folgende Mischungen empfehlenswert:

für feuchtere Standorte

18–20 Luzerne
2– 3 Lieschgras oder 6–8 Wiesenschwingel
oder 2 Lieschgras · 4 Wiesenschwingel

für trockenere Standorte

18–20 Luzerne
3– 4 Knaulgras oder 5–6 Glatthafer oder 2 Knaulgras · 3 Glatthafer

b) Sonstige Gemische für mehrjährige Nutzung

für feuchtere Standorte

8 Rotklee	4 Weißklee
10 Wiesenschwingel	16 Wiesenschwingel
6 Lieschgras	6 Deutsch. Weidelgr.
	4 Lieschgras

für trockenere, aber nicht luzernefähige Standorte

5 Weißklee 12 Knaulgras	120 Esparsette 5 Knaulgras	25 Hornklee 5 Knaulgras
—	—	—
75 Esparsette 12 Hornklee 5 Knaulgras	25 Hornklee 3 Knaulgras 8 Glatthafer	120 Esparsette 3 Knaulgras 10 Glatthafer

IV. Anbau-Hinweise für den Zwischenfrucht-Futterbau

Geeignete Arten und Gemische mit Saatmengen und Saatzeiten

Art bzw. Artengemisch	Saatmenge kg/ha	Saatzeit
Untersaaten zur Herbstnutzung		
Weißklee	10–12	zeitig im Nachwinter bzw. Frühjahr
Serradella	40–50	Zeitig im Frühjahr oder aber Mitte Mai bis Mitte Juni
Knaulgras	16–20	zeitig im Nachwinter bzw. Frühjahr
Futtermöhre	3– 5	zeitig im Frühjahr
Stoppelrüben	1– 3	in reifendes Getreide
Einjähr. Weidelgras	5	zeitig im Frühjahr; vor Überfruchternte erfolgt selbständiges Aussamen, danach bei ausreichender Feuchtigkeit Heranwachsen eines vollen Grasbestandes
Welsches Weidelgras	20	im Frühjahr
Gemische aus diesen Pflanzenarten, z. B.:		
Weißklee + Serradella	5 + 25	zeitig im Frühjahr
Weißklee + Knaulgras	6 + 10	zeitig im Frühjahr
Rotklee + Schwedenklee + Weißklee	10 + 4 + 4	so zeitig wie möglich im Nachwinter bzw. Frühjahr
Weißklee + Welsch. Weidelgras	4 + 12	März/April
Stoppelsaaten zur Herbstnutzung		
Sommerraps	12–20	ab Mitte Juli bis Mitte August
Winterraps, Winterrübsen	12–15	Ende Juni bis Mitte August
Weißer Senf	14–16	ab Mitte August
Ölrettich	18–24	Juli, August
Stoppelrübe	1– 3	Juli, August
Phazelia	12–15	Juli, August
Rispen-, Kolbenhirse	14–18	bis Ende Juli

Art bzw. Artengemisch	Saat-menge kg/ha	Saatzeit
Sonnenblume	30–35	bis Mitte August
Futterkohl	4–6	bis Ende Juli
Grünmais	90–120	bis Ende Juli
Einjähr. Weidelgras	40–50	Juli
Futtermalve	3–5	bis Ende Juli
Spörgel	18–20	bis Anfang August
Persischer Klee	20–25	bis Ende Juli
Serradella	35–50	bis Ende Juli
Futtererbse	160–200	bis Ende Juli
Gelbe Lupine	160–200	bis Ende Juli
Schmalblättr. Lupine	180–200	bis Ende Juli
Zottelwicke	40–80	ab Ende Juni bis August
bei früher Saat	20–40	Juni/Juli
Gemische aus diesen und einigen anderen Pflanzenarten:		
Sommerraps + Futtererbse + Sommerwicke	6 + 60 + 40	Mitte bis Ende Juli
Persischer Klee + Einj. Weidelgras	10 + 30	bis Ende Juli
Ackerbohne + Futtererbse + Sommerwicke	60 + 60 + 50	bis Ende Juli
Winterraps + Zottelwicke	8 + 20	Anfang Juli bis Anfang August
Winterraps + Einj. Weidelgras + Sommerwicke	6 + 15 + 40	bis Ende Juli
Hafer + Futtererbse + Sommerwicke	70 + 70 + 30	bis Ende Juli

4. Überwinternde Zwischenfrüchte zur Frühjahrsnutzung

Grünf.-Winterrübsen	10–20	bis Mitte September
Grünfutter-Winterraps	10–12	bis Ende August
Grünf.-Winterroggen	160–200	Ende August bis Ende September
Welsches Weidelgras	30–40	bis Ende August
Zottelwicke	40–80	bis Anfang September
Inkarnatklee	25–35	bis Mitte August
Gemische aus diesen Pflanzenarten, z.B.		
Grünf.-Winterroggen + Zottelwicke	120–140 + 40	bis Mitte September
Welsches Weidelgras + Zottelwicke	25– 30 + 40	bis Ende August

V. Zur Düngung im Feldfutterbau

Hohe und sichere Erträge von bester Futterqualität setzen eine ausreichende Düngung voraus. Neben der Versorgung mit Kalium, Magnesium, Calcium, Natrium und Spurenelementen spielt eine gute Phosphatdüngung der Futterpflanzen eine ganz besondere Rolle. Beim zwei- und mehrjährigen Futterbau ist eine Vorratsdüngung für mehrere Jahre vor der Aussaat zu geben.

Im übrigen richtet sich die Höhe der Düngergaben bei diesen Nährstoffen nach den Ergebnissen der Bodenuntersuchungen und der Höhe der Ernten bzw. Nährstoff-Entzüge.

Zur Stickstoffdüngung:

Während zu reinen Leguminosen i. a. nur kleine „Start-Stickstoffgaben" von 25–40 kg/ha N in Frage kommen, sind zu Nichtleguminosen hohe N-Gaben notwendig und lohnend. Höchste Futtererträge lassen sich bei Nichtleguminosen nur mit entsprechenden Stickstoffgaben erreichen. Darüber hinaus spielt die Höhe der N-Gaben bei diesen Futterpflanzen eine sehr große Rolle für die Qualität des erzeugten Futters. Die Erzeugung eines eiweißreichen wirtschaftseigenen Futters setzt ausreichend hohe N-Gaben voraus. Eine optimale Stickstoffdüngung der Feldfutterbestände ist damit oft gleichzeitig die billigste Möglichkeit zur Beschaffung von Eiweiß in der Futterration.

Wie stark die Stickstoffdüngung die Erträge und die Rohprotein-Gehalte und somit die Rohprotein-Erträge je ha bei den einzelnen Feldfutterpflanzen beeinflussen kann, geht aus folgenden Beispielen hervor:

Futterrüben

nach **Kürten** (Mittel von 59 Versuchen)

N-Dgg. (kg/ha)	Rübenertrag Frischmasse (dt/ha)	Rübenertrag Trockenmasse (dt/ha)	Rohprotein-gehalt (% i. TS)	Rohprotein-ertrag (kg/ha)
80	747	92,8	7,8	730
120	799	98,5	8,3	820
160	842	103,4	9,4	970
200	869	104,6	9,9	1 040

Silomais

nach **Primost**

N-Dgg. (kg/ha)	Ertrag Grünmasse (dt/ha)	Ertrag Trockenmasse (dt/ha)	kStE (je ha)	Kolbenanteil (%)	Rohproteingehalt (% i. TS)	Rohproteinertrag (kg/ha)
80	564	125	7 249	35,0	5,12	640
160	642	153	8 899	35,7	6,11	935
240	702	158	8 920	35,0	7,15	1 129

Feldgras

N-Düngung (kg/ha)	Trockenmasse-ertrag (dt/ha)	Rohprotein-gehalt (% i. TS)	Rohprotein-ertrag (kg/ha)
Verschiedene Arten, nach **Kürten** (Mittel von 51 Ergebnissen)			
160	102,8	11,5	1 125
200	110,7	12,2	1 302
Einjähriges Weidelgras, 5 Schnitte, nach **Daniel** und **Simon**			
0	88,9	10,8	792
150	132,5	12,7	1 406
300	148,9	15,3	1 913
450	175,6	17,0	2 553
Knaulgras, Hauptnutzungsjahr, 4 Schnitte, nach **Schäfer**			
0	38,2	7,6	223
100	86,7	8,0	470
200	95,0	10,6	898
400	111,3	14,7	1 462

Gräser und Gemische aus Gräsern · Leguminosen

nach **Besnard** (a), nach **Plancquart** (b); zit. n. **Nösberger**

		N-Düngung (kg/ha)	Trockenmasse-Ertrag (dt/ha)
a)	Welsches Weidelgras	280	131
	Rotklee	0	116
	Welsches Weidelgras · Rotklee	140	132
b)	Knaulgras	250	108
	Luzerne	0	116
	Knaulgras · Luzerne	125	130

Deesbacher Mehrschnitt-Gemisch

(Winterroggen · Zottelwicke · Bastard-Weidelgras), 4 Schnitte

nach **Jahn-Deesbach** und **Kürten** (Mittel von 9 Versuchen)

N-Dgg. (kg/ha)	Ertrag (dt/ha TS)	Rohprotein-gehalt (% i. TS)	Rohprotein-ertrag (kg/ha)
180	103,3	12,2	1 104
300	131,4	12,8	1 461

Zwischenfrüchte

N-Dgg. (kg/ha)	Ertrag Frisch-masse (dt/ha)	Trocken-masse (dt/ha)	Rohprotein-gehalt (% i. TS)	Rohprotein-ertrag (kg/ha)
Sommerraps, nach **Kürten** (Mittel von 51 Ergebnissen)				
80	181	25,1	20,7	520
120	219	28,3	23,3	660
Futterroggen, nach **Kürten** (Mittel von 28 Ergebnissen)				
120	306	46,2	15,1	700
160	346	50,2	16,7	840

Futtergetreide

Mittelwerte aus mehreren Versuchsreihen

Getreideart	N-Dgg. (kg/ha)	Korn-ertrag (dt/ha; 86 % TS)	Roh-protein-gehalt (% i. TS)	Roh-protein-ertrag (kg/ha)
a) nach **Jahn-Deesbach**				
Wintergerste	60	40,5	9,8	339
Wintergerste	40+40+40	45,9	13,5	528
Sommergerste[1])	60	41,8	9,9	355
Sommergerste[1])	40+40+40	41,8	13,6	484
Hafer	50	38,5	12,4	409
Hafer	50+20+40	42,9	13,4	485
Sommerweizen[2])	60	65,5	10,7	602
Sommerweizen[2])	60+30+60	74,6	14,1	905
b) nach **Kürten**				
Winterweizen	0+ 0+ 0	37,9	12,6	411
(n = 151)	60/80+40 + 0	50,5	13,7	595
	60/80+40 +40	52,7	14,4	653
	60/80+40 +60	53,5	14,9	686
	60/80+40 +80	54,6	15,2	714
Wintergerste	0+ 0+ 0	32,2	9,6	270
(n= 59)	40/60+40/20+ 0	48,8	10,4	430
	40/60+40/20+40	51,8	11,5	510
	40/60+40/20+60	53,1	12,1	550
	40/60+40/20+80	53,8	12,5	580
Winterroggen	0+ 0+ 0	32,2	11,1	300
(n= 32)	60+40/20+ 0	45,2	11,0	420
	60+40/20+40	47,9	11,7	480
	60+40/20+60	49,2	12,3	520
	60+40/20+80	49,9	12,4	530

[1]) Nach Hackfrucht-Vorfrucht
[2]) Nach LeguminosenVorfrucht

Grünlandwirtschaft

neubearbeitet von **Dr. N. Mott,** Kleve-Kellen

Standortbedingungen für Dauergrünland

Absolutes Dauergrünland umfaßt Flächen, die für dauernde Ackernutzung ungeeignet sind.

Gründe: Hohe Niederschläge, hoher Grundwasserstand, Überschwemmungsgefahr, unebenes Gelände, zu schwere Böden, Substanz- und Strukturschwund, Erosionsgefahr, Flachgründigkeit, kurze Vegetationszeit, niedrige Ackerfruchterträge, unregelmäßige Schläge.

Fakultatives Dauergrünland: Grünland auf ackerfähigen Standorten, hierunter fallen vor allem hofnahe Weiden.

Tragfähige, trittfeste Narben sind für eine rationelle Grünlandwirtschaft Voraussetzung. Die Nutzung als Wiese oder Weide richtet sich neben anderen Faktoren auch nach der Tragfähigkeit der Narbe, die weitgehend vom Feuchtigkeitsgehalt des Bodens abhängt. Da nur tragfähige Narben eine ausreichende Durchlüftung des Bodens garantieren, ist gegebenenfalls eine gute Entwässerung die erste Voraussetzung. Die Narbenbelastung beträgt bei 60–80-PS-Schlepper je nach Bereifung 80–150 Kilopascal (kPa) $\approx$ 0,8 bis 1,5 kg/cm^2, bei Kühen 115 kPa, bei Pferden 125 kPa und bei Gülletankwagen zwischen 200 und 500 kPa.

Zeigerpflanzen des Dauergrünlandes

Die Zusammensetzung des Pflanzenbestandes spiegelt die Standortverhältnisse wider. Einzelne Exemplare einer Art sagen nicht viel. Nur bei stärkerem Auftreten einer Art oder wenn mehrere Arten mit dem gleichen Zeigerwert vorkommen, können entsprechende Schlüsse gezogen werden.

a) Pflanzen, die Nährstoffmangel anzeigen

Borstgras	Weiches Honiggras	Brennender Hahnenfuß
Flaumhafer	Zittergras	Klappertopfarten
Horstrotschwingel	Feldhainsimse	Rauher Löwenzahn
Rotes Straußgras	Ginsterarten	Silberdistel
Ruchgras	Adlerfarn	Teufelsabbiß
Schafschwingel	Augentrostarten	Wucherblume

b) Pflanzen, die die Bodenreaktion anzeigen

alkalische Reaktion	saure Reaktion
Aufrechte Trespe	Borstgras
Fiederzwenke	Dreizahn
Esparsette	Horstrotschwingel
Sichelluzerne	Schafschwingel
Wundklee	Weiches Honiggras
Karthäusernelke	Arnika
Knäuelglockenblume	Bärwurz
Mittlerer Wegerich	Heidelbeere
Pastinak	Heidekraut
Wiesensalbei	Kleiner Sauerampfer

c) Pflanzen, die den Wasserhaushalt anzeigen

trockene Standorte	nasse, wechselfeuchte (w), überflutete (ü) Standorte
Aufrechte Trespe	Knickfuchsschwanz (ü)
Fiederzwenke	Rasenschmiele (w)
Bergklee	Seggen, Binsen
Wundklee	Großer Wiesenknopf (w)
Aufgeblasenes Leimkraut	Kohldistel
Echtes Labkraut	Kuckuckslichtnelke
Kleiner Wiesenknopf	Mädesüß
Knolliger Hahnenfuß	Sumpfdotterblume
Mittlerer Wegerich	Sumpfkratzdistel
Taubenskabiose	Sumpfschachtelhalm
Thymian	Teufelsabbiß (w)
Wiesensalbei	Waldengelwurz
	Wiesenknöterich

Futterwertzahlen (FWZ) der Grünlandpflanzen

nach **Klapp, Boeker, König** und **Stählin**

Die Futterwertzahlen (FWZ) reichen über 10 Wertklassen von −1 (= Giftpflanzen) über 0 (= ohne Futterwert) bis 8 (= höchster Futterwert).

Bei der **Berechnung der mittleren FWZ eines Grünlandbestandes** werden die Prozent-Anteile der einzelnen Arten mit ihrer FWZ multipliziert und die Summe aus diesen Produkten durch 100 dividiert.

Beispiel für eine Weide: Dt. Weidelgras 35 %, Lieschgras 10 %, Knaulgras 15 %, Wiesenrispe 15 %, Weißes Straußgras 5 %, Weißklee 5 %, Löwenzahn 15 % Anteil.

$$FWZ = \frac{35 \times 8 + 10 \times 8 + 15 \times 7 + 15 \times 8 + 5 \times 7 + 5 \times 8 + 15 \times 5}{100} = 7{,}35$$

Gräser	FWZ	Gräser	FWZ
Deutsches Weidelgras	8	Jährige Rispe	5
Lieschgras	8	Rohrglanzgras	5
Wiesenrispe	8	Rotes Straußgras	5
Wiesenschwingel	8	Rotschwingel, Ausl. treib.	5
Glatthafer	7	Horst-Rotschwingel	4
Goldhafer*)	7	Rohrschwingel	4
Gemeine Rispe	7	Wolliges Honiggras	4
Knaulgras	7	Rasenschmiele	3
Weißes Straußgras	7	Ruchgras	3
Welsches Weidelgras	7	Schafschwingel	3
Wiesenfuchsschwanz	7	Weiches Honiggras	3
Kammgras	6	Weiche Trespe	3
Quecke	6	Pfeifengras	2
Aufrechte Trespe	5	Schilf	2

*) Nach neueren Untersuchungen ruft Goldhafer Calzinose hervor, FWZ muß herabgesetzt werden.

Leguminosen	FWZ	Leguminosen	FWZ
Weißklee	8	Sumpfschotenklee	7
Gelbklee	7	Wiesenplatterbse	7
Hornschotenklee	7	Schwedenklee	6
Rotklee	7	Wicke, Vogel- u. Zaun-	6

Kräuter u. Sonstiges	FWZ	Kräuter u. Sonstiges	FWZ
Spitzwegerich	6	Seggen, kleine, weiche	2
Bärenklau	5	Ampfer, Krauser	1
Herbstlöwenzahn	5	Ampfer, Stumpfbl.	1
Kümmel	5	Binsen	1
Löwenzahn	5	Hahnenfuß, Scharfer	1
Schafgarbe	5	Seggen, große	1
Kohldistel	4	Seggen, kleine, harte	1
Wiesenkerbel	4	Heidekraut	0
Sauerampfer	4	Sumpfkratzdistel	0
Mädesüß	3	Herbstzeitlose	−1
Breitwegerich	2	Sumpfschachtelhalm	−1
Hahnenfuß, Kriechend.	2	Wiesenschaumkraut	−1

Wurzelmasse von Grünlandnarben

Unter Grasnarben bildet sich ein außerordentlich dichtes Wurzelnetz mit hohem Gewicht. Diese Wurzelmasse ist ganz nah unter der Oberfläche ausgebreitet. Intensive, vor allem häufige Nutzung und gute Nährstoffversorgung verringern die Wurzelmasse.

Wurzel-Trockenmasse in dt/ha

nach **Kmoch**

Einfluß der Nutzungsform

Ödland	252
Mähwiesen	131
Weiden	85

Einfluß der Nutzungsintensität

wenig genutzte Weiden	121
häufig genutzte Weiden	70

Einfluß der Bodenart (auf Weiden)

Sand – lehm. Sand	110
sand. Lehm – Lehm	88
strenger Lehm – Ton	68

Verteilung in verschiedenen Schichttiefen unter Wirtschaftsgrünland

0–10 cm Tiefe	85 %
10–20 cm Tiefe	11 %
20–30 cm Tiefe	4 %

Wasserbedarf und Wasserverbrauch

Mittlerer Wasserbedarf (nach **Klapp**)

In der Wachstumszeit	2,2–2,5 mm/Tag
Vorübergehende Höchstwerte	bis 8 mm/Tag
Im Jahresdurchschnitt	1,3 mm/Tag

Mittlere Verdunstung (nach **Husemann** u. **Wesche**)	
Nackter Boden	318 mm/Jahr
Grasnarbe (ungedüngt)	451 mm/Jahr
davon Nov.–März	49 mm
Apr.–Okt.	402 mm
Grasnarbe (mit NPK)	497 mm/Jahr

Wasserverbrauch je kg Trockensubstanz in Liter

(Ø 1970–1972, Völkenrode)

Ohne Düngung	939	Sehr große Schwankungen!
Kali-Phosphatdüngung	851	Für Berechnung des Wasser-
Volldüngung (NPK)	347	verbrauches ungeeignet.
Niederungswiesen (gut gedüngt)	500–700	

Heuertrag in Abhängigkeit vom Grundwasser

nach **Klapp** und **Kalisvaart**

Grundwasserstand im Sommer, cm unter Flur (G)
Heuertrag relativ (H)

bindige Böden G	H	leichtere Böden G	H
unter 40	59		
41– 60	82	40	100
61– 80	94	55	82
81–110	100	70	78
111–140	69	110	61
über 140	61		

Einfluß verschiedener Faktoren auf die chemische Zusammensetzung und den Futterwert des Grases

nach **Deinum**

	Lichtintensität	N-Düngung	Temperatur	Halmbildung
TS-Produktion	+	+	+	+
TS-Gehalt	+	–	±	±
Nitratgehalt	–	+	–	±
Roheiweißgehalt	–	+	–	–
Aschegehalt	–	+	–	–
wasserlösliche Kohlenhydrate	+	–	–	±
Rohfasergehalt	–	±	+	+
StE-Gehalt	+	±	–	–

+ = positiver Einfluß – = negativer Einfluß
± = manchmal positiv, manchmal negativ, aber meistens unbedeutend

Mineralstoffgehalte einiger Grünlandpflanzen

aus: Die Landwirtschaft 1 C, BLV-Verl.

Pflanzenart	g/kg Trockensubstanz					mg/kg Trockensubstanz				
	Ca	P	Mg	Na	K	Cl	Fe	Mn	Cu	Zn
Wiesenfuchsschwanz	2,8	3,8	1,2		30	10,9	70	40	9,6	28
Glatthafer	3,4	2,6	1,1		21	5,4	45	80	6,6	19
Knaulgras	4,9	4,3	2,2	0,4	33	9,2	90	60	7,1	22
Wiesenschwingel	7,6	4,8	2,3				95	36	6,4	
Rotschwingel	5,4	3,7	2,0		31		140	80	8,9	
Welsches Weidelgras	9,5	2,9	2,3		27		110	33	7,8	
Deutsches Weidelgras	6,5	4,0	2,4	1,0	19	8,5	140	44	11,9	
Lieschgras	5,7	3,8	2,5		22		95	35	5,7	
Wiesenrispe	6,0	3,1	1,9		20	6,8	130	40	11,0	
Goldhafer	5,4	2,9	1,2	0,1	24	4,3	100	47	6,4	27
Straußgras	1,7	3,8	2,8	0,5	22	0,9	100	74	8,8	
Weiche Trespe	2,9	2,2	1,3	0,6	17	3,6	100	40	6,4	16
Kammgras	2,0	2,0	1,4	0,2	18	3,5	50	90	10,0	33
Wolliges Honiggras	2,7	2,6	1,6	0,2	15	4,2	100	150	6,1	25
Flaumhafer	2,0	2,2	1,1	0,1	16	2,8	55	30	6,0	17
Zittergras	2,5	1,5	0,8	0,1	21	5,4			6,4	
Fiederzwenke	5,3	2,2	1,1	0,1	21				8,0	
Luzerne	22,0	3,5	2,7	2,0	28	4,5	95	55	13,5	32
Rotklee	20,5	3,4	3,6	0,9	26	4,9	150	32	8,6	19
Weißklee	18,1	3,9	3,6	0,5	38	5,6	180	36	20,0	29
Gelbklee	15,1	3,3	5,6		31			47	8,8	
Hornschotenklee	17,6	2,0	3,4	0,1	18	1,0	110	50	11,9	27
Zaunwicke	14,8	3,9	3,2	0,1	27	3,1	100	36	5,9	28
Wiesenkerbel	22,0	6,5	3,5	0,2	47	5,5	100	40	10,0	28
Bärenklau	17,0	5,8	4,5	0,1	50	10,5	150	80	9,0	40
Löwenzahn	15,0	4,5	4,5	0,5	45	12,0	240	50	7,7	35
Stumpfbl. Ampfer	6,5	5,5			45		100	55	17,4	
Sauerampfer	4,5	3,1	2,4	0,2	24	1,1	110	85	13,0	21
Schafgarbe	10,0	2,7	3,6	0,1	36	2,5	115	27	11,0	50
Scharfer Hahnenfuß	14,0	3,0	3,3	0,2	28	2,0	130	75	12,1	
Spitzwegerich	20,0	3,5	5,0	0,3	15	2,1	140	27	11,0	50
Wiesenbocksbart	8,0	2,8	2,4	0,2	15	2,8	100	50	10,0	
Wiesenknopf	14,0	2,2	4,8		18					
Wiesenpippau	12,0	4,0	3,0	0,1	25	3,0				
Wiesenlabkraut	14,0	3,5			25		160	50	10,0	
Wucherblume	10,0	3,0	3,0	0,1	20	6,0	70	45	9,0	30
Wiesensalbei	10,0	4,0	5,0	0,1	25	6,0	65	29	10,5	40
Kohldistel	35,0	3,5			30					
Wiesenknöterich	16,0	2,1			24					
Kuckuckslichtnelke	12,0	1,8			17			120	6,8	
Rote Lichtnelke	14,0	1,8			25					

Neuanlage von Dauergrünland

Die Neuansaat von Dauergrünland macht auf Ackerland kaum Probleme, während eine Ansaat nach Grünlandumbruch auch bei guten äußeren Bedingungen nicht immer zufriedenstellend gelingt. Pilze, tierische Schädlinge u.a. spielen eine noch wenig erforschte Rolle. Da Neuansaaten empfindlicher gegen Frost, Trockenheit, unsachgemäße Düngung (Gülle) und Nutzung sind als eine alte Narbe, sollte nur dann umgebrochen werden, wenn die weiter unten besprochenen Nachsaatmethoden keinen Erfolg versprechen.

Umbruch und Neuansaat

Ob Umbruch notwendig ist, darüber geben meist der Pflanzenbestand und die Narbendichte Auskunft.

Gründe: Lückige, leistungsschwache Narben; starke Verunkrautung mit Quecke, Rasenschmiele, Rohrschwingel u.a.; unebene Flächen, die dem Einsatz moderner Maschinen hinderlich sind; Verdichtungshorizonte.

Wann und wie? Günstigste Zeit ist Juli– August, genügend Wärme und Feuchtigkeit sorgen für schnelle Zersetzung der Narbe. Vor dem Pflügen Narbe leicht fräsen oder mit Scheibenegge bearbeiten und danach etwa 15–20 cm vollständig umdrehen. Beim Einsatz der Lely-Fräse, deren Fräswerkzeuge entgegengesetzt der Fahrtrichtung arbeiten, entsteht in einem Arbeitsgang ein saatfertiges Bett.

Sollen vor dem Umbruch die vorgenannten Unkräuter chemisch bekämpft werden, muß der Bestand vor der Spritzung etwa 10 cm hoch nachgewachsen sein. Anschließend etwa 10 Tage einwirken lassen.

Ackerbauliche Zwischennutzung führt zu Humusabbau und Gareverlust und wird deshalb – von Ausnahmen abgesehen – nicht empfohlen.

Günstige Saatzeit ist Juli–August, auf austrocknungsgefährdeten Standorten März–April; spätester Termin etwa Mitte September.

Deckfrucht ist die Ausnahme, empfehlenswert z.B. auf sehr schweren Böden, die im Sommer schwierig zu bearbeiten sind, oder mit einem kurzlebigen Einjährigen Weidelgras vom Typ Lirasand.

Aussaattechnik

Aussaat erfolgt in gesetztes, feinkrümeliges Saatbett. Bei Breitsaat hat sich unmittelbar vor und nach der Saat der Einsatz der Ringelwalze bewährt. Dadurch kommt ein Großteil des Saatgutes in die richtige Tiefe von 1–2 cm. Beim Einsatz der Lely-Säfräse wird in einem Arbeitsgang die alte Narbe untergefräst und neu angesät. Nachfolgendes Festwalzen ist hier unbedingt notwendig.

Bei Drillsaat ist der Aufgang im allgemeinen deutlich besser. Sie kann aber nur empfohlen werden, wenn der Reihenabstand nicht größer als 10–12 cm ist, weil sich die Reihen nur langsam schließen und die Trittfestigkeit sonst nicht ausreicht.

Nachsaat mit Maschinen

Bei der Nachsaat mit Spezialmaschinen können z.Z. drei Techniken unterschieden werden:

1. Die Scheibendrillmaschinen legen das Saatgut in 2 cm tiefe Rillen ab, die von einzeln aufgehängten Scheiben oder Scheibenpaaren im Abstand von 8–13 cm gezogen werden.
2. Die Rillenfräse hat eine starre Achse. Sie fräst in 13 cm Abstand 2 cm breite und 2 cm tiefe Rillen. Das Saatgut wird oberflächlich abgelegt. Anschließendes Walzen ist erforderlich.
3. Bei den Zahnrillendrillmaschinen werden nach vorausschneidenden Sternmesserpaaren durch Kappschare 2,5 cm breite und 2 cm tiefe Rillen im Abstand von 10 cm gezogen, in die das Saatgut fällt. Trotz nachlaufender Gliederschleppe sollte der Boden gewalzt werden.

Um eine gute Arbeit der Maschinen zu gewährleisten, muß die Narbe vorher ganz kurz geschnitten werden. Weiterhin ist für den Erfolg der Nachsaat entscheidend, daß durch Kurzhalten des Bestandes – am besten durch Standweide – die Konkurrenz der alten Narbe weitgehend ausgeschaltet wird.

Wenn diese Voraussetzungen eingehalten werden, ist es durchaus möglich, eine kostengünstige Nachsaat auch nach dem Einsatz einer Wiesen- oder Ackeregge erfolgreich durchzuführen.

Vorteile gegenüber Umbruch: Bodenstruktur, Humus, Tragfähigkeit und Trittfestigkeit bleiben weitgehend erhalten; das Risiko ist geringer.

Nachsaat ohne Maschinen (Übersaat)

Sie war in der Vergangenheit meist wenig erfolgreich und wurde deshalb abgelehnt. In den letzten Jahren wird über Nachsaaterfolge auf Weiden berichtet: Im Laufe des Sommers werden auf lückigen Narben mehrmals zusammen mit der Stickstoffdüngung 3–5 kg/ha Deutsches Weidelgras ausgesät. Der Erfolg ist erst 1–3 Jahre später zu erwarten. Für das Gelingen ist Kurzhalten des Bestandes durch häufige Nutzung wichtig. Für die Nachsaat eignet sich nur das kampfkräftige Deutsche Weidelgras.

Narbenverbesserung durch Übersaat, Nachsaat und Neuansaat

Kleve-Kellen 1980–1983

	Anteile von Deutschem Weidelgras in %				
	Kontrolle	Übersaat	nach Egge	mit Nachsaatmaschinen	Neuansaat
nach 1. Jahr	17	29	44	51	71
nach 2. Jahr	18	37	42	46	51
nach 3. Jahr	20	47	48	56	50

Ansaatmischungen für Wiesen und Weiden

Auf **Wiesen** spielt der Standort, vor allem die Wasserversorgung, für die Zusammensetzung der richtigen Mischung eine große Rolle. Auf **Weiden** sind Düngung und Nutzung von ausschlaggebendem Einfluß. Deshalb werden in der Bundesrepublik – mit Ausnahme von Bayern und Baden-Württemberg – vier Standardmischungen für Dauer- bzw. Mähweiden zusammen mit einer Sortenempfehlung von der Beratung einheitlich empfohlen.

Neben der Artenzusammensetzung kommt der Verwendung der geeigneten Sorten die größte Bedeutung zu. Man achte auf die Sortenempfehlungen der amtlichen Beratung!

Ansaatmischungen für Wiesen in kg/ha

Art	frisch-feuchte Standorte, auch Moor	frisch-trockene Standorte	rauhe Mittelgebirgslagen
Wiesenschwingel	18	12	16
Lieschgras	6	3	6
Knaulgras	–	4	4
Glatthafer	–	8	–
Wiesenrispe	5	3	3
Rotschwingel	4	3	4
Weißklee	3	3	3
	36	36	36

Ansaatmischungen für Weiden in kg/ha

	Standardmischung				Nachsaat	Schweineweiden
	GI	GII	GIII	GIV	GV	
Deutsches Weidelgras*)	3	14	22	10	20	20
Wiesenschwingel	14	6	–	–	–	5
Lieschgras	5	5	5	5	–	–
Wiesenrispe	3	3	3	3	–	2
Rotschwingel ausl.	3	–	–	–	–	–
Knaulgras	–	–	–	12	–	–
Weißklee	2	2	–	–	–	3
	30	30	30	30	20	30

*) Sortenaufgliederung bei Deutschem Weidelgras

von frühen höchstens	1	4	6	4	6	–
von mittel und späten wenigstens	2	10	16	6	14	–
davon späte wenigstens	1	5	8	3	7	20
von tetrapl. höchstens	1	4	6	4	5	–

Standard GI: Für rauhe Höhenlagen, die stark frost- und/oder schneeschimmelgefährdet sind.
Standard GII: Für alle übrigen Lagen, auch in Mittelgebirgen mit intensiver Bewirtschaftung. Diese Mischung kann für fast alle Fälle empfohlen werden. Sie wird im norddeutschen Raum auch ohne Weißklee angeboten.
Standard GIII: In Niederungsgebieten, besonders für Betriebe mit hohem Viehbesatz und sehr intensiver Bewirtschaftung.
Standard GIV: Auf austrocknungsgefährdeten Standorten, bei überwiegender Mähnutzung und Nachweide.
Nachsaat GV: Für die Nachsaat in lückige Bestände eignet sich nur Deutsches Weidelgras.
Die Standardmischungen GI und GII sind unter den genannten Bedingungen auch für die Ansaat von **Pferde-** und **Schafweiden** geeignet.

Nutzungsformen und Bewirtschaftung des Grünlandes
Intensitätsstufen und Leistungen
Brutto- und Nettoerträge auf Wiesen

Wiesentyp	Schnitt-zahl	N-Düngung kg/ha	TM dt/ha	StE je kg TM	brutto kStE/ha	Verluste %	netto kStE/ha
Arme Bergwiese	1	–	10– 15	450	560	30	390
Rotschwingel-Straußgraswiese	1	–	15– 30	450	1050	30	735
trockene Glatthaferwiese	2	0– 60	40– 60	490	2450	30	1715
typische Glatthaferwiese	2–3	80–120	80– 90	515	4380	25	3285
frisch-feuchte Glatthaferwiese	3–4*)	200	100–115	540	5830	21	4606
feuchte Glatthaferwiese	4–5**)	300	115–130	565	6950	18	5700
Intensivwiese (weidelgrasreich)	5***)	400	120–140	590	7670	15	6520

*) 1 Schnitt, **) 2 Schnitte, ***) 3 Schnitte davon für Grünfütterung

Nutzungsformen und Leistungen der Weide

Nutzungs-intensität und -form	Anzahl der Koppeln	Auftriebs-dauer = Freßzeit in Tagen	N-Dgg. kg/ha	Besatz-stärke dt/ha	Trocken-masse-ertrag dt/ha	Netto-Leistung kStE
gering						
Hutungen	keine	laufend besetzt	0	1– 4	10– 20	unter 1000
Almen	1– 2	über 30		5–10	25– 50	1000–2000
Standweiden	1– 2	über 30		5–10	25– 50	1000–2000
mittel						
Standweiden	1– 2	über 30		10–18	35– 75	2000–3000
Umtriebs-weiden	4– 8	4 –10		10–18	35– 80	2000–3200
hoch						
Standweiden	1– 2	über 30		15–25	75–125	2900–5700
Umtriebs-weiden	8–16	2 – 4		15–25	75–130	3000–6000
Portions-weiden	Zuteilung m. E.-Zaun	0,5– 1	400	20–30	80–130	3100–6300

Weidereife bedeutet das für den Nettoertrag günstigste und der jeweiligen Tiergattung bekömmlichste Aufwuchsstadium einer Weide. Das Stadium ist bei 15 bis 20 cm Wuchshöhe erreicht.

Weiderest ist der nach der Nutzung noch anstehende Futteraufwuchs. Er beträgt 10 bis 40 % je nach Sorgfalt der Weideführung; nach voraufgegangener Mähnutzung liegt er unter 20 %.

$$\textbf{Besatzstärke}\ \text{(dt/ha)} = \frac{\text{Gewicht aller Weidetiere (dt)}}{\text{gesamte Weidefläche (ha)}}$$

$$\textbf{Besatzdichte}\ \text{(dt/ha)} = \frac{\text{Gewicht der Weidetiere (dt)}}{\text{zugeteilte Weidefläche (ha)}}$$

Freßzeit (Tage) = Dauer der Beweidung je Koppel

Besatzleistung (dt/ha) = Besatzdichte × Zahl der Freßtage

Die Intensiv-Standweide hat sich wegen einiger Vorteile immer mehr ausgebreitet: Geringerer Arbeits- und Kapitalbedarf, geringere Milchmengenschwankung, ruhigere Weidetiere, dichtere Weidenarbe u. a. Sie muß bei hoher Intensität an der Umtriebsweide gemessen werden. Versuchsergebnisse aus Kleve-Kellen und Haus Riswick:

Durchschnittliche Leistung beim Umtriebs-Standweidevergleich

a) mit Jungrindern, 1975–1983

		hohe Intensität*) Ø 1975–1979		mittl. Intensität**) Ø 1980 u. 1983	
		UW	SW	UW	SW
Lebendgew.-	kg/Tier	111	98	120	111
zunahme	kg/ha	607	536	677	627
Nettoweideleistung:					
KStE/ha	(rel.)	6242 (100)	5786 (93)	5205 (100)	4938 (95)
MJ NEL/ha	(rel.)	59353 (100)	56536 (95)	49024 (100)	47057 (96)

*) 10 Jungrinder auf 1,4 ha; 4,9 GVE/ha; 368 kg N/ha; 183 Weidetage
**) 8 Jungrinder auf 1,4 ha; 3,8 GVE/ha; 184 kg N/ha; 187 Weidetage

b) mit Milchkühen, 1976–1984

		hohe Intensität*) Ø 1976–1979		mittl. Intensität**) Ø 1980 u. 1984	
		UW	SW	UW	SW
% Fett		3,65	3,66	3,63	3,67
kg FCM/Kuh u. Tag		15,7	15,8	18,6	18,3
kg Lebendgew.-zunahme/Kuh		28,6	18,0	41,2	47,1
Nettoweideleistung:					
kStE/ha	(rel.)	5427 (100)	5220 (96)	4872 (100)	4764 (98)
MJ NEL/ha	(rel.)	59223 (100)	57937 (98)	53120 (100)	51526 (97)

*) 20 Kühe auf 4,9 ha; 4,3 GVE/ha; 368 kg N/ha; 183 Weidetage
**) 16 Kühe auf 4,9 ha; 3,3 GVE/ha; 184 kg N/ha; 189 Weidetage

Beispiel für 50 Kühe auf 20 ha Standweidefläche

Periode	Viehbesatz	Beweidungsfläche ha	Schnittfläche ha
Austrieb – Mitte Juni	6,5	7,5	12,5
Mitte Juni–Ende Juli	5,0	10,0	10,0
Ende Juli–Ende August	4,0	12,5	7,5
Ende August – Abtrieb	2,5	20,0	–

N-Düngung: 2 kg N/ha/Wachstumstag alle 3 Wochen 30 = 150 %

Zuwachs pro Tag in kg TS/ha

	April 16.-30.	Mai	Juni	Juli	Aug.	Sept.	Okt.	TS Ertrag dt/ha
Völkenrode	15	93	74	56	44	33	22	101
Kleve-Kellen*)	a) 60	100	80	70	55	30	20	118
Kleve-Kellen	b) 60	175	55	65	55	30	20	132
Weihenstephan	30	71	62	66	52	46	30	105

Ruhezeiten auf der Umtriebsweide (Tage)

	Zwischen den Nutzungen 1./2.	2./3.	3./4.	4./5.	5./6.	6./7.
Völkenrode	19	20	23	25	29	34
Kleve-Kellen	20	25	27	29	32	35
Schwankungen	± 2 Tg. →					5 Tg.

Relative Verteilung der Weideleistung auf die Monate

Mehrjährige Durchschnitte

Standorte	April	Mai	Juni	Juli	Aug.	Sept.	Okt.
Mai = 100							
Völkenrode	8	100	77	60	47	34	23
Kleve-Kellen*)	a) 29	100	77	70	55	29	19
Kleve-Kellen	b) 17	100	30	37	31	17	11
Weihenstephan**)	21	100	84	93	73	63	42
Jahresertrag = 100							
Völkenrode	2	29	22	17	13	10	7
Kleve-Kellen*)	a) 8	26	20	19	14	8	5
Kleve-Kellen	b) 7	41	12	15	13	7	5
Weihenstephan	4	21	18	20	15	13	9

*) a) bei ausschließlichem Weidegang, 7 Nutzungen
b) bei Heuschnitt Anfang Juni, dann Weidegang, 5 Nutzungen
N-Düngung bei a und b: 2 kg/ha/Tag = 360 kg/ha/Jahr
**) aus 19 Jahresergebnissen von 3 Standorten, 8 Nutzungen je 30 N = 240 kg/ha

Bessere Futterqualität durch rechtzeitige Nutzung der Weide

(Schnittzeitversuche Völkenrode, 1968–1972)

nach **Blattmann**

	Schnittzeiten (beim 1. Aufwuchs)					
	1.	2.	3.	4.	5.	6.
Trockenmasse, dt/ha	1,6	6,4	12,7	21,3	27,4	34,6
Rohprotein, % i. TS	27,32	24,28	21,29	19,21	18,09	16,04
Rohfaser, % i. TS	16,85	18,17	20,66	23,51	24,95	27,63
			„Weidereife" (3.–4.)			

Futteraufnahme und Weiderest in Abhängigkeit vom Futterangebot

Kleve-Kellen 1966–1973

Zahl der Versuche	TS/Kuh/Tg. im Mittel	Aufnahme/Kuh/Tag kg TS	Aufnahme/Kuh/Tag StE	reicht für ... kg Milch	Weiderest in % vom Angebot
3	11,8	9,8	6120	10–11	17
11	16,4	12,8	7690	16–17	21
7	19,5	14,8	8590	19–21	24
5	24,4	14,4	9110	20–22	41

Weideverluste in % vom Bruttoertrag

nach **Mott**

	Verluste in %
Stallfütterung	5
Standweide intensiv	5–10
Portionsweide Durchschnitt	15–20
in kurzem Gras	10
in langem Gras	25
Umtriebsweide Durchschnitt	25–30
in kurzem Gras	20
in langem Gras	40
Standweide extensiv	20–40

Die Berechnung der Weideleistung

Als Grundlage für die Berechnung der Weideerträge wird nicht der pflanzliche Bruttoertrag (dt TS/ha) festgestellt, sondern der tierische Nutzertrag in Form von Erhaltungsbedarf, Gewichtszunahme, Milch- und Fettleistung.

Aus dem tierischen Nutzertrag wird indirekt die Weideleistung errechnet. Für Kuh- und Rinderweide wird nach dem neuen Energiebewertungssystem mit Megajoule Netto-Energie-Laktation (MJ NEL) gerechnet. Für die Weidemast dient weiterhin die kStE als Maßstab. Für die Berechnung der Weideleistung sind folgende Feststellungen notwendig:

1. Zahl und Gewicht der Tiere beim Auftrieb und Abtrieb. Für die Berechnung des Erhaltungsfutters wird Durchschnittsgewicht verwendet.
2. Milchleistung und Milchfettgehalt während der Weidezeit.
3. Mengen an Schnittfutter (Gras, Heu, Silage), unter Berücksichtigung von Werbungs- und Konservierungsverlusten.
4. Art und Menge des Beifutters; dieses wird bei der Berechnung abgezogen.
5. Dauer der Weidezeit.

Bewertungsschlüssel für die Ermittlung der Weideleistung

a) Energiebedarf für Erhaltung und Gewichtszunahme

Durchschnittl. Lebendgewicht der Tiere kg	Erhaltung		1 kg Zunahme bei		
	Kühe, Rinder MJ NEL/ Weidetag	Bullen, Ochsen kStE/ Weidetag	Kühen, Rindern MJ NEL	Bullen kStE	Ochsen kStE
200	16,9	1,60	10,3	1,10	1,40
300	22,9	2,04	14,2	1,51	1,93
400	28,4	2,46	15,2	2,22	2,69
500	33,5	2,83	21,0	3,34	3,50
600	38,6	3,17	24,0	3,98	3,98

b) Energiebedarf für die Erzeugung von 1 kg Milch

Fettgehalt der Milch	3,0 %	3,5 %	4,0 %	4,5 %	5,0 %
Bedarf an MJ NEL	2,77	2,97	3,17	3,37	3,57

c) Bewertung der Kälbergeburten auf der Weide

Für jedes Kalb 735 MJ NEL

d) Schafweide

Lebendgewicht kg	Erhaltungsbed. kStE/ WTE[1])	Leistungsbedarf kStE/ 1 kg Zun.
bis 20	1,00	2,00
20–40	1,00	3,00
40–60	0,80	4,00
über 60	0,80	4,50

e) Bewertung der Mähnutzung auf der Weide

100 kg Heu	kStE	MJ NEL
ger. Qualität	30	397
mittl. Qualität	35	437
hohe Qualität	40	478
100 kg frisches Weidegras[2])	10	102

[1]) WTE (Weidetageinheit) = 1 dt Lebendgewicht × 1 Weidetag

[2]) Wird frisches Weidegras konserviert, so sind die Konservierungsverluste in Abzug zu bringen (vgl. hierzu S. 424, 425).

Grünlandnutzungsvergleich: Milchkühe, Mutterkühe, Schafe und Damtiere

nach **J. Coenen,** Haus Riswick

Milchvieh unterscheidet sich in der Grünlandnutzung von seinen Alternativen, den Mutterkühen, Schafen und Damtieren, deutlich in den Ansprüchen an Kapital, Arbeit und in den Erträgen. Die arbeitsintensive und ertragreiche Milchviehhaltung (6000 kg Milch) ermöglicht je ha Grünlandfläche im Vergleich zu Mutterkühen, Schafen und Damtieren höhere Deckungsbeiträge. Die arbeitsextensiven Alternativen ermöglichen zufriedenstellende Deckungsbeiträge je Arbeitsstunde.

Viehbesatz einschließlich Winterfutter, Kapital- und Arbeitsbedarf, Bruttoerträge und Deckungsbeiträge verschiedener Weidevieharten

Art d. Weideviehs	Milchkühe	Mutterkühe	Schafe	Damtiere
Weideerträge von ... bis ... kStE/ha	2000–6000	2000–6000	2000–6000	2000–6000
Muttertiere/ha von ... bis ...	0,9–2,7	0,9–2,7	4–12	5–14
Arbeitsstunden/ha	80–175	45–70	54–100	45–72
Kapitalbedarf für Tier, Technik, Dünger in 1000 DM/ha;	7,8–22,8	4,2–11,8	3,9–10,3	5,9–12,6
Erträge in 1000 DM/ha;	3,6–10,8	1,4– 4,3	1,3– 4,0	1,8– 5,0
variable Kosten in 1000 DM/ha;	2,1– 6,3	0,5– 1,5	0,5– 1,4	0,6– 1,4
Deckungsbeiträge: Ertrag abzügl. var. Kosten in 1000 DM/ha;	1,5– 4,5	0,9– 2,8	0,8– 2,6	1,2– 3,6
Ertrag abzügl. var. Kosten DM AKh	19–26	20–40	15–26	27–50

Diesen Betriebsmodellen für Grünlandwirtschaft liegen je Tiereinheit gute Ertragsverhältnisse, hohe Produktqualität und entsprechende Erzeugerpreise zugrunde. Ertragsunterschiede je ha und je AKh sind ausschließlich bedingt durch die Ertragslage bzw. Intensität der Grünlandbewirtschaftung.

Aus der Überlegenheit der Milcherzeugung im Ertrag je ha Grünland ist nicht abzuleiten, daß bäuerliche Grünlandbetriebe wegen der begrenzten Futterflächen auf Milchviehhaltung zwingend angewiesen sind. Falls kein Interesse für diese Form der Grünlandverwertung vorliegt oder keine Investitionen zum Aufbau einer ordentlichen Milcherzeugung geleistet werden können, läßt sich ein ausreichendes Familieneinkommen aus einer Kombination von arbeits- und investitionssparender Fleischerzeugung mit einer bodenungebundenen tierischen Veredlung erwirtschaften. So bieten sich für einen 25 ha großen reinen Grünlandbetrieb mit guten Ertragsverhältnissen z.B. an:

	40 Milchkühe mit Nachzucht		
oder	40 Mutterkühe	+	40 Zuchtsauen
oder	200 Mutterschafe	oder +	240 Mastschweineplätze
oder	235 Damtierkühe	oder +	120 Mastkälberplätze
		oder +	1000 Legehennen

Viehbesatz mit Damtieren

(Für Schafe sind Besatzstärken um 10–20 % herabzusetzen)

Weide-qualität kg/ha N	hoch-int. 360	inten-siv 300	gut 240	mittel 180	leicht 120	ohne 0
Erstklassiges Marsch-Aueland	14	13	12	11	10	7
Gute Weiden	12	11	10	9	8	6
Mittl. Niederungs- bzw. gutes Höhengrünland	10	9,2	8,4	7,6	6,8	5
mäßiges Grünland	–	8	7,4	6,8	6,2	4,5
ertragsschwaches Höhengrünland	–	–	7	6,4	5,8	4
Brachland	–	–	–	6	5	3,5

Milchkühe und Mutterkühe stimmen in den Grundfutteransprüchen überein. Für die im letzten Jahrzehnt entwickelte Damtierhaltung gelten die Futteransprüche bzw. Viehbesatzstärken einschließlich der Winterfutterreserven der Übersicht.

Je Damtierkuh wurden ganzjährig 0,9 Kalb und 0,05 Deckhirsch, je Mutterschaf halbjährig 1,4 Lämmer und ganzjährig 0,03 Deckbock und 0,25 Jungmutter berücksichtigt.

Schweineweide

Das Schwein kann nur Grünfutter mit niedrigem Rohfasergehalt verwerten. Daher ist stets junges, saftiges Futter anzubieten.

Flächenbedarf und Weideführung

Je dt Schwein werden etwa 500 m^2 Gesamtweidefläche benötigt. Die **Besatzstärke** beträgt rd. 20 dt/ha.

Schweineweiden sind im Laufe der Weideperiode öfter als Rindviehweiden nachzumähen (Reinigungsschnitt), damit ein gleichmäßiger junger Aufwuchs ansteht.

Saatmischung für Schweineweiden (s. S. 411).

Weideeinrichtung

Materialkosten für Zäune und Tränken	Kapitalbedarf DM	Jährl. Kosten DM
fester Außenzaun je 100 m	300– 350	35
2drähtiger Innen-E-Zaun je 100 m	60– 70	7
1drähtiger Innen-E-Zaun je 100 m	50– 60	6
1 Elektrozaun-Netzgerät*) bis 25 km Zaunlänge	430– 470	45
1 Elektrozaun-Batteriegerät*) für 1–3 km Zaunlänge, ohne Batt.	330– 420	38
1 Batterie je nach Größe	35– 65	50
1 Wasserfaß, 1000 l	1100–1200	60
1 Wasserfaß, 2000 l	1700–2000	100
1 Selbstbedienungsweidepumpe	400– 450	45
1 lfd. m Kunststoff-Tränkeleitung	0,7– 1,1	0,10
1 Selbsttränke	55– 75	7

*) Elektrozaungeräte, die „DLG-anerkannt" sind und das „VDE-Zeichen" besitzen, können als betriebs- und unfallsicher gelten.

Düngung des Grünlandes

Durch sachgemäße, intensive Düngung und Pflege können die Grünland-Erträge sowie die Qualität des Futters erheblich gesteigert werden. Dadurch wird Ackerfutterfläche für den Anbau von Verkaufsfrüchten frei. Intensiv betriebene Grünlandwirtschaft ist die beste und billigste Futtergrundlage und vermindert die Ausgaben für Zukauffutter.

S. auch Kapitel: Organische Düngung und Pflanzenernährung

Nährstoffentzug

Nährstoffentzug auf Grünland meist größer als auf dem Acker

Erntemasse von 1 ha entzieht kg/ha	Mittlere Grasernte von 500 dt/ha Grünmasse	Gut bewirtschaftete Weide mit 4000 kStE/ha	Mittlere Weizenernte von 50 dt/ha Körner (+ 50 dt/ha Stroh)
Stickstoff (N)	200	280	180
Phosphorsäure (P_2O_5)	70	90	70
Kali (K_2O)	250	300	145
Kalk (CaO)	80	90	45

Ein großer Teil der Nährstoffe kehrt im Weidebetrieb über Kot und Harn in den Boden zurück.

Stickstoffbedarf (kurzfristig) in Abhängigkeit von der Produktivität der Weide nach Blattmann

Produktivität (kg TS/ha Tag)	N-Entzug/Tag (kg/ha N)	N-Bedarf für 20 Wachstumstage (kg/ha N)
30	0,92	18,4
50	1,53	30,6
75	2,30	46,0
100	3,07	61,4
150	4,60	92,0
200	6,13	122,6

Bei günstiger Witterung können im Mai und Juni auf der Weide Produktivitätsspitzen bis zu 200 kg Trockensubstanz/ha und Tag auftreten. Solche Perioden dauern im allgemeinen nicht länger als 10–15 Tage. Der erhöhte N-Verbrauch muß bei der Düngung berücksichtigt werden.

Wirtschaftsdünger

wirken garefördernd und sind kaum entbehrlich bei Neuansaaten von Weiden auf flachgründigen Standorten und in Gebieten mit Trockenperioden.

Dünne Bedeckung mit Stallmist, Kompost, Kartoffelkraut und dergl. gewährt Schutz gegen Frost und Austrocknung.

Jauche und Gülle bringen z. T. schnell aufnehmbare Nährstoffe in den Boden. Ein anderer Teil ist organisch gebunden, so daß die Nährstoffwirkung der Wirtschaftsdünger sich auf mehrere Jahre verteilt. Während Phosphorsäure und Kali voll in die Nährstoffbilanz eingesetzt werden können, geht beim Stickstoff je nach Witterung und Anwendungszeit ein mehr oder weniger großer Teil verloren. Im Mittel wird mit einer Verwertung von 50–60 % gerechnet.

Wirkung des Gülle-N (kg TS/kg N) in Abhängigkeit vom Ausbringungstermin, von zusätzlicher mineralischer N-Düngung und von Zusatzmitteln

	Versuch 1: 1979–1986 Einfluß zusätzl. N-min-Düngung			Versuch 2: 1983–1986 Einfluß von Zusatzmitteln		
	Herbst	Frühjahr		Herbst	Winter	Frühjahr
kg Gülle-N/ha	98	114		148	134	147
40 m³/ha Gülle			40 m³/ha Gülle + 160 kg/ha min N			
+ 0 kg/ha min N	5,2	5,0	Zusatz: ohne	7,9	9,7	9,1
+ 200 kg/ha min N	11,7	11,8	Didin	9,4	14,6	9,3
+ 400 kg/ha min N	9,0	9,8	Agriben	10,8	12,9	12,0
Mittel	8,6	8,9		9,4	12,4	10,1

Wirkung des Stallmistes bei verschiedener Verteilung

nach **Brünner**

Stallmistdüngung	Heuertrag (relativ)
Ohne Stallmist	100
100 dt/ha jährlich	116
200 dt/ha alle 2 Jahre	112
300 dt/ha alle 3 Jahre	109

Mineral-Düngung

Die mineralische Düngung ist entscheidend für die Leistungsfähigkeit des Grünlandes. Ihre Höhe richtet sich nach dem Nährstoffgehalt im Boden, dem Pflanzenbestand und der Nutzungsart, s. S. 396. Da auch für Wirtschaftsgrünland die Gehaltsklasse C angestrebt wird, sollte in regelmäßigen Abständen eine Bodenuntersuchung durchgeführt werden. Die Probenahme erfolgt am besten nach dem letzten Schnitt bzw. nach dem Weideabtrieb.

Bei reiner Schnittnutzung werden alle Nährstoffe von der Fläche abgeführt. Um das Nährstoffniveau im Boden und die Ertragsleistung zu halten, ist eine Düngung notwendig, die etwas über dem Entzug liegt. Bei Weidegang sind die über Kot und Harn in den Närhstoffkreislauf zurückfließenden Mengen anzurechnen.

Die anzustrebenden pH-Werte und Gehalte an Makronährstoffen in Grünlandböden sowie die daraus abgeleiteten Düngungsempfehlungen für Kalk, Phosphat und Kali s. S. 246ff.

Stickstoff-Düngung

ist ausschlaggebend für den vollen Wirtschaftserfolg. Man gibt auf Wiesen je Aufwuchs 40–80 kg/ha N. Dem Wachstumsrhythmus entsprechend betont man die erste Gabe.

Besonders auf Weiden ist Stickstoff der Motor der Grasproduktion. Menge und Verteilung richten sich nach dem betrieblichen Futterbedarf. Von der Gesamtmenge wird mindestens ¼–⅓ im zeitigen Frühjahr bei Wachstumsbeginn gegeben, der Rest nach der Zahl der folgenden Nutzungen geteilt. 1,5–2 kg/ha N/Wachstumstag sind ein guter Anhalt. Dadurch erhalten Schnittflächen entsprechend der längeren Wuchszeit mehr N. Als N-Einzeldünger sind besonders geeignet Stickstoffmagnesia, Kalkammonsalpeter, Ammonsulfatsalpeter und Schwefelsaures Ammoniak.

Die Wirtschaftlichkeit der N-Düngung

Für die Wirkung der N-Düngung sind die Standortverhältnisse (Boden, Wasserhaushalt, Jahreswitterung, Pflanzenbestand) von entscheidendem Einfluß. Deshalb müßte die optimale N-Gabe, also die Gabe, bei der die Kosten auch für das letzte kg N noch durch einen entsprechenden Mehrertrag abgedeckt werden, für jeden einzelnen Standort gesondert ermittelt werden. Da das nicht möglich ist, können exakte Versuchsergebnisse nur Anhaltspunkte für gleiche oder ähnliche Verhältnisse sein. Einige Beispiele hierfür werden in nachstehender Tabelle gegeben.

Stickstoffleistung auf Weiden in kg TS/kg N für die jeweils angegebene Steigerungsstufe

	1 Kleve-Kellen		2 Rheinland	3 Infeld	4 Thüringen	5	6 Friesland	7 Weihenstephan
	3 wüchsige Jahre	2 trokkene Jahre	12 Versuchsjahre	2 Versuche 6 Jahre	5 Jahre	3 Jahre	zahlr. Versuche	5 Jahre
	Vergleichserträge dt TS/ha							
N-Stufen kg/ha	100 N = 91,6	100 N = 70,5	ohne N = 59,5	ohne N = 74,5	ohne N = 82,7	ohne N = 45,6	–	ohne N = 116,4
0–100	–	–	18,2	22,5	14,2	30,6	18,9	8,2
100–200	27,9	13,8	13,3	17,1	10,8	22,5	16,4	3,3
200–250				12,8	8,4	16,5	12,4	
250–300	19,6	9,6	9,1	8,8	6,6	12,5	10,4	8,3
300–350			4,1	5,2	5,0	8,5	8,4	
350–400	9,3	2,3		3,5	3,3	4,4	6,4	2,2

Zu:		
1	sandig-lehmiger Auenboden,	alte Weidelgrasweide
2	Grauwacke-Schiefer-Verw.; sL,	altes Dauergrünland
3	Knickmarsch, Lehm,	alte Weidelgrasweiden
4	lehmiger Auenboden,	alte Weidelgrasweide
5	tonige Rendzina,	ältere, gute Neuansaat
6	Lehm-, Sand- und Moorböden,	alte Weidelgrasweiden
7	schwach pseudovergleyter Lößlehm,	Ansaat mit 80 % Klee

Die Wirtschaftlichkeitsgrenze liegt z. Z. bei etwa 8 kg TS oder 5 kStE je kg Stickstoff. Die optimale jährliche N-Gabe liegt in diesen Versuchen, mit Ausnahme vom kleereichen Standort 7, zwischen 300 und 400 kg/ha. Nach zahlreichen anderen Versuchen schwankt die Rentabilitätsgrenze in den meisten Fällen zwischen 200 und 400 kg N/ha. In den kleewüchsigeren Lagen der Mittelgebirge und auch in Süddeutschland liegt die optimale N-Gabe häufig an der unteren Grenze, auf den grasreichen Beständen Norddeutschlands mehr an der oberen Grenze.

Ökonomischer Effekt von Ertragssteigerungen auf Grünland durch zusätzliche N-Düngung für Milchviehbetriebe mit begrenzter Milchmenge bei einem Basisertrag von 30 000 MJ NEL je ha

(nach **J. Coenen**)

Ertragszuwachs für je zusätzliche 100 kg N/ha in		Einsparung an Dauergrünland und Nutzung durch Alternativen Mutterkühe, Schafe, Damtiere				oder Einsparung an Silomaisfläche und Nutzung durch Getreidebau			
MJ NEL	kStE	ha	DB*) in DM	Kap. Kosten Vieh + Stall	Gewinn für Arbeit DM/ha	ha	DB*) in DM	Einsparung var. Kosten	Überschuß DM/ha
15 000	1 500	0,5	600	−360	240	0,25	500	100	600
10 000	1 000	0,33	400	−246	154	0,17	334	66	400
5 000	500	0,17	200	−123	77	0,08	167	33	200

*) DB = Deckungsbeitrag

Zwei Beispiele für die Wirtschaftlichkeit der Weidenutzung in Abhängigkeit von der N-Düngung

(nach **Hermann, Heymann** u. **Schimke** z. T. ergänzt)

kg/ha N	kStE/ha	rel.	N-Leistung kStE/kg N	Deckungsbeitrag DM/ha	rel.	rel.
Betrieb 1, Mittel aus 5 Jahren						
100	3556	100	–	1440	100	
200	4625	130	10,7	2063	143	100
300	5630	158	10,1	2423	168	117
Betrieb 2, Mittel aus 4 Jahren						
140	4574	100	–	2290	100	
280	5756	126	8,4	2863	125	100
420	6872	150	8,0	3362	147	117

Mehrnährstoffdünger

Aus arbeitswirtschaftlichen Überlegungen können Zweinährstoffdünger oder Volldünger empfehlenswert sein. Wo P_2O_5 besonders gehandhabt werden soll, bietet sich Stickstoffkali 16 + 0 + 25 an. Bei gesonderter Handhabung der Kalidüngung ist Stickstoffphosphat 20 + 20 + 0 oder 20 + 14 + 0 vorteilhaft. Geeigneter Volldünger für die Wiese ist z. B. 13 + 13 + 21.

Pflegemaßnahmen

In der Zeit der Vegetationsruhe

Mech. Grabenräumen, Instandhaltung der Dränagen (s. S. 202ff)
Flächen planieren, schleppen (Maulwurfshaufen), walzen
Zaunarbeiten

Während der Wachstumszeit

Fladen verteilen, Schleppen
Unkrautbekämpfung, Reinigungsschnitte während der Weidezeit
Bekämpfung der tierischen Schädlinge
Wartung der Viehtränken und Zäune
Nachsaaten

Futterkonservierung

neubearbeitet von Prof. Dr. **E. Zimmer,** WD Dr. **H. Honig,**
DL **U. Küntzel,** Braunschweig-Völkenrode

Vergleich der Grundverfahren

Halmfutter, Rübenblatt, Hackfrüchte, Feuchtgetreide werden nach **zwei Grundverfahren** konserviert:

Trocknung – Entzug von Wasser bis zur Haltbarkeit,
mit natürlicher Energie als Heu,
mit technischer Energie als Trockengut.

Silierung – Bildung organischer Säuren und Absenkung des pH-Wertes bis zur Haltbarkeit durch spontane Milchsäuregärung.

Die zur Auswahl stehenden Produktionsverfahren unterscheiden sich
im Wetterrisiko,
in den Werbungs- und Konservierungsverlusten,
in den Futterwert- und Verdaulichkeitsänderungen,
hinsichtlich der Futteraufnahme, **ferner**
im Arbeitszeitbedarf, dem möglichen Mechanisierungsgrad,
im Kapitalanspruch für Bergeräume und Maschinen.

Wetterrisiko und Werbungsverluste

Verfahren und Bedingungen	TM % b. Bergung	Feldzeit ∅ Tage	Werbungsverluste % TM bei guten	mittleren	schlecht. Witterungsbedingungen
Bodenheu:					
Wetter: schlecht	>75	7>8	–	–	>25
gut	~85	3–4	8–12	15–18	–
Belüftungstrocknung	>60	1–3	4– 6	10–12	>15
Heißlufttrocknung	<20	0–1	1– 2	3– 4	–
Naßsilage, 20 % TM	<20	0	1– 2	3– 4	–
Anwelksil., 35 % TM	~35	1–2	2– 3	4– 5	6– 8
Gärheu, 45 % TM	~45	1–2	3– 4	5– 6	6–10

Richtwerte bei: 200–250 dt/ha je Schnitt, früher Schnittzeit, mittlerer bis hoher N-Düngung.

Konservierungsverluste

Die Konservierungsverluste an Nettoenergie (NEL bzw. StE) und verdaulichem Rohprotein setzen sich zusammen aus:

Werbungsverlusten – Veratmung auf dem Feld, Auswaschung, Abbröckeln;

Konservierungsverlusten – Restatmung von Heu und Silagen; Bildung von Gärsaft und Gärgas; Umsetzungen bei der Nacherwärmung (sog. Nachgärung);

Rand- und Deckschichten – fauligen, schimmligen, kompostierten Partien.

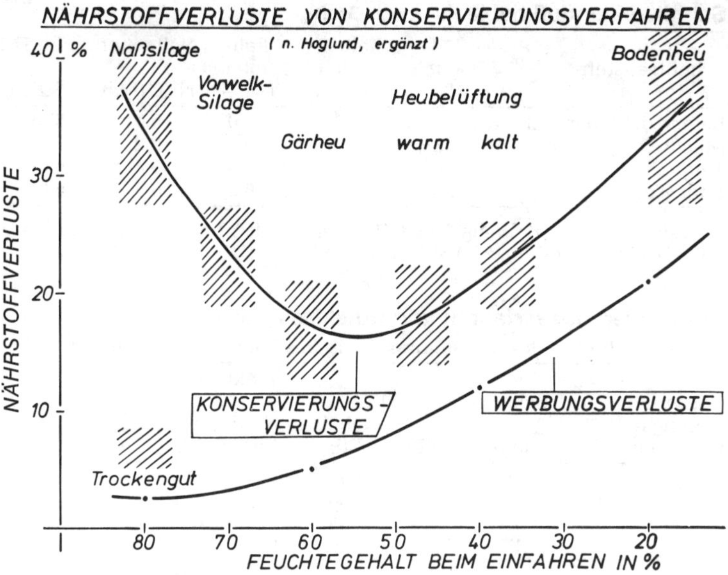

Nährwert von konserviertem Grundfutter

Nährstoffgehalt und Verdaulichkeit werden beeinflußt durch
- den Entwicklungszustand der Pflanze zur Schnittzeit,
- das gewählte Konservierungsverfahren,
- den Ablauf der Konservierung (Güteklasse),
- die Höhe der Konservierungsverluste.

Schnittzeiteinfluß bei Halmfutter (nach DLG)

Richtwerte für Weide-, Wiesengras, Welsches Weidelgras, Kleegras

Schnittzeitstufe	Rohfaser i. % TM	Verdaulichkeit i. % d. org. Masse	Nettoenergie/kg TM NEL (MJ)	StE
I vor Ähren-/Rispenschieben	20	80	6,8	665
II Beginn des Ähren-/Rispenschiebens	24	75	6,3	620
III Beginn bis Mitte Blüte	27	68	5,6	540
IV Mitte bis Ende Blüte	31	62	5,0	460

2. und folgende Aufwüchse entsprechen bei 4 bis 6 Wochen Nachwuchszeit etwa der Schnittzeit III.

Schnittzeiteinfluß bei Mais (nach **Groß**)

Schnittzeitstufe	TM-Gehalt %	Kolben-anteil	Roh-protein	Nettoenergie/kg TM NEL (MJ)	StE
		— % i. d. TM —			
Beginn d. Kolbenbildung	15	10	11,0	6,0	570
Milchreife	23	35	9,5	6,2	610
Teigreife	30	50	9,0	6,4	630
Ende Teigreife	35	50	8,5	6,3	620

Abweichungen im Kolbenanteil ± 10 % ändern den Energiegehalt um etwa ± 0,3 MJ NEL oder um ± 30 StE/kg TM.

Konservierungsverfahren und Güteklasse (nach **DLG**)

Richtwerte für Weide-, Wiesengras, Welsches Weidelgras, Kleegras

Konser-vierungs-verfahren	Schnitt-zeit-stufe	Güteklasse*) 1 NEL	StE	2 NEL	StE	3 NEL	StE
		Gehalt an Nettoenergie/kg TM					
Silage (alle TM-Stufen)	I	6,3	605	6,2	595	5,9	570
	II	5,9	560	5,8	550	5,5	530
	III	5,2	485	5,1	475	4,9	455
	IV	4,7	420	4,6	410	4,4	395
Heu	I	6,2	535	5,9	510	5,3	460
	II	5,6	460	5,3	440	4,8	395
	III	5,0	390	4,7	370	4,3	335
	IV	4,6	350	4,4	335	3,9	300

*) entsprechend: 1 = sehr gut bis gut; 2 = befriedigend; 3 = mäßig bis schlecht.

2. und folgende Aufwüchse entsprechen bei 4 bis 6 Wochen Nachwuchszeit etwa der Schnittzeit III.
Die Energiewerte für Trockengut liegen um 0,1 bis 0,2 MJ NEL bzw. 10 bis 20 StE über denen für Silage, Güteklasse 1.

Futteraufnahme aus Grundfutter (nach **Rohr**)

Die Aufnahme an Grundfutter ist mit entscheidend für die Wirtschaftlichkeit. Sie ist abhängig von der **Schnittzeit,** der **Futterart,** bei sorgfältiger Konservierung weniger von der Art der Verfahren.

Futtermittel	Schnittzeit	Netto-energie/ kg TM NEL (MJ)	Futter-aufnahme kg TM Kuh/Tag**)
Gras, Grasgemische:	I sehr jung	6,5	13,0
als Anwelksilage*) (>30 % TM)	I	6,0	12,0
oder Heu	II	5,5	10,5
	III	5,0	9,5
	III sehr spät	4,5	8,5

Forts. n. Seite

*) Die TM-Aufnahme aus Naßsilagen liegt bei gleichem Nettoenergiegehalt um ca. 1 kg niedriger.
**) Bei Kraftfuttergaben über 4 kg/Tag muß mit einem Rückgang der Grundfutteraufnahme um 0,3–0,4 kg TM je zusätzliches kg Kraftfutter gerechnet werden.

Futtermittel	Schnittzeit	Netto-energie/ kg TM NEL (MJ)	Futter-aufnahme kg TM Kuh/Tag**)
Leguminosen (Luzerne,	I	5,5	12,5
Klee u. a.):	II	5,0	12,0
als Anwelksilage*) (>30% TM)	III	4,5	11,5
oder Heu	III sehr spät	4,0	10,5
Maissilage, 30% TM		6,5	11,5
Reifestufe 25% TM		6,1	10,5
20% TM		5,9	9,0

Bewertung von Gärfutter und Heu
(nach DLG-Schlüssel)

1. Schritt: Feststellen der Schnittzeit nach dem Entwicklungszustand und Ermittlung des Energiegehaltes.
2. Schritt: Qualitätsbeurteilung von Heu bzw. Silage nach der Sinnenprüfung und Einteilung in Güteklassen.
3. Schritt: Ermittlung des Energiegehaltes entsprechend der Güteklasse nach Tabellen.
4. Schritt: Schätzung der Futteraufnahme; bei Silagen ist Kenntnis des Trockenmassegehaltes notwendig.
5. Schritt: Schätzung der Konservierungsverluste für Futterplanung.

Bergeraum – Planungsdaten
(nach versch. Autoren)

Konservierungsverfahren	Raum-gewichte kg/m³	Raumbedarf m³/ 100 dt TM	m³/ 1000 kStE	m³/ 1000 MJ NEL
Heuwerbung				
Bodentrockn. lang, Niederdruckballen	80 (60–120)	140	40	3,1
Belüftungstrocknung – Flachanlage	110 (80–150)	125	25	2,2
Belüftungstrocknung – Heuturm	150 (bis 180)	65	13	1,1
Heißlufttrocknung				
Briketts	260–300	40	7	0,7
Cobs	500–600	20	4	0,4
Silagebereitung				
Halmfutter, < 20% TM				
Flachsilo	750–800	65	13	1,2
Hochsilo	800–850	65	13	1,2
Halmfutter, 35–45% TM				
Flachsilo	500–550	60	12	1,1
Hochsilo	400–500	55	11	1,1
Mais, 25–30% TM				
Flachsilo	500–650	65	11	1,1
Hochsilo	680–830	50	8	0,8

Heuwerbung

Verfügbare Feldtage für 1. Schnitt

(nach **Pfau**)

Zone (Zahl der Stationen)	Günstigster Zeitraum	Bodentrocknung Ø benöt. Zahl der Tage	Bodentrocknung Häufigkeit der Perioden innerh. d. Zeitr.	Heubelüftung Ø benöt. Zahl der Tage	Heubelüftung Häufigkeit der Perioden innerh. d. Zeitr.
1. Niederrhein (2)	21.–31. 5.	5,0	0	3,0	2,3
2. Norddeutschl. (12)	1.–10. 6.	5,2	0,2	3,3	1,6
3. Mittel- und Süddeutschland (23)	11.–20. 6.	3,8	0,4	2,9	2,1
4. Mittelgebirge (12)	21.–30. 6.	4,1	0,2	2,8	1,0
5. Hunsrück, Schwarzwald, Alpen (5)	1.–10. 7.	3,6	0	2,4	0,6

Belüftungstrocknung bietet wesentlich größere Chancen für Qualitätsheu. Feldtrocknungszeit durch mechanische Aufbereitung (Mähaufbereiter) verkürzen. Zeiteinsparung von ½–1 Tag möglich bei richtiger Gerätewahl und Organisation. Nachtrocknung unter Dach. **Kalt**belüftung bei Feldtrocknung unter 45 % Feuchte und normalen, günstigen Trocknungsbedingungen. **Warm**belüftung bei Feldtrocknung um 50 % Feuchte, hoher Bergeleistung und ungünstigen Bedingungen (z. B. Zonen 4 u. 5).

Verluste im Heulager

(**Honig** – KTBL)

Bedingungen: % TM b. Einlagern	Bedingungen: zu verdampfende kg Wasser/dt Heu	nach Bodentrocknung	bei Heubelüftung: Kaltluft	bei Heubelüftung: Warmluft < 10 °C	bei Heubelüftung: Warmluft >10 °C
		% TM-Verluste			
40	110	–	–	9	5
50	68	–	12	6	3
60	40	–	7	4	2
70	20	7	4	3	2
80	4	3	3	2	2
85	0	1	–	–	–

Umrechnung auf Nettoenergie-Verluste:

Bodentrocknung, Kaltluft : TM-Verluste × 1,5

Warmluft : TM-Verluste × 1,2

Ermittlung des Raumbedarfes

(nach **Segler**)

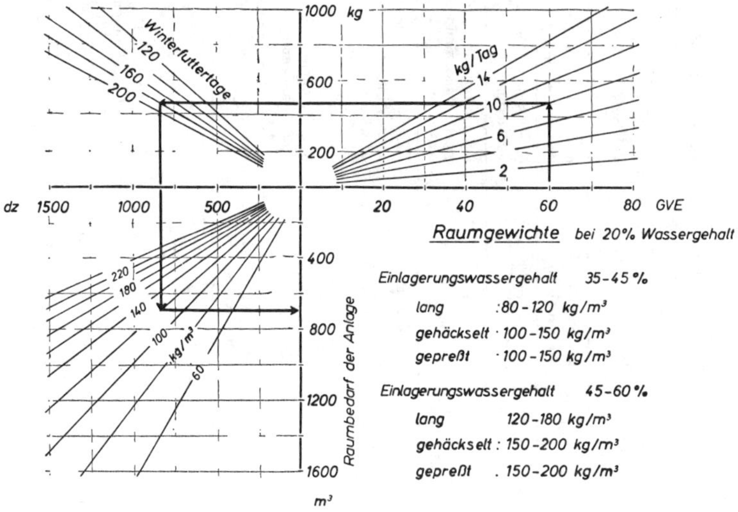

Stromaufwand

(nach **Segler**)

Im Durchschnitt benötigt: 5–7 kWh/dt Heu:
Aufwand abhängig von Trocknungsbedingungen

Variable		Stromaufwand relativ
Lufttemperatur	15 °C	128
	20	100
	25	80
Luftfeuchte	80 % rel.	137
	70	100
	60	69
	50	53
Wassergehalt beim Einfahren	50 %	175
	45	141
	40	100
	35	67
	30	38

Wahlschema für Heubelüftung (nach **Lanz**, ergänzt)

Spec. Luftmenge heißt: Kubikmeter Gebläseluft je Sekunde und Quadratmeter Bodenfläche der Anlage bei Füllhöhen von 1,5 bis 2,0 m je Schicht.

Form	Feuchtegehalt % beim Einfahren	Feuchtegehalt % nach Belüftung	Raumgewicht kg/m³	Druckwiderstand mm WS	spec. Luftmenge m³/s/m²	Vorteile	Nachteile
Kurzhäcksel 2– 6 cm	35–40	15	100–150	35–40	0,08–0,12	Raumbedarf gering, Verteilung gut	präziser Anlagenbau, Bröckelverluste
Langhäcksel 6– 30 cm	40–45 45–60	18	100–120 120–180	30–35 50–70	0,08–0,12 0,12–0,15	Zangengreifer	mech. Abladen, Verteilen schwierig
Langgut 80–120 cm	40–45 45–60	20	80–120 120–180*)	25–30 50–60	0,08–0,12 0,12–0,15	Zangengreifer	Raumausnutzung schlecht, mech. Abladen und Verteilen schwierig
Niederdruckballen	40–45 45–60	18	100–120 120–180*)	30–35 50–70	0,08–0,12 0,12–0,15	Bröckelverluste niedrig, Futterzuteilung einfach	mech. Abladen und Verteilen schwierig
Hochdruckballen	35–40	15	120–150	35–45	0,08–0,12	Raumbedarf gering, Futterzuteilung einfach	präziser Anlagenbau, Stapeln aufwendig
Großballen rechteckig	max. 35	15	max. 120	25– >50	0,11–0,19	Verfahren noch im Experimentierstadium Luft anwärmen	

*) geschätzte Werte

Systeme und ihre Kennzeichen (nach **Segler, Birk**, u. a.)

System Braunschweig: Druckluftanlage mit liegendem Kanal, Seitenkanäle oder -roste, Seitenwände zur gleichmäßigen parallelen Luftführung nötig; Stapelhöhe bis ca. 5 m, Druckbedarf bei größeren Höhen jedoch hoch.

System Aulendorf: Druckluftanlage mit liegendem Kanal, Seitenkanäle oder -roste, mit und ohne Seitenwände; Ziehstöpsel sichern Luftführung in oberen Schichten; Druckbedarf auch bei Stapelhöhen bis 12 m gering.

System Hohenheim: Saugluftanlage mit senkrechtem Kanal in freistehenden Heustöcken nahezu quadratischer Grundfläche.

System Heuturm: Druckluftanlage mit Zentralkanal, Luftführung radial von innen nach außen, gesichert durch beweglichen Stöpsel im Zentralkanal. Ermöglicht volle Mechanisierung von Beschickung und Entnahme.

Kenndaten von Gebläsen

(nach KTBL)

Grund-fläche Ø m^2	Anschluß-wert kW	Luft-leistung m^3/sec	Anschaf-fungs-preis DM	Kosten feste DM/Jahr	Kosten veränderl. DM/dt
75	5,0	5	ca. 5 600	ca. 820	ca. 1,45
150	7,5	10	ca. 9 100	ca. 1 331	ca. 1,45

Silieren (Gärfutterbereitung)

Der Erfolg der Gärfutterbereitung ist abhängig von

– den **Stoffeigenschaften** des Futters
  u. a. Futterart, Siliereignung, Vorwelkgrad, Rohfasergehalt;

– der **Siliertechnik**
  u. a. Werbungsverfahren, Zerkleinerung, Silotyp, Abdeckung.

Stoffeigenschaften und Siliereignung

GÄRFÄHIGKEIT von FUTTERPFLANZEN

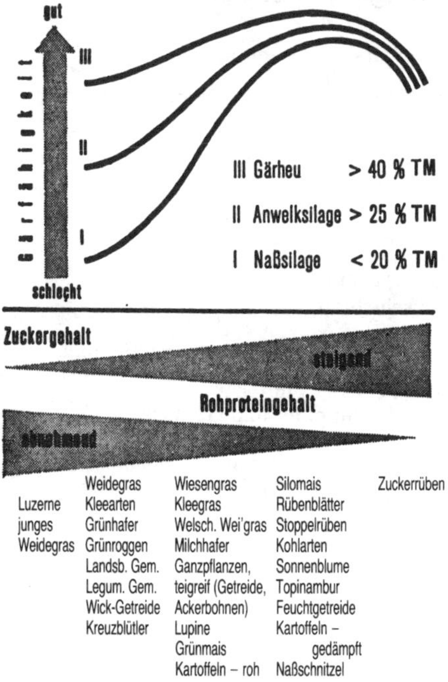

Erhöhung des Trockensubstanzgehaltes verbessert Gärfähigkeit.
Zerkleinerung erhöht Ausnutzung der Pflanzenzucker.

	günstig	ungünstig
Zuckergehalt	hoch	niedrig
Rohprotein-gehalt	mittel	hoch - sehr hoch
Trocken-substanz gehalt	hoch (Vorwelken)	niedrig (sehr wasserreich)
Rohfasser-gehalt	niedrig - mittel	hoch (zu altes Futter)
Verdaulich-keit der Nährstoffe	hoch	niedrig (zu altes Futter)
Erntezeit	kühle Jahreszeit	warme Jahreszeit
Verschmutzung	—	über normal

Die nätürliche Gärfähigkeit kann durch Vorwelken, Zerkleinern, Verwendung von Zusatzmitteln verbessert oder ergänzt werden.

Vorwelken

Die Erhöhung des Trockenmassegehaltes durch **Vorwelken** auf über 30% TM erbringt folgende Vorteile:

- Stabilisierung des **Gärverlaufes** mit um 1–2 Güteklassen verbesserter Qualität;
- Senkung der **Konservierungsverluste** um 10–15% Nettoenergie;
- Erhöhung der **Futteraufnahme** um 1–2 kg Trockenmasse/GV/Tag;
- Unterbindung der **Gärsaftbildung,** daher keine Abwasserprobleme.

Zerkleinern

Eine mechanische Zerkleinerung fördert durch Zellaufschluß und bessere Dichtlagerung die Säurebildung, senkt die Nährstoffverluste und erhöht die Futteraufnahme.

Als optimal kann angesehen werden

- für Halmfutter: Exakthäcksel <20 mm
- für Mais: Häcksellänge theor. 4–6 mm, bei Einsatz einer Einrichtung zur Körneraufbereitung 6–8 mm.

Mit zunehmendem Reifegrad (TM-Gehalt) nehmen die Verluste durch unverdaut ausgeschiedene Körner und Körnerbruchstücke stark zu. Der Einsatz einer Aufbereitungseinrichtung wird notwendig.

Maiskörnerverlust im Kot (% der Silage-Trockenmasseaufnahme)
(nach **Honig**)

Verfahren	TM-Gehalt der Gesamtpflanze 25 %	30 %	35 %
nur Häckseln	5	8	12
mit Reibboden	2	5	9
mit Quetschwalzen	0	1	2

Verluste bei der Silierung (**Honig,** KTBL)

Sie entstehen während der **Konservierung**

- durch ablaufenden Gärsaft (Sickersaft),
- durch Restatmung und Gärgasbildung (CO_2),
- durch Verderb von Rand- und Deckschichten;

während der **Entnahme**

- durch Nacherwärmung (sog. Nachgärung) mit starkem Nährstoffabbau.

TM-Gehalt beim Einlagern %	TM-Verluste in % durch . . . Gärsaft	Restatmung und Gärgase – Gärfutterqualität: sehr gut bis gut	befriedigend	mäßig bis schlecht
15	9–11	9–11	13	15–17
20	6– 8	8–10	12	14–16
25	3– 5	7– 9	11	13–15
30	1– 2	6– 8	10	12–14
35	0– 1	5– 7	9	11–13
40	0	4– 6	8	10–12
45	0	4– 6	8	10–12
Verlust an Nettoenergie =	× 1,2	× 1,4	× 1,5	× 1,6

Verluste durch **Rand-** und **Deckschichten** sind durch Wahl des Silotyps, der Abdeckung, der Siliertechnik beeinflußbar:

	TM-Verluste % bei siliertechnischen Bedingungen		
	optimal	normal	schlecht
Behelfssilo	10	15	20
Foliensilo	5	10	15
Flachsilo, massiv	3	8	10
Hochsilo, massiv	1	3	6
Hochsilo, gasdicht	0	2	5
Verlust an Nettoenergie =	× 1,2	× 1,2	× 1,3

Verluste durch **Nachgärung** lassen sich **schwer schätzen,** sie sind besonders abhängig auch von der **Entnahmetechnik.**

Entnahmetechnik	Siliertechnik	Nachgärintensität d. Silage	TM-Verluste in % bei einer Lagerzeit von . . . Tagen 1	2	3	4
vorgeschnitten, Stapellagerung **und** gefräster Anschnitt	gut	niedrig	< 1	< 1	1	2
	schlecht	hoch	< 1	2	4	6
Anschnitt aufgelockert d. Frontlader **und** Haufenlagerung	gut	niedrig	< 1	1	2	3
	schlecht	hoch	1	3	7	11
gefrästes Futter in Haufenlagerung	gut	niedrig	< 1	2	3	4
	schlecht	hoch	2	7	12	15

Gärsaft (Sickersaft) als Umweltproblem

Das Wasserhaushaltsgesetz des Bundes verbietet das Ein- und Ablassen von Gärsaft in Oberflächenwasser und Grundwasser.
Mengen hauptsächlich abhängig vom **Trockenmassegehalt** des Futters.

TM-Gehalt d. Futters %	z. B. Futterarten	Ø Menge Gärsaft l/dt Frischgut	l/m³ Silage	m³/ha
10	Stoppelrüben, Markstammkohl	45	725	20
15	Zuckerrübenblatt, Zwischenfrüchte	33	360	13
20	Gras, Klee, Kleegras, frisch	22	200	4
25	Mais, milchteigreif	11	75	5
≥30	Anwelksilage, teigreifer Mais	0	0	0

Nach 10 Tagen ist etwa die Hälfte, nach 20 Tagen sind drei Viertel der Menge abgelaufen; stärkere Zerkleinerung beschleunigt das Ablaufen.

Zusammensetzung nahezu unabhängig von Futterart; höhere Konzentration mit zunehmender Ablaufzeit.

Trockenmasse	40–120 kg/m^3	
org. Masse	30– 90 kg/m^3	
org. Säuren	10– 35 kg/m^3	
N	1,0– 2,0 kg/m^3	bei pH-Wert von 3,8–4,5
K_2O	3,5– 6,0 kg/m^3	
P_2O_5	0,5– 1,5 kg/m^3	
Biochemischer Sauerstoff-bedarf BSB_5	45–120 g O_2/m^3	= 250–400mal mehr als Hausabwässer

Planungsdaten Silobau

Raumbedarf bei maximaler Futteraufnahme, einschließlich 20 % für Sommerreserve und Leerraum.

Art der Silage	Naßsilage	Anwelk-silage	Gärheu
TM-Gehalt	20 % TM	35 % TM	45 % TM
tägliche TM-Aufnahme kg	9–10	11	12
∅ Raumgewicht kg/m^3	800	600	500
Bedarf je GV in m^3	14–15	13	13

Zahl der Behälter: mindestens 2.

Behältergröße: auf Schlagkraft des Betriebes abstimmen; Füllzeit so kurz wie möglich halten; bei Hochsilos mindestens 50 % oder 5 m in einem Zuge; bei Flachsilos je Einheit 2–3 Tage oder mindestens 0,5 m verdichtete Schicht je Tag.

Silo-Abmessungen:

Flachsilo mit 4, 5, 6 m und mehr Silobreite erlauben durch wechselnde Tiefe und Breite der entnommenen Stapel die beliebige Anpassung an unterschiedliche Bestandsgrößen. Im Winter sollten 1 m, im Sommer 2 m Vorschub/Woche erreicht werden.

Hochsilo mindestens 10 cm sollten täglich entnommen werden, diese Menge reicht für . . . GV bei

Silo-Durchmesser m	Querschnitt m^2	Anwelksilagen 25–30 kg/GV tgl.	Naßsilagen 35–50 kg/GV tgl.
		Anzahl GV	
3,50	10	18–20	16–22
4,00	12,5	25–27	20–30
5,00	20	39–42	32–45
6,00	28	56–61	45–65
7,00	38,5	79–83	60–90

Anwendung von Siliermitteln

Kenntnis der Wirkungsrichtung, sorgfältige Siliertechnik und gleichmäßige Verteilung mittels Dosiergerät sichern den Erfolg; Mittelkosten und Arbeitsaufwand sind fallweise zu kalkulieren. Zugabemenge produktspezifisch nach Angabe der Hersteller.

Wirkungsrichtung	Stoffgruppe	Art der Wirkung	Anwendungsbereich	Mittel z. B.
Stabilisierung des Gärverlaufes, Senkung der Konservierungsverluste	Zuckerhaltige Mittel	Bakteriennahrung, Förderung der Milchsäurebildner	Silagen unter 30 % TM	Futterzucker, Melasse, melass. Schnitzel, Zuckerschnitzel
	Säuren und deren Salze, Stoffe m. spez. Wirkung	pH-Wert senkend, durch Säureanteil Hemmwirkung auf Bakterien	Naß- und Anwelksilagen bis 30 % TM	Ameisensäure, Schwefelsäure u. deren Salze in versch. Mischungen, Hexamethylentetramin
	Impfkulturen (Milchsäurebakterien, ggf. m. Enzymen)	Leistungsfähige Säurebildner, Unterdrückung von Gärschädlingen	Anwelksilagen 25 bis 50 % TM, Naßsilagen, zuckerreich od. mit Zuckerergänzung	versch. Stämme von Milchsäurebakterien einzeln od. kombiniert
Verbesserung der Stabilität beim Auslagern	organische Säuren, spez. Salze	Hemmwirkung bes. auf Hefen und Schimmelpilze	bevorzugt Anwelksilagen über 30 % TM, Silomais, GPS, Körnersilagen	Propionsäure, Bisulfit
	Impfkulturen (Milchsäurebakterien)	Leistungsfähige Säurebildner, Unterdrückung der Hefeentwicklung	Anwelksilagen 25 bis 50 % TM	versch. Stämme von Milchsäurebakterien, einzeln oder kombiniert
Aufwertung des Futters	Trockenfuttermittel	Binden von Gärsaft „Vorwelkeffekt"	Naß- und Anwelksilagen bis 30 % TM	Getreide-, Maisschrote, Tapioka, Trokkenschnitzel, Schrot-/Malzgemisch
	Nicht-Proteinstickstoff (NPN), ggf. mit Mineralstoffen	Ergänzung des Stickstoff- od. Mineralstoffgehaltes	nur Silomais, teigreif über 25 % TM	Harnstoff*), Ammoniak*)

*) Nebeneffekt: Verbesserung der Stabilität beim Auslagern durch Hemmung der Hefen und Schimmelpilze.

Silieren von Kartoffeln

Merkmale	gedämpft	roh
Siliereignung	**gut**	**mittel,** Saftablauf notwendig
Silierverluste	15–25 %	15–25 %
Futterwert	gleichwertig gedämpften, frischen Kartoffeln	geringere Aufnahme und Verwertung
Vorteile	haltbar, schmackhaft	Silieraufwand geringer
Nachteile	Dämpfkosten, Arbeitsaufwand	Futterwert nur mittel, Haltbarkeit begrenzt

Raumbedarf für eine Mastperiode

– reine Kartoffelmast (1,0 kg Beifutter)	8,0 m^3
– Kartoffel/Getreidemast (1,5 kg Beifutter)	5,5 m^3
Anschnittfläche bei 5 cm Entnahme	1,2 bzw. 0,8 m^2

Silos

Am besten massive Behälter mit verschließbarem Saftablauf. Behelfsmäßige Einsäuerung steigert Nährstoffverluste.

- Grabensilos mit Mindestquerschnitt 1,25 × 1,50 m, ebenerdig oder vertieft;
- Zellensilos mit 2 m Schütthöhe und mehr, bis 6 m mechanische Entnahme nötig.

Konservierung von Körnermais, Feuchtgetreide, Ackerbohnen

Bestimmungsgründe

Körnermais: Ausreife nur in klimatisch begünstigten Lagen. Normalfeuchtegehalt zwischen 45 und 30 % je nach Sorte, Anbauzone und Jahreswitterung. Trocknung nicht lohnend bzw. aufwendig, dafür Feuchtkonservierung

- Körner: unzerkleinert oder zerkleinert als Maisschrot,
- Kolben: entliescht, zerkleinert als Maiskolbenschrot (corn cob mix, CCM),
- Kolben: mit Lieschen als Lieschkolbenschrot (LKS), Spezialhäcksler erforderlich.

Ährengetreide und Ackerbohnen: bei Feuchtigkeitsgehalten um 25–30 %:

senkt Wetterrisiko in Grenzlagen, verlängert Zeitspanne für Mähdrescher, bietet kurze Arbeitskette und hohe Schlagkraft.

Für den **Futterwert** gilt: **700 GN** sind enthalten in

- Gerste: 1 kg trocken oder 1,15 kg Körnersilage, 25 % Feuchte
- Mais: 0,88 kg trocken oder 1,15 kg Körner- bzw. Maisschrotsilage, 35 % Feuchte.

Maiskolbenschrot soll für Schweine nicht >8 % Rohfaser aus Spindelanteil enthalten, für Rinder keine Grenze.

Konservierungsverfahren

1. **Silierung** unter Ausnutzung von Säurebildung und konservierender Wirkung des Kohlendioxyds (Kohlensäure).
2. **Konservierung mit Propionsäure und Harnstoff** unter Ausnutzung deren keimhemmender, konservierender Wirkung.

Silierung: Gärungsbiologie und Siliertechnik

Feuchtegehalt bei Einlagerung, %	55	45	35	25	20
Konservierungswirkung					
durch Milchsäure	hoch		abnehmend		niedrig
durch Kohlendioxyd (CO_2)	niedrig		zunehmend		hoch
Säuregehalt % i. TM ca.	6	3	1,5	1,0	<0,5
Silierverluste % der TM	6–12	5–10	abnehmend auf		2–3
Anforderungen an Siliertechnik	pumpfähig durch Wasserzusatz Spezialsilos	bei sorgfältiger Abdeckung u. Zerkleinerung konventionelle Silos möglich		gasdichte Silos sind Voraussetzung	

Planungsdaten Körnersilagen

(nach **Groß, Riemann, Schmidt** und anderen)

	dt/ha	m^3-Gewicht dt	m^3/ha
Ährengetreide	55– 60	8	7– 8
Körnermais, ganz	70– 80	8	9–10
Körnermaisschrot	70– 80	9	8– 9
Korn-Spindel-Gemisch (Corn-Cob-Mix)	90–100	8	11–13
Kolbenschrot	90–100	9	10–11
Lieschkolbenschrot	110–150	7	15–20

Konservierung mit Propionsäure

Erntefeuchtes **Futtergetreide, Körnermais** und **Ackerbohnen** werden sicher durch Zugabe von Propionsäure konserviert:
Schimmelbildung, bakterielle Tätigkeit, somit Selbsterhitzung, werden unterbunden, einfachste Lagerung ist möglich.

Aber: Behandlung von Brotgetreide wird **nicht** empfohlen;
Saatgetreide und Braugerste dürfen **nicht** behandelt werden.

Feinste **Verteilung** mit Hilfe spezieller Dosiergeräte ist Voraussetzung. Arbeitsschutz und Korrosivität der Säure bedenken; Arbeitsanweisung beachten!

Die **Aufwandmenge** richtet sich nach dem **Feuchtegehalt** und der **Lagerzeit.**

Feuchtegehalt %	45	40	35	30	26	22	18
	Propionsäure in Gramm je dt Feuchtgetreide bzw. Mais						
Langzeit 6 Monate	2 100	1 750	1 400	1 100	800	600	450
Kurzzeit 1 Monat	1 650	1 400	1 150	800	550	450	350

Konservierung mit Harnstoff

Futtergetreide mit 20 bis 30 % Feuchtigkeit kann mit 2,5 bis 4 kg Harnstoff je dt konserviert werden. Lose Folienabdeckung ist erforderlich. Die Rieselfähigkeit des Getreides wird herabgesetzt, daher vorzugsweise Flachlagerung. Harnstoffbehandeltes Getreide darf lt. Futtermittelverordnung nur an Wiederkäuer verfüttert werden.

Heißlufttrocknung

Bestimmungsgründe

Sehr niedriges Wetterrisiko, geringste Konservierungsverluste;
Nährwert des Futters hoch, Futteraufnahme am höchsten von allen Grundfutterarten, sofern Struktur wiederkäuergerecht;
voll mechanisierbar, der Automation zugänglich, geringste AKh-Bedarf aller Verfahren;
markt- und transportfähiges Grundfutter.

Aber: Energiekosten beeinträchtigen Wirtschaftlichkeit.

Trocknergröße

Die erforderliche Trocknergröße, gemessen in Tonnen Wasserverdampfung/Stunde ist abhängig von

- den verfügbaren Futterflächen,
- den jährlich geleisteten Trocknungsstunden.

Trocknungsstunden pro Jahr	Erforderliche Wasserverdampfung t/h bei einer Futterfläche von . . . ha*)			
	50	100	200	400
1 000	2,4	4,7	9,4	18,8
1 500	1,6	4,1	6,3	12,6
2 000	1,2	2,4	4,7	9,4

*) Ertrag pro ha: 100 dt Trockengut bei 4 Nutzungen; 85 %ige Anlagenausnutzung, Trocknungsbereich 82/12 % Feuchte.

Trocknungsleistung und Feuchtegehalt

Feuchtegehalt des Futters %	Durchsatz je Stunde je t Wasserverdampfung Grünfutter dt	Trockengut dt[1])	Ölverbrauch[2]) Liter/dt Trockengut
86	11,9	1,9	39–45
84	12,2	2,2	34–39
82	12,6	2,6	29–33
80	12,9	2,9	26–29
78	13,3	3,3	23–26
76	13,8	3,8	20–22

[1]) mit 12 % Restfeuchte
[2]) 75–85 Liter leichtes Heizöl per t Wasser; allgemein gültige Daten über die Verwendung von Holz und Kohle als Brennstoff liegen noch nicht vor.

Trocknungsprodukte
(nach **Dörfler, Wieneke, Wandel**)

Produkt	Form	Feuchte %	Raumgewicht*) kg/m³	Rohfaserstruktur	Futteraufnahme
Grünmehl	Mehl, lose	6–8	300–400	zerstört	begrenzt, bis 4–6 kg/Tag
Pellets	Mehl, gepreßt	8	700–750	zerstört	begrenzt, bis 4–6 kg/Tag
Cobs	Häcksel, Ø 2,5 bis 3,0 cm	12–14	500–600	teilweise erhalten	**unbegrenzt**
Briketts	Häcksel, Ø 5–10 cm	12–14	260–300	voll erhalten	**unbegrenzt** bis 15 kg/Tag und mehr

*) Als Schüttgewicht

Grünmehl und Pellets überwiegend als Mischfutterkomponente eingesetzt; Cobs und Briketts als alleiniges Grundfutter für Rindvieh geeignet.

Getreidetrocknung und -lagerung

neubearbeitet von Prof. Dr. **H. L. Wenner** und Dr. **A. Strehler,**
Landtechnik Weihenstephan (Preise Stand 1987)

Lagerfähigkeit von Getreidekörnern

abhängig von Fruchtart, Kornfeuchte, Korntemperatur und Möglichkeit des Luftzutritts; folgende Lagerdauer ist zu beachten:

Kornfeuchtigkeit %	Lagerdauer in Wochen*) Winter 5–10 °C	Sommer 15–20 °C
14	unbeschränkt	unbeschränkt
16	15	5
18	5	2
20	3	–

*) Höchstzulässige Lagerzeit vor Auftreten von Schimmel oder Absinken der Keimfähigkeit; Aufbewahrung des Getreides bei mindestens 0,5 m Lagerhöhe, ohne Bearbeitung oder Umlagern.

Gleichgewichtsfeuchte zwischen Luft und Getreide bei 20 °C

rel. Luftfeuchte %	95	85	75	65	55	45	35
Feuchtegehalt %							
Weizen, Mais	26	18	16	14	13	11	10
Hafer	25	18	15	13	12	10	8
Gerste	25	19	16	14	12,5	11	9
Raps	25	16	12	9	7	6,5	6

Eine sichere Lagerfähigkeit ist bei einer Gleichgewichtsfeuchte erreicht, die einer relativen Luftfeuchte von 65 % entspricht.

Kenndaten der wichtigsten Trocknungsverfahren

Merkmale	Belüftungstrocknung	Warmlufttrocknung Satztrocknung	Durchlauftrocknung
Arbeitsweise	absätzig	absätzig	fortlaufend
Fassungsvermögen des Trocknungsbehälters	50– 400 dt	20–100 dt	5–50 dt
Luftanwärmung um	0–5 °C	10–40 °C	15–80 °C
Wasseraufnahme der Luft in g/m³	1–2	3–5	5–22
Trocknungsdauer je Charge	6–10 Tage	2–10 Std.	(1–2 Std.)
Mindest-Getreidemenge je Jahr, um wirtschaftlich trocknen zu können	200 dt	1 000 dt	2 000 dt

Belüftungstrocknung

Notwendige Luftmengen für die Belüftungstrocknung

Planungswerte	m^3 Luft/h je m^3 Belüftungsraum	m^3 Luft/h je dt Getreide
Bodenbelüftung[1])	300	45
Zentralrohrbelüftung[2])	400	55

[1]) Bei Kornfeuchtigkeit über 20 % niedrigere Schütthöhe wählen, dadurch höhere Luftleistungen des Gebläses.
[2]) Höchstzulässige Einlagerungsfeuchtigkeit 22 %.

Luftanwärmung bei der Belüftungstrocknung

Nur bei günstiger Witterung (relative Luftfeuchte unter 65 %) kann die Belüftungsluft genug Wasser aufnehmen. Nachts und bei feuchtem Wetter ermöglicht eine Anwärmung der Belüftungsluft um ca. 5 °C das Weitertrocknen. Die notwendige zusätzliche Wärmemenge beträgt etwa 6,5 kJ/m^3 Luft. Die elektrische Vorwärmung ist allenfalls bei sehr geringen Leistungsanforderungen wirtschaftlich vertretbar. Ölwarmlufterzeuger arbeiten derzeit in den meisten Anwendungsfällen kostengünstiger, insbesondere, wenn sie außerdem zur Stall- und Werkstattheizung eingesetzt werden. Auch Wohnhauszentralheizanlagen lassen sich zur Anwärmung der Trocknungsluft verwenden, wenn dem Trocknungsgebläse ein Wasser-Luft-Wärmeaustauscher vorgeschaltet wird. Unter bestimmten Voraussetzungen sind Feststofföfen für Stroh und Holz zur Heizung und Luftanwärmung kostengünstig; bei guter Auslastung (über 500 h/a) sind preisgünstige Luft-Solarkollektoren (bis 100 DM/m^2) wirtschaftlich einsetzbar.

Betriebsdaten u. Trocknungsleistung des Gebläseheizaggregates

Bezug: 10 m^3 Belüftungsanlage bei Bodenbelüftung[1])

Gebläse:	Luftmenge			3 000 m^3/h
	stat. Druck	3	6,0	12 mbar
	b. Lagerhöhe	1	1,4	2 m
	Motor	0,6	1,2	2,4 kW
Heizung:	Anwärmung			3,5 °C
	Heizleistung (netto)			12 600 kJ/h = 3,5 kW
	Heizleistung bei elektrischer Vorwärmung			3,5 kW
Trocknungsleistung:	in 4–8 Tagen (20 h/Tag)			65 dt
	in Ernteperiode (3 × hintereinander)			200 dt
	entspr. eine Getreideanbaufläche von			4 ha

Geeignete Belüftungsgebläse und Gebläseheizaggregate sollten nach den Leistungsangaben in den DLG-Prüfungsberichten ausgewählt werden.

[1]) Bei Zentralrohrbelüftung meist stärkere Gebläse notwendig.

Warmlufttrocknung:

Bei der Konvektionstrocknung wird die angesaugte Außenluft angewärmt und in das Trocknungsgut eingeblasen. Dabei gibt die Luft Wärme zur Wasserverdampfung ab und nimmt Wasserdampf auf. Als Abluft verläßt sie mit verringerter Temperatur und erhöhter Feuchte den Trockner. Um 1 kg trockene Luft um 1 °C anzuwärmen, sind 1 kJ Wärme nötig; je m^3 Kaltluft sind das ca 1,26 kJ.

Heizwerte und Preiswürdigkeit verschiedener Brennstoffe:

Brennstoff	Heizwert kJ/kg	Brennstoffpreis DM/kg	spez. Preis DM/ 42 000 kJ	heizungstechnischer Wirkungsgrad in %	Preis von 33 600 kJ Nutzenergie (entspr. 1 kg Heizöl)
Koks	30 000	0,62 *****)	0,87	70	1,00
Steinkohle	32 000	0,56 *****)	0,73	70	0,84
Braunkohle	20 000	0,39 *****)	0,82	70	0,94
Brennholz***) (Meterstücke)**)	16 000	0,16	0,42	70	0,48
Weizenstroh	14 300	0,07	0,20	70	0,23
		0,15	0,44	70	0,50
Heizöl	42 000	0,40	0,40	80	0,40
		0,60	0,60	80	0,60
		0,80	0,80	80	0,80
		0,90	0,90	80	0,90
Stadtgas	28 000	0,90	1,20	85	1,13
Flüssiggas	46 000	1,20	1,09	95	0,92
	kJ/kWh	DM/kWh			
Strom	3 600	0,15*)	1,75	98	1,42
Nachtstrom		0,085*)	0,99	98	0,80
Strom-Gesamtpreis****)		0,30	3,50	98	2,85

*) Arbeitspreis **) Für Landwirt ab Hof ***) (57 DM/rm)
****) Grund- + Arbeitspreis Tagstrom *****) Kohlepreise stark standortabhängig

Arbeitsweise der Warmlufttrockner

1. Satztrockner

Zunächst Füllung des Trocknungsbehälters mit Feuchtgetreide. Bei Flachbehälter beliebige Schichthöhe möglich, jedoch gleichhohe Befüllung wichtig. Bei Hochbehältern Zentralkolben bzw. Abdeckjalousien dem Füllstand anpassen. Warmlufterzeuger (Gebläse + Ofen) einschalten, nach gewünschtem Endfeuchtegehalt des Gutes Ofen abstellen; Trocknungsgebläse zur Kühlung in Betrieb lassen. Nach Kühlung Chargenwechsel. Nachteil des Satztrockners Feuchtegehaltsdifferenz des Gutes: um so größer, je feuchter das Ausgangsmaterial, je größer die Schichthöhe und je höher die Trocknungslufttemperatur. Mischung der Gutsfeuchte bei Trocknerentleerung und Gutsförderung. Einfache Bauform der Satztrocknungsbehälter erlauben Eigenbau. Anschaffung von Satztrocknern meistens billiger als Umlauf- und Durchlauftrockner unter 4 t/h Trockengutdurchsatz.

2. Umlauftrockner:

Arbeitsweise wie Satztrockner, jedoch wird Gut während des Trocknungsvorganges mehrfach umgeschichtet; dadurch keine Feuchtegehaltsschichtung. Folglich etwas höhere Trocknungslufttemperaturen zur Energieeinsparung möglich. Allerdings höherer technischer Aufwand, daher teurer. Besonders geeignet für Körnermais.

3. Durchlauftrockner:
Ständiger Gutsdurchsatz, Kühlung erfolgt in getrennter Zone. Warmlufterzeuger kann bezogen auf die Durchsatzleistung kleiner ausgeführt werden als beim Satztrockner. Durchlauftrockner ohne Gutsumschichtung hat hitzegefährdete Zonen an Warmlufteintrittsseite; daher nur bei Durchlauftrocknern mit Gutsumschichtung (z. B. Schubwendetrockner, Bandtrockner mit Wendestationen, Dächertrockner) höhere Trocknungslufttemperaturen möglich. Zur Energieeinsparung Umluftbetrieb zweckmäßig, wobei austretende Kühlluft und ungesättigte Abluft der Trocknungsluft beigemischt; dadurch Wärmeaufwand um 10 bis 20 % zu senken. Endfeuchtegehalt durch Verstellen der Austrageleistung gesteuert; Automatisierung durch Einsatz von Endfeuchtereglern sehr teuer.

Trocknerbauarten und ihre Merkmale:

Bauart	Entleerung	Befüllung	Bemerkungen	Preis der Gesamtanlage DM
Satztrockner				
Flachbehälter[1]				
Flachdarre	kippen, Düsenboden	Fördergerät, Vorbehälter	Eigenbau kostengünstig	23 000–32 000 bei 2 t/h[3]
Wagentrockner	kippen	vom Mähdrescher	bei Selbstbau und vorhandenen Wagen billig	16 000–25 000 bei 2 t/h
Schrägtrockner	selbsttätig	Vorbehälter, Förderelement	billig bei Selbstbau	19 000–27 000 bei 2 t/h
Hochbehälter[2]				
Zentralrohrtrockner	selbsttätig	Förderelement	Nachstellautomatik für Blähkolben	30 000–35 000 bei 2 t/h
Schachttrockner	selbsttätig	Förderelement	Jalousiennachstellung von Hand	30 000–35 000 bei 2 t/h
Umlauftrockner				
Zentralrohr	Zentralschnecke u. Rutsche	Annahmemulde und Zentralschnecke	versetzbar	55 000 bei 3 t/h
Doppelschacht	Kettenförderer	Annahmemulde und Kettenförderer	versetzbar	85 000 bei 4 t/h

[1]) großer Grundflächenbedarf, beliebige Schichthöhe
[2]) geringer Grundflächenbedarf, Schichtstärke festgelegt
[3]) Leistung auf Getreide bezogen, von 18 auf 14 % Feuchte

Die gebräuchlichsten Trocknerbauarten:

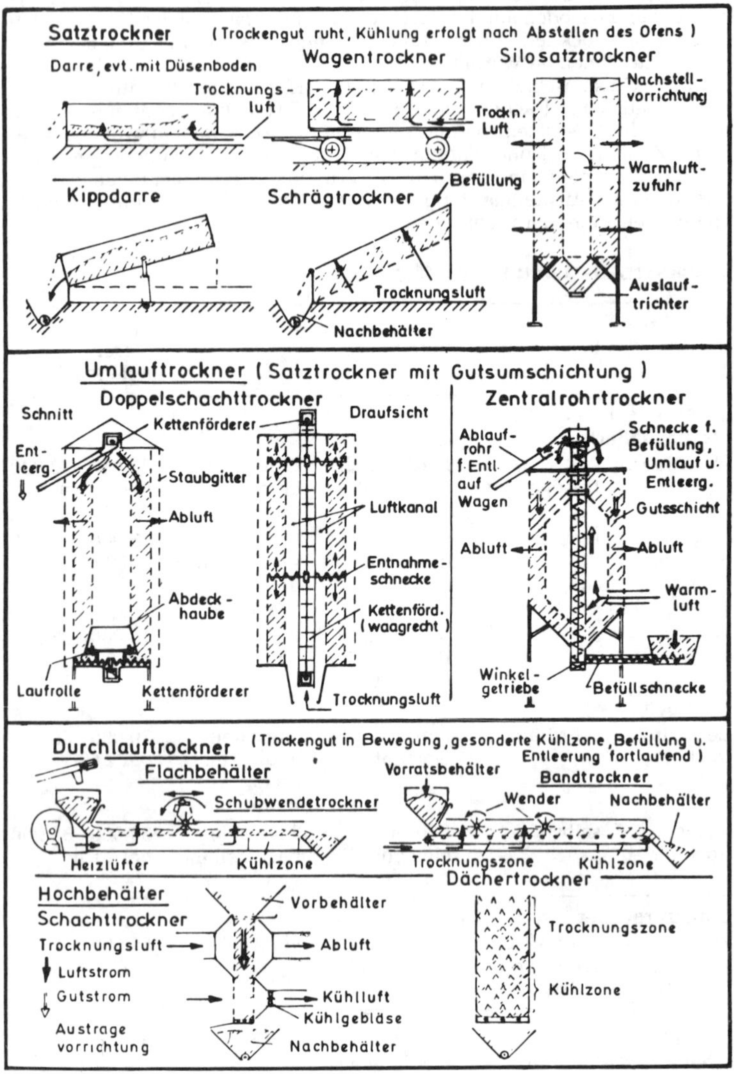

Trocknerbauarten und ihre Merkmale (Forts. v. S. 443):

Durchlauftrockner:

Bauart	Gutsvermischung	Leistungsbereich für Konsumgetreide in t/h	Preis der Gesamtanlage bei 5 t/h in DM ± 10%
Flachbehälter			
Schubwendetrockner	sehr gut	3–20	70 000,–
Bandtrockner mit Wendestationen	gut	5–11	60 000,–
Hochbehälter			
Einschachttrockner	wenig	2,4–10	70 000,–
Mehrschachttrockner	wenig	2–24	75 000,–
Ringschachttrockner	wenig	3– 5	70 000,–
Dächertrockner	gut	3–40	98 000,–

Spezifischer Wärmeverbrauch zur Wasserverdampfung:

Fruchtart und Feuchtegehalte U_1-U_2 %	Trocknerbauarten	Trocknungsluft-temperatur in °C	spez. Wärmeaufwand kJ/kg Wasserentzug
Konsumgetreide 20%–14%	Satz- und Durchlauftrockner ohne Umschichtung	50– 80	6 700–5 500
	Umlauftrockner	60– 90	6 300–5 000
	Durchlauftrockner mit Umschichtung	70–100	5 900–4 600
Saatgut Braugerste 20%–14%	Satz- und Durchlauftrockner ohne Umschichtung	45	6 700
	Umlauftrockner und Durchlauftrockner mit Umschichtung	50	6 300
Schlagraps 18%–8%	Satz- und Durchlauftrockner ohne Umschichtung	60– 70	5 900–5 000
	Umlauftrockner und Durchlauftrockner mit Umschichtung	70– 80	5 500–4 600
Körnermais (Fütterung) 40%–14%	Satz- und Durchlauftrockner ohne Umschichtung	50– 80	5 500–5 000
	Umlauftrockner	60– 90	5 000–4 200
	Durchlauftrockner mit Umschichtung	70–100	5 000–3 800

Nötiger Wasserentzug je 1 dt Trockengut:

Anfangsfeuchtegehalt U_1 in %	Notwendiger Wasserentzug in kg/dt TG bei Endfeuchtegehalten U_2 in % von 8	10	12	14	16
	Raps			Getreide	
18	12,1	9,8	7,4	4,9	2,4
20	15,0	12,4	10,0	7,5	5,1
25	22,5	20,0	17,3	14,4	12,0
30	31,3	28,5	25,8	22,8	20,0
35	41,5	38,5	35,5	32,3	29,4
40	53,3	50,0	46,7	43,2	40,0
45	67,3	63,6	60,0	56,2	52,8
				Körnermais	

Nötiger Wasserentzug je 1 dt Feuchtgut

(= Gewichtsminderung bei der Trocknung):

Anfangsfeuchtegehalt U_1 in %	Notwendiger Wasserentzug in kg/dt Feuchtgut bei Endfeuchtegehalten U_2 in % von 8	10	12	14	16
18	10,9	9,0	6,8	4,5	2,5
20	13,1	11,1	9,0	7,0	4,6
25	18,5	16,6	14,6	12,7	10,6
30	23,9	22,2	20,5	18,6	16,7
35	29,3	27,7	26,1	24,4	22,6
40	34,8	33,3	31,6	30,3	28,6
45	40,3	38,8	37,4	36,1	34,5

Zulässige Getreidetemperaturen zur Erhaltung der Backfähigkeit und Keimfähigkeit

Kornfeuchtigkeit %	Weizen °C	Roggen, Hafer, Gerste °C	Mais °C	Saatgut, Braugerste °C
16	55	65	75	49
18	49	59	65	43
20	43	53	58	38
22	37	47	52	34
24	35	40	44	30

Bestimmung der Trocknernennleistung (Durchsatzleistung)

Trocknungsgetreide Fläche ha	Erntegut-menge dt	Trocknerleistung in dt/h bei x Trocknungstagen im Jahr (durchlaufender Betrieb Tag und Nacht)*) x = 10	15	20	30
10	500	2,5	1,7	1,3	0,8
15	750	3,8	2,5	1,9	1,3
20	1 000	5	3,3	2,5	1,7
30	1 500	7,5	5	3,8	2,5
40	2 000	10	6,7	5	3,3
60	3 000	15	10	7,5	5
80	4 000	20	13	10	6,7
100	5 000	25	17	13	8,3
150	7 500	38	25	19	13
200	10 000	50	33	25	17

*) Je Trocknungstag 20 Trocknungsstunden und 4 Stunden Nebenzeiten

Auslegung der Warmlufttrockner:

Durchsatz-leistung dt/h	Wasser-entzug kg/h	notwendige Nettoheizleistung in kJ/h Durchlauf-trockner	Satz-trockner	elektrischer Anschlußwert in kW
Getreide von 18 auf 14 % Feuchtegehalt (6300 kJ/kg Wasserverd.)				
5	24	150 000	250 000	2– 4
10	49	300 000	500 000	3– 6
20	98	600 000	1 000 000	6–12
30	146	900 000	1 500 000	8–15
Körnermais von 40 auf 14 % Feuchtegehalt (5040 kJ/kg Wasserverd.)				
5	216,5	1 100 000	1 300 000	9–20
10	433	2 200 000	2 600 000	18–20
20	866	4 400 000	5 200 000	36–40

Getreidelagerung:

Lagersysteme:

Flachlagerung

Flachspeicher

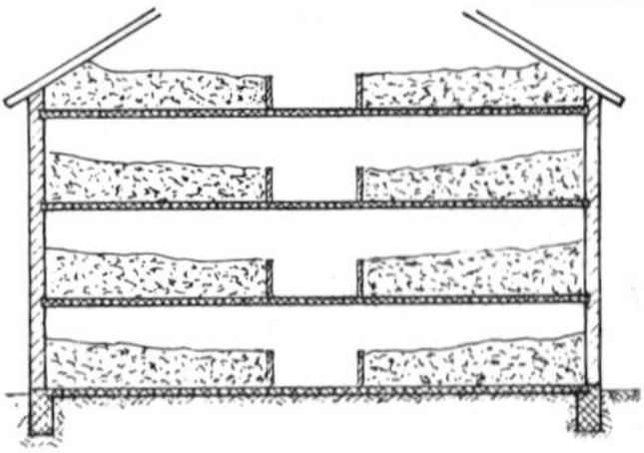

Altgebäude, etwa 15–40 DM/m³ Boxenraum

Hallenlager

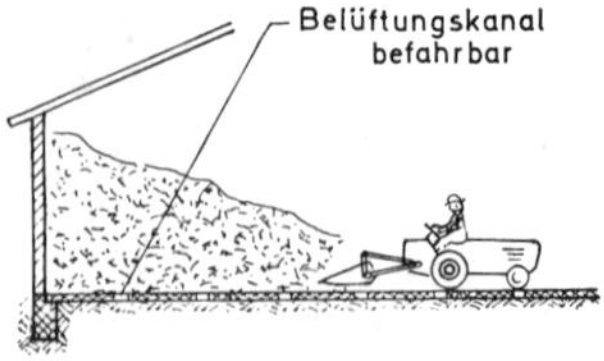

Neu- u. Umbauten 30–50 DM/m³

Silolagerung

Viereckbehälter

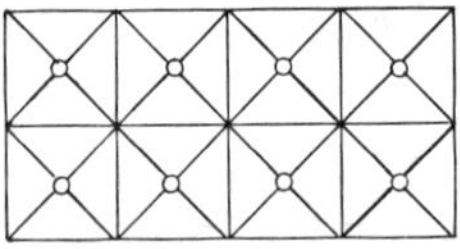

Material:
Holz
Metall
Beton

In Batterien oder einzeln, gute Nutzung.
Auslauftrichter teuer.
Silopreis: 60–140 DM/m³

Rundbehälter

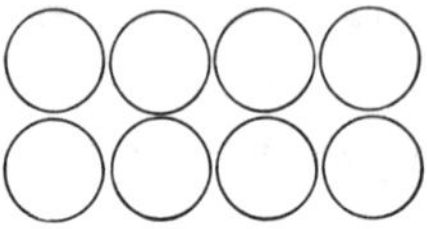

Material:
Holz
Metall
Beton
Kunststoff

Eigenbau möglich.
Auslauftrichter teuer.
Silopreis: 35–120 DM/m³

Schüttgewichte und Raumbedarf für gereinigte und trockene Körnerfrüchte:

Fruchtart	Raumgewicht dt/m³		Lagerraumbedarf in m³/ha		
	Ø	Spanne	bei 40 dt/ha	bei 50 dt/ha	bei 60 dt/ha
Gerste	6,5	6,1–6,9	6,2	7,7	9,2
Weizen	7,6	7,3–7,9	5,3	6,6	7,9
Hafer	5,0	4,7–5,3	8,0	10,0	12,0
Roggen	7,5	7,1–7,9	5,3	6,7	8,0
Mais	7,2	6,6–7,8	5,6	6,9	8,3
Ackerbohnen	7,5	7,0–8,0	5,3	6,7	8,0
Raps	7,4	7,1–7,7	5,4	6,8	8,1

Fassungsvermögen von Lagerbehältern je m Höhe (6,5 dt/m³):

Rechteckige Form			Runde Form		
Seitenlänge m	Inhalt m^3	Getreide dt	Durchmesser m	Inhalt m^3	Getreide dt
1,5 x 1,5	2,25	14,5	1,5	1,8	11,5
1,5 x 2,0	3	19,5	2	3,1	20
2 x 2	4	26	2,5	5	32
2 x 3	6	39	3	7	46
3 x 3	9	58,5	3,5	9,6	63
3 x 4	12	78	4	12,6	82

Arbeitselemente einer landwirtschaftlichen Lagerungsanlage:

Arbeitselement	Aufgabe	Leistungsbereich	Anschaffungspreis in DM
Getreideannahmegrube	Kornannahme und Pufferung	Fassungsvermögen 1–15 t; Entleerungsleistung 3–4 t/h	2 500–10 000
Vorreiniger (Reinigungskegel)	Grobabscheidung nach Fluggewicht	5–20 t/h	2 500–8 000
Vorreiniger (mit Sieben)	Grobabscheidung nach Fluggewicht und Korngröße	5–10 t/h	5 000–12 000
Durchlaufwaage (nicht eichfähig)	zur Ertragsbestimmung	7–12 t/h	3 000–4 000
Durchlaufwaage (eichfähig)	Ertragskontrolle u. Verwiegung zum Verkauf	5–17 t/h	6 500–13 000
Saatgutbereiter	Fremdbesatzabtrennung und Korngrößensortierung	1–5 t/h	14 000–60 000

Die gebräuchlichsten Geräte zur Getreideförderung:

Pneumatische Förderung (Windgeschwindigkeiten von 20 – 25 m/s) hoher Leistungsbedarf

Druckgebläse

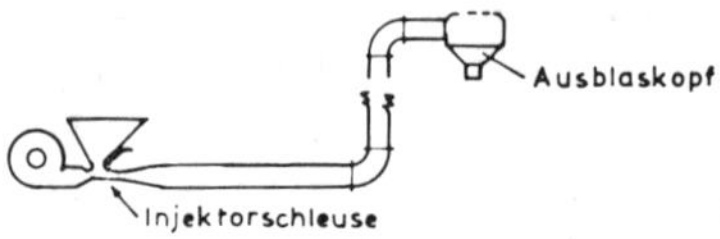

Preis: DM 2800,– (bei 4 kW, 7 m Höhe, 20 m Länge, 4 t/h)
Geeignet für verwinkelte Förderwege

Saugdruckgebläse

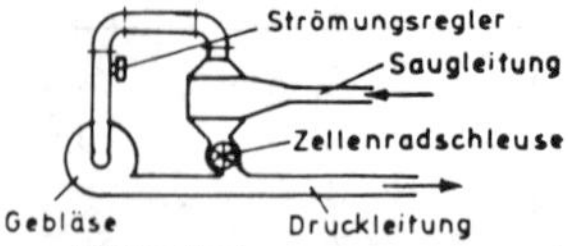

Mit Saugrüssel
auch zur Behälterentleerung geeignet
Preis: DM 12000,– (8 kW, 8,5 t/h, 8 m Höhe, 25 m Länge)

Mechanische Förderung (Förderrichtung geradlinig, geringer Kraftaufwand für hohe Leistung)

Förderschnecke

Förderung auch senkrecht möglich

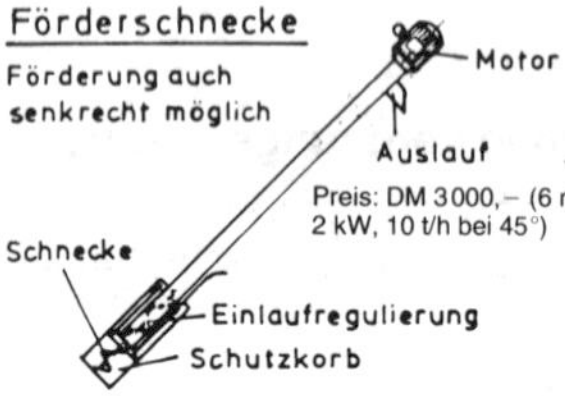

Preis: DM 3000,– (6 m Länge, 2 kW, 10 t/h bei 45°)

Trogkettenförderer

(nur geringe Steigung möglich)

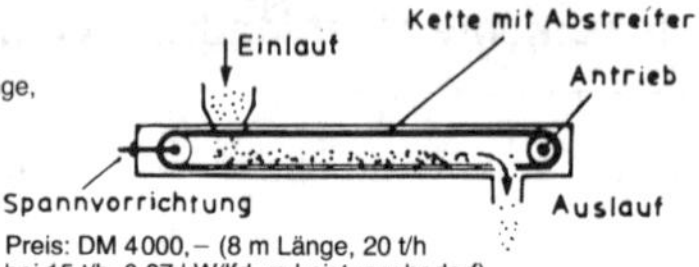

Preis: DM 4000,– (8 m Länge, 20 t/h bei 15 t/h, 0,07 kW/lfd. m Leistungsbedarf)

Förderband

Fördergut muß nicht rieselfähig sein,
daher vielseitiger Einsatz
Preis: DM 10000,– (Flexowell: 10 m lang, 1,5 kW)

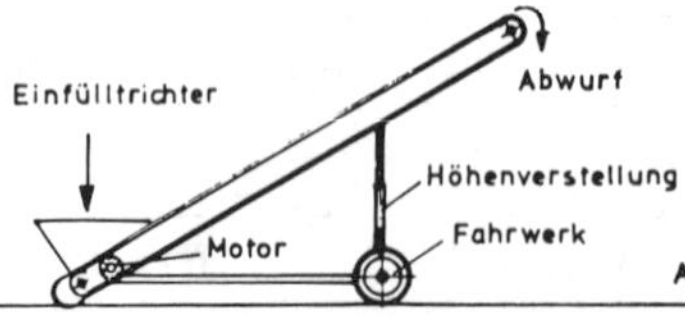

Schüttelrinne

Förderrichtung waagrecht
Gefahr von Gebäudeschäden
Preis: ca. DM 4000,–
(bei 8 m Länge, 12 t/h, 0,17 kW/lfd. m)

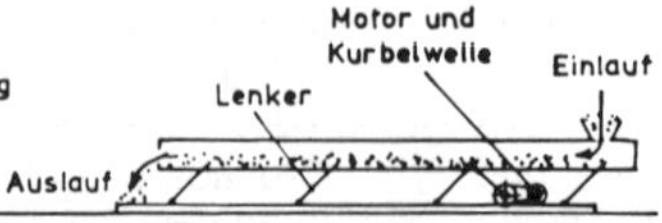

Elevator

Im allgemeinen nur Senkrechtförderung

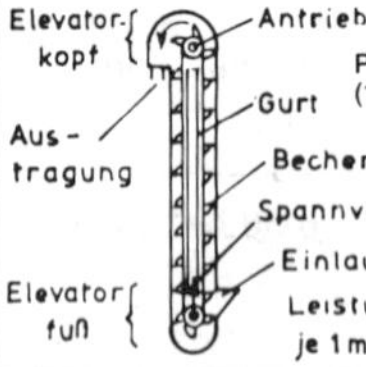

Preis: DM 9000,–
(10 m Länge, 1,5 kW, 15 t/h)

Leistungsbedarf 0,07 KW je 1 m Höhe und 10 t/h

Rohrkettenförderer

Förderung in alle Richtungen möglich.
Beliebig viele Annahme- und Abwurfstellen

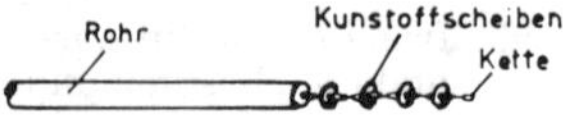

Preis: DM 12000,– (bei 10 m Förderhöhe und 20 m Förderweglänge)
Leistungsbedarf: 1,6 kW bei 6 t/h

Pflanzenschutz

neubearbeitet von Dipl.-Ing. agr. **Bernd Meier,** Münster

Ziele des Pflanzenschutzes

1. Abwehr von Krankheiten, Schädlingen und Unkräutern
2. Ertragsverluste verhindern
3. Vorräte schützen
4. Die Qualität sowie Handels- und Verkehrsfähigkeit der Ernteprodukte sicherstellen
5. Arbeitswirtschaftliche Einsparungen zu ermöglichen

Kulturpflanzen unter dem Einfluß ihrer unbelebten und belebten Umwelt

I. **Unbelebte, nichtparasitäre Faktoren:** Klima, Witterung, Bodenbeschaffenheit, Wasser- und Nährstoffversorgung, Bodenbearbeitung, Bestandspflege- und Bewirtschaftungsmaßnahmen, Immissionen in fester (Rauch, Staub) oder flüssiger (fluorhaltiger Nebel, Ammoniak- oder SO_2-Tröpfchen) Form, Abwässer, Rückstände von Dünge- und Pflanzenbehandlungsmitteln.

II. **Platz-, Licht- und Nahrungskonkurrenz:** Ungräser, Unkräuter, Unhölzer.

III. **Infektion durch Viren, Mykoplasmen oder Rickettsien:** Übertragung durch Kontakt des lebenden Pflanzengewebes oder Pflanzensaftes, vegetative Vermehrung, Pollen, Saatgut oder Vektoren (Zoosporen von Bodenpilzen, Nematoden, Insekten).

IV. **Pflanzliche Parasiten:** Bakterien, Pilze, parasitische höhere Pflanzen.

V. **Tierische „Schädlinge":** Einzelne Arten aus folgenden Tiergruppen: Nematoden; Schnecken; Asseln, Milben, Tausendfüßler; Insekten mit beißenden (Heuschrecken, Käfer, Käferlarven, Raupen, Blattwespenlarven) oder mit saugenden Mundwerkzeugen (Blasenfüße, Blattwanzen, Zikaden, Blattflöhe, Blattläuse, Weiße Fliegen, Schildläuse); Vögel; Nagetiere.

VI. **Antagonisten („Gegenspieler") von Schaderregern:** Viren oder Mikroorganismen wie Rickettsien, Bakterien oder Pilze sowie Sporozoen als Krankheitserreger an Schädlingen; räuberisch (Marienkäfer, Florfliegenlarven, Schwebfliegenlarven) oder parasitisch (Schlupf-, Brack-, Zehrwespen, Raupenfliegen) lebende Insekten als Schädlingsfeinde; insektenfressende Vögel, als Vertilger von Nagetieren sind Taggreifvögel und Eulen von Bedeutung.

Pflanzenkrankheiten, Schädlinge und Unkräuter mindern die potentielle Welternte

Ernteverluste durch Pflanzenkrankheiten, Schädlinge und Unkräuter in % der potentiellen Welternte (Cramer 1967)

Pflanzenkrankheiten 11,6 %	Schädlinge 13,8 %
Unkräuter 9,5 %	Gesamtverluste 34,9 %

Methoden des Pflanzenschutzes

1. **Indirekte Bekämpfungsmaßnahmen**
   Boden: geeignete Standortwahl
   Düngung: ausgewogene und vollständige Ernährung
   Sortenwahl: resistente Sorten bevorzugen
   Anbautechnik: Geeignete Saatzeit, Saatstärke, Reihenabstand und Saattiefe wählen
   Schnitt bei Reben und Obstgehölzen
2. **Direkte Bekämpfungsmaßnahmen**
   2.1. **Biologische Verfahren**
   Selbstvernichtungsverfahren
   Förderung von Nützlingen
   Mikrobiologische Bekämpfung
   Biologische Unkrautbekämpfung
   2.2. **Biotechnische Verfahren**
   Physikalische Reize durch Schall, Licht
   Chemische Reize durch Pheromone, Abwehrstoffe, Lockstoffe
   2.3. **Physikalische Verfahren**
   Mechanische Bekämpfung
   Hitze, Mikrowellen
   2.4. **Chemische Pflanzenschutzmittel**
   Akarizide: Mittel gegen Milben
   Insektizide: Mittel gegen Insekten
   Herbizide: Mittel gegen Unkräuter
   Fungizide: Mittel gegen Pilzkrankheiten
   Rhodentizide: Mittel gegen Nager
   Molluskizide: Mittel gegen Schnecken
   Nematizide: Mittel gegen Nematoden
   Mittel gegen Vorrats- und Materialschädlinge
   Mittel zur Verhütung von Wildschäden
   Wachstumsregler
   Saatgutbehandlungsmittel
   Zusatzstoffe (Netz- und Haftmittel, Lösungsmittel, Resorptionsverbesserer, Entschäumer für Spritzflüssigkeit)

Integrierter Pflanzenschutz: Beruht auf einer synchronisierten Anwendung **aller** wirtschaftlich, ökologisch und toxikologisch verantwortbaren Methoden des Pflanzenschutzes mit dem Ziel, die Population von Schadorganismen unter der wirtschaftlichen Schadensschwelle zu halten. Dabei steht die bewußte Ausnutzung natürlicher Begrenzungsfaktoren von Schädlingen im Vordergrund. Voraussetzung ist die ständige Beobachtung der biologischen Auswirkungen in den durch pflanzenbauliche sowie Pflanzenschutzmaßnahmen betroffenen Lebensräumen unserer Kulturpflanzenbestände mit ihrer gesamten Pflanzen- und Tierwelt unter Einschluß des wirtschaftenden Menschen und seiner zwangsweise ökonomisch ausgerichteten Maßnahmen. Mehr als bisher sollte bei Pflanzenschutzmaßnahmen die Schadensschwelle berücksichtigt werden. Das ist die Besatzdichte eines Schädlings oder Unkrautes, die wirtschaftlich fühlbaren Schaden erwarten läßt. Die zur Zeit festgelegten **Schadensschwellen** für wichtige Schaderreger an Kulturpflanzen sind an entsprechender Stelle genannt.

Eine wichtige Voraussetzung für den integrierten Pflanzenschutz ist weiterer Ausbau der pflanzenschutzlichen Beratung einschließlich eines funktionsfähigen Prognose-, Warn- und Informationsdienstes.

Der integrierte Pflanzenschutz erstrebt, überflüssige Störungen der bei Pflanzenschutzmaßnahmen betroffenen Lebensgemeinschaften zu vermeiden. Chemische oder sonstige Bekämpfungsaktionen sind so gezielt auszurichten, daß sie die Schädlings- oder Unkrautpopulation zwar unter die Schadensschwelle reduzieren, die übrige Lebewelt des betroffenen Lebensraumes aber nicht mehr stören, als unumgänglich notwendig. Dazu gehört vor allem der Ersatz giftiger und langsam abbauender Mittel durch weniger giftige, sich schnell zersetzende Präparate.

Produktion, Ein- und Ausfuhr und Inlandsabsatz von Pflanzenschutzmitteln

Wirkstoffmenge in t

Pflanzenschutzmittel	1982	1983	1984	1985	1982	1983	1984	1985
	Produktion[1])				**Ausfuhr[1])**			
Herbizide	52 621	57 650	58 163	58 537	47 003	56 039	57 689	58 772
Insektizide	29 937	34 169	45 032	40 512	36 512	35 112	43 008	41 948
Fungizide	28 034[2])	29 423	38 340	37 840	37 904	31 903	37 895	39 222
Sonst. Pflanzenschutzm.	23 882	27 530	25 327	24 448	20 353	23 154	17 149	20 116
Zusammen	**134 474**	**148 772**	**166 862**	**161 337**	**141 771**	**146 208**	**155 741**	**160 058**
	Einfuhr[1])				**Inlandsabsatz**			
Herbizide	17 463	18 788	18 893	17 695	17 810	19 339	18 843	17 390[3])
Insektizide	4 492	3 747	4 440	4 029	1 952	2 152	2 331	1 566[3])
Fungizide	4 446	5 363	7 618	6 564	7 212	7 572	8 546	8 491[3])
Sonst. Pflanzenschutzm.	1 054	1 387	951	1 136	2 433	2 287	2 675	2 606[3])
Zusammen	**27 455**	**29 285**	**31 902**	**29 424**	**29 407**	**31 350**	**32 395**	**30 053[3])**

[1]) Einschl. nicht gebrauchsfertige Produkte (Vorformulierungen). – [2]) Andere Basis als in den Vorjahren. – [3]) Vorläufig. Quelle: Industrieverband Pflanzenschutz e. V., BML 212

Meßzahlen des Inlandsabsatzes von Pflanzenschutzmitteln

Mengen in Wirkstoffgehalt 1970 = 100

Pflanzenschutzmittel	1975	1978	1979	1980	1981	1982	1983	1984	1985
Herbizide	147	171	192	196	183	167	181	177	163
Insektizide und Akarizide									
Chlorierte Kohlenwasserstoffe	48	65	62	61	56	42	40	65	45
Organische Verbindungen der Phosphorsäure	148	172	178	160	143	160	176	183	154
Carbolineen und Mineralöle	79	147	167	187	170	168	187	169	63
Sonstige Insektizide	98	193	216	214	303	122	144	194	157
Fungizide									
anorganisch	70	87	86	73	75	70	66	70	66
organisch	99	134	144	138	151	164	181	210	213
Sonstige Pflanzenschutzmittel	245	320	385	333	300	254	239	280	271

Quelle: Industrieverband Pflanzenschutz e. V., BML 313

Zugelassene Pflanzenschutzmittel*)

Anwendungszweck	Bestand an zugelassenen Mitteln 1970	1975	1980	1981	1982	1983	1984	1985
Mittel gegen								
Insekten	448	376	414	407	410	376	354	341
Spinnmilben	25	17	16	18	15	15	14	14
Nematoden	10	9	13	15	16	16	16	16
Schnecken	36	54	58	9	39	45	45	42
Nagetiere	126	150	151	154	114	112	110	111
Pilzkrankheiten	304	179	225	239	230	230	278	248
Unkräuter[2])	476	549	735	768	781	815	817	744
sonstige Schadorganismen	23	26	—	—	—	—	—	—
Saatgutbehandlungsmittel	79	53	73	72	52	56	56	69
Abschreckmittel	42	40	47	46	39	40	34	46
Keimhemmungsmittel	20	10	10	10	8	8	9	8
Sonstige Wachstumsregler	—	34	42	43	46	45	47	51
Mittel zur Veredelung und zum Wundverschluß	—	—	30	31	27	34	34	35
Zusatzstoffe	—	7	7	7	7	8	9	11
Zusammen	**1 589**	**1 504**	**1 821**	**1 819**	**1 784**	**1 800**	**1 823**	**1 736**

[1]) Zugelassen durch die Biologische Bundesanstalt Braunschweig.
[2]) Einschl. Mittel gegen unerwünschten Pflanzenwuchs.
*) Nach: Statistisches Jahrbuch über Ernährung, Landwirtschaft und Forsten 1986. Quelle BML 313

Beschau von Pflanzen und Pflanzenerzeugnissen durch den Pflanzenschutzdienst bei der Ein- und Ausfuhr

a) Bei der Einfuhr und Ausfuhr 1985

Warenart	Pflanzenbeschau bei der Einfuhr: Insgesamt Sendungen	t	darunter zurückgewiesen Sendungen	t	Pflanzenbeschau bei der Ausfuhr Sendungen	t
Lebende Pflanzen einschl. Stecklinge, Edelreiser, Blumenzwiebeln und -knollen	179 022	219 357	89	287	23 553	105 276
Zimmerpflanzen, Schnittblumen und andere Pflanzenteile zu Binde- oder Zierzwecken	325 866	234 363	130	16	803	828
Gemüse, Kartoffeln und Mostobst	53 340	903 284	211	3 055	23 512	609 145
Südfrüchte und Obst, außer Mostobst	154 636	1 976 297	258	3 624	14 575	293 580
Getreide, Hülsenfrüchte und Preßrückstände der Ölgewinnung usw.	23 743	5 858 135	3	99	5 964	2 009 885
Sonstiges					36 896	1 438 427
Zusammen	**736 607**	**9 191 436**	**691**	**7 081**	**105 303**	**4 457 142**
dgl. 1984	779 585	11 395 674	670	5 873	79 128	27 886 204

b) Bei der Einfuhr 1 000 t

Warenart	1979	1980	1981	1982	1983	1984	1985
Lebende Pflanzen einschl. Stecklinge, Edelreiser, Blumenzwiebeln und -knollen	103,1	96,0	108,0	145,0	188,5	209,3	219,3
Zimmerpflanzen, Schnittblumen und andere Pflanzenteile zu Binde- oder Zierzwecken	132,0	406,2	205,0	187,0	218,0	217,0	234,4
Gemüse, Kartoffeln und Mostobst	1 188,3	1 377,0	1 381,0	1 030,4	1 062,0	995,0	903,3
Südfrüchte und Obst, außer Mostobst	2 491,2	2 426,3	2 490,0	2 054,5	2 167,0	2 971,6	1 976,2
Getreide, Hülsenfrüchte und Preßrückstände der Ölgewinnung usw.	13 988,8	14 306,0	14 344,0	10 817,5	6 813,0	7 002,6	5 858,1
Zusammen	**17 903,4**	**18 611,5**	**18 528,0**	**14 235,0**	**10 449,0**	**11 396,0**	**9 190,0**

Quelle: BML 313

Beratungskräfte für Pflanzenschutz*)

	1975	1976	1977	1978	1979	1980	1981	1984**)
Fach-(Spezial-)berater auf Ebene der Bundesländer, Regierungsbezirke oder Landwirtschaftskammern	123	112	126	107	134	140	148	140
Fach-(Spezial-)berater auf Kreisebene	273	277	224	217	190	193	185	175
Technische Hilfskräfte der Beratung	102	76	59	48	34	25	47	31

*) Nach: Statistisches Jahrbuch über Ernährung, Landwirtschaft und Forsten 1986
**) Datenerhebung für spätere Jahre noch nicht abgeschlossen

Anwendungszeiten

VA = Vorauflauf
VS = Vorsaat
NA = Nachauflauf
NA/H = Nachauflauf/Herbst
NA/F = Nachauflauf/Frühjahr
mS = mit der Saat
nS = nach der Saat
vD = vor dem Durchstoßen

Kennzeichnung giftiger Pflanzenschutzmittel Gefahrensymbole, Gefahrenbezeichnungen

Die gültigen Länderverordnungen über den Handel mit Giften (z.B. Niedersachsen, VO vom 13. Febr. 1978, Nieders. Gesetz- und Verordnungsblatt, 32. Jahrgang, Nr. 12) haben die Vorschriften für die Klassifizierung, Verpackung und Kennzeichnung nach entsprechenden Richtlinien der Europäischen Gemeinschaften übernommen. Anstelle der Giftabteilungen nach altem Recht sind für die giftigen Stoffe und Zubereitungen folgende Kennzeichnungen vorgeschrieben:

Gefahrensymbole und Gefahrenbezeichnungen
(Schwarzer Aufdruck auf orangegelbem Grund)
(Anlage I in Verbindung mit Anlage II der Länderverordnungen)

T

Giftig

C

Ätzend

Xn

Gesundheitsschädlich

Xi

Reizend

Hinweise auf besondere Gefahren

(R-Sätze, Anlage I in Verbindung mit Anlage IIIa oder Anlage IIIb der Länderverordnungen)

Sicherheitsratschläge

(S-Sätze, Anlage I in Verbindung mit Anlage IVa oder Anlage IVb der Länderverordnungen)

Kennzeichnung (Auflagen) von Pflanzenschutzmitteln

Es bedeuten:

B 1 = **Bienengefährlich.** Die Mittel dürfen nicht auf blühende Pflanzen ausgebracht werden. Zu „blühenden Pflanzen" gehören auch blühende Unkräuter.

B 2 = **Bienengefährlich, ausgenommen bei Anwendung nach dem täglichen Bienenflug bis 23.00 Uhr.** Diese Mittel sind bei Ausbringung in blühende Pflanzen während des Bienenflugs bienengefährlich. Sie dürfen daher nur nach Beendigung des täglichen Bienenflugs bis spätestens 23.00 Uhr in blühende Pflanzen ausgebracht werden. Auch hier ist die Bienenschutzverordnung zu beachten.

B3 = **Bienen werden nicht gefährdet** aufgrund der durch die Zulassung festgelegten Anwendungen des Mittels.

B4 = **Nicht bienengefährlich** aufgrund einer amtlichen Prüfung bzw. aufgrund der derzeitigen Beurteilung der chemischen Zusammensetzung hinsichtlich der Wirkung auf Bienen. Beim Einsatz nicht bienengefährlicher Pflanzenbehandlungsmittel ist die höchste als nicht bienengefährlich amtlich festgestellte Konzentration oder Aufwandmenge dem Pflanzenschutzmittelverzeichnis Teil 7 (Wirkung auf Bienen) zu entnehmen.

Kein Hinweis = Die Prüfung ist noch nicht abgeschlossen.

W1 = Keine Anwendung, Aufbewahrung oder sonstiger Umgang mit Präparaten oder Behandlungsflüssigkeit in Zuflußbereichen (Einzugsgebieten) von Grund- und Quellwassergewinnungsanlagen bzw. Trinkwassertalsperren.

W2 = Die Anwendung, Aufbewahrung oder der sonstige Umgang mit Präparaten oder Behandlungsflüssigkeit in Zuflußbereichen (Einzugsgebieten) von Grund- und Quellwassergewinnungsanlagen ist nur auf Flächen erlaubt, von denen die Fließzeit des Wassers bis zur Fassungsanlage – nach Auskunft der zuständigen Wasserbehörde – mehr als 50 Tage beträgt; d. h. bei Wasserschutzgebieten, die von den nach Landesrecht zuständigen Behörden nach den vom Deutschen Verein des Gas- und Wasserfaches e. V., Eschborn, aufgestellten Richtlinien für Trinkwasserschutzgebiete in Schutzzonen unterteilt wurden, sind Anwendung, Aufbewahrung oder sonstiger Umgang mit Präparat oder Behandlungsflüssigkeit nur in Zone III zulässig. In Zuflußbereichen von Trinkwassertalsperren sind die genannten Handlungen nicht erlaubt.

Die regionalen Wasserwirtschaftsämter bzw. die Regierungspräsidenten der Bundesländer verfügen über Unterlagen zur Lage der Zuflußbereiche von Wassergewinnungsanlagen.

230 Keine Anwendung auf stärker geneigten Flächen, von denen eindeutig die Gefahr einer Abschwemmung in Gewässer – insbesondere durch Regen oder Bewässerung – gegeben ist. In jedem Fall ist eine Anwendung in unmittelbarer Nähe von Gewässern (5–10 m) auszuschließen.

261 Das Mittel ist fischgiftig.

263 Das Mittel ist giftig für Fischnährtiere.

264 Das Mittel ist giftig für Fische und Fischnährtiere.

602 Im Weinbau an der Laubwand innerhalb einer Woche nach der Anwendung des Mittels nur mit geschützten Händen und Unterarmen arbeiten.

603 Im Weinbau an der Laubwand innerhalb von zwei Tagen nach der Anwendung des Mittels nur mit geschützten Händen und Unterarmen arbeiten.

717 Bei wiederholter Anwendung ist Resistenzbildung möglich.

Hinweise zur Ermittlung wirtschaftlicher Schadensschwellen

Schadorganismen	Kontrolltermin	Schadensschwelle
Bei Getreide		
Tipulalarven	Wachstumsbeginn	je m Drillreihe 4 Larven
Getreideläuse an Weizen	Stadium 59 Stadium 75	Befall an 20 % der Ähren Befall an 80 % der Ähren
Getreidehähnchen	ab Stadium 30	je Fahnenblatt 1 Ei bzw. Larve
Getreidelaufkäfer	Vegetationsbeginn	je Pflanze 3–5 Larven
Gallmücken	Stadium 55–65	an 10 Ähren 3 orange-rote Gallmücken
	Stadium 50–59	an 10 Ähren 10 gelbe Gallmücken
Sattelmücke	Stadium 30–51	Eigelege an 20–25 % der Halme
Halmbruch	Stadium 25–30	Verbräunungen an 20 % der Blattscheiden
Echter Mehltau	ab Stadium 25 Stadium 30–51	Blattfläche zu 1–3 % befallen Befallsbeginn auf oberen Blättern
Bei Mais		
Drahtwürmer	vor der Saat	Kartoffelhälften (je 4 auf 0,25 m^2) auslegen. Behandeln, wenn 1 Wurm je 4 Kontrollstellen vorhanden ist
Maiszünsler	nach Warndienst	je 100 Pflanzen 4–8 Eigelege
Bei Raps		
Rapserdfloh	Herbst Frühjahr	je 3 Larven pro Pflanzen je 4–5 Larven pro Pflanze
Rübsenblattwespe	Sept.–Okt.	je Pflanze 1 Larve
Gefleckter Kohltriebrüßler	zeitiges Frühjahr	auf 40 Pflanzen 1 Käfer Gelbschale: 10 Käfer in 3 Tagen
Großer Rapsstengelrüßler	zeitiges Frühjahr	Eigelege an 10 % der Pflanzen Gelbschale: 10 Käfer in 3 Tagen
Rapsglanzkäfer		Feldrand: 5–6 Käfer/Pflanze Fläche: 2–3 Käfer/Pflanze
Kohlschotenrüßler	vor der Blüte	1 Käfer/Pflanze
Kohlschotenmücke	Blühbeginn	1 Mücke/4 Pflanzen

Bei Rüben		
Rübennematoden		je 100 ml Boden/500 Eier und Larven
Drahtwurm		je m^2 6 Larven
Moosknopfkäfer	vor der Saat nach dem Aufgang	je 1 l Boden 1–2 Käfer pro Pflanze 10 Käfer
Rübenerdfloh	warmes Wetter	von Blattfläche 20 % vernichtet
Rübenfliege	Stadium 2-Blatt Stadium 4-Blatt Stadium 6-Blatt	pro Pflanze 3–4 Eier pro Pflanze 6–8 Eier pro Pflanze 10–14 Eier
Grüne Pfirsichblattlaus	ab 2-Blattstadium	auf 10 Pflanzen 1 geflügelte Laus
Bei Kartoffeln		
Blattläuse	Vermehrungsanbau Konsumanbau	je 100 Zweige 0 Blattläuse je 100 Zweige 1 000 Blattläuse
Kartoffelkäfer		pro Pflanze 15 Eier bzw. Larven
Bei Kohl		
Großer Kohlweißling	ab Juni	auf 100 Pflanzen 2 Nester oder 20 Raupen
Kleiner Kohlweißling	ab Juni	je 100 Pflanzen 10 Raupen
Kohleule	ab Juli	auf 100 Pflanzen 10 Raupen
Kleine Kohlfliege		in den ersten 3 Wochen nach dem Pflanzen 25 Eier/Pflanze

Quelle: AID 32/1980 Integrierter Pflanzenschutz
LK Hannover/Weser-Ems: Merkblatt zum integrierten Pflanzenschutz

Hinweise zur Ermittlung von wirtschaftlichen Schadensschwellen im Obstbau

Schadorganismen	Kontrolltermin	Art der Kontrolle	Schadensschwelle
Obstbaumspinnmilbe	Vegetationsruhe	Zahl der Wintereier an zwei Meter Fruchtholz	2000
Frühjahrsapfel-blattsauger	Vegetationsruhe	Zählen der Eier an 2 m Fruchtholz	250
Grüne Apfelblattlaus	Vorblüte	Auszählen auf Befall von 100 Büscheln	An 15 Büscheln Befall
Mehlige Apfelblattlaus	Vorblüte	Auszählen auf Befall von 100 Büscheln	An 2 Büscheln Befall
Fruchtschalenwickler	Vorblüte	Auszählen auf Befall von 100 Büscheln	7 Räupchen
Kleiner Frostspanner	Vorblüte	Auszählen auf Befall von 100 Büscheln	8 Räupchen
Obstbaumspinnmilbe	Nachblüte	Auszählen von 50 Blättern	Befall an über 35 Blättern
Grüne Apfelblattlaus	Nachblüte	Zählen der Kolonien an 100 Langtrieben	Mehr als 8 Kolonien
Mehlige Apfelblattlaus	Nachblüte	Zählen der Kolonien an 100 Langtrieben	Mehr als 1 Kolonie
Fruchtschalenwickler	Nachblüte Juni/Juli	Erfassen der Eiablage bzw. Auszählen der Räupchen	Auf 100 Früchten 1–2 Räupchen bzw. Befall an 5–10 % der Triebspitzen
Apfelsägewespe	sofort nach dem Abwerfen der Blütenblätter	Auszählen von 100 Fruchtkelchen oder Minierfraß an jg. Früchten	4 Eier Erste Fraßstelle
Apfelwickler	Nachblüte Juni/Juli	Feststellen des Falterfluges durch Pheromonfalle	Deutliches Ansteigen der Fangzahlen

AID 32/1980 Integrierter Pflanzenschutz

Pflanzenschutzmittel im Getreide (Beispiele)

Brachfliege, Fritfliege, Drahtwurm an Getreide

Wirkstoff	Mittel z. B.	Anwendung	Wartezeit	Bemerkungen
Saatgutbehandlung				
Bromophos	Nexion-Saatgutpuder, HORA-Saatgutpuder B	250 g/100 kg	entfällt	B 3 *) Fritfliege, Brachfliege, Drahtwurm, Tipula
Lindan	Agronex	250 g/100 kg	entfällt	B 3, Xn *) Fritfliege, Drahtwurm

Insekten an Getreide

Wirkstoff	Mittel z. B.	Anwendung	Wartezeit	Bemerkungen
Spritzmittel				
Dimethoat	AAdimethoat, Dimethoat, Perfekthion, Roxion	0,6 l/ha	14	B 1, W 2, Xn *) saugende Insekten, Weizengallmücken
Oxydemeton-methyl	Metasystox R	0,5 l/ha	21	B 1, T Darf nur in Beständen ohne blühende Pflanzen eingesetzt werden Blattläuse
Pirimicarb	Pirimor-Granulat zum Auflösen in Wasser	0,3 kg/ha	14	B 4, W 2, T Nützlingsschonend Blattläuse

Sattelmücke

Wirkstoff	Mittel z. B.	Anwendung	Wartezeit	Bemerkungen
Parathion	E 605 forte, Eftol	0,21 l/ha	21	B 1, T *) Blattläuse beißende Insekten
Deltamethrin	Decis fl	0,3 l/ha	35	B 1

*) werden gleichzeitig bekämpft

Kurzgefaßte, aber doch vollständige Angaben über die Symptome aller wichtigen Schädigungen an Kulturpflanzen sowie eingehende Vorschläge für Gegenmaßnahmen finden Sie im „Taschenbuch des Pflanzenarztes" von Prof. Dr. Heddergott, das im Landwirtschaftsverlag, 4400 Münster-Hiltrup, erscheint und jährlich neu bearbeitet wird.

Ansprüche an Temperatur und Feuchtigkeit wichtiger Pilzkrankheiten an Getreide

Krankheit	Temperatur min.	opt.	max.	optimaler Feuchtigkeitsbereich
Pseudocercosporella herpotrichoides		7–10 Weizen 20 14–15 Gerste		niederschlagsreiche Witterung
Streifenkrankheit der Gerste (Sporenkeimung) Besiedlung der Gerste	2,5	19–20 2	35 18–27	
Netzflecken der Gerste		über 20		Blattnässe über 10 Stunden
Gelbrost	0	9–11	20–25	Blattnässe über 3 Stunden
Braunrost	2	20–28	31	Nachttemperaturen > 12 °C 100 % Luftfeuchte
Zwergrost	5	16–20	28	100 % Luftfeuchte
Thyphula-Fäule	1,4	6	13	hohe Bodenfeuchte
Rynchosporium Blattflecken/ Konidien		15–20		Luftfeuchte über 95 %
Echter Mehltau Konidienkeimung	0	20	30	100 % Luftfeuchte
Spelzenbräune	5	20–25	37	98–100 % Luftfeuchte längere Regenperioden

Beizmittel im Getreidebau

Wirkstoff	Mittel z. B.	Aufwand je 100 kg	Getreide	Wirkung gegen W	S	St	F	Zw	RS
Antrachinon + Bitertanol + Fuberidazol	Sibutol-Morkit-Flüssigbeize	300–400 ml	Wz, Ro, Ha	×	×		×	×	×
Antrachinon +	Abrosan spezial	100–200 ml	Wz, Ro, Ha	×	×		×		×
Methfuroxam + Thiabendazol									
Biteranol + Fuberidazol	Sibutol	150–200 g	Wz, Ro, Ha	×	×		×	×	×
	Sibutol Fl.-Beize	150–200 ml	Wz, Ro, Ha	×	×		×	×	
Carbendazim + Imazalil	AAgrano 2000 UT	100–200 g	alle	×	×	×	×		
Carbendazim + Iprodion	Rovral UFB	150 ml	alle	×	×	×	×		×
Carboxim + Imazalil	Germisan GF	300 ml	Ge		×		×		
Carboxim + Prochloraz	Abavit UT	200 g	alle	×	×	×	×		
Fenfuram + Guazatin	Panoctin Spezial Feuchtbeize	200 ml	Wz, Ro, Ha	×	×		×		
Fenfuram + Guazatin + Imazalil	Panoctin GF Panoctin Univ.	300 ml 200–300 ml	Ge alle	 ×	 ×	× ×	× ×		 ×
Fenfuram + Imazalil + Thiabendazol	Drawigan plus FL	200 ml	Ha				×		

Beizmittel im Getreidebau (Fortsetzung)

Wirkstoff	Mittel z. B.	Aufwand je 100 kg	Getreide	Wirkung gegen W	S	St	F	Zw	RS
Fuberidazol +	Baytan-Universal	150 g	alle	×	×	×	×		×
Imazalil +	Baytan U Flüssigb.	500 ml	W.-Getreide	×	×	×	×		×
Triadimenol	Baytan U Slurry	150 g	Ge			×	×		
Furmecyclox + Imazalil	AAgrano 200 UF	200–250 ml	alle	×	×	×	×		
Guazatin	Panoctin 35	200 ml	Ro		×				
Guazatin + Imazalil	AAgrano GF 2000	200 ml	Ge		×				
Imazalil +	Arbosan U Feuchtb.	200 ml	alle	×	×	×	×		×
Methfuroxam + Thiabendazol	Arbosan U Wasserb.	100–200 ml	alle	×	×	×	×		×
Imazalil +	ELANCO Beize fl.	200 ml	Ge			×	×		
Nuarimol	ELANCO Beize tr.	150 g	Ge			×	×		
	Trimidal Beize	200 g	Ge			×	×		
Maneb + Quintozen + Thiabendazol	Drawigan Spezial	200–300 g	We, Ro, Ha	×	×		×		
Methfuroxam +	Arbosan sp. Wasserb.	200 ml	We, Ro, Ha	×	×		×		×
Thiabendazol	Arbosan sp. Feuchtb.	100 ml	We, Ro, Ha	×	×		×		×
	Germisan sp. Feuchtb.	100 ml	We, Ro, Ha	×	×		×		×

We = Weizen, Ro = Roggen, Ge = Gerste, Ha = Hafer

W = Steinbrand, S = Schneeschimmel, St = Streifenkrankheit, Zw = Zwergsteinbrand, RS = Roggenstengelbrand, F = Flugbrand

Mittel gegen Pilzkrankheiten in Getreide

Wirkstoff	Mittel z. B.	Aufwand-menge	Wirkung gegen H	M	B	N	G	Br	Sep	Auflagen
Anilazin	Dyrene	4,00							◕	Xi, B4, 230, 261
Anilazin	Dyrene	4,00		◕	◕		●	●	◕	B4, 230, 261
Triadimenol	Bayfidan	0,50								
Benomyl	DuPont Benomyl	0,25	◕							B4, 230, 261
Carbendazim	z. B. Custos u. a.	0,3–0,5	◕							B4, 230, 260
Carbendazim + Prochloraz	Sportak alpha	1,50	●	◐	●	◕			◕	B1, 230, 260
Chlorthalonil	Daconil extra	2,20							●	
Chlorthalonil + Propiconazol	Sambarin	2,00		◕	●	●	●	●	●	
Diclobutrazol	Vigil	1,00		◕		●	●			B4, 230, 260
Ethirimol	MILGO E	1,00		◐						B4
Fenpropimorph	Corbel	1,00		●	◕		●	●		Xn, W2, 230
Nuarimol	Trimidal EC	0,50		◕	◕					B4, 230
Prochloraz	Sportak	1,20	◕	◐	●	●			◕	B4, 230, 261
Propiconazol	Desmel	0,50		◕	●	●	●	●	◐	B4, 230
Pyrazophos	Afugan	2,00		◕	◐	●				Xn, B1, 230, 261
Schwefel	Netzschwefel	6,00		◐						B4
Thiophanat-methyl	Cercobin FL	0,50	◕							B4, 230
Triadimefon	Bayleton flüssig	0,50		◕	◕		●	●		B4
Triadimenol	Bayfidan	0,50		◕	◕		●	●		B4
Triadimenol + Tridemiorph	Colt	1,00		●	◕		●	●		Xn, B4, 230, 261

● = gut wirksam, ◕ = nicht immer ausreichend, ◐ = unzureichend

H = Halmbruch, E = Echter Mehltau, B = Blattflecken, N = Netzflecken, G = Gelbrost, Br = Braunrost, Sep = Spelzenbräune

Herbizide in Getreide

Schadensschwellen für Unkräuter im Getreide

Ungras bzw. Unkraut	Anzahl Pflanzen/m²
Windhalm	20
Ackerfuchsschwanz	30
Ungräser zusammen	20–30
Klettenlabkraut	0,1
Windenknöterich	2
Wickenarten	2
Breitblättrige Unkräuter insgesamt	40*)

*) oder 5% Deckungsgrad bei früher Beurteilung bzw. 10% bei später Beurteilung zum letztmöglichen Bekämpfungstermin

1. Ätzmittel

Wirkstoff	Mittel z. B.	Anwendung	Auflage	As	D	Ep	Ka	Kl	Vm
Dinoterb	Flüssig Herbogil	4–5,5 l	B1, W2, T	●	◕	◕	◕	●	●
DNOC (fl.)	Etzel	4–6 l/ha NA/H NA/F	B1, W2, T	●	◕	◕	◕	●	●

2. Wuchsstoffe

Wirkstoff	Mittel z. B.	Anwendung	Auflage	As	D	Ep	Ka	Kl	Vm
MCPA-Salz (M)	verschiedene Handelspräparate	1,5, 2,0, 4,0 l/ha je nach Produkt NA/F	B4	●	●	◕	◐	◐	◐
Mecoprop-Salz (P)	verschiedene Handelspräparate	2 oder 4 l/ha NA/F	B4	●	●	◕	◐	●	●
Dichlorprop	verschiedene Handelspräparate	2 oder 4 l/ha NA/F	B4	●	●	◕	◐	●	●

● = gut wirksam ◕ = nicht immer ausreichend ◐ = unzureichend

As = Ackersenf, D = Distel, Ep = Ehrenpreis, Ka = Kamille, Kl = Klettenlabkraut, Vm = Vogelmiere

3. Breit wirkende Präparate

Wirkstoff	Mittel z. B.	Anwendung	Auflagen	Wirkung gegen A	E	H	K	Kl	Kn	R	S	St	T	V
Benazolin + Ioxynil + Mecoprop-Ester	Catt	3 l/ha NA/F NA/H	B1, W1	●	●	◕	●	●	●	●	◐	●	●	●
Bifenox + Mecoprop-Salz	Ceridor u. a.	3 l/ha NA/F	B4, Xn	●	●	◕	◕	●	●	●	◕	●	●	◕
Bentazon + Dichlorprop	Basagran DP	4 l/ha NA/F	B4, W2	●	●	◐	●	●	●	●	◕	◕	◕	●
Bentazon + Dichlorprop + Ioxynil-Salze	Basagran Ultra	5 l/ha NA/F	B1, W2	●	●	◕	●	●	●	●	◕	●	●	●
Bentazon + Dichlorprop + MCPA-Salze	Basagran Top, Ultima Plus	5 l/ha NA/F	B4, W2	●	●	◕	●	●	●	●	◕	◕	●	●
Bromoxynil-Ester + Dicamba + Mecoprop-Ester	Cornal	3 l/ha NA/F --- 2,5 l/ha NA/F	B4, W2, Xn --- B4, W2, Xn	●	◐	◕	●	●	●	●	◕	◐	◐	●
Bromoxynil + Ioxynil + Mecoprop-Ester	AAherba-Oxy-M, Bottrol PE, Oxytril M	2 l/ha NA/F	B4, Xn	●	●	◕	●	●	●	●	◕	●	◕	●
Dichlorprop-Salz + Ioxynil	Certrol DP Trevespan DP	4 l/ha NA/F	B4, Xn	●	●	◕	●	●	●	●	◕	◕	◕	●
Dinoterb + Mecoprop	Super-Herbogil	7 l/ha NA/F	B1, W2, T	●	●	●	◕	●	◕	●	◕	◐	●	●
Flurenol + Ioxynil + MCPA + 2,4-DP-Ester	Anitop	3 l/ha NA/F	B4, Xn	●	●	●	●	●	●	●	◐	●	●	●

3. Breit wirkende Präparate (Fortsetzung)

Wirkstoff	Mittel z. B.	Anwendung	Auflagen	Wirkung gegen A	E	H	K	Kl	Kn	R	S	St	T	V
Fluroxypyr + Bromoxynil + Ioxynil	Tristar	1,5 l/ha NA/F	X1, W2	●	●	●	●	●	●	●	◕	◕	◕	●
Fluroxypyr	Starane	1 l/ha Na/F	W2	◐	◕	●	◐	●	●	◐	◐	◐	◕	●
Ioxynil + Mecoprop-Ester	Certrol H	3 l/ha NA/H, NA/F	B4, Xn	●	●	◕	●	●	◕	●	◕	●	◕	●
Metsulfuron-Methyl	Gropper	40 g NA/F		●	◕	●	●	◐	◕	●	●	●	●	●
Metsulfuron-Methyl + CMPP oder DP	Gropper	30 g NA/F 3–4 l		●	●	●	●	●	●	●	●	●	●	●
Dicamba + MCPA-Salz	Banvel M	4 l/ha NA/F	B4, W2	●	●	◕	◕	◕	●	◐	◐	◐	◕	●
Flurenol + MCPA als Ester	Aniten	3 l/ha NA/F	B4	●	●	◕	◕	◕	◕	◐	◐	◐	◕	●
Flurenol + MCPA + Mecoprop-Salze	Aniten P	4 l/ha NA/F	B4	●	●	◕	◕	◕	◕	◐	◐	◐	◕	●
Bromfenoxin + Mecoprop-Salz + Terbutylazin	Faneron-plus	3,5–4 kg/ha NA/F	B4	●	●	◕	●	●	●	●	◕	◕	◕	●
Cyanazin + Dichlorprop-Salz	Fortrol	3 kg/ha NA/H und in der Winterruhe NA/F	B4	●	●	◕	◕	◕	●	◕	◐	●	●	●

● = gut wirksam ◕ = nicht immer ausreichend ◐ = unzureichend
A = Ackersenf, E = Ehrenpreis, H = Hohlzahl, K = Kamille, Kl = Klettenlabkraut, Kn = Knöterich, R = Rainkohl, S = Saatwucherblume, St = Stiefmütterchen, T = Taubnessel, V = Vogelmiere

4. Bodenherbizide

Wirkstoff	Mittel z. B.	Verfahren	kg bzw. l/ha	Auflage	Wirkung gegen A	W	E	K	Kl	Kn	St	T	V
Bifenox + Dichlorprop + Isoproturon	Foxstar	NA/F	6–7	B4	●	●	●	●	◕	◕	●	◕	●
Bifenox + Isoproturon	Tolkan Fox	NA/F	3,5	B4	●	●	●	●	◕	◐	●	◐	◕
Chlortoluron	Dicuran 700 fl	VA NA/H NA/F	2–3,5 2–3 3	B4	●	●	◐	●	◐	◕	◐	●	●
Chlortoluron + Terbutryn	Anofex 500 flüssig	VA	4–6	B3	●	●	●	●	◐	◕	◐	●	●
Chlortoluron + Pendimethalin	Dicuran + Stomp	VA	1,5–2 + 3	B4, Xn	◕	●	●	●	●	●	●	●	●
	Pendiron	VA	4		◕	●	●	●	●	●	●	●	●
Fluroxypyr + Isoproturon	Dizan	NA/F	3–4	B4, W2	●	●	●	●	●	◕	◕	●	●
Isoproturon (IPU)	Arelon fl., Tolkan flo., HORA-Turon flüssig, Graminon 500 fl. u. a.	VA NA/H NA/F	3–4 3 2–2,5	B4	●	●	◐	●	◐	◐	◐	◐	●
Isoproturon + Bentazon + DP	Graminon plus	NA/H NA/F	7	B4, W2	●	●	●	●	●	◐	●	●	●
	Herbatox	NA/H NA/F	6 6–8	B4, W2	◕	●	●	◕	◕	◐	◕	●	●

4. Bodenherbizide (Fortsetzung)

Wirkstoff	Mittel z. B.	Verfahren	kg bzw. l/ha	Auflage	Wirkung gegen A	W	E	K	Kl	Kn	St	T	V
Isoproturon + Dinoterb	Tolkan Super	NA/H NA/F	6,5 6–6,5		●	●	●	●	●	◐	●	●	●
Isoproturon + Mecoprop-Salz	Arelon P flüssig	NA NA/F	4,5 5,5	B4	●	●	●	●	●	◐	◕	●	●
Isoproturon + Mecoprop + Ioxynil	Belgran	NA/F	4–5	B4	●	●	●	●	◕	◐	◕	●	●
Linuron + Trifuralin	Mudekan Neminfest	VA	3,5–4,5	B3	◕	●	◕	◕	◕	●	●	●	●
Methabenz- thiazuron	Tribunil	VA NA/F	3–4 4 4	B4	◕	◕	◕	●	◐	◕	◕	●	●
Methabenz- thiazuron + DP	Tribunil Combi	NA/F	4	B4	◕	●	●	●	●	◐	◕	●	●
Metoxuron	Dosanex	NA/H NA/F	3–4 3–5	B4	●	●	●	◕	◕	◕	◕	●	●
Pendimetha- thalin	Stomp	VA NA/H	4,5–6	B4, Xn	◕	●	◕	◕	●	●	●	●	◕

● = gut wirksam   ◕ = nicht immer ausreichend   ◐ = unzureichend

A = Ackerfuchsschwanz, E = Ehrenpreis, K = Kamille, Kl = Klettenlaubkraut, Kn = Knötericharten, St = Stiefmütterchen, T = Taubnessel, V = Vogelmiere, W = Windhalm

5. Flughaferherbizide

Wirkstoff	Mittel z. B.	Anwendung	Bemerkungen
Diclofopmethyl	Illoxan	2,5 l/ha NA	B4 Sommergerste und -weizen, Winterweizen, im 2- bis 4-Blattstadium des Flughafers
Difenzoquat	Avenge	5 l/ha NA	B4, Xn Gerste und Weizen Sortenverträglichkeit bei Sommerweizen beachten!
Flampropisopropyl	Barnon	3,5 l/ha NA	B4 Gerste und Weizen
Benzoylpropäthyl	Suffix	8 l/ha NA	B4 Winterweizen und Sommerweizen
Triallat	Avadex BW	3 l/ha vS mit Einarbeitung	B4, Xn Sommergerste. Erfaßt auch Ackerfuchsschwanz, Windhalm, Einjährige Rispe
		3 l/ha nS mit Einarbeitung	Sommerweizen

Avenge ist verträglich für folgende Sommerweizensorten: Herakles, Janus, Kolibri, Ralle Schirokko, Selpek, Solo, Turbo.

Nachbau bei Umbruch nach Anwendung von Bodenherbiziden

Mittel	Anwendungstermin	Fruchtarten: Hafer	Sommergerste	Sommerweizen	Kartoffeln	Mais	Rüben	Erbsen A-Bohnen
Anofex	VA	+	+	+	+	+	–	○
Dicuran	Herbst	–	○	○	○	○	–	– –
	Frühjahr	–	–	–	○	○	–	– –
Mudekan	VA/H	○	+	+	○	+	–	+
Stomp bzw. Pendiron	VA	– –	○	○	○	○	–	– –
Tribunil	Herbst	○	○	+	+	+	+	+
	Frühjahr	–	–	+	○	○	–	+
Dosanex	Herbst	+	+	+	+	+	+	+
	Frühjahr	– –	– –	+	+	–	–	–
Isoproturon	Herbst	+	+	+	+	+	+	+
	Frühjahr	–	+	+	+	+	–	–

+ = Nachbau mit flacher Bodenbearbeitung möglich
○ = Nachbau nur nach tiefer Bodenbearbeitung möglich
– = Nachbau nicht möglich
– – = nicht bekannt

Wachstumsregler im Getreidebau

Die Höhe der Kornerträge wird im intensiven Getreidebau entscheidend von der Standfestigkeit der Getreidearten bzw. Sorten bestimmt. Eine Verminderung der Lagerneigung durch Einsatz von Wachstumsreglern trägt in hervorragender Weise zur Sicherung eines durch andere Anbaumaßnahmen erreichbaren hohen Ertragsniveaus bei. Die Verbesserung der Standfestigkeit bewirken die Wachstumsregler vor allem durch Verkürzung des Halmes, aber auch durch Verstärkung der Halmwand und Vergrößerung des Halmdurchmessers. Dadurch wird die Verabreichung höherer Stickstoffmengen (+20–40 kg/ha) ermöglicht. Für die Anwendung zu Weizen, Roggen und Hafer haben sich Wachstumsregler mit dem Wirkstoff CCC (Chlorcholinchlorid, Chlormequat), z.B. Halmverstärker CCC-Du Pont (460 g/l CCC), zu Wintergerste, Sommergerste und Winterroggen die Wachstumsregler Cerone mit dem Wirkstoff Ethephon (480 g/l) oder Terpal C mit den Wirkstoffen Ethephon und Chlormequat-chlorid (155 g/l und 305 g/l) bewährt.

Allgemeine Empfehlungen für die Anwendung von CCC

Abzuraten ist von der CCC-Anwendung:

1. In mangelhaft ernährten und dünn stehenden Beständen
2. Bei Staunässe
3. Auf Böden mit ungünstigem Kalkzustand
4. Im Weizenbau auf Grenz- und Übergangsböden

In Gebieten und zu Sorten, bei denen stärkeres Auftreten von Septoria nodorum (Spelzenbräune), Fusarium culmorum und Erysiphe graminis (Mehltau an der Ähre) sowie stärkerer Befall mit Ophiobolus graminis (Schwarzbeinigkeit) zu befürchten ist, sollte CCC nur dann angewandt werden, wenn diese Krankheiten durch ein entsprechendes Fungizid bekämpft werden.

Getreideart	Aufwandmengen in l/ha	Anwendungszeitpunkt
Winterweizen	0,5–3,0	EC 21–29
Sommerweizen	0,5–2,0	EC 21–29
Roggen		
im allgemeinen	1,5–3,0	EC 30–32
Bei Kombination mit systemischen Fungiziden kann die Aufwandmenge auf 1,5 l/ha herabgesetzt werden.		
Hafer		
Im allgemeinen:	3,0	EC 32–39
standfeste Sorten:	2,0	

Bei einigen Winterweizensorten hat sich, vor allem in den Anbaugebieten Norddeutschlands, das **Splitting-Verfahren** bewährt. Die sortenbezogenen Aufwandmengen sollen dabei zu ca. 80 % im Stadium 21–29 und zu ca. 20 % im Stadium 30–32 ausgebracht werden.

Örtliche Erfahrungen bezüglich Aufwandmenge für die einzelnen Sorten beachten!

Kombination mit Fungiziden ist in jedem Falle möglich. Mit Wuchsstoffmitteln (außer Estern) und Kontaktherbiziden kann CCC im Weizenbau kombiniert ausgebracht werden. Bei Kombination mit Wuchsstoffen können CCC-Aufwandmengen über 1,0 l um 0,5 l/ha reduziert werden. Im Roggenbau sollte CCC nur mit Wuchsstoffen der Gruppe MCPA bzw. MCPA + 2,4 D kombiniert werden. Bei Hafer ist keine Kombination mit Wuchsstoffen möglich.

Allgemeine Empfehlungen für die Anwendung von Cerone bzw. Terpal C

Die Anwendung ist empfehlenswert:
- bei dichten und wüchsigen Beständen
- auf fruchtbaren Standorten mit ausreichender Wasserversorgung
- bei hoher Niederschlagserwartung
- bei optimaler Stickstoffversorgung
- bei lageranfälligen Sorten

Eine Behandlung ist nicht zu empfehlen:
- bei mangelhaft ernährten, kranken und dünnen Beständen
- auf sehr leichten Böden (AZ <30)
- bei länger anhaltender Trockenheit
- auf Standorten mit ungenügender und unsicherer Wasserversorgung.

Zügiges Wachstum der Getreidebestände bei warmem und wüchsigem Wetter ist für eine gute Wirkung Voraussetzung.

Bei Wachstumsstockungen z. B. infolge zu kühler Witterung oder bei drohender Nachtfrostgefahr ist zweckmäßigerweise ein günstigerer Zeitpunkt innerhalb der vorgegebenen Behandlungsspanne (s. dort) abzuwarten.

Ethephonhaltige Wachstumsregler können das Resistenzverhalten von Getreide zeitlich verändern. Fungizide Blattbehandlungen sind angezeigt.

Getreideart	Aufwandmengen l/ha		Anwendungszeit	
	Cerone	Terpal C	Cerone	Terpal C
Wintergerste	0,75–1,0	1,5 –2,5	EC 32–49	EC 32–49
Winterroggen	1,0 –1,5	1,0 –2,0	EC 37–51	EC 32–49
Winterweizen	0,5 –1	0,75–2,5	EC 37–51	EC 32–49
Sommergerste	0,5 –0,75	0,75–2,0	EC 37–51	EC 32–49
Sommerweizen	0,5 –1,0	1,0 –2,0	EC 37–51	EC 32–49

*) Nach Vorgabe von CCC 0,5–0,75 l/ha

Örtliche Erfahrung bezüglich Aufwandmengen für die einzelnen Sorten sind zu beachten.

Kombinationen mit Fungiziden[1]), sowie Harnstoff, AHL und Blattdüngern sind möglich. Eine gemeinsame Ausbringung von WR und Fungiziden kann nur bei Übereinstimmung der Anwendungstermine erfolgen. Zwischen der Spritzung von Wuchsstoffmitteln und Behandlung mit Ethephon soll ein Abstand von mindestens 10 Tagen eingehalten werden.

[1]) (ausgenommen Dithiocarbamat-, Schwefel- und Kupferpräparate)

Pflanzenschutzmittel im Mais (Beispiele)

Auflaufkrankheiten bei Mais

Wirkstoff	Mittel z. B.	Anwendung	Wartezeit	Auflagen
Thiram	AAtiram	300 g/100 kg	entfällt	B3, Xi

Frietfliege in Mais

Wirkstoff	Mittel z. B.	Anwendung	Wartezeit	Auflagen
Bendiocarb	Seedoxin FHL	800 ml/100 kg + 400 ml Haftstofflösung/100 kg	entfällt	B3, T *) Fasanenfraß
Methiocarb	Mesurol	1 kg/100 kg mit 250 bis 500 ml Mager- oder Buttermilch inkrustieren	entfällt	B1, Xn *) Vogelfraß
	Mesurol flüssig	1 l/100 kg	entfällt	B3, Xn *) Vogelfraß

Ausbringung zur Saat

Carbofuran	Curaterr-Granulat	0,75 g/m S	entfällt	B3, W2, Xn Spezielle Geräte zur Ausbringung erforderlich
	Curaterr flüssig	0,15 ml/m S	entfällt	B3, W2, T Spezielle Geräte zur Ausbringung erforderlich *) Drahtwurm

Flächenbehandlung

Azinphos-ethyl	Gusathion K forte	2 kg/ha	entfällt	B1, T Im 2-Blattstadium anwenden
Chlorfen-vinphos	Birlane Fluid, Sapecron flüssig	1,5 l/ha NA, 2 l/ha im 2–3-Blattstadium	60	B2, T

*) gleichzeitige Wirkung gegen

Herbizide für Mais

Wirkstoff	Mittel z. B.	Anwendung	Auflagen	Wirkung gegen AM	BH	FH	G	Ho	Hü	K	Kl	Kn	Na
Atrazin	Gesaprim 500	2–3 l/ha	B4, W2	◐	◐	◐	●	●	◐	◕	◕	◕	●
Gegen schwer bekämpfbare und größere Unkräuter													
Atrazin + Mineralöl	Oleo Gesaprim 400 bzw. Tankmischung Atrazin Du Pont + Oleo Du Pont 11 E	3 l/ha NA 2 l/ha + 5 l/ha NA	B4, W2	◐	◐	◕	●	●	●	●	●	●	●
Atrazin + Bromoxynil	Mais-Certrol	2 kg/ha NA	B4, W2, Xn	◐	◐	◐	●	●	●	●	●	●	●
Atrazin + Pyridate	Atrazin fl. + Lentagran	1,5 l + 2–3 kg/ha NA	B1, W2	○	○	◕	●	●	◕	●	●	●	●
Atrazin + Bentazon	Laddock	4 l/ha NA	B4, W2	◕	◐	◐	●	●	◐	●	●	●	●
Cyanazin + Atrazin	Aquinol 80	1,5–4 kg/ha	B4, W2, Xn	◕	●	●	●	●	◕	●	●	●	●
EPTC	Eradicane	5 l/ha vS mit Einarbeitung	B3, Xn		●				●				
	Capsolane	10 l/ha vS mit Einarbeitung			●				●				
Metolachlor + Atrazin	Primextra	4,5 l/ha 6 l/ha	B4, W2	◕	●	●	●	●	●	●	●	●	●

Herbizide für Mais (Fortsetzung)

Wirkstoff	Mittel z. B.	Anwendung	Auflagen	Wirkung gegen AM	BH	FH	G	Ho	Hü	K	Kl	Kn	Na
Pendimethalin + Atrazin	Stomp + Atrazin	5 l/ha 2 l/ha	B4, W2, Xn	●	◕	◐	●	●	◕	◕	◕	◕	●
Terbutryn	Igran 500 flüssig	3–4 l/ha NA Unterblatt-spritzung	B4						●				
Bromfenoxim + Terbuthyl-azin	Gardoprim F	3,5 l/ha NA	B4	●	◐	◐	●	●	◐	◕	◕	◕	●
Metolachlor + Terbuthyl-azin	Gardoprim plus	6 l/ha VA 6 l/ha NA	B4	◐	●	●	●	●	●	●	●	●	●
Simazin	Gesatop 500 flüssig	1,5 l/ha VA	B4, W2	◐	◐	◐	●	●	●	●	◐	●	●
Simazin Pendimetha-lin	Simazin 500 flüssig + Stomp	1,5 l/ha + 5 l/ha VA	B4, W2, Xn	●	◕	◐	●	●	◕	◕	◕	◕	●
Terbuthyl-azin	Gardoprim 500 flüssig	2 l/ha vS mit Einar-beitung 1,5 l/ha VA	B3	◐	◐	◕	●	●	◕	◕	◕	◕	●

● = gut wirksam ◕ = nicht immer ausreichend ◐ = unzureichend

AM = Ackerminze, BH = Borstenhirse, Fadenhirse, FH = Flughafer, G = Gänsefuß, weißer, Ho = Hohlzahn, Hü = Hühnerhirse, K = Kamille, Kl = Klettenlabkraut, Kn = Knötericharten (ohne Landwasserknöterich), Na = Nachtschatten

Pflanzenschutzmittel für Rüben (Beispiele)

Gegen Schädlinge an Rüben

Wirkstoff	Mittel z. B.	Anwendung	Wartezeit	Bemerkungen
Nematoden				
Aldicarb	Temik 5 G	1 g/m unmittelbar nS, mS	entfällt	B3, W1, T, 230, 261 *) Rübenfliege Ausbringung in den Boden, so daß es von Erde völlig bedeckt ist (Gefahr der Vogelvergiftung). Nur in Z.-Rüben anzuwenden.
Aldicarb + Lindan	Temik LD	1 g/m unmittelbar nS, mS	entfällt	B3, W1, T, 230, 261 *) Rübenfliege, Moosknopfkäfer Ausbringung in den Boden, so daß es von Erde völlig bedeckt ist (Gefahr der Vogelvergiftung). Nur in Z.-Rüben anzuwenden.
Oxamyl	Vydate L	2 × 5 l		B1, W1, T, 230, 264

Bodenbehandlungsmittel, Moosknopfkäfer

Carbofuran	Curaterr-Granulat	0,5 g/m Reihe mS	entfällt	B3, W2, Xn, 230, 263 Mit Spezialgerät ausbringen Futter- und Zuckerrüben *) Rübenfliege
Thiofanox	Dacamox 10 G	0,5 g/m nS	entfällt	B3, W1, T
Terbufos	Counter 2 G	0,5 g/m mS	entfällt	B3, T Futter- und Zuckerrüben *) Rübenfliege, Blattläuse
Lindan	Nexit-stark, Verindal ultra	1 kg/ha vS		B1, Xn, 230, 264

Mittel zur Bekämpfung von virusübertragenden Blattläusen (Vektoren)

Wirkstoff	Mittel z. B.	Anwendung	Wartezeit	Bemerkungen
Primicarb	Primor-Granulat zum Auflösen in Wasser	0,3 kg/ha	28	B4, W2, Xn Max. 4 Anwendungen. Nützlingsschonend
Demethon-S-methyl	Metasystox (i)	0,8 l/ha	28	B2, T, 230, 261
Oxydemeton-methyl	Metasystox (R)			B1, T, 230, 261
Oxydemeton-methyl + Trichlorfon	Dipterex MR	1,2 l/ha	28	B1, T, 261 *) Rübenfliege
Dimethoat	verschiedene Handelspräparate,	0,8 l/ha	21	B1, W2, Xn, 230, 264 *) Rübenfliege
Methamidophos	Tamaron	0,8 l/ha	28	B1, T, 230, 263 *) Rübenfliege
Omethoat	Folimat	0,8 l/ha	42	B1, T, 230, 263 *) Rübenfliege
Oxydemeton-methyl + Parathion	E 605 Kombi	1 l/ha	28	

*) werden gleichzeitig bekämpft

Gräserherbizide in Rüben

Wirkstoff	Mittel z. B.	Anwendung	Af	Hir	FlH	WGe	WeiG
Fluazifop-butyl	Fusilade + Citowett	1,5 + 0,1	●	◕	●	●	◕
Alloxydim	Fervin + Oleo 11 E	1,5–1,75 + 1,5–2	●	●	●	◕	◕
Sethoxydim	Fevinal Plus	2,5	●	●	●	◕	◕
Quizalofop	Targa	1,5	●	●	●	●	◕
Diclofop-methyl	Illoxan	3,0	◐	●	●	◐	◕
Triallat	Avadex BW	3,5 l/ha vS mit Einarbeitung	●	◐	●	◐	◐

● = gut wirksam ◕ = nicht immer ausreichend ◐ = unzureichend
Af = Ackerfuchsschwanz, Hir = Hirsearten, FlH = Flughafer, WGe = Wintergerste, WeiG = Weidelgras

Herbizide in Rüben

Wirkstoff	Mittel z. B.	Anwendung	Auflagen	Wirkung gegen A	F	Hü	Ho	Ka	Kl	Kn	T	V
Gegen Unkräuter												
Chloridazon	Pyramin FL, Curbetan flüssig, BREK fl.	5–6 l/ha vS mit Einarbeitung 3–4,5 l/ha vS mit Einarbeitung + 3 l/ha VA, 5–6 l/ha VA	B4	◐	●	◐	●	●	◐	●	●	●
Metamitron	Goltix WG	5 kg/ha vS mit Einarbeitung 5 kg/ha VA/NA	B4	◕	●	◐	●	●	◕/◐	●	●	●
Chloridazon + Phenmedipham	Pyramin Fl (Curbetan fl) + Betanal als Tankmischung	5–6 l/ha + 4,5 l/ha NA	B4	◐	●	◐	●	●	◐	●	●	●
Phenmedipham	Betanal	3–4 l/ha NA	B4	◐	●	◐	●	◐	◐	●	●	●
		5–6 l/ha NA	B4									
Gegen Unkräuter und Ungräser												
Triallat + Chloridazon	Avadex BW + Pyramin FL	3 l/ha + 4,5 l/ha vS mit Einarbeitung	B4, Xn	●	●	◐	●	●	◐	●	●	●
Metamitron	Goltix WG	7–10 kg/ha VA 10 kg/ha NA	B4	◕	●	◐	●	●	◕/◐	●	●	●

Herbizide in Rüben (Fortsetzung)

Wirkstoff	Mittel z. B.	Anwendung	Auflagen	Wirkung gegen A	F	Hü	Ho	Ka	Kl	Kn	T	V
Metamitron + Mineralöl	Goltix + Oleo Du Pont 11 E	5 (7) kg/ha + 5 l/ha NA	B4	◕	●	◐	●	●	◕	●	●	●
Ethofumesat	Tramat	7,5–10 l/ha VA	B4	◕	◐	◕	◕	◐	●	◕	◕	●
Alloxydim-Salz + Phenmedipham	Fervin + Betanal	1,5 l/ha + 5–6 l/ha NA	B4, W2	●	●	●	●	◐	◐	●	●	●
Phenmedipham + Lenacil	Betanal + Venzar	6 l/ha + 0,75 kg/ha NA	B4	◕	●	◐	●	◕	◕	●	●	●
Gegen Klettenlabkraut und andere Unkräuter												
Ethofumesat	Tramat	7,5 l/ha bzw. 10 l/ha VA	B4	◕	◐	◕	◕	◐	●	◕	◕	●
		5–7,5 l/ha NA	B4									
Ethofumesat + Phenmedipham	Betanal Tandem	8 l/ha NA	B4	◕	●	◐	●	◕	●	●	●	●
Phenmedipham + Metamitron	Betanal + Goltix	3 l/ha + 5 kg/ha NA	B4	◕	●	◐	●	●	◕	●	●	●
Gegen Ackerdistel												
3,6-Dichlor-picolinsäure	Lontrel 100	1,2 l/ha NA	B4, W1									

● = gut wirksam ◕ = nicht immer ausreichend ◐ = unzureichend

A = Ackerfuchsschwanz, F = Franzosenkraut, Hü = Hühnerhirse, Ho = Hohlzahn, Ka = Kamille, Kl = Klettenlabkraut, Kn = Knöterich, außer Windenknöterich, T = Taubnessel, V = Vogelmiere

Pflanzenschutzmittel im Kartoffelbau (Beispiele)

Kartoffelnematoden

Wirkstoff	Mittel z. B.	Anwendung	Wartezeit	Auflagen
Bodenbehandlungsmittel				
Dichlorpropen	Shell DD Super	Empfehlung: 125 l/ha mit Nachbau nematodenresistenter Kartoffelsorten	entfällt	B3, W1, Xn Höchste Aufwandmenge 300 l/ha nur bei Anwendung im Herbst
	Telone „Schering"	Empfehlung: 125 l/ha mit Nachbau nematodenresistenter Kartoffelsorten	entfällt	B3, W1, Xn Höchste Aufwandmenge 350 l/ha nur bei Anwendung im Herbst
Metamnatrium (Vapam)	Aamonam, Metam-Fluid BASF	Empfehlung: 300 l/ha mit Nachbau nematodenresistenter Kartoffelsorten	entfällt	B3, W1, Xn Anwendung nur im Spätsommer/Herbst
Pflanzenverträgliche Nematizide				
Etoprophos	Mocap 20 G	Empfehlung: 50 kg/ha mit Nachbau nematodenresistenter Kartoffelsorten	entfällt	B3, W2, T Anwendung vor dem Pflanzen, Ausbringungstechnik nicht voll ausgereift, Einarbeitung erforderlich
Oxamyl	Vydate L	Empfehlung: 15–20 l/ha oder 10 l/ha im Band mit Nachbau nematodenresistenter Kartoffelsorten	entfällt	B1, W1, T Anwendung vor dem Pflanzen, Ausbringung mit Feldspritze, Einarbeitung erforderlich

Kartoffelkäfer

Wirkstoff	Mittel z. B.	Anwendung	Wartezeit	Auflagen
Azinphosethyl	Gusathion K forte	0,9 kg/ha	14	B1, T
Bromophos	Nexion-stark	0,6 l/ha	21	B1
Chlorfenvinphos	Birlane Fluid, Sapecron flüssig	0,4 l/ha	21	B2, T
Cypermethrin	Ripcord 10	0,6 l/ha	14	B1
Deltamethrin	Decis	0,2 l/ha	7	B1
Dialifos	Torak	0,5–1 l/ha	14	B4, T
Etrimfos	Ekamet	0,6 l/ha	14	B1
Fenvalerat	Sumicidin 30	0,2 l/ha	14	B1
Lindan	AAlindan flüssig	0,3 kg/ha	14	B1, Xn
	Nexit stark	0,12 l/ha		
	Verindal Ultra	0,12 kg/ha		
Methamidophos	Tamaron	1,2 l/ha	14	B1, T • Virusvektoren
Permethrin	Ambush	0,12 l/ha	14	B1

Kraut- und Knollenfäule

Wirkstoff	Mittel z. B.	Anwendung	Wartezeit	Auflagen, Hinweise
Fentinacetat + Maneb	Brestan 60	0,4–0,6 kg/ha	7	B4, T, 230, 261
Kupferoxychlorid	verschiedene Präparate	3–6 kg/ha	14	B4, 230, 261
Mancozeb	Dithane Ultra u. a.	1,5–1,8 kg/ha	7	B4, 230, 261
Maneb	verschiedene Präparate	1,5–1,8 kg/ha	7	B4, 230, 261
Metiram	Phytox-Super Polyram-Combi	1,5–1,8 kg/ha	14	B4, 230, 261
Propineb	Antracol	1,5–1,8 kg/ha	7	B4, 230, 261
Cymoxanil + Mancozeb	Ciluan	2 kg/ha	14	B4, 230, 261
Mancozeb + Oxadixyl	Sandofan M	2 kg/ha	7	B4, W1, 230
Metalaxyl + Mancozeb	Ridomil MZ-Super	2 kg/ha	7	B4, W2, 230, 261

Herbizide in Kartoffeln

Wirkstoff	Mittel z. B.	Anwendung	Auflagen	Wirkung gegen Fl	Fr	Gä	Hü	K	Kl	Kn	V
Bentazon + Metobromuron	Basagran + Patoran	2 l/ha + 2,5 kg/ha kurz vD	B4, W2	◐	●	●	◐	●	●	◕	●
Linuron + Trietazin	Bronox	3,5–4,5 kg/ha kurz vD	B4	◐	●	●	◐	●	◕	◕	●
Fluorochloridon	Racer	2,5–3 l/ha VA	B3, 230, 261	◐	●	●	◐	◐	●	◕	●
Metobromuron	Patoran	2–2,5 kg/ha VA	B4	◐	●	●	◐	◕	◐	◕	●
Metribuzin	Sencor	0,75–1,5 kg/ha VA	B4	◕	●	●	◕	●	◐	◕	●
		0,5 kg/ha NA	B4								
Metribuzin + Dinoseb	Sencor + Flüssig Herbogil	0,75 kg/ha + 4 l/ha VA, kurz vD	B1, W2, T	◕	●	●	◕	●	◕	●	●
Monolinuron	Aresin	2–4 kg/ha VA	B4	◕	●	●	◐	●	◐	●	●
Allxydim-Salz	Fervin	1,5 kg/ha NA	B4, W2	●	◐	◐	●	◐	◐	◐	◐
Bentazon	Basagran	3 l/ha	B4, W2	◐	●	●	◐	●	●	◕	●
Fluazifopbutyl	Fusilade	1,25 l/ha NA	B4, W2	●	◐	◐	●	◐	◐	◐	◐
		3 l/ha + Citowett (0,025 % NF)	B4, W2								
Sethosydim	Fervinal plus	2,5 l/ha NA	B4, W1	●	◐	◐	●	◐	◐	◐	◐

● = gut wirksam   ◕ = nicht immer ausreichend   ◐ = unzureichend

Fl = Flughafer, Fr = Franzosenkraut, Gä = Gänsefuß, weißer, Hü = Hühnerhirse, K = Kamille, Kl = Klettenlabkraut, Kn = Knötericharten (ohne Landwasser- und Windenknöterich), V = Vogelmiere

Pflanzenschutzmittel im Rapsanbau (Beispiele)

Gegen Schädlinge an Raps

Wirkstoff	Mittel z. B.	Anwendung	Auflagen	zugelassen gegen E	K	M	R
Saatgutbehandlungsmittel							
Isophenphos + Thiram	Oftanol T	40 g/kg	B3, T	×			
Spritzmittel gegen Käfer							
Parathion	E 605 forte, Parathion forte, Parathion-POX-konz.	0,21 l/ha	B1, T	×	×		
Azinphosethyl	Gusathion K forte	0,9 kg/ha	B1, T		×		
Cypermethrin	Cymbush, Ripcord 10	0,3 l/ha	B1		×		×
Deltamethrin	Decis fl.	0,3 l/ha	B1		×		×
	Decis WP	0,15 kg/ha			×		×
Dialifos	Torak	0,6 l/ha	B4, T		×		×
Parathion	E 605 forte, Parathion forte, Parathion-POX-konz.	0,6 l/ha	B1, T		×		
Permethrin	Ambush	0,06 l/ha	B1		×		
Phosalon	Rubitox-flüssig	3 l/ha	B4, Xn			×	×

E = Rapserdfloh, K = Rapsglanzkäfer, M = Kohlschotenmücke, R = Kohlschotenrüßler

Herbizide für Winterraps

Wirkstoff	Mittel z. B.	Anwendung	Auflagen	Wirkung gegen A	AG	K	Kl	Qu	T	V
Alachlor	Lasso	5 l/ha VA	B3, 230, 261	◕	◐	◐	◐	◐	●	◕
Alachlor + Butan	Traton	6–7 l/ha VA	B3, 230, 261	●	◕	◕	◕	◐	●	●
Alloxydim-Salz	Fervin	1,25 kg/ha NA/H	B4, W2	●	●	◐	◐	◕	◐	◐
Benazolin	Galtak	5 l/ha NA/W	B4, W1, 230, 261	◐	◐	◐	●	◐	◐	●
Carbetamit + Dimefuron	Pradone Kombi	3,5 kg/ha NA/H, NA/F	B4, W8, 230	●	●	◕	●	◐	●	●
Fluazifopbutyl	Fusilade	1,25 l/ha NA/H	B4, W2, 230, 261	●	●	◐	◐	◕	◐	◐
Metazachlor	Butisan S	2,5–3,5 l/ha VA, NA/H	B4, W1	●	◐	●	◕	◐	●	●
Napropamid	Devrinol 50 WP	VSE 2,5	B3	◕	◐	●	◐	◐	◐	●
Napropamid + Trifluralin	Elancolan K	VSE 4–5	B3, 230, 261	●	◐	●	◕	◐	●	●
Propyzamid	Kerb 50 W	1 kg/ha NA/H	B4	●	●	◐	◐	◐	●	●
Sethoxydim	Fervinal plus	2,5 NA	B4, W2, 230, 262	●	●	◐	◐	◕	◐	◐
TCA	NaTA TCA-AAtrichon	10–15 kg/ha vS, VA	B4, W2, Xn	●	◕	◐	◐	◕	◐	◐
Tebutam + Trifluralin	Commodor T	5–6 l/kg VSE	B3, 230, 261	●	◕	◐	◕	◐	◕	●
Trifluralin	Elancolan Digermin	2–2,5 l/ha vS, 2 l/ha auch in Sommerraps	B3, 230, 261	●	◐	◐	◕	◐	●	●

● = gut wirksam ◕ = nicht immer ausreichend ◐ = unzureichend
A = Ackerfuchsschwanz/Windhalm, Ag = Ausfallgetreide, K = Kamille, Kl = Klettenlabkraut, Qu = Quecke, T = Taubnessel, V = Vogelmiere

Pflanzenschutzmittel im Weinbau (Beispiele)

Beispiel eines Spritzplans in Reben

Entwicklungsstadium der Rebe	Schaderreger	Bekämpfungszeitpunkt
01 Winterruhe, Knospenschuppen, je nach Sorte mehr oder weniger geschlossen.	WINTERBEKÄMPFUNG (kurz von dem Knospenschwellen) Schwarzfleckenkrankheit Kräuselmilbe Springwurm Schildläuse Rhombenspanner Wintereier Obstbaumspinnmilbe	01
02 Knospenschwellen 09 Zwei bis drei Blätter entfaltet.	AUSTRIEBSBEKÄMPFUNG Schwarzfleckenkrankheit (03 + 09) Oidium Roter Brenner (09) Kräuselmilbe Blattgallmilbe Obstbaumspinnmilbe Rhombenspanner Springwurm Schildläuse	02–09
12 Fünf bis sechs Blätter entfaltet. 17 Gescheine sind voll entwickelt.	1. und 2. VORBLÜTE-BEKÄMPFUNG Peronospora Oidium Botrytis Roter Brenner (12) Schwarzfleckenkrankheit (12) Heuwurm	12–17
23 Vollblüte 50 % der Blütenkäppchen sind abgeworfen.	IN DIE BLÜTE MÖGLICHST KEINE BEKÄMPFUNG	23
25 Nachblüte 80 % der Blütenkäppchen sind abgeworfen.	BEKÄMPFUNG IN DIE ABGEHENDE BLÜTE wenn 80 % der Käppchen abgeworfen sind. Peronospora Oidium Botrytis	25
27 Fruchtansatz 35 Reifebeginn	NACHBLÜTEBEKÄMPFUNGEN Peronospora Oidium Botrytis Sauerwurm Spinnmilben	27–35

Quelle: Rebschutz-Taschenbuch, 1984

Mittel gegen Insekten an Reben

Wirkstoff	Mittel z. B.	Zugelassen mit einer Aufwandmenge in g bzw. ml je 100 l Wasser gegen: Traubenwickler 1 G*)	Traubenwickler 2 G*)	Springwurm	Rombenspanner	Auflagen
Acephat + Azinphosmethyl	Orthen	100	100	100		Xn, B1
Demethon-S-methylsulfon	Gusathion MS Multapon Rospin u. a.	200	200	200		T, B1, 264, 603, 717
Bacillus thuringiensis	Dipel Thuricide u. a.	100				W2, B4
Cypermethrin	Cymbush Ripcord 10	40	40	40	40	B1, 230, 261, 601
Deltamethrin	Decis flüssig	30	30	30	30	B1, 230, 601
Dialifos	Torak	100				T, B4, 230, 261, 603
Endosulfan	Beosit 35 Thiodan 35	200			200	Xn, B4, 230, 264, 603
Fenvalerat	Sumicidin 30	20	20	20	20	B1, 230, 601
Fenpropathrin	Rody	75	75			B1, 230, 264, 601
Methidathion	Ultracid 40	100	100	150		T, B1, 230, 264, 603
Methomyl	Lannate 25 WP	150	150	150		B1, W2, 230
Oxydemeton-methyl + Parathion	E 605 Combi	1000		1000		T, B1, 230, 264, 603, 717
Parathion	E 605 forte Eftol u. a.	15	15	35		B1, 230, 264, 603
Parathionmethyl	ME 605	50		50		
Peremethrin	Ambush			20	20	B1, 230, 261, 601
Phosalon	Rubitox	200				B4, 230, 264
Z-9 Dodecenyl-acetat			1 kg/ha			B4

*) 1 G = 1. Generation (Heuwurm) 2 G = 2. Generation (Sauerwurm)

Mittel gegen Milben an Reben

Wirkstoff	Mittel z. B.	Zugelassen in einer Aufwandmenge in g bzw. ml je 100 l Wasser SpM*)	BgM*)	KrM*)	Auflagen
Azinphosmethyl + Demeton-S-methyl-sulfon	Gusathion MS Multapon Rhodiatox-Kombi Rospin	200	200		T, B1, 230, 264, 603, 717
Azocyclotin	Peropal	100			Xn, B4, 230, 261, 603
Cyhexatin	Acarstin Plictran 25 W	100			Xn, B4, 230, 261, 603
Cyhexatin	Plictran flüssig	40			Xn, B4, 230, 261, 603
Dialifos	Torak	100			T, B4, 230, 261, 603
Dicofol	Kelthane	150			Xn, B4, 230, 261, 602
DNOC	Lutin Neu – Winterspritzmittel	1000			T, B1, W1, 230, 261
Endosulfan	Beosit 35 Thiodan 35		200	200	Xn, B4, 230, 264, 603
Fenbutatin-Oxid	Shell Torque	50			B4, 230, 261, 603
Fenpropathrin	Rody	50			B1, 230, 264, 601
Methidathion	Ultracid 40	100			T, B1, 230, 264, 603
Mineralöl	Attraco 7 E u. a.	1000			B3, 230
Mineralöl + Parathion	Eftol Öl Folidol-Öl	500			T, B1, 230, 264
Oxymedeton-methyl	Metasystox R	100			T, B1, 230, 261, 603, 717
Oxymedeton-methyl + Parathion	E 605 Combi	100			T, B1, 230, 264, 603, 717
Parathionmethyl	ME 605		50		

*) SpM = Spinnmilben BgM = Blattgallmilbe KrM = Kräuselmilbe

Mittel gegen Pilzkrankheiten an Reben

		Zugelassen mit einer Aufwandmenge in g bzw. ml je 100 l Wasser gegen					
Wirkstoff	Mittel z. B.	RP*)	EM*)	RB*)	SchF*)	TB*)	Auflagen
Dichlofluanid	Euparen	150		200		200	B4, 230, 602, 733
Cymoxanil + Dithianon	Aktuan	12,5		125	125		B4, 230, 261
Dinocap	Ezenosan Karathane		7,5				Xn, 134, 230, 264, 602
Kupferoxy-chlorid	verschiedene Handels-präparate	250–1000					B4, 230, 261
Kupferoxy-chlorid + Schwefel	Wacker 83	1000					B4, 230, 261
Mancozeb	Dithane Ultra	200		200	200		B4, 230, 261, 602
Iprodion	Rovral					75	B4, 230
Metiram	Polyrom-Combi Phytox-Super	200		200	200		B4
Fenarimol	Rubigan		20				B4, 230, 261
Penconazol	Topas		15				Xi, B4, 230, 261
Propineb	Antracol	200		200	200	200	B4, 230, 261, 602
Procymidon	Sumisclex		75				B4, 230, 261
Schwefel	viele Handels-präparate		100–600				B4
Triadimefon	Bayleton spezial		50				B4
Triadimenol	Bayfidan spezial		50				B4
Triflorin	Saprol u. a.		150				B4, 230, 261
Vinclozolin	Ronilan		100				B4
Vondozeb	Triziman D	200		200	200		B4, 230, 261, 602

*) RP = Rebenperonospora, EM = Echter Mehltau, RB = Roter Brenner, SchF = Schwarzfleckenkrankheit, TB = Traubenbotrytis

Mittel gegen Unkräuter im Weinbau

Wirkstoff	Mittel z. B.	Aufwand l bzw. kg/ha	Anwendungstermin	Auflagen
Amitrol + MCPA + Methabenzthiazuron	Ustinex KR	10	Frühjahr oder Herbst	B4, W1, 230
Amitrol + Simazin	Domatol	5	Frühjahr	B4, W1, 230
Amitrol + Simazin + MCPA	Domatol Spezial	5	Frühjahr	B4, W1, 230
Dalapon + MCPA	Drawirit	10	Sommer	B4, W2
Deiquat	Reglone	5	Frühjahr bis Herbst	T, B4
Dichlobenil	Casoron G u. a.	60–120	Winter oder Frühjahr	B4, W2
Fluazifop-butyl	Fusilade	4	Frühjahr	Xn, B4, W2
Glufosinat	Basta	5	Frühjahr und Sommer	Xn, B4, W2
Glyphosat	Roundup	10	Frühjahr und Sommer	B4, 230, 261
Linuron	Afalon	6	Frühjahr	B4, 230, 261
MCPA	verschiedene Handelspräparate	4	Frühjahr oder Sommer	B4
MCPP	verschiedene Handelspräparate	4	Frühjahr oder Sommer	B4
Paraquat + Simazin	Terraklene B	6	Frühjahr	B4, W2
Simazin	Verschiedene Handelspräparate	5	Frühjahr	B4, W2
Terbumeton + Terbuthylazin	Caragard 3587	7,5 oder 15	Frühjahr und/oder Sommer	B4, W2, 230, 261

Pflanzenschutzmittel im Hopfenbau (Beispiele)

Mittel gegen Schadinsekten und Spinnmilben an Hopfen

Wirkstoff	Mittel z. B.	Zugelassen mit einer Aufwandmenge in g bzw. ml je 100 l Wasser gegen Bl	LSt	Kb	Sch	SpM	Auflagen
Acephat	Acephat 50		250	250			Xn, B1, 230
Binapacryl	Acricid coc.					100	T, B4, 230, 261
Carbofuran	Curaterr Gr.		200	200			Xn, B1, W2, 230, 264
Carbosulfan	Marshal 25 EC	150					T, B1, W2, 230, 264
Cyhexatin	Plictran					40	Xn, B4, 230, 261
Cypermethrin	Ripcord 10	100					B1, 230, 261
Deltamethrin	Decis flüssig	50					Xn, B1, 230, 264
Dicrotophos + Methidathion	Ultracron	150					T1, B1, 230, 264
Dioxacarb	Elocron 50 Sp.	100					Xn, B4, 230, 264
Endosulfan	Thiodan 35 u. a.	100					T, B4, 230, 264
Methamidophos	Tamaron	100	300	300			T, B1, 230, 264
Methidathion	Ultracid 40		250				T, B1, 230, 264
Methomyl	Lannate 20 L	150					T, B1, W2, 230, 264
Methomyl	Lannate 25 WP	100			150		T, B1, W2, 230, 264
Mevinphos	PD 5 u. a.	50				50	T, B1, 230, 264
Omethoat	Folimat	100	300			150	T, B1, 230, 263
Peremethrin	Ambush	30					B1, 230, 264
Propoxur	Unden u. a.	150					Xn, B1, W2, 230, 264

Bl = Blattläuse, LSt = Liebstöckrüßler, Kb = Kartoffelbohrer, Sch = Schattenwickler, SpM = Spinnmilben

Mittel gegen Pilzkrankheiten an Hopfen

Wirkstoff	Mittel z. B.	Zugelassen mit einer Aufwandmenge in g bzw. ml je 100 l Wasser gegen FM*)	EM*)	BC*)	Auflagen
Benalaxyl	Galben Granulat	4 g/ Stock			B3, W2, 230, 264
Benalaxyl + Kupferoxychlorid	Galben R	0,2 g/ Stock			B4, W2, 230, 264
Cymoxanil Dithianon	Aktuan	100			B4, 230, 261
Cymoxanil + Kupferoxychlorid + Schwefel	Cufulan	500			B4 230, 261
Dichlofluanid	Euparen	200		200	B4, 230, 261
Fenarimol	Drawisan		25		B1, 230, 261
Fosetyl	Aliette	250			B1
Kupferoxychlorid	verschiedene Handelspräparate	500			B4, 230, 261
Kupferoxychlorid + Metalaxyl	Ridomil plus	150			B4, W2
Kupferoxychlorid + Schwefel	Wacker 83	1000			B4, 230, 261
Mancozeb	Dithane Ultra	200			B4, 230, 261
Metiram	Polygram Combi	200			B4, 230, 261
Nitrothalisopropyl + Schwefel	Kumulan		250		B4, 227, 230, 261
Procymidon	Sumisclex			75	B4, 230, 261
Propineb	Antracol	200			B4, 230, 261
Schwefel	verschiedene Handelspräparate		250		B4
Triadimefon	Bayleton spezial		250		B4
Triforin	Saprol, Tarsol		100		B4, 230, 261

*) FM = Peronospora (falscher Mehltau), EM = Echter Mehltau, BC = Botrytis cinerea

Pflanzenschutzmittel im Obstbau (Beispiele)

Mittel gegen schädliche Insekten (Insektizide) an Kern- und Steinobst (Stand 1. 1. 1987)

Wirkstoff **Pflanzenschutzmittel** **Kennzeichnung** B1 = bienengefährlich B2 = bienengefährlich, ausgenommen bei Anwendung nach dem täglichen Bienenflug bis 23 Uhr B4 = nicht bienengefährlich T = giftig Xi = reizend Xn = gesundheitsschädlich **Wartezeit** in Tagen K = Kernobst S = Steinobst – = nicht zugelassen × = durch festgelegten Anwendungstermin keine Wartezeit erforderlich	Anwendungsbereich mit Aufwandmenge in g bzw. ml je 100 l Wasser												**Wasserschutzauflagen** **W2!** = Wasserschutzauflage 2 = Die Anwendung in Zuflußbereichen (Einzugsgebieten) von Grund- und Quellwassergewinnungsanlagen ist nur auf Flächen erlaubt, von denen die Fließzeit des Wassers bis zur Fassungsanlage – nach Auskunft der zuständigen Wasserbehörde – mehr als 50 Tage benötigt; d. h. bei Wasserschutzgebieten ist die Anwendung nur in Zone III zulässig. In Zuflußbereichen von **Trinkwassertalsperren** ist die Anwendung grundsätzlich nicht erlaubt.
	Blattläuse, Blattsauger, Zikaden	Blutlaus	Schildläuse	Grüne Futterwanze u. a. Blattwanzen	Capua u. a. Wickler, Frostspanner (Raupen)	Obstmade, Pflaumenwickler (Raupen)	Sägewespenlarven	Goldafter- u. a. freifressende Raupen	Blattwespenlarven	Gespinstmottenraupen	Apfelblütenstecher und andere Rüßler	Spinnmilben	**Bemerkungen**
1	2	3	4	5	6	7	8	9	10	11	12	13	14
Acephat **Orthen** **Xn** B1 K 28 S–	100				100	100					100		Keine Anwendung in unmittelbarer Nähe von Gewässern (5–10 m). Max. drei Anwendungen, davon nicht mehr als zwei Anwendungen nach der Blüte bis spätestens Ende Juni.
Azinphos-methyl + Demeton-S-methylsulfon **Gusathion MS** T B1 **Multapon** T B1 **Rhodiatox Kombi** T B1 **Rospin** T B1 K 35, Kirsche, Pflaume und Zwetsche 35, übriges S–	200 200 200 200		200 200 200 200	200 200 200 200	200 200 200 200	200 200 200 200	200 200 200 200	200 200 200 200	200 200 200 200	200 200 200 200	200 200 200 200	200 200 200 200	**Fischgiftig!** Keine Anwendung in unmittelbarer Nähe von Gewässern (5–10 m). Verstärkte Wirkung gegen saugende Insekten durch Demeton. Keine Anwendung an Pfirsich und Aprikose.
Bacillus thuringiensis ▶**Dipel** W2! B4 ▶**Thuricide HP** W2! B4 K0 S0					 – 100			 100 100		 100 100			**Nicht bienengefährlich! Nützlingsschonend.** Die Wirkung ist abhängig von der Fraßtätigkeit der Raupen (Temperaturabhängigkeit).
Bromophos ▶**Nexion stark** **Xi** B1 K35 Kirsche 14, Pfirsich, Aprikose 21, Pflaume, Zwetsche 28	050	100			100	200	100	100	100	100	100		**Giftig für Fische und Fischnährtiere!** Keine Anwendung in unmittelbarer Nähe von Gewässern (5–10 m). Gegen **Pflaumenwickler** 100 ml.

Bromophos-äthyl **Nexagan** K28 Kirsche 14, übriges S21		**Xn**	B2	050				150	200	100	150	100	150	100		**Giftig für Fische und Fischnährtiere!** Keine Anwendung in unmittelbarer Nähe von Gewässern (5–10 m). Unterschiedliche Aufwandmengen bei verschiedenen Schädlingen beachten! Zahl der Anwendungen: s. Gebrauchsanleitung.
Chlorpyrifos **Dursban-Spritzpulver** K42 Pflaume und Zwetsche 14, übriges S–		**Xn**	B1		200			200	·200	200	200	200	200	200		**Giftig für Fische und Fischnährtiere!** Keine Anwendung in unmittelbarer Nähe von Gewässern (5–10 m).
Chlorpyrifos + Dimethoat **Salut** K42, Pflaume, Zwetsche 21, übriges S–	W2!	**T**	B1	125	150			125	125	125	125	125	125	125		**Giftig für Fische und Fischnährtiere!** Keine Anwendung in unmittelbarer Nähe von Gewässern (5–10 m). Nicht gegen Birnblattsauger.
Cypermethrin **Cymbush** Kx Sx			B1	040				040								**Giftig für Fische und Fischnährtiere!** Keine Anwendung in unmittelbarer Nähe von Gewässern (5–10 m). Cymbush zur Vorblütespritzung gegen allgem. Obstbauschädlinge (1 Anwendung). Gute Wirkung gegen **Miniermotten.** Nicht über 25 °C. Bei wiederholter Anwendung gegen Birnblattsauger Resistenzgefahr!
Ripcord 10 K14 S14			B1	050	050			050		100	050	050	050	050		
Deltamethrin **Decis** K7 S14		**Xn**	B2	030			030	030	030	030	030	030	030	030		**Giftig für Fische und Fischnährtiere!** Keine Anwendung in unmittelbarer Nähe von Gewässern (5–10 m). Gute Wirkung gegen **Miniermotten.** Nicht über 25 °C. Bei wiederholter Anwendung gegen Birnblattsauger Resistenzgefahr!
Dialifos **Torak** Kx Sx		**T**	B4	100				100			100	100	100	100	100	**Fischgiftig!** Keine Anwendung in unmittelbarer Nähe von Gewässern (5–10 m). **Anwendung nur bis zum Abschluß der Blüte. Nicht bienengefährlich!**
Diazinon **Basudin 40 Spritzp.** K42 S14	W2!		B1	100	100			100	100 150		100	100	100	100	100	**Fischgiftig!** Keine Anwendung in unmittelbarer Nähe von Gewässern (5–10 m). Dritte Obstmadenspritzung 150 g.
Diflubenzuron ▶ **Dimilin 25 WP** K28 S–			B4					080	080 060							Anwendungszeitpunkt und Mindestspritzabstände beachten! Nicht im Sprühverfahren anwenden! Dritte Obstmadenspritzung 60 g. Gegen **Birnblattsauger** 40 g mit Zusatz von 300 ml Oleo Rustica 11-E. Keine Wirkung gegen saugende Insekten und Fruchtschalenwickler. **Nützlingsschonend. Nicht bienengefährlich!**
Dimethoat **AAdimethoat**	W2!	**Xn**	B1	100	100	150		100	100	100	100	100	100		100	**Giftig für Fische und Fischnährtiere!** Keine Anwendung in unmittelbarer Nähe von Gewässern (5–10 m). Gegen **Kirschfruchtfliege** 100 ml. Zahlreiche Dimethoat-Produkte.
Dimethoat	W2!	**Xn**	B1	100	100	150		100	100	100	100	100	100		100	
Perfekthion	W2!	**Xn**	B1	100	100	150		100	100	100	100	100	100		100	
Rogor	W2!	**Xn**	B1	100	100	150		100	100	100	100	100	100		100	
Roxion K21 S21	W2!	**Xn**	B1	100	100	150		100	100	100	100	100	100		100	

Wirkstoff **Pflanzenschutzmittel** **Kennzeichnung** B1 = bienengefährlich B2 = bienengefährlich, ausgenommen bei Anwendung nach dem täglichen Bienenflug bis 23 Uhr B4 = nicht bienengefährlich T = giftig Xi = reizend Xn = gesundheitsschädlich **Wartezeit** in Tagen K = Kernobst S = Steinobst – = nicht zugelassen × = durch festgelegten Anwendungstermin keine Wartezeit erforderlich	Anwendungsbereich mit Aufwandmenge in g bzw. ml je 100 l Wasser Blattläuse, Blattsauger, Zikaden	Blutlaus	Schildläuse	Grüne Futterwanze u. a. Blattwanzen	Capua u. a. Wickler, Frostspanner (Raupen)	Obstmade, Pflaumenwickler (Raupen)	Sägewespenlarven	Goldafter- u. a. freifressende Raupen	Blattwespenlarven	Gespinstmottenraupen	Apfelblütenstecher und andere Rüßler	Spinnmilben	**Wasserschutzauflagen** **W2!** = Wasserschutzauflage 2 = Die Anwendung in Zuflußbereichen (Einzugsgebieten) von Grund- und Quellwassergewinnungsanlagen ist nur auf Flächen erlaubt, von denen die Fließzeit des Wassers bis zur Fassungsanlage – nach Auskunft der zuständigen Wasserbehörde – mehr als 50 Tage benötigt; d. h. bei Wasserschutzgebieten ist die Anwendung nur in Zone III zulässig. In Zuflußbereichen von **Trinkwassertalsperren** ist die Anwendung grundsätzlich nicht erlaubt. **Bemerkungen**
1	2	3	4	5	6	7	8	9	10	11	12	13	14
Endosulfan ▶**Beosit 35 flüssig** **T** B4 ▶**Thiodan 35 flüssig** **T** B4 K21 S21	100 100				100 100	100 100	100 100	100 100	100 100	100 100	100 100		**Fischgiftig!** Keine Anwendung in unmittelbarer Nähe von Gewässern (5–10 m). Auch zur Bekämpfung freilebender **Gallmilben** an Pflaume und Zwetsche; 100 ml bei Befallsbeginn. **Nicht bienengefährlich!**
Etrimfos **Ekamet** W2! B1 K14, Pflaume, Zwetsche 14, übriges S–	100	100		100	100	100	100	100	100	100	100	100	**Fischgiftig!** Keine Anwendung in unmittelbarer Nähe von Gewässern (5–10 m).
Fenthion **Lebaycid-Emulsion** **Xn** B1 K–, Kirsche 14, übriges S–	100				100								**Fischgiftig!** Keine Anwendung in unmittelbarer Nähe von Gewässern (5–10 m). Gegen **Kirschfruchtfliege** 100 ml.
Fenvalerat **Sumicidin 30** B1 K14, Pfirsich, Aprikose 21 übriges S14	020				020	020	020	020	020	020	020		**Giftig für Fische und Fischnährtiere!** Keine Anwendung in unmittelbarer Nähe von Gewässern (5–10 m). Gute Wirkung gegen **Miniermotten** (30 ml). Nicht über 25 °C. Bei wiederholter Anwendung gegen Birnblattsauger Resistenzgefahr!
Heptenophos ▶**Hostaquick** **T** B1 K3 S3	050	100											**Fischgiftig!** Keine Anwendung in unmittelbarer Nähe von Gewässern (5–10 m).
Kalisalze von Fettsäuren ▶**Neudosan** B4 K0 S0	2000											2000	**Nicht bienengefährlich! Nützlingsschonend!** Keine ausreichende Wirkung gegen Spinnmilben.

Methomyl **Lannate 25 WP** K14 S–	W2!	**T**	B1	100			100	150		150	150	150	150	150		**Fischgiftig!** Keine Anwendung in unmittelbarer Nähe von Gewässern (5–10 m). Sehr schnelle Anfangswirkung. Gute Wirkung gegen **Miniermotten.**
Methoxychlor **Methoxychlor-Emulsion** K–, Kirsche 7, übriges S–			B4													**Fischgiftig!** Keine Anwendung in unmittelbarer Nähe von Gewässern (5–10 m). Anwendung z. Z. nur gegen Kirschenfruchtfliegen, **200 ml bei Befallsbeginn nach Warndienstaufruf. Nicht bienengefährlich!**
Mevinphos																**Fischgiftig!** Keine Anwendung in unmittelbarer Nähe von Gewässern (5–10 m). Anwendung nur bei Kirsche.
PD 5		**T**	B1	050				050			050	050	050		050	
Shell Phosdrin K–, Kirsche 14, übriges S–		**T**	B1	050				050			050	050	050 16		050	
Oxydemeton-methyl **Metasystox R** K28, Kirsche 35		**T**	B1	100						100					100	**Fischgiftig!** Keine Anwendung in unmittelbarer Nähe von Gewässern (5–10 m). Vollsystemische Wirkung. Wirkungsdauer ca. zwei Wochen. Nutzinsekten werden weniger geschädigt.
Parathion																**Fischgiftig!** Keine Anwendung in unmittelbarer Nähe von Gewässern (5–10 m).
E 605 forte		**T**	B1	035	050	050	035	035	035	035	035	035	035	035		
Parathion forte		**T**	B1	035	050	050	035	035	035	035	035	035	035	035		
Parathion P-O-X konz. K14, Kirsche 35		**T**	B1	035	050	050	035	035	035	035	035	035	035	035		
Parathion + Oxydemeton-methyl **E 605 forte** K28 S28 (außer Pfirsich)		**T**	B1	100		150		100	100	100	100	100	100	100	100	**Fischgiftig!** Keine Anwendung in unmittelbarer Nähe von Gewässern (5–10 m). Keine Anwendung an Pfirsich.
Permethrin																**Giftig für Fische und Fischnährtiere!** Keine Anwendung in unmittelbarer Nähe von Gewässern (5–10 m). Zur Vorblütespritzung gegen allg. Obstbauschädlinge an Kern- und Steinobst 20 ml. **Miniermotten** 10 ml, **Blattsauger** 10 ml. Gute Wirkung nur unter 25 °C.
Ambush			B1	010					020							
Ribinol			B1	010												
Talcord K14 S14			B1	075			075	050	075	050	050	050	050	050		
Phosalon																**Fischgiftig!** Keine Anwendung in unmittelbarer Nähe von Gewässern (5–10 m). Zahl der Anwendungen s. Gebrauchsanleitung. **Nicht bienengefährlich!**
▶Rubitox flüssig		**Xn**	B4	150				150	150	150	150	150	150	150	200	
▶Rubitox Spritzp. K42, Kirsche, Pflaume 35, übriges S–		**Xn**	B4	200				200	200	200	200	200	200	200	200	

Wirkstoff **Pflanzenschutzmittel** **Kennzeichnung** B1 = bienengefährlich B2 = bienengefährlich, ausgenommen bei Anwendung nach dem täglichen Bienenflug bis 23 Uhr B4 = nicht bienengefährlich T = giftig Xi = reizend Xn = gesundheitsschädlich **Wartezeit** in Tagen K = Kernobst S = Steinobst – = nicht zugelassen × = durch festgelegten Anwendungstermin keine Wartezeit erforderlich	Anwendungsbereich mit Aufwandmenge in g bzw. ml je 100 l Wasser Blattläuse, Blattsauger, Zikaden	Blutlaus	Schildläuse	Grüne Futterwanze u. a. Blattwanzen	Capua u. a. Wickler, Frostspanner (Raupen)	Obstmade, Pflaumenwickler (Raupen)	Sägewespenlarven	Goldafter- u. a. freifressende Raupen	Blattwespenlarven	Gespinstmottenraupen	Apfelblütenstecher und andere Rüßler	Spinnmilben	**Wasserschutzauflagen** **W2!** = Wasserschutzauflage 2 = Die Anwendung in Zuflußbereichen (Einzugsgebieten) von Grund- und Quellwassergewinnungsanlagen ist nur auf Flächen erlaubt, von denen die Fließzeit des Wassers bis zur Fassungsanlage – nach Auskunft der zuständigen Wasserbehörde – mehr als 50 Tage benötigt; d. h. bei Wasserschutzgebieten ist die Anwendung nur in Zone III zulässig. In Zuflußbereichen von **Trinkwassertalsperren** ist die Anwendung grundsätzlich nicht erlaubt. **Bemerkungen**
1	2	3	4	5	6	7	8	9	10	11	12	13	14
Phosphamidon **Dimecron 20** T B1 K21, Pfirsich, Aprikose 21, Zwetsche, Pflaume 28, Kirsche –	100	100			100			100	100	100	100	100	Keine Anwendung in unmittelbarer Nähe von Gewässern (5–10 m). Systemische Wirkung. Keine Anwendung in Kirsche.
Pirimicarb ▶**Pirimor-Spritzgran. W2! Xn** B4 K–, Kirsche 10, übriges S–	050												**Nicht bienengefährlich! Nützlingsschonend.** Gegen Blattläuse nur an Kirsche. Gute Handhabung durch Granulatform.
Propoxur **Unden flüssig** W2! **Xn** B1 **Unden Spritzpulver** W2! **Xn** B1 **Rhoden Spritzpulver** W2! **Xn** B1 K7 S7 (außer Kirsche)	150 100 100	200 150 150	150 100 100	 100 100	200 150 150	 150 150	200 100 100	200 150 150	200 150 150	200 150 150	200 150 150		**Fischgiftig!** Keine Anwendung in unmittelbarer Nähe von Gewässern (5–10 m). Keine Anwendung in Kirsche.
Pyrethrum + Piperonylbutoxid **Spruzit flüssig** B4 K2 S2	100				100			100	100	100	100	100	**Fischgiftig!** Keine Anwendung in unmittelbarer Nähe von Gewässern (5–10 m). **Nicht bienengefährlich!** Keine ausreichende Wirkung gegen Birnblattsauger, blattminierende Kleinschmetterlinge und Spinnmilben.

Quelle: Maßfeller, B., Fischer, M.: Pflanzenbehandlungs-Empfehlungen für den Erwerbsobstbau 1987. Rheinische Monatszeitschrift für Gemüse, Obst und Zierpflanzen, 2, 1987, „Sonderteil".

Mittel gegen Pilzkrankheiten (Fungizide) in Kern- und Steinobst (Stand 1. 1. 1987)

Wirkstoff **Pflanzenschutzmittel** **Kennzeichnung** B1 = bienengefährlich B4 = nicht bienengefährlich T = giftig Xi = reizend Xn = gesundheitsschädlich **Wartezeit** in Tagen K = Kernobst S = Steinobst – = nicht zugelassen × = durch festgelegten Anwendungstermin keine Wartezeit erforderlich	Zugelassener Anwendungsbereich mit Aufwandmenge in g bzw. ml je 100 l Wasser: Schorf an Kernobst	Apfelmehltau	Lagerschorf Lagerfäulen	Monilia an Kirsche	Pfirsichschorf	Schrotschußkrankheit an Kirsche u. Pfirsich	Kräuselkrankheit an Pfirsich	Sprühfleckenkrankheit an Süß- u. Sauerkirsche	**Wasserschutzauflagen** **W2!** = Wasserschutzauflage 2 = Die Anwendung in Zuflußbereichen (Einzugsgebieten) von Grund- und Quellwassergewinnungsanlagen ist nur auf Flächen erlaubt, von denen die Fließzeit des Wassers bis zur Fassungsanlage – nach Auskunft der zuständigen Wasserbehörde – mehr als 50 Tage benötigt; d. h. bei Wasserschutzgebieten ist die Anwendung nur in Zone III zulässig. In Zuflußbereichen von **Trinkwassertalsperren** ist die Anwendung grundsätzlich nicht erlaubt. **Bemerkungen**
1	2	3	4	5	6	7	8	9	10
Benomyl **▶Du Pont Benomy** B4 K7 S–			030						**Fischgiftig!** Keine Anwendung in unmittelbarer Nähe von Gewässern (5–10 m). System. Fungizid; wegen Resistenzgefahr Mittelwechsel mit Kontaktfungizid empfohlen. Anzahl der Anwendungen siehe Gebrauchsanleitung. Toxisch für Regenwürmer; möglichst nur eine abschließende Anwendung.
Binapacryl **Acricid conc.** **T** B4 K21 S–		125							**Fischgiftig!** Keine Anwendung in unmittelbarer Nähe von Gewässern (5–10 m). Aufwandmenge vor der Blüte 125 g, nach der Blüte 100 g, bei 7tägiger Spritzfolge 50 g. Gegen **Spinnmilben** in Kernobst 100 g.
Bitertanol **▶Baycor Spritzpulver** B4 Apfel 14, Kirsche 21, übriges K und S–	050			150					**Fischgiftig!** Keine Anwendung in unmittelbarer Nähe von Gewässern (5–10 m). Bei Kernobst nur gegen Apfelschorf!
Bupirimat **▶Nimrod** B4 K35 S–		040							**Fischgiftig!** Keine Anwendung in unmittelbarer Nähe von Gewässern (5–10 m). Keine Anwendung während der Blüte.
Carbendazim **▶Bavistin** B4 **▶Derosal** B4 K14 S–			050 050						Systemisches Fungizid; wegen Resistenzgefahr Mittelwechsel mit Kontaktfungizid empfohlen. Anzahl der Anwendungen siehe Gebrauchsanleitung.
Chinomethionat **Morestan** B4 K14 S–		030							**Fischgiftig!** Keine Anwendung in unmittelbarer Nähe von Gewässern (5–10 m). 7tägige Spritzfolge einhalten. Bei wiederholter Anwendung im Sommer bei empfindlichen Kernobstarten Blattfall möglich. Gegen **Spinnmilben** an Kernobst in der Spritzfolge oder zwei bis drei Anwendungen je nach Besatzdichte.

Wirkstoff **Pflanzenschutzmittel** **Kennzeichnung** B1 = bienengefährlich B4 = nicht bienengefährlich T = giftig Xi = reizend Xn = gesundheitsschädlich **Wartezeit** in Tagen K = Kernobst S = Steinobst – = nicht zugelassen × = durch festgelegten Anwendungstermin keine Wartezeit erforderlich	Zugelassener Anwendungsbereich mit Aufwandmenge in g bzw. ml je 100 l Wasser								**Wasserschutzauflagen** **W2!** = Wasserschutzauflage 2 = Die Anwendung in Zuflußbereichen (Einzugsgebieten) von Grund- und Quellwassergewinnungsanlagen ist nur auf Flächen erlaubt, von denen die Fließzeit des Wassers bis zur Fassungsanlage – nach Auskunft der zuständigen Wasserbehörde – mehr als 50 Tage benötigt; d. h. bei Wasserschutzgebieten ist die Anwendung nur in Zone III zulässig. In Zuflußbereichen von **Trinkwassertalsperren** ist die Anwendung grundsätzlich nicht erlaubt. **Bemerkungen**
	Schorf an Kernobst	Apfelmehltau	Lagerschorf Lagerfäulen	Monilia an Kirsche	Pfirsichschorf	Schrotschußkrankheit an Kirsche u. Pfirsich	Kräuselkrankheit an Pfirsich	Sprühfleckenkrankheit an Süß- u. Sauerkirsche	
1	2	3	4	5	6	7	8	9	10
Dichlofluanid ▶**Euparen** B4 K7 Pfirs. × übrig. S–	150		150				150		**Fischgiftig!** Keine Anwendung in unmittelbarer Nähe von Gewässern (5–10 m).
Dinocap **Karathane** B4 K5 S–		100							**Fischgiftig!** Zahl der Anwendungen siehe Gebrauchsanleitung.
Dithianon ▶**Delan flüssig** **Xn** B4 K21, Kirsche 28, Pfirsich ×, übrig. S–	200 150					200	200	200	**Giftig für Fische und Fischnährtiere!** Keine Anwendung in unmittelbarer Nähe von Gewässern (5–10 m). Gegen **Schorf** an Kernobst vor der Blüte 200 ml, nach der Blüte 150 ml. Gegen **Kräuselkrankheit** an Pfirsich bei anfälligeren Sorten 400 ml. Gegen **Schrotschuß-** und **Sprühfleckenkrankheit** max. drei Anwendungen. Bei Anwendung nach 1. 7. Schalenbräunegefahr. Wirkung gegen **Gloeosporium-** und **Nectria**-Pilze.
Fenarimol ▶**Rubigan** **Xn** B4 ▶**Elital** **Xn** B4 K21 S–	030 030	030 030							**Fischgiftig!** Keine Anwendung in unmittelbarer Nähe von Gewässern (5–10 m). Spritzfolge 10 bis 14 Tage; nicht in der berostungsempfindlichen Phase anwenden.
Ferbam **Ferbam 80** B4 K × S–	200								Anwendung **nur vor der Blüte.** Maximal drei Anwendungen.
Kupferoxychlorid **BASF-Grünkupfer** B4 K × S × **Cupravit (Ob 21)** B4 **Fitoran Grün** B4	300 300 150					500 500	500 500		**Fischgiftig!** Keine Anwendung in unmittelbarer Nähe von Gewässern (5–10 m). Gegen **Schorf** an Kernobst vor der Blüte 300 g, abfallend zur Blüte bis 100 g. Vorsicht beim Austrieb, nach der Blüte nur als Zusatz zu kupferfreien Spritzbrühen, max. zwei Anwendungen. Gegen **Obstbaumkrebs** als Blattfallspritzung nach Ernte max. drei Anwendungen.

Funguran **Kupfer WP 50** **und zahlreiche weitere Präparate** K21 S21		B4 B4	300 300					500 500	500 500		Gegen **Kragenfäule** vBl und nE max. zwei Anwendungen. Gegen **Ast- und Baumsterben** des Steinobstes vBl und nE max. drei Anwendungen. Bei Pfirsich während des Knospenschwellens max. zwei Anwendungen. Toxisch für Regenwürmer.
Mancozeb ▶**Dithane Ultra** K28 S28		B4	200				200				**Fischgiftig!** Keine Anwendung in unmittelbarer Nähe von Gewässern (5–10 m). Bezüglich der Anwendungszahl Gebrauchsanleitung beachten.
Metiram ▶**Polyram-Combi** ▶**Phytox-Super** K28 S21	 **Xi** **Xi**	 B4 B4	200 150 200 150					 200 200			**Fischgiftig!** Keine Anwendung in unmittelbarer Nähe von Gewässern (5–10 m). Gegen **Rostpilze** 200 g. Gegen **Schorf** an Kernobst vor der Blüte 200 g, nach der Blüte 150 g.
Metiram + Nitrothal-isopropyl **Pallinal** K28 S–		 B4	 200 200	 250 250							**Fischgiftig!** Keine Anwendung in unmittelbarer Nähe von Gewässern (5–10 m). Keine Anwendung bei Berlepsch. 250 g vBl, 200 g ab Bl.
Nitrothal-isopropyl + Schwefel **Kumulan** K14 S–	 **Xi**			 200 150							**Fischgiftig!** Keine Anwendung in unmittelbarer Nähe von Gewässern (5–10 m). Keine Anwendung bei Berlepsch und Melrose. 200 g vBl, 150 g ab Bl.
Propineb **Antracol** K14 S28			150					150		150	**Fischgiftig!** Keine Anwendung in unmittelbarer Nähe von Gewässern (5–10 m). Gegen **Sprühflecken-** und **Schrotschußkrankheit** zwei bis drei Anwendungen nach Blüte im Abstand von 14 Tagen.
Pyrazophos **Afugan** K28 S–	 **Xn**	 B1		 050 075							**Fischgiftig!** Keine Anwendung in unmittelbarer Nähe von Gewässern (5–10 m). Systemisches Fungizid. Bei 7tägigem Spritzabstand 50 ml, bei 10- bis 14tägigem Abstand 75 ml. **Bienengefährlich!**
Schwefel (Netzschwefel) ▶**Zahlreiche Präparate** K7 S–		 B4	700 500 400 200								Gegen **Schorf** und **Echten Mehltau** an Kernobst vor der Blüte 700 g, abfallend zur Blüte bis 500 g, nach der Blüte 400 g, abfallend bis 200 g. Vorsicht bei schwefelempfindlichen Sorten! Schorfwirkung nur bei Temperaturen über 16 °C.
Schwefel + Zineb + Maneb **Astimasul** K × S–		 B4	 300	 300							Keine Anwendung in unmittelbarer Nähe von Gewässern (5–10 m). Max. 3 Anwendungen – nur **vor** der Blüte.
Thiram (TMTD) ▶ **Apirol** ▶**Pomarsol forte** ▶**Thianosan M u. a.** **TMTD Spritzm.** K10 S–		 B4 B4 B4	 200 200 200								**Fischgiftig!** Keine Anwendung in unmittelbarer Nähe von Gewässern (5–10 m).

Wirkstoff **Pflanzenschutzmittel** **Kennzeichnung** B1 = bienengefährlich B4 = nicht bienengefährlich T = giftig Xi = reizend Xn = gesundheitsschädlich **Wartezeit** in Tagen K = Kernobst S = Steinobst – = nicht zugelassen × = durch festgelegten Anwendungstermin keine Wartezeit erforderlich	Zugelassener Anwendungsbereich mit Aufwandmenge in g bzw. ml je 100 l Wasser Schorf an Kernobst	Apfelmehltau	Lagerschorf Lagerfäulen	Monilia an Kirsche	Pfirsichschorf	Schrotschußkrankheit an Kirsche u. Pfirsich	Kräuselkrankheit an Pfirsich	Sprühfleckenkrankheit an Süß- u. Sauerkirsche	**Wasserschutzauflagen** **W2!** = Wasserschutzauflage 2 = Die Anwendung in Zuflußbereichen (Einzugsgebieten) von Grund- und Quellwassergewinnungsanlagen ist nur auf Flächen erlaubt, von denen die Fließzeit des Wassers bis zur Fassungsanlage – nach Auskunft der zuständigen Wasserbehörde – mehr als 50 Tage benötigt; d. h. bei Wasserschutzgebieten ist die Anwendung nur in Zone III zulässig. In Zuflußbereichen von **Trinkwassertalsperren** ist die Anwendung grundsätzlich nicht erlaubt. **Bemerkungen**
1	2	3	4	5	6	7	8	9	10
Triadimefon ▶**Bayleton spezial** B4 K14 S–		050							Spritzabstände: 7–14 Tage, ab Vorblüte. Nicht in der berostungsempfindlichen Phase anwenden.
Triforine ▶**Saprol** **Xi** B4 Apfel 14, übrig. K–, Kirsche 7, übrig. S–	125	125		150				150	**Fischgiftig!** Keine Anwendung in unmittelbarer Nähe von Gewässern (5–10 m). Berostungsgefahr siehe Gebrauchsanweisung. Gegen **Monilia** max. drei, gegen **Sprühfl.** max. sieben Anwendungen; Verbrennung der Blütenblätter möglich, aber ohne Auswirkung auf den Fruchtansatz.
Vinclozolin ▶**Ronilan** B4 K–, Kirsche 56, übrig. S–				100					Max. drei Anwendungen im Abstand von 7–10 Tagen ab Blühbeginn.

Wirkstoff **Pflanzenschutzmittel** **Kennzeichnung** B1 = bienengefährlich B4 = nicht bienengefährlich T = giftig Xn = gesundheitsschädlich **Wartezeit** in Tagen K = Kernobst S = Steinobst – = nicht zugelassen × = durch festgelegten Anwendungstermin keine Wartezeit erforderlich		Anwendungsbereich mit Aufwandmenge in g bzw. ml je 100 l Wasser												**Wasserschutzauflagen** **W1!** = Wasserschutzauflage 1 = Keine Anwendung in Zuflußbereichen (Einzugsgebieten) von Grund- und Quellwassergewinnungsanlagen bzw. Trinkwassertalsperren. **W2!** = Wasserschutzauflage 2 = Die Anwendung in Zuflußbereichen (Einzugsgebieten) von Grund- und Quellwassergewinnungsanlagen ist nur auf Flächen erlaubt, von denen die Fließzeit des Wassers bis zur Fassungsanlage – nach Auskunft der zuständigen Wasserbehörde – mehr als 50 Tage benötigt; d. h. bei Wasserschutzgebieten ist die Anwendung nur in Zone III zulässig. In Zuflußbereichen von **Trinkwassertalsperren** ist die Anwendung grundsätzlich nicht erlaubt. **Bemerkungen**
		Blattläuse, Blattsauger, Zikaden	Blutlaus	Schildläuse	Grüne Futterwanze u. a. Blattwanzen	Capua u. a. Wickler, Frostspanner (Raupen)	Obstmade, Pflaumenwickler (Raupen)	Sägewespenlarven	Goldafter- u. a. freifressende Raupen	Blattwespenlarven	Gespinstmottenraupen	Apfelblütenstecher und andere Rüßler	Spinnmilben	
1		2	3	4	5	6	7	8	9	10	11	12	13	14
Austriebsspritzmittel														
Bromophos **Nexion-Öl** K× S×	B1	500		500		500								**Fischgiftig!** Keine Anwendung in unmittelbarer Nähe von Gewässern (5–10 m).
Cypermethrin **Cymbush** K× S×	B1	040				040			040	040	040	040		**Fischgiftig!** Keine Anwendung in unmittelbarer Nähe von Gewässern (5–10 m).
Mineralöl													2000	Keine Anwendung in unmittelbarer Nähe von Gewässern (5–10 m). Gegen die **Wintereier der Spinnmilben** sowie gegen **San-José-Schildlaus** 2000 ml im Grünknospen- bzw. 1000 ml im Balkonstadium. Nur bei trockenem Wetter bei Temperaturen über 7 °C, nicht bei Nachtfrostgefahr.
▶**Attraco 7-E**	B4												1000	
▶**Frankol-Paranol**	B4			3000									3000	
▶**Para-Sommer**	B4			2000									3000	
▶**Winter- und Austriebsmittel** **Promanal** K× S×	B4			3000									3000	Gegen die **Wintereier der Roten Spinne** und gegen **San-José-Schildlaus** 3000 ml. **Nicht bienengefährlich!**

Wirkstoff **Pflanzenschutzmittel** **Kennzeichnung** B1 = bienengefährlich B4 = nicht bienengefährlich T = giftig Xn = gesundheitsschädlich **Wartezeit** in Tagen K = Kernobst S = Steinobst – = nicht zugelassen × = durch festgelegten Anwendungstermin keine Wartezeit erforderlich	Anwendungsbereich mit Aufwandmenge in g bzw. ml je 100 l Wasser Blattläuse, Blattsauger, Zikaden	Blutlaus	Schildläuse	Grüne Futterwanze u. a. Blattwanzen	Capua u. a. Wickler, Frostspanner (Raupen)	Obstmade, Pflaumenwickler (Raupen)	Sägewespenlarven	Goldafter- u. a. freifressende Raupen	Blattwespenlarven	Gespinstmottenraupen	Apfelblütenstecher und andere Rüßler	Spinnmilben	**Wasserschutzauflagen** **W1!** = Wasserschutzauflage 1 = Keine Anwendung in Zuflußbereichen (Einzugsgebieten) von Grund- und Quellwassergewinnungsanlagen bzw. Trinkwassertalsperren. **W2!** = Wasserschutzauflage 2 = Die Anwendung in Zuflußbereichen (Einzugsgebieten) von Grund- und Quellwassergewinnungsanlagen ist nur auf Flächen erlaubt, von denen die Fließzeit des Wassers bis zur Fassungsanlage – nach Auskunft der zuständigen Wasserbehörde – mehr als 50 Tage benötigt; d. h. bei Wasserschutzgebieten ist die Anwendung nur in Zone III zulässig. In Zuflußbereichen von **Trinkwassertalsperren** ist die Anwendung grundsätzlich nicht erlaubt. **Bemerkungen**
1	2	3	4	5	6	7	8	9	10	11	12	13	14
Mineralöl + Parathion **Eftol-Öl** **T** B1 **Folidol-Öl-Spritzmittel** **T** B1 K× S×	 500 500		 500 500		 500 500					 500 500	 500 500		**Fischgiftig!** Keine Anwendung in unmittelbarer Nähe von Gewässern (5–10 m).
Permethrin **Ambush** B1 **Ribinol** B1 K× S×	 020 020				 020 020			 040	 020 020	 020 020	 020 020		**Fischgiftig!** Keine Anwendung in unmittelbarer Nähe von Gewässern (5–10 m). **Anwendung nur vor der Blüte.**
Winterspritzmittel													
DNOC **Dinitrol** W1! **T** B1 K× S×	4000		4000		4000					4000			**Fischgiftig!** Keine Anwendung in unmittelbarer Nähe von Gewässern (5–10 m). Wirkung auch gegen Moose und Flechten. **Wasserschutzauflage W1 beachten!**

Spezielle Mittel gegen Spinnmilben (Akarizide) in Kern- und Steinobst (Stand 1. 1. 1987)

Wirkstoff **Pflanzenschutzmittel** **Kennzeichnung** B1 = bienengefährlich B4 = nicht bienengefährlich T = giftig Xn = gesundheitsschädlich **Wartezeit** in Tagen K = Kernobst S = Steinobst – = nicht zugelassen × = durch festgelegten Anwendungstermin keine Wartezeit erforderlich	Konz. in ml bzw. g je 100 l Wasser	Wirkung auf: Wintereier	Wirkung auf: Sommereier	Wirkung auf: Larven	Wirkung auf: vollentw. Tiere	**Wasserschutzauflagen** **W2!** = Wasserschutzauflage 2 = Die Anwendung in Zuflußbereichen (Einzugsgebieten) von Grund- und Quellwassergewinnungsanlagen ist nur auf Flächen erlaubt, von denen die Fließzeit des Wassers bis zur Fassungsanlage – nach Auskunft der zuständigen Wasserbehörde – mehr als 50 Tage benötigt; d. h. bei Wasserschutzgebieten ist die Anwendung nur in Zone III zulässig. In Zuflußbereichen von **Trinkwassertalsperren** ist die Anwendung grundsätzlich nicht erlaubt. **Bemerkungen**
1	2	3	4	5	6	7
Azocyclotin **Peropal** K14 S– **Xn** B4	100	–	–	+	+	**Fischgiftig!** Keine Anwendung in unmittelbarer Nähe von Gewässern (5–10 m). Nützlingsschonend (außer Raubmilben). **Nicht bienengefährlich!**
Clofentezin ▶**Apollo** B4 K× S×	030	+	+	+	–	Anwendung vor dem Schlupf (Stadium Grüne bis spätestens Rote Knospe). Gute Benetzung erforderlich. **Nützlingsschonend** (auch Raubmilben). **Nicht bienengefährlich!**
Cyhexatin ▶**Acarstin** **Xn** B4 K21 S–	100	–	–	+	+	**Fischgiftig!** Keine Anwendung in unmittelbarer Nähe von Gewässern (5–10 m). Acarstin gegen Spinnmilben in Kernobst, Plictran flüssig auch in Pflaume und Zwetsche. Früheste Anwendung, wenn die Larven zu 50–70 % aus den Wintereiern geschlüpft sind. Bei Sommeranwendung in empfindlichen Sorten Blattfall möglich. **Nicht bienengefährlich!**
▶**Plictran flüssig** **Xn** B4 K21, Pflaume, Zwetsche 14, übriges S–	040	–	–	+	+	
Dialifos **Torak** **T** B4 K× S×	100	–		+	+	**Fischgiftig!** Keine Anwendung in unmittelbarer Nähe von Gewässern (5–10 m). Als Insektizid auch gegen beißende und saugende Insekten zugelassen. **Anwendung nur bis Abschluß der Blüte. Nicht bienengefährlich!**
Dicofol **Kelthane** **Xn** B4 K 14, Pflaume 14, übriges S–	150	–	–	+	+	**Fischgiftig!** Keine Anwendung in unmittelbarer Nähe von Gewässern (5–10 m). Präparate verschiedener Hersteller. **Nicht bienengefährlich!**
Fenbutatin-oxid ▶**Shell-Torque** K14 **Xn** B4 Kirsche, Zwetsche, Pflaume 14, Pfirsich und Aprikose 21	050	–	–	+	+	**Fischgiftig!** Keine Anwendung in unmittelbarer Nähe von Gewässern (5–10 m). Erfaßt die beweglichen Stadien der Spinnmilben. Bereits bei erkennbar geringem Befall einsetzen. **Nützlingsschonend** (auch Raubmilben). **Nicht bienengefährlich!**
Shell-Torque flüssig **Xn** B4 K14 S–	050	–	–	+	+	
Flubenzimine **Cropotex** B4 K42 S42	100	–	–	+	–	**Fischgiftig!** Keine Anwendung in unmittelbarer Nähe von Gewässern (5–10 m). Mind. 2 Anwendungen im Abstand v. 4–5 Wochen. 1. Anwendung kurz nach der Blüte. Gute Benetzung erforderl. Wirkung gegen Larven- u. Nymphenstadien.

Mittel zur Bekämpfung von Unkräutern (Herbizide) in Kern- und Steinobst (Stand 1. 1. 1987)

Wirkstoff **Pflanzenschutzmittel** **Kennzeichnung** B1 = bienengefährlich B4 = nicht bienengefährlich T = giftig Xi = reizend Xn = gesundheitsschädlich **Wartezeit** in Tagen K = Kernobst S = Steinobst – = nicht zugelassen × = durch festgelegten Anwendungstermin keine Wartezeit erforderlich	Einsatz ab Standjahr	Zugelassene Aufwandmenge in l/ha bzw. kg/ha Kernobst	 Steinobst	**Wasserschutzauflagen** **W1!** = Wasserschutzauflage 1 = Keine Anwendung in Zuflußbereichen (Einzugsgebieten) von Grund- und Quellwassergewinnungsanlagen bzw. Trinkwassertalsperren. **W2!** = Wasserschutzauflage 2 = Die Anwendung in Zuflußbereichen (Einzugsgebieten) von Grund- und Quellwassergewinnungsanlagen ist nur auf Flächen erlaubt, von denen die Fließzeit des Wassers bis zur Fassungsanlage – nach Auskunft der zuständigen Wasserbehörde – mehr als 50 Tage benötigt; d. h. bei Wasserschutzgebieten ist die Anwendung nur in Zone III zulässig. In Zuflußbereichen von **Trinkwassertalsperren** ist die Anwendung grundsätzlich nicht erlaubt. **Bemerkungen**
1	2	3	4	5
Amitrol + Bromacil + 2,4-D Salz + Diuron **Ustinex GL** **W1!** B4 K× S–	5.	15		Keine Anwendung in unmittelbarer Nähe von Gewässern (5–10 m). Frühjahrsanwendung gegen Unkräuter in Kernobst bis kurz vor Ballonstadium der Blüte, ausgenommen Birne auf Quitte. Nicht während der Blüte. **Keine Anwendung an Gewässern.**
Amitrol + MCPA-Salz + Simazin **Domatol Spezial** **W1!** B4 K42 S–	2. 4.	15 15 20		Ab 2. Standjahr 15 kg/ha zur Sommeranwendung, ab 4. Standjahr 15 kg/ha zur Frühjahrsanwendung auf leichten und mittleren Böden, 20 kg/ha auf schweren und humosen Böden oder bei Vorherrschen von Ampferarten, Quecke und Winde. **Keine Anwendung an Gewässern.**
Amitrol + Simazin **Domatol** **W1!** B4 K× S× (ausgen. Pfirsich u. Aprikose)	1. 2. 4.	5 7,5 10 15 20 25	5 7,5 10 15 20 25	Bei Kern- und Steinobst (ausgen. Pfirsich und Aprikose) gegen Samenunkräuter ab 1. Standjahr 5 kg/ha auf leichten und mittleren Böden, 7,5 kg/ha auf schweren und humusreichen Böden. Unkräuter ausgenommen Quecke, ab 4. Standjahr mit 15 kg/ha, Unkräuter einschl. Quecke ab 4. Standjahr mit 20 kg/ha auf leichten und mittleren Böden, 25 kg/ha auf schweren und humusreichen Böden. Zur Frühjahrsanwendung ab 10–15 cm Unkrauthöhe. **Keine Anwendung an Gewässern.**
Dichlobenil **Brennessel-KO** **W2!** B4 **Casoron G** **W2!** B4 **Prefix G** **W2!** B4 **Vinuran** **W2!** B4 K× S–	4.	60 70 80 120		Gegen auflaufende Samenunkräuter in Kernobst, Winteranwendung im zeitigen Frühjahr oder Frühjahrsanwendung, 60 kg/ha auf leichten, 70 kg/ha auf mittelschweren, 80 kg/ha auf schweren Böden streuen. Gegen Samen- und wurzelnde Unkräuter in Kernobst, Winteranwendung im zeitigen Frühjahr oder Frühjahrsanwendung, 120 kg/ha streuen.

Fluazifop-butyl **Fusilade** **W2!** **Xn** B4 K28 S28	1.	4	4	**Fischgiftig!** Keine Anwendung in unmittelbarer Nähe von Gewässern (5–10 m). Frühjahrsanwendung ab 1. Standjahr in Kern- und Steinobst gegen ein- und mehrjährige Ungräser, ausgenommen Einjährige Rispe.
Glyphosate **▶Roundup** **Xi** B4 K42 S–	1.	5		**Fischgiftig!** Keine Anwendung in unmittelbarer Nähe von Gewässern (5–10 m). Gegen Ungräser und Unkräuter unter Kernobst ab Pflanzjahr. 5 l/ha ab 20 cm Höhe der Unkräuter. Anwendung von Mai bis Ende Juni. Grüne Teile der Obstbäume dürfen weder vom Spritzstrahl noch von Abdrift getroffen werden.
Glyphosate + Ammonsulfat (Tankmischung) **▶ Roundup + schwefelsaures Ammoniak** **W2!** **Xi** B4 K42 S–	1.	3 + 10		**Fischgiftig!** Keine Anwendung in unmittelbarer Nähe von Gewässern (5–10 m). Gegen Ungräser und Unkräuter unter Kernobst ab Pflanzjahr 3 l/ha Roundup ab 20 cm Höhe der Unkräuter. Anwendung von Mai bis Ende Juni. Grüne Teile der Obstbäume dürfen weder vom Spritzstrahl noch von Abdrift getroffen werden.
Glyphosate + Simazin (Tankmischung) **▶Roundup + Gesatop 500 flüssig** **W2!** **Xi** B4 K42 S–	3.	5 + 3–5		**Fischgiftig!** Keine Anwendung in unmittelbarer Nähe von Gewässern (5–10 m). Gegen stehende und auflaufende Unkräuter unter Kernobst ab 3. Standjahr. Anwendung von Mai bis Ende Juni. Grüne Teile der Obstbäume dürfen weder vom Spritzstrahl noch von Abdrift getroffen werden. 3 l/ha Simazin auf leichten, 5 l/ha auf schweren Böden.
Glyphosate + Simazin + Ammonsulfat (Tankmischung) **▶Roundup + Gesatop 500 flüssig** **W2!** **Xi** B4 **+ schwefelsaures Ammoniak** K42 S–	3.	3 + 3 + 10 3 + 5 + 10		**Fischgiftig!** Keine Anwendung in unmittelbarer Nähe von Gewässern (5–10 m). Gegen stehende und auflaufende Unkräuter unter Kernobst ab 3. Standjahr. Anwendung von Mai bis Ende Juni. Grüne Teile der Obstbäume dürfen weder vom Spritzstrahl noch von Abdrift getroffen werden. 3 l/ha Simazin auf leichten, 5 l/ha auf schweren Böden.
Mecoprop + MCPA-Salz **Brennessel-Granulat Neu Spiess Urania** B4 K60 S–	1.	200		20 g/m^2 streuen gegen Brennessel-Arten, Frühjahrs- und/oder Sommeranwendung. Anwendung nur in Kernobst.
Methabenzthiazuron + Amitrol + MCPA **Ustinex KR** **W1!** B4 K42, Kirsche, Pflaume 42, übriges S–	1. 2.	7,5 10	10 10	**Keine Anwendung an Gewässern!** Gegen Unkräuter in Kern- und Steinobst (ausgenommen Hauszwetsche, Pfirsich und Aprikose), Frühjahrs- und Sommeranwendung (7,5 kg bei Kernobst frühestens zwei Monate nach dem Pflanzen).
Paraquat + Simazin **Terraklene** **T** B4 K60 S–	2.	9		Gegen Unkräuter in Kernobst 9 l/ha, Frühjahrs- oder Frühsommeranwendung.
Propyzamid **▶Kerb 50 W** B4 K× Kirsche, Pflaume, Zwetsche ×, übriges S–	1.	5	5	**Fischgiftig!** Keine Anwendung in unmittelbarer Nähe von Gewässern (5–10 m). Gegen einkeimblättrige Unkräuter einschl. Quecke sowie Vogelmiere, in Kern- und Steinobst (ausgen. Pfirsich und Aprikose). Winteranwendung (nach Beginn der Vegetationsruhe).

Mittel zur Bekämpfung von Unkräutern (Herbizide) in Kern- und Steinobst (Stand 1. 1. 1987)

Wirkstoff **Pflanzenschutzmittel** **Kennzeichnung** B1 = bienengefährlich B4 = nicht bienengefährlich T = giftig Xi = reizend Xn = gesundheitsschädlich **Wartezeit** in Tagen K = Kernobst S = Steinobst – = nicht zugelassen × = durch festgelegten Anwendungstermin keine Wartezeit erforderlich	Einsatz ab Standjahr	Zugelassene Aufwandmenge in l/ha bzw. kg/ha Kernobst	 Steinobst	**Wasserschutzauflagen** **W1!** = Wasserschutzauflage 1 = Keine Anwendung in Zuflußbereichen (Einzugsgebieten) von Grund- und Quellwassergewinnungsanlagen bzw. Trinkwassertalsperren. **W2!** = Wasserschutzauflage 2 = Die Anwendung in Zuflußbereichen (Einzugsgebieten) von Grund- und Quellwassergewinnungsanlagen ist nur auf Flächen erlaubt, von denen die Fließzeit des Wassers bis zur Fassungsanlage – nach Auskunft der zuständigen Wasserbehörde – mehr als 50 Tage benötigt; d. h. bei Wasserschutzgebieten ist die Anwendung nur in Zone III zulässig. In Zuflußbereichen von **Trinkwassertalsperren** ist die Anwendung grundsätzlich nicht erlaubt. **Bemerkungen**
1	2	3	4	5
Simazin ▶**Gesatop 50** **W2!** B4 ▶**Simazin 50**	3.	3–5	3–5	Auflaufende Unkräuter unter Kern- und Steinobst, Frühjahrsanwendung, 3 kg/ha auf humusarmen, 5 kg/ha auf humusreichen Böden.
▶**Gesatop 2 Granulat** **W2!** B4 ▶**Simazin 2 Granulat** ▶**Simazin 2 G** ▶**Simazin Granulat Rustica** K× S×	1.	60	60	Auflaufende Unkräuter unter Kern- und Steinobst, eine Anwendung im Frühjahr.
▶**Simazin 500 flüssig** **W2!** B4 ▶**Gesatop 500 flüssig** ▶**Gesatop 500 SC** ▶**Gesatop 500 Schering** K× S–	3.	3–5		Auflaufende Unkräuter unter Kernobst, Frühjahrsanwendung 3 l/ha auf humusarmen, 5 l/ha auf humusreichen Böden.
Terbumeton + Terbuthylazin **Caragard 3587** **W2!** B4 K42 S–	4.	20 5 7,5 10		Keine Anwendung in unmittelbarer Nähe von Gewässern (5–10 m). Sommeranwendung, 20 kg bei der ersten Anwendung, in den folgenden Jahren auf leichten Böden 5 kg/ha, auf mittelschweren Böden 7,5 kg/ha, auf schweren Böden 10 kg/ha.

Pflanzenschutzmaßnahmen in Beerenobstgehölzen (Stand 1. 1. 1987)

Johannisbeeren

Schädling bzw. **Krankheit**	Bekämpfungszeit	Wirkstoff **Pflanzenschutzmittel**			Konz. in g/ml/100 l	Wartezeit in Tagen	**Kennzeichnung** B1 = bienengefährlich, B2 = bienengefährlich, ausgenommen bei Anwendung nach dem täglichen Bienenflug bis 23 Uhr, B4 = nicht bienengefährlich, **T** = giftig, **Xi** = reizend, **Xn** = gesundheitsschädlich, W2! = Wasserschutzauflage 2 **Bemerkungen**
Blattläuse	Bei Austrieb oder nach dem Schlüpfen aller Eier, jedoch nicht während der Blüte (ausgen. Endosulfanpräparate).	Bromophos **Nexion stark**	**Xi**	B1	050	14	**Giftig für Fische und Fischnährtiere!** Keine Anwendung in unmittelbarer Nähe von Gewässern (5–10 m). **Nicht bei Schwarzen Johannisbeeren anwenden!**
		Cypermethrin **Ripcord 10**		B1	050	14	**Giftig für Fische und Fischnährtiere!** Keine Anwendung in unmittelbarer Nähe von Gewässern (5–10 m).
		Deltamethrin **Decis flüssig**	**Xn**	B2	030	7	**Giftig für Fische und Fischnährtiere! Nicht bei Schwarzen Johannisbeeren anwenden!**
		Diazinon **Basudin 40**	W2!	B1	100	14	**Fischgiftig!** Keine Anwendung in unmittelbarer Nähe von Gewässern (5–10 m).
		Endosulfan **Beosit 35**	**T**	B4	100	21/60	**Fischgiftig!** Keine Anwendung in unmittelbarer Nähe von Gewässern (5–10 m).
		Thiodan 35	**T**	B4	100	21/60	**60 Tage Wartezeit bei Schwarzen Johannisbeeren! Nicht bienengefährlich!**
		Heptenophos **Hostaquick**	**T**	B1	050	3	**Fischgiftig!** Keine Anwendung in unmittelbarer Nähe von Gewässern (5–10 m).
		Oxydemeton-methyl **Metasystox R**	**T**	B1	100	21	**Fischgiftig!** Keine Anwendung in unmittelbarer Nähe von Gewässern (5–10 m).
		Parathion **Zahlreiche Präparate**	**T**	B1	035	14	**Fischgiftig!** Keine Anwendung in unmittelbarer Nähe von Gewässern (5–10 m).
		Parathion + Oxydemeton-methyl **E 605 combi**	**T**	B1	100	28	**Fischgiftig!** Keine Anwendung in unmittelbarer Nähe von Gewässern (5–10 m).
		Permethrin **Talcord**		B1	075	21	**Giftig für Fische und Fischnährtiere!** Keine Anwendung in unmittelbarer Nähe von Gewässern (5–10 m). **Nicht bei Schwarzen Johannisbeeren anwenden!**
		Phosphamidon **Dimecron 20**	**T**	B1	100	28	Keine Anwendung in unmittelbarer Nähe von Gewässern (5–10 m).
		Propoxur **Unden flüssig**	W2! **Xn**	B1	150	7	**Fischgiftig!** Keine Anwendung in unmittelbarer Nähe von Gewässern (5–10 m).
		Unden Spritzp.	W2! **Xn**	B1	100	7	
		Rhoden-Spritzp.	W2! **Xn**	B1	100	7	

Schädling bzw. **Krankheit**	Bekämpfungszeit	Wirkstoff **Pflanzenschutzmittel**	Konz. in g/ml/100 l	Wartezeit in Tagen	**Kennzeichnung** B1 = bienengefährlich, B2 = bienengefährlich, ausgenommen bei Anwendung nach dem täglichen Bienenflug bis 23 Uhr, B4 = nicht bienengefährlich, **T** = giftig, **Xi** = reizend, **Xn** = gesundheitsschädlich, W2! = Wasserschutzauflage 2 **Bemerkungen**
Blattfall-krankheit	Nach Austrieb und nach der Ernte mehrere Spritzungen	Dithianon **Delan flüssig** **Xn** B4	200	14	**Giftig für Fische und Fischnährtiere!** Keine Anwendung in unmittelbarer Nähe von Gewässern (5–10 m). Max. vier Anwendungen vor Ernte, zwei Anwendungen nach Ernte.
Säulenrost an Schwarzen Johannisbeeren	Nach der Blüte und nach der Ernte mehrere Spritzungen	Dithianon **Delan flüssig** **Xn** B4	200	14	**Giftig für Fische und Fischnährtiere!** Keine Anwendung in unmittelbarer Nähe von Gewässern (5–10 m). Ab Befallsbeginn max. fünf Behandlungen im Abstand von 8–14 Tagen (4 Beh. v.d.E., 1 n.d.E.).
		Metiram **Polyram Combi** **Xi** B4 **Phytox-Super** **Xi** B4	200 200	35 35	**Fischgiftig!** Keine Anwendung in unmittelbarer Nähe von Gewässern (5–10 m). Ab Befallsbeginn im Abstand von 10–14 Tagen max. vier Anwendungen.

Amerikan. Stachelbeermehltau s. Stachelbeeren

Unkräuter	Bekämpfungszeit gegen	Wirkstoff **Pflanzenschutzmittel**	Aufwandmenge in kg/ha	Wartezeit in Tagen	**Kennzeichnung** B4 = nicht bienengefährlich, F = durch festgelegten Anwendungstermin keine Wartezeit erforderlich, W2! = Wasserschutzauflage 2, Xn = gesundheitsschädlich **Bemerkungen**
	auflaufende Unkräuter Winteranwendung im zeitigen Frühjahr oder Frühjahrsanwendung	Dichlobenil **Casoron G** W2! B4	80	F	ab 4. Standjahr 80 kg/ha streuen
	Unkräuter, Winteranwendung im zeitigen Frühjahr oder Frühjahrsanwendung		120	F	ab 4. Standjahr 120 kg/ha streuen gegen stehende Unkräuter
	auflaufende Unkräuter, Frühjahrsanwendung	**Prefix G** W2! B4	40 60	F	ab 2. Standjahr 40 kg/ha auf leichten, 60 kg/ha auf mittleren und schweren Böden streuen
	Unkräuter Frühjahrsanwendung		80 100	F	ab 3. Standjahr 80 kg/ha auf leichten, 100 kg/ha auf mittleren und schweren Böden streuen gegen stehende Unkräuter

Unkräuter	Bekämpfungszeit gegen	Wirkstoff **Pflanzenschutzmittel**	Aufwand-menge in kg/ha	Wartezeit in Tagen	**Kennzeichnung** B4 = nicht bienengefährlich, F = durch festgelegten Anwendungstermin keine Wartezeit erforderlich, W2! = Wasserschutzauflage 2, Xn = gesundheitsschädlich **Bemerkungen**
	auflaufende Unkräuter vor Austrieb im Winter oder zeitigen Frühjahr	Diuron + Methabenzthiazuron **Ustinex Z** B4	5	90	Keine Anwendung in unmittelbarer Nähe von Gewässern (5–10 m). Ab 3. Standjahr 5 kg/ha spritzen.
	Ein- u. mehrjährige Ungräser, ausgenommen Einjährige Rispe, Frühjahrsanwendung	Fluazifop-butyl **Fusilade** W2! **Xn** B4	4	28	**Fischgiftig!** Keine Anwendung in unmittelbarer Nähe von Gewässern (5–10 m). Anwendung ab 1. Standjahr.
	einkeimbl. Unkräuter einschließl. Quecke, Vogelmiere. Winteranwendg. (n. Beg. d. Vegetationsruhe, vor Austriebsbeginn)	Propyzamid **Kerb 50 W** B4	5	F	**Fischgiftig!** Keine Anwendung in unmittelbarer Nähe von Gewässern (5–10 m). Ab 1. Standjahr 5 kg/ha spritzen.

Pflanzenschutzmaßnahmen in Erdbeeren (Stand 1. 1. 1987)

Schädling bzw. **Krankheit**	Bekämpfungszeit	Wirkstoff **Pflanzenschutzmittel**		Konz. in g/ml/100 l	Wartezeit in Tagen	**Kennzeichnung** B1 = bienengefährlich, B2 = bienengefährlich, ausgenommen bei Anwendung nach dem täglichen Bienenflug bis 23 Uhr, B4 = nicht bienengefährlich, **T** = giftig, **Xn** = gesundheitsschädlich, F = durch festgelegten Anwendungstermin keine Wartezeit erforderlich **Bemerkungen**
Rhizomfäule	**Tauchbehandlung** vor dem Pflanzen	Fosethyl **Aliette**	B4	500	F	Keine Anwendung in unmittelbarer Nähe von Gewässern (5–10 m). Die Pflanzen ca. 15 bis 20 Minuten mit Wurzeln und Blattherzen tauchen; möglichst noch am gleichen Tag pflanzen.
	Bandspritzung nach dem Anwachsen bzw. ca. 10–14 Tage nach der Pflanzung			1000	F	Zur Vermeidung von Schäden **bis 7 Tage nach der Pflanzung leicht beregnen.** Konzentration für die **Bandspritzung** entsprechend Bandbreite und Reihenabstand reduzieren, z. B. bei einer Bandbreite von 20 cm 1 g Aliette auf 100 cm^3 Wasser.
Rote Wurzelfäule	**Bandspritzung** Herbstanwendung	Fosethyl **Aliette**	B4	1000	F	**Bandspritzung** wie vor. **Keine Anwendung bei Nachtfrostgefahr!** Z. Z. keine Unverträglichkeit bei Sorten bekannt.
Grauschimmelfäule (Botrytis)	1. Behandlung zu Beginn der Blüte.	Dichlofluanid **Euparen**	B4	250	7	**Fischgiftig!** Keine Anwendung in unmittelbarer Nähe von Gewässern (5–10 m). (Gilt für alle hier genannten Mittel, ausgen. Ronilan.) Max. drei Anwendungen. Euparen und Pomarsol forte auch gegen Lederbeerenfäule.
	2. Behandlung während der Vollblüte.	Iprodion **Rovral**	B4	100	10	
	3. Behandlung zum Ende der Blüte (nur erforderlich nach langer verregneter Blütezeit, Wirkstoffwechsel empfohlen).	Procymidone **Sumisclex**	B4	075	7	
		Thiram (TMTD) **Pomarsol forte**	B4	200	10	
		Vinclozolin **Ronilan**	B4	100	10	Ronilan kann Lederbeerenfäule fördern, wenn diese Krankheit regelmäßig auftritt.
Erdbeermehltau	nach der Ernte	Pyrazophos **Afugan** **Xn**	B1	040	F	**Fischgiftig!** Keine Anwendung in unmittelbarer Nähe von Gewässern (5–10 m). **Bienengefährlich!**
Rot- und Weißfleckenkrankheit	Vor der Blüte und nach der Ernte	Kupferoxychlorid **Zahlreiche Präparate**	B4	500	F	**Fischgiftig!** Keine Anwendung in unmittelbarer Nähe von Gewässern (5–10 m). Max. je zwei Anwendungen.

Erdbeerblütenstecher Erdbeerstengelstecher	Kurz vor der Blüte	Azinphos-methyl + Demethon-S-methylsulfon					
		Gusathion MS	**T**	B1	200	F	**Fischgiftig!** Keine Anwendung in unmittelbarer Nähe von Gewässern (5–10 m). **Bienengefährlich!** (Gilt auch für die anderen hier genannten Wirkstoffe außer Decis.) Für Decis gilt: Giftig für Fische und Fischnährtiere. Bienengefährlichkeit B2 (siehe oben).
		Multapon	**T**	B1	200	F	
		Rhodiatox Kombi	**T**	B1	200	F	
		Rospin	**T**	B1	200	F	
		Deltamethrin **Decis**	**Xn**	B2	030	F	
		Mineralöl + Parathion **Folidol-Öl-Spritzmittel**	**T**	B1	4 l bzw. 6 l/ha	F	Bandspritzung 6 l/ha in 800 l Wasser bei Senga Sengana, 4 l/ha in 800 l Wasser bei anderen Sorten.
Erdbeermilben Spinnmilben Wicklerraupen Blattläuse	Kurz vor der Blüte, nach der Ernte	Cypermethrin **Ripcord 10**		B1	050	F	**Giftig für Fische und Fischnährstoffe!** Keine Anwendung in unmittelbarer Nähe von Gewässern (5–10 m). Gegen **Spinnmilben** 100 ml. **Bienengefährlich!**
		Endosulfan **Beosit 35**	**T**	B4	100	F	**Fischgiftig!** Keine Anwendung in unmittelbarer Nähe von Gewässern (5–10 m). **Nicht bienengefährlich!** Endosulfan-Präparate: **Nicht gegen Spinnmilben und Erdbeermilben!**
		Thiodan 35	**T**	B4	100		
		Mevinphos **PD 5**	**T**	B1	050	F	**Fischgiftig!** Keine Anwendung in unmittelbarer Nähe von Gewässern (5–10 m). **Bienengefährlich!**
		Shell Phosdrin 50	**T**	B1	050	F	
		Mineral-Öl + Parathion **Folidol-Öl-Spritzmittel**	**T**	B1	4 l/ha 6 l/ha 8 l/ha	F	**Fischgiftig!** Keine Anwendung in unmittelbarer Nähe von Gewässern (5–10 m). **Bienengefährlich!** Bandspritzung! **Vor der Blüte:** 6 l/ha in 800 l Wasser bei Senga Sengana, 4 l/ha in 800 l Wasser bei anderen Sorten. **Nach der Ernte:** 8 l/ha in 800 l Wasser bei allen Sorten. Folidol-Ölspritzmittel: **Nicht gegen Spinnmilben!**
		Parathion **Zahlreiche Präparate**	**T**	B1	035 050	21	**Fischgiftig!** Keine Anwendung in unmittelbarer Nähe von Gewässern (5–10 m). Anwendungskonzentration siehe Gebrauchsanleitung! **Bienengefährlich!**
Blattläuse Wicklerraupen	Vor der Blüte, nach der Ernte	Deltamethrin **Decis**	**Xn**	B2	030	F	**Giftig für Fische und Fischnährtiere!** Keine Anwendung in unmittelbarer Nähe von Gewässern (5–10 m) (gilt auch für die anderen hier genannten Wirkstoffe). **Bienengefährlich!**
		Parathion **Parathion P-O-X konzentriert**	**T**	B4	035	F	**Bienengefährlich.**
		Propoxur **Unden flüssig**	**Xn**	B1	150/200	7	**Fischgiftig!** Keine Anwendung in unmittelbarer Nähe von Gewässern (5–10 m). Hinsichtlich Konzentrationen Gebrauchsanweisung beachten! **Bienengefährlich!**
		Unden Spritzpulver	**Xn**	B1	100/150	7	
		Pyrethrum + Piperonylbutoxid **Spruzit flüssig**		B4	100	F	**Nicht bienengefährlich!**
Nematoden (Älchen)							Bezüglich Befallsminderung durch vorbeugende Maßnahmen bzw. Einsatzmöglichkeiten der Nematizide Spezialberatung durch das Pflanzenschutzamt anfordern.

Schädling bzw. **Krankheit**	Bekämpfungszeit	Wirkstoff **Pflanzenschutzmittel**	Konz. in g/ml/100 l	Wartezeit in Tagen	**Kennzeichnung** B1 = bienengefährlich, B3 = nicht bienengefährlich durch die festgelegte Art der Anwendung des Mittels, B4 = nicht bienengefährlich, **T** = giftig, **Xn** = gesundheitsschädlich, F = Wartezeit durch Anwendungstermin festgelegt, W2! = Wasserschutzauflage 2 **Bemerkungen**
Erdbeermilben Spinnmilben	Vor der Blüte, nach der Ernte	Azocyclotin **Peropal** **Xn** B4	100	F	**Fischgiftig!** Keine Anwendung in unmittelbarer Nähe von Gewässern (5–10 m). **Nicht bienengefährlich!**
		Cyhexatin **Plictran flüssig** **Xn** B4	040	F	**Fischgiftig!** Keine Anwendung in unmittelbarer Nähe von Gewässern (5–10 m). **Nicht bienengefährlich!**
		Fenbutatin-oxid **Shell Torque** **Xn** B4	050	F	**Fischgiftig!** Keine Anwendung in unmittelbarer Nähe von Gewässern (5–10 m). Shell Torque nur gegen Spinnmilben. Bereits bei erkennbar geringem Befall einsetzen. **Nützlingsschonend. Nicht bienengefährlich!**
		Parathion **Zahlreiche Präparate** **T** B1		F	**Fischgiftig!** Keine Anwendung in unmittelbarer Nähe von Gewässern (5–10 m). Anwendungskonzentration siehe Gebrauchsanleitung. **Bienengefährlich!**
		Phosphamidon **Dimecron 20** **T** B1	100	F	Keine Anwendung in unmittelbarer Nähe von Gewässern (5–10 m). **Bienengefährlich!**
Blattläuse Spinnmilben	Vor der Blüte, nach der Ernte	Dimethoat **Zahlreiche Präparate** W2! **Xn** B1	100	F	**Fischgiftig!** Keine Anwendung in unmittelbarer Nähe von Gewässern (5–10 m). **Bienengefährlich!**
		Phosphamidon **Dimecron 20** **T** B1	100	F	Keine Anwendung in unmittelbarer Nähe von Gewässern (5–10 m). **Bienengefährlich!**
		Kalisalze von Fettsäuren **Neudosan** B4	2000	–	**Nicht bienengefährlich! Nützlingsschonend!** Keine ausreichende Wirkung gegen Spinnmilben.
		Pyrethrum + Piperonylbutoxid **Spruzit flüssig** B4	100	F	**Nicht bienengefährlich!** Keine ausreichende Wirkung gegen Spinnmilben.
			kg/ha		
Schnecken	Von der Blüte bis zur Fruchtreife	Mercaptodimethur **Schneckenkorn-Mesurol** **Xn** B3	3	14	**Fischgiftig!** Keine Anwendung in unmittelbarer Nähe von Gewässern (5–10 m). Bei Bedarf gleichmäßig über die Pflanzen streuen. Nur trockene Bestände behandeln. Max. zwei Anwendungen (gilt für Präparate beider Wirkstoffe).
		Metaldehyd **Helarion** B3 **Schneckenkorn (versch. Herst.)** B3 **Schneckenkorn Spiess-Urania** B3	 3 6 4–8	 F F F	4 g/m^2 bei schwachem Befall bzw. schwacher Befallslage, 8 g/m^2 bei stärkerem Befall.

Unkräuter	Bekämpfungszeit gegen	Wirkstoff **Pflanzenschutzmittel**	Aufwand-menge in kg/ha	Wartezeit in Tagen	**Kennzeichnung** B4 = nicht bienengefährlich, **Xn** = gesundheitsschädlich, W2! = Wasserschutzauflage 2 **Bemerkungen**
	auflaufende Unkräuter in Junganlagen 10–14 Tage nach dem Pflanzen. In Ertragsanlagen Frühjahrsanwendung bis Blüte o. nach Ernte	Chloroxuron **Tenoran** B4	6 7 8	60	Keine Anwendung auf stärker geneigten Flächen und in unmittelbarer Nähe von Gewässern (5–10 m). 6 kg/ha auf leichten, 7 kg/ha auf mittelschweren, 8 kg/ha auf schweren Böden.
	einkeimblättrige Ungräser und Ausfallgetreide in Ertragsanlagen, Anwendung: **Vor der Blüte, nach der Ernte**	Fluazifop-butyl **Fusilade** W2! **Xn** B4	1,5 4	28	**Fischgiftig!** Keine Anwendung in unmittelbarer Nähe von Gewässern (5–10 m).
	auflauf. Unkräuter in Erdbeerjunganlagen nach d. Pflanzung, in Ertragsanlagen im Frühj. od. nach d. Ernte (Sommer-Herbstanwendung)	Lenacil **Venzar** B4	1,4 2	49	1,5 kg/ha auf leichten, 2,0 kg/ha auf mittleren und schweren Böden. **Vorsicht bei empfindlichen Sorten! Keine Anwendung bei den Sorten Bogota, Ostara, Rapella, Vola, Senga Gigana**
	Unkräuter in Junganlagen nach dem Pflanzen, in Ertragsanlagen im Frühjahr **vor der Blüte**	Lenacil + Phenmedipham (Tankmischung) **Venzar** B4 + **Betanal** B4	1,5 kg + 6 l 2 kg + 6 l	49	**Fischgiftig!** Keine Anwendung in unmittelbarer Nähe von Gewässern (5–10 m). **Sortenverträglichkeit s. Venzar.** 6 l Betanal + 1,5 kg Venzar als Tankmischung auf leichten Böden. 6 l Betanal + 2,5 kg Venzar auf mittleren und schweren Böden in 200–300 l/Wasser/ha. Gebrauchsanleitung von Betanal beachten!
	zweikeimblättrige Unkräuter und Einjährige Rispe im Herbst nach der Ernte, **eine** Anwendung	Metamitron **Goltix WG** B4	5	F	Keine Anwendung in unmittelbarer Nähe von Gewässern (5–10 m).
	auflaufende Unkräuter in Ertragsanlagen, Frühjahrsanwendung oder nach der Ernte	Simazin **Gesatop 50** } W2! B4 **Simazin 50** } **Gesatop 2 Granulat** } W2! B4 **Simazin 2 Granulat** }	1 1,5 40	42 42	1,0 kg/ha auf humusarmen, 1,5 kg/ha auf humusreichen Böden spritzen 40 kg/ha streuen

Agrarflugeinsätze vom 1. 1. bis 31. 12. 1986 im Bundesgebiet und in Rheinland-Pfalz (in Hektar) – nur deutsche Firmen

Art des Einsatzes		Einsatzbereich Weinbau Bund	Weinbau davon RP	Ackerbau Bund	Ackerbau davon RP	Forstwirtschaft Bund	Forstwirtschaft davon RP	Leistungen ha Bund	Leistungen ha davon RP
Sprüharbeiten zum Pflanzenschutz	1.	8 110	6 998	10 654	89	5 676	–	24 440	7 087
	2.	37 951	32 887	17 411	246	5 676	–	61 038	33 133
Sprüh- und Streuarbeiten zur Unkrautbekämpfung	1.	–	–	–	–	–	–	–	–
	2.	–	–	–	–	–	–	–	–
Düngung	1.	–	–	–	–	42 392	3 075	42 392	3 075
	2.	–	–	–	–	42 392	3 075	42 392	3 075
Summe:	1.	8 110	6 998	10 654	89	48 068	3 075	66 832	10 162
	2.	37 951	32 887	17 411	246	39 368	2 535	94 730	36 208

Leistungen deutscher Firmen im Ausland insgesamt: 18300 ha.

In der Tabelle sind unter 1. die Hektar-Anbaufläche (LF),
unter 2. die insgesamt geleisteten Hektare eingetragen
(z.B. 1 ha Weinbau 5× sprühen = 5 ha).

Flugstunden werden seit 1986 nicht mehr gemeldet.

Einsatz von Starrflüglern und Hubschraubern zur Bekämpfung von Schadorganismen an Kulturpflanzen – Stand: 1. 1987

Anzahl der deutschen Agrarflugfirmen und deren Flugzeugbestand

Kalenderjahr	Agrarflug-Firmen	deren Bestand an Agrarflugzeugen: Starrflügler Piper	Hubschrauber AS u. SA	Hubschrauber Bell 47 G, 205 u. J	Hubschrauber Hiller	Hubschrauber Hughes	Summe aller Flugzeuge Starrflügler	Summe aller Flugzeuge Hubschrauber
	Anzahl	Anzahl	Anzahl	Anzahl	Anzahl	Anzahl	Anzahl	Anzahl
1979	8	2	–	57	2	3	2	62
1980	8	2	–	49	2	3	2	54
1981	8	2	–	44	3	7	2	54
1982	5	2	1	40	–	1	2	42
1983	5	2	–	39	1	17	2	57
1984	5	2	5	31	1	15	2	52
1985	7	2	5	31	1	15	2	52
1986	7 (8)*)	–	10	32	1	22	–	65

Quelle: Isermeyer, H. G., MfLWuF, Mainz

*) + 1 Firma in versuchsweisem Einsatz bei der Forstdüngung

Hinweise zur Dosierung

Bestimmung der Fahrgeschwindigkeit

Die Genauigkeit der Dosierung hängt von der Genauigkeit der Fahrgeschwindigkeit ab.

Bestimmung der Fahrgeschwindigkeit v

- 100 m Teststrecke auf dem zu behandelnden Feld – um den tatsächlichen Schlupf zu berücksichtigen – mit einem Bandmaß oder einer Meßrute abmessen (Schrittmaß reicht nicht).
- Mit einer Stoppuhr die benötigte Zeit (sec) bei konstanter Fahrgeschwindigkeit ermitteln.

Beispiel: Meßwerte Weg s = 100 m
Zeit t = 45 sec

Wenn der Weg s in m und die Zeit t in sec gemessen werden, darf man vereinfacht rechnen:

$$v = \frac{s}{t} \cdot 3{,}6 \frac{km}{h}$$

$$v = \frac{100}{45} \cdot 3{,}6 \frac{km}{h}$$

$$v = 8 \frac{km}{h}$$

Umrechnungstabelle

km/h	sec für 100 m	km/ha	sec für 100 m
5,0	72,0	8,0	45,0
5,2	69,2	8,5	42,2
5,4	66,7	9,0	40,0
5,6	64,3	9,5	37,9
5,8	62,1	10,0	36,0
6,0	60,0	10,5	34,3
6,25	57,6	11,0	32,7
6,50	55,4	11,5	31,3
6,75	53,3	12,0	30,0
7,0	51,4	13,0	27,7
7,25	49,7	14,0	25,7
7,50	48,0	15,0	24,0
7,75	46,5		

Berechnungsbeispiel Düsenausstoß

Fahrgeschwindigkeit: 8 km/h   Gewünschtes Ausbringvolumen: 420 l/ha

$$\dot{V} = \frac{v\left(\frac{km}{h}\right) \cdot 1000 \cdot b\left(\frac{m}{\text{Düse}}\right) \cdot V\left(\frac{l}{ha}\right)}{60 \cdot 10000}$$

$$\dot{V} = \frac{8000 \times 0{,}5 \times 420}{60 \times 10000}$$

$$\dot{V} = 2{,}8 \frac{l}{\min \cdot \text{Düse}}$$

$\dot{V}$ = Düsenausstoß
v = Fahrgeschwindigkeit km/h
b = Arbeitsbreite in m für eine Düse
V = Flüssigkeitsaufwand für 1 ha

In den Düsentabellen Düsenausstoß für 2,8 l/min bei 2,5–3,5 bar aussuchen.

Berechnung: Pflanzenbehandlungsmittel je Tankfüllung

a) Flächenspritzung

$$\frac{\text{Mittelaufwand}\left(\frac{\text{kg bzw. l}}{ha}\right) \cdot \text{Tankinhalt (l)}}{\text{Wasseraufwand}\left(\frac{l}{ha}\right)} = \text{Mittelmenge} \frac{\text{kg bzw. l}}{\text{Tank}}$$

Beispiel:

$$\frac{1{,}5 \frac{kg}{ha} \cdot 1000\ l}{200\ l/ha} = 7{,}5\ \text{l bzw. kg für 1000 l Wasser}$$

b) Bandspritzung

$$\frac{\text{Mittelaufwand bei Ganzflächenbehandlung}\left(\frac{\text{kg bzw. l}}{ha}\right) \cdot \text{Tankinhalt (l)} \cdot \text{Bandbreite (cm)}}{\text{Wasseraufwand}\left(\frac{l}{ha}\right) \cdot \text{Reihenabstand (cm)}} = \text{Mittelmenge} \frac{\text{kg bzw. l}}{\text{Tank}}$$

Beispiel:

$$\frac{1{,}5 \frac{kg}{ha} \cdot 1000\ l \cdot 25\ cm}{200\ l/ha \cdot 50\ cm} = 3{,}75\ \text{l bzw. kg für 1000 l Wasser}$$

Berechnung des Düsenausstoßes nach Maßgabe der Dichte

Für eine Düse ist bei gegebenem Druck der Düsenabstand für Wasser in l/min bekannt. Aus der Dichte von AHL (1,28) wird die Wurzel gezogen (1,13). Der Düsenausstoß für Wasser multipliziert mit dem reziproken Wert von 1,13 = 0,884 ergibt den Ausstoß für AHL in l/min. Für die NP-Lösung errechnet sich aus der Dichte von 1,4 ein Faktor für den Düsenausstoß von 0,845.

$$\dot{V}_{AHL} \cdot \sqrt{1{,}28 \frac{kg}{dm^3}} = 1\ \dot{V}_{Wasser} \cdot \sqrt{1 \frac{kg}{dm^3}}$$

$$\dot{V}_{AHL} \cdot 1{,}13 = 1\ \dot{V}_{Wasser} \cdot 1$$

$$\dot{V} = \text{Volumenstrom} \frac{l}{\min}$$

$$\varrho = \text{Dichte} \frac{kg}{dm^3};\ \varrho_{AHL} = 1{,}28$$

Beregnung

bearbeitet vom Ausschuß für Feldberegnung der Deutschen Landwirtschafts-Gesellschaft (DLG): **Dr. A. Bramm; H. Buchholz; Dr. E.-W. Herrmann; Dr. K.-H. Martin; H. Sourell**

Rahmenbedingungen für Beregnungsplanung und -einsatz

Das arbeits- und kapitalintensive Betriebsmittel „Beregnung" hat in humiden Klimazonen die Aufgabe der Ertragssicherung und Qualitätsverbesserung.

Die **Beregnungsbedürftigkeit** – d. h. die klimatischen, bodenphysikalischen und geologischen Bedingungen – sowie die **Beregnungswürdigkeit** – d. h. die angebauten Kulturen und ihre Vermarktungsmöglichkeiten – bestimmen die Notwendigkeit und den Erfolg der Beregnung.

Beregnungsflächen in der Bundesrepublik Deutschland

Niedersachsen	172 000 ha	Rheinland-Pfalz	16 500 ha
Hessen	50 000 ha	Baden-Württemberg	12 500 ha
Nordrhein-Westfalen	35 000 ha	Schleswig-Holstein	12 500 ha
Bayern	25 500 ha	Saarland	1 000 ha

Somit sind 325 000 ha erschlossene Beregnungsfläche vorhanden, nicht zu verwechseln mit den tatsächlich jährlich beregneten Flächen, da innerhalb der Fruchtfolge nur die beregnungswürdigen Kulturen Zusatzwasser erhalten.

Voraussetzung für den Betrieb einer Beregnungsanlage ist eine wasserrechtliche Befugnis. Dieses kann eine Erlaubnis, eine gehobene Erlaubnis oder Bewilligung sein. Dafür sind die jeweiligen Bestimmungen der Länderwassergesetze zu beachten. Die zuständigen Wasserbehörden und Wasserwirtschaftsämter erteilen die erforderlichen Auskünfte. Die wasserrechtlichen Bestimmungen sind vor dem Kauf einer Beregnungsanlage zu klären. Eine mündliche Vorabsprache erspart Ärger mit schriftlichen Bescheiden.

Bei einem erteilten Wasserrecht sind die Bedingungen und Auflagen auf ihre technische Ausführbarkeit sowie die finanziellen Belastungen zu überprüfen. Eine genaue Messung des entnommenen Grund- und Oberflächenwassers wird zukünftig sowohl im Interesse des Verbrauchers wie der zuständigen Behörden (Kontrolle) unumgänglich sein.

Wasserbereitstellung und technische Ausrüstung ergeben die jeweiligen Verfahrenskosten. Für eine Wirtschaftlichkeitsrechnung sind getrennt die festen und variablen Kosten zu ermitteln. Beratungsstellen und Landwirtschaftsverwaltungen geben Auskünfte.

Mit den Beregnungsverfahren kann eine **Mehrzwecknutzung** verbunden sein, z. B.:

- Schutz vor Frost und Verminderung von Winderosionen u. ä.,
- Verteilung von Pflanzenschutz- und Düngemitteln (auch Gülle).

Mittlerer Wasserbedarf für ausgewählte landw. und gärtnerische Kulturpflanzen

(Zu- und Abschläge sind vom Klima und Standort abhängig; 10 m^3/h = 1 mm/ha)

Kulturart / Bodenwertzahl	Durchschnittlicher Zusatzwasserbedarf in m^3/ha auf leichtem Boden bis 30	mittlerem Boden 31–50	schwerem Boden über 50
landw. Kulturen, z. B.			
Rüben	1 600	1 200	600
Kartoffeln*), Mais	1 200	800	600
Getreide	900	600	–
Intensivweiden (grundwasserfern)	1 500	1 200	900
Futterpflanzen	1 200	900	600
Zwischenfrucht	300	300	300
Tabak	1 000	600	400
Raps	600	300	–
gärtnerische Kulturen (pro Wachstumszeit), z. B.			
Beerenobst*)	1 000	700	500
Stein-*) und Kernobst*)	800	600	400
Blumen- und Kopfkohl	1 200	1 000	800
Kohlrabi/Kopfsalat	800	600	600
Spinat	400	400	–
Möhren/Karotten	800	800	–
Knollensellerie	1 400	1 000	800
Porree	1 000	800	600
Bohnen	800	600	400
Erbsen	400	400	–
Tomaten	1 000	800	600
Gurken	800	600	400
Reben*)	600	400	–
*) zusätzlich zum Schutz vor Frost	bis 1 000	1 000	1 000

Für Wasserrechtsanträge sollten zukünftig mindestens 5jährige Jahresreihen zugrunde gelegt werden, um in Trockenjahren erhöhte Wassermengen entnehmen zu können. Hierzu werden zur Zeit Richtlinien von einem Arbeitskreis des DVWK (Deutscher Verband für Wasserwirtschaft und Kulturbau e. V., Gluckstraße 2, Bonn) erarbeitet. Vor Erscheinen der 12. Auflage der „Faustzahlen" können sie dort von Interessierten angefordert werden.

Beregnungszeitspannen für landwirtschaftliche Kulturen

Die angegebenen Zeitspannen, in denen Wassermangel ertragsmindernd wirkt, können nur beispielhaft sein. Bei der Beregnungsplanung müssen die geografischen und klimatischen Verhältnisse des Betriebsstandortes bzw. der Region beachtet werden. Beim Frühkartoffelanbau ist eine Beregnung gegen Spätfrostschäden einzuplanen. Im Zuckerrübenanbau kann eine Auflaufberegnung im Frühjahr notwendig sein.

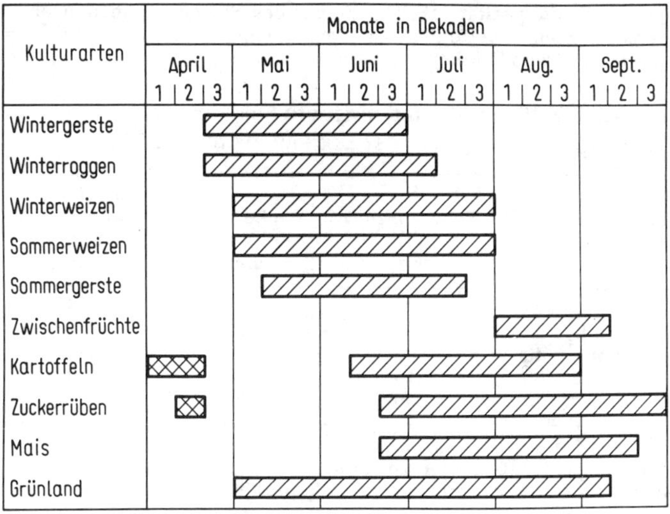

Beregnungszeitspannen ausgewählter landw. Kulturarten

Der Beregnungseinsatz bei gärtnerischen Kulturen ist jedoch spezifischer. Auflauf-, anfeuchtende und Vegetationsberegnung sind je nach Anbauzeit (März – Oktober) und Wachstumsdauer unterschiedlich. Die phänologischen Entwicklungsabschnitte sind bei jeder Kultur zu beachten. Neben der Qualitätsverbesserung der Verkaufsfrucht durch Beregnung können aber auch Qualitätsverschlechterungen (spez. bei einigen Gemüsearten) bei falschem Beregnungseinsatz entstehen.

Steuerung des Beregnungseinsatzes

Für den Einsatz der Beregnung sind Boden, Witterung und Pflanzenentwicklung maßgebend. Da der Beregnungserfolg von der jeweilig herrschenden Wasserversorgung im Boden abhängt, ist die Kenntnis des aktuellen Bodenwassergehaltes erforderlich. Der Bodenwassergehalt kann auf verschiedenen Wegen bestimmt werden, z. B.:
- Messung des Bodenwassergehaltes,
- Berechnung der klimatischen Wasserbilanz.

Bodenkennwerte

- **Feldkapazität (FK)** = oberer Grenzwert des Speicherungsvermögens für Wasser. Der entsprechende Wassergehalt stellt sich auf grundwasserfernem, gut durchlässigem Boden 2–3 Tage nach voller Wassersättigung ein.
- **Welkepunkt (WP)** = unterer Grenzwert des Speicherungsvermögens für pflanzenverfügbares Wasser; Kennzeichen: Dauerwelke der Pflanzen. Die bei Erschöpfung des Vorrates an pflanzenverfügbarem Wasser verbleibende Bodenfeuchte ist hygroskopisch gebunden.
- **Nutzbare Feldkapazität (nFK)** = maximales Speichervermögen eines Bodens für pflanzenverfügbares Wasser in einer bestimmten Schicht = Differenz zwischen Feldkapazität und Welkepunkt.

Feldkapazität, Welkepunkt und nutzbare Feldkapazität verschiedener Bodenarten in der Bodenschicht 0–0,60 m

Bodenart	Ø BWZ	Feldkapazität FK mm	Welkepunkt WP mm	nutzbare Feldkapazität nFK mm
Sand	23	80	15	65
lehmiger Sand	38	125	20	105
sandiger Lehm	43	155	25	130
Lehm	86	215	65	150
Ton	49	200	80	120

- **Versorgungsgrad** (Grad der Versorgung der Wurzelzone mit Wasser) = Bodenfeuchte in % der nutzbaren Feldkapazität.
- **Hauptwurzelzone** = Bodenschicht mit dem größten Anteil an der Wasserversorgung der Pflanzen. Für Beregnungszwecke ist meist die Annahme einer Hauptwurzelzone von 0–0,60 m ausreichend.

Für landw. Kulturen ist ein Versorgungsgrad von 40 bis 50 % der nutzbaren Feldkapazität im Hauptwurzelbereich anzustreben. Die Pflanzen in humiden Klimazonen benötigen an warmen Sommertagen mit geringer Luftfeuchtigkeit bis zu 5 mm Wasser. Deshalb ist in der Hauptwachstumsphase eine häufigere Kontrolle der Bodenfeuchte notwendig.

Steuerung nach der Bodenfeuchte

A. Direkte Messung der Bodenfeuchte

- Probeentnahme und -wägung: Mit dem Bohrstock aus der Hauptwurzelzone entnommene Bodenproben werden feucht gewogen, bei 105 °C getrocknet und wieder gewogen (gravimetrische Methode). Behelfsmäßiges Trocknen durch mehrfaches Abbrennen mit Brennspiritus in flachen Schälchen ist möglich.

- Berechnen der Bodenfeuchte

$$\frac{\text{Boden-Feuchtgewicht} - \text{Boden-Trockengewicht} \times 100}{\text{Boden-Trockengewicht}} = \text{Gew. \%}$$

Bodenfeuchte in % des Boden-Trockengewichts = Gew. %

Bodenfeuchte in Millimeter je 10 cm Wurzelzone = Gew. % × 1,5 = Vol. % = mm

- Umrechnen der Bodenfeuchte in Versorgungsgrad

$$\text{Versorgungsgrad} = \frac{(\text{Bodenfeuchte} - \text{Welkepunkt}) \times 100}{\text{nutzbare Feldkapazität}} = \%\ \text{nFK}$$

Beispiel: Bodenprobe in lehmigem Sandboden, 0–60 cm Tiefe

Feldkapazität	125 mm
Welkepunkt	20 mm
nutzbare Feldkapazität	105 mm
gemessene Bodenfeuchte*)	72 mm

$$\text{Versorgungsgrad} = \frac{(72 - 20) \times 100}{105} = \frac{5200}{105} = 50\,\%\ \text{nFK}$$

*) 0–60 cm Bodenfeuchtemessung; Probenahme mit zylindrischem Bohrstock; Berechnung: Gew. % × 1,5 × 6

Ein Überschreiten des Versorgungsgrades über 80 % nFK ist zu vermeiden, da evtl. nachfolgende Regenfälle zu Sickerwasser führen können. Ein Absinken der Wasserversorgung unter 30 % nFK führt zu Ertragsverlusten infolge Wassermangels.

B. Indirekte Messung der Bodenfeuchte

Die Einsatzsteuerung der Beregnung mittels Tensiometer setzt die Kenntnis der Beziehung zwischen Wassergehalt und Wasserspannung eines Bodens voraus. Gemessen wird die Wasserspannung mit Tensiometern. Die Beziehung zwischen Wasserspannung und Wassergehalt muß (am besten im Labor) einmal für einen Boden aufgenommen werden, um dann zukünftig relativ einfach von der Bodenwasserspannung auf den Wassergehalt und damit auch auf den Versorgungsgrad schließen zu können.

Der Einsatz von Tensiometern sollte z. Z. nur unter Hinzuziehen offizieller Beratungsstellen erfolgen. Bodenart und Einbautiefe (je nach Kultur) sind unbedingt zu berücksichtigen.

Steuerung nach klimatischen Faktoren

Die klimatische Wasserbilanz stellt die Differenz von Niederschlag (N) und Verdunstung (V) dar (N–V). Wenn man den Bodenwassergehalt bei Beginn des Bestandsschlusses kennt und den Oberflächenabfluß und das Sickerwasser gleich Null setzt, ergibt die Differenz N–V zugleich die Änderung des Bodenwassergehaltes.

Der Niederschlag wird örtlich mit Regenmesser gemessen. Die Verdunstung wird dem Wasserbedarf eines geschlossenen Pflanzenbestandes gleichgesetzt. Die täglichen Verdunstungswerte sind vom Deutschen Wetterdienst zu erfragen, oder man verwendet ein Verdunstungsmeßgerät.

Aus der am Beregnungsort gemessenen natürlichen Regenhöhe (mm) und der festgestellten Verdunstungshöhe (mm) wird die Bilanz aufgestellt. Eine negative Bilanz besagt Abnahme des Wasservorrates im Boden, eine positive Bilanz die entsprechende Zunahme.

Die klimatische Wasserbilanz ist damit ein Hilfsmittel, mit dem ohne direkte Bodenfeuchtemessungen der Verlauf der Bodenfeuchte während eines beliebigen Zeitabschnittes berechnet werden kann. Somit kann die Beregnung gezielt zur Ergänzung des Bodenwasserhaushaltes eingesetzt werden.

Beregnungsmanagement

Beregnungsmanagement umfaßt alle Teilbereiche des Beregnungseinsatzes, von der Planungsphase bis zu den Verfahrenskosten. Weil die Beregnung eines der teuersten Betriebsmittel ist, muß ein klarer Entscheidungsrahmen für die Investition, den Anbauplan und die Folgekosten vorliegen. Daher muß eine betriebsspezifische Planung und Beratung für den Beregnungseinsatz erfolgen. Besonders wichtig ist die Beregnungssteuerung, wie in den vorausgegangenen Abschnitten dargestellt, zu beurteilen, weil beim falschen Beregnungseinsatz zusätzliche Kosten oder auch Schäden entstehen können.

Angeboten werden heute z. B.

- Beregnungsberatung durch landw. Fachdienststellen in Verbindung mit dem Deutschen Wetterdienst (Agrarmeteorologie),
- Btx-Beratungsprogramme,
- Telefonansagedienste,
- Presseinformationen.

Weitere Lösungsmöglichkeiten für ein verbessertes Management könnte durch betriebliche Kleinwetterstationen erfolgen, die mit einem PC-Rechner verbunden sind. Mit entsprechenden Beratungsprogrammen sind dann gezielte einzelbetriebliche Entscheidungen möglich. Bei extremen Trockenperioden wird bei nicht ausreichender Kapazität der Anlage zu entscheiden sein, zu welcher Kulturart man vorrangig die Beregnung einsetzt. Der zu erwartende Verkaufserlös der Frucht wird dann den Einsatzrhythmus der Anlage bestimmen.

Beregnungsverfahren

Ein Beregnungsverfahren umfaßt die Art der Wasserbereitstellung wie z. B. Brunnen, Pumpe, Pumpenbetrieb und Zuleitungen sowie die Möglichkeiten der Wasserverteilung.

Wasserbereitstellung

Die verschiedenen Verfahren der Wasserbereitstellung können hier nicht dargestellt werden, weil u. a. auch das Wasserdargebot berücksichtigt werden muß. Anhand von zwei Gleichungen können die wichtigsten Kenngrößen berechnet werden:

Wasserbedarf: Q

$$Q\,(m^3/h) = \frac{\text{ha Fläche} \times \text{mm Beregnungshöhe} \times 10}{\text{Tage Beregnungsturnus} \times \text{tägl. Betriebsstunden}}$$

Leistungsbedarf: Ni (an der Pumpenwelle)

$$Ni\,(kW) = \frac{\text{Fördervolumen } Q\,(m^3/h) \times \text{Förderhöhe (m)}}{3{,}672 \times \text{Wirkungsgrad der Pumpe } \%}$$

- Förderhöhe muß vom Wasserspiegel bis zum Regner kalkuliert werden.
- 3,672 ist ein konstanter Faktor
- Wirkungsgrad der Pumpe gibt der Hersteller an.

Anlegearten

- ortsfest

  Bei den ortsfesten Beregnungsverfahren sind alle Anlagenteile festinstalliert und damit orts- bzw. flächengebunden. Dies gilt sowohl für die Wasserbereitstellung als auch für die Wasserverteilung. Ein Vorteil der ortsfesten Anlage ist, daß der Beregnungsablauf weitgehend automatisiert werden kann. Ortsfeste Beregnungsverfahren werden überwiegend im Obst- und Gartenbau eingesetzt sowie zur Frostschutzberegnung.

- teilortsfest

  Bei den teilortsfesten Beregnungsverfahren werden Brunnen, Pumpe und die Hydrantenleitung zu den einzelnen Feldstücken festinstalliert. Zur Wasserverteilung auf dem Feld werden bewegliche Anlagenteile eingesetzt. Diese Anlagenart eignet sich für Einzelbetriebe mit einer arrondierten Lage der Beregnungsflächen und für Beregnungsgemeinschaften.

- beweglich

  Kennzeichnend für bewegliche Beregnungsverfahren ist, daß alle Anlagenteile oberirdisch und beweglich zum Einsatz kommen und während der Beregnungsperiode mehrmals auf- und abgebaut werden. Der Einsatz setzt voraus, daß Oberflächenwasser oder oberflächennahes Grundwasser in Feldnähe verfügbar ist.

Beregnungsverfahren zur Wasserverteilung

Die Verfahren der Beregnung lassen sich in vier Gruppen unterteilen, die sich vor allem hinsichtlich ihres Einsatzes unterscheiden.

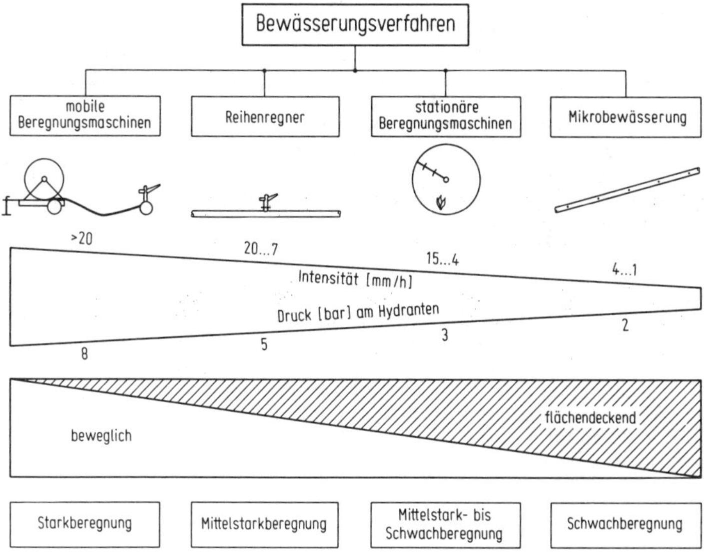

Verfahren der Feldberegnung

Flächendeckend eingesetzte Bewässerungsverfahren sind vor allem bei Intensivkulturen und ariden Klimazonen, mobil versetzbare Beregnungsverfahren vor allem in landwirtschaftlichen Kulturen unter humiden Klimabedingungen üblich.

Für den **beweglichen Einsatz** bei landwirtschaftlichen Kulturen hat sich in Mitteleuropa die **mobile Beregnungsmaschine** durchgesetzt, insbesondere die Rohrtrommelmaschine. Sie läßt sich mit geringem Arbeitszeitaufwand versetzen und paßt sich gut den unterschiedlichen strukturellen Bedingungen an.

Am weitesten verbreitet in Europa sind **Reihenregnerverfahren.** Sie sind universell einsetzbar, verursachen bei beweglichem Einsatz allerdings einen erheblichen Arbeitszeitaufwand, der durch die längsversetzbare Rohrberegnung, die Rohr-Schlauch-Beregnung oder Schlauchberegnung vermindert werden kann.

Stationäre Beregnungsmaschinen sind bei großflächiger Bewirtschaftung (ab ca. 100 ha) und kontinuierlichem Beregnungseinsatz üblich, wobei wegen der einfachen, funktionssicheren Bauart zunehmend Kreisberegnungsanlagen bevorzugt werden, auch in Verbindung mit Tropfrohren anstelle von Regnern oder feststehenden Düsen. In der Bundesrepublik Deutschland werden die Verfahren aus strukturellen Gründen nicht eingesetzt.

Eine sehr gezielte Wasserverteilung erfolgt durch die **Mikrobewässerung.** Die Bewässerung mit Sprüh- und Kleinregnern wird vor allem bei Baum- und Strauchkulturen eingesetzt, da ein längerfristiger Aufbau der Beregnungsanlage möglich ist. In landwirtschaftlichen Kulturen ist der Arbeits- und Kapitalbedarf für die Tropfbewässerung zu hoch.

Effizienz der Wasser- und Energienutzung

Für die landwirtschaftliche Feldberegnung ist aus Kostengründen eine effiziente Wasser- und Energienutzung anzustreben. Bei allen Beregnungsverfahren treten **Wasserverluste** durch Verdunstung, Abwehung und Interzeption auf, die selbst bei extremen warmen Wetterlagen selten über 20 % steigen. Sie werden in ihrer Bedeutung meist überschätzt.

Ungleichmäßige Wasserverteilung wird bei den Beregnungsmaschinen verursacht durch einen schneller werdenden Regnereinzug (ca. 10 %) und durch eine unregelmäßige Wasserverteilung quer zur Regnerleitung bis zu 30 % bei starkem Wind. Heute gibt es praxisreife Zusatzgeräte, die eine gleichmäßige Einzugsgeschwindigkeit gewährleisten.

Für eine gleichmäßige Querverteilung werden Ausleger mit Düsen angeboten. Die Arbeitsbreite beträgt bis zu 60 m. Der Wasserdruck an der Düse kann auf 1,5 bar gesenkt werden. Von Nachteil sind höhere Beregnungsintensität und höherer Arbeitsaufwand.

Verbesserungen bei der Energienutzung sind möglich. Etwa 40 % des Energieeinsatzes sind für die Förderung und Druckerhöhung notwendig, ca. 25 % sind Reibungsverluste in Leitungen und Formteilen, und ein Drittel der eingesetzten Energie ist bei den Großflächenregnern für die Wasserverteilung erforderlich.

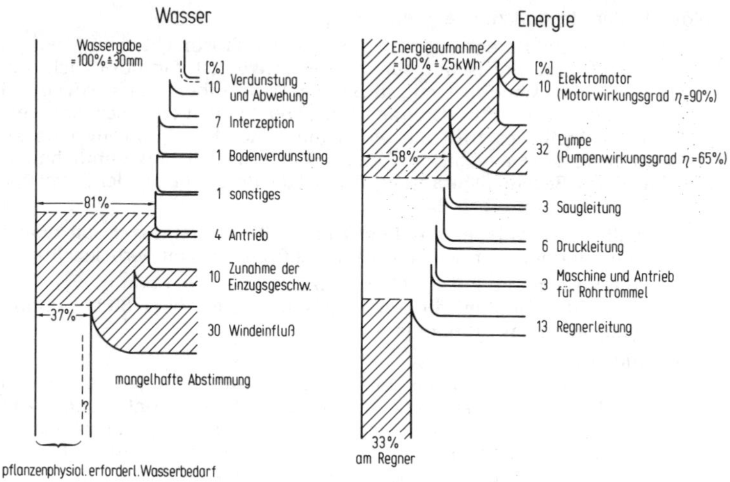

Wasser- und Energiebilanz eines Beregnungsverfahrens

Folgende Punkte sind zu beachten:

- Verbesserung des energetischen Wirkungsgrades, besonders bei der Wasserbereitstellung. Dieser wird bestimmt durch das Verhältnis der nutzbaren Energie (Produkt aus Wasserdruck × Volumendurchfluß) am Regner zur zugeführten Energie, in Form von Strom oder Diesel.

  Die Berechnung des Wirkungsgrades kann für die Pumpstation, die Zuleitung, das Beregnungsgerät und für das Gesamtsystem erfolgen. Anzustreben ist für das Gesamtsystem ein Wirkungsgrad von über 30 % bei Elektromotorantrieb und über 15 % bei Dieselmotorantrieb.
- Verbesserung der Wasserverteilung hinsichtlich einer besseren Wasser- und somit Energienutzung.

Einmal besteht die Möglichkeit, das Wasser über „Energiesparregner (low pressure sprinkler)“ zu verteilen, die ab 2 bar Betriebsdruck an der Düse gut arbeiten. Jedoch wird die Arbeitsbreite bei reduziertem Druck verringert. Zum anderen werden Düsenwagen angeboten, die das Wasser bei niedrigem Betriebsdruck gleichmäßig verteilen und somit Energie und Wasser sparen.

Beregnung zur Frostschadenverhütung

Die Wirkung der Frostschutzberegnung beruht darauf, daß beim Gefrieren von Wasser Wärme frei wird. Das bedingt, daß die Beregnung vom **Beginn bis Ende des Frostes ununterbrochen** in dem zu schützenden Bestand eingesetzt wird; sie ist bei richtiger Handhabung und geringer Luftbewegung gegen Spätfröste bis ca. −6 °C wirksam.

Folgende Punkte sind zu beachten:

- Einschalten der Beregnungsanlage: In jeder Frostnacht muß überlegt werden, ob eine Frostschutzberegnung sinnvoll ist. Grundsätzlich gilt, daß bei einem Windfrost mit stärkerem Wind (über 5 m/s) sowie bei geringer relativer Luftfeuchtigkeit (unter 60 %) nicht eingeschaltet werden darf. Ähnliches trifft zu, wenn aufgrund der Großwetterlage zu erwarten ist, daß am nächsten Tag die Temperatur nicht wesentlich über 0 °C ansteigt. Bei einem Strahlungsfrost ist die Beregnung in der Regel (bis −6 °C) ein sicherer Frostschutz.

  Einschalten der Anlage zwischen 0 und −0,5 °C, gemessen mit einem feuchten Thermometer, weil dieses die Luftfeuchtigkeit berücksichtigt.
- Ende der Beregnung: Bei +1 °C und ansteigender Temperatur, wenn die relative Luftfeuchtigkeit außerhalb des Bestandes über 80 % beträgt, sonst erst, wenn das Eis abgetaut ist.
- Instrumente

  Für die Frostwarnung und die Lenkung des Einsatzes für den Beginn und die Beendigung der Frostschutz-Beregnung sind Instrumente nötig, die in Ordnung gehalten, nach Bedarf nachgeeicht, rechtzeitig und zweckmäßig im Freiland angebracht und vor Frostbeginn und während des Frostes in regelmäßigen Zeitabständen abgelesen werden müssen.

  Für Planung und Einsatz ist eine spezielle Beratung notwendig.

Monetäre und technische Kenndaten ausgewählter Beregnungsverfahren

Alle Kenndaten sind in Tabellenform dargestellt und können nur durchschnittliche Anhaltswerte geben. Jede betriebsspezifische Planung sollte mit der Beratung erörtert werden.

Nutzungsdauer, Abschreibungs- und Instandhaltungsquote der Beregnungsverfahren

Anlageteile	Nutzungsdauer (a)	Abschreibung (%)	Instandhaltung (%)
Bandstahlrohre, metallene Formteile, Stative	15	7	2
Brunnen, Erdleitungen, Hydranten, E-Antrieb, E-Anschluß	20	5	1
Pumpe, PE-Rohr	10	10	2
Grundgerät für Reihenregnerverfahren, Zapfwelle	10	10	1
Grundgerät für Einzelregnerverfahren	10	10	3
Regner, Seiten- und Flachschläuche	10	10	3

Technische und monetäre Kenndaten von Beregnungsverfahren

Kenndaten		Reihenregner Rohr-	Rohr-Schlauch	Einzelregner mit Regnereinzug, Trommelanordnung zur Fahrgestellachse										
				parallel				quer				Drehkranz		
		1	2	3	4	5	6	7	8	9	10	11	12	13
Rohrdurchmesser	mm	89/0,9	89/0,9	82/6,0	90/8,2	100/9	110/10,5	50/3,7	75/6,8	90/7,5	110/10	75/5,5	90/7,7	110/10
Rohrlänge	m	288	288	330	350	400	500	250	300	280	350	300	300	400
nutzbare Beregnungsbreite = (2 × Wurfweite) × 0,7	m	30,0	20,0	61,6	68,0	68,6	79,8	33,6	54,6	60,2	77,0	48,3	65,1	70,7
Düsenweite	mm	10,0	6,0	20,3	22,6	26,0	27,5	12,5+6[3])	18,0	22,0	30,0	16,0	22,0	30,0[2])
Druck:														
Hydrant	bar	8,2	5,8	7,6	8,7	8,5	9,75	7,9	6,9	7,0	10,4	7,4	8,5	9,0
Regner	bar	4,5	4,0	4,5	4,5	5,0	5,0	3,0	4,0	4,0	5,0	4,5	4,5	5,0
Volumendurchfluß	m^3/h	80,6	32,9	34,0	43,8	50,0	63,6	13,0	22,4	33,0	76,0	23,8	39,4	56,0
Beregnete Fläche/ Aufstellung	ha	0,91	0,60	2,22	2,61	2,98	4,31	0,90	1,79	1,87	2,99	1,56	2,16	3,08
Flächenleistung[1])	ha/10 d	28,3	15,0	21,7	27,7	31,6	40,2	8,4	14,4	21,0	46,4	15,3	25,03	35,4
Gesamtarbeitszeit	h/ha	1,94	1,55	0,39	0,38	0,32	0,25	0,63	0,49	0,42	0,36	0,49	0,38	0,29
Kapitalbedarf für einsatzbereite Beregnungsanl.[4])	DM	10 790	19 500	25 878	30 822	32 490	61 170	13 560	23 702	29 834	38 977	30 095	32 405	52 056
Feste Kosten[4])	DM/a	1 384	2 637	4 086	4 856	5 096	9 626	2 152	3 752	4 723	6 139	4 780	5 135	8 206
Variable Kosten[5])	DM/(ha·a)	741	683	509	507	498	488	545	524	513	504	524	507	494
Gesamtkosten bei opt. Auslastung	DM/(ha·a)	790	858	697	682	659	727	801	784	738	636	836	712	725

[1]) Unterstellt: Verdunstung 3 mm/Tag, 30 mm Regengabe, 20 h Einsatzdauer für Einzelregner, 16 h Einsatzdauer für Reihenregner
[2]) Scheibendüse [3]) Antriebsdüse am Regner [4]) ab Hydrant, incl. Mehrwertsteuer [5]) Wasser 0,30 DM/m^3, Arbeit 20 DM/h, Schlepper 10 DM/h

Bauwesen

neubearbeitet von: Dipl.-Ing. **K.-L. Borchert,** Dipl.-Ing. **W. Fricke,** Dipl.-Ing. **J. Gartung,** Dr. **D. Hagemann,** Dr. **A. Herms,** Dipl-Ing. **W. Hillendahl,** Dipl.-Ing., Dipl.-Wirtsch.-Ing. **J.-G.Krentler** im Institut für landwirtschaftliche Bauforschung der Bundesforschungsanstalt für Landwirtschaft (FAL), Braunschweig-Völkenrode (Leiter: Prof. Dr. J. Piotrowski).

Der Hof- und Gebäudestandort ist Grundlage der Betriebsentwicklung

Zur Zeit entfallen rund 16 % des landwirtschaftlichen Vermögens in der Bundesrepublik Deutschland (**Zeitwert** ohne Wohngebäude) auf die Wirtschaftsgebäude.

Wirtschaftsgebäude	1971	1975	1980	1981	1982	1983	1984	'85*)
Mrd. DM	42,4	33,5	35,0	35,0	34,3	34,3	34,3	34,2
% des Vermögens	17,5	17,1	16,3	16,2	16,0	16,0	15,9	16,0

*) vorläufig Quelle: Agrarbericht 1986 der Bundesregierung, Materialband S. 40, Tab. 32

Bedeutsamer als der Zeitwert landwirtschaftlicher Wirtschaftsgebäude für die Betriebsführung und die Betriebsentwicklung ist deren **Nutzwert.** Der Nutzwert ist u. a. abhängig von der Einordnung landwirtschaftlicher Hofstellen in die Raum- und Siedlungsstruktur und damit in starkem Maße beeinflußt durch künftige Ortsentwicklungen.

Die Standortgebundenheit baulicher Investitionen, die Vergrößerung von Viehbeständen sowie der Zwang zu Kosten und Arbeit sparenden Wirtschaftsformen lassen das standortgerechte und kostengünstige Bauen in Abstimmung mit der jeweiligen Ortsentwicklung zur zentralen Aufgabenstellung der Betriebsentwicklung und der Agrarstrukturverbesserung werden.

Investitionswürdigkeit der Standorte prüfen!

Größere bauliche Maßnahmen machen es erforderlich, zunächst die produktionsstrukturellen wie die raum- und siedlungsstrukturellen Gegebenheiten in bezug auf die langfristige betriebliche Standortsicherheit zu überprüfen.

Kriterien betrieblicher Standortqualität

- Ausreichende Größe der Hof- und Gebäudefläche
- Räumliche Möglichkeiten für erforderliche Betriebserweiterungen
- Langfristige Verfügbarkeit ausreichender Wirtschaftsflächen in vertretbarer Entfernung
- Unbehinderte Transportverbindungen zwischen Hofstandort und Wirtschaftsflächen
- Ausreichender Abstand gegenüber Wohnsiedlungen (Immissionsschutzzone)
- Lage des Hofes zur Hauptwindrichtung bei viehstarken Betrieben (Geruch, Lärm, Staub)

- Günstige Verkehrslage zu Nachbarbetrieben hinsichtlich der Erleichterung des Austausches von Maschinen und anderen Betriebsmitteln sowie personeller Vertretung
- Verkehrsverbindungen zu Bezugs- und Absatzeinrichtungen
- Guter Anschluß an dörfliche Versorgungs- und Gemeinschaftseinrichtungen
- Die Möglichkeit produktionstechnisch und arbeitswirtschaftlich günstiger Zuordnung von Gebäuden und baulichen Anlagen
- Räumliche wie funktionale Abstimmung zwischen Landwirtschaft und der Ortsstruktur bzw. Ortsentwicklung
- Genügend Fläche am Hof zur Lagerung von Vorräten und Betriebsmitteln
- Ausreichende Lagermöglichkeiten für Dung, Gülle und Sickersäfte
- Verfügbarkeit geeigneter Flächen zum Ausbringen tierischer Abgänge
- Die Möglichkeit der Ausrichtung von Gebäuden und baulichen Anlagen nach der Himmelsrichtung (Sonnenstrahlung, Schattenwirkung, Windschutz, Immissionsschutz)
- Die Verfügbarkeit von Flächen für Windschutzanlagen und die Eingrünung des Hofes
- Ausreichende standortbezogene Dispositionsfreiheit in technischer wie betriebsorganisatorischer Hinsicht

Dem langfristigen Ausbauplan für eine Hofanlage sollte ein Betriebsentwicklungsplan vorangestellt sein. Mit einem langfristigen Ziel für den Ausbau eines Betriebes kann sichergestellt werden, daß sich einzelne spätere Bauabschnitte sinnvoll ergänzen.

Die Notwendigkeit langfristiger betrieblicher Standortsicherheit wird keinesfalls durch das heute ebenfalls erforderliche schnellere Abschreiben einzelner Wirtschaftsgebäude in Frage gestellt.

Es ist zweckmäßig zu unterscheiden zwischen

A) **der produktionsstrukturellen Standortsicherheit,** die sich auf die natürlichen Produktionsgrundlagen, die Mechanisierbarkeit sowie die Lage zu Bezugs- und Absatzorganisationen bezieht und

b) **der raum- und siedlungsstrukturellen Standortsicherheit,** die vom Flächenanspruch, von Art und Umfang kommunaler und privater außerlandwirtschaftlicher Bautätigkeit aber auch bereits von raumbeeinflussenden Planungen verschiedener Art und Intensität abhängig ist.

Einflußmöglichkeiten mit dem Ziel betriebsstandörtlicher Funktionsverbesserung und -sicherheit:

1. **betrieblich**
   - Betriebsentwicklungsplanung
   - Generalbebauungsplanung mit Stufenausbauplänen für den Betrieb
   - Funktionsgerechte Zuordnung von Gebäuden und baulichen Anlagen
   - Vorbehalten von Erweiterungs- und Anpassungsmöglichkeiten
2. **außerbetrieblich** (jedoch landwirtschaftlich)
   - Bildung regionaler Erzeugungsschwerpunkte
   - Verbesserung von Bezugs- und Absatzbedingungen

– Direkte und indirekte landwirtschaftliche Fördermaßnahmen
– Agrarstrukturelle Planungen; landwirtschaftlich-dörfliches Entwicklungsprogramm oder landwirtschaftlicher Beitrag zur Dorfentwicklungsplanung
– Flurbereinigung

(außerlandwirtschaftlich)
– Raum- und Funktionsabstimmung im Rahmen von Dorf- und Kommunalplanung (dörfliches Entwicklungskonzept)
– Örtliche, regionale und überregionale Infrastrukturmaßnahmen
– Raumplanungen verschiedener Art und Ebene
– Die Schaffung außerlandwirtschaftlicher Arbeitsplätze
– Die Berücksichtigung vorbeugenden Umweltschutzes bei allen Planungen und baulichen Maßnahmen
– Das Nutzen bau- und planungsrechtlicher Regelungen

Erforderliche Flächengrößen für Gebäude- und Produktionsstandorte

Für die Investitionssicherheit agrarer Bausubstanz ist neben der Berücksichtigung raum- und siedlungsstruktureller Belange eine Hofstellengröße erforderlich, die

a) bereits z. Z. kostengünstige Baulösungen und Wirtschaftsformen ermöglicht und
b) darüber hinaus für die Zukunft genügend Anpassungsmöglichkeiten an künftige wirtschaftliche Erfordernisse bietet.

Für beides ist Bewegungsmöglichkeit in der Fläche erforderlich.

Mindestflächenbedarf für Wirtschaftsgebäude, Fahr- und Abstellflächen sowie für bauliche Anlagen der Ver- und Entsorgung

(ohne Wohnbereich, rechteckige Grundstücksformen unterstellt)

Produktionsumfang	Mindestflächenbedarf für den Wirtschaftsbereich	Baulich und produkt.-techn. bedingte minimale Grundstücksbreiten und daraus resultierende Grundstückslängen
Rinderhaltung		
Milchkühe ohne Nachzucht		
Im Boxenlaufstall, 3reihig		
50 Kühe	28 ar	45 m × 62 m
80 Kühe	41 ar	45 m × 91 m
120 Kühe	58 ar	45 m × 129 m
im Anbindestall oder Freßboxenstall		
40 Kühe	19 ar	33 m × 58 m
60 Kühe	28 ar	33 m × 85 m
80 Kühe	34 ar	33 m × 103 m

Produktionsumfang	Mindest-flächen-bedarf für den Wirt-schafts-bereich	Baulich und produkt.-techn. bedingte minimale Grundstücksbreiten und daraus resultierende Grundstückslängen
Milchkühe mit Nachzucht		
im Boxenlaufstall, 3reihig		
50 Kühe + Nachzucht	34 ar	45 m × 76 m
80 Kühe + Nachzucht	50 ar	45 m × 111 m
120 Kühe + Nachzucht	79 ar	45 m × 156 m
im Anbindestall oder Freßboxenstall		
40 Kühe + Nachzucht	24 ar	33 m × 73 m
60 Kühe + Nachzucht	34 ar	33 m × 103 m
Bullenmast		
im Laufstall, Vollspaltenboden, 2reihig, Treibmist		
200 Tiere	50 ar	33 m × 152 m
300 Tiere	70 ar	50 m × 140 m
im Anbindestall, Vollspaltenboden		
100 Tiere	30 ar	35 m × 86 m
150 Tiere	39 ar	35 m × 111 m
Jungviehaufzucht		
im Laufstall, Spaltenboden für Kälber, Liegeboxe für Tragende (½ Herbst-, ½ Frühjahrskalbung)		
200 Tiere	34 ar	80 m × 43 m
300 Tiere	47 ar	80 m × 59 m
Schweinehaltung		
Mast mit Ferkelaufzucht		
automatische Fütterung		
500 Mastpl.	27 ar	35 m × 77 m
1 000 Mastpl.	48 ar	35 m × 137 m
Mast mit eigener Nachzucht		
automatische Fütterung Einzelbuchten bei Sauen mit Ferkeln		
400 Mastpl. + 46 Sauen	29 ar	45 m × 64 m
800 Mastpl. + 88 Sauen	52 ar	45 m × 116 m
Sauenhaltung mit Ferkelaufzucht		
Einzelbuchten sowie Gruppenbuchten mit Auslauf		
80 Sauen	27 ar	45 m × 60 m
100 Sauen	31 ar	45 m × 69 m
120 Sauen	35 ar	45 m × 78 m

Übergroße Grundstückslängen können unter Berücksichtigung baulicher und produktionstechnischer Erfordernisse durch größere Breiten eingekürzt werden). Bei der Bullenmast auf Vollspaltenboden mit Treibmist ist die Stallänge zu beiden Seiten des Güllequerkanals bereits durch die maximale Länge der Treibmistkanäle begrenzt.

Ausgehend von rechteckigen Grundstücken ergibt sich hier bei Erhöhung des Tierbestandes ein Flächenbedarf in größeren Sprüngen.

Hochmechanisierte Produktions- und Arbeitsverfahren haben den Bedarf an Gebäuden für die Feldwirtschaft erheblich verringert. Dagegen ist dieser in der Nutzviehhaltung stark angestiegen.

Sicherlich können die aufgeführten Richtzahlen zum Flächenbedarf bei Anwendung besonders platzsparender Verfahrenstechniken in dem einen oder anderen Falle unterboten werden. In der Regel geht damit jedoch ein erheblicher Teil an Rationalität des Einsatzes von Arbeitskraft, Kapital und Technik sowie an Dispositionsfreiheit und Anpassungsfähigkeit verloren.

Investitionsbedarf für Stallgebäude und bauliche Anlagen

Richtwerte zur überschläglichen Baukostenermittlung und für Kostenvergleiche alternativer baulicher Lösungen.

Umfang: Unternehmerleistungen einschl. Mehrwertsteuer. Nicht enthalten sind Grundstücks-, Erschließungs- und Baunebenkosten sowie zusätzliche Maßnahmen.

Quelle: Institut für landwirtschaftliche Bauforschung. Kostenblockmethode nach abgerechneten Bauvorhaben.
Preisstand: 1987.

Kostenblöcke sind eine Unterteilung der Gesamtkosten nach funktionellen Einheiten wie Stall-, Gülle-, Milch- und Futterbereich.

Es sind enthalten im Kostenblock

STALL:	Fundamente, Fußboden, Gebäudehülle, Einrichtung, Installation.
GÜLLE:	Kanäle, Lagerbehälter und zugehörige Technik.
MILCH:	Gebäude und Technik zum Melken und zur Milchgewinnung.
FUTTER:	Gebäude und Anlagen zur Futterlagerung und Zuteilung.

Diese Unterteilung hat den Zweck, daß z. B. dem Stallbereich unterschiedliche Varianten der Futter – und Gülle – sowie unterschiedlich aufwendige Melkbereiche zugeordnet werden können. Dadurch ergeben sich Kombinationsmöglichkeiten, die den Kostenvergleich alternativer Lösungen und auch die Beurteilung von Teilbereichen gestatten. Anwendungsbeispiel: Ermittlung des Investitionsbedarfs für einen Mastbullenstall mit 100 Mastplätzen.

Zusammenstellung nach Auswahl

Kostenblock	Stall	1 730,– DM	(siehe 1.1.1.)
	Gülle	890,– DM	(siehe 1.2.1.)
	Futter	870,– DM	(siehe 1.3.2.)
		3 490,– DM/Mastplatz	
zuzüglich ca. 10 % Baunebenkosten		350,– DM/Mastplatz	
Das sind bei 100 Mastplätzen 384 000,– DM		3 840,– DM/Mastplatz	

Die angegebenen Richtwerte sind auf volle 10,– DM bzw. 5,– DM gerundet.

1. **Mastbullen**	Mastplätze	60	100	140	200
1.1.	Kostenblock „Stall" Fußboden, Gebäudehülle, Einrichtung und Installation		DM/Mastplatz		
1.1.1.	Mastbullenstall Tier-Freßplatzverhältnis 1 : 1, ohne Umbuchten Ganzspaltenboden, Holzstützenkonstruktion				
	ohne Wärmedämmung	2 010	1 730	1 620	–
	mit Wärmedämmung	2 420	2 080	1 930	–
1.1.2.	Mastbullenstall Tier-Freßplatzverhältnis 2 : 1 ohne Umbuchten Ganzspaltenboden, Holzstützenkonstruktion				
	ohne Wärmedämmung	–	1 560	1 400	1 290
	mit Wärmedämmung	–	1 840	1 620	1 500
1.2.	Kostenblock „Gülle"				
1.2.1.	Zirkulationsverfahren, Lagerung unter Spaltenboden, Güllekanäle, Rührmixer				
	4 Monate Lagerzeit				
	für 1.1.1.	990	890	840	–
	für 1.1.2.	–	790	740	700
	6 Monate Lagerzeit				
	für 1.1.1.	1 370	1 240	1 190	–
	für 1.1.2.	–	1 050	980	930
1.2.2.	Zirkulationsverfahren, Lagerung außen, im Stahlbetonhochbehälter				
	4 Monate Lagerzeit				
	für 1.1.1.	1 600	1 280	1 150	–
	für 1.1.2.	–	1 380	1 125	1 010
	6 Monate Lagerzeit				
	für 1.1.1.	1 680	1 370	1 240	–
	für 1.1.2.	–	1 480	1 210	1 100
1.3.	Kostenblock „Futter" Futterlager, 10 m^3 Silage/Mastplatz				
1.3.1.	Stahlbeton – Siloplatte o. Wände	480	440	420	420
1.3.2.	Stahlbeton – Fahrsilo m. Wänden	990	870	790	740

2. **Milchkühe**	Kuhplätze	20	40	60

Kostenrichtwerte auch bei Ställen mit Jungvieh nur auf die Milchkuh bezogen.

2.1.	Kostenblock „Stall" Fußboden, Gebäudehülle, Einrichtung und Installation	DM/Kuhplatz		
2.1.1.	Anbindestall für Kühe ohne Jungviehplätze, zweireihig, befahrbarer Futtertisch, Kurzstände, Gitterroste über Treibmistkanälen Holzkonstruktion mit Wärmedämmung	4 390	3 570	–
2.1.2.	Boxenlaufstall für Kühe ohne Jungviehplätze zweireihig, mittlerer Futtertisch, Laufflächen aus Beton-Spaltenboden, Holzkonstruktion			
	ohne Wärmedämmung	–	2 830	2 650
	mit Wärmedämmung	–	3 370	3 160
2.1.3.	wie 2.1.2., jedoch Boxenständerkonstruktion			
	ohne Wärmedämmung	–	2 300	2 160
	mit Wärmedämmung	–	2 880	2 670
2.1.4.	Anbindestall für Kühe mit Jungviehplätzen zweireihig, mittlerer Futtertisch, wie 2.1.1. Jungviehplätze auf Beton-Spaltenboden in Gruppenbuchten, Holzkonstruktion mit Wärmedämmung	–	6 880	5 700
2.1.5.	Boxenlaufstall für Kühe mit Jungviehplätzen, 3 Reihen Liegeboxen, Futtertisch und 1 Reihe Jungvieh auf Beton-Spaltenboden in Gruppenbuchten			
	ohne Wärmedämmung	–	4 160	3 610
	mit Wärmedämmung	–	4 890	4 270

2. Milchkühe	Kuhplätze bzw. GV	20	40	60
2.2.	Kostenblock „Gülle"		DM/Kuhplatz	
2.2.1.	Treibmistverfahren Längskanäle, Querkanal, Vorgrube, Güllepumpe, Hochbehälter 4 Monate Lagerzeit			
	für 2.1.1.	2 160	1 430	–
	für 2.1.4.	2 518	1 800	–
	6 Monate Lagerzeit			
	für 2.1.1.	2 320	1 530	–
	für 2.1.4	2 725	2 005	–
2.2.2.	Zirkulationsverfahren Speicherung unter Spaltenboden, Güllekanäle, Rührmixer 4 Monate Lagerzeit			
	für 2.1.2.	–	1 410	1 330
	für 2.1.3.	–	1 410	1 330
	für 2.1.5.	–	2 230	2 090
	6 Monate Lagerzeit			
	für 2.1.2.	–	1 870	1 800
	für 2.1.3.	–	1 870	1 800
	für 2.1.5.	–	2 670	2 490
2.3.	Kostenblock „Milch" Gebäude und Technik zum Melken und zur Milchlagerung			
2.3.1.	Eimermelkanlage, Kühltank, Milchkammer für 2.1.1.	2 150	–	–
2.3.2.	Rohrmelkanlage, Kühltank Milchkammer für 2.1.4.	2 650	1 680	–
2.3.3.	2 × 4 Fischgrätenmelkstand, Milchtank, Melkgebäude, für 2.1.2., 2.1.3., 2.1.5.	–	2 670	1 810
2.3.4.	2 × 5 Fischgrätenmelkstand, Milchtank, Melkgebäude, für 2.1.2., 2.1.3., 2.1.5.	–	2 770	1 910
2.4.	Kostenblock „Futter"*) Gebäude und Anlagen zur Futterlagerung für eine Winterfütterungsperiode			
2.4.1.	Stahlbeton-Siloplatte ohne Wände für reine Silagefütterung	530	430	420
2.4.2.	Stahlbeton-Fahrsilo mit Wänden für reine Silagefütterung	1 130	980	850
2.4.3.	Bergeraum und Siloplatte wie 2.4.2.	1 980	1 700	1 610
2.4.4.	Greiferhalle mit Hochsilo für Silage und Heulager	6 300	4 540	3 670

*) Kostenrichtwerte bezogen auf die Milchkuh. Bei Ställen mit Jungvieh sind entsprechende Zuschläge erforderlich, z. B. 1 Kuh mit Nachzucht ≙ 1,5 GV.

3. **Mastschweine**	Endmastplätze	240	360	480
3.1.	Kostenblock „Stall“ Fußboden, Gebäudehülle, Einrichtung, Installation und Lüftung	DM/Endmastplatz		
3.1.1.	Schweinemaststall, vierreihig mit mittlerer Trennwand Kurzbuchten, Längströge, Teilspaltenboden 10 Tiere/Bucht			
	Massivbau	600	560	–
	Leichtbau	550	520	–
3.1.2.	Schweinemaststall, vierreihig mit mittlerer Trennwand Langbuchten, Quertröge, Teilspaltenboden 10 Tiere/Bucht			
	Massivbau	530	500	–
	Leichtbau	480	470	–
3.1.3.	Schweinemaststall, als Kammstall, 120 Tiere je Abteil Langbuchten, Quertröge, Teilspaltenboden 10 Tiere/Bucht			
	Massivbau	–	540	520
	Leichtbau	–	500	480
3.2.	Kostenblock „Gülle“ 4 Monate Lagerzeit			
3.2.1.	Stauverfahren Längskanäle, Querkanal, Vorgrube, Güllepumpe, Hochbehälter			
	für 3.1.1.	320	280	–
	für 3.1.2.	250	220	–
3.2.2.	Rohrentmistung Lagerung im Hochbehälter für 3.1.3.	–	210	200
3.3.	Kostenblock „Futter“ Futtersilo, -transport und -zuteilung			
3.3.1.	Trockenfütterung, Handfütterung mit Plattenwagen für 3.1.1.	70	60	–
3.3.2.	Trockenfütterung, Futterwagen mit Dosiereinrichtung für 3.1.1.	80	70	60
3.3.3.	Trockenfütterung mit mechan. Futterzuteilung			
	für 3.1.2.	120	110	–
	für 3.1.3.	–	110	100
3.3.4.	Flüssigfütterung Handzuteilung, Dosierhilfen, Durchflußmessung			
	für 3.1.2.	150	120	–
	für 3.1.3.	–	110	100

4. **Zuchtschweine**	Produktive Sauen	64	96	128
4.1.	Kostenblock „Stall" Fußboden, Gebäudehülle, Einrichtung, Installation, Heizung und Lüftung	DM/produktive Sau		
4.1.1.	Schweinezuchtstall Rein-Raus-Verfahren, zweiphasige Ferkelaufzucht, einstreulose Haltung, Futtergänge, getrennte Stallabteile: Deck-, Warte-, Abferkel- und Ferkelaufzuchtstall sowie Futterraum			
	Massivbau	3 860	3 530	3 410
	Leichtbau	3 630	3 320	3 210
4.1.2.	Schweinezuchtstall Rein-Raus-Verfahren, einphasige Ferkelaufzucht, einstreulose Haltung, Futtergänge, getrennte Stallabteile: Deck-, Warte- und Abferkel-/Aufzuchtstall sowie Futterraum			
	Massivbau	4 230	4 010	3 790
	Leichtbau	3 990	3 780	3 580
4.1.3.	wie 4.1.1., jedoch ohne Futtergänge			
	Massivbau	3 480	3 150	3 050
	Leichtbau	3 270	2 970	2 870
4.1.4.	wie 4.1.2., jedoch ohne Futtergänge			
	Massivbau	3 780	3 500	3 290
	Leichtbau	3 570	3 310	3 110
4.2.	Kostenblock „Gülle" 4 Monate Lagerzeit			
4.2.1.	Stauverfahren, Längskanäle, Querkanal, Vorgrube, Hochbehälter und Pumpe			
	für 4.1.1., 4.1.3.	970	830	750
	für 4.1.2., 4.1.4.	980	840	760
4.3.	Kostenblock „Futter" Futtersilos, -transport und -zuteilung			
4.3.1.	Handfütterung, Futterwagen mit Dosierung und Mengenvorwahl			
	für 4.1.1.	390	320	290
	für 4.1.2.	410	340	310
4.3.2.	Mechanische Fütterung mit Volumendosierern			
	für 4.1.1., 4.1.3.	640	540	510
	für 4.1.2., 4.1.4.	710	630	600

Bau landwirtschaftlicher Betriebsgebäude

Gliederung	Einheit	1975	1978	1980	1981	1982	1983	1984
				Genehmigte Neubauvorhaben				
Betriebsgebäude	Zahl	13 001	13 977	12 566	10 543	10 925	15 103	10 539
darunter Fertigteil-Bauweise	Zahl	816	1 060	2 185	1 999	2 101	3 265	2 483
Bauvolumen	Mio. m^3	21,1	24,0	22,7	18,9	19,5	28,3	17,9
				Fertiggestellte Neubauvorhaben				
Betriebsgebäude	Zahl	10 554	12 934	12 830	11 635	11 661	13 280	12 481
darunter Fertigteil-Bauweise	Zahl	650	875	1 838	1 971	2 031	2 654	2 749
Kosten der Bauvorhaben	Mio. DM	1 151	1 418	1 680	1 666	1 704	1 988	1 973
darunter Fertigteil-Bauweise	Mio. DM	75	100	250	292	303	412	424
Bauvolumen	Mio. m^3	16,7	21,4	22,4	21,2	21,1	23,4	22,8
Baupreisindex	1980 = 100	73,4	83,8	100,0	105,8	108,9	111,1	113,8

Quelle: Agrarbericht der Bundesregierung 1986 (Materialband S. 41)

Raumbedarf der Feldfrüchte

Größtmöglicher Raumbedarf einer Mittelernte.
Werte gelten nicht für statische Berechnungen! Die Lastannahmen für Bauten befinden sich im Normblatt DIN 1055, Blatt 1–6.

1. Getreide-Halmgut	Raumgew. kg/m^3	Lager-Raumbedarf*) m^3 je dt	Lager-Raumbedarf*) m^3 je ha Anbaufläche
Stroh			
Misch- oder Kurzhäcksel	40– 60	3,0–2,0	150
Hochdruckballen	100	1,2	70
Rundballen, 1,80 m ∅	80–100	1,5–1,2	75**)
Rundballen, 1,20 m ∅	100–130	1,2–1,0	60**)

2. Heu

Wiesenheu			
lang, lose	70	1,7	120
gehäckselt	100	1,2	85
Rundballen, 1,80 m ∅	140	1,1	90**)
Rundballen, 1,20 m ∅	200	0,7	60**)
Klee- und Luzerneheu			
lang, lose	90	1,33	120

*) einschl. 20 % Arbeits- und Verkehrsraum über dem Stapel
**) berücksichtigt Hohlräume zwischen Rundballen; Ballengewichte abhängig von Feuchtegehalt und Fabrikat der Maschinen

3. Hackfrüchte	Raum-gew. kg/m³	Lager-Raumbedarf m³ je dt	je ha Anbaufläche
Frischkartoffeln			
unsortiert u. verschmutzt	750	9,17[1])	38
sortiert, lose	650	0,19[1])	30
in Säcken	550	0,23[1])	37
in Kisten (20 kg)	450	0,30[2])	48
Sauerkartoffeln	1 000	0,11[3])	22
Futterrüben	650	0,19[1])	105

[1]) Einschließlich 25 % Arbeits- und Leerraum
[2]) Einschließlich 35 % Arbeits- und Leerraum
[3]) Einschließlich 10 % Arbeits- und Leerraum

4. Grünfuttersilage

Behälter einmal nachgefüllt; das Raumgewicht gilt demnach für abgesetztes Futter.
Bei statischen Berechnungen ist DIN 1055 zu beachten.

	Raum-gew.[1]) kg/m³	je dt Gär futter	Behälter-Raumbedarf[2]) m³ je ha Anbaufläche: Zuckerrüben (250 dt)	Mais (350 dt)	Grünland (300 dt)
Silage					
v. Zuckerrübenblatt	900	0,13	27	–	–
Naßsilage					
v. Halmfutter	750	0,16	–	–	39
Silomais	650	0,185	–	45	–
Vorwelksilage,					
25 % TS[3])	650	0,185	–	–	39
Gärheu, 35 % TS[3])	500	0,24	–	–	38
Gärheu, 50 % TS[3])	350	0,34	–	–	37

[1]) Nach dem Setzen
[2]) Einschließlich 20 % Arbeits- und Leerraum über dem Futterstock
[3]) TS = Trockensubstanz

5. Getreidekorn und Kraftfutter	Raumgewicht kg/m³	je dt	je ha Anbaufläche (40 dt)
Getreidekorn			
Flachspeicher (m²)	600	0,29[1])	11,5
Silospeicher (m³)	600	0,17[2])	6,8
Getreideschrot (m³)	300	0,35[2])	–
Trockenschnitzelpreßsilage (m³)	700	0,15[2])	–
Trockengrünpellets u. Cobs (m³)	600	0,17[2])	–
Grüngutbriketts (m³)	300	0,35[2])	–

[1]) Bei 0,80 m Schütthöhe und einschließlich 40 % Arbeits- und Verkehrsfläche
[2]) Einschließlich 2 % Leerraum
[3]) Im Mittel aller Getreidearten

Bauten für die tierische Veredelungsproduktion

Die nachfolgenden Planungsdaten für den Platzbedarf der Tiergattungen in Abhängigkeit vom gewählten Haltungsverfahren sind nur Einzelelemente für eine Gesamtplanung.

Im konkreten Fall sind folgende Fragen vorab zu klären:

1. Wahl des Standortes im Bezug auf Nachbarschaft und mögliche Belästigung infolge Immission.
2. Bestandsgröße in der Endausbaustufe – sie hat Einfluß auf 1. und hängt letztlich davon ab, ob ausreichende landw. Aufnahmeflächen für die tierischen Exkremente verfügbar sind.
3. Sicherstellung der Futtergrundlage. Im Familienbetrieb stellen Transporte Feld-Hof-Feld meist kein Problem dar, doch bei großen Tierbeständen mit häufigen Transporten für Futter wie Abfallprodukte ist auf die Lage des Betriebes zum öffentlichen Verkehr Rücksicht zu nehmen.
4. Innerbetrieblicher Verkehr, Gebäudegruppierung zu den Himmels- und Windrichtungen, Gebäudeerschließung und dafür erforderliche Hof- und Fahrflächen sowie Zueinanderordnung von Produktionsraum zu betriebsnotwendigen Nebenräumen, wie Silos, Güllegruben, Rauhfutter und Strohlager, schaffen weitere Festpunkte für die Planung.
5. Für die eigentliche Bauplanung geben die nachfolgenden Planungsdaten den Platzbedarf der einzelnen Tiergattungen in Abhängigkeit vom gewählten Haltungsverfahren an. Aus diesen Einzelelementen setzt sich der Gesamtplan zusammen.

Flächen- und Raumbedarf der Rindviehhaltung

– nach Stallsystemen –

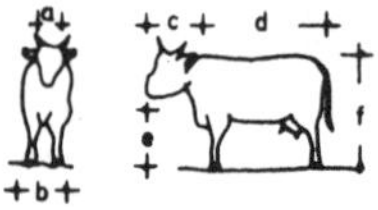

Körperabmessungen der Rinder:	Maße in m	Saug-kälber bis ¼ J.	Absatz-kälber bis 1 J.	Färsen o. End-mast bis 2 J.	Milch-kühe ab 2 J.
	a = Stirn	0,20	0,33	0,35	0,35
	b = Schulter	0,25	0,45	0,55	0,60
	c = Hals-Kopf	0,42	0,60	0,70	0,74
	d = Rumpf	0,93	1,37	1,60	1,65
	e = Gliedmaßen	0,52	0,58	0,60	0,62
	f = Widerrist	0,90	1,17	1,27	1,36

Stallsysteme

1. Anbindeställe
(teilweise oder vollwärmegedämmt)

1.1 **Kurzstand mit Kotstufe**
eingestreut mit ≦ 2,0 kg/Stroh/d/Platz

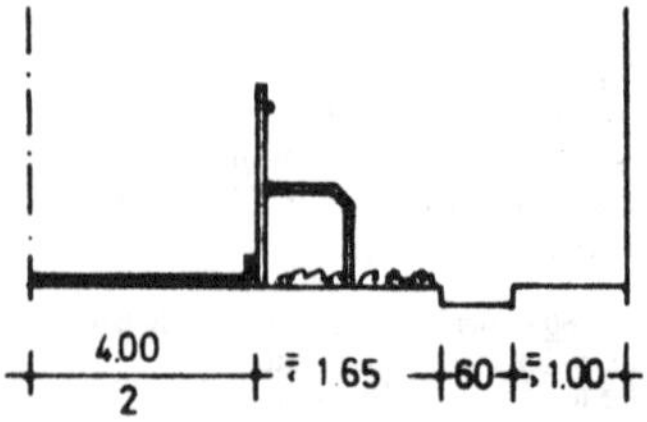

Höhe Länge Breite

Festmist

Standabmessungen für:	Breite (Achsmaß!)	Länge	Stallfläche	Dungstapel 200 d	Jauche 200 d	Strohlager*) 200 d	Gülle/GV/100 d
	Flächen- bzw. Raumbedarf je Tierplatz						
	m	m	m^2	m^2	m^3	m^3	m^3
Milchkühe	1,20	1,65	7,00	3,00	3,00	5,00*)	–
Färsen oder Endmast	1,10	1,55	6,00	3,00	3,00	4,50	–
Absatzkälber	0,95	1,40	5,00	2,00	2,00	4,00	–
Saugkälber	0,75	1,30	4,00	1,80	1,50	3,50	–

*) Hochdruckballen = 80 kg/m^3

1.2 **Kurzstand mit Kotrost**

einstreufrei, Mattenauflage o. ä. Standwärmedämmung

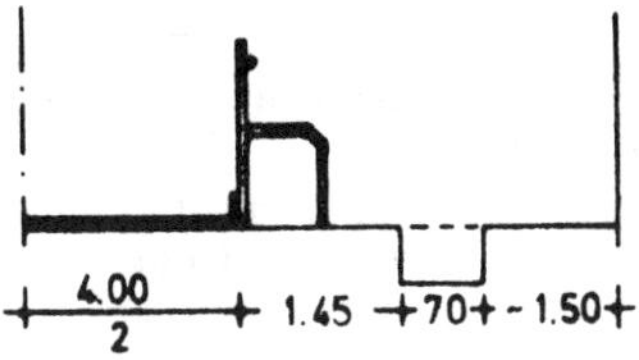

Flüssigmist

Milchkühe	1,20	1,50	6,80	–	–	–	5,00
Färsen oder Endmast	1,10	1,40	6,00	–	–	–	5,00
Absatzkälber	0,95	1,25	5,00	–	–	–	4,00
Saugkälber	0,75	1,20	4,00	–	–	–	3,00

2. Liegeboxenställe

(nicht, teilweise oder vollwärmegedämmt)

„Einstreumatratze" (Strohhäcksel, Sägespäne und/oder Torf) ca. 0,25 kg/d/Boxe.

Laufpassage: Spaltenboden mit Unterflur-Mistlagerung im Stall; oder betonierte Fläche mit Überflurentmistung (Flachschieber o. ä.).

Boxen: Stahlrohrkonstruktion mit Schulterbügel oder Nackenriegel, hintere Begrenzung mit 0,20 m hoher „Gummischürze".

Freßplatz: Palisadengitter oder Nackenriegelbegrenzung.

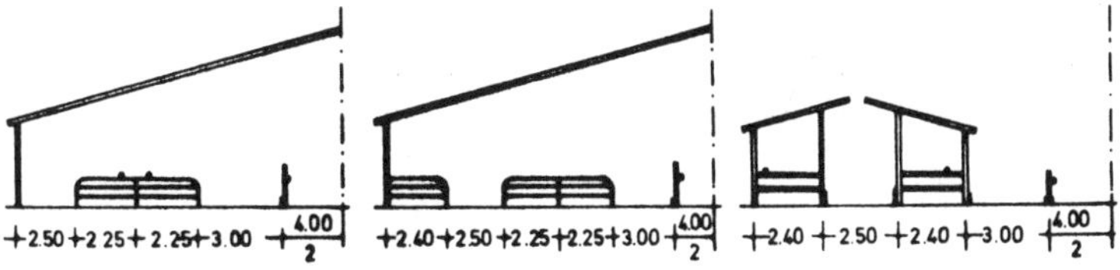

Variante 1	Variante 2	Variante 3
2 Boxenreihen parallel z. Freßplatz (Durchf.) Kombinierte Funktionsbereiche. Freßpl. : Boxen = 1 : 1	3 Boxenreihen parallel z. Freßplatz (Durchf.) Kombinierte Funktionsbereiche. Freßpl. : Boxen = 1 : 1,5	2 Boxenreihen mit Außenfreßplatz, getrennte Funktionsbereiche. Freßpl. : Boxen = 1 : 1
Bruttofläche/Kuhplatz = 7,00 m²	Bruttofläche/Kuhplatz = 5,00 m²	Bruttofläche/Kuhplatz = 6,00 m²

Laufpassagen aller drei Varianten können auch als Spaltenboden mit darunterliegendem Güllelager ausgebildet sein.

Wandboxen sollten 2,40 m nicht unterschreiten! sich gegenüberliegende Boxen sollten nicht durch eine dichte mittlere Wand getrennt sein!

Streu- und/oder Güllelagerbedarf je nach Ausbildung der Boxen und Laufpassagen

Streulagerraum (200 d) je Tierplatz = 0,0 bis 0,5 m^3
Güllelagerraum (100 d) je Tierplatz = 3,0 bis 5,0 m^3

Einbaumaße	Liegeboxen Breite (Achsmaß)	Liegeboxen Länge	Nackenriegel Höhe	Nackenriegel Tiefe (v. Kotk. gem.)	Freßplatzbreite
	m	m	m	m	m
Milchkühe	1,20	2,25/2,40	~ 0,90	1,55–1,65	0,75
Färsen	1,10	2,00/2,20	~ 0,80	1,45–1,55	0,65
Absatzkälber	0,90	1,80/2,00	~ 0,70	1,25–1,35	0,55

3. Freßliegeboxenställe

(teilweise oder vollwärmegedämmt)

„Einstreumatratze" (Strohhäcksel, Sägespäne und/oder Torf) ca. 0,25 kg/d)

Laufpassage: Spaltenboden und Unterflur-Mistlagerung im Stall (Var. 1); oder betonierte Fläche mit Überflurentmistung (Flachschieber o. ä.). Mistlagerung außerhalb des Stalles (Var. 2, S. 545 oben).

Boxen: Stahlrohrkonstruktion mit Schulterbügel oder Nackenriegel. Vordere und hintere Begrenzung mit 0,20 m hoher „Gummischürze", ggf. zusätzlich „Nasenriegel" über Freßplatte bzw. -trog.

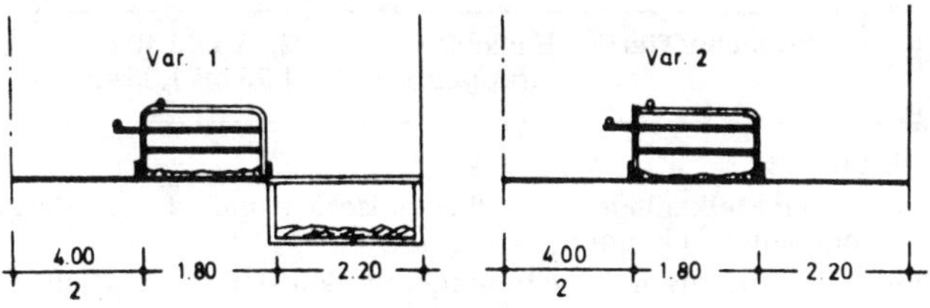

Boxen-abmessungen	Breite (Achs-maß!) m	Länge m	Flächen bzw. Raumbedarf je Tierplatz: Stall-fläche m²	Streu-lager für 200 d m³	Gülle-behälter für 100 d/GV
nur Milchkühe	1,20	1,80	7,40	0,50	5,00

4. Vollspaltenbodenstall für Jung- und Mastrinder
(nicht, teilweise oder vollwärmegedämmt)
ohne Einstreu, Güllelagerung unter Spaltenboden

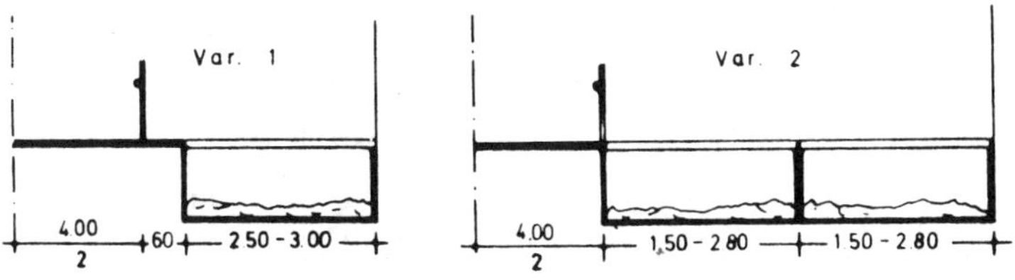

Einraum-Güllelager

Güllelager durch mittlere Wand halbiert. – Rührmixer empfehlenswert.

3,00 bis 3,50 m^2	Bruttostallfläche/Tierplatz	= 3,00 bis 4,60 m^2
2,50 bis 3,50 m^3	Güllelagerraum/100 d	= 4,00 bis 5,00 m^3

5. Saugkälberstall

(nicht, teilweise oder vollwärmegedämmt)
Einstreu auf Lattenrost oder betoniertem Fußboden mit Stroh (0,2 bis 0,4 kg/d/Tier).
Für je 5 Kühe = 1 Einzelbox (0,90 × 1,40 m), für je 25 Kühe = 1 Gruppenbox (2,25 × 2,50 bis 3,00 m).

Boxen:
Holz- oder Stahlkonstruktion. Tür mit Eimer und Heuraufenhalter, höhenverstellbar.

Bruttofläche/Tier:	Einzelbox	2,25 bis 2,40 m^2
	Gruppenbox	1,75 bis 1,85 m^2

5.3 Melkstände

Der Einsatz einer Melkanlage ist von Bestandsgröße und arbeitswirtschaftlichen Gegebenheiten abhängig.

6. Anbindeställe erfordern keine besonderen Melkstände; Laufställe dagegen sind ohne Melkstände nicht funktionsfähig. Diese müssen frostfrei sein und sollten beheizt werden können. Kraftfutter kann im Melkstand oder über Futter-Automaten im Stall gegeben werden.

	Fischgrätenmelkstände			Karussellmelkstände	
Anz. Melkbuchten	2 × 4	2 × 5	2 × 6	2 × 8	14 (FG)
Anzahl Melkzeuge	8	10	12	16	14
Flächenbedarf (m^2)	37,0	42,0	47,0	55,0	53,0
Melkleistung (Kühe/AKh)	40	45	50	60	60
Herdengröße (Anz. Kühe)	40–50	40–90	70–100	≧100	100–200

Flächen- und Raumbedarf der Schweinehaltung

– nach Stallsystemen –

1. Sauenhaltung

1.1 Bestandeszusammensetzung und Stallgröße

Herdengröße (Anz. Zuchtsauen)	Abferkelstall – Tierplätze – säug. Sauen	Absatzferkel	Sauenstall – Tierplätze – trag. Sauen	leere Sauen	Zuchtläufer	Jungsauen	Zuchteber
6 Wochen Säugezeit:							
20	8	32	13	3	8	7	1
50	19	80	32	18	20	18	2
100	38	160	65	15	40	36	4
3 Wochen Säugezeit:							
20	5	70	13	6	8	7	1
50	12	170	32	25	20	18	2
100	23	340	65	30	40	36	4

1.2 Abferkelbuchten, wärmegedämmter Stallraum, evtl. zusätzliche Raumheizung

1.2.1 Käfigbucht mit Trog
- schwach eingestreut (0,25 kg/Bucht u. Tag)
- Fest- (oder Flüssig-) mist
- Ferkelnest zusätzlich beheizbar

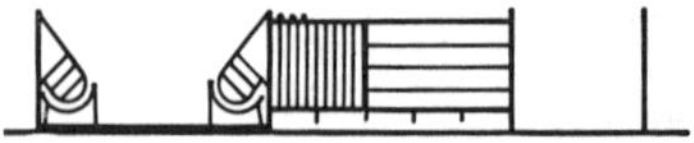

Systemgebundener Flächen- bzw. Raumbedarf (je Tierplatz):

Stallfläche	8,80 m^2	Dungplatte	1,0 m^2
Streulager (200 Tage)	0,50 m^3	Jauchebehälter	1,0 m^3

1.2.2 Anbindebucht mit Trog
- schwach eingestreut (0,25 kg/Bucht u. Tg.)
- Flüssigmist
- Ferkelnest zusätzlich beheizbar

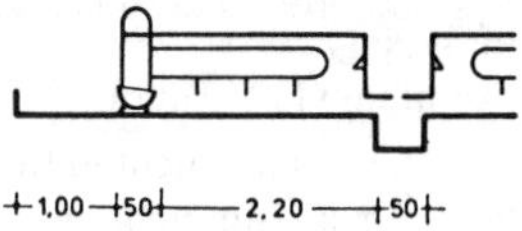

Systemgebundener Flächen- bzw. Raumbedarf (je Tierplatz):

Stallfläche	7,90 m^2	Güllebehälter (100 Tage)	2 m^3
Streulager (200 Tage)	0,50 m^3		

1.3 Absatzferkelbuchten, wärmegedämmter Stallraum, zusätzliche Raumheizung
- Flachkäfige mit Drahtrostboden
- Flüssigmist

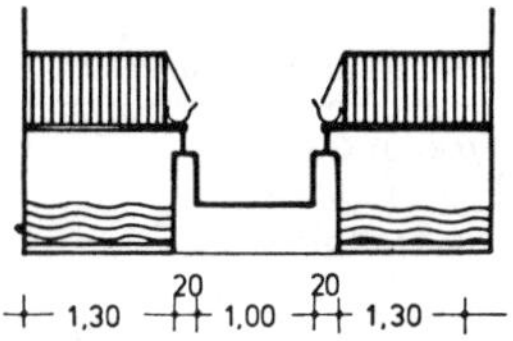

Buchtengröße bei Endgewicht:	20 kg	25 kg	30 kg
Grundfläche	0,18 m^2/Tier	0,20 m^2/Tier	0,24 m^2/Tier
Freßbreite	0,16 m /Tier	0,18 m /Tier	0,20 m /Tier

Systemgebundener Flächen- bzw. Raumbedarf (je Tierplatz):

Stallfläche	0,40 m^2	Güllelager (100 Tage)	0,05 m^3

1.4 Aufstallung für leere und tragende Sauen

1.4.2 Sperrbox (Kastenstand), im wärmegedämmten Stallraum
- Liegefläche einstreufrei (Spaltenboden)
- Flüssigmist

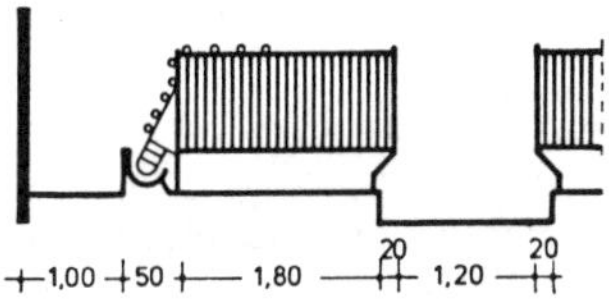

Systemgebundener Flächen- bzw. Raumbedarf (Je Tierplatz):

Stallfläche	2,65 m^2	Güllebehälter (100 Tage)	2 m^3

2. Mastschweinehaltung

Vormastplätze (25–40 kg Lebendgew.	:	Mastplätze (40–105 kg Lebendgew.)	= 1 : 2

2.1 Vormastbuchten für je 20 Tiere, wärmegedämmter Stallraum mit Zusatzheizung
- Automatenfütterung ad libitum
- Liegefläche schwach eingestreut (0,50 kg/Bucht u. Tag)

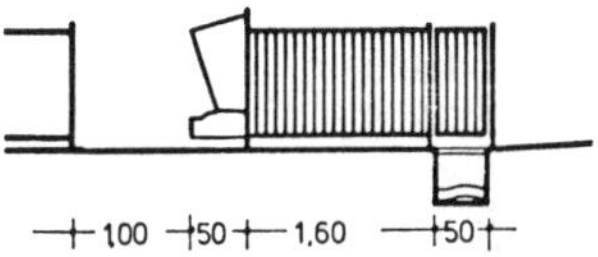

– Mistplatz mit Teil-
  spaltenboden
– Flüssigmist

Systemgebundener Flächen- bzw. Raumbedarf (je Tierplatz):

Stallfläche	0,45 m^2	Güllebehälter (100 Tg.)	0,25 m^3
Streulager (200 Tage)	0,1 m^3		

2.2 Hauptmastbuchten für je 10 Tiere, wärmegedämmter Stallraum

2.2.1 Mistgangbucht mit Teilspaltenboden
- Trogfütterung, Trockenfutter
- einstreulos
- Flüssigmist

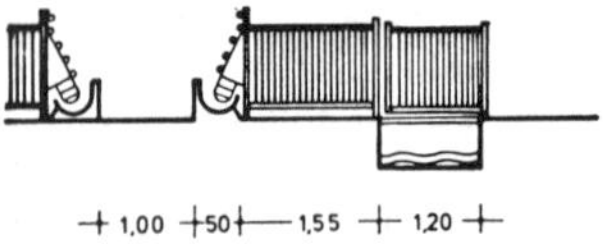

Buchtenabmessungen bei Endgewicht:	70 kg	105 kg
Troglänge	0,28 m/Tier	0,33 m/Tier
Liegeplatztiefe	1,30 m	1,55 m
Mistgangbreite	1,20 m	1,20 m

Systemgebundener Flächen- bzw. Raumbedarf (je Tierplatz):

Stallfläche	1,3 m^2	Güllebehälter (100 Tage)	0,5 m^3

2.2.2 Kurzbucht mit Vollspaltenboden
- Trogfütterung, trocken oder naß
- einstreufrei
- Flüssigmist

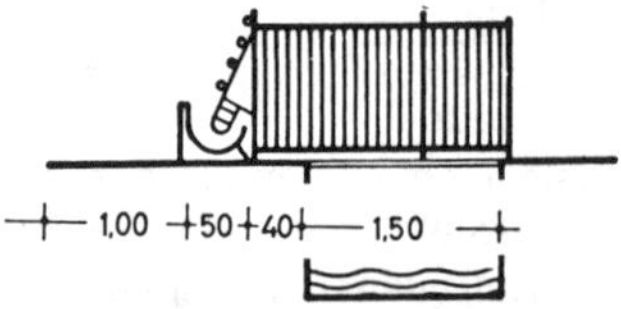

Buchtenabmessungen bei Endgewicht:	70 kg	105 kg
Troglänge	0,28 m/Tier	0,33 m/Tier
Buchtentiefe	1,60 m	1,90 m

Systemgebundener Flächen- bzw. Raumbedarf (je Tierplatz):

Stallfläche	1,0 m^2	Güllelager (100 Tage; unter Spaltenboden)	0,5 m^3

2.2.3 Langbucht mit Teilspaltenboden
- Trog- oder Automatenfütterung, trocken oder naß
- einstreufrei
- Flüssigmist

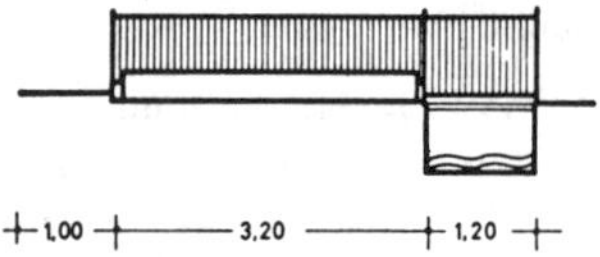

Buchtenabmessungen bei Endgewicht:	70 kg	105 kg
Buchtenbreite	1,80 m	1,80 m
Liegeplatztiefe	2,25 m	3,20 m
Mistgangtiefe	1,20 m	1,20 m

Systemgebundener Flächen- bzw. Raumbedarf (je Tierplatz):

Stallfläche	1,0 m^2	Güllelager (100 Tage)	0,5 m^3

Flächen- und Raumbedarf der Hühnerhaltung

– nach Stallsystemen –

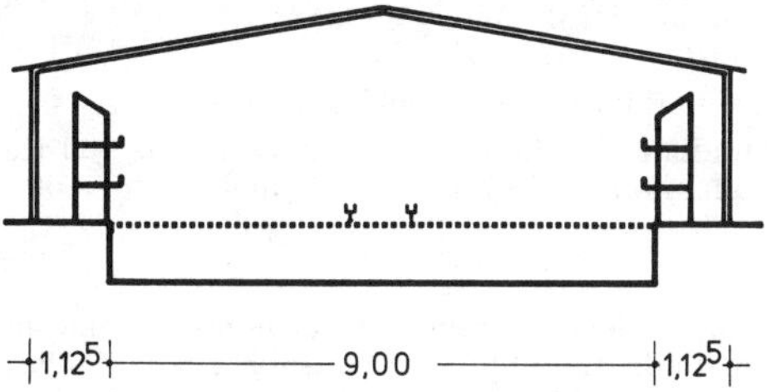

1. Bodenhaltung ohne Auslauf, wärmegedämmter Stall
   - Lattenrostboden
   - Kotbunker unterflur

   Besatzdichte im Tierbereich: 6– 8 Legehennen/m^2
   14–18 Masthühner/m^2

   Systemgebundener Stallflächenbedarf (je 100 Tierplätze):

Legehennen	18 m^2	Masthühner	8 m^2

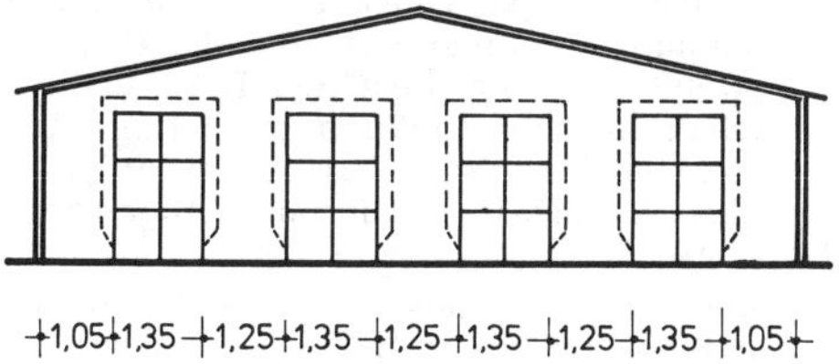

2. Batteriehaltung in Käfigen, wärmegedämmter Stall

   2.1 Normalkäfig, 3-etagig
   - Futterwagen oder -ketten
   - Flüssigmist

   Besatzdichte im Käfig: 20 Legehennen/m^2
   18–20 Masthühner/m^2

   Systemgebundener Flächen- bzw. Raumbedarf (je 100 Tierplätze):

Stallfl., Legehennen	5–6 m^2	Güllebehälter (100 Tage)	2,5 m^3
Stallfl., Masthühner	5–6 m^2		

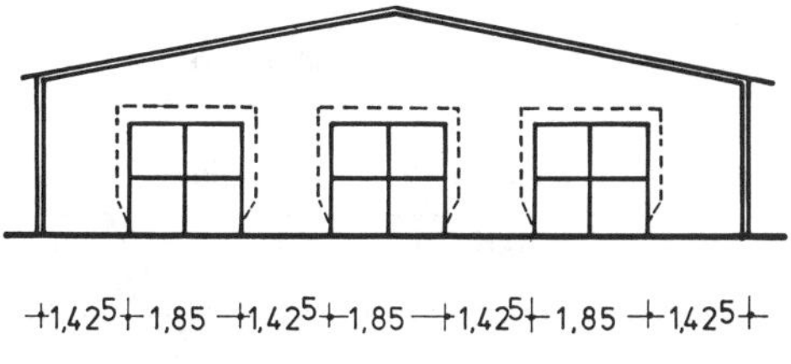

2.2 Ausweichkäfige (get away), 2-etagig

- Hochkäfige mit Legenest und 2-geschossiger Anordnung von Sitzstangen
- Futterwagen oder -ketten
- Flüssigmist

Besatzdichte im Käfig: 25–30 Legehennen/m²

Systemgebundener Flächen- bzw. Raumbedarf (je 100 Tierplätze):
Stallfl., Legehennen 6–7 m² Güllebehälter (100 Tage) 2,5 m³

Stallklima

Gutes Stallklima ist die Voraussetzung für hohe Leistung und Gesundheit der Tiere, sowie für die Erhaltung der Bausubstanz der Ställe. Grundlage für die Berechnung des Stallklimas ist die Norm DIN 18910, „Klima in geschlossenen Ställen", Ausgabe Oktober 1974. Diese Norm gilt für wärmegedämmte Ställe und enthält Daten und Regeln zur Berechnung des Wasserdampf- und Wärmehaushaltes der Ställe. Sie gibt Anweisungen für die Bemessung der Lüftung und Beleuchtung.

Für die Berechnung des Wärme- und Feuchtigkeitsschutzes von Bauteilen gilt, sofern die Norm DIN 18910 nichts anderes bestimmt, die Norm DIN 4108 „Wärmeschutz im Hochbau", Ausgabe August 1981, insbesondere deren Teile 4 und 5.

Neben den genannten Normen sind auch die VDI-Richtlinien: „Auswurfbegrenzung – Tierhaltung – Hühner, (3472) und „Auswurfbegrenzung – Tierhaltung – Schweine" (3471) zu beachten. Diese VDI-Richtlinien kennzeichnen die Ursachen für die Entstehung, die Art und Konzentration der Emission und geben Maßnahmen zum Vermindern der Emission und Immission an. Damit berühren die VDI-Richtlinien auch Fragen der Stallklimaregelung (vgl. auch S. 557).

Alle Normblätter und VDI-Richtlinien sind zu beziehen vom Beuth-Verlag GmbH, 1000 Berlin 30 und 5000 Köln 1.

Rechenwerte für Temperatur (t_i) und rel. Feuchte (φ_i) der Stalluft nach DIN 18910 für Warmställe

Rindviehställe

Stall für	Optimalbereich für die Tiere: Lufttemperatur °C	Optimalbereich für die Tiere: rel. Luftfeuchte %	Rechenwerte im Winter: Lufttemperatur °C	Rechenwerte im Winter: rel. Luftfeuchte %
Milchkühe, Zuchtkälber, Zuchtbullen, Jungviehaufzucht und Abkalbung	0 bis 20	60 bis 80	10	80
Jungviehmast, Mastbullen	20 bis 12*)	60 bis 80	16	80
Mastkälber	20 bis 16*)	60 bis 80	18	70

*) Lufttemperatur mit zunehmendem Alter der Tiere allmählich vom höheren auf den niederen Wert abnehmend.

Schweineställe

Stall für	Optimalbereich für die Tiere Luft-temperatur °C	Optimalbereich für die Tiere rel. Luft-feuchte %	Rechenwerte im Winter Luft-temperatur °C	Rechenwerte im Winter rel. Luft-feuchte %
Jungsauen, leere und nieder-tragende Sauen, Eber	5 bis 15	60 bis 80	12	80
Mastschweine	18 bis 15*)	60 bis 80	16	80
Sauen mit Ferkeln:				
Sauen	12 bis 16	60 bis 80		
Ferkel bei der Geburt mit Zonenheizung	30 bis 32	40 bis 60	18	70
Ferkel beim Alter von 6 Wochen	20 bis 22	60 bis 70		
Absatzferkel und Vormast bis 30 kg	22 bis 18*)	60 bis 80	20	60
Käfighaltung ab etwa 5 kg (3. Woche) bis etwa 20 kg (8. Woche)	26 bis 22*)	40 bis 60	26	60

*) Lufttemperatur mit zunehmendem Alter der Tiere allmählich vom höheren auf den niederen Wert abnehmend.

Geflügelställe

Stall für	Optimalbereich für die Tiere Luft-temperatur °C	Optimalbereich für die Tiere rel. Luft-feuchte %	Rechenwerte im Winter Luft-temperatur °C	Rechenwerte im Winter rel. Luft-feuchte %
Hühnerküken mit Zonen-heizung, Temperatur in Kükenzone je Lebens-woche um 3 Grad abnehmend	32 bis 18*)	60 bis 70	26	60
Jung- und Legehennen	15 bis 20	60 bis 80	18	70
Putenküken mit Zonen-heizung, Temperatur in Kükenzone je Lebens-woche um 3 Grad abnehmend	36 bis 18*)	60 bis 70	22	60
Mastputen ab 7. Woche	18 bis 10*)	60 bis 80	16	80
Enten	30 bis 10*)	60 bis 80	20	60

*) Lufttemperatur mit zunehmendem Alter der Tiere allmählich vom höheren auf den niederen Wert abnehmend.

Schafställe

Stall für	Optimalbereich für die Tiere Luft-temperatur °C	rel. Luft-feuchte %	Rechenwerte im Winter Luft-temperatur °C	rel. Luft-feuchte %
Zuchtschafe	6 bis 14	60 bis 80	10	80
Mastschafe	16 bis 14*)	60 bis 80	16	80

*) Lufttemperatur mit zunehmendem Alter der Tiere allmählich vom höheren auf den niederen Wert abnehmend.

Pferdeställe

Stall für	Optimalbereich für die Tiere Luft-temperatur °C	rel. Luft-feuchte %	Rechenwerte im Winter Luft-temperatur °C	rel. Luft-feuchte %
Arbeitspferde	10 bis 15	60 bis 80	12	80
Reit- und Rennpferde	15 bis 17	60 bis 80	16	80

Luftbewegung im Tierbereich und Gaskonzentration in der Stalluft

Im Bereich der angegebenen Rechenwerte für die Temperatur und Feuchte der Stalluft im Winter soll in der Nähe der Tierkörper die Luftgeschwindigkeit möglichst 0,2 m/s nicht überschreiten. Übersteigen im Sommer die Stalltemperaturen die in der Tabelle angegebenen Höchstwerte des Optimalbereiches, so ist für ausgewachsene Tiere eine höhere Luftgeschwindigkeit bis zu ca. 0,6 m/s zweckmäßig.

Die MAK-Werte*) für Ammoniak (NH_3) = 0,05 l/m³ und Schwefelwasserstoff (H_2S) = 0,01 l/m³ sollen nicht überschritten werden. Der Kohlendioxydgehalt der Stalluft darf 3,5 l/m³ nicht übersteigen.

Lüftung von wärmegedämmten Ställen

Die Stallüftung dient dem Zweck einer ständigen Lufterneuerung. Im Stall anfallender Wasserdampf sowie gasförmige und feste Luftverunreinigungen werden dabei abgeführt. Im Sommer wird außerdem Wärme aus dem Stallraum abgeleitet.

Die Konzentration von Geruchsstoffen in der Stallabluft ist abhängig von der Art und Menge der im Stall entstehenden Geruchsstoffe sowie dem Verdünnungsgrad der Geruchsstoffe mit Luft im Stall und/oder im Stallüftungssystem.

Die Lüftungsanlage ist so anzulegen, daß die Mindestluftraten nach DIN 18910 im Sommer und Winter mit Sicherheit gefördert werden, wobei sämtliche Strömungswiderstände zu berücksichtigen sind. Eine freie Lüftung ohne Ventilatoren ist wegen ihrer starken Klimaabhängigkeit nur bedingt funktionsfähig. Bei einem möglichen Ausfall der Lüftungsanlage soll der Luftaustausch in Geflügel- und Mastkälberställen nicht länger als eine halbe Stunde, in allen übrigen Ställen nicht länger als eine Stunde völlig unterbrochen sein.

*) MAK = maximale Arbeitsplatzkonzentration

Mindestluftraten im Sommer in Ställen, je Tier in m^3/h nach DIN 18910, in Abhängigkeit vom Tiergewicht und der Zielgröße für den Temperaturunterschied zwischen Raum- und Außenluft (△ t')

Rindviehställe	Tiergewicht in kg								
	60	100	150	200	300	400	500	600	800
△ t' = 3 K*)	65	94	129	163	223	275	319	354	400
△ t' = 4 K*)	48	70	97	122	167	206	239	266	300

Schweineställe	Tiergewicht in kg							
	10	20	30	60	100	150	200	300
△ t' = 2 K*)	25	36	47	75	106	145	184	263
△ t' = 3 K*)	17	24	31	50	71	97	123	175

Geflügelställe	Tiergewicht in kg							
	0,055	0,165	0,310	0,520	0,700	1,130	1,630	2,200
△ t' = 1 K*)	0,75	2,12	3,50	5,12	6,37	8,75	11,12	12,75
△ t' = 2 K*)	0,37	1,06	1,75	2,56	3,18	4,37	5,56	6,37

*) Die Zielgröße Temperaturdifferenz wird in Kelvin (K) angegeben.
1 K = 1 grd (1 Grad)

Mindestluftraten im Winter zur Abführung des Wasserdampfes je Tier in m^3/h

Ställe für	Tiergewicht in kg/Tier	Klimazone I t_a-10 °C	Klimazone II t_a-12 °C	Klimazone III t_a-14 °C	Klimazone IV*) t_a-16 °C
A) Rindvieh	60	15	14	13	13
Milchkühe,	100	21	19	19	18
Zuchtkälber,	150	27	26	25	24
Zuchtbullen,	200	34	32	30	29
Jungviehaufzucht	300	45	42	40	39
und Abkalbung;	400	55	51	49	47
bei	500	63	59	56	54
t_i = 10 °C	600	70	65	62	60
φ_i = 80 % *)	800	78	75	70	67

Mindestluftraten im Winter zur Abführung des Wasserdampfes je Tier in m³/h (Fortsetzung v. Tab. S. 553)

Ställe für	Tiergewicht in kg/Tier	Klimazone I t_a-10 °C	II t_a-12 °C	III t_a-14 °C	IV*) t_a-16 °C
Jungviehmast,	200	21	20	19	19
Mastbullen	300	28	27	26	25
bei	400	34	32	31	30
t_i = 16 °C,	500	39	37	36	35
φ_i = 80 %*)	600	43	41	40	39
	800	48	46	45	44
Mastkälber	60	14	14	13	13
bei	100	19	19	18	18
t_i = 18 °C,	150	26	25	24	23
φ_i = 70 %*)					
B) Schweine	100	13	13	12	12
Jungsauen, Eber,	150	18	18	17	16
leere und nieder-	200	23	22	21	20
tragende Sauen	300	33	31	30	29
bei					
t_i = 12 °C,					
φ_i = 80 %*)					
Sauen mit Ferkeln	10	4,2	4,0	3,9	3,8
bei	20	5,0	4,8	4,7	4,5
t_i = 14 °C,	30	5,9	5,6	5,4	5,3
φ_i = 80 %*)	60	8,4	8,0	7,7	7,5
	100	11	11	11	10
	150	16	15	14	14
	200	20	19	18	18
	300	28	27	26	25
B) Schweine (Forts.)	10	3,6	3,5	3,4	3,3
Mastschweine	20	4,3	4,2	4,0	3,9
bei	30	5,0	4,8	4,7	4,6
t_i = 16 °C,	60	7,2	6,9	6,7	6,5
φ_i = 80 %*)	100	9,8	9,5	9,2	8,9
	150	13	13	13	12
Absatzferkel,	10	3,8	3,7	3,6	3,5
Vormast bis 30 kg	20	4,6	4,4	4,3	4,2
bei	30	5,4	5,2	5,0	4,8
t_i = 20 °C,					
φ_i = 60 %*)					

*) t_i = Stalllufttemperatur, t_a = Außenlufttemperatur, φ_i = relative Feuchte der Stalluft

Mindestluftraten im Winter zur Abführung des Wasserdampfes je Tier in m^3/h (Fortsetzung v. Tab. S. 553)

Ställe für	Tiergewicht in kg/Tier	Klimazone I t_a-10 °C	II t_a-12 °C	III t_a-14 °C	IV*) t_a-16 °C
C) Hühner	0,52	0,29	0,28	0,27	0,27
Junghennen,	0,70	0,35	0,34	0,33	0,32
Legehennen	1,13	0,49	0,47	0,45	0,44
bei	1,63	0,60	0,57	0,56	0,54
t_i = 18 °C,	2,20	0,67	0,64	0,63	0,61
φ_i = 70 % *)					
Hühnerküken mit	0,055	0,042	0,041	0,040	0,039
Zonenheizung	0,165	0,084	0,082	0,080	0,079
bei	0,310	0,135	0,131	0,128	0,126
t_i = 26 °C,					
φ_i = 70 % *)					

*) t_i = Stallufttemperatur, t_a = Außenlufttemperatur, φ_i = relative Feuchte der Stalluft

Lüftung geschlossener, nicht wärmegedämmter Ställe

Zur freien Lüftung geschlossener Kaltställe sind die Zu- und Abluftöffnungen nach untenstehender Abbildung zu bemessen.

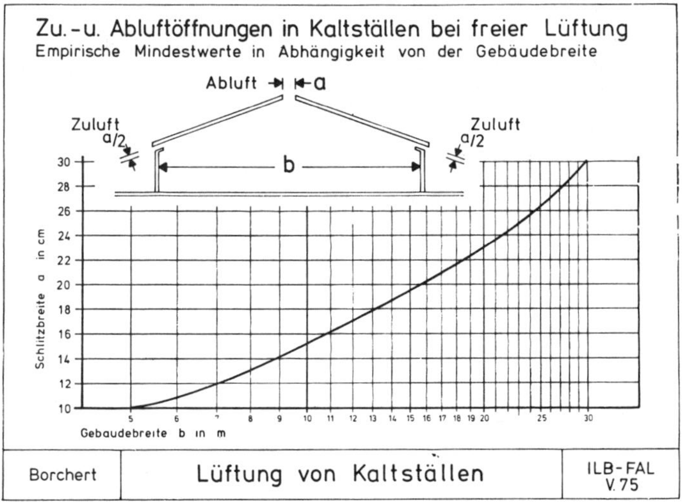

In windstarken Gegenden (Küstengebiete, freie Höhenlagen) empfiehlt es sich, die Lüftungsquerschnitte um ca. 30 % zu vermindern.

Zur Sommer- und Winterlüftung und gleichzeitiger Trockenhaltung der Dachkonstruktion nicht wärmegedämmter Ställe hat sich die Verwendung von kurzen, nur ein Pfettenfeld überdeckenden Asbestzement-, Metall- oder Bitumenwellplatten ($\leqq$ 1600 mm Länge) sehr gut bewährt, wenn diese mit ca. 10 bis 15 mm hohen Abstandhaltern verlegt werden. Die Schlitze zwischen den Ober- und Unterplatten dienen einer gleichmäßigen Unterlüftung der Dachhaut und der Zuluftführung zum Stallraum. Damit werden im Winter Oberflächenkondensate von vornherein eingeschränkt und anfallendes Tauwasser nach außen über die Dachfläche abgeführt. Im Sommer tragen die vielen kleinen Luftschlitze in der Dachhaut dazu bei, Wärmestauungen im Stall zu vermeiden. Bei Verwendung einer solchen Dacheindeckung können die in der Abbildung angegebenen Schlitzbreiten der Zuluftöffnungen an den Traufen um ca. 30 bis 50 % kleiner ausgeführt werden.

Baurecht

Landwirtschaftliches Bauen ist an die Beachtung der Bauordnung des jeweiligen Bundeslandes, ferner des Baugesetzbuches (BauGB) und ggf. der Baunutzungsverordnung (BauNVO), der Immissionsschutzgesetze von Bund (BImSchG) und Land und dazugehöriger Vorschriften, der Wassergesetze, der Landschaftsgesetze und fallweise weiterer Gesetze gebunden.

1. Das BauGB enthält Planungsrecht. Dieses beschäftigt sich mit der Ordnung des Baubodens und der Entwicklung des Städtebaus, z. B. durch Lenkung der Bauleitplanung.

   Die Zulässigkeit eines Einzel-Bauvorhabens richtet sich im beplanten Gebiet (z. B. Dorfgebiet [MD] nach § 5 BAUNVO) nach den Festsetzungen im Bebauungsplan, im unbeplanten Innenbereich vor allem danach, ob es sich nach Art und Maß in die Eigenart der näheren Umgebung einfügt. Im Außenbereich schließlich ist landwirtschaftliches Bauen privilegiert, wenn öffentliche Belange nicht entgegenstehen (vergl. §§ 34, 35 BauGB).

2. Die Länderbauordnungen enthalten formelle Vorschriften (die den Verfahrensgang von Bauantrag/Bauvoranfrage betreffen) und materielles Recht, nämlich die Anforderungen an bauliche Anlagen: Keine Gefahr für Ordnung und Sicherheit sowie Gesundheit, Einhaltung der allgemein anerkannten Regeln der Baukunst, Standsicherheit und Dauerhaftigkeit des Bauwerks, Verkehrssicherheit auf Zufahrten, Einhaltung der Grenzabstände, Brand-, Wärme- und Schallschutz, gesicherte Wasserversorgung, Lüftung und Beleuchtung, keine Verunstaltung.

   Der Inhalt der Bauordnungen ist nicht stets deckungsgleich. Unterschiede z. B. bei: Anforderungen an Feuerwiderstandsfähigkeit von Bauteilen, Grenz- und Gebäudeabständen, Gewächshäuser, Schutzhütten, Silos, Behälter und Hofbefestigungen.

   Nicht genehmigungsbedürftig sind u. U. z. B.: Bauliche Anlagen ohne feste Gründung, die zum vorübergehenden Schutz von Pflanzen und Tieren bestimmt sind und 4 m Firsthöhe nicht überschreiten, ferner unter vergleichbaren Voraussetzungen Gewächshäuser, Kleinsilos, kleine befestigte Hofflächen und äußere Baugestaltung.

3. Für Tierunterkünfte verlangen Bauordnungen bzw. Tierschutzgesetz die Gewährleistung gesunder Tierhaltung bzw. verhaltensgerechter Unterbringung und artgemäßer Bewegung.

4. Nach dem Bundesimmissionsschutzgesetz (bzw. § 2 der 4. DVO dazu) genehmigungsbedürftig sind: Anlagen zum Halten oder zur Aufzucht von Geflügel mit mehr als 7000 Hennenplätzen, 14000 Junghennen- oder Mastgeflügelplätzen oder zum Halten von Schweinen mit mehr als 700 Mastschweine- oder 250 Sauenplätzen.

   Die technische Anleitung (TA) Luft von 1986 als verwaltungsinterne Vorschrift verlangt von solchen Anlagen bestimmte bauliche und betriebliche Maßnahmen sowie bestimmte Mindestabstände zwischen Anlage und nächster Wohnsiedlung.

5. Die Schweinehaltungsverordnung Tierseuchen will zum Seuchenschutz in Beständen mit mehr als 700 Mastschweineplätzen zusätzliche bautechnische Anforderungen stellen: Einfriedigungen, desinfizierbare befestigte Wege, Durchfahrbecken, getrennte Betriebsabteilungen, Quarantäneeinrichtungen etc.

6. Bauliche Konsequenzen können auch § 15 Abfallgesetz und § 19 g Wasserhaushaltsgesetz auslösen.

7. Technisches Regelwerk

   Die meisten Regeln der Baukunst und Technik ergeben sich aus DIN-Vorschriften. Mit der offiziellen Einführung derartiger Regeln und Bekanntmachung als technische Baubestimmungen durch die jeweilige Oberste Bauaufsicht der Länder gelten sie unwiderleglich als allgemein anerkannt. Als techn. Vorschriften für Bauleistungen kehren DIN-Normen (z. B. DIN 18900 [Mastenbau], 18908 [Stallfußböden] und 18910 [Klima in geschlossenen Ställen]) im Teil C der VOB wieder, werden so auch Teil des privaten Baurechts.

   Neben einschlägigen Normen sind beim Bau von Ställen und Anlagen auch die VDI-Richtlinien Auswurfbegrenzung Tierhaltung „Schweine" und „Hühner" zu beachten. Sie kennzeichnen Ursachen für Entstehung, Art und Konzentration der Emissionen sowie Maßnahmen zum Vermindern der Emissionen wie Immissionen.

   Emissionen aus der Tierhaltung sind neben Lärm und Staub vor allem Geruchsstoffe, die mit der Abluft von Ställen, Dungplatten, Flüssigmist-Lagern u. ä. verbreitet werden. Menge und Intensität sind u. a. von Tierart, Futter, Haltung, Entmistung und Mistlagerung, ferner von den Stallklimaverhältnissen und von Ort und Form des Austritts sowie von der Geschwindigkeit der Abluft abhängig.

   Zur Immissionsbegrenzung dienen vor allem:

   a) Geeigneter Standort der Anlage
   b) Größtmögliche Sauberkeit und Trockenheit im Stall
   c) Lüftungsanlagen nach DIN 18910 (z. Z. in Überarbeitung)
   d) Senkrechter Abluftaustritt mind. 1,50 m über Dachfirst
   e) Abluftaustrittsgeschwindigkeit möglichst über 5 m/sec
   f) Vermeidung von Tauwasserniederschlägen an Stallbauteilen
   g) Geruchsverschluß zwischen Stall und Flüssigmistlager
   h) Flüssigmisteinlauf und -entnahme bei offenen Behältern in Bodennähe
   i) Ausreichende Lagerkapazität bei Flüssigmistverfahren
   j) Befestigter Ladeplatz für Fest- und Flüssigmist

Sachregister

A

C

D

E

F

G

H

I

J

K

L

M

N

O

P

Q

R

S

T

W

Z

Notizen

Notizen

Notizen